Jetzt helfe ich mir selbst

Motorbuch Verlag

IMPRESSUM

Einbandgestaltung: Anita Ament

Bilder/Zeichnungen: frisch CONSULTING GmbH; Friedrich Schröder; Sven Schröder; Motor-Presse Stuttgart; Bosch; Ford; Continental Teves AG; Dunlop; Hella.

Alle Angaben und Tipps in diesem Ratgeber wurden nach bestem Wissen und Gewissen erteilt. Eine Haftung der Autoren, des Verlags und seiner Beauftragten für Personen-, Sach- und Vermögensschäden ist ausgeschlossen.

Der Inhalt dieses Bands entspricht dem Kenntnisstand zum Zeitpunkt der Drucklegung. Abweichungen durch Weiterentwicklung der beschriebenen Fahrzeuge, geänderte Anweisungen des Fahrzeugherstellers bzw. neue gesetzliche Bestimmungen sind möglich.

ISBN 3-613-02294-X

Copyright © by Motorbuch Verlag, Postfach 10 37 43, 70032 Stuttgart
Ein Unternehmen der Paul Pietsch Verlage GmbH + Co
Auflage 101 30 07

Das Urheberrecht und alle weiteren Rechte sind dem Verlag vorbehalten. Nachdruck, auch einzelner Teile, ist verboten. Übersetzung, Speicherung, Vervielfältigung und Verbreitung einschließlich Übernahme auf elektronische Datenträger wie CD-ROM, Bildplatte usw. sowie Einspeicherung in elektronische Medien wie Bildschirmtext, Internet usw. sind ohne vorherige schriftliche Genehmigung des Verlags unzulässig und strafbar.

Grafische Gestaltung: Andreas Pflaum
Herstellung: TEBITRON GmbH, 70839 Gerlingen
Druck: Maisch & Queck, 70839 Gerlingen
Bindung: Karl Dieringer, 70839 Gerlingen
Printed in Germany

Friedrich Schröder/Sven Schröder

Ford Fiesta

Benzinmotoren:

1,3-Liter 8V Duratec	44 kW/60 PS
1,3-Liter 8V Duratec	51 kW/70 PS
1,4-Liter 16V Duratec	59 kW/80 PS
1,6-Liter 16V Duratec	74 kW/100 PS

Dieselmotor:

1,4-Liter TDCi 8V Duratorq	50 kW/68 PS

ab Modelljahr 2002

Inhaltsverzeichnis

Einführung
Ein Ratgeber stellt sich vor 6

Die Modellvorstellung
Ford Fiesta
Modelle, Motoren und Ausstattung 9
Modellpflege 13
Abmessungen 15

Die Ausrüstung
Arbeitsplatz – Garage und Mietwerkstatt 17
Ersatzteilkauf – Original-, Fremd- oder
Austauschteile 18
Werkzeug – Grundausstattung 20
Spezialwerkzeug und Zubehör 22
Profitipps für Hobbyschrauber – damit Ihnen
keine Schraube widersteht 24
Tipps für den Werkstattbesuch – damit Sie
keine Überraschungen erleben 26
Sicherheit geht vor – worauf Sie achten müssen .28
Arbeiten unter dem Auto – bocken Sie
Ihren Fiesta standfest auf 30

Die Wagenpflege
Wartungs- und Reparaturarbeiten 32
Innenreinigung – so glänzt Ihr Fiesta fast wie neu 33
Außenwäsche – Waschplatz, Pflegemittel,
Arbeitsgeräte 35
Motorwäsche – Arbeitstipps, Ölabscheider,
Motorschutzlack 39
Schmierdienst – damit alles in Bewegung bleibt .40
Lackpflege – Politur, Lackreiniger, Konservierer,
Lackschäden 40
Scheibenwaschanlage – Wischer, Wischergummis,
Scheibenwaschdüsen 46
Scheibenwischer – Wischerarm und Wischermotor 50

Die Motoren
Wartungs- und Reparaturarbeiten 56
Die Fiesta-Antriebe 57
Motorbauteile und Motorentechnik 62
Kompressionsdruck 65
Antriebsriemen 69

Das Schmiersystem
Wartungsarbeiten 73
Ölkreislauf, Ölpumpe, Ölfilter, Motoröl,
Ölverbrauch 74

Das Kühlsystem
Wartungs- und Reparaturarbeiten 81
Kühlmittelkreislauf und Kühlsystem 82
Kühlmittel und Frostschutz 84
Thermostat, Kühlerventilator und Kühler 89
Luftfilter 95

Die Kraftstoffeinspritzung
Wartungs- und Reparaturarbeiten 98
Elektronisches Motormanagement und
Benzineinspritzanlage 99
Dieselkraftstoffversorgung 113

Die Zündanlage
Wartungs- und Reparaturarbeiten 122
Elektronische Zündsysteme 123
Zündspule und Zündkerzen 125
Die Vorglühanlage 131

Die Kraftstoffversorgung
Wartungs- und Reparaturarbeiten 134
Bauteile der Kraftstoffversorgung 135
Kraftstoff, Tankbe-/-entlüftung, Kraftstofffilter,
Leitungen und Kraftstoffpumpe 136
Auspuffanlage und Abgasentgiftung 146

Die Kraftübertragung
Wartungs- und Reparaturarbeiten 154
Kraftübertragungsprinzip 155
Kupplung und Kupplungsbauteile 156
Fünfgangschaltgetriebe 160
Achsantrieb und Antriebswellen 164

Das Fahrwerk
Wartungs- und Reparaturarbeiten 170
Vorderachse und Hinterachse 172
Vorderachsgeometrie, Stoßdämpfer 174
Hydraulische Zahnstangenlenkung 175

INHALT

Spurstangenköpfe, Querlenker, Radlager,
Federbeine 175
Räder und Reifen 183

Die Bremsanlage
Wartungs- und Reparaturarbeiten 192
Elektronische Bremskomponenten 193
Wichtige Bremsbegriffe 194
Das Antiblockierbremssystem 197
Bremsflüssigkeit, Bremskraftverstärker, Scheiben-
bremsbeläge, Bremsscheiben, Trommelbremse ..199
Handbremse 213

Die Fahrzeugelektrik
Wartungs- und Reparaturarbeiten 217
Batterie, Anlasser und Generator 219
Antriebsriemen und Fiesta-Riementriebe 230
Außenbeleuchtung – Scheinwerfer
und Leuchten 237
Signaleinrichtungen 243
Instrumente und Bedienungseinrichtungen ...245
Stromkabel, Sicherungen und Relais 248
Schaltpläne 254

Der Innenraum
Wartungs- und Reparaturarbeiten 255
Heizung, Lüftung, Klimaanlage, Schalter,
Zündschlüssel 258
Radio, Lautsprecher, Antenne 268
Vordersitze, Rücksitzbank, Türverkleidungen,
Fensterheber, Seitenscheibe 271
Zentralverriegelung, Türgriff, Türschließzylinder 277

Die Karosserie
Wartungs- und Reparaturarbeiten 284
Die Karosserie der vierten Fiesta-Generation 285
Tür, Außenspiegel und Motorhaube 288
Stoßfänger, Kotflügel und Heckklappe 292

Technische Daten
Motor, Kühlsystem, Kraftstoffanlage, Kraftüber-
tragung, Karosserie, Fahrwerk, Bremsanlage,
elektrische Anlage, Füllmengen, Gewichte,
Fahrleistungen 300
Diebstahlschutz, Sicherheit, Wartung, Garantie ..304

Stichwortverzeichnis
Fiesta von A – Z 304

Störungsbeistände

Schnelle Hilfe – was tun bei Störungen?

Anlasser 236
Batterie und Generator 227
Bremsen 215
Bremslicht 244
Diesel-Kraftstoffeinspritzung 120
Elektrische Fensterheber ..282
Heizung 259

Kraftstoffeinspritzung 104
Kühlsystem 88
Kupplung 159
Motor und Zündanlage 129
Scheibenwischer 54
Schmiersystem 80
Thermostat 88

Warnblink- u. Blinkanlage ...244
Wischerblatt 55
Zentralverriegelung 283
Zündkerzen 65
Zylinderkopfdichtung 72

Ein Ratgeber stellt sich vor

»Jetzt helfe ich mir selbst« ist ein Ratgeber rund ums Auto. Er erläutert Ihnen die Technik und wie Sie Ihr Auto weitgehend in Eigenregie pflegen und warten können. Schon während kleinerer Arbeiten stellen Sie fest: Do it yourself macht Spaß und entlastet obendrein noch Ihren Geldbeutel. Denn mit dem richtigen Know-how verliert manche Panne ihre Schrecken – oft reichen schon wenige Handgriffe, um ein malades Auto wieder »zu beleben«.

Ein Ratgeber mit System

Jedes Ratgeberkapitel gliedert sich in die Abschnitte Theorie, Wartung, Störungsbeistand und Reparatur.
Theorie: Hier gibt's allgemeine Informationen zu Technik und Funktionen. Neben allgemeinen Beschreibungen beinhaltet dieser Part zudem **Techniklexika** mit Hintergrundwissen zu speziellen Problemen.
Wartung: Step by Step begleiten Sie praxisgerechte Anleitungen zu allen Arbeiten. **Arbeitssymbole** verdeutlichen Ihnen den voraussichtlichen Zeitaufwand, den Schwierigkeitsgrad sowie mögliche Gefahren für Sicherheit und Umwelt. Eine detaillierte **Illustration** veranschaulicht Arbeitsabläufe und Probleme.
Reparatur: Die einzelnen **Arbeitsschritte** folgen dem gleichen Muster wie bei den Wartungsarbeiten.
Praxistipps erleichtern Ihnen die Arbeit und »entschärfen« mögliche Probleme. Der Reparaturteil beinhaltet mitunter auch einen **Störungsbeistand**. Darin sind mögliche Störungen, deren Ursachen und Abhilfen aufgelistet.
Technikthemen und Störungsbeistände erschließen Sie gleichermaßen in der Inhaltsübersicht und dem Stichwortverzeichnis. Das Inhaltsverzeichnis enthält zudem Hinweise auf Wartungs- und Reparaturarbeiten der verschiedenen Baugruppen: Jeweils zu Beginn eines neuen Kapitels finden Sie eine Übersicht zu allen Wartungs- und Reparaturarbeiten. Die entsprechenden Seitenangaben entbinden Sie von lästiger Sucherei.

Wartung

Motor durchdrehen	XX
Ventilspiel prüfen	XX
Ventile einstellen	XX
Kompressionsdruck messen	XX

Reparatur

Zahnriemenzustand prüfen	XX
Zahnriemenspannung behelfsmäßig prüfen	XX

Jeweils zu Beginn eines neuen Kapitels: Übersicht der Wartungs- und Reparaturarbeiten. Die Seitenangaben führen direkt zu den Arbeitsschritten.

Die Bauteile des Motors

Motorblock. Hier sind die beweglichen Teile gelagert. Er besteht bei vielen Motoren aus Grauguss. Der Motorblock trägt auch Aggregate wie Lichtmaschine, Anlasser und Zündanlage.

Zylinderkopf. Schließt den Zylinder nach oben ab. Er enthält Kanäle für Frisch- und Abgas, Ventilsitze, Lager und Führungen für Teile der Ventilsteuerung, Zündkerzengewinde, Wasserkanäle und Brennraum.

Technik populär auf den Punkt gebracht: Jedes Techniklexikon greift knappe und präzise Infos zu Begriffen, Funktionen und Zusammenhängen auf.

Arbeitsschritte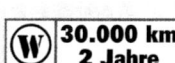

① Ansauggeräuschdämpfer abbauen. Beim Diesel: Luftansaugleitung abbauen. Bei allen Motoren: elektrische Steckverbindungen lösen.

② Sechs Schrauben der Zylinderkopfhaube lösen und Haube vorsichtig abnehmen. Sitzt der Deckel fest, lösen Sie ihn durch Schläge mit Handballen oder Hammerstiel.

③ Für die Messung von Ein- und Auslassventil eines Zylinders müssen beide Ventile entlastet sein. Dazu den Motor durchdrehen, bis an der Nockenwelle die Spitzen beider Nocken von Zylinder 1 (in Fahrtrichtung rechts) symmetrisch nach links und rechts oben zeigen (OT-Markierung beachten). Diese Position entspricht dem Oberen Totpunkt.

Step by Step zum Erfolg: In den »Arbeitsschritten« erfahren Sie, wie und wo Sie »den Hebel anzusetzen haben« und was zu berücksichtigen ist.

DER LEITFADEN

Kühlsystem — Störungsbeistand

Störung	Ursache	Abhilfe
A Temperatur-Anzeigenadel steht im roten Bereich	**1** Keilrippenriemen zu schwach gespannt oder gerissen	Riemenspannung kontrollieren oder Riemen ersetzen
	2 Zu wenig Flüssigkeit im Kühlsystem	Auffüllen, notfalls aus der Scheibenwaschanlage
	3 Kabel zur Temperaturanzeige hat Masseschluss	Kabel am Temperaturgeber abziehen, Zeiger muss zurückgehen, sonst Masseschluss; Kabelverlauf kontrollieren

Der ideale Pannenführer: Anhand des »Störungsbeistands« können Sie Fehler und Fehlfunktionen systematisch einkreisen. Außerdem liefern wir Ihnen hier Tipps, um mögliche Störungen zu beheben.

Kompressionsdruckluft strömt aus — Praxistipp

Wenn Kompressionsdruckluft an einer der folgenden Stellen ausströmt, hat dies meist diese Ursachen:
- Ansaugkrümmer oder Luftfiltergehäuse: defektes Einlassventil.
- Geöffneter Kühler oder Kühlmittel-Ausgleichsbehälter: defekte Zylinderkopfdichtung.

Praxistipps für Schrauber: Hier benennen wir kurz und knapp mögliche Fehler und deren Beseitigung.

Kein do it yourself innerhalb der Garantiezeit

Wenn Sie einen neuen Fiesta fahren, halten Sie unbedingt die Hersteller Wartungsintervalle ein. Vor allem verzichten Sie aufs Do it yourself: Selbst berechtigte Garantieansprüche erfüllt Ihnen Ford erfahrungsgemäß nur dann, wenn eine Vertragswerkstatt regelmäßig und rechtzeitig alle Wartungsarbeiten an Ihrem Auto erledigt hat. Das gilt übrigens auch für Garantieansprüche an Austauschaggregaten, beispielsweise Motor oder Getriebe.

Ratgeberservice: Checklisten

Auf der vorderen und hinteren Umschlaginnenseite »finden« Sie diverse **Checklisten,** um Ihr Auto im Alltag, für den Winter oder die TÜV-/DEKRA-Hauptuntersuchung fit zu machen und zu halten. Die erforderlichen Checks sind mit den Seitenangaben der entsprechenden Arbeitsanleitungen ergänzt. Bevor Sie »los legen« möchten, kopieren Sie sich einfach die entsprechende Liste als Arbeitsunterlage und haken darauf die Arbeiten kurzerhand ab.

Die Arbeitssymbole

Mit dem Umweltbaum sensibilisieren wir Sie hinsichtlich Umweltschutz. Sie finden das Symbol in schöner Regelmäßigkeit, wenn Arbeiten oder dabei anfallende »Abfälle« problematisch für die Umwelt sind.

Die Zahl der Schraubenschlüssel signalisiert den Schwierigkeitsgrad: 1 Schlüssel = leichte Arbeit; 2 Schlüssel = anspruchsvolle Arbeit; 3 Schlüssel = schwierige Arbeit.

Das Uhrensymbol berücksichtigt den Zeitaufwand für durchschnittlich begabte Hobbyschrauber. Die Angaben beziehen selbstverständlich fehlende Routine und mitunter nicht »greifbares« Spezialwerkzeug ein.

Ausrufezeichen markieren grundsätzlich jene Arbeiten, die Einfluss auf die Betriebssicherheit Ihres Autos haben. Sollten Sie dabei nicht jeden Schritt aus dem Eff-Eff beherrschen: Hände weg! Solche Arbeiten sind **IMMER** ein Fall für die Werkstatt.

Die Prüfplakette beziffert Vorsorgearbeiten zur Hauptuntersuchung. Wenn Sie die markierten Wartungs- und Prüfarbeiten jeweils vor dem TÜV- oder Dekra-Termin selbst durchführen, sparen Sie so manchen Euro und mitunter eine Menge an Zeit.

Die Wartungsplakette kennzeichnet jene Wartungsarbeiten, die auch Vertragswerkstätten beim kleinen und großen Kundendienst an Ihrem Auto erledigen. Alle Punkte entsprechen dem offiziellen Wartungsplan.

DER Ford Fiesta

Ford Fiesta: Mit dem Fiesta kreierte Ford anno '76 des alten Jahrtausends, unterhalb der damaligen Escort-Baureihe, ein völlig neues Automobil. Der Debütant war übrigens der erste europäische Kompaktwagen, dessen Karosserie nach der Finite-Element-Methode berechnet war. Der aktuelle Fiesta hat mit seinem »spartanischen« Altvordern jetzt allenfalls noch den Namen und das Grundkonzept gemein: Unter und über dem Blech hat der Fiesta 2002 das miefige Pappmacheeimage längst abgelegt. In seinem Innern bietet er kommode Platzverhältnisse, ein geschmackvolles Interieur und zeitgemäße Sicherheitsvorkehrungen. Unter seiner Motorhaube legen sich moderne Otto- oder Dieselmotoren, allesamt mit vier Zylindern, zwischen 60 und 100 PS ins Zeug.

MODELLVORSTELLUNG

Seit seinem Debüt in 1976 gehört der Ford Fiesta europaweit zu den beliebtesten Kompaktwagen. Ein Vierteljahrhundert später ist seine Popularität weiterhin ungebrochen, hierzulande behauptet der Fiesta mit beharrlicher Regelmäßigkeit vordere Ränge in der Zulassungsstatistik: Über zehn Millionen Fiesta rollten seither von den Produktionsbändern – die dritte »gründliche« Neuauflage entsteht in Köln und im spanischen Valencia. Allein in Köln investierten Ford mitsamt seinen Zulieferern rund eine halbe Milliarde Euro, es entstand nicht nur die modernste europäische Ford-Produktionsstätte, sondern ein Technologiepark der »kurzen Wege«: Wichtige Zulieferpartner »residieren« jetzt unmittelbar vor den Werkstoren am Rhein.

Mit dem neuen Fiesta mischt also frischer Wind den ältesten deutschen Ford-Standort auf, der kompakte Fünfsitzer freilich blieb den Tugenden seiner Altvordern treu: Nach wie vor ist der Fiesta in allen »mobilen« Lebenslagen ein robuster und anspruchsloser Begleiter für die ganze Familie. Fiesta stand und steht bei Ford als Synonym für kompakte Limousinen mit zwei oder vier Türen, variablem Innenraum, quer zur Fahrtrichtung montierten Vierzylinder Motoren, Frontantrieb und großer Heckklappe. Mit zwei neuen, reibungsoptimierten 1,3-Liter Duratec-Ottomotoren (BAJA, A9JA), zwei aus dem Focus bekannten und an den Fiesta adaptierten Triebwerken (Duratec FXJA, FYJA) und einem von Peugeot zugekauften Leichtmetall Common-Rail Diesel (Duratorq F6JA), verfeinerten Fahrwerken, einem zeitgemäßen Sicherheitspaket und deutlich angehobenem Ausstattungsumfang, taucht der Fiesta des Jahrgangs 2002 nun auch wieder auf prominenten Vergleichstestplätzen großer Automobilzeitschriften auf.

Im italienischen Vizzola, dem Pirelli-Versuchsgelände, gab's sogar die erste offizielle Bestätigung für gute Entwicklungsarbeit: Eine 28-köpfige Jury schmückte den Fiesta mit der Auszeichnung »Goldenes Lenkrad 2002«. Und den ADAC-Crashtest bestand der neue Ford auch zur vollsten Zufriedenheit der ausrichtenden Sicherheitsingenieure. Mit derlei Vorschusslorbeeren bedacht, sorgt der Debütant für frischen Wind im Kreise seiner doch schon gesetzteren Mitbewerber.

Und das zu Recht. Der 3,92 Meter lange Ford überzeugt unter seinesgleichen mit einem ausgewogenen Raumangebot, zwischen Vorder- und Hinterachse misst der Fiesta jetzt 41 Millimeter mehr als sein Vorgänger. Der Zugewinn kommt in erster Linie den Hinterbänklern zugute, sie genießen jetzt die größte Beinfreiheit im Club der Kompakten. Auch der Kofferraum wurde »erwachsener«. Nach VDA-Norm schluckt der Fiesta als Fünfsitzer 284 Liter, immerhin 40 Liter mehr als die vergleichbare Konkurrenz. Praktisch umschrieben heißt das, hinter die Fiesta-Rückbank passen jetzt die meisten marktüblichen Kinderwagen – vorausgesetzt die Kid-Transporter sind »gefaltet«.

In der Basisversion legen sich neuerdings 44 kW (60 PS) aus 1.297 cm³ mit den Fiesta-Vorderrädern an. 51 kW (70 PS) mobilisiert der nächst stärkere Treibsatz aus dem gleichen Hubraum. Der kleinste Vierventiler bringt's mit 1.388 cm³ auf 59 kW (80 PS) und der leistungsstärkste Otto-Treibsatz schöpft aus 1.595 cm³ 74 kW (100 PS). Und wenn's unbedingt »dieseln« muss, geht's im Fiesta mit einem Common-Rail Selbstzünder und 50 kW (68 PS) aus 1.399 cm³ auf die Reise.

Wahlprogramm – die Modellversionen

Auf die unterschiedlichsten Wünsche und Aufgabenstellungen einzelner Kundengruppen hat Ford das Fiesta-Modellprogramm maßgeschneidert ausgerichtet. Der Neue rollt seit Frühjahr 2002 in Köln und Valencia als Drei- bzw. Fünftürer von den Produktionsbändern.

- Fiesta – die »Einstiegs-Variante«
- Fiesta Ambiente – die »Komfort-Variante«
- Fiesta Trend – die »Mehrwert-Variante«
- Fiesta Ghia – die »Luxus-Variante«

Goodies wie ABS mit elektronischer Bremskraftverteilung (EBD), IPS (Intelligent Protection System), unter anderem mit zweistufigen Frontairbags für Fahrer und Beifahrer, Seitenairbags, Seitenaufprallschutz, höhenverstellbare Teleskoplenksäule, Anti-Dive-Sicherheitssitze, Dreipunktgurte auf allen Plätzen, Gurtstraffer und -kraftbegrenzer (vorne), fünf höhenverstellbare Kopfstützen, PRS (Pedal Release System – Sicherheitspedalerie), Servolenkung mit linearer Kennung, Lederlenkrad, Drehzahlmesser, im Verhältnis 40 : 60 umlegbare Rücksitzlehne, ISO-Fix-Bügel für Kindersitze, Wärmeschutzverglasung, beheizbare Heckscheibe, Cupholder, elektronische Wegfahrsperre, Digitaluhr, beleuchteter Gepäckraum, Mittelkonsole, »Licht-an« Warnsignal – der Fiesta des Jahrgangs 2002 hat sie serienmäßig an Bord.

FORD FIESTA

Schlichter Auftritt: Die Einstiegsvarianten, unabhängig ob Drei- oder Fünftürer, sind lediglich am Schriftzug und teilweise »ungefärbten« Kunststoffmodulen zu unterscheiden.

Fiesta – die »Einstiegs-Variante«

Äußerlich ist die »Einstiegs-Variante« nur am Schriftzug von den Modellen »Ambiente« und »Trend« zu unterscheiden. Zur Serienausstattung gehören, außer den oben erwähnten Accessoires, Heckscheiben-Wisch-/Waschanlage mit Zusatzfunktion (bei eingelegtem Rückwärtsgang und aktivierten Frontwischern »putzt« der Heckwischer automatisch), Wischer-Intervallschaltung, Aschenbecher, Zigarettenanzünder, Make-up-Spiegel in Fahrer- und Beifahrersonnenblende und Kartentaschen an den vorderen Rücklehnen.

Fiesta Ambiente – die »Komfort-Variante«

Die äußeren Designelemente des Fiesta Ambiente sind mit dem Namensschriftzug abgehandelt. Die Ausstattung der »Komfort-Variante« umfasst serienmäßig zudem einen höhenverstellbaren Fahrersitz, elektrische Fensterheber in den vorderen Türen, eine Gepäckraumfernentriegelung sowie eine Zentralverriegelung.

Fiesta Trend – die »Mehrwert-Variante«

Den äußeren »Mehrwert« des Fiesta Trend dokumentieren in Wagenfarbe lackierte Stoßfänger, im Spoiler integrierte Halogennebellampen und der typische Schriftzug. Den Fahrer erfreuen elektrisch einstell- und beheizbare Außenspiegel, eine Zentralverriegelung mit Fernbedienung und last but not least die Möglichkeit, unter allen Motoren wählen zu können. Im Innenraum machen Fiesta-Kenner den Trend an farblich auf die Außenlackierung abgestimmten Polsterstoffen und Türverkleidungen aus.

Fiesta Ghia – die »Luxus-Variante«

Ghia beinhaltet traditionell die Ausstattungsvarianten »Fiesta«, »Ambiente« und »Trend«. Außen zeigt der Ghia mit seinen Schriftzügen und einem in Wagenfarbe lackierten Heckklappengriff dezent Flagge. Im Innenraum sind's die Kartenleselampe, der Lederschaltknauf und die Klimaanlage (AC) mit Umluftstellung, die der »Luxus-Variante« den Vorsprung zur »Mehrwert-Variante« Trend sichern soll.

So können Sie kombinieren – Motoren und Getriebe

Motoren	1,3 l Duratec 8V (44 kW / 60 PS)	1,3 l Duratec 8V (51 kW / 70 PS)	1,4 l Duratec 16V (59 kW / 80 PS)*	1,6 l Duratec 16V (74 kW / 100 PS)	1,4 l Duratorq TDCi (50 kW / 68 PS)
Fiesta	•	•	•	–	•
Fiesta Ambiente	•	•	•	•	•
Fiesta Trend	–	•	•	•	•
Fiesta Ghia	–	•	•	•	•

* in den Versionen »Ambiente«, »Trend« und »Ghia« auch mit Durashift-EST-Getriebe lieferbar; • lieferbar; – nicht lieferbar.

Wunschprogramm – die Sonderausstattungen

Die relativ leicht überschaubaren Sonderausstattungen sind schnell abgehandelt: Das Thema Audio und Kommunikationssysteme beinhaltet sechs Offerten und eine Option – vier Radios mit Cassetten- bzw. CD-Option, ein Mobiltelefon Vorinstallationspaket mit Dachantenne und Freisprecheinrichtung, ein Navigationssystem (Blaupunkt Travel Pilot) inklusive Radio-CD-Player, akustisch bzw. visueller Zielführung und Fernbedienung an der Lenksäule. Fern bedienen lassen sich auf Sonderwunsch zudem die Radios ab »Audiosystem 3500«. Allein dem Ghia bleibt das Lederpaket reserviert, dessen Vordersitze zudem noch beheizbar sind. Ab Ambiente montiert Ford ein »Sichtpaket«, bestehend aus einer beheizbaren Frontscheibe sowie elektrisch einstell- und beheizbaren Außenspiegeln. Ghia-typisch ist dann auch das Style-Paket mit Metalliclackierung und 6J x 15" Leichtmetallfelgen im Ghia-Design inklusive 195/50 R 15" Reifen. »Ambiente« und »Trend« rollen gegen Aufpreis auf 6J x 15" Leichtmetallfelgen im Trend Design und 195/50 R 15" Reifen oder auf gleich großen LM-Rädern im 9-Speichen Design. Die gleiche Option haben Ghia-Käufer, übrigens auch dann, wenn sie wie Ambiente- oder Trend-Kunden ihren Fiesta lieber auf LM-Felgen der Dimension 6,5J x 16" mit 195/45 R 16" Reifen rollen sehen möchten.

Ambitionierten Do it yourselfern bietet der Fiesta also noch genügend Freiraum, die »Großserienware« mitsamt eigenem Werkzeugkasten in ein individuelles Auto zu verwandeln. Lassen Sie sich allerdings nicht vom erstbesten Zubehörangebot überzeugen: Mitunter lohnt nämlich auch ein Preisvergleich mit den Angeboten Ihres Ford-Händlers. So zum Beispiel bei Anhängerkupplung oder Dachtransportsystemen mit unterschiedlichen Aufsätzen. Das Grundträgersystem sollten Sie ohnehin besser bei ihrem Vertragshändler ordern: Dann ist zumindest die erforderliche Sicherheitsbasis für weitere »Aufbauten« gewährleistet – zumindest bei ordnungsgemäßer Montage.

Die Motoren

Mit insgesamt vier Otto-Vierzylindern und einem Common-Rail-Diesel-Vierzylinder geht der neue Fiesta an den Start. Brandneu sind die beiden 8V OHC-Otto-Varianten aus der Duratec-Motorenfamilie mit 1,3-Liter Hubraum. Werksintern führen sie die Bezeichnung »BAJA« (44 kW/60 PS) respektive »A9JA« (51 kW/70 PS). Beide debütieren im Fiesta 2002, Ford entwickelte sie speziell für den Einsatz in europäischen Kleinwagen. Zwei weitere Otto-Ableger (1,4-Liter 16V, Duratec, 59 kW/80 PS, »FXJA«; 1,6-Liter 16V, Duratec, 74 kW/100 PS, »FYJA«) arbeiten auch im Focus. Es sind Varianten der Zetec SE-Baureihe, die auf ihren neuen Arbeitsplatz jedoch gründlich vorbereitet wurden und demzufolge nun auch der Duratec-Baureihe zuzuordnen sind. Ohne traditionelle Verbindungen zum Hause Ford »nagelt« der neue Common-Rail Turbodiesel (1,4-Liter 8V TDCi, Duratorq, 50 kW/68 PS, F6JA) zwischen den Fiesta-Vorderrädern. Der Leichtmetall-Selbstzünder basiert auf einer Entwicklung der französischen PSA-Gruppe.

Alle Motoren sind mit dem IB5-Schaltgetriebe kombiniert. Lediglich der 1,4-Liter 16V schickt seine Kilowatt alternativ auch in das neue Durashift-EST-Getriebe. Vereinfacht ausgedrückt ist EST nichts anderes als eine automatisierte Fünfgang-Schaltbox. Die Fiesta-Antriebe bekommen alle 20.000 Kilometer frisches Longlife-Motoröl inklusive Ölfilter und nach rund 60.000 Kilometern neue Zündkerzen spendiert. Das Ventilspiel der 16V-Motoren »steht« erfahrungsgemäß rund 150.000 Kilometer.

Europäischer Stammbaum: Der Leichtmetall-Selbstzünder unter der Fiesta-Motorhaube basiert auf einer Entwicklung der französischen PSA-Gruppe. Er »nagelt« als Direkteinspritzer nach dem Common-Rail System und lässt sich seine Frischluft per Abgasturbolader über die Kolben »blasen«.

FORD FIESTA

1,3-Liter 8V Duratec – Hubraum 1.297 cm³, Leistung 44 kW (60 PS) / 51 kW (70 PS)

Den kleinsten Fiesta-Antrieb liefert Ford in zwei Leistungsvarianten. Technisch sind die 8V-Aggregate weitgehend identisch: Den Leistungsunterschied »verantworten« modifizierte Steuerzeiten, ein anders programmiertes Motormanagement – im Bit-Zeitalter allenfalls eine Frage von Chips und der entsprechenden »Festplatte«. Die Basisversion mit 44 kW (60 PS) bei 5.000 min.$^{-1}$ wirkt am Leistungslimit etwas zugeschnürt, im normalen Fahrbetrieb jedoch temperamentvoll genug (maximales Drehmoment 99 Nm bei 2.500 min.$^{-1}$), um den Fiesta befriedigend in Schwung zu setzen und zu halten.

Keine Frage, mit zehn zusätzlichen »Pferdestärken« (51 kW/70 PS) geht's in der ersten Fiesta-Leistungsstufe merklich zügiger voran. Zumindest dann, wenn die Drehzahlreserven bei Überholvorgängen häufig ausgereizt werden müssen. Auf dem Papier absolviert die fünffach gelagerte Kurbelwelle in der Minute zwar nur 600 Umdrehungen mehr, doch in der Praxis sind das mitunter »Welten«. Im normalen Verkehrsgetümmel »grummelt« der stärkere Achtventiler einfach agiler vor sich hin, sein 60 PS Kollege will häufiger geschaltet werden. Unter dem Strich sind's wohl weniger die zehn PS als die sieben Nm mehr Drehmoment, die den Unterschied machen – mit 70 PS ist der Fiesta schon gut unterwegs.

Gleiche Optik: Im montierten Zustand sind die beiden Einsdreier nicht zu unterscheiden. Sie verbergen ihren Ventildeckel unter einem großen schwarzen Luftfilterkasten (Pfeil).

1,4-Liter / 1,6-Liter 16V Duratec – Hubraum 1.388 cm³ / 1.596 cm³, Leistung 59 kW (80 PS) / 74 kW (100 PS)

Auf die berechtigte Frage nach der Standfestigkeit der beiden DOHC 16-Ventiler gibt's bereits eine beruhigende Antwort: Im Focus hat das Leichtmetall-Duo unter dem Namen Zetec-SE seine Feuertaufe längst bestanden. Hier wie dort erfreuen beide Motoren mit einem »stabilen« Drehmomentverlauf sowie gutem Drehvermögen. Die Höchstleistung des kleinen Duratec 16V (59 kW, 80 PS) fällt bei 5.700 min.$^{-1}$ und das maximale Drehmoment mit 124 Nm bei 3.600 min.$^{-1}$ an. Der 1,6er erreicht sein Hoch mit 74 kW (100 PS) bei 6.000 min.$^{-1}$ und 146 Nm bei 4.000 min.$^{-1}$.

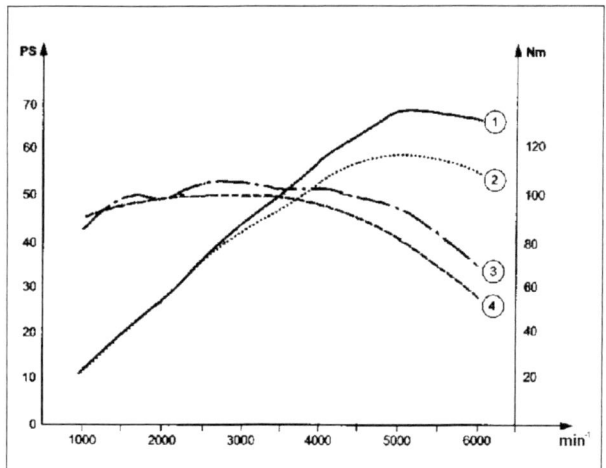

Ausgeglichen: Die Drehmomentverläufe der beiden 1,3-Liter Achtventiler. ❶ Leistungskurve 51 kW (70 PS), ❷ Leistungskurve 44 kW (60 PS), ❸ Drehmomentverlauf 51 kW, ❹ Drehmomentverlauf 44 kW.

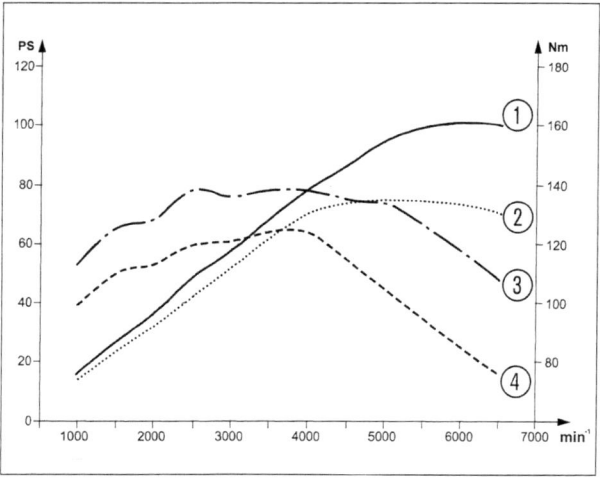

Mit kleinem Katzenbuckel: Die Drehmomentverläufe der beiden Duratec 16 Ventiler. ❶ Leistungskurve 1,6 Liter mit 74 kW (100 PS), ❷ Leistungskurve 1,4 Liter mit 59 kW (80 PS), ❸ Drehmomentverlauf 74 kW, ❹ Drehmomentverlauf 59 kW.

MODELLPFLEGE

Markante Ansaugkrümmer: Beide 16-Ventiler tragen die gleiche Verpackung. Den Ventildeckel versteckt ein großvolumiger Luftfilterkasten ❶, lediglich die Ansaugrohre ❷ erfreuen das Auge des Technik-Freaks.

Ab 1000 min.⁻¹ im Saft: Der Drehmomentverlauf des PSA Common-Rail-Diesel. ❶ Drehmomentverlauf, ❷ Leistungskurve.

1,4-Liter 8V Duratorq TDCi – Hubraum 1.399 cm³, Leistung 50 kW (68 PS)

Der Common-Rail Direkteinspritzer wirft die bisherige Dieseltechnologie bei Ford gründlich über den Haufen. Anstatt einer herkömmlichen Verteilereinspritzpumpe arbeitet der TDCi mit einem Hochdruckspeicher, der über eine »verbundene Leitung« (Common-Rail) Piezo-Quarz geregelte und elektromagnetisch betätigte Einspritzdüsen mit Dieselöl versorgt. Die Höchstleistung von 50 kW (68 PS) liefert der moderne »Kleindiesel« bereits bei 4.000 min.⁻¹ ab, und seine Drehmomentkurve hat die Form eines »Katzenbuckels«: Rund 95 Prozent der Muskeln lässt der Einsvierer-Duratorq bereits zwischen 1.700 bis 2.400 min.⁻¹ »spielen«, sein Leistungshoch erfüllt er mit 160 Nm bei 2.000 min.⁻¹.

Kleider machen Leute: Unter dem massigen Ford-Luftfilter (Pfeil) macht dem Fiesta angekaufte PSA-Technik »stramme« Beine.

Modellpflege

Gerade mal 20 Jahre alt und schon ein Klassiker: An der Wiege des ersten frontgetriebenen Ford-Modells hätten selbst die Väter das für unmöglich gehalten. Derweil sind fast 11 Millionen Fiesta gebaut. Im Laufe der Zeit kamen diverse Premieren dazu: 1984 der erste Dieselantrieb, 1989 eine ABS-Bremsanlage, 1992 der erste 16V-Motor und 1994 der Fahrerairbag als Serienausstattung. Anfang 1994 sorgte die damalige Fiesta-Generation mit einem umfangreichen Sicherheitspaket für Furore unter den Kompakten: Karosserieverstärkungen zum Seitenaufprallschutz, Fahrer- und Beifahrer-Airbags, Gurtstraffer und ein Schalter, der die Benzinzufuhr im Falle eines Aufpralls unterbricht, machten weiland den Fiesta unter seinesgleichen zu einem außergewöhnlich sicheren Auto.

Der Fiesta war übrigens schon immer ein europäischer »Multi-Kulti-Ford«: Seine Wiege stand ursprünglich in Saarlouis, Valencia (Spanien) und Dagenham (Großbritannien). Der Neue wird nun, stellvertretend für den europäischen Markt, in Köln produziert. Er ist, abgesehen von zahlreichen »Frischzellenkuren« seiner Altvordern, die dritte »gründlich« modifizierte Fiesta-Generation

FORD FIESTA

1976
Juni — Vorstellung auf dem Genfer-Salon.
Juni/Juli — Markteinführung in Deutschland und anderen europäischen Märkten.

1977
September — 1,3-Liter Motor (39 kW/53 PS) in den Modellen Ghia und Fiesta S.
Dezember — 500.000 Fiesta sind verkauft.

1980
September — Eine Million Fiesta sind verkauft.

1981
September — Debüt Fiesta XR2 (1,6-Liter Hubraum, 63 kW/84 PS) auf der IAA in Frankfurt.

1983
März — Debüt Fiesta XR2 (1,6-Liter Hubraum, 71kW/96 PS).
Juni/Juli — Debüt Fiesta II. Modifizierte Motoren, neu gestalteter Innenraum, servicefreundlichere Technik.
Sept./Okt. — Verkaufsstart Fiesta Diesel (1,6-Liter Hubraum, 40 kW/54 PS.

1984
Sept./Okt. — Heizungs- und Belüftungssystem modifiziert.

1985
Juni — Dieselmotor besteht TÜV-Abgastest und wird fortan als »schadstoffarm« steuerbegünstigt.

1986
März — 1,4-Liter Motor (55 kW/75 PS) mit Oxidationskatalysator wird als »schadstoffarm« eingestuft.

1987
September — Alle Ottomotoren bekommen einen Oxikat und werden als »schadstoffarm« eingestuft.

1989
August — Fiesta III kommt in den Verkauf. Leistungsvarianten zwischen 40 kW (55 PS) – 76 kW (104 PS), Dieselmotor mit 1,8-Liter Hubraum (44 kW/60 PS). Schaltgestänge modifiziert, überarbeitetes Fahrwerk, neues Getriebe, rostresistentere Karosseriebleche.

1991
Oktober — Debüt Fiesta Courier, Kleinlieferwagen mit Limousinenkomfort. Motorisierung: 1,3-Liter Ottomotor (44 kW/60 PS) mit Kraftstoffeinspritzung, 1,8-Liter Diesel-Wirbelkammermotor (44 kW/60 PS).

1992
— Motorvarianten – nach US '83: 1,1-Liter Ottomotor (37 kW/50 PS); 1,3-Liter Ottomotor (44 kW/60 PS); 1,8-Liter Ottomotor (77 kW/105 PS); 1,8-Liter Diesel (44 kW/60 PS).
März — Sondermodell Calypso mit elektr. Faltschiebedach.

1993
April — Serienausstattung mit Seitenaufprallschutz, Fahrerairbag, Sicherheitsschalter zur automatischen Unterbrechung der Benzinzufuhr bei einem Aufprall.

1994
März — Ottomotoren geprüft nach '93 EEC (Euro I)

1995
Januar — Ottomotoren geprüft nach '96 EEC II (Euro II)

1996
Januar — Debüt Fiesta IV. Fahrerairbag, Seitenaufprallschutz und Gurtstraffer serienmäßig; McPherson Federbeinvorderachse mit Querstabilisator; Hinterachse mit modifizierten Anlenkpunkten und Lagern; hydraulisch betätigte Kupplung; Ottomotoren »schadstoffarm« nach D3; Debüt 1,25-Liter und 1,4-Liter Zetec-SE Ottomotoren mit 55 kW/75 PS bzw. 66 kW/90 PS; optionale Serienausstattung, Beifahrerairbag, ABS, Anfahrschlupfbegrenzung, hydraulische Servolenkung.
September — Wirbelkammer-Dieselmotor 1,8-Liter (44 kW/60 PS) Abgasnorm nach Euro II.

1997
Februar — Beifahrerairbag serienmäßig in allen Modellen.

1998
September — Erweiterte Serienausstattung: Gurtstraffer und -stopper, elektronisch gesteuerte Wegfahrsperre, Wärmeschutzverglasung, geteilte (1/3 zu 2/3) umklappbare Rücksitzlehne. Ottomotoren geprüft nach D4.

1999
September — Facelift mit trapezförmigen Scheinwerfern und modifizierten Rückleuchten; geänderte Serienausstattung, ABS ab-

ABMESSUNGEN

2000
Februar — wählbar, Servolenkung abwählbar; Zetec-SE 1,4-Liter (66 kW/90 PS) entfällt

Fiesta Sport 1,6-Liter Zetec-SE (76 kW/103 PS), D4, spezielle Serienausstattung; Dieseldirekteinspritzer 1,8-Liter Endura DI (55 kW/75 PS), Euro III; Verkaufsende für 1,8-Liter (44 kW/60 PS) Wirbelkammer-Dieselmotor.

2002
Januar — Produktionsende 3. Fiesta-Generation
März — Produktionsanlauf 4. Fiesta-Generation als Fünftürer.
Oktober — Produktionsanlauf Dreitürer.

Die Abmessungen des Ford Fiesta Modelljahr 2002 (3-/5-türer)

In Höhe (1.463 mm) und Breite (1.683 mm) entspricht der Fiesta durchaus schon der nächst höheren Fahrzeugklasse. Doch mit 3.916 mm Gesamtlänge und einem Radstand von 2.486 mm wird klar, der Ford zählt zur Spezies der Kompaktwagen – wenngleich zu den »äußerlich« Großen unter den Kleinen. Davon profitiert der Innenraum: Fünf Erwachsene macht der Fiesta mobil – bei gutem Willen und sportlichem Body auch schon mal auf Überlandstrecken mit erweitertem »Handgepäck«. Der Kofferraum schluckt nach VDA-Norm 284 Liter. Mit komplett umgelegter Rückbank finden im Ford-Heck bis zu 947 Liter »ein Dach über dem Kopf«, bis zur Fensterkante sind's 613 Liter. Damit ist der kleine Ford zwar nicht unbedingt der Klassenprimus – ein durchaus praktischer Zeitgenosse ist er allemal. Zumal sein Kofferabteil auch ohne umgelegte Rückbank die meisten faltbaren Kinderwagen »schluckt«.

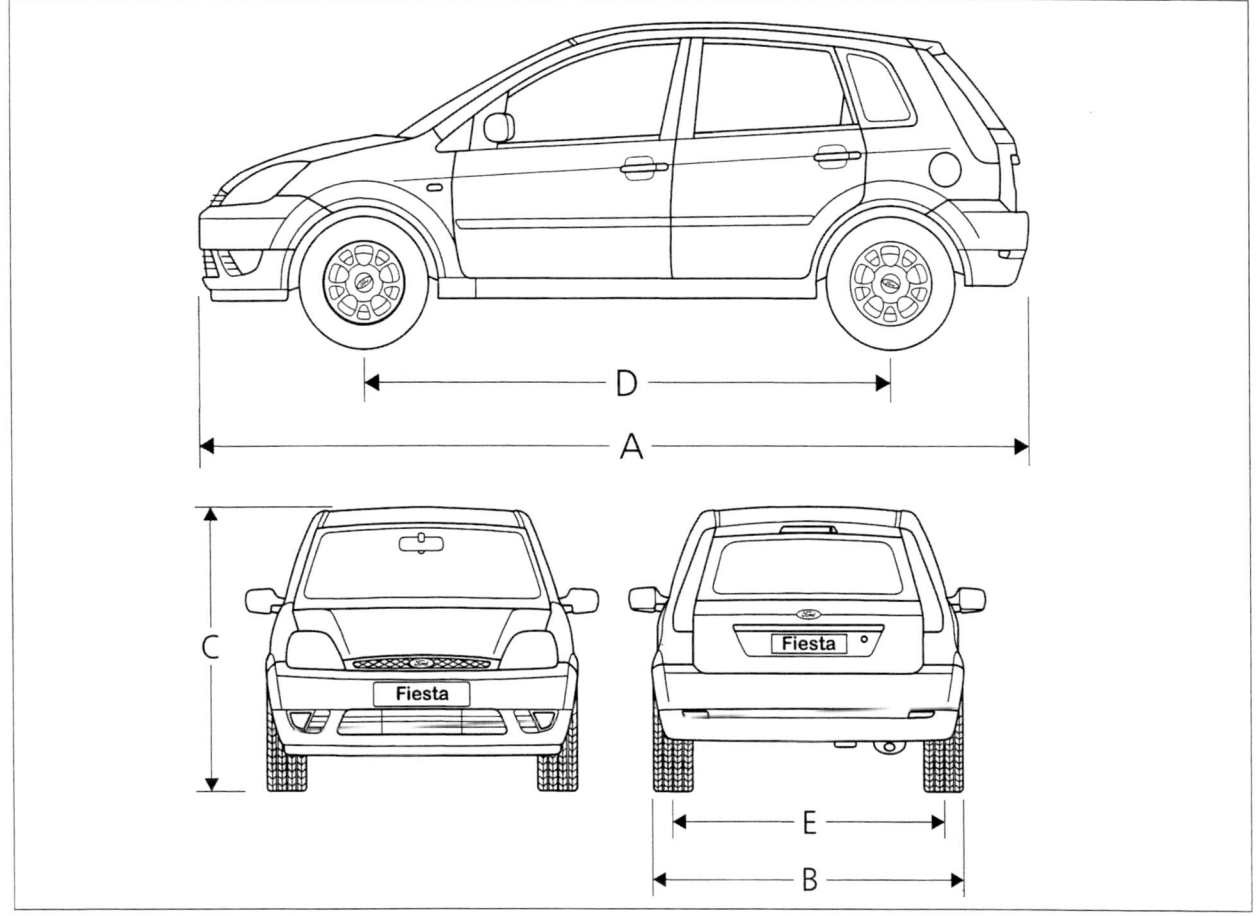

A Länge 3.916 mm, **B** Breite 1.683 mm (ohne Außenspiegel), **C** Höhe 1.432 – 1.463 mm (je nach Rad-/Reifenkombination und Fahrwerk), **D** Radstand 2.486 mm, **E** Spurweite (v) 1.464 – 1.474 mm (je nach Rad-/Reifenkombination), **F** Spurweite (h) 1.434 – 1.444 (je nach Rad-/Reifenkombination).

DIE AUSRÜSTUNG

Arbeitsplatz	17
Mietwerkstatt	17
Ersatzteilkauf	18
Werkzeuggrundausstattung	20
Spezialwerkzeuge	22
Profitipps für Hobbyschrauber	24
Tipps für den Werkstattbesuch	26
Sicherheit geht vor	28
Fahrzeug aufbocken	31

Do it yourselfers Traum: Computer unterstütztes Serviceequipment in der »Bastelstube« – in den meisten Fällen bleibt's beim Traum. Doch geschickte Schrauber kreisen Fehler häufig auch ohne »Bildschirm« ein. Schaffen Sie sich dazu einen aufgeräumten und trockenen Arbeitsplatz, arbeiten mit Qualitätswerkzeug und beschaffen die erforderlichen Ersatzteile schon im Vorfeld.

ARBEITSPLATZ/MIETWERKSTATT

Als Hobbymechaniker brauchen Sie zunächst einen möglichst hellen und freundlichen **Arbeitsplatz**, schließlich möchten Sie sich ja voll aufs Schrauben konzentrieren. Am besten geeignet: Eine ausreichend breite und hell beleuchtete Garage mit eigenem Stromanschluss. Bei gutem Wetter macht Schrauben unter freiem Himmel natürlich noch mehr Spaß. Doch legen Sie grundsätzlich Wert auf eine ebene und gepflasterte Fläche. Außerdem – handeln Sie bei allen Arbeiten »pingelig« nach der Devise: **Safety first**.

Do it yourself unter Aufsicht – in Mietwerkstätten möglich

Mietwerkstätten sind für Hobbyschrauber mit überschaubarem Werkzeugsortiment eine gute Empfehlung. Neben Hebebühnen und einer mehr oder weniger umfangreichen Spezialwerkzeugausstattung bekommen Sie dort mitunter auch kompetente Hilfestellung und fundierte Praxistipps: Probleme sind unter fachkundiger Anleitung ohnehin leichter lösbar – egal ob beim Schrauben oder mit der Technik. Die meisten Mietwerkstätten bieten mehrere Arbeitsplätze, doch mit freien Hebebühnen ist unter der Woche eher zu rechnen als an Wochenenden: Dann nämlich greifen Hobbyschrauber besonders gern zum Schraubenschlüssel. Mietwerkstätten rechnen eine Arbeitsstunde erfahrungsgemäß zwischen 18 bis 23 Euro ab – inklusive Werkzeug. Stöbern Sie einfach mal in den gelben Seiten Ihres Telefonbuchs, im Kleinanzeigenteil Ihrer Tageszeitung, in Anzeigenblättern oder im Internet, dort finden Sie meistens einschlägige Adressen in Ihrer Reichweite. Mitunter hat sogar Ihr Tankwart einen aktuellen Tipp zur »neuesten« Hobbywerkstatt in nächster Umgebung.

Gut vorbereiten – den Werkstattbesuch

Do it yourself in Mietwerkstätten lohnt freilich nur, wenn die Reparatur flott »über die Bühne« geht. Selbst kleinere Arbeiten, bei denen Ihnen die Erfahrung fehlt, erst recht umfangreiche Reparaturen, die Sie zum ersten Mal selbst erledigen möchten, können in Mietwerkstätten locker den Arbeitspreis von Fach- bzw. Vertragswerkstätten übersteigen. Die Praxis zwingt Sie förmlich zu akribischer Planung am grünen Tisch – schließlich möchten Sie Ihren Wagen ja nicht kostspielig auf einer Hebebühne »parken«, währenddessen Sie fehlende Teile oder erforderliches Spezialwerkzeug erst noch beschaffen. Dazu kommt dann meist noch der Zeitdruck derer, die missmutig auf Ihre Hebebühne warten: Denken Sie also schon vor der Reparatur daran, wenn Ihr Auto in einer Mietwerkstatt erst einmal »zur Immobilie« wird, kostet der Stillstand Nerven und Bares allemal ...

So arbeiten Sie effektiv — Praxistipp

- Damit Sie erst gar nicht in Versuchung kommen, Ihrem Fiesta eventuell »falsche« Ersatzteile unterzujubeln, befreien Sie vorab den Arbeitsplatz von »alten Hinterlassenschaften«.

- Legen Sie demontierte Teile grundsätzlich in der Ausbaureihenfolge ab. Das ist während der späteren Montage mehr als die halbe »Miete«.

- Kleinteile deponieren Sie besser in separate Schachteln oder andere Behältnisse. Drehen Sie Schrauben nach dem Ausbau gleich wieder in das entsprechende Gewinde ein. Dann können Sie sicher sein – ALLES sitzt an seinem angestammten Platz und das »nervende« Schraubenpuzzle findet nicht statt.

- Falls sich in der Nähe Ihres »Tatorts« ein Gully oder Ölabscheider befindet, decken Sie ihn während der Arbeit ab – Gitterroste üben auf Kleinteile eine »magische Anziehungskraft« aus.

- Studieren Sie mitgelieferte Reparatur- oder Montageunterlagen vor Arbeitsbeginn. Halten Sie die Unterlagen auch während der Arbeit immer in Reichweite.

- Skizzieren Sie bei umfangreichen Arbeiten die einzelnen Arbeitsschritte. Das verkürzt die spätere Montage und erleichtert die Fehlersuche.

- Bei Arbeiten in den Radkästen, an den Stoßfängern oder unter dem Wagen legen Sie sich nicht auf den nackten Boden: Eine alte Decke schützt Sie gegen Bodenkälte. Und damit auch Öl oder Feuchtigkeit keine Chance hat, isolieren Sie die Unterlage zusätzlich noch mit einer Plastikfolie.

- Bleiben nach der Arbeit Ölspuren auf dem Boden zurück, hilft fürs Erste ein scharfer Haushaltsreiniger oder ein Geschirrspülmittel. Besser sind freilich spezielle Ölfleckentferner aus dem Zubehörhandel.

AUSRÜSTUNG

Rechtzeitig beschaffen – die Ersatzteile

Spätestens dann, wenn Sie mit der Arbeit starten möchten, sollten Sie sämtliche Ersatzteile »greifbar« haben. Stellen Sie darum rechtzeitig eine Ersatzteilliste zusammen, die alle zur Reparatur benötigten Teile aufführt. Berücksichtigen Sie nicht nur direkt betroffene Teile, sondern auch jene Materialien (Dichtungen, Sicherungsringe, Radialwellendichtringe, selbstsichernde Muttern, Fett, flüssiges Dichtmittel, etc.), die zur Reparaturperipherie gehören. Fragen Sie zur Sicherheit einen Ersatzteilverkäufer – er kennt die meisten Arbeitsabläufe und stellt Ihnen das richtige Reparaturset zusammen. Sollten Sie vorab den Reparaturumfang nicht genau abschätzen können, legen Sie den Termin so, dass Sie noch Zeit für einen außerplanmäßigen Besuch beim Zubehör- oder Ihrem Ford-Händler haben. Gehen Sie übrigens niemals davon aus, dass Ihre Vertragswerkstatt ständig alle Teile auf Lager hat – kalkulieren Sie Bestellzeiten ein.

Abhängig vom Nummerncode – das »richtige« Ersatzteil

Im Laufe der Produktionszeit ändern sich manche Details der Serienausstattung, ohne dass daraus gleich ein »neues Auto« resultiert. Für Do it yourselfer wichtig zu wissen: Denn häufig entscheidet über das passende Ersatzteil nicht nur das Baujahr, sondern sogar der Produktionsmonat. Darum erleichtern Sie sich und dem Ersatzteilverkäufer die Arbeit, wenn Sie ihm Ihren Fahrzeugschein oder die Daten des Typenschilds auf den Verkaufstresen legen. Ein geschulter Ersatzteilverkäufer erkennt aus den Nummerncodes das für Ihren Fiesta passende Teil dann mühelos. Und wenn Sie ganz auf Nummer Sicher gehen wollen, dann bringen Sie dem Verkäufer das gereinigte Altteil mit.

Safety first – vergleichen Sie Original- und Fremdteile

Alle Ersatzteile, die Sie für Ihren Fiesta benötigen, erhalten Sie beim Ford-Händler. Doch nicht ALLES müssen Sie dort auch einkaufen: Der solide Zubehörhandel hält ebenfalls ein breites Angebot bereit. Mitunter »finden« Sie dort sogar Teile von Herstellern, die Ford auch in der Erstausrüstung beliefern. Vergleichen Sie also die Preise – vorausgesetzt Service, Qualität und Lieferfähigkeit sind tatsächlich vergleichbar. Gehen Sie niemals Risiken mit No-name-Produkten ein. Die

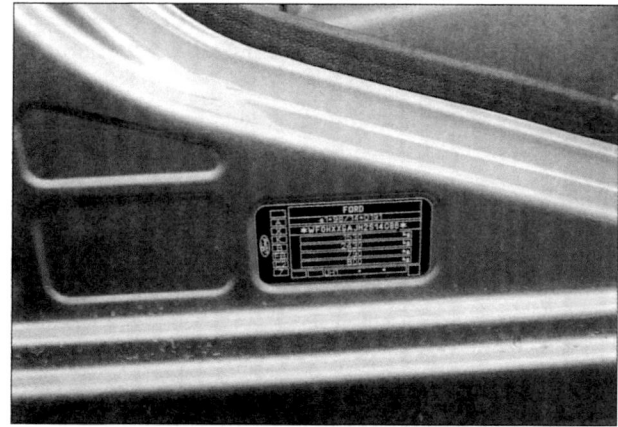

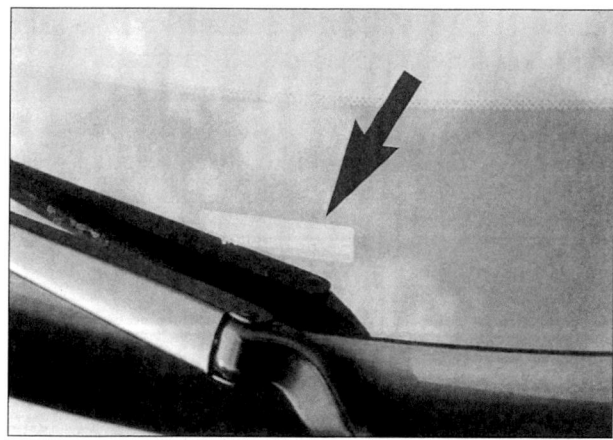

Die »Geburtsurkunde«: Sein Typenschild »trägt« der Fiesta auf der Beifahrerseite im unteren Bereich des Türholms. Die »Platte« dokumentiert das Produktionsdatum, den Fahrzeugtyp, das Gewicht, die Identifizierungsnummer sowie die Art und Herkunft der montierten Aggregate. Die Fahrgestellnummer ist zusätzlich noch auf dem rechten Federbeindom (Pfeil) unter der Motorhaube eingestanzt (mittlere Abb.). Für Cops leicht erkennbar ist die Identifizierungsnummer zudem hinter der Frontscheibe (Pfeil) im linken Bereich der Instrumententafel verewigt. Die Motornummer trägt der Fiesta auf der Motorblockvorderseite in Fahrtrichtung links vor der Kupplungsglocke.

ERSATZTEILE

eingesparten Beträge sind oftmals nur gering und gleichen bei weitem das Sicherheitsmanko nicht aus. Sicher im Sinne von SICHER fahren Sie nur mit Ersatzteilen im Qualitätsmaßstab des Erstausrüsters.

Einleuchtend – billig ist nicht preisgünstig

Bei sicherheitsrelevanten Ersatzteilen ist Sparsamkeit mit »Sicherheit« fahrlässig: Bremsbeläge, Bremsscheiben, Radlager, Antriebswellen und Gelenke sollten Sie grundsätzlich in Erstausrüster- oder Originalqualität mit ABE-Prüfnummer kaufen. Die meisten Billigprodukte erreichen nicht die geforderte Mindestqualität. Und das läuft dann unweigerlich auf ein Vabanquespiel mit Ihrer eigenen und der Sicherheit anderer hinaus. Was nutzen Ihnen beispielsweise billige Bremsscheiben aus undurchsichtigen Herkunftsquellen, die unrund laufen und teure Folgereparaturen initiieren oder – schlimmer noch – bei einer plötzlichen Vollbremsung stante pede »verglühen«?

Ford stimmt die Konsistenz der Reibbeläge auf die Materialbeschaffenheit der Fiesta-Bremsscheiben ab. Die Codenummer(n) dafür finden Sie in der »Allgemeinen Betriebserlaubnis« (ABE). Falls ein Gutachter Ihren Fiesta nach einem ernsteren Unfall begutachtet und Bremsenteile ohne ABE entdeckt, kann Ihre Kfz-Versicherung Sie regresspflichtig machen. Schauen Sie also nicht unüberlegt nur auf den Preis – Ihre Sicherheit und auch die der ANDEREN sollte Ihnen das WERT sein.

Austauschteile – eine preiswerte Alternative

Second hand lohnt sich bei einer Reihe von Ersatzteilen. Original Ford-Austauschteile haben die gleiche Qualität wie ein Neuteil, sind deutlich billiger und unterliegen den gleichen Garantiebestimmungen. Auch der Zubehörhandel bietet zahlreiche Austauschteile an. Bosch vertreibt hierzulande über autorisierte Werkstätten aufbereitete Elektrik- und Gemischaufbereitungsaggregate.

Doch auch solide Autoverwerter sind in vielen Fällen eine gute Adresse – zumindest dann, wenn die Reparatur besonders preisgünstig ausfallen soll und Sie auf Äußerlichkeiten keinen großen Wert legen. Das gilt etwa für Karosseriebauteile wie Türen, Stoßfänger und Motorhauben. Der Kauf gebrauchter Verschleißteile lohnt allerdings nur dann, wenn sie die Qualität »Ihrer Teile« deutlich übertreffen. Wenn Sie bei einem Verwerter fündig werden, müssen Sie das gewünschte Ersatzteil häufig noch selbst demontieren.

Fragen Sie also auf jeden Fall vorher nach dem Preis: Das gebrauchte Teil darf höchstens halb so teuer sein wie ein entsprechendes Neuteil. Und für Verschleißteile »berappen« Sie niemals mehr als ein Viertel des ursprünglichen Neupreises.

Mit »spitzem« Bleistift rechnen – Teil- oder Austauschmotor?

Bei kapitalen Schäden an Kurbeltrieb, Kolben und Motorblock ist der Teilmotor eine wirtschaftliche Alternative zum AT-Motor. Schließlich können Sie ja zur Montage fast sämtliche Aggregate von Ihrem alten Motor übernehmen. Austauschmotoren machen dagegen bei jüngeren und gut erhaltenen Autos Sinn. Fragen Sie in Ihrer Ford-Werkstatt nach. Mitunter »schlummert« bei Ihrem Händler sogar ein passendes »Schätzchen« aus einem neuwertigen Unfalltotalschaden. Außerdem gibt's eine Reihe von Firmen, die auf Komplett- und Teilüberholung von Motoren spezialisiert sind. Solide Instandsetzer garantieren ihre fachmännischen Reparaturen gar nach strengen Qualitätsrichtlinien. Ein Anschriftenverzeichnis solcher Betriebe erhalten Sie beim Verband der Motoren-Instandsetzungsbetriebe e.V., Christinenstraße 3, 40880 Ratingen; Telefon: 02102/44 72 22. Sie können sich die Anschriftenverzeichnisse, nach Firmen und Postleitzahlen geordnet, auch aus dem Internet (www.vmi-ev.de) herunter laden.

Teileeinkauf

Original-/Fremdteile	
Anlasser	Bremsscheiben/-trommeln
Bremsschläuche	/-servo
Farben/Lack	Gelenkwellen
Glühlampen	Bremsleitungen
Keilriemen	**Austauschteile**
Generator	Anlasser
Ölfilter	Antriebs-/Gelenkwellen
Radbremszylinder/-zangen	Getriebe
Scheinwerfer	Generator
Stoßdämpfer	Kupplungsmitnehmerscheibe
Motordichtungen	Kupplungsdruckplatte
Reparaturbleche	Kurbelwelle/nlager
Kupplung	Motorblock mit Kurbeltrieb
Zündkerzenstecker	Scheibenbremssättel
Hauptbremszylinder	Schwungscheibe
Zündkerzen	Teilmotor ohne Zylinderkopf
Zündkabel	Zylinderkopf

AUSRÜSTUNG

Das Werkzeug

Gute Arbeitsergebnisse erzielen Sie nur mit vollständigem und gepflegtem Werkzeug. Überprüfen Sie daher Ihre Ausrüstung vor Arbeitsbeginn: Schlechtes Werkzeug, das schon vor der ersten verrosteten Schraube kapituliert oder sich kurzerhand verbiegt, schafft Probleme und verdirbt Ihnen die Lust. Achten Sie beim Werkzeugkauf auf Qualität – gutes Werkzeug hat seinen Preis und verirrt sich höchst selten als Sonderangebot auf Wühltischen in Baumärkten und Kaufhäusern. Ganz sicher finden Sie es jedoch im Fachhandel. Sollten Sie nur gelegentlich selbst Hand anlegen, reicht die folgende Grundausstattung allemal:

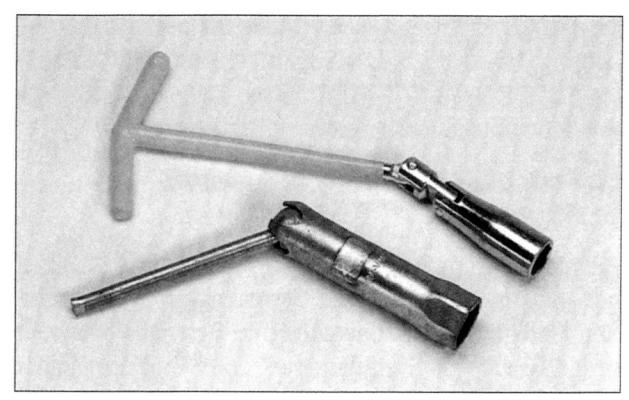

Zündkerzenschlüssel. Ein spezieller Steckschlüssel mit Gummieinsatz. Für »Vielschrauber« auch als Kerzennuss zu empfehlen.

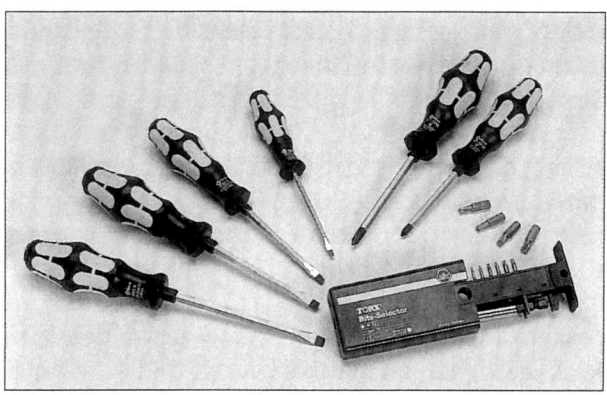

Ein Sortiment Schraubendreher mit stabilem, rutschfestem Griff für Schlitz-, Kreuzschlitz- und Torxschrauben.

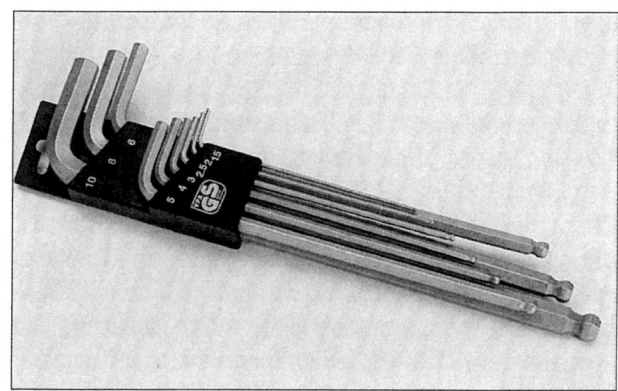

Innensechskantschlüssel (Inbusschlüssel) am Ring in den Größen 2 – 8 Millimeter.

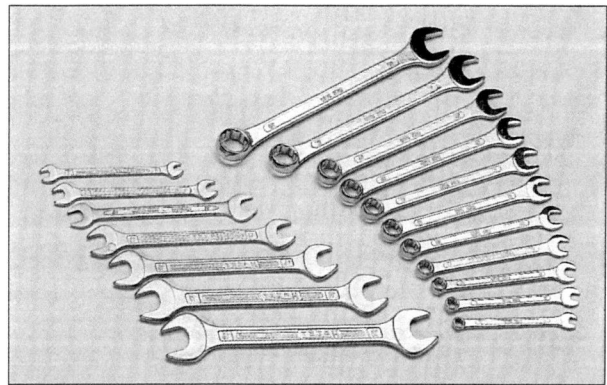

Ein Satz Gabel- und Ringschlüssel. Sinnvoll sind Doppelgabelschlüssel mit Maulweiten zwischen sechs und 19 Millimetern. Ring-/Gabelschlüssel mit den Schlüsselweiten 10, 13, 17 und 19 Millimeter sollten Sie für gekonterte Schraubverbindungen in doppelter Ausführung anschaffen.

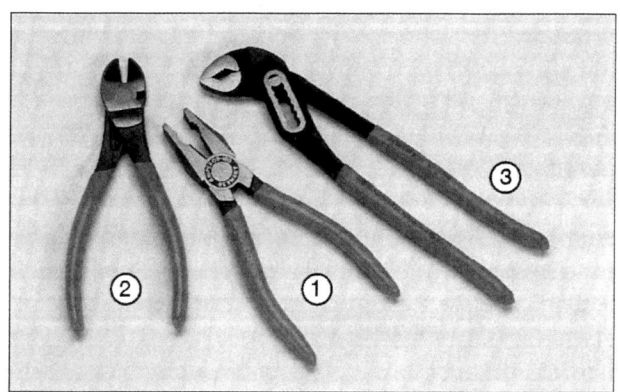

Kombizange ❶, Seitenschneider ❷ und Wasserpumpenzange ❸ (Länge mindestens 240 mm). Damit biegen, fixieren, drehen und trennen Sie fast alle Materialien an Ihrem Auto.

WERKZEUG

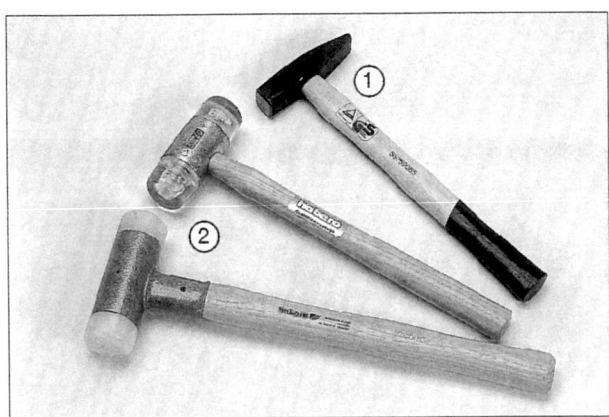

Schlosserhammer ❶ (empfohlenes Gewicht ca. 300 g). Zusammen mit einem Durchschlag löst er beispielsweise festsitzende Bolzen. Empfindliche Bauteile wie Lager, gegossene oder gehärtete Teile werden mit einem Kunststoff- oder Gummihammer ❷ bearbeitet.

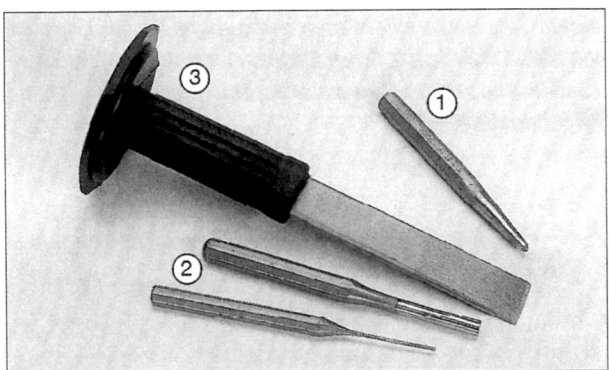

Mit einem Körner ❶ schlagen Sie Bohrlöcher an. Durchschläge ❷ (Durchmesser 3 und 6 mm) sind bei Montage- und Demonagearbeiten an Fahrwerk, Motor und Bremsen universell einsetzbar. Mit einem Flachmeißel ❸ (gehärtete Schneide) werden Sie zur Not auch mit deformierten oder festgerosteten Schraubverbindungen fertig.

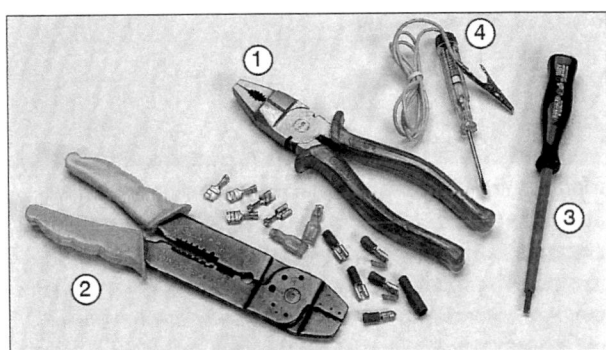

Arbeiten an Kabelbäumen oder der Elektrik setzen – als Grundausstattung – isolierte Kreuz-/Schlitzschraubendreher ❸ (Größe 1, 2, 3), eine Phasenprüflampe ❹ sowie eine isolierte Kombi- ❶ und Quetschzange ❷ voraus.

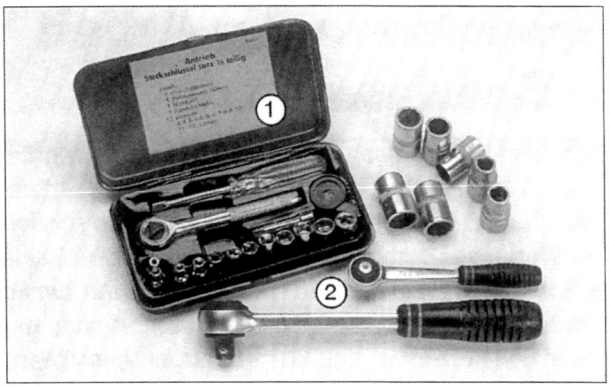

Arbeiten im Motorraum, unter dem Fahrzeug, am Fahrwerk sowie an den meisten Nebenaggregaten erledigen Sie am besten mit einer Umschaltknarre ❷ (1/2-Zoll-Antrieb) und den entsprechenden Schlüsselaufsätzen (Nüsse). In der Regel kaufen Sie einen kompletten »Knarrenkasten« ❶ (Aufsätze 10–32 Millimeter, Gelenkstück, lange/kurze Verlängerung, Knebel) günstiger als einzelne Teile. Für Arbeiten im Innenraum ist ebenfalls ein »Knarrenkasten« sinnvoll. Hier reicht allerdings ein kleinerer 1/4-Zoll-Antrieb. Neben Kreuz-, Torx-, Schlitzschrauben und Kunststoffclips verbauen die Hersteller vorwiegend Schrauben mit Schlüsselweiten (SW) 6 bis 13 mm.

Bordwerkzeug komplett? *Praxistipp*

Checken Sie das Bordwerkzeug Ihres Fiesta möglichst vor einer Panne. Denn wenn Ihnen bei einer Panne irgendwo am Straßenrand die passenden Werkzeuge fehlen, ist die beste Grundausstattung in der Garage völlig für die Katz. Sind Bordwagenheber, Radkreuz ❶, Kombizange ❷, Ersatzkabel ❸, Isolierband ❹, Lampenset ❺, Ersatzsicherungen ❻, Abschleppseil ❼, Starthilfekabel ❽ und Taschenlampe ❾ mit von der Partie? Falls nicht, sorgen Sie schnellstens dafür – im eigenen Interesse. »Auch dieses Reparaturhandbuch ist an Bord sinnvoller aufgehoben, als Zuhause im Bücherregal.«

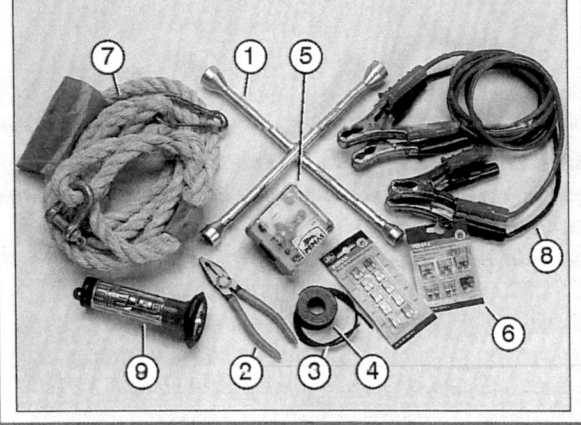

Erleichtern die Arbeit – Spezialwerkzeuge

Mit einer vernünftigen Grundausstattung können Sie viele Wartungs- und Reparaturarbeiten selbst erledigen. Für einige Arbeiten brauchen Sie jedoch spezielles Werkzeug. Darüber hinaus bietet der Handel eine Reihe von Werkzeugen und Geräten an, mit denen Wartungs- und Reparaturarbeiten leichter von der Hand gehen. Was ist sinnvoll? Hier unser Vorschlag:

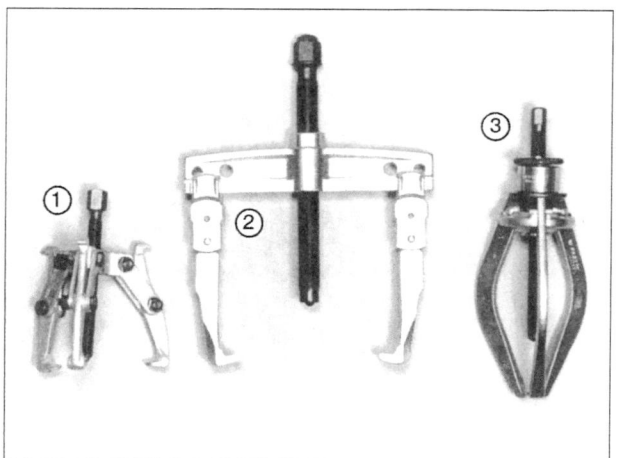

Da widerstehen weder Lager noch Naben: Abzieher in diversen Formen und unterschiedlichen Funktionen. Wenn Sie Radlager, Achsnaben oder Spurstangenköpfe von ihrer »Umgebung« befreien müssen, kommen Sie, ohne größere Schäden an besagten Teilen anrichten zu wollen, an einem Satz Universalabzieher nicht vorbei. In ganz speziellen Fällen sind sogar Spezialabzieher die erste Wahl. ❶ Dreiklauenabzieher, ❷ verstellbarer Zweiklauenabzieher, ❸ Innenabzieher.

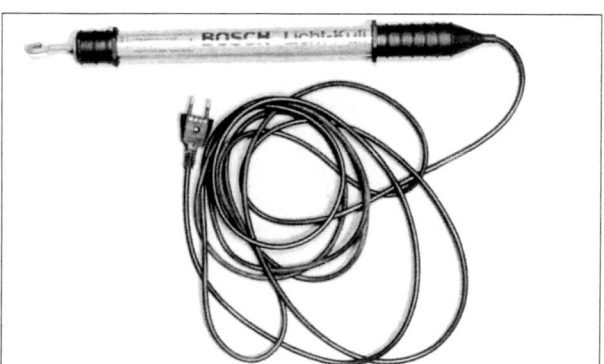

Es werde Licht: Mit gutem Licht gehen die meisten Arbeiten schneller von der Hand. Doch längst nicht jede Lichtquelle ist gleichermaßen geeignet. Eine praktische Handstablampe – im ölresistenten und schlagsicheren Gehäuse – leistet erfahrungsgemäß die besten Dienste, erst recht, wenn Sie zu Überkopfarbeiten eine blendfreie Beleuchtung benötigen.

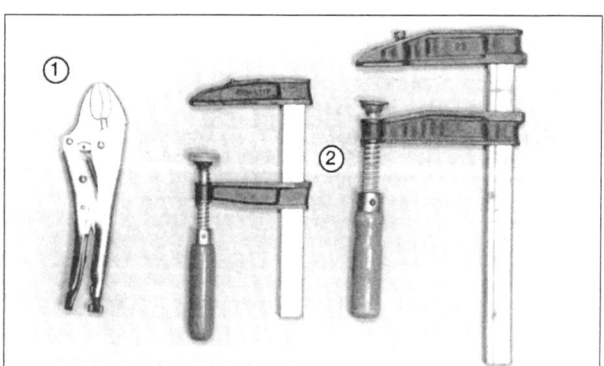

Ersetzen die »dritte Hand«: Gripzange ❶ und Schraubzwingen ❷. Sobald Sie, beispielsweise zu Karosseriearbeiten, größere Bleche oder Formteile provisorisch fixieren müssen, sind besagte drei Klammerhilfen nahezu unentbehrlich. Schraubzwingen gibt's in allen erdenklichen Größen und Qualitäten. Gripzangen sind besonders hilfreich zum Ausrichten von kleineren Reparaturblechen, Seitenteilen oder Ersatzkotflügeln. Je nach Materialstärke können Sie die Maulweite per Spindel schnell und »passend« einstellen.

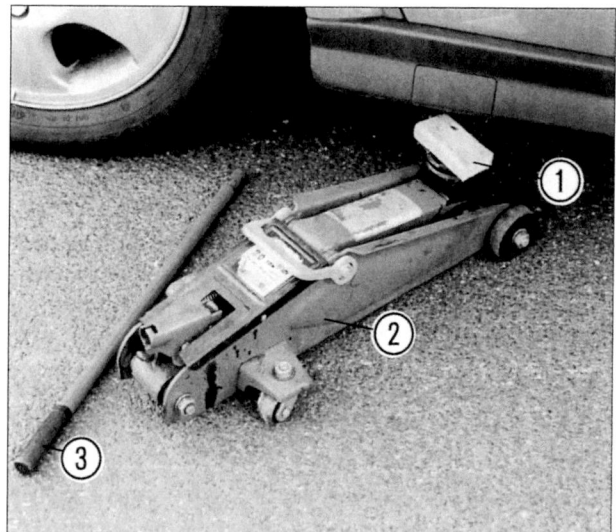

Mobillift: Ein Rangierwagenheber bereichert die Grundausstattung einer jeden Hobbywerkstatt. Er realisiert unter anderem »kleine Rangiermanöver unter Last«. Um Schäden am Wagenboden oder anderen Hebepunkten zu vermeiden, unterfüttern Sie den Hebeausleger grundsätzlich mit einem lastverteilenden Hartholz ❶. Achten Sie gleichfalls darauf, dass der Heber ❷ möglichst waagerecht unter dem Anhebepunkt steht und Sie die »Liftstange« ❸ nicht als »Montierhebel« oder »Presswerkzeug« missbrauchen.

SPEZIALWERKZEUG

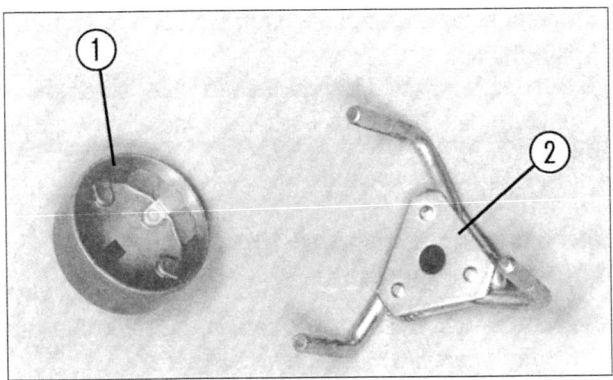

Nimmt Ölfilterpatronen in die Zange: Ford-Werkstätten arbeiten mit Spezialschlüsseln ❶, die nur auf einen Filtertyp passen. Die drei Greifklauen des Universalschlüssels ❷ »fesseln« dagegen unterschiedliche Filtergehäuse sobald Sie den Abzieher überstülpen und per Maul-, Steck- oder Inbusschlüssel losdrehen.

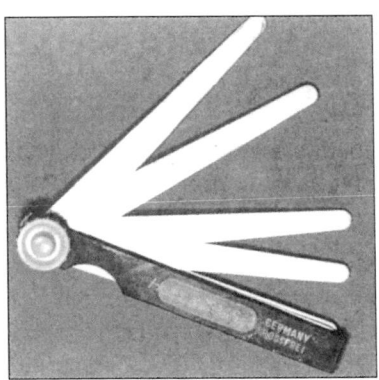

Vermisst Zwischenräume: Fühlerblattlehre mit unterschiedlichen Messstreifen. Immer dann, wenn in diesem Band die Rede vom Spaltmaß ist, zum Beispiel beim Ventilspiel, bei ABS-Radsensoren oder kontaktlosen Geberelementen, können Sie mit einer Fühlerblattlehre das exakte Maß bestimmen. Der Messbereich guter Lehren reicht von 0,05 bis 1mm.

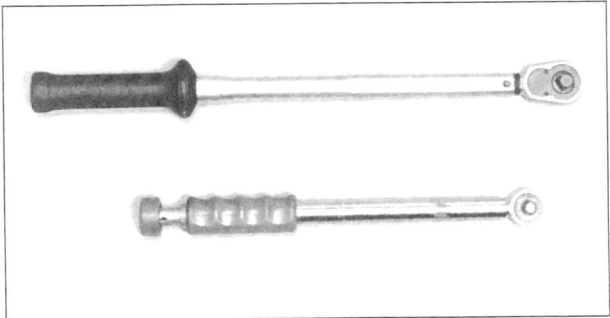

»Knackt oder verbiegt sich« programmgemäß: Drehmomentschlüssel. Je nach Drehmomentbereichen gibt es unterschiedliche Ausführungen. Wir raten Ihnen zum Kauf eines Schlüssels mit integriertem Ratscheneinsatz und ½ Zoll Anschlussvierkant.

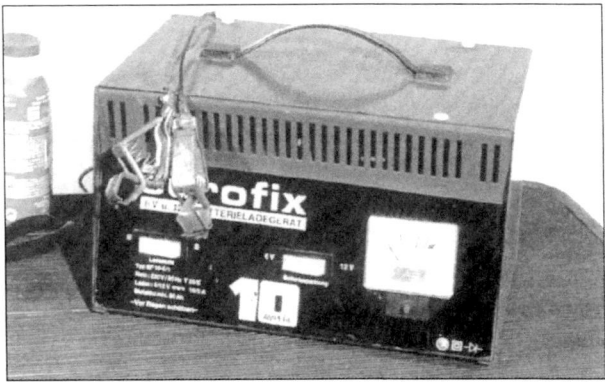

Macht müde Batterien munter: Ein Batterieladegerät mit automatischer Ladestromregelung gehört in jede »ernsthafte« Do it yourself Werkstatt. Besonders in der kalten Jahreszeit und an vorübergehend stillgelegten Autos leistet es wertvolle Hilfe. Erst recht, wenn Sie Ihr Auto – mit diversen Bordverbrauchern – überwiegend im Kurzstreckenverkehr bewegen, kann der Generator die Batterie häufig nicht mehr bei Laune halten. Der Stromspeicher macht dann schlapp und der Anlasser bleibt stumm.

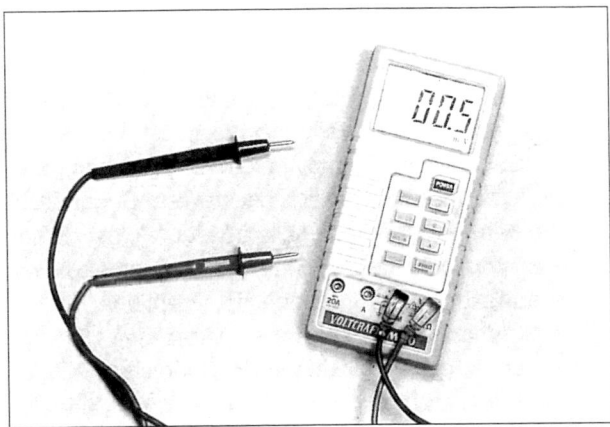

Für elektronische Bauteile unverzichtbar: Multimeter. Ambitionierte Schrauber kommen nicht ohne Multimeter aus. Erst recht, wenn Sie elektronische Bauteile oder widerstandsgesteuerte Schalter inspizieren müssen.

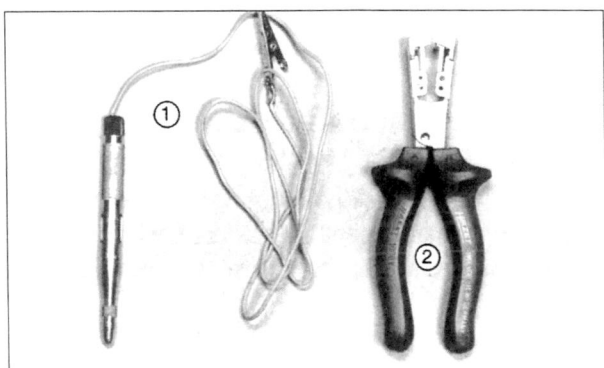

Signalisiert »Ströme« und »strippt« Kabelisolationen: Prüflampe (Durchgangsprüfer) ❶ und Abisolierzange ❷. Ein »Muss« in herkömmlichen Bordnetzen und konventionellen Kabelbäumen. Für Arbeiten an diffizilen elektronischen Schaltungen weniger erforderlich.

AUSRÜSTUNG

Erfahrungssache – Profitipps für Hobbyschrauber

So manchem Hobbyschrauber haben unlösbare oder abgerissene Schrauben das Erfolgserlebnis schon gründlich verdorben. Damit Sie dagegen und gegen weitere »Probleme« gefeit sind, an dieser Stelle ein paar Tipps und Kniffe der Profis.

Verrostete Schraubverbindungen lösen

Bevor Sie eine fest gerostete Mutter bzw. Schraube lösen, sollten Sie frei liegende Gewindegänge von Schmutz und Rost befreien. Andernfalls wird nämlich die Reibung auf den Gewindeflanken zu groß, und der Gewindebolzen schert Ihnen ab.

- Säubern Sie das Gewinde mit einer Drahtbürste und sprühen es anschließend mit Rostlöser ein.
- Bei Schnellrostlösern drehen Sie die Mutter sofort los, lassen Sie …
- … andere Rostlöser (Öl, Petroleum, Diesel, Cola, etc.) erst einige Zeit einwirken.

Umgang mit selbstsichernden Muttern — Praxistipp

Selbstsichernde Muttern klemmen satt auf dem Gewinde und lockern sich auch bei Vibrationen nicht. Dazu besitzen sie eine Kunststoffeinlage oder eine leicht verschränkte Gewindepassage. Sie sollten selbstsichernde Muttern grundsätzlich nur einmal verwenden, ihre Sperrwirkung lässt bei mehrfachem Gebrauch nach.

Beschädigte Muttern lösen

- Wenn Sie eine Sechskantmutter mit dem Gabelschlüssel rund gedreht haben oder Rost die Anlageflächen bereits zerstört hat, ist Gewalt häufig das letzte Mittel.
- Bei kleineren Muttern hilft dann ab und an noch eine stabile Gripzange. Häufig können Sie den angefressenen Sechskant damit noch fest greifen und die Verbindung lösen.
- Hilft das nicht weiter, meißeln Sie die Mutter mit einem scharfen Meißel auf. Werkstätten »killen« widerspenstige Exemplare häufig mit einem Mutternsprenger.
- Gut zugängliche Muttern können Sie außerdem – entlang des Gewindes – mit einer Metallsäge aufsägen.

Innensechskant- und Innenvielzahnschrauben lösen

- Ehe Sie das Werkzeug ansetzen, befreien Sie das Schraubenloch von jeglichem Schmutz.
- Zum Lösen solcher Schrauben eignen sich am besten Steckeinsätze mit langem Sechskant bzw. Vielzahn.
- Im Gegensatz zu gebräuchlichen Winkelschlüsseln (bei denen die Kraft immer schräg ansetzt) vertragen Steckeinsätze auf der Adapterseite auch einen Hammerschlag. Der Schlag – im Notfall sogar direkt auf den Schraubenkopf – lockert meistens die Schraube ein wenig und erleichtert das Lösen.

Schraube fällt aus dem Werkzeug — Praxistipp

Müssen Sie an einer schwer zugänglichen Stelle eine Schraube oder Mutter ansetzen, fixieren Sie den Kopf vorher mit etwas Karosseriekitt, zähem Schmierfett oder einem Klebestreifen im bzw. am Werkzeug. Dieser einfache Trick wirkt häufig Wunder.

Schlitz- und Kreuzschlitzschrauben lösen

- Schon nach relativ kurzer Zeit können Schrauben so fest sitzen, dass Sie einen normalen Schraubendreher damit schlichtweg überfordern. Bei Kreuzschlitzschrauben kommt erschwerend hinzu, dass der Schraubendreher auch bei starkem Gegendruck aus dem Kreuzschlitz »desertiert«. Folge: Schon nach wenigen Versu-chen ist der Schraubenkopf vermurkst und die Schraube »Ihr Problem«.
- »Festgebackene« Schrauben versuchen Sie zunächst mit einem knackigen Hammerschlag auf den Schraubenkopf zu »bewegen«. Wenn Sie den Schraubenkopf nicht direkt mit dem Hammer erreichen, setzen Sie einen passenden Schraubendreher mit stabilem Griff an und traktieren die Verbindung mit Schlägen auf den Griff.

PROFITIPPS FÜR HOBBYSCHRAUBER

- Häufig reicht das schon und die oft nur am Kopf korrodierte Schraube bricht los und lässt sich dann normal lösen.
- Bleiben Sie erfolglos, versuchen Sie Ihr Glück mit einem Schlagschrauber und dem passenden Einsatz. Schlagschrauber setzen jeden Hammerschlag an der Schraube in eine Drehbewegung um – dem widersteht praktisch keine Schraube.

Blechschrauben ausbohren

- Können Sie in einem »vernudelten« Schraubenkopf kein Werkzeug mehr ansetzen, bohren Sie die Schraube eben aus.
- Zunächst bohren Sie mit einem entsprechend großen Bohrer den Schraubenkopf aus. Große Schraubenköpfe bohren Sie zunächst mit einem kleineren Bohrer vor.
- Ohne Kopf können Sie die Schraube entweder mit einem Durchschlag aus dem Bohrloch treiben oder von der Rückseite mit einer Gripzange herausdrehen.
- In besonders hartnäckigen Fällen müssen Sie freilich den gesamten Gewindebolzen mit einem Bohrer »ausschälen«. Wählen Sie den Bohrer möglichst klein, ansonsten zerstören Sie das Gewinde und das Schraubenloch wird zu groß.

Umgang mit Stehbolzen

- Stehbolzen (Gewindestange) bieten einem Schraubenschlüssel meist keine Anlagefläche. Sollten Sie keinen Stehbolzenausdreher haben, schaffen Sie auf dem Stehbolzen eine provisorische Schraubmöglichkeit.
- Schweißen Sie zum Lösen eine Mutter auf dem überstehenden Bolzengewinde fest oder Sie kontern zwei Muttern gegeneinander. Zum Lösen gekonterter Muttern setzen Sie den Schraubenschlüssel immer an der unteren Mutter an. Zum Festziehen nutzen Sie grundsätzlich die obere Mutter.

Abgerissene Schrauben ausbohren

Wichtig: Schonen Sie möglichst das Außengewinde.
- Geben Sie zunächst einen Körnerschlag exakt in die Mitte des Schraubenstumpfs und ...
- ... bohren ihn dann an: Bis Schraubengröße M 8 schafft das ein so genannter Kernlochbohrer. Als Kernloch wird der Durchmesser einer »rasierten« Schraube, also der Durchmesser ohne Gewindeflanken, bezeichnet. Bis zur Schraubengröße M 6 gilt die Faustregel: Gewindedurchmesser multipliziert mit 0,8. Beispiel: Verschraubung M 6 x 0,8 = Kernlochdurchmesser 4,8. Ab Schrauben > M 8 sollten Sie mit einem dünneren Bohrer vorbohren.
- Die in den Gewindegängen verbliebenen Metallreste können Sie bisweilen mit einer Reißnadel oder Stabmagneten entfernen. Falls nicht, schneiden Sie das Gewinde eben nach.

Gewinde schneiden

Leichtmetall hat eine geringere Festigkeit als etwa Stahl, dem zufolge Reißen Gewinde hier besonders leicht aus. Solange um das alte Gewinde herum noch genügend Materialsubstanz vorhanden ist, können Sie ein größeres Gewinde einschneiden. Andernfalls lassen Sie in der Fachwerkstatt eine Gewindebuchse (z. B. Heli-Coil) einsetzen. Neue Gewinde schneiden Sie in drei Stufen. Die entsprechenden Gewindeschneider heißen daher Vorschneider (ein Ring am Schaft), Mittelschneider (zwei Ringe am Schaft) und Fertigschneider (ohne bzw. drei Ringe am Schaft).
- Drehen Sie die Gewindeschneider unter ständigem Ölen nacheinander in das vorgebohrte Kernloch ein und aus.
- Um die Schneider nicht abzureißen, nehmen Sie immer nur kleine Vorwärtsdrehungen (max. 1/8 des Umfangs) vor. Drehen Sie danach den Schneider immer so weit zurück, bis die Schneidspäne abbrechen und der Schneider nicht mehr klemmt.

Schraubengröße und Drehmoment

Normalen Schrauben und Muttern reichen Standarddrehmomente. Versierte Hobbyschrauber haben bei einfachen Verschraubungen das Drehmoment im »Handgelenk«. Falls Sie jedoch Ihrem Handgelenk misstrauen, werkeln Sie mit einem Drehmomentschlüssel immer auf der sicheren Seite. Für die gebräuchlichsten Schraubverbindungen gelten folgende Drehmomente:

Gewindedurchmesser (mm)	6	8	10	12	14
Drehmoment (Nm)*	10	25	49	85	135

*Die genannten Drehmomente gelten nicht für Sonderschrauben und Schrauben in Leichtmetall.

AUSRÜSTUNG

Tipps für den Werkstattbesuch

Inspektion und Garantie   *Praxistipp*

- Zur Inspektion checken Werkstätten in erster Linie Zustand und Funktion jener Baugruppen, die der Zuverlässigkeit und Sicherheit Ihres Autos dienlich sind. Falls nötig werden im Rahmen der Inspektion natürlich auch Verschleißteile ersetzt.
- Schon nach einer Laufzeit von 20.000 Kilometern kann unter widrigen Umständen an Bremsanlagen, Radaufhängungen, Reifen und Lenkung deutlicher Verschleiß auftreten. Mit regelmäßiger Wartung halten Sie also nicht nur Ihren Fiesta fit, sondern steigern vor allem auch Ihre eigene Sicherheit.
- Ford »bittet« den Fiesta alle 20.000 Kilometer zum Servicecheck mitsamt Ölwechsel in die Werkstatt. Unabhängig von der Laufleistung sollte der Fiesta jedoch grundsätzlich alle zwölf Monate auf die Hebebühne.
- Falls Sie zu den Wenig- und überwiegend Kurzstreckenfahrern gehören, empfehlen wir Ihnen, unabhängig von allen Wartungs- und Schmiervorschriften, einen jährlichen Motorölwechsel.
- Sollten Sie einen neuen Fiesta fahren oder Ihren »Alten« gerade mit einem Austauschmotor »reanimiert« haben, halten Sie die vorgeschriebenen Wartungsintervalle unbedingt ein und verzichten aufs Do it yourself. Ford erfüllt berechtigte Garantieansprüche nämlich nur dann, wenn eine Vertragswerkstatt die anfallenden Wartungsarbeiten auch nachweisbar erledigt hat.

Anders gesagt, auch Ihr Fiesta kommt an der Vertragswerkstatt nicht vorbei – zum Beispiel anlässlich der regelmäßigen Wartungsintervalle. Auf jeden Fall jedoch so lange, wie die Neu- oder Gebrauchtwagengarantie noch greift. Im Neuzustand bietet Ihr Fiesta eine Zweijahresgarantie ohne Kilometerbegrenzung. Gegen »verfaulte« Karosseriebleche übernimmt Ford eine 12-jährige Garantie.

Nach Ablauf der Neuwagengarantie bieten Ford-Händler Ihnen einen »Ford Protection Garantieschutzbrief plus« (FGS). Er streckt den Garantiezeitraum für Ihren Fiesta, mit entsprechenden Verträgen, auf insgesamt fünf Jahre, respektive 100.000 Kilometer.

Die ersten 24 »Lebensmonate« Ihres Fiesta begleitet Ford in über 30 europäischen Ländern und 24 Stunden am Tag ohnehin mit einer kostenlosen Mobilitätsgarantie. Das »sorglos Päckchen« umfasst Leistungen wie Pannenhilfe, Abschleppdienst, Mietwagenservice, Hotelübernachtung oder die Organisation Ihrer Weiterreise per Bahn bzw. Flugzeug.

Und wie sieht's mit der Mobilitätsgarantie bei einem Second hand Fiesta aus? Kein Problem – Ihr Ford-Händler »versichert« auch ältere Autos.

Nicht vergessen – Werkstattauftrag präzise erteilen

Um vermeidbaren Ärger mit der Werkstatt aus dem Weg zu gehen oder wenn Ihnen einfach mal die Zeit fürs Do it yourself, die nötige Erfahrung oder teures Spezialwerkzeug fehlen, kommen Sie an der Werkstatt ohnehin nicht vorbei. In jenen Fällen haben Sie allerdings selbst großen Einfluss darauf, ob die professionelle Hilfe Ihren Vorstellungen entspricht und Sie zufrieden vom Hof fahren. Beachten Sie darum schon bei Ihrem nächsten Werkstattbesuch die folgen Umgangsregeln und Tipps.

Wohin mit dem Fiesta – Vertrags- oder freie Werkstatt?

- Welche Werkstatt Sie mit Ihrem Fiesta aufsuchen, steht Ihnen grundsätzlich frei. Neben der Vertragswerkstatt können auch freie Werkstätten durchaus eine gute Adresse sein. Viele Reparaturen führen »Freie« mit vergleichbarer Kompetenz wie Vertragswerkstätten aus. Ölwechsel, neue Bremsbeläge, Bremsscheiben, Reifen und Stoßdämpfer sind dort häufig sogar günstiger. Achten Sie jedoch grundsätzlich darauf, dass die Werkstatt ein Meisterbetrieb ist und der Kfz-Innung angehört.
- Innerhalb der Garantiezeit ist Ihr Fiesta jedoch grundsätzlich ein Fall für die Vertragswerkstatt. Das gilt für Inspektionen wie für die meisten Aggregatereparaturen. Einfache Blech- oder Lackschäden können Sie – trotz Garantie – durchaus in Eigenregie beheben oder von einer freien Werkstatt erledigen lassen. Bei späteren Reparaturproblemen könnte es dann mit der Werksgarantie allerdings kritisch werden.

Schriftlich formulieren – Reparaturauftrag

- Stellen Sie eine Liste der Symptome und Mängel zusammen, die Sie bemerkt haben. Gehen Sie die Liste Punkt für Punkt mit dem Werkstattmeister oder seinem Vertreter durch. Wenn Ihnen dabei etwas unklar bleibt, fragen Sie nach oder Sie demonstrieren die Mängel direkt am Fahrzeug.

TIPPS FÜR DEN WERKSTATTBESUCH

- Formulieren Sie präzise Reparaturaufträge: Pauschalaufträge wie »TÜV-fertig machen« oder »für den Urlaub herrichten« programmieren geradezu späteren Ärger. Etwa dann, wenn Sie für Arbeiten zur Kasse gebeten werden sollen, die Ihrer Meinung nach unnötig waren.
- Erteilen Sie Reparaturaufträge stets schriftlich. Der Auftrag muss auszuführende Arbeiten möglichst genau umreißen. Lassen Sie sich immer von der Werkstatt eine Auftragsbestätigung aushändigen.

Damit Sie nachher nicht auf »den Rücken« fallen – vorher nach den Reparaturkosten fragen

- Bevor Sie einen Reparaturauftrag erteilen, lassen Sie sich die voraussichtlichen Lohn- und Materialkosten splitten. Legen Sie für eventuell erforderliche Zusatzarbeiten eine Preisgrenze fest. Ist der Arbeitsumfang vorab nur vage zu bestimmen, nennen Sie der Werkstatt Ihr eigenes Reparaturkostenlimit.
- Fragen Sie nach den voraussichtlichen Diagnosekosten. Wenn Ihr Auto beispielsweise zu viel Kraftstoff verbraucht oder schlecht anspringt, wenn der Motor stottert oder Sie merkwürdige Geräusche an den Rädern hören, ist die Diagnose häufig teurer als die eigentliche Reparatur. Begrenzen Sie daher auch die Fehlersuche mit einem Preislimit.
- Damit Sie bei Rückfragen erreichbar sind, geben Sie der Werkstatt Ihre Telefonnummer. Ein Rückruf muss immer dann stattfinden, wenn die Reparatur umfangreicher oder teurer als vereinbart wird. Lassen Sie auch zusätzliche Absprachen schriftlich auf dem Werkstattauftrag festhalten.
- Bitten Sie die Werkstatt bei umfangreichen Reparaturen um einen schriftlichen Kostenvoranschlag. Solide Werkstätten berechnen Ihnen in der Regel den Kostenvoranschlag nur dann, wenn die anschließende Reparatur nicht stattfindet. Bei unvorhersehbaren Arbeiten darf die Rechnung den Kostenvoranschlag um maximal 15 – 20 Prozent überschreiten. Bis zu 30 Prozent günstiger – spezielle Teile- und Serviceangebote.

Bis zu 30% günstiger – spezielle Teile- und Serviceangebote

- Sobald Ihr Fiesta in die Jahre kommt, lohnt es sich, nach speziellen Teile- und Serviceangeboten zu fragen. Nicht nur Ford-Vertragswerkstätten bieten oft Servicepakete inklusive preisgünstiger Originalteile an – Sie können hier locker bis zu 30 Prozent sparen. Fragen Sie Ihren Ford-Händler einfach mal nach seinen aktuellen Serviceangeboten.
- Bei einem Aggregateaustausch müssen Neuteile nicht grundsätzlich Ihre erste Wahl sein: Erkundigen Sie sich nach aufbereiteten und geprüften Austauschteilen. Damit sparen Sie »Bares« – natürlich bei vergleichbarer Qualität. Prädestinierte Austauschteile sind Motor, Kraftstoffeinspritzanlage, Getriebe, Kupplung, Lichtmaschine, Anlasser und die Wasserpumpe.
- Ein Ölwechsel in der Werkstatt oder an der Tankstelle geht mitunter ins Geld: Professionelle Schmiermaxen spendieren Ihrem Auto gerne den teuersten Saft. Fragen Sie nach preisgünstigeren Ölsorten mit der gleichen Spezifikation – in der Regel läuft Ihr Fiesta damit nicht schlechter.

Gemeinsam mit dem Werkstattmeister checken – die Reparaturrechnung

- Checken Sie die Werkstattrechnung nach der Reparatur zusammen mit dem Meister oder Kundendienstberater. Lassen Sie sich unverständliche Abkürzungen und Fachbegriffe vor Ort erklären.
- Auf der Rechnung sollten Posten wie Arbeitslohn, Material und Mehrwertsteuer separat aufgeschlüsselt sein. Fehlerhafte Rechnungen können Sie binnen sechs Wochen nach Erhalt reklamieren.

Rechtzeitig monieren – mangelhafte Reparaturen

- Mangelhafte Reparaturen sollten Sie umgehend monieren. Meisterbetriebe müssen für die Arbeit 6 Monate gerade stehen (Gewährleistung). Für Folgeschäden, hervorgerufen durch unsachgemäße Reparaturen, haften autorisierte Werkstätten natürlich auch.
- Wenn Ihnen bei der Fahrzeugübernahme bereits die ersten Mängel auffallen, kann die Werkstatt Ihnen trotzdem den vollen Reparaturumfang berechnen. Vermerken Sie in solchen Fällen auf der Rechnung, dass Ihre Zahlung ausschließlich unter Vorbehalt und nach Aufforderung erfolgte.
- Tragen Sie dem Werkstattmeister Ihre Reklamationen in einem sachlichen »Ton« vor. Lassen sich Unstimmigkeiten vor Ort nicht ausräumen, helfen Schiedsstellen der Kfz-Innung kostenlos weiter – vorausgesetzt, Ihre Werkstatt ist Innungsmitglied. Adressen von Kfz-Schiedsstellen nennen Ihnen zum Beispiel die Zentrale für Verbraucherberatung, Ihr Automobilclub oder der ZDK e.V., Franz-Lohe-Str. 21, 53129 Bonn.

AUSRÜSTUNG

Safety first – oberstes Gebot für Do it yourselfer

Wir haben es bereits mehrfach erwähnt und wiederholen uns ganz bewusst: Räumen Sie der Sicherheit – erst recht beim Do it yourself am eigenen Auto – absolute Priorität ein. Muten Sie sich darum nur Arbeiten zu, die Sie wirklich beherrschen. Nehmen Sie handwerkliche Tätigkeiten, mit denen Sie in der Praxis bislang wenig oder gar keine Erfahrung hatten, bitte niemals auf die leichte Schulter. Unsachgemäß ausgeführte Reparaturen haben früher oder später im öffentlichen Straßenverkehr fatale Folgen – übrigens nicht nur für Sie, sondern gleichermaßen auch für unbeteiligte Dritte.

Zündende Verbindung: Lassen Sie den Glimmstängel bei Wartungs- und Reparaturarbeiten an Ihrem Fiesta besser in der Schachtel. Ansonsten gefährden Sie sich und »Ihre Werkstatt«. Erst recht, wenn Sie an der Kraftstoffanlage schaffen müssen.

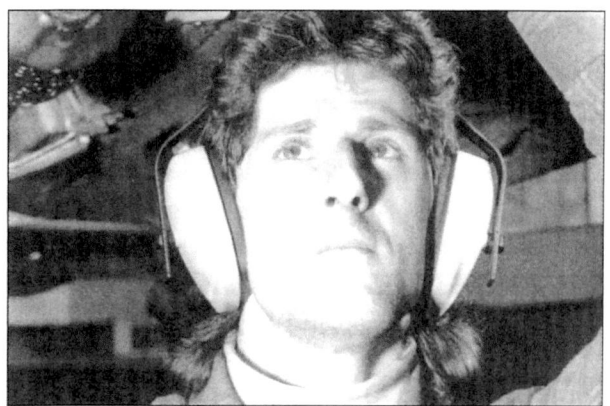

Im eigenen Interesse: Zu Blecharbeiten mit Winkelschleifer und Co. schützen Sie Ihre Trommelfelle besser mit Ohrenschützern. Ansonsten »bekommen Sie auf die Ohren«.

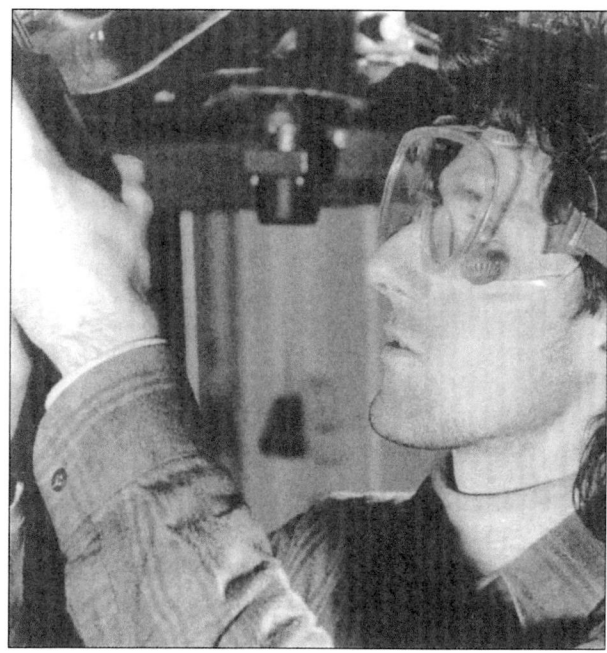

Immer tragen: Schutzbrille zum Bohren, Schleifen und Meißeln. Der Augenschutz ist auch dann empfehlenswert, wenn Sie unter dem Fahrzeug an der Kraftstoffanlage arbeiten oder den Unterboden säubern. Bei Schweißarbeiten sollten Sie eine spezielle Schweißbrille aufsetzen.

Alles zu seiner Zeit: Auf das Für und Wider von Arbeitshandschuhen lassen wir uns nicht weiter ein – entscheiden Sie das von Fall zu Fall. Doch wenn Sie mit Bohrmaschinen oder anderen drehenden Elektrowerkzeugen hantieren, lassen Sie klobige Arbeitshandschuhe besser auf der Werkbank. Das Bohrfutter oder die Spindel könnte sich sonst darin verfangen und Ihnen schwere Verletzungen zufügen.

SAFETY FIRST

Frischluft Marsch: Sobald Sie Ihrem Auto von einer Grube aus zu Leibe rücken, sorgen Sie für reichlich Frischluft in der Montagegrube und/oder Bastelstube. Ansonsten besteht akute Erstickungsgefahr. Die »schweren« Benzin- oder Auspuffdämpfe sammeln sich in der Grube und können am kleinsten Funken explosionsartig entzünden oder im Falle ungereinigter Auspuffgase zum Erstickungstod führen.

Mit neuen Sicherungen gehen Sie auf Nummer Sicher: »Flicken« Sie niemals durchgebrannte Sicherungen mit Alufolie, Büroklammern oder etwa Schweißdraht. Es sei denn, sie wollten schon immer einmal einen Kabelbrand löschen oder die der Sicherung folgenden Bauteile komplett ersetzen. Wenn der Stromkreis samt aller angeschlossenen Verbraucher o. k. ist, reicht allemal eine Sicherung gleicher Stärke (Ampere).

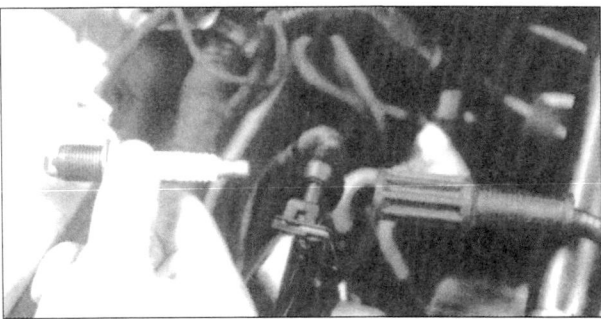

Finger weg von Hochspannung: Lassen Sie bei laufendem Motor oder eingeschalteter Zündung Ihre »blanken« Finger von Zündkerzensteckern, Zündkabeln oder gar Zündkerzen. Wenn überhaupt, tragen Sie isolierte Schutzhandschuhe oder hantieren mit geschützten Greifzangen. Sie müssen ansonsten nicht unbedingt Träger eines Herzschrittmachers sein, um ernsthafte Gesundheitsschäden zu provozieren. Speziell im Umfeld bei elektronischer Zündanlagen vagabundieren Spannungsspitzen von mehr als 30.000 Volt.

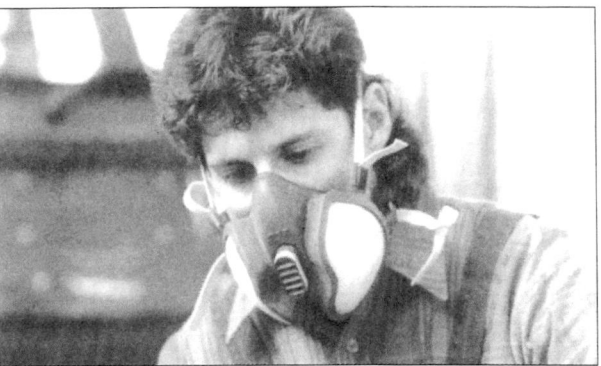

»Dreckbremse«: Bei Arbeiten oder Tätigkeiten mit atemgängigen Stäuben (Bremse, Kupplung, Karosserie) tragen Sie generell eine Atemschutzmaske mit auswechselbaren Filterelementen. Für gelegentliche Anlässe reichen Wegwerfmasken völlig aus. Sobald die Filterelemente verfärbt oder verklebt sind, sorgen Sie für Ersatz. Verdreckte Filter sind übrigens Sondermüll.

Wie Sondermüll entsorgen: Leere Sprühdosen, Altöl, Bremsflüssigkeit, Farbdosen, verschlissene Bremssegmente, Öl- oder alte Kraftstofffilter. Erkundigen Sie sich nach Abgabestellen in Ihrer Gemeinde

AUSRÜSTUNG

Praktisch zum Liften – der Wagenheber

Die meisten Autos haben serienmäßig einen Spindelwagenheber an Bord – so auch der Fiesta. Wenn Sie Ihr Auto damit liften möchten, nutzen Sie ausschließlich die dafür vorbereiteten Stellen unter den Türschwellern. Die richtigen »Hebepunkte« sind vorne und hinten in die Schweller eingeprägt. Für die meisten kleineren Arbeiten reicht die Hubhöhe des Bordwagenhebers völlig aus, mit einer stabilen Unterlage zwischen Wagenheberfuß und Standfläche können Sie die Hubhöhe, falls erforderlich, auch geringfügig vergrößern. Ein kleines Brett sollten Sie übrigens grundsätzlich unterlegen. Der Wagenheberfuß steht dann stabiler, er drückt sich nicht in den Untergrund ein. Doch Vorsicht, ein Wagenheber ist – wie der Name schon sagt – ausschließlich dazu da, den Wagen kurzfristig anzuheben: Verwechseln Sie einen Bordwagenheber niemals mit einer stabilen und rüttelsicheren »Arbeitsbühne«.

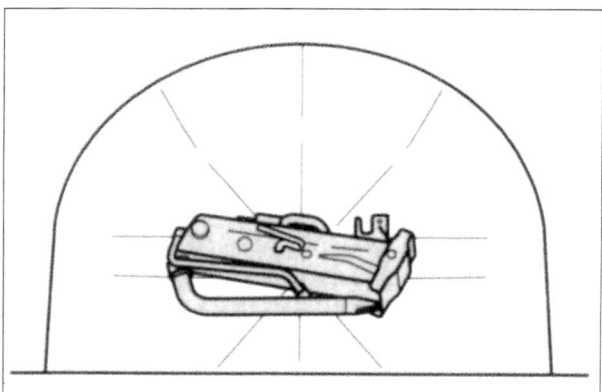

Platzsparend zusammengefaltet: Wagenheber und Bordwerkzeug in der Reserveradmulde unterhalb der Kofferraummatte.

Zur eigenen Sicherheit – stabile Unterstellböcke

Stützen Sie daher, auch in größter Eile, Ihren Fiesta bei Arbeiten unter dem Auto niemals allein mit dem Wagenheber ab: Schlimmstenfalls »kostet« Sie Ihr Mut »Ihr« Leben. Auf Nummer sicher gehen Sie mit Unterstellböcken, die der Zubehörhandel in verschiedenen Größen und Ausführungen anbietet. Zwei Böcke reichen für die meisten Reparaturen völlig aus. Entscheiden Sie sich für praktische Dreibeinböcke mit einklappbaren Füßen, ungenutzt nehmen die Böcke weniger Platz in Ihrer Werkstatt ein. Achten Sie zudem auf das GS-Prüfzeichen und auf eine für Ihren Fiesta adäquate Traglast.

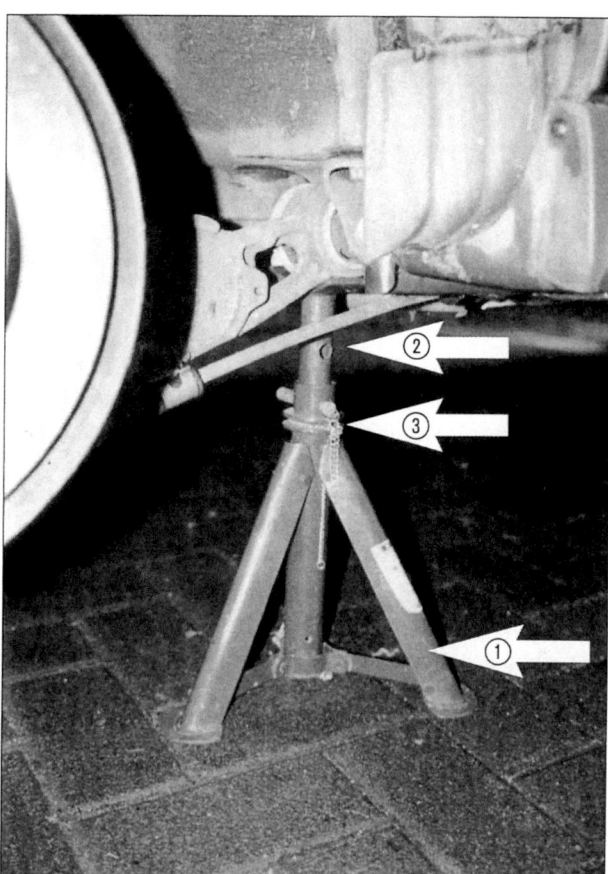

Auf die richtige Stellung kommt's an: Platzieren Sie den Unterstellbock ❶ an einer »tragfähigen« Stelle unter dem Wagenboden. Ziehen Sie dann das Distanzrohr ❷ so weit wie möglich aus dem Stativ und arretieren es in der nächst erreichbaren Bohrung mit dem Sicherungsbolzen ❸. Wenn Sie den Wagen auf den gesicherten Bock absenken, achten Sie darauf, dass die »Stativfüße« entspannt stehen und nicht verkanten.

AUTO SICHER AUFBOCKEN

Ohne WENN und ABER – bocken Sie Ihr Auto SICHER auf

Arbeitsschritte

① Stellen Sie Ihr Auto grundsätzlich auf einem festen ebenen Untergrund ab und entfernen – vor Arbeitsbeginn – alle schweren Gegenstände aus dem Innen- und Kofferraum.

② Ziehen Sie vor Arbeitsbeginn die Handbremse an und sichern mit Unterlegkeilen mindestens ein ungebremstes Rad mit Bodenkontakt: Notfalls reichen auch größere Steine aus. Eine angezogene Handbremse allein bietet keine ausreichende Sicherheit, bei manchen Arbeiten muss sie sogar gelöst bleiben.

③ Den Bordwagenheber finden Sie mitsamt Radmutternschlüssel in der Reserveradmulde. Bevor Sie den Heber ansetzen, liften Sie seinen Ausleger so weit an, bis er fast das Schwellerniveau erreicht hat. Sie sollten generell darauf achten, dass der Heber immer möglichst senkrecht zur Karosserie steht.

Wichtig: Setzen Sie den Bordwagenheber nur unterhalb der Aufnahmepunkte an. Wenn Sie einen Rangierwagenheber nutzen, können Sie ihn auch mittig unter den Türschweller oder einen anderen geeigneten Aufnahmepunkt (z. B. Traverse) ansetzen. Vergessen Sie dann allerdings niemals das lastverteilende Kantholz zwischen Hebearm und Hebepunkt.

④ Bringen Sie den Wagenheber auf die gewünschte Arbeitshöhe und stützen die Karosserie an geeigneter Stelle des Unterbodens mit einem Unterstellbock ab. Verwenden Sie auch die Unterstellböcke nur mit lastverteilender Zwischenauflage (z. B. Hartgummi, Kantholz).

⑤ Bevor Sie die Unterstellböcke ansetzen, inspizieren Sie die Abstützstelle genau: Sind evtl. Blechfalze, Kabelbäume, Kraftstoff- oder gar die Bremsleitungen im Weg?

⑥ Dreibein-Unterstellböcke stehen am sichersten, wenn eines ihrer Austellbeine nach außen und zwei zur Wagenmitte zeigen. Achten Sie unbedingt auf die Stellung, besonders wenn Sie mehrere Böcke verwenden. Ansonsten kann es passieren, dass Ihnen der bereits angesetzte Unterstellbock beim Anheben seitlich wegkippt.

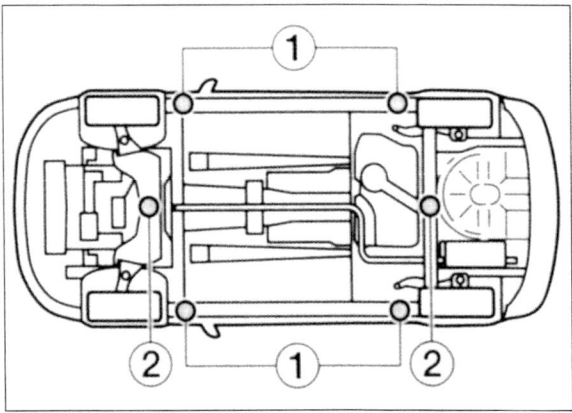

Alternative »Stützpunkte«: Sollten Sie für spezielle Arbeiten freilich andere Punkte nutzen (❶ und ❷), vergrößern Sie unbedingt die Auflageflächen der Hebebühne, des Rangierwagenhebers oder der Dreibein-Unterstellböcke mit einem möglichst großen Hartgummi oder Hartholzbrettchen. Die zusätzliche Auflage dient als »Zwischenpuffer«, der die Last möglichst großräumig auf die Bodengruppe verteilt.

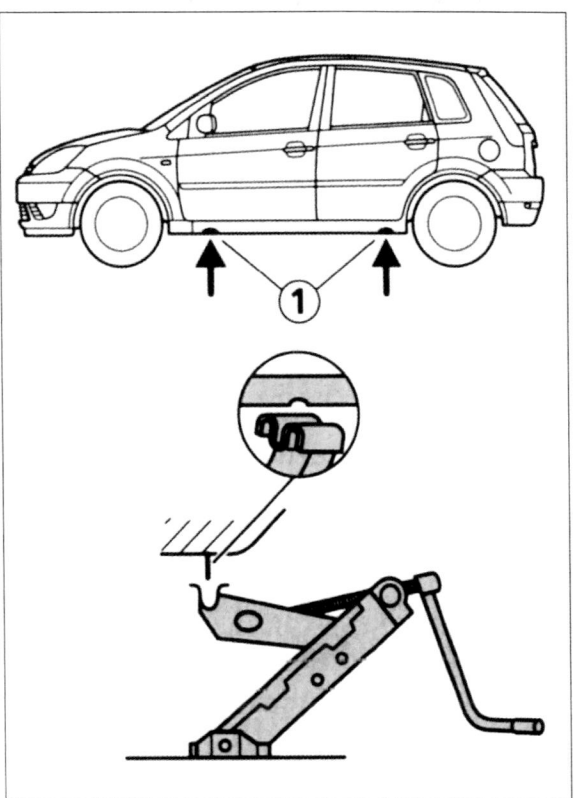

So steht Ihr Fiesta rüttelsicher: Die prädestinierten Anhebepunkte ❶ sind unter dem Seitenschweller (kleines Motiv) »versteckt«. Hier können Sie den Fiesta unbesorgt liften.

DIE WAGENPFLEGE

Werterhaltend: Regelmäßige Wagenpflege – für einen »waschfesten« Do it yourselfer die allwöchentliche Kür. Spätestens beim Wiederverkauf macht das geputzte »Heilix-Blechle« dann noch ein paar zusätzliche Euro locker. Doch abgesehen davon, ein gepflegtes Auto hebt die eigene und auch die Stimmung der Mitfahrer.

Wartung

Innenreinigung 33
Außenwäsche 37
Motorwäsche 39
Schmierdienst 40
Lack pflegen und konservieren 41
Steinschlagschäden ausbessern 43
Kleinere Schrammen auspolieren 43
Stärkere Schrammen ausbessern 44
Scheibenwischer- und
Scheibenwaschanlage prüfen 47

Scheibenwischerblatt wechseln 47
Scheibenwischergummi wechseln 47
Scheibenwaschwasser auffüllen 48
Waschwasserdüsen einstellen 49

Reparatur

Scheibenwaschdüse aus- und
einbauen 49
Scheibenwischerarm aus- und
einbauen 50
Wischermotor aus- und einbauen 51

INNENREINIGUNG

In einem gepflegten Auto reisen Sie und Ihre Bordgäste viel entspannter als in einem schmuddeligen Vehikel. Zudem »polstert« aufmerksame Pflege Ihr Bankkonto mit dem einen oder anderen spontanen Euro auf – spätestens beim Verkauf. Auch TÜV- und DEKRA-Ingenieure »schmücken« gepflegte Autos häufiger mit einem neuen Prüfsiegel als »usselige« Gebrauchtwagen: Betrachten Sie daher jeden Waschgang als willkommene Kür, Ihren Fiesta auf Hochglanz zu bringen und seinen Zeitwert zu stabilisieren.

Doch vor der Kür kommt die Pflicht – und die beginnt im Innenraum. Bleiben Sie auch hinter den Fenstern regelmäßig am Ball. Ansonsten verschleiern Staubwölkchen aus Polstern und Fußmatten den Innenraum, klebrige Kunststoffausdünstungen oder Nikotinablagerungen färben außerdem die Scheibenoberflächen ein: Der Schmierfilm blendet Sie bei Nacht und trübt generell Ihren Durchblick auf die Straße.

Spezielle Pflegemittel – erste Wahl gegen den »Gilb«

Für die Innenraumpflege verwenden Sie am besten spezielle Autopflegemittel – dann hat der Gilb in Ihrem Fiesta auch auf Dauer keine Chance. Vergessen Sie ab sofort Seifenlauge und Haushaltsreiniger: Scheiben, Polster und Kunststoffe sind durch Sonneneinstrahlung, Staub, Schmutz und Feuchtigkeit extremen Belastungen ausgesetzt. Spezielle Pflegesubstanzen »behandeln« die gestressten Materialien sicht- und fühlbar schonender. Wirkungsvolle Spezialreiniger werden erfahrungsgemäß nicht verramscht – doch gute Mixturen sind allemal ihr Geld wert.

Pflegemittel für den Innenraum — Praxistipp

Kunststoffreiniger: Reinigen Kunststoffflächen und frischen Farben auf. Solide Produkte sorgen nicht nur für neuen Glanz, sondern wirken zudem antistatisch: Die Oberflächen sind somit für längere Zeit gegen Schmutz- und Staubbefall geschützt.

Textilreiniger: Reinigen Polster, Teppiche, Tür- und Innenverkleidungen. Sie lösen zuverlässig Staub und Schmutz, verblasste Polsterfarben bekommen dadurch neue Frische. Gute Reiniger entfernen zudem auch hartnäckige Flecken.

Glasreiniger (auch als Schaumreiniger erhältlich): Reinigen alle Glasflächen und lösen selbst hartnäckige Verschmutzungen: So zum Beispiel Insektenreste, Nikotin, Kunststoffausdünstungen und Ölablagerungen (ungeeignet für lackierte Flächen).

Gummipflegemittel: Reinigen und pflegen Tür-, Fenster- und Kofferraumdichtungen sowie Fußmatten. Ihr hoher Silikonanteil hält das Gummi über Jahre geschmeidig – Silikon verhindert Festfrieren an der Karosserie und frischt Farben auf.

Antibeschlagspray: Konserviert, je nach Witterung, für einige Tage oder Wochen die Glasflächen im Innenraum. Auf die Scheibe gesprüht, bildet sich nach kurzer Zeit ein Schaumbelag, den Sie mit einem trockenen Küchenpapier abreiben können. Antibeschlagtücher oder Fensterschwämme sind dagegen nur ein Notbehelf.

Innenreinigung – so treiben Sie Ihrem Auto den Dreck aus den Fugen

Zur gründlichen Innenreinigung empfehlen wir Ihnen:
- Lappen (nicht fusend) zum feuchten und trockenen Ab- und Auswischen,
- Kleider- oder Polsterbürste,
- Staubsauger mit Polster- und Teppichdüse,
- Handfeger und Kehrschaufel,
- Schwamm,
- Fensterleder.

Arbeitsschritte

① Bevor Sie loslegen, befreien Sie den Innenraum von herumliegendem Krimskrams. Bei dieser Gelegenheit leeren Sie gleich den Ascher und waschen ihn mit einer Spülmittellösung aus.

② Legen Sie die Fußmatten nach innen zusammen und nehmen sie heraus. Klopfen Sie die »Dreckfänger« gegen eine Wand aus oder saugen sie ab.

③ Gummimatten wischen Sie nass ab und lassen sie außerhalb des Autos trocknen. Feuchte Matten verursachen auf Dauer üble Gerüche, Schimmelpilze und Stockflecken im Textilbelag.

④ Grobschmutz im Innenraum entfernen Sie mit einem Staubsauger. An weichen Textilbelägen verwenden Sie starre Düsenaufsätze, harte Kunststoffoberflächen säubern Sie mit Borstendüsen. Glatter Gummibelag wird häufig schon mit einem feuchten Lappen wieder »clean«.

WAGENPFLEGE

⑤ Sitzpolster bürsten Sie aus oder saugen Sie ab. Mit einem geeigneten Pinsel »vertreiben« Sie den Staub aus unzugänglichen Ecken und Falzen.

⑥ Bürsten Sie die Sicherheitsgurte trocken ab. Bei starker Verschmutzung wenden Sie eventuell eine milde Seifenlösung an.

⑦ Wischen Sie Kunststoffteile und Armaturenträger mit einem feuchten Leder ab. Arbeiten Sie niemals mit Benzin oder anderen Lösungsmitteln, das greift die Oberflächen an – hässliche Flecken sind dann die Folgen. Verwenden Sie besser Kunststoffreiniger.

⑧ Benetzte Flächen neutralisieren Sie – nach der Einwirkzeit – mit klarem Wasser und trocknen sie mit einem weichen Tuch.

Immer großflächig reinigen – Dachhimmel

⑨ Reinigen Sie niemals nur verschmutzte Passagen, Sie provozieren damit hässliche Flecken mit dunklen Rändern.

⑩ Erst wenn der Himmel wirklich »dunkel« ist, frischen Sie ihn großflächig mit Textilreiniger auf. Zum Nachwischen leisten Ihnen Schwamm und Frottierhandtuch gute Dienste. Auf stark »vergilbten« Flächen müssen Sie die Behandlung eventuell wiederholen.

⑪ Behandeln Sie Sitzpolster und Textileinsätze in Seitenteilen wie Innenverkleidungen mit Polsterschaumreiniger. Saugen Sie die Polster – solange sie noch feucht sind – gründlich ab, so löst sich der Schmutz am besten.

⑫ Ledersitze pflegen Sie bitte nur mit speziellen Mitteln – hochwertige Produkte halten die Nähte flexibel und das Leder geschmeidig.

⑬ Türdichtungen können Sie jeweils zum Frühjahr und Winter mit silikonhaltigem Gummipflegemittel einsprühen bzw. einreiben.

⑭ Fensterinnenseiten reinigen Sie mit einem feuchten Fensterleder vor und sprühen hernach Glasreiniger auf. Mit trockenem Küchen- oder Zeitungspapier polieren Sie anschließend die Scheibe blitzblank.

⑮ Lackflächen in Raucherautos nerven nach dem »Hausputz« oft noch mit Schlieren und Graubelag. Polieren Sie die Flächen mit einer »sanften« Lackpolitur – lassen Sie das Mittelchen allerdings nicht auf unversiegelte Kunststoffoberflächen tropfen, eventuell handeln Sie sich damit hässliche und dauerhafte Flecken ein.

Weniger ist mehr: Gehen Sie umsichtig mit Kunststoffpflegemitteln um – Ihre »Nase wird geschont« und die Oberflächen »strahlen zudem porentiefer«. Sprühen Sie das Mittel im Abstand von etwa 10 Zentimetern auf die Fläche auf und verteilen es dann gleichmäßig mit einem feuchten Tuch in kreisenden Bewegungen. Den »Schmierfilm« von Scheiben, Lenkrad oder Instrumentengläsern beseitigen Sie mit viel Wasser, Kunststoff- oder Glasreiniger.

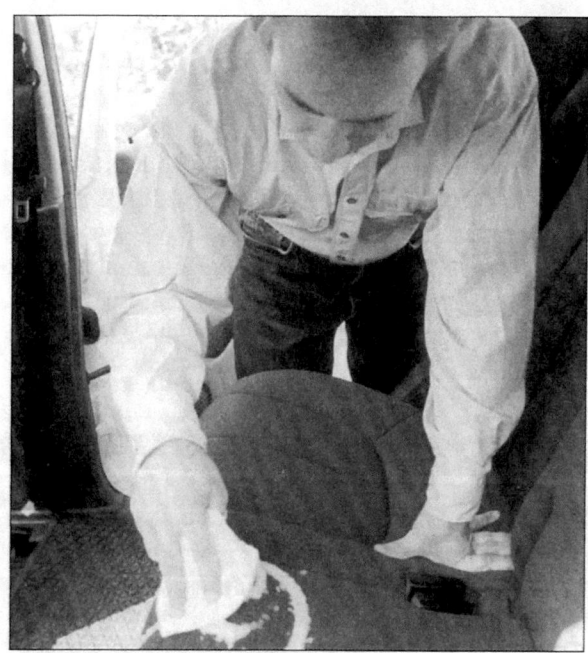

Sitz-Make-up: Polsterreiniger beseitigt nicht nur Feinschmutz, Staub und frische Flecken, auf »versessene« Polsterstoffe wirkt er außerdem wie ein Make-up. Den Reinigungsschaum sprühen Sie einfach auf und verteilen ihn gleichmäßig mit einem feuchten Schwamm über die Fläche. Beachten Sie unbedingt die Gebrauchsanweisung auf der Dose. Es muss übrigens nicht immer »Polsterschaum« sein: In der Regel tut's ein preisgünstigerer Teppichschaum ebenso gut.

AUSSENWÄSCHE

Vorbeugen ist besser als »heilen«: Spendieren Sie den Dichtgummis regelmäßig zum Frühjahr und Winter ein silikonhaltiges Gummipflegemittel. Das verlängert nicht nur die Lebensdauer der Dichtungen, sondern hindert die Gummis auch daran, bei Minustemperaturen an die Karosserie »zu frieren«. Das Gleiche gilt übrigens für die Türschließzylinder: In »Silikonschlössern« gleitet der Türschlüssel besser, und Kondenswasser kann dem Schlossmechanismus auch »gestohlen« bleiben.

Nicht überall erlaubt – Autowäsche vor der Haustür

Vielen Städten und Gemeinden ist die Autowäsche vor der Haustür geradezu ein Dorn im Auge – sie sprechen häufig sogar Verbote aus. Und das hat gute Gründe: Mit dem Schmutzwasser gelangen Ölrückstände und andere umweltschädigende Substanzen in die Kanalisation. Als umweltbewusster Do it yourselfer vertrauen Sie Ihren Fiesta ohnehin einer automatischen Waschanlage an. Die Wassermengen sind in modernen Anlagen durchaus großzügig bemessen. Kein Wunder – jeder Tropfen wird gleich mehrfach genutzt: Effiziente Wasseraufbereitungsanlagen entziehen dem Waschwasser nicht nur aufgelösten Straßendreck sondern auch fett- und ölhaltige Ballaststoffe. Das entlastet die Umwelt und schont Ressourcen. Neuere Waschanlagen arbeiten übrigens mit individuellen Reinigungs- und Pflegeprogrammen – ihr Spektrum reicht von »Katzenwäsche« über Vor-, Haupt- und Unterwäsche bis zu »Heißwachs-Make-up« für alternde Lackoberflächen.

Nach der Waschanlage – Feinputz nicht vergessen

Trotzdem sollten Sie Ihr Auto nach dem maschinellen Waschgang gründlich nachreinigen. Waschbürsten behandeln Radhäuser, Radläufe und Türschweller immer gleich, egal ob sie im Dreck ersticken oder nur leicht eingestaubt sind. Auch an Türrahmen und Karosseriefalzen ist bisweilen nachträgliche Handarbeit mit Schwamm und Putztuch angesagt. Im Winter, wenn »wasserhaltige Salzlösungen« dem Lack, den Innenseiten der Kotflügel und dem Unterboden übel zusetzen, sollten Sie öfter in der Waschanlage vorfahren. Ihr Auto ist zwar nach kurzer Zeit wieder schmutzig, der Rost hat jedoch weit weniger Chancen, sich an kritischen Stellen einzunisten.

Praxistipp

Bremsen trockenfahren – nach jeder Wagenwäsche

Machen Sie nach jeder Wagenwäsche eine kurze Bremsprobe. Dabei verdampft der Wasserfilm, der während der Wäsche auf die Bremsscheiben bzw. in die Bremstrommeln gelangt ist. Auch nach längeren Regenfahrten, oder über winterliche Straßen mit Streusalz, sollten Sie, bevor Sie Ihr Auto für mehrere Tage abstellen, die Bremsen immer erst trocken fahren. Es reicht völlig aus, auf den letzten hundert Metern Wegstrecke das Bremspedal leicht zu treten. Mit dieser »Übung« halten Sie die Bremsen fit. Denn der feuchte Schmutzschleier, der sich ansonsten auf den Bremsscheiben und in den Bremstrommeln einnisten würde, ist »verdampft«. Im Ernstfall reagieren Ihre Bremsen jetzt auch schneller.

Alternativangebot – Waschplatz oder Selbstwaschanlage

Wenn Ihnen – trotz aller Vorteile – Waschanlagen nicht geheuer oder zu oberflächlich sind, fragen Sie Ihren Tankwart nach einem Waschplatz. Auch professionell betriebene Selbstwaschplätze sind eine gute Alternative: Serviceorientierte Anlagenbetreiber bieten Ihnen sogar vom Hochdruckreiniger bis hin zum Staubsauger alle Hilfsmittel, die Ihnen die Arbeit erleichtern. Kontrollieren Sie auf Selbstwaschplätzen vor Arbeitsbeginn jedoch die Waschbürsten. Möglicherweise hat Ihr Vorgänger gerade den Unterboden, oder nach einer Schlammfahrt die Radläufe, per Wasch-

WAGENPFLEGE

bürste gereinigt und die »schmirgelnden« Rückstände zwischen den Borsten »versteckt« – ärgerliche Lackkratzer wären die Folge. Waschen Sie Ihr Auto möglichst auch niemals in der prallen Sonne. Kleine Wassertropfen wirken wie Brenngläser – darunter gehen Staubteilchen und Kalk eine »innige Verbindung« mit der Lackoberfläche ein.

Praxistipp: Vorsichtig hantieren – mit Hochdruckreinigern

- Vorsicht: Bei Hochdruckreiniger-Motorwäschen gelangt mitunter Wasser in die Motorelektronik oder in den Luftfilter. Die Elektronik könnte hernach streiken und Wasser triefende Luftfilter könnten mechanische Motorschäden provozieren. Gehen Sie also mit Augenmaß an die Arbeit und …
- …vermeiden in Hochdruckdampfreinigern grundsätzlich auch Wassertemperaturen oberhalb 60 °C. Heißes Wasser greift Gummi und Unterbodenschutz an.
- Stellen Sie den Druckregler auf maximal 30 bar ein und halten die Drucklanze zum Auto wenigstens auf 60 bis 80 Zentimeter Distanz. Falls Sie den Tipp missachten, kann in Ecken und Falzen der Lack Ihres Fiesta »hochgehen«.
- Reinigen Sie Reifen niemals mit der Rundstrahldüse – die Reifenflanken könnten Ihnen das verübeln. Selbst bei relativ großem Spritzabstand und kurzer Einwirkzeit können schon Schäden auftreten – Schäden, die auf den ersten Blick nicht erkennbar sind.

Immer auf Distanz halten: Hochdruckreinigerlanze. Mindestens 60 Zentimeter zwischen Lackfläche und Spritzdüse.

Do-it-yourself-Wäsche – so werden Sie zum perfekten »Saubermann«

- Sollten Sie mit Wasser geizen, zahlen Sie am Ende drauf – Sie ruinieren sich die Lackoberfläche Ihres Fiesta. Grund: In »trockenen« Waschschwämmen wirken feine Staub- und Sandkörnchen wie Schmirgelpapier. Sie Partikel hinterlassen mikroskopisch kleine, spinnwebartige Kratzer.
- Nutzen Sie einen Gartenschlauch wenn möglich mit Sprühdosierdüse. Ohne fließendes Wasser sollten Sie mindestens zwei Wassereimer für die Grundreinigung kalkulieren.
- Am schonendsten Waschen Sie mit einer Schlauchbürste, bei der fließendes Wasser den Schmutz wegschwemmt.
- Es geht natürlich auch mit einem Waschhandschuh oder Schwamm. Halten Sie die Sprühdosierdüse möglichst nah an die Waschfläche, Schmutzpartikel haben dann erst gar keine Zeit sich »festzukrallen«. Falls Sie mit Eimer waschen, spülen Sie den Waschhandschuh oder Schwamm grundsätzlich nach jedem zweiten oder dritten Waschstrich gründlich im Eimer aus.
- Für Felgen und Radkästen eignet sich besonders eine langstielige Waschbürste, ein großporiger Viskoseschwamm ist ideal für große Flächen.
- Insektenrückstände beseitigen Sie »zielsicher« mit einem Fliegenschwamm.
- Die Scheiben- und Lackoberfläche trocknen und polieren Sie schlierenfrei mit einem Fensterleder.
- Praktisch zur Shampoowäsche und Reinigung von Schwamm, Waschhandschuh und Fensterleder – Wassereimer.

Technik-lexikon: Das frischt den Autobody auf – die richtigen Pflegesubstanzen

Autoshampoo: Reinigt den Lack und entfernt ölige Rückstände.

Waschwachs: Ähnlich wie Autoshampoo – trägt in einem Arbeitsgang eine dünne Waschschicht auf den Lack auf. Waschwachs kann den Zeitraum bis zur nächsten Politur verlängern.

Felgenreiniger: Lösen auf chemischer Basis festgebackenen Bremsstaub und Straßenschmutz.

Kunststoffpflegemittel: Enthalten außer Pflegesubstanzen auch Farbstoffe. Frischen beispielsweise verblasste Kunststoffstoßfänger wieder auf.

Außenwäsche

Arbeitsschritte

① Schließen Sie alle Türen und Fenster. Ansonsten sitzen Sie für die kommenden Wochen auf quietschnassen Polstern.

② Säubern Sie zuerst die Radhäuser, Felgen und Türschweller. Vorteil: Sie können die Karosserie danach in »einem Rutsch« abspülen.

③ Reinigen Sie den Unterboden gelegentlich mit Hochdruckreiniger oder »scharfem« Wasserstrahl. Im Winter sollten Sie zu jeder Wagenwäsche auch den Bauch Ihres Fiesta reinigen. Um den Zustand des Unterbodenschutzes optisch zu checken, lassen Sie Ihr Auto ein- oder zweimal jährlich auf einer Hebebühne liften.

④ Die vorderen Felgen verschmutzen wesentlich schneller als die hinteren, an der Vorderachse entsteht bei jedem Bremsvorgang mehr Bremsenabrieb. Berücksichtigen Sie die Tatsache in Ihrem Pflegeplan und cleanen die Vorderräder einfach häufiger mit Felgenreiniger. Achten Sie beim Kauf des »Sauberwassers« unbedingt auf umweltverträgliche Produkte. »Studieren« Sie, bevor Sie loslegen, unbedingt die Gebrauchsanweisung und spülen nach der Wäsche die Räder gründlich mit sauberem Wasser nach.

Geduldig oder mit Hochdruck: Filigrane Leichtmetallfelgen cleanen Sie am schnellsten mit einem Hochdruckreiniger. An Stahlfelgen samt Radkappen reicht ein alter Schwamm durchtränkt mit Kaltreiniger. Kunststoffradabdeckungen erstrahlen meistens schon nach einer Shampoowäsche.

⑤ Filigrane Leichtmetallfelgen »putzen« Sie sinnvollerweise mit einem Hochdruckreiniger. Gehen Sie vorsichtig mit chemischen Felgenreinigern um: Leichtmetallfelgen können auf aggressive Produkte sehr empfindlich bis in die Materialstruktur darauf reagieren.

⑥ Falls Sie keinen Hochdruckreiniger haben, säubern Sie Ecken und Falzen am effizientesten mit einer Zahnbürste. Um das Ergebnis länger genießen zu können, versiegeln Sie die Oberfläche nach der Reinigung mit klarem Sprühwachs. Bremsenabrieb und Straßenschmutz lagern dann auf der Wachsschicht ab. Vorsicht: Benetzen Sie Bremsscheiben oder -beläge nicht mit Sprühwachs.

Gut einweichen – Straßenschmutz

⑦ »Weichen« Sie den Dreck mit einem weichen Wasserstrahl gut ein. In Selbstwaschanlagen mit Hochdruckreiniger wählen Sie das Programm »Spülen«.

⑧ Per »Hand« waschen Sie immer nur ganze Flächen. Nachdem Sie zuerst die Radhäuser, Felgen und Türschweller »vorgewaschen« haben, »putzen« Sie sich vom Dach nach unten vor.

Immer im Kreis herum: Kreisen Sie immer mit einem triefend nassen Waschschwamm über die Lackoberfläche und dosieren das Pflegemittel anhand der Gebrauchsanweisung.

⑨ Verteilen Sie den Reinigungsschaum unter geringem Druck mit kreisenden Bewegungen und lassen ihn kurz einwirken.

⑩ Die Schmutzbrühe spülen Sie mit einem Wasserschlauch ab. In der Selbstwaschanlage wählen Sie das Programm »Spülen«.

⑪ Im letzten Waschgang reinigen Sie die Räder mit Waschbürste und Schlauch.

WAGENPFLEGE

Besonders pflegefreundlich: Wagenwäschen mit Waschbürstenaufsatz. »Saubere« Waschbürsten erhalten Sie auch in gut ausstaffierten Wasch-Centern.

⑫ Nach der Wäsche ledern sie den Wagen sofort ab. An der Luft getrocknete Wassertropfen hinterlassen ansonsten einen grauen Kalkbelag, der dem Lack schaden kann.

⑬ Spülen Sie das Fensterleder vor Gebrauch gut in sauberem Wasser und wringen es danach aus. Legen Sie den »Fetzen« dann möglichst großflächig auf die Karosserie und ziehen ihn langsam zu sich heran.

»Killt« Wassertropfen schnell und schonend: Fensterleder. Gut gewässerte und saubere Leder hinterlassen keine Kratzspuren auf der Lackoberfläche.

⑭ Spülen Sie das Leder vor dem Auswringen immer durch. Schonen Sie Ihr gutes Leder, Schmutzrückstände würden es schnell ruinieren. Darum schlecht zugängliche Ecken (etwa am Radkasten) mit Baumwolllappen oder altem Trockenleder pflegen.

Keine Frage – auf den Durchblick kommt's an

⑮ Zum Schluss »knöpfen« Sie sich die Autoscheiben vor. Verfahren Sie wie bei der Innenreinigung. Kontrollieren Sie dabei die Frontscheibe auf Steinschläge, Kratzer und Risse.

⑯ Wischerblätter reinigen Sie mit einem Schwamm oder Trockenleder. Prüfen Sie die Gummilippen auf Beschädigungen und Elastizität – verhärtete Gummis erneuern Sie besser. Das ist preisgünstiger als eine zerkratzte Scheibe.

⑰ Nach der Wäsche checken Sie den Lack, die Scheinwerfergläser und den Frontstoßfänger auf hartnäckigen Schmutz: Insektenreste, Vogelkot, Blütenpollenrückstände und Teerspritzer wirken aggressiv und sollten daher mit Spezialreiniger oder Essig entfernt werden.

⑱ Verwenden Sie Teerentferner nicht auf frischen oder frisch ausgebesserten Lacken – darin enthaltene Lösungsmittel können die Lackoberfläche angreifen.

Gutes Licht – nur mit sauberen Scheinwerfern **Praxistipp**

Die Scheinwerfer sollten Sie häufiger waschen als die Karosserie. Schmutzpartikel auf den Abdeckgläsern behindern die Lichtstrahlen und leiten sie in die Irre. Folge: Unkontrolliertes Streulicht, geringere Sichtweite, starke Blendung, vornehmlich bei Nebel. Schon nach einer halben Stunde Fahrt auf feuchter Straße können die Scheinwerfer Ihres Fiesta zu über 60 Prozent verschmutzt sein. Entsprechend dürftig ist dann die Lichtausbeute – ein Gefahrenpotenzial für Sie und andere Verkehrsteilnehmer.

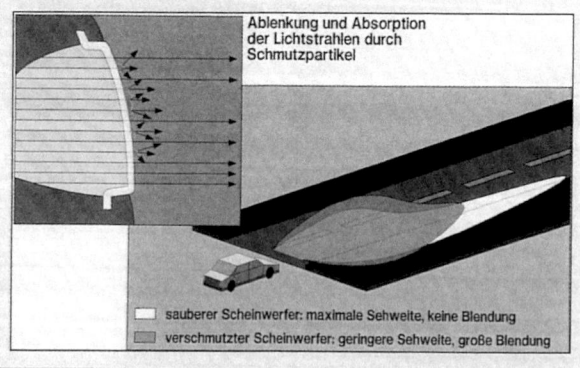

Motorwäsche

Mit der Zeit überziehen den Motorraum Ihres Autos Öl, Staub und Insekten mit einem unansehnlichen Schmutzfilm. Er »verpackt« ungefragt nicht nur den Motor und andere Aggregate, sondern hindert auch den Fahrtwind auf Dauer daran, den Kühler zu passieren. Ganz nebenbei: Ein durchfahrener Winter mit reichlich Streusalz und Straßendreck geht auch nicht spurlos am Motorraum und seinen Innereien vorüber. Also machen Sie es sich darum zur Gewohnheit – starten Sie den Frühjahrsputz mit einer gründlichen Motorwäsche. Eine Motorwäsche dürfen Sie allerdings nur dort erledigen, wo das Abwasser von einem Ölabscheider »entgiftet« wird. Entweder Sie machen sich in einer Selbstwaschanlage oder auf einem Waschplatz selbst ans Werk oder vergeben die Arbeit an eine Fachwerkstatt. Danach sind übrigens nicht nur ästhetische Probleme beseitigt, sondern es wird damit auch technischen Wehwehchen vorgebeugt: Denn ein verdrecktes Kühlernetz provoziert kapitale Motorschäden – es bringt die Kühlflüssigkeit zum »Kochen« und schlimmstenfalls die Zylinderkopfdichtung frühzeitig in den »Himmel«.

Beschleunigen Rostfraß – Salzkrusten

Streusalz bekämpft nicht nur erfolgreich Eis und Schnee, sondern gleichfalls auch die Motorrauminnereien Ihres Autos. Durch Ritzen und Schächte dringt es tief ins »Allerheiligste« und lagert sich an Kühler, Karosseriefalzen und Kanten sowie an Kabelbäumen, Elektroantrieben und Steckverbindern ab. Salzkrusten binden Feuchtigkeit und fördern die Korrosion.

① Der Motor sollte möglichst kalt sein – sonst verdampft der Motorreiniger, bevor er überhaupt einwirken kann.

② Stellen Sie den Motor ab und schalten die Zündung aus.

③ Empfindliche Bauteile wie Zündanlage, Lichtmaschine und Kraftstoffsystem schützen Sie besser mit einem Lappen oder Plastiktüten. Ansonsten sind Störungen an Zündung und Bordelektrik vorprogrammiert.

④ Nehmen Sie sich zuerst die Innenseite der Motorhaube vor. Weichen Sie die Oberfläche mit viel Wasser ein und reinigen sie hernach mit einem Schwamm und Shampoo. Vergessen Sie auch nicht die Kanten an den Doppelprofilen, Schmutznester sind dort immer vorhanden. Die saubere Haube spritzen Sie dann mit Wasser ab.

⑤ Das Kühlernetz spülen Sie mit reichlich Wasser aus Richtung Motorraum nach außen durch. Vorher weichen Sie Insektenreste mit einem eiweiß- und kalklösenden Mittel (z. B. Geschirrspülmittel, Haushaltsessig) ein. Vorsicht: Behandeln Sie das Kühlernetz nicht mit harten Bürsten – deformierte Lamellen vermindern die Kühlleistung.

⑥ Duschen Sie den Motorraum an allen Falzen, Trägern und ungeschützten Stellen ab.

⑦ Stärker verschmutzte Teile an Motor und Motorraum sprühen Sie mit einem Kaltreiniger ein. Nach kurzer Einwirkzeit können Sie den gelösten Dreck mit einem scharfen Wasserstrahl nachspülen.

Weich zum Ziel: Richten Sie den »gebremsten« Wasserstrahl in einem möglichst »flachen« Winkel auf große Flächen.

⑧ Motorraum, Motor und sämtliche Nebenaggregate trocknen Sie abschießend vorsichtig mit Druckluft. An Selbstwaschanlagen oder autorisierten Waschplätzen sind meistens Druckluftnetze vorhanden. Druckluftpistolen werden gleichfalls dort verliehen.

WAGENPFLEGE

⑨ Kontrollieren Sie nach der Motorwäsche, ob nicht Teile unter der Motorhaube (Gas-, Kupplungszug, Stellmotoren, Umlenkhebel, etc.) »trocken« laufen. Überall dort, wo Sie den Schmierfilm an beweglichen Teilen »weggeputzt« haben, helfen Sie nach der Wäsche mit einem Ölkännchen, etwas Schmierfett oder Silikonspray maßvoll nach.

Praxistipp

Versiegelt die Oberfläche – Motorschutzlack

Denken Sie schon nach der Wäsche an die nächste Motorwäsche und versiegeln darum den Motor – nebst Technikperipherie – mit einem besonders hitzefesten Motorschutzlack. Der nächste Schmutzfilm haftet dann mit Sicherheit weniger intensiv als der gerade entfernte. In Motorräumen, die ein »Kunststoffsarkophag« dominiert, reicht für das sichtbare Beiwerk ein Konservierungsspray oder Konservierungswachs.

Make-up unter der Motorhaube: Hält die Oberflächen fit.

Damit alles in Bewegung bleibt – Schmierdienst

Wer gut schmiert, der gut fährt – ein Tröpfchen Öl, eine wohl dosierte Prise Fett oder ein Spritzer Silikon wirken manchmal Wunder: Leichtgängig bleibt, was sonst quietscht, klemmt, reißt oder rostet. Folgende Faustregel sollten Sie beherzigen: Überall dort, beispielsweise an Scharnieren und Gelenken mit engen Passungen, wo kein Fett eindringen kann, ist Öl oder Schmierspray die erste Wahl. Gegeneinander reibende Flächen fetten Sie dagegen besser mit einer Schmierpaste oder Silikongleitmittel.

- Die Scharniere an **Türen**, **Motorhaube** und **Heckklappe** können ab und an einen Spritzer Öl vertragen.
- Die **Türfeststeller** bleiben mit etwas Mehrzweckfett geräuschlos in Form.
- **Schlossfallen an Türen**, **Motorhaube** und **Heckklappe** behandeln Sie zweckmäßigerweise mit Sprühfett oder Gleitpaste. Dort, wo Seilzüge sichtbar sind, zum Beispiel an der Schlossplatte der Motorhaube, etwas Fett auftragen und durch mehrmalige Hebelbewegung in die Zugumhüllung ziehen.
- **Schließzylinder** inklusive der **Schlüsselführungen** sollten Sie spätestens zu Beginn der kalten Jahreszeit mit Silikonspray auf den Winter vorbereiten: Silikon schmiert, verdrängt Feuchtigkeit und schützt vor Rost. Der Frost hat somit keine Chance, das Schloss zu blockieren.
- **Arretierbügel** der Motorhaube am unteren Lagerbolzen mit Öl schmieren.
- **Motorhaubenscharniere** einölen oder mit Schmierspray benetzen.

Werterhaltend – Lackpflege

Die regelmäßige Lackpflege ist eine lohnende Arbeit. Denn stumpfe, verwitterte Lackoberflächen machen Ihren Fiesta für Sie und andere unansehnlich: Spätestens beim Wiederverkauf »rächt« sich ein ungepflegter Lack schnell mal mit ein paar »Euro« weniger in Ihrer Tasche. Neue Lacke sind zunächst pflegeleicht, regelmäßiges Waschen und die prompte Beseitigung von Steinschlägen, Teerflecken und Insektenresten reichen völlig aus. Doch spätestens, wenn Wassertropfen nur

LACKPFLEGE

noch mit unscharfen Rändern auf dem frisch gewaschenen Auto abperlen, wird es Zeit zur Lackpflege. Sonne, Regen, Streusalz, Schmutz und andere Umweltgifte haben dann der Lackoberfläche »zugesetzt«.

Wirkt häufig Wunder – Lackreiniger

Welches Lackpflegemittel für Ihren Ford das Richtige ist, hängt von seinem Zustand ab. Einem neuen, noch gut erhaltenen Lack genügt eine milde Politur. Sie glättet die durch Umwelteinflüsse und mechanische Einwirkungen leicht angegriffene Lackoberfläche. Außerdem sind moderne Polituren mit Wachskomponenten aufbereitet, die das Blechkleid konservieren. Für neue Lacke sind scharfe Lackreiniger eher reines Gift – für alte und verwitterte Lacke jedoch genau das richtige Mittel für glänzende Ergebnisse.

Immer einen Versuch wert – gründliche Lackpflege

Ein Lackreiniger funktioniert zunächst wie eine Politur, seine Mixtur enthält jedoch Schleifmittel, die auch mit stärkeren Verschmutzungen fertig werden. Bevor Sie Ihrem verwitterten Fiesta also freiwillig eine Neulackierung spendieren, sollten Sie es zunächst mit einem guten Lackreiniger versuchen: Zur Lackpflege ist es nie zu spät. Konservierende Komponenten enthalten Lackreiniger in der Regel allerdings keine. Sie sollten den aufbereiteten Lack daher in einem zweiten Arbeitsgang mit Autowachs versiegeln.

»Gift« für den Lack – pralles Sonnenlicht

Bei neuen und aufbereiteten Lacken empfiehlt es sich übrigens, die Konservierung erst nach rund einem Jahr zu erneuern. Verwitterte oder ältere Lackoberflächen »versiegeln« Sie dagegen ruhig zwei- oder dreimal jährlich. Das erhält den Glanz, optimiert den Langzeitschutz und hält den Lack »jung«. Meiden Sie allerdings pralles Sonnenlicht, die meisten Polituren und Lackreiniger wirken unter Sonneneinstrahlung ziemlich aggressiv. »Werkeln« Sie lieber im Schatten oder unter einem Garagendach, dort haben die chemischen Politursubstanzen keine Chance, sich über Gebühr mit der »Fiesta-Haut« anzulegen. Wenn Sie Ihrem Fiesta in geschlossenen Räumen auf den »Leib« rücken, sorgen Sie für eine gute Raumdurchlüftung – die Ausdünstungen des Pflegemittels sind gesundheitsschädlich.

Lack pflegen und konservieren

Arbeitsschritte

① Bevor Sie loslegen, waschen und trocknen Sie Ihr Auto gründlich.

② Prüfen Sie zuerst an einer relativ unauffälligen Stelle, ob der Lack auch das Politurmittel »verträgt«. Vorsicht bei Lackreinigern: Tragen Sie immer nur dünne Schichten kreisförmig auf – zu viel Lackreiniger »schleift« mehr Decklack ab als nötig. Reinigen Sie Ihren Fiesta lieber in mehreren Durchgängen.

③ Politur oder Lackreiniger tragen Sie unter sanftem Druck mit handballengroßen »Fetzen« Polierwatte oder einem weichen Tuch (kein Kunstfaserlappen) in kreisförmigen Bewegungen auf. Behandeln Sie immer nur überschaubare Flächen.

④ Schon nach kurzer Einwirkzeit bildet sich ein trockener weißer Belag, den Sie mit einem sauberen Wattebausch in kreisenden Bewegungen auspolieren. Bei stark verwittertem Lack ist Vorsicht an Kanten geboten: Bearbeiten Sie die gleiche Stelle nicht zu lange, Sie könnten sonst den Lack bis auf die Grundierung abtragen.

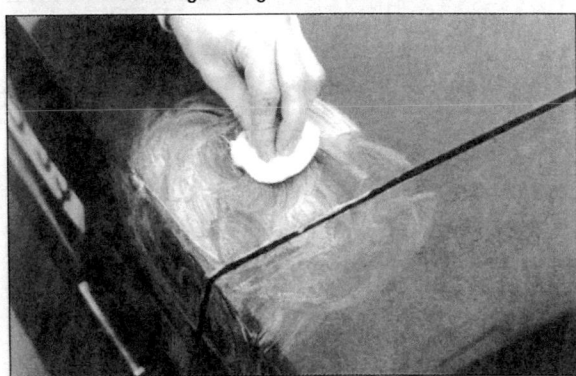

Übersichtlich aufteilen: Karosserieoberfläche während der Politur. Nehmen Sie sich niemals mehr als etwa einen halben Quadratmeter vor. Ansonsten kommen Sie mit dem Auspolieren nicht zeitig genug nach – eingetrocknete Politur »trennt« sich nur schwer vom Lack und kann infolgedessen die Oberfläche verkratzen.

⑤ Wenden oder erneuern Sie den Watteballen regelmäßig – seine Oberfläche setzt sich nach geraumer Zeit mit Wachs- und Pflegemittelpartikeln zu.

⑥ Um Poliermittel- und Watteflusenresten den Garaus zu machen, reiben Sie abschießend die polierte Lackoberfläche mit einem sauberen Baumwolllappen ab.

WAGENPFLEGE

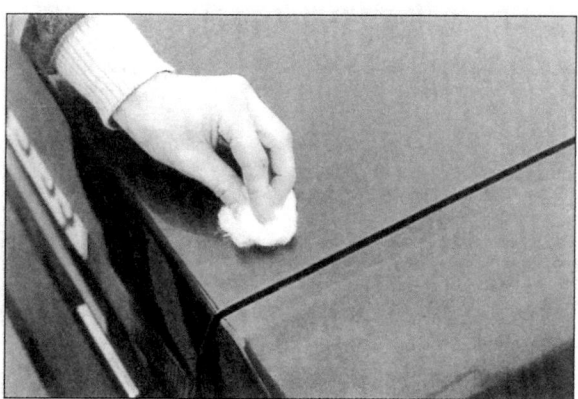

Großflächig auspolieren: Aufgetragene Lackpolitur. Verwenden Sie einen großen Wattebausch und tragen die weißen Politurüberschüsse in kreisenden Bewegungen von der Lackoberfläche ab. Sobald der Wattebausch »schwerer kreist«, wenden oder erneuern Sie den »Putzer«.

Basis für brillanten Tiefenglanz – Lackkonservierer

⑦ Den Konservierer tragen Sie unter sanftem Druck mit handballengroßen »Fetzen« Polierwatte oder einem weichen Tuch (kein Kunstfaserlappen) in kreisförmigen Bewegungen auf. Behandeln Sie immer nur überschaubare Flächen, das steigert den Tiefenglanz.

⑧ Die Watte muss mit wenig Widerstand leicht über den Lack gleiten. Deshalb wenden Sie den »Fetzen« häufig und nehmen rechtzeitig einen neuen Wattebausch in die Hand.

⑨ Erkennen Sie danach noch Streifen oder Wolken auf dem Lack, liegt das meist an verschmierten Farbpartikeln – »Hinterlassenschaften« einer vorhergehenden Politur. Wiederholen Sie den Vorgang an den schlierigen Stellen.

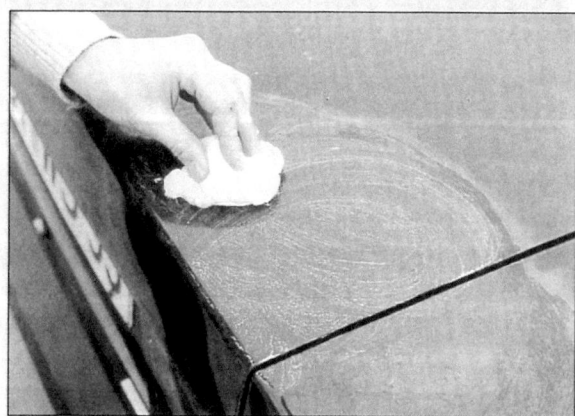

Muss eine Verbindung eingehen: Lackkonservierer auf der Lackoberfläche. Sollte der Konservierer auf dem Lack »abperlen« ist entweder die Lackoberflächenspannung noch zu groß oder der Politur war bereits ein Konservierer untergemischt. Warten Sie in dem Fall bis zur nächsten Wagenwäsche und konservieren dann erneut.

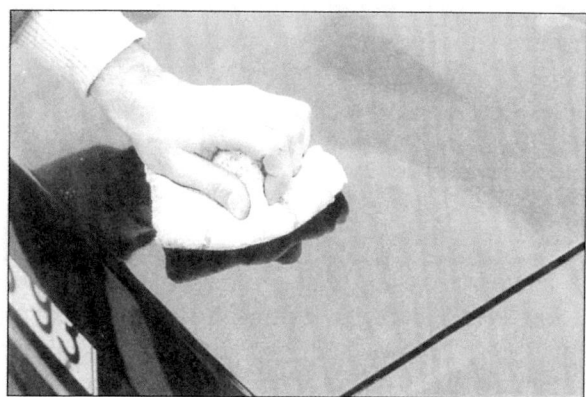

Schlierenfreier Hochglanz: Als letzte Poliermaßnahme reiben Sie die Lackoberfläche dann noch mit einem weichen Baumwolltuch (ausrangiertes T-Shirt) ab. Das entfernt die letzten Polierreste und natürlich auch die Watteflusen.

Wertmindernd – hässliche Lackschäden

Während der Fahrt unterliegt Ihr Auto einem »Dauerbeschuss« diverser Fremdkörper: Kleine aufwirbelnde Steinchen, selbst winzige Sandkörner, werden bei hohen Tempi zu Geschossen, die wie Meteoriten auf dem Lack einschlagen. Auf winterlichen Straßen sind vor allem die Frontpartie und Motorhaube stark gefährdet – feste Streumittelbestandteile prasseln dann hörbar gegen die Karosserie. Steinschlagschäden sind jedoch kein Drama. Auch ein leichter Parkrempler mit Kratzern und Schrammen bietet keinen Anlass zur Panik. Solche Stellen lassen sich, ebenso wie »gegnerischer« Fremdlack, meistens einfach mit Lackreiniger oder einer speziellen Schleifpolitur auspolieren.

Praktisch nach Steinschlägen – Lack-Reparaturset

Die meisten Hersteller bieten »gegen kleine« Steinschlagschäden praktische Reparatursets an. Sie lassen sich ähnlich leicht handhaben wie Nagellack. Eine gebräuchliche Alternative ist Tupflack, mit dem Sie Steinschlagkrater in mehreren Lackschichten auffüllen können. Bei normalen Lacken und kleinen Beschädigungen helfen übrigens auch Wachsstifte in Wagenfarbe. Das Reparaturwachs hält freilich nur einige Wagenwäschen lang und muss danach wieder erneuert werden. Sollten Sie die Lackbezeichnung und den Code der Wagenfarbe vergessen haben, kein Problem: Ihr Vertragshändler entschlüsselt anhand des Nummerncodes die Angaben im Kfz-Schein.

KRATZER UND SCHRAMMEN AUSPOLIEREN

Umgehend beseitigen – frische Lackblessuren

Ignorieren Sie auch winzige Macken im Lack nicht: Rost leistet in kurzer Zeit ganze Arbeit – bei ungünstigen Bedingungen (Nässe, Wärme oder unter Salzeinfluss) sogar schon in wenigen Tagen – auch an verzinkten Karosserieblechen. Lassen Sie dem Rost gar über Monate oder Jahre ungehinderten Freiraum, sind große Krater das traurige Resultat. In diesem Fall helfen nur noch aufwändige Restaurierungsarbeiten. Die können wir Ihnen in diesem Umfeld freilich ebenso wenig vorstellen, wie die Reparatur eines Unfall- oder Blechschadens. Dazu empfehlen wir Ihnen Ihre Vertragswerkstatt oder den Band 175 aus der Reihe »Jetzt helfe ich mir selbst«. Fachleute bringen Ihnen darin diverse »Geheimnisse« rund ums »heilix Blechle« näher.

Damit klappt's – das richtige Material

- Abklebeband (verwenden Sie nur Profimaterial)
- Zeitungen oder Folie zum Abkleben
- Für flächiges Schleifen einen Schleifklotz aus Holz oder Kork
- Nass- und Trockenschleifpapier in verschiedenen Körnungen
- Spachtel, Spachtelmasse und Härter. Spritzspachtel zum Ausgleich kleinerer Unebenheiten
- Haftgrund, als Grundlage für den neuen Lackaufbau
- Decklack
- Lackreiniger, Konservierer, Politur

Steinschlagschäden ausbessern

① Beseitigen Sie abstehende Ränder rund um den Lackkrater vorsichtig mit einer feinen Nadel oder einem Uhrmacherschraubendreher.

② »Rostschuppen« kratzen Sie mit einem spitzen Messerchen vorsichtig aus. Danach träufeln Sie einen Tropfen Rostumwandler auf die Stelle und lassen ihn etwa eine Stunde einwirken.

③ Jetzt waschen Sie die Schadstelle gründlich mit Lackverdünner aus und trocknen sie mit einem Haarfön.

④ Sprühen Sie dann etwas Haftgrund in den Sprühdosendeckel und tragen ihn mit einem Tupfpinsel oder Ihrer »sauberen« Fingerkuppe dünn auf die Schadstelle auf. Den Haftgrund lassen Sie gut austrocknen.

⑤ Drücken Sie, bündig zur umgebenden Lackfläche, mit Ihrer Fingerkuppe oder einem kleinen Kunststoffmesser ein wenig Spachtel in den Krater. Lassen Sie die Masse gut austrocknen. »Ungebetene« Spachtelflecken wischen Sie dagegen umgehend mit einem in Lackverdünnung getränkten Lappen ab.

⑥ Überflüssige Spachtelmasse schleifen Sie mit feinem Schleifpapier vorsichtig aus. Umwickeln Sie dazu ein Bleistiftende mit einem schmalen Streifen, den Bleistift drehen Sie zum Schleifen zwischen den Handflächen.

⑦ Sprühen Sie Decklack in den Dosendeckel und lassen ihn circa eine Minute ablüften. Tragen Sie dann den verdickten Lack mit Ihrer Fingerkuppe oder einem spitzen Pinsel dünn auf.

⑧ Um das Ergebnis zu toppen, polieren Sie die Übergänge des vollständig ausgetrockneten Lacks (im Sommer nach etwa zwei, im Winter nach rund fünf Tagen) mit Politur bzw. Lackreiniger großflächig bei.

Großflächig auspolieren – kleine Kratzer und Schrammen

① Reinigen Sie die Schadstelle gründlich mit Waschbenzin oder Verdünner und ...

② ... polieren dann die Fremdfarbe (falls vorhanden) in mehreren Arbeitsgängen mit Polierwatte, Schleifpolitur oder Lackreiniger aus dem Decklack. Legen Sie die Polierfläche möglichst großzügig an.

③ »Ausgerissene« Schrammenränder schleifen Sie zunächst mit einem kleinen Streifen Wasserschleifpapier (mindestens Körnung 800) behutsam glatt. Wässern Sie ständig das Schleifpapier in einem Wassereimer und spülen gleichfalls die Schleifstelle. Vorsicht: Durchschleifen Sie nicht die Decklackschicht.

④ Polieren Sie die Schadstelle großflächig mit einer milden Politur nach. Sie »verteilen« dabei Farbpartikel aus der unmittelbaren Lackumgebung in die Schramme.

⑤ Zuletzt versiegeln Sie die bearbeitete Stelle mit einem Lackkonservierer.

⑥ Wenn Sie auf gleichmäßigen Glanz Wert legen, polieren Sie anschließend das ganze Auto auf.

WAGENPFLEGE

Lackneuaufbau – so verschwinden größere Schrammen

Arbeitsschritte

① Bei tiefen Schrammen an Stoßfänger, Kotflügel oder Tür, bauen Sie vor der Reparatur das Karosserieteil sinnvollerweise aus. Das Ergebnis wird dann besser, denn die Arbeit geht Ihnen leichter von der Hand.

② Schleifen Sie die Schadensfläche mit Schleifpapier (Körnung 80 oder 100) leicht an. Rost schleifen Sie bis aufs blanke Blech herunter und tragen dann Rostumwandler auf. Lassen Sie den »Wandler« ca. eine Stunde einwirken.

③ Die Stelle reinigen Sie zunächst mit Lackverdünner, entfetten sie und lassen sie gut ablüften.

④ Jetzt vermischen Sie den Spachtel mit dem Härter. Die Spachtelmasse gleicht Höhenunterschiede zu den angrenzenden Flächen aus. Vorsicht: Zweikomponentenspachtel bleibt, je nach Temperatur, nur einige Minuten verarbeitungsfähig. Deshalb mischen Sie stets nur kleine Mengen an. Bei geringen Unebenheiten ist Spritzspachtel aus der Sprühdose die bessere Wahl.

⑤ Tragen Sie die Spachtelmasse gleichmäßig und zügig in mehreren dünnen Schichten auf. Nach etwa einer Stunde ist der Spachtel ausgehärtet.

⑥ Unebenheiten egalisieren Sie mit Trockenschleifpapier (Körnung 180). Den Feinschliff erledigen Sie mit Nassschleifpapier (Körnung 400). Schleifen Sie die Fläche mit viel Wasser und verhaltenem Druck plan.

⑦ Verbliebene Riefen gleichen Sie nun erneut mit Spritzspachtel aus. Sobald sie ausgehärtet sind, schleifen Sie die Stellen mit Nassschleifpapier (Körnung 600) an.

⑧ Spülen Sie vor dem Lackieren den Schleifstaub sorgfältig mit Wasser ab.

Lackieren wie die Profis – mit etwas Übung möglich

⑨ Die gründlich vorbereitete Schadstelle müssen Sie nun mit wasserfestem Abklebeband (Profiqualität) und/oder einer Folie bzw. alten Zeitungen abkleben. »Missachten« Sie unbedingt billiges Klebeband, es weicht schnell auf und löst sich dann vom Untergrund. Vorsicht: Lüften Sie immer Ihren Arbeitsplatz gut durch – beim Lackieren entstehen giftige Dämpfe.

⑩ Als Grundlage für den Decklack spritzen Sie Haftgrund (Füller) auf die gespachtelte Fläche. Arbeiten Sie sauber – Unebenheiten und Lacknasen verschwinden nicht mit zunehmendem Lackauftrag, sondern vergrößern sich. Den Haftgrund lassen Sie trocknen und schleifen dann die Fläche mit Nassschleifpapier (Körnung 600) plan. Die Schleifrückstände spülen Sie mit Wasser ab.

⑪ Tragen Sie den Decklack aus der Sprühdose gleichmäßig und zügig in mehreren Schichten auf. Der Abstand vom Sprühkopf zur Lackierfläche sollte etwa 20 bis 30 Zentimeter betragen. Erwärmen Sie die Sprühdose vor dem Lackieren kurz in heißem Wasser oder auf einem Heizkörper. Die Farbpartikel entweichen dann unter höherem Druck. Vorteil: Die Oberfläche wird glatter und der Lackverlauf gleichmäßiger.

⑫ Bevor Sie die Schadstelle »nachsprühen«, lösen Sie um die Reparaturstelle herum vorsichtig die Klebebandränder und knicken sie um. Der Übergang zum Originallack wird dann unscharf und lässt sich leichter beipolieren.

⑬ Sobald der Reparaturlack vollständig ausgetrocknet ist (im Sommer nach etwa zwei, im Winter nach fünf Tagen), die ausgebesserte Stelle mit Politur und die Übergänge mit Lackreiniger bearbeiten. Die besten Ergebnisse erzielen Sie, wenn anschließend das gesamte Fahrzeug aufpoliert wird.

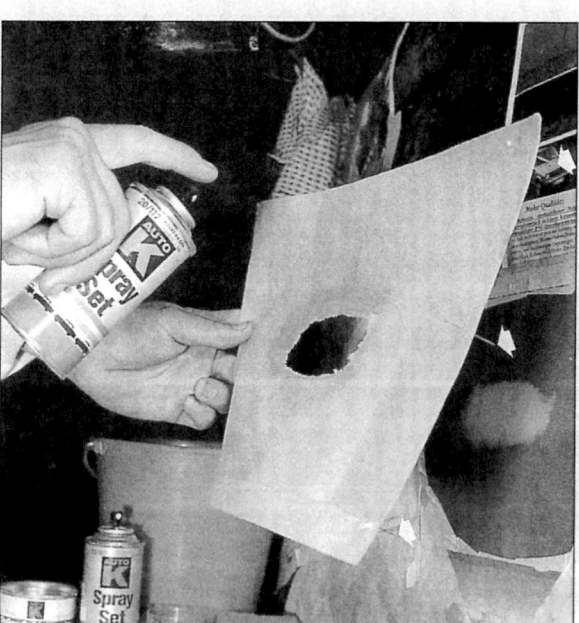

Sprühstrahl begrenzen: Wenn Sie einen lokalen Lackschaden ausbessern, begrenzen Sie den Sprühstrahl mit einer perforierten Pappe (Pfeil). Halten Sie die Pappe etwa 10 cm vor die abgedeckte Karosseriefläche (Pfeil) und bessern dann durch die Öffnung die Schadstelle aus. Auf diese Weise bekommen Sie »weiche« Übergänge zu Stande.

LACKIEREN WIE EIN PROFI

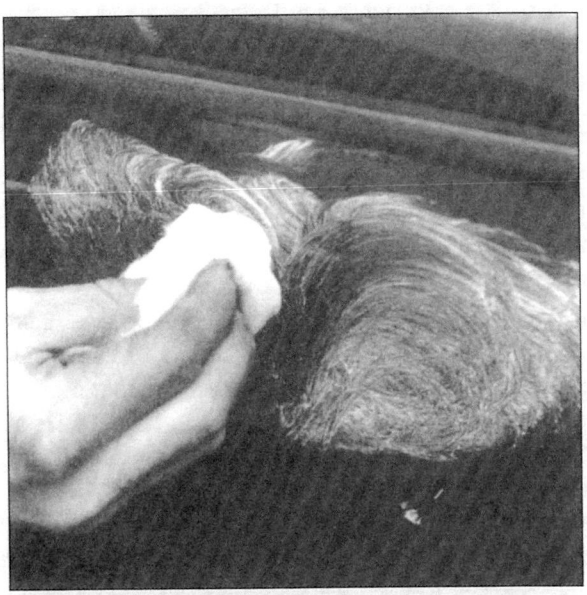

Oberflächen Make-up: Leichte Kratzer, Schrammen oder Farbnebel beseitigen Sie mit einer speziellen Schleifpaste oder Lackreiniger. Tragen Sie das Mittel auf einem weichen Baumwolllappen auf und bringen es kreisförmig auf die Schadstelle. Vergessen Sie nicht, den Lack danach mit Flüssigwachs zu versiegeln.

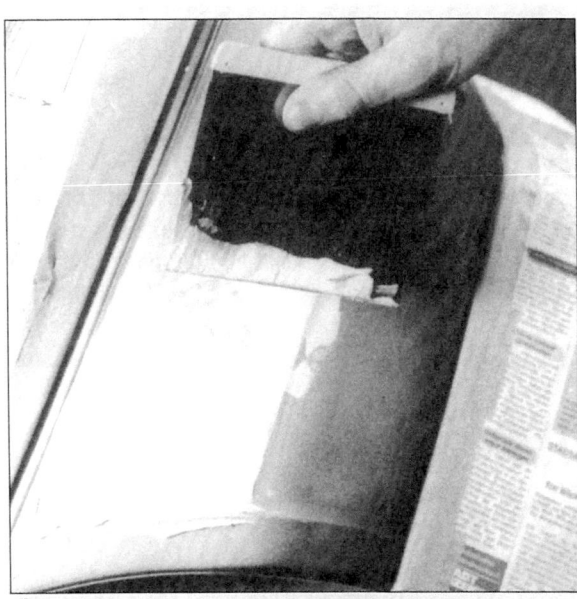

Üben übt: Bevor Sie das erste Mal »Knitterfalten« ausgleichen, trainieren Sie den Umgang mit Spachtelmasse und Spachtelklinge fernab der Karosserie. Verarbeiten Sie die Spachtelmasse geschmeidig und ziehen die Oberfläche möglichst glatt. Alles was Sie von vornherein mit dem Spachtel »schlichten«, müssen Sie hernach nicht mühsam abschleifen.

Mit Schleifklotz und Wasserschleifpapier: Bevor Sie den neuen Lack auftragen, schleifen Sie die »Arbeitsstelle« mit viel Wasser an. Lassen Sie den Schleifklotz möglichst wenig kreisen, sondern schleifen Sie mit Parallelbewegungen. Spülen Sie die Schleifstelle regelmäßig mit Wasser ab. Den Schleifklotz samt Papier »baden« in einem Wassereimer.

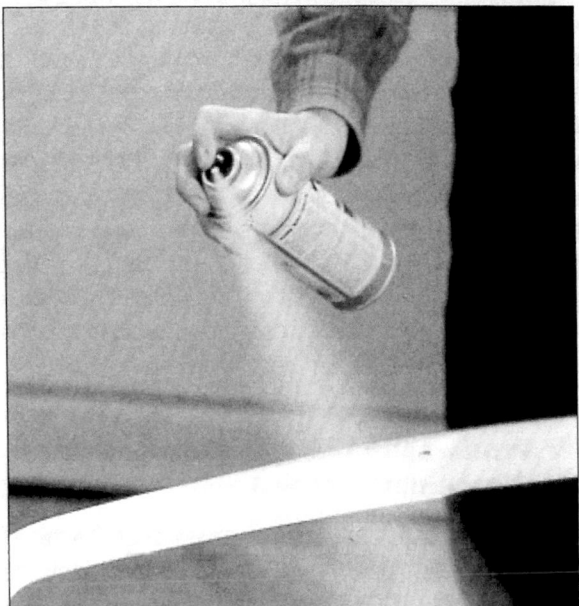

Schichtarbeit: Tragen Sie den neuen Lack mehrschichtig im Nass- in Nassverfahren auf. Lassen Sie dem frischen Lack immer ein paar Minuten Zeit sich mit dem Untergrund zu verbinden. Führen Sie den Sprühkopf zudem mit ruhiger Hand und vermeiden kreisende Bewegungen. Tragen Sie den Lack stattdessen gleichmäßig in Parallelschwüngen auf.

WAGENPFLEGE

> **Praxistipp**
>
> **Sondermüll – Farbreste, leere Spraydosen, verdreckte Putzlappen, alte Pinsel**
>
> Farb- und Lösungsmittelreste gehören nicht in den Haus- sondern in den Sondermüll. Das gilt auch für verschmutzte Lappen, Pinsel und Spraydosen. In vielen Städten und Gemeinden gibt's heute mobile Annahmestellen. Fragen Sie bei Ihrem Umweltamt nach den Abholterminen oder den Öffnungszeiten der Deponie.

Die Scheibenwaschanlage

Ohne »Durchblick« keine Sicherheit: Eine gute Rundumsicht ist die Grundvoraussetzung für jeden motorisierten Verkehrsteilnehmer. Damit Sie in Ihrem Fiesta auch bei Regen, Matsch und Schnee nicht ohne »Durchblick« schalten und walten müssen, hat Ford dem Fiesta zwei Scheibenwaschanlagen spendiert.

Die Frontscheibe säubert der Scheibenwischer grundsätzlich mit zwei Geschwindigkeiten. Bei schwachem Nieselregen oder Nebel erweist sich der »Einmaltippkontakt« sowie eine zusätzliche programmierbare Wischintervalleinrichtung als komfortabel. Im Fiesta löst sie die beiden Wischer etwa alle sieben Sekunden automatisch aus. Die Heckscheibe »putzt« zusätzlich ein Wischer mitsamt Scheibenwaschanlage. Bevor Sie den Wischer einschalten, sind stark verschmierte Scheiben grundsätzlich ein Fall für die Scheibenwaschanlage: Den schnellsten Durchblick bekommen Sie, wenn die Spritzdüsen das Waschwasser im oberen Drittel des Wischfelds zerstäuben.

Für Profis selbstverständlich – neue Wischergummis im Frühjahr und Herbst

Die Lebensdauer von Wischergummis ist begrenzt: Bei jeder Wischbewegung malträtieren »öliger« Straßenschmutz, verhärtete Insektenreste sowie Salzrückstände die Gummilippen. Ozon und UV-Strahlen härten die Wischergummis zusätzlich aus.

Solange die Wischer mit korrektem Anpressdruck auf der Scheibe anliegen und der Gummi noch genügend Elastizität hat, ist das »Putzergebnis« o.k. Lästige Schlieren oder unangenehme Kratzgeräusche sind der sicht- und hörbare Beweis für verschlissene Wischerlippen. Das trübt nicht nur Ihren Durchblick, sondern zerstört auf Dauer auch die Scheibe. Sollten Sie das ignorieren, sparen Sie an der fal-schen Stelle, zumal Wischergummis völlig unproblematisch zu wechseln sind.

Profis »runderneuern« ihre Wischerblätter vorbeugend im Frühjahr und Herbst. Falls Sie jedoch den Aufwand scheuen, erneuern Sie eben die kompletten Wischerblätter in ein paar Minuten.

Sollte Ihnen freilich Ihr Euro nicht Schnuppe sein, versuchen Sie's »nur« mit neuen Wischergummis: Der gut sortierte Zubehörhandel hält sie in bester Markenqualität auf Lager. Meistens jedoch unter dem Tresen versteckt – die Gewinnmargen an kompletten Blättern sind lukrativer.

Als gewiefter Do it yourselfer lassen Sie sich davon hoffentlich nicht beirren, schließlich geht's hier um Ihre Euro – fragen Sie also nach Wischergummis. Bosch zum Beispiel liefert die »Putzer« in allen gängigen Größen und Profilen. Bevor Sie zur Tat schreiten, schauen Sie sich übrigens die alten Wischergummis genau an. Auf den ersten Blick sehen nämlich alle fast gleich aus, doch in der Praxis gibt es Unterschiede bei der Wischerlippe und in der Profilstärke des Gummis.

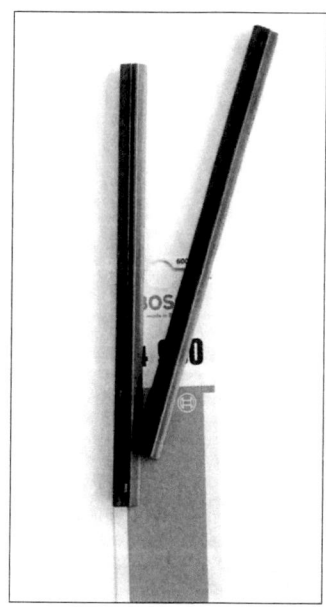

Schnell ein paar Euro gespart: Wischergummis bietet der gut sortierte Fachhandel in unterschiedlichen Größen und Profilen an. Für Do it yourselfer eine willkommene Gelegenheit, auf komplette Wischerblätter zu verzichten und nur die spröden Gummis binnen weniger Minuten gegen neue zu tauschen.

Übrigens, auch die meisten Arbeiten an der Scheibenwaschanlage können Sie in der Regel selbst erledigen. Schenken Sie zunächst den Sicherungen und Anschlusskabeln an den Wischermotoren einen prüfenden Blick. Sollten Ihnen dann schon Fehler auffallen, informieren Sie sich, vor der anstehenden Reparatur, bitte im Kapitel »Die Fahrzeugelektrik«.

SCHEIBENWISCHERGUMMI WECHSELN

Scheibenwischer und Waschanlage prüfen

① Zündung einschalten, Wischermotor einschalten.

② Läuft der Scheibenwischer in allen Geschwindigkeiten?

③ Funktioniert die Wischer-Intervallschaltung?

④ Arbeitet die Scheibenwaschanlage?

⑤ Sind die Spritzdüsen richtig eingestellt?

⑥ Funktionieren Heckwischer und -wascher?

⑦ Schwenken – nach dem Ausschalten – die Wischerarme automatisch in ihre Parkstellung zurück?

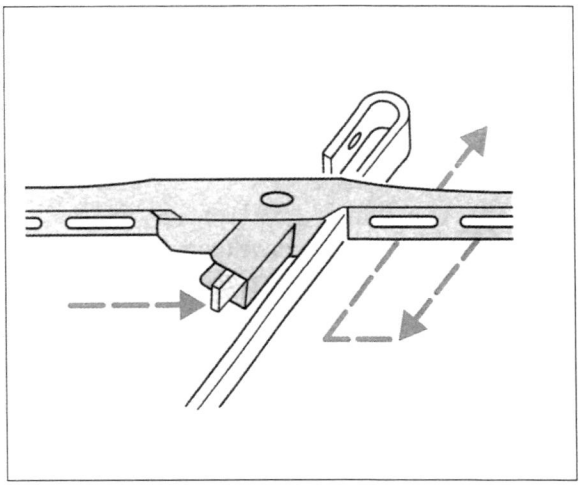

Auf die Reihenfolge kommt's an: Wischerblattwechsel. Klappen Sie zunächst den Wischerarm von der Scheibe und entsichern hernach das Wischerblattgelenk an der kleinen Zunge (Pfeil). Erst dann schieben Sie das Blatt aus dem »U« des Wischerarms.

Scheibenwischerblatt wechseln

① Klappen Sie den Scheibenwischerarm von der Scheibe ab und ...

② ... schwenken dann das betreffende Wischerblatt um seine Drehachse etwa 180 Grad nach oben. In dieser Stellung zeigt, zwischen Wischergummi und Halterahmen, die geschlossene Seite der U-förmigen Wischerblattaufnahme nach vorne.

③ Fixieren Sie das Blatt in dieser Stellung und entsichern (drücken) mit der anderen Hand die kleine Arretierzunge (Pfeil) an der offenen Seite der Wischerblattaufnahme nach innen.

④ »Schieben« Sie das entsicherte Blatt nun vorsichtig nach unten aus dem Wischerarm. Verschaffen Sie dem Arm am Wischergummi den nötigen Platz und ...

⑤ ...bugsieren das Blatt dann am Wischerarm vorbei (Pfell) aus der Halterung.

⑥ Beenden Sie die Montage in umgekehrter Reihenfolge. Achten Sie darauf, dass die Zunge hörbar in der Wischerblattaufnahme einrastet. Ansonsten »fliegt« Ihnen das Blatt beim nächsten Regen von der Scheibe.

⑦ Verfahren Sie mit dem anderen Blatt auf die gleiche Weise.

Scheibenwischergummi wechseln

① Das Wischerblatt demontieren Sie zunächst wie beschrieben.

② Auf einer Seite ist der Wischergummi am »Gestell« mit zwei Halteklammern fixiert. Falls erforderlich lösen Sie die Klammern etwas (z. B. mit einem Seitenschneider), fassen dann den Gummi und ...

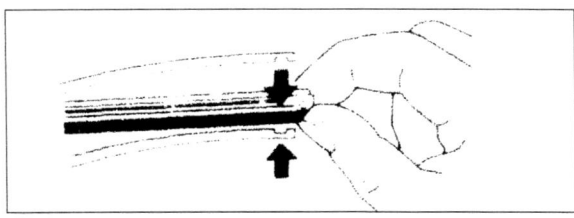

Mit zwei Halteklammern (Pfeile) fixiert: Wischergummi.

③ ... ziehen ihn mitsamt der beiden Federstreifen aus den Haltenasen.

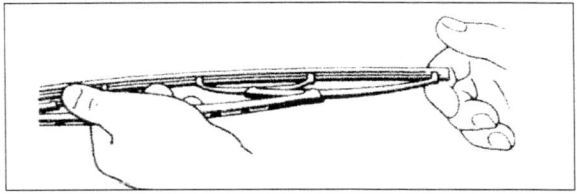

Festhalten – Wischerblattgestell.

WAGENPFLEGE

④ Achten Sie derweil darauf, dass die Haltezungen nicht verbiegen.

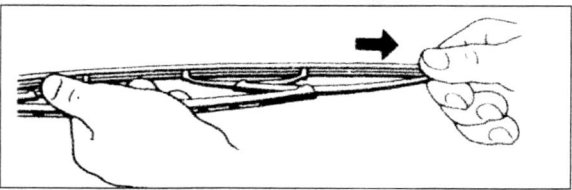

Aus den Halterungen bugsieren – Wischergummi.

⑤ »Fingern« Sie nun beide Federstreifen aus der Gummilippe.

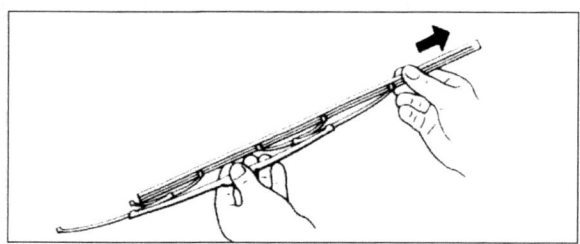

Aus der Führung ziehen – beide Federstreifen.

⑥ Um zur Montage die Vorspannung der Federstreifen etwas zu erhöhen, »fahren« Sie mit einem leichten Biegemoment die Federstreifen jeweils zwischen Daumen und Zeigefinger ab. Doch vermeiden Sie die Federstreifen »scharf zu knicken«.

⑦ Sobald beide Streifen gleichmäßig vorgespannt (gebogen) sind, setzen Sie die Federstreifen mit der Wölbung nach außen (Wischerlippe) in den Gummi ein. Vergessen Sie nicht, die Aussparungen in der Gumminut zu fixieren.

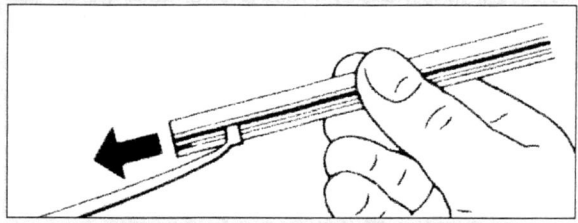

Mit der Wölbung nach außen in das Wischergummi einsetzen – Federstreifen.

⑧ Schieben Sie nun den neuen Gummi mit der gegenüberliegenden Seite Schritt für Schritt in die Halterungen ein. Achten Sie darauf, dass Sie immer in der gleichen Nut bleiben.

⑨ Den ganz eingeschobenen Wischergummi fixieren Sie in den Aussparungen am äußeren Ende. Sollten Sie die Haltenasen des alten Gummis zur Demontage leicht geweitet haben, korrigieren Sie das jetzt mit einer Kombizange.

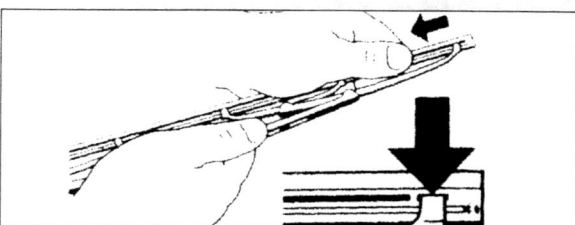

Schritt für Schritt einschieben und am äußeren Ende fixieren – Wischergummi.

⑩ Richtig eingelegte Federstreifen und unverbogene Halterungen geben dem neuen Wischergummi den »Bewegungsspielraum« den er braucht, um schlierenfrei zu wischen. Sobald sich die Gummilippe nach außen vom Rahmen abhebt, haben Sie gut gearbeitet.

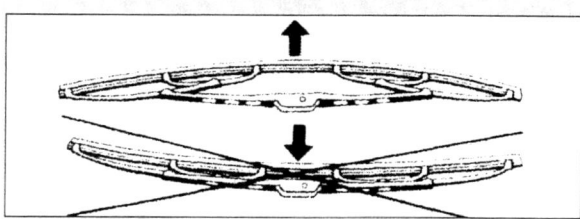

Muss sich nach außen wölben und nicht nach innen einziehen – Gummilippe.

⑪ Die runderneuerten Blätter montieren Sie wie beschrieben auf die Wischerarme.

Scheibenwaschwasser auffüllen

① Im Sommer sollten Sie den Waschwasservorrat mit klarem Wasser ergänzen. Ein Anteil Reinigungsmittel steigert die Waschwirkung erheblich. Im Winter mengen Sie der Waschlösung zusätzlich Gefrierschutz bei oder Sie verwenden bereits vorgemischtes »Scheibenklar«.

② Damit im Vorratsbehälter sofort eine homogene Mischung entsteht, zuerst das (die) Zusatzmittel einfüllen, erst dann ergänzen Sie die Lösung bis zur Einfüllöffnung mit Wasser.

③ Bei Minustemperaturen friert die Scheibenwaschanlage ein. Darum »präparieren« Sie ihren Vorratstank in der kalten Jahreszeit immer zu rund einem Drittel mit einem Gefrierschutzmittel (z. B. Brennspiritus) oder einer »fertigen« Reinigungslösung. Damit im Ernstfall auch die Zuleitungen und Spritzdüsen geschützt sind, lassen Sie die Waschanlage nach dem Füllvorgang so lange »pumpen«, bis Sie die Mischung auf den Scheiben erkennen und riechen.

SCHEIBENWASCHDÜSE AUS- UND EINBAUEN

Leicht befüllbar: Der Waschwasserbehälter (Pfeil) unter der Motorhaube vorne links.

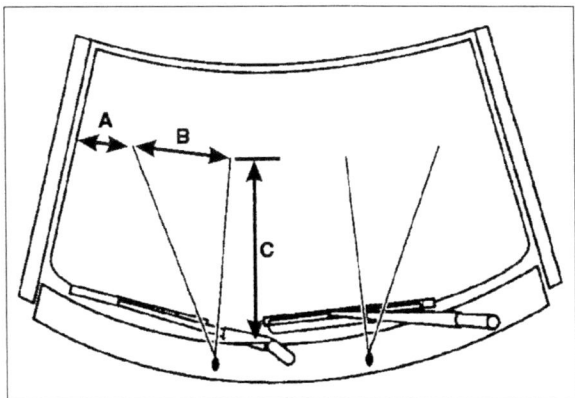

So wird's gemacht: Scheibenwaschdüsen auf die Scheibe ausrichten. Richtig eingestellte Spritzdüsen der Scheibenwaschanlage sollten an der Windschutzscheibe innerhalb der angegebenen Maße das Wasser auf die Scheibe spritzen.
A = 140 – 240 mm, B = 190 – 290 mm, C = 270 – 370 mm

Waschwasserdüsen einstellen

Der Fiesta »flutet« seine Frontscheibe mit zwei Waschwasserdüsen. Um ihre Reinigungswirkung voll auszuschöpfen, stellen Sie die Düsen mit einer Nadel oder Büroklammer »punktgenau« auf das obere Scheibendrittel ein.

Arbeitsschritte

① Um die Düsenöffnungen mit einer Nadel oder Büroklammer verdrehen zu können, »stechen« Sie zunächst die Nadel- oder Drahtspitze vorsichtig in die Düsenöffnung und drehen sie dann in die gewünschte Spritzrichtung.

② Damit Sie mit möglichst wenig Waschwasser eine gute Reinigungswirkung erzielen, richten Sie die Düsen etwa auf das obere Drittel des Wischfelds aus.

Scheibenwaschdüse aus- und einbauen

Verstopfte Scheibenwaschdüsen bauen Sie zweckmäßigerweise sofort aus und blasen Sie mit Druckluft in Richtung Schlauchanschluss durch. Durchstoßen Sie hartnäckige Verstopfungen mit einem dünnen Draht (Nähnadel, Stecknadel) – gleichfalls in Richtung Schlauchanschluss. Klappt das nicht, erneuern Sie die Düse(n) und setzen bei der Gelegenheit gleich einen handelsüblichen Kraftstofffilter in die Waschwasserdruckleitung ein. Das feinporige Filterelement hält künftig die Düsen sauber.

Arbeitsschritte

vorn

① Öffnen Sie die Motorhaube und clipsen mit einem Schlitzschraubendreher das Dämmmaterial von der Haube.

② Bevor Sie den Waschwasserschlauch von der Düse ❶ abziehen, erwärmen Sie ihn kurz mit einem Feuerzeug.

③ Drücken Sie die Haltezungen mit den Fingern zusammen und ...

④ ... pressen gleichzeitig die Düse aus der Motorhaube.

WAGENPFLEGE

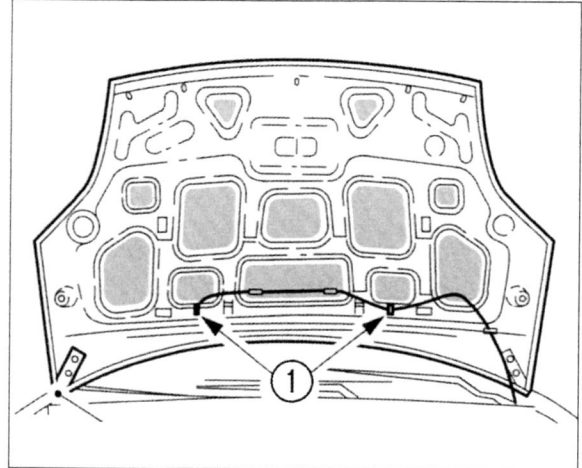

Zusammendrücken – Haltezungen unterhalb der Waschdüsen ❶.

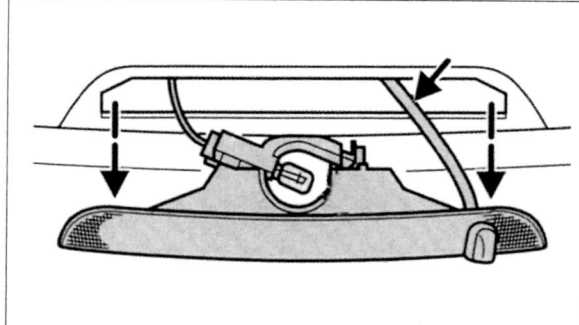

Bei geöffneter Heckklappe demontieren – die Verkleidung der dritten Bremsleuchte.

⑤ Zur Montage rasten Sie die Düse von oben in die Motorhaube ein. Achten Sie auf einen festen Sitz, ansonsten gibt's Probleme mit der Einstellung und die Düse »wandert« irgendwann aus der Motorhaube.

⑥ Beenden Sie die Montage in umgekehrter Reihenfolge und stellen – wie beschrieben – die Düsen ein.

hinten

① Öffnen sie die Heckklappe und entfernen die Gummiabdeckung um das Lampengehäuse der dritten Bremsleuchte.

② Das Lampengehäuse müssen Sie komplett demontieren. Drücken Sie dazu in den Blechöffnungen links und rechts des Gehäuses mit einem kleinen Schraubendreher die Blechklammern nach innen und heben das Gehäuse dann vorsichtig aus der Heckklappe (Pfeile).

③ Sobald Sie den Scheibenwaschschlauch (kleiner Pfeil) bequem erreichen, ziehen Sie das Schlauchende vom Düsenanschluss ab. Sperrige oder verhärtete Schläuche wärmen Sie vorab bitte mit einem Feuerzeug an.

④ Drücken Sie danach mit dem Daumen und Zeigefinger die Klemmen am Düsenschaft zusammen und ziehen die Düse nach außen aus dem Lampengehäuse.

⑤ Montieren Sie die neue Düse, setzen den Schlauch »satt« auf und beenden die Montage in umgekehrter Reihenfolge.

⑥ Vergessen Sie hernach nicht den Spritzstrahl der neuen Düse einzustellen und ein Bremslichtprobe zu machen.

Scheibenwischerarm aus- und einbauen

Frontwischer

① Markieren Sie mit Klebeband auf der Scheibe die Wischerblätter in Ruhestellung.

Heckwischer

② Markieren Sie mit Klebeband auf der Scheibe das Wischerblatt in Ruhestellung und liften die Abdeckkappe über der Wischerarmachse mit einem Schraubendreher.

Beide Wischer

③ Lösen Sie die Haltemutter mit einem Ringschlüssel um ca. zwei Umdrehungen. Dann …

④ … stellen Sie die Wischerarme auf und hebeln sie, um die Pressverbindung zur Wischerachse zu lösen, gefühlvoll seitlich etwas hin und her. Sollte das auf Anhieb nicht klappen, knipsen Sie mit zwei Schlitzschraubendrehern den widerspenstigen Arm vorsichtig von der Wischerachse ab. Schützen Sie vorab mit einem Putzlappen den Windlauf vor Beschädigungen.

⑤ Drehen Sie hernach die Muttern ganz von den Wischerarmachsen und …

⑥ … ziehen die Wischerarme mitsamt Unterlegscheiben von den Achsen ab.

⑦ Zur Montage achten Sie darauf, dass die Wischerarme auf der Scheibe mit Ihrer Markierung korrespondieren. Ziehen Sie die Arme mit 18 Nm fest und checken dann den korrekten Lauf: Die Wischerblätter dürfen nicht ineinander verheddern oder über die Scheibenfläche hinauslaufen.

WISCHERMOTOR AUS- UND EINBAUEN

Wischermotor aus- und einbauen

vorn

① Stellen Sie den Scheibenwischermotor in Parkposition und klemmen das Batteriemassekabel ab.

② Demontieren Sie – wie beschrieben – die Wischerarme samt Windlaufgrill (Pfeile), ...

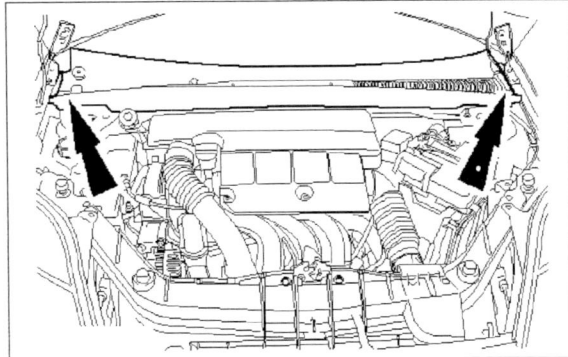

Abziehen – Windlaufgrill.

③ ... ziehen hernach beide Wasserführungen in Pfeilrichtung ab und ...

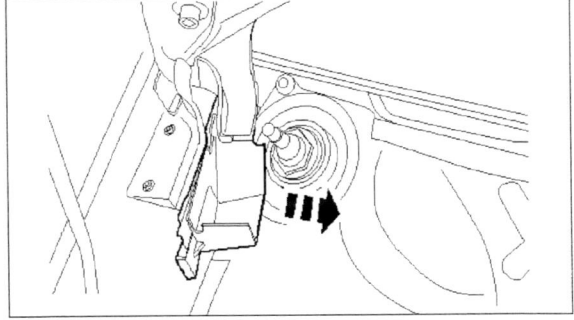

In Pfeilrichtung abziehen – Wasserführung auf beiden Seiten.

④ ... lösen die Befestigungsmuttern (Pfeile) an den Federbeinen.

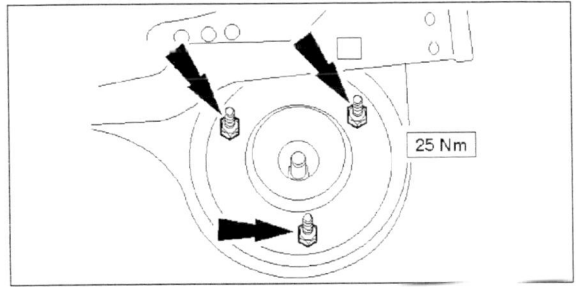

Lösen – Befestigungsmuttern beider Federbeine.

⑤ Anschließend lösen Sie zwei Querstrebenschrauben (Pfeile) vom Wischergestänge und ...

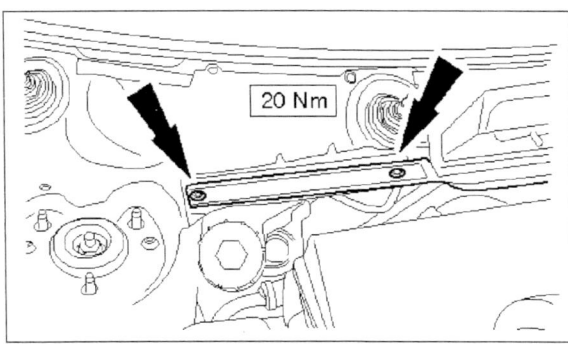

Demontieren – Querstrebe vom Wischergestänge.

⑥ ... demontieren das Wischergestänge. Lösen Sie dazu drei Halteschrauben (Pfeile) und ziehen die Querstrebe ❶ in Pfeilrichtung beiseite.

⑦ Heben Sie jetzt das Wischergestänge ❷ so weit an, bis ...

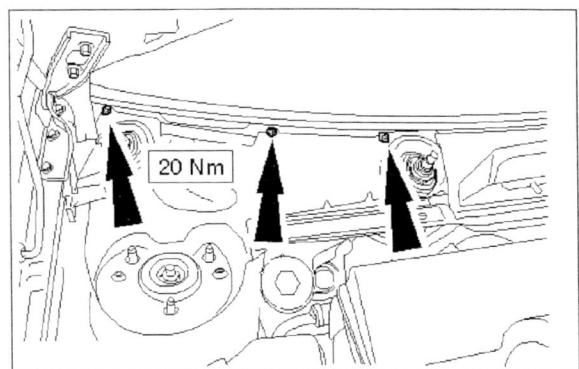

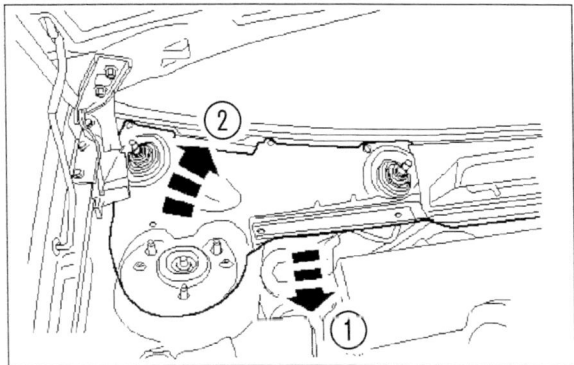

Demontieren – Wischermotor mitsamt Wischergestänge.

⑧ ... Sie vom Wischermotor den Kabelstecker (Pfeil) abziehen können. Legen Sie das komplette Wischergetriebe auf der Werkbank ab – oder, besser noch, Sie spannen es zur weiteren Demontage vorsichtig im Schraubstock ein.

51

WAGENPFLEGE

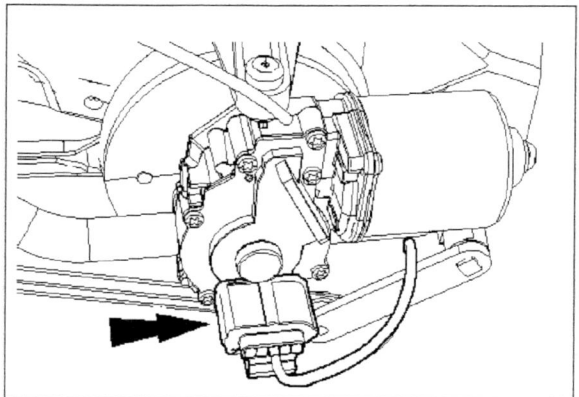

Abziehen – Kabelstecker vom Wischermotor.

⑨ Lösen Sie den Hebelarm (Pfeil) vom Scheibenwischergestänge und ...

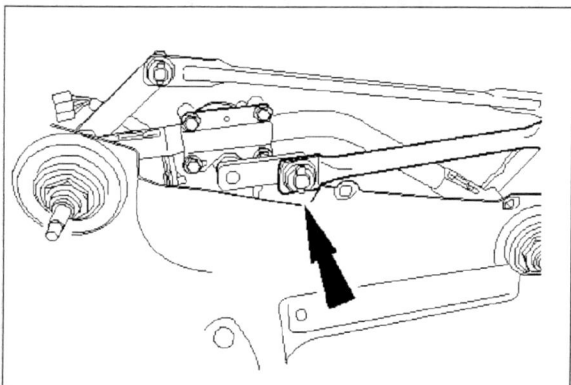

Demontieren – Hebelarm vom Scheibenwischergestänge.

⑩ ... drehen den Antrieb so weit im Uhrzeigersinn bis ...

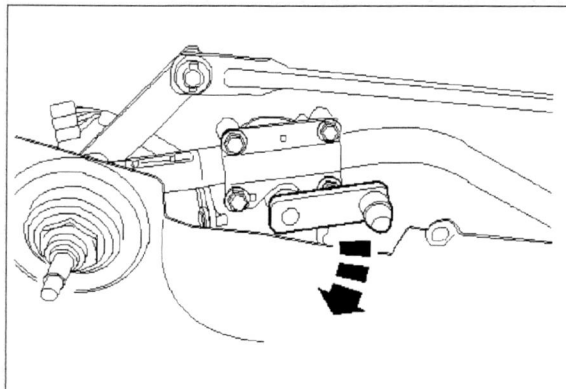

Im Uhrzeigersinn drehen – den Scheibenwischerantrieb.

⑪ ... Sie an die Halteschraube (Pfeil) des Gestänges kommen.

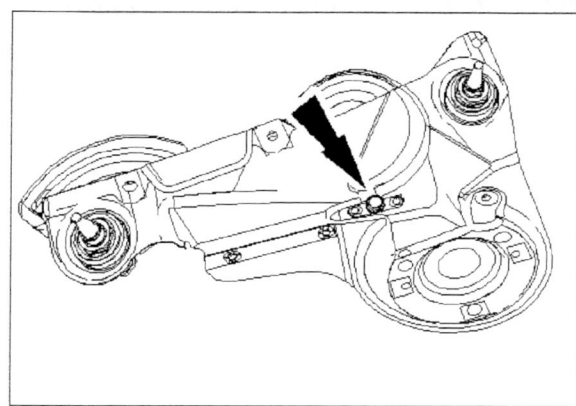

Lösen – Halteschraube vom Scheibenwischergestänge

⑫ Jetzt trennen Sie den Wischermotor vom Antriebsgestänge. Lösen Sie dazu vier Schrauben (Pfeile) und ziehen den Motor ab.

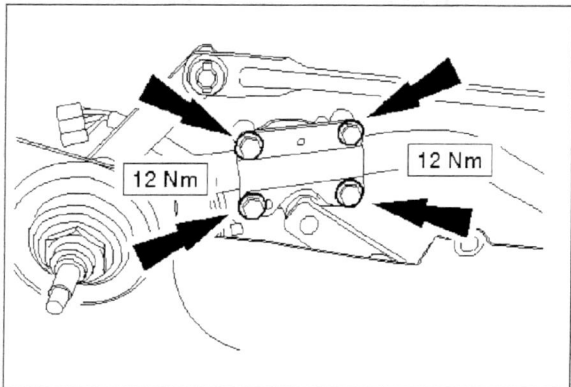

Demontieren – Wischermotor vom Gestänge.

⑬ Bevor Sie den neuen Wischermotor montieren, drehen Sie das Scheibenwischergestänge in Parkposition.

⑭ Lassen Sie den frisch montierten Scheibenwischer zur Probe kurz anlaufen und korrigieren eventuell noch die Lage der Wischerarme.

⑮ Beenden Sie die Montage in umgekehrter Reihenfolge.

WISCHERMOTOR AUS- UND EINBAUEN

hinten

① Stellen Sie den Scheibenwischermotor in Parkposition und klemmen das Batteriemassekabel ab.

② Demontieren Sie den Heckwischerarm und öffnen die Heckklappe.

③ Lösen Sie anschließend drei Schrauben ❶ und acht Clips ❷ der Heckklappeninnenverkleidung. Hebeln Sie die Clipse mit einem breiten Schlitzschraubendreher oder Holzspatel aus. Schützen Sie an den Knippstellen die Lackoberfläche mit einem weichen Lappen.

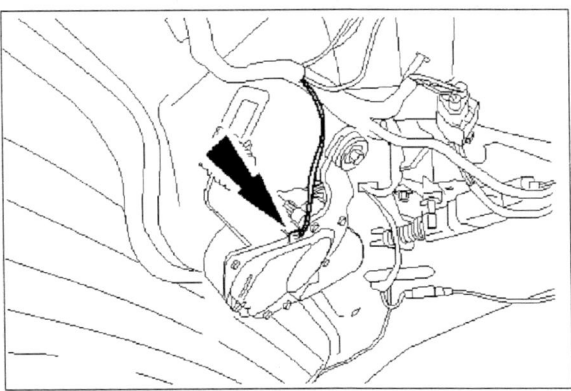

Abziehen – Anschlussstecker vom Wischermotor.

⑤ ... demontieren drei Befestigungsschrauben (Pfeile) und ziehen den Motor aus der Heckklappe.

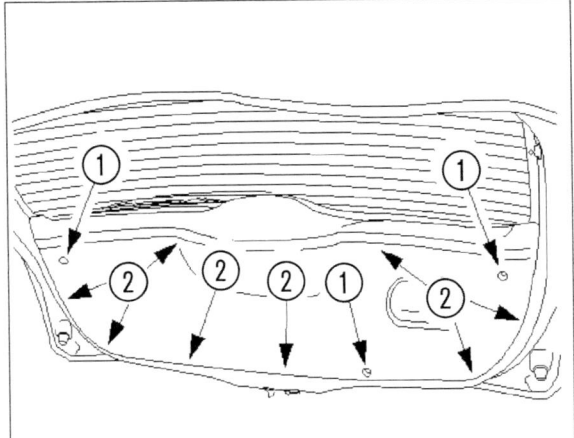

Heckklappe – Verkleidung ausclipsen

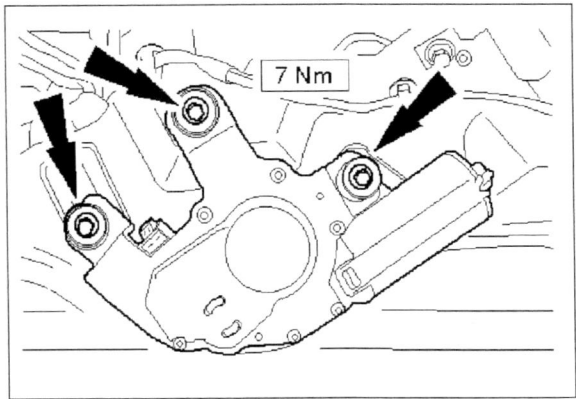

Demontieren – Heckwischermotor.

④ Trennen Sie nun die Steckverbindung (Pfeil) zum Wischermotor, ...

⑥ Beenden Sie die Montage in umgekehrter Reihenfolge.

WAGENPFLEGE

Scheibenwischer — Störungsbeistand

Störung	Ursache	Abhilfe
A Front-/Heckscheibenwischer ohne Funktion.	1 Sicherung defekt.	Erneuern.
	2 Zentrales Steuergerät defekt.*	Anschlüsse prüfen, zentrales Steuergerät austauschen.
	3 Wischerantriebskurbel lose.	Festziehen.
	4 Kabel zum Wischerschalter unterbrochen.	Steckverbindungen und Zuleitungen überprüfen.
	5 Kabel zum Wischermotor unterbrochen.	Steckverbindungen und Leitungen überprüfen.
	6 Wischermotor durchgebrannt bzw. Kohlen verschlissen.	Austauschen.
B Scheibenwischer in Stufe I ohne Funktion.	1 Kontaktschwäche.	Anschlüsse auf Stromdurchgang prüfen.
	2 Spannungsaufnahme im Motor unterbrochen.	Motor austauschen.
	3 Spannungsdurchgang im Wischerschalter unterbrochen.	Schalter austauschen.
C Scheibenwischer in Stufe II ohne Funktion.	1 Spannungsdurchgang am Wischerschalter unterbrochen.	Zuleitung überprüfen.
	2 Kontakte im Wischerschalter verschlissen.	Schalter austauschen.
	3 Spannungsaufnahme am Wischermotor defekt.	Motor austauschen.
D Wischer laufen nicht automatisch in Parkstellung zurück.	1 Leitung zwischen Wischerschalter und Motor unterbrochen.	Zuleitung kontrollieren.
	2 Wischermotor defekt.	Motor instand setzen, bzw. erneuern.
E Scheibenwischerintervall ohne Funktion.	1 Zentrales Steuergerät defekt.	Austauschen.
	2 Zuleitung zwischen Wischerschalter und Relais unterbrochen.	Zuleitung überprüfen.
	3 Kontakt im Wischerschalter defekt.	Schalter austauschen.
	4 Verbindung zwischen Sicherungskasten zum Intervallrelais bzw. zwischen Relais zum Wischermotor unterbrochen.	Sicherung prüfen, Zuleitung inkl. Steckverbindungen prüfen.
F Intervallbetrieb lässt sich nicht ausschalten.	1 Siehe D1.	
	2 Siehe E1.	
	3 Kontakte im Wischerschalter verschlissen.	Schalter austauschen.
G Wischer bleiben nach dem Abschalten nicht oder nur kurz in Parkstellung stehen.	Verschmutzter bzw. verklebter Kontakt im Wischermotor.	Motorabdeckung abschrauben, Kontakte reinigen, ggf. Motor austauschen.

*nur Frontscheibenwischer.

STÖRUNGSBEISTAND WISCHERBLATT

Wischerblatt

Störung	Ursache	Abhilfe
A Wasser und Schmutz verteilen sich gleichmäßig über das Wischfeld.	1 Scheibe mit Lackpflegemitteln, ölhaltigen Rückständen oder Insektenresten verschmutzt.	»Sidolin« o. ä. Reinigungsmittel auf Scheibe auftragen, antrocknen lassen, mit einem sauberen Lappen abreiben.
	2 Wischergummi verschlissen.	Austauschen.
	3 Wischerarm am Anlenkpunkt des Wischerblattes verdreht und nicht parallel zur Scheibe.	Wischerarmende nachbiegen (in sich verdrehen).
B Im Wischfeld bleiben feine Wasserstreifen stehen.	Siehe A2.	Austauschen.
C Im Wischfeld bleiben feine Wassertropfen zurück.	Neigungswinkel des Wischergummis zu flach zur Scheibe.	Wischergummi austauschen.
D Im Wischfeld bleibt breiter Wasserfilm zurück.	Ungleicher Auflagedruck – verbogene oder defekte Anpressfeder im Wischergummi.	Wischerblatt austauschen.
E Im Wischfeld bleiben mehrere Wasserfelder zurück.	1 Anpressdruck des Wischerarms zu gering.	Anpressdruck überprüfen. Feder leicht einölen, Wischerarm stärker vorspannen, ggf. erneuern.
	2 Scheibenwischerantrieb verschlissen.	Kontrollieren, defekte Komponenten ersetzen.
	3 Wischerarm lose auf seiner Achse.	Befestigen.
	4 Wischerarm verbogen.	Nachbiegen.
	5 Wischerblatt verbogen.	Austauschen.
F Im oberen Wischfeld bleiben Wasserschlieren zurück.	1 Siehe E1.	
	2 Siehe D.	
G Wischerblatt rattert.	1 Zuviel Spiel im Scheibenwischergestänge.	Verschleißteile auswechseln.
	2 Wischerarm lose.	Befestigen.
	3 Wischerarm in sich verdreht.	Wischerblatt demontieren und Wischerarm richten.

DIE MOTOREN

Modernste Dieseltechnologie:
Der 1,4-Liter Duratorq TDCi Vierzylinder entstammt einer Kooperation zwischen Ford und dem französischen PSA-Konzern. Das nur 98 Kilogramm schwere Leichtmetallaggregat »verköstigt« ein Common-Rail-Modul mit Dieselöl, im Durchschnitt sind's 4,3 Liter auf 100 Kilometer. Für die entsprechende Frischluft zeichnet ein Abgasturbolader mit statischer Laderradgeometrie verantwortlich, den Gaswechsel steuern insgesamt acht Ventile und – über Ventilschlepphebel – eine obenliegende, hohl gebohrte Nockenwelle.

Wartung

Motor durchdrehen 64
Zündkerzen überprüfen 64
Kompressionsdruck messen 67
Antriebsriemen kontrollieren 69
Spannung des Antriebsriemens
kontrollieren 71

Reparatur

Klopfgeräusche aus dem Motorraum
diagnostizieren 72

Unisono arbeiten im Fiesta kompakte, quer über der Vorderachse eingebaute Reihen-Vierzylinder aus der Duratec- bzw. Duratorq-Motorenfamilie. Das Motorenprogramm des kleinen Ford steht auf technisch hohem Niveau: Leichtmetall Zylinderköpfe sind bei den Ottomotoren ebenso Standard wie elektronische Motormanagements, kontaktlose 3-D Kennfeldzündanlagen (SEFI), sequenzielle Gemischaufbereitung und geregelte Katalysatoren. Ganz im Sinne der Abgasnorm Euro 4 »entgiften« die Ottotreibsätze jeweils zwei Lambdasonden – je eine vor und hinter dem Katalysator.

Auch der neue 1,4-Liter Common-Rail-Turbodiesel liefert sein »Futter« elektronisch portioniert in den Brennräumen ab. Einen Großteil seiner Abgase »schickt« der Leichtmetallselbstzünder via Oxidationskatalysator in die Atmosphäre. Lediglich ein kleiner Teil fließt zurück in die Brennräume, vermischt sich dort mit der Frischluft und »senkt« demzufolge die Verbrennungstemperaturen. Der Gesetzgeber honoriert den »Trick« mit Euro 3.

Standard unter Fiesta-Motorhauben – sequenzielle Kraftstoffeinspritzung

Obwohl die vier möglichen Ottotreibsätze unter der Fiesta-Motorhaube technisch völlig verschiedene Lösungswege favorisieren, erkennen versierte Do it yourselfer auf Anhieb die »Handschrift« der Ford-Aggregateentwicklung. So zum Beispiel am Motormanagement, das die Gemischaufbereitung, den Zündzeitpunkt, die Abgaswerte sowie weitere »Lebensgeister« im und am Fiesta bei Laune hält. Alle »Ottos« bekommen ihren Lebenssaft sequenziell verabreicht, die Drosselklappen der beiden 16V-Motoren reagieren, exakt wie die des 1,4-Liter TDCi, nicht mehr mechanisch auf einen Gaszug, sondern auf die elektronischen Signale (drive by wire) eines Potentiometers (E-Gas).

Mehrlocheinspritzventile vernebeln den Kraftstoff vor den Einlassventilen: Das Gemischmenü der Ford-Duratec-Aggregate stellt sich zu jeder Kurbelwellenumdrehung neu den besten Kompromiss zwischen Leistung, Drehmoment, Laufkultur, Verbrauch und Abgaskonzentration ein. Und was das elektronische Motormanagement »frischgasseitig« allein überfordern würde, bringt die Abgasrückführung im Fiesta auf den Punkt: Sämtliche Ottomotoren erfüllen die Abgasnormen nach Euro 4.

Von Kopf bis Fuß aus Leichtmetall – die 16-Ventiler und der TDCi

Gemeinsamer »Stallgeruch« wird auch bei den Werkstoffen deutlich: Die Zylinderköpfe der Fiesta-Aggregate sind aus Leichtmetall gefertigt, sie »deckeln« bei den 16-Ventilern und dem TDCi schwingungsarme Leichtmetallmotorblöcke und bei den 8V's reibungs- und schwingungsoptimierte Graugussblöcke. Jeweils zwei obenliegende Nockenwellen initiieren den Ladungswechsel der Vierventiler per Zahnriemen. Ein Zahnriemen mit erweitertem Aufgabenbereich rotiert auch im Common-Rail-Diesel. Auf wartungsfreie Steuerketten setzt Ford dagegen in beiden neuen 1,3-Liter Ottomotoren. Dank hydraulischem Spielausgleich ist der Ventiltrieb der beiden 1,3er und der des Dieselmotors wartungsfrei. Das Ventilspiel der 16V-Motoren »steht« erfahrungsgemäß rund 150.000 Kilometer. Der eine oder andere Kontrollcheck »zwischendurch« beruhigt freilich auch jeden Zweifler. Sollten Sie nicht über das erforderliche Messequipment und praktische Erfahrungen verfügen, beauftragen Sie damit besser Ihren Vertragshändler. Das Ventilspiel beträgt bei kaltem Motor 0,17 – 0,23 Millimeter an den Einlass- und 0,27 – 0,33 Millimeter (1,6 16V: 0,31 – 0,37 Millimeter) an den Auslassventilen.

Duratec 8V – 1,3-Liter Hubraum zum Einstieg

Den Einstieg in die Fiesta-Mobilität leisten zwei neue, kompakte 1,3-Liter Duratec-Vierzylinder, deren zukünftiges Betätigungsfeld Ford unter den Motorhauben europäischer Kompaktwagen sieht. Die neuen 8V-Ableger vertrauen auf Motorblöcke und Ölwannen aus Gussstahl sowie auf Aluminiumzylinderköpfe. Sie gelten innerhalb der Ford-Motorenfamilie als ausgesprochen kompakt, allein in der Bauhöhe unterbieten sie ihre »Endura-E«-Vorgänger um 53 Millimeter. Der schwächere der beiden Motoren leistet 44 kW (60 PS) bei 5.000 min^{-1}, er bringt's auf ein Drehmoment von 99 Nm bei 2.500 min^{-1}. Exakt 100 Umdrehungen später liefert die »Powervariante« 106 Nm an die Schwungscheibe, die Höchstleistung beträgt 51 kW (70 PS) bei 5.500 min^{-1}. In beiden Fällen nicht unbedingt sprintverdächtige Werte, doch zum Mitschwimmen in Städten und zügigen »Davonkommen« im Überlandverkehr oder während gelegentlicher Fernreisen mit »Kind und Kegel« reicht das Temperament allemal – zumal zwischen 1.500 bis 4.500 min^{-1} rund 90 Prozent des maximalen Drehmoments ständig »auf der Lauer liegen«.

MOTOREN

Tiefer eingelassen – die Zündkerzen im Zylinderkopf

Die neuen 8V »Duratecs« sind ausgesprochen »kopflastig«: Ihr Aluminiumzylinderkopf besitzt aufwändig gestaltete Brennraumdächer die, ohne negative Nebenwirkungen auf den Verbrennungsablauf, auch ohne Anti-Klopfregelung ein relativ hohes Verdichtungsverhältnis von 10,2:1 zulassen. Um den Verbrennungsprozess schneller und sauberer zu gestalten, wurden die Zündkerzen weiter in die Brennräume zurückversetzt.

Reibungsarm – der Ventiltrieb mit rollengelagerten Schlepphebeln

Ihren Gaswechsel steuern beide Duratec-Motoren per Rollenkette. Der Ventiltrieb ist extrem reibungsoptimiert, er setzt sich mit rollengelagerten Schlepphebeln und besonders leichten Ventilen – mit nur sechs Millimeter starken Ventilschäften – in Szene. Die hohl gebohrte Nockenwelle besitzt gesinterte Nocken, die erst während des Herstellungsprozesses aufgesetzt werden.

Um den gesamten Ventiltrieb möglichst leichtgängig, leise und haltbar zu gestalten, bedienen sich die Ford-Ingenieure ungewöhnlicher Testmethoden: Sie setzten – vor Verschleißtests – in speziellen Prüflaboren beispielsweise radioaktiv gekennzeichnete Komponenten ein, um so die Herkunft abgeriebener Partikelchen nach Testende exakt definieren zu können. Ein hydraulischer Ventilspielausgleich macht Wartungsarbeiten für die gesamte Laufzeit des Duratec 8V-Motors – der auf mehr als 240.000 Kilometer ausgelegt ist – überflüssig.

Nicht viel schwerer als Leichtmetall – der Graugussmotorblock der neuen Duratec-8V-Generation

Die kompakt bauenden Gussstahl-Motorblöcke der Duratec 8V-Familie unterbieten ihre Endura-Vorgänger sowohl in der Höhe als auch in der Länge. Gewichtsmäßig reichen die Neuen fast an vergleichbare Aluminiumkonstruktionen heran. Hinsichtlich Geräusch- und Vibrationsentwicklung attestieren ihnen die Ford-Ingenieure deutliche Vorteile. Um bei geringen Wandstärken die Stabilität der Gesamtkonstruktion zu sichern, wird auch die Ölwanne der neuen Duratec aus einer Gussstahllegierung gepresst.

Um ihre Steifigkeit noch weiter zu verbessern und auch um weitere Vorteile in Geräusch- sowie Vibrationsverhalten zu ermöglichen, besitzt die Wanne zudem zahlreiche Verstärkungsrippen. Zugleich nimmt sie die Flanschhalterungen der optional angebotenen Klimaanlage auf.

Erstmalig im Hause Ford oszillieren in den neuen Duratec-Motoren Kolben mit einem deutlich höheren Silikatanteil, mit ein Grund dafür, dass die Lebenserwartung der Treibsätze auf rund 240.000 Kilometer ausgelegt ist. Zudem kommen in den neuen »Einsdreiern« reibungsoptimierte Kolbenringe zu Ehren, sie sitzen in ausgehärteten Kolbenringnuten und dichten die Brennräume wesentlich effizienter als herkömmliche Ringkonstruktionen mit größerer Vorspannung gegen die Zylinderlaufbahnen ab.

Nahezu wartungsfrei – Zahnriemenantrieb der Nebenaggregate

Wasserpumpe, Lichtmaschine, Servopumpe und Klimaanlagen-Kompressor treibt ein separater Zahnriemen an. Eine dynamische Spannvorrichtung hält ihn automatisch auf »Zug« – der gesamte Antrieb ist somit nahezu wartungsfrei.

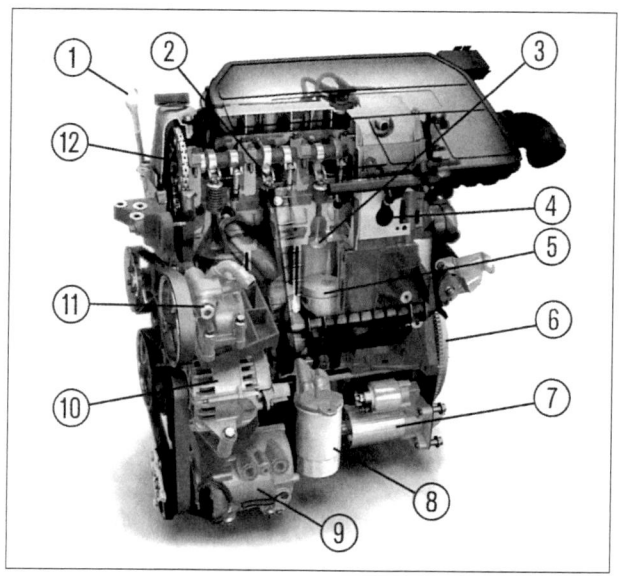

Kompakt und relativ leicht: Die neuen Duratec-Achtventiler. Optisch kaum voneinander zu unterscheiden tritt das 1,3-Liter-Pärchen mit unterschiedlichen Motormanagements in zwei Leistungsklassen an. ❶ *Ölmessstab,* ❷ *Nockenwelle,* ❸ *Ventil,* ❹ *Einspritzdüse,* ❺ *Kolben,* ❻ *Schwungscheibe,* ❼ *Anlasser,* ❽ *Ölfilter,* ❾ *AC-Verdichter,* ❿ *Generator,* ⓫ *Servolenkungspumpe,* ⓬ *Nockenwellenkettenrad.*

DIE FIESTA-ANTRIEBE

Zeitgemäß – Leistung und Durchschnittsverbräuche

Nicht unbedingt atemberaubend, doch allemal ausreichend, um locker im normalen Verkehrsgetümmel mit bei der Musik zu sein: Die Fahrleistungen. Die Basisversion mit 44 kW (60 PS) beschleunigt in 18,8 Sekunden von Null auf 100 km/h und rennt stündlich maximal 151 Kilometer weit. Der 51 kW (70 PS) Fiesta kommt in gleicher Zeit neun Kilometer weiter, ist allerdings schon in 15,3 Sekunden aus dem Stand auf 100 km/h. Nach EWG-Norm verbrennt das Duratec-Duo durchschnittlich 6,2 Liter Euro-Super auf 100 Kilometer, der Gesetzgeber besteuert die beiden Modelle nach Euro 4.

Duratec 16V – für den Fiesta im Doppelpack

Zur Auswahl stehen im Fiesta 2002 zwei unterschiedlich starke 16V Varianten: Der 1,4-Liter leistet 59 kW (80 PS) bei 5.700 min^{-1} und 124 Nm bei 3.500 min^{-1}, die 1,6-Liter-Version entwickelt bei 6000 min^{-1} 74 kW (100 PS) respektive 146 Nm bei 4.000 min^{-1}. Beide Leichtmetallvierzylinder basieren auf der aus dem Ford Focus oder Ford Mondeo bekannten Zetec-SE-Familie. Bevor sie ihren neuen Arbeitsplatz bezogen, wurden die Zwei jedoch gründlich auf die Platz- und Temperaturverhältnisse zwischen den Vorderrädern des Fiesta 2002 vorbereitet.

Die gedanklichen und praktischen »Ford-Schritte« rückten mehr als nur die Montagemaße oder den thermischen Wirkungsgrad unter der neuen Motorhaube zurecht. Nach dem Feintuning bieten die Motoren jetzt mehr Durchzugskraft – speziell im unteren Drehzahlbereich. Da erscheint es fast konsequent, auch den alten Namen ad acta zu legen: Anstatt Zetec-SE 16V heißen die Treibsätze jetzt Duratec 16V. Auf ihre technischen Grunddaten (Bohrung, Hub, Verdichtungsverhältnis, Motorsteuerung) hat der neue Name jedoch keinen Einfluss.

Gewichts- und reibungsoptimiert – die neuen Duratec 16V im Fiesta

Um dem Fiesta noch mehr Agilität zu spendieren, verordneten die Motorenentwickler den ohnehin schon leichtgewichtigen »Zetecs« eine weitere, konsequente Gewichtsdiät. Mit Erfolg: So bestehen beispielsweise die Nockenwellenantriebsräder nicht länger aus Metall, sondern aus einem speziellen Glas-/Mineralfaser-Verbundwerkstoff. Vorteil: Mit gerade mal 167 Gramm wiegt das neue Bauteil satte 223 Gramm weniger als die Metallversion.

Die Duratec 16V-Versionen besitzen außerdem leichte Aluminium-Zylinderblöcke mit Stahllaufbuchsen, die aufgrund streng kontrollierter Feingeometrie die innere Reibung herabsetzen. Gleichfalls mit dazu beitragen beschichtete Leichtbaukolben inklusive reibungsreduzierter Kolbenringe. Separate Druckguss-Aluminiumstreben, im unteren Schaft des Motorblocks verschraubt, geben dem Motorblock zudem mehr Stabilität. In Verbindung mit der strukturierten Ölwanne aus Aluminiumdruckguss sorgen Versteifungsrippen für eine nochmals erhöhte Verwindungsresistenz des Motors sowie der geräuscharmen Nebenaggregate. Folglich haben Vibrationen und Verwindungen im Antriebsstrang weniger Chancen, die Laufkultur und das Klangbild nachhaltig zu stören.

Akustisch modelliert – die Arbeitsgeräusche der Duratec 16V

Denn der akustische Auftritt war den Fiesta-Machern längst nicht schnuppe: Sie manipulierten mit einem umfangreichen Maßnahmenbündel ebenfalls die »Stimmlage« der Duratec 16V. Die Leichtmetallvierzylinder sollten sonor und gediegen klingen. Mit Hilfe hochmoderner CAD-Werkzeuge »intonierten« die Entwickler einen Ansaugkrümmer, der ihren akustischen und technischen Vorstellungen entsprach.

Das neue Einlasssystem besitzt präzise gestaltete Ansaugrohre mit einem Durchmesser von 32 mm (1,4-Liter Duratec 16V) beziehungsweise 36 mm (1,6-Liter Duratec 16V). Besonderheit: Der Ansaugweg zwischen Drosselklappe und Einlassventil ist für alle vier Zylinder identisch. Dies ermöglicht nicht nur eine gleichmäßige Füllung aller Brennräume, sondern verleiht dem kompakt bauenden Duratec 16V eben auch das satte Motorgeräusch eines deutlich hubraumstärkeren Aggregats.

Ohne Gaszug »Gas« geben – Standard bei den 16V's

Beide Duratec 16V besitzen elektronisch geregelte Präzisionsdrosselklappen (drive by wire), der mechanische Gaszug wurde ausgemustert. Stattdessen beeinflusst das Fahrpedal über ein Potentiometer den elektrischen Stellmotor der Drosselklappe. Auf ähnliche

MOTOREN

Art und Weise bekommt auch der Fiesta-TDCi sein Futter zugeteilt.

All die aufgeführten Modifikationen machen die neuen Duratec 16V-Motoren zu zeitgemäßen, mitunter sogar vorbildlichen Vertretern ihrer Zunft. Wie zum Beispiel eine Anti-Klopfregelung, die in Realzeit die wichtigsten Parameter der Zündung und Einspritzung überwacht. Die Regelung ermöglicht einen besonders effizienten Verbrennungsablauf, reduziert den Kraftstoffverbrauch und stabilisiert die Leistung.

Beide Duratec 16V-Motoren sind drehfreudige und elastische DOHC-Triebwerke mit mechanischem Ventilspielausgleich. Die »Übernahme« aus der Zetec- in die Duratec-Familie hat übrigens nicht nur hör- und fühlbare Vorteile, sie zahlt sich für den Käufer auch an der Tanksäule aus: Mit einem Durchschnittsverbrauch von 6,4 l/100 km nach EWG-Standard verbrennt der 1,4-Liter Duratec sein Euro-Super durchaus moderat. Er erreicht eine Höchstgeschwindigkeit von 166 km/h und beschleunigt in 13,2 Sekunden von 0 auf 100 km/h. Mit rund 200 cm³ mehr Hubraum beansprucht der 1,6 Liter Motor 6,6 l/100 km, »rennt« stündlich maximal 184 Kilometer weit und beschleunigt in 10,6 Sekunden von 0 auf 100 km/h. Die Duratec 16V's werden nach Euro 4 besteuert: Der 1,4-Liter entlässt 153 Gramm CO_2/km und der 1,6-Liter bringt's auf 157 CO_2 über die gleiche Distanz.

16 Ventile und vier Zylinder: Standardmotorisierung für die Fiesta Mittel- und Oberklasse. ❶ *Nockenwelle,* ❷ *Öleinfüllstutzen,* ❸ *Ventil,* ❹ *Einspritzdüse,* ❺ *Kolben,* ❻ *Einlasskrümmer aus Kunststoff,* ❼ *Ölmessstab,* ❽ *Ölfilter,* ❾ *AC-Verdichter,* ❿ *Generator,* ⓫ *Servolenkungspumpe,* ⓬ *Nockenwellenkettenrad aus Kunststoff.*

1,4-Liter Duratorq TDCi – das Leichtgewicht

Völlig neu unter der Fiesta-Motorhaube ist der in Zusammenarbeit mit dem französischen PSA-Konzern entwickelte Turbodiesel-Motor mit 1.399 Kubikzentimeter Hubraum und 50 kW/68 PS. Den 1,4-Liter Duratorq TDCi, so die offizielle Bezeichnung, füttert keine herkömmliche Einspritzpumpe mit Dieselöl sondern – Premiere für Ford – ein Common-Rail-Hochdruckeinspritzsystem mit digitaler Diesel-Steuerelektronik von Siemens: Anstatt den Arbeitsdruck an jeder Einspritzdüse nur kurzfristig zu erzeugen, setzt Common-Rail im Fiesta auf eine permanente Hochdruckspeicher-Ringleitung (ca. 1500 bar) die den einzelnen Zylindern via Piezo-Quarz geregelter Einspritzdüsen das Dieselöl zuteilt.

Erstmals in Serie – Piezo-Quarz geregelte Einspritzdüsen

Die Einspritzdüsen verbindet eine gemeinsame Druckleitung (Common-Rail). Den Einspritzvorgang leitet jeweils ein elektrischer Impuls an genau der Düse ein, deren Zylinder im Verdichtungstakt ist. Das »Dieselöl« erreicht seine Feuerstelle über jeweils sechs kleine Bohrungen (120 Mikrometer – etwa ein Fünftel der Stärke eines menschlichen Haares), die eine mikroskopisch fein zerstäubte »Dieselwolke« in den Brennräumen vernebeln. Der Einspritzvorgang und die Strahlrichtung sind so ausgelegt, dass Dieselnebel weder die Brennraum- noch die Zylinderwände benetzt, die Frischgase »schweben« im Raum – ein wichtiger Beitrag zur Reduktion von Partikelemissionen.

Gesplittet – der Einspritzvorgang im TDCi

Gewissermaßen als Vorspeise des »Dieselmenüs« gelangt zunächst nur eine kleine Ration in den Brennraum des Kolbenbodens. Sobald die »Pilotmenge« genügend verwirbelt ist und an der komprimierten Luft Feuer fängt, folgt der »Hauptgang«. Er entzündet sich fortan »weich und großflächig« an der bereits bestehenden Flammenfront und presst den in OT befindlichen Kolben in Richtung UT. Vorteil: Common-Rail-Direkteinspritzer verbrennen fast so weich wie Vorkammerdiesel. Hinsichtlich Verbrauch, Abgasemissionen und Leistung sind sie ihnen freilich überlegen.

Außer Common-Rail oder Piezo-Quarz geregelter Ein-

DIE FIESTA-ANTRIEBE

spritzdüsen hat der 98 Kilogramm leichte Aluminium »Ölbrenner« eine weitere Managementbesonderheit in petto: Fiesta-Fahrer steuern den Selbstzünder mit einer elektronisch angelenkten Präzisionsdrosselklappe (drive by wire). Der Trick, auf den Gaszug zu verzichten, begünstigt unter anderem die erfreulich stabil verlaufende Drehmoment- und Leistungskurve des TDCi 8V.

Fast so temperamentvoll wie der 1,6 16V Duratec – 1,4 8V TDCi Duratorq

Neben günstigen Verbräuchen und durchaus ansprechendem Temperament ist heutzutage das üppige Drehmomentangebot ein wesentlicher Faktor für die Popularität aufgeladener Direkteinspritzer. Der neue 1,4-Liter 8V Duratorq TDCi ist dafür ein gutes Beispiel: 160 Nm wuchtet er bei 2.000 min^{-1} an das Zweimassenschwungrad. Ein Wert, den der 1,6-Liter 16V Duratec nicht toppen kann. 163 km/h Höchstgeschwindigkeit reichen durchaus für Sprinteinlagen auf der linken Autobahnspur. Doch Fiesta TDCi fahren und genießen äußert sich nicht links außen auf der Autobahn: Wenn der Sprint von 0 auf 100 km/h nach exakt 14,9 Sekunden beendet ist, wird's in der Praxis längstens Zeit, den fünften Gang einzulegen, um den »Bullencharakter« der Drehmomentkurve bis jenseits innerstädtischer Tempi entspannt zu nutzen. So gefordert »knurrt« der Fiesta dumpf vor sich hin – und schiebt den nächsten Tankstopp lange vor sich her …

Mit lediglich 4,3 Liter auf 100 Kilometer (EWG-Norm) legt sich der kleine Ölbrenner an der Tanksäule vornehme Zurückhaltung auf. Dabei »zerrt« der »Dieselprinz«, wenn's denn sein soll, durchaus temperamentvoll an seinen Vorderrädern. Das maximale Drehmoment – 160 Nm – fließt bei 2.000 min^{-1} ins Getriebe und bei 163 km/h »bremst« das digitale Dieselmanagement seinen Vorwärtsdrang. Mit 114 Gramm CO_2 pro Kilometer stuft der Gesetzgeber den 1,4-Liter Duratorq TDCi gemäß Euro 3 ein.

Werkstatt oder Do it yourself?

Trotzt ihres robusten Aufbaus, sind die Fiesta-Treibsätze über die Zeit nicht frei von Defekten. Tief greifende Reparaturen und Einstellarbeiten sollten Sie jedoch weitestgehend Ihrer Werkstatt überlassen: Trainierte »Blaumänner« verfügen über das erforderliche Detail- und Fachwissen, sie haben Erfahrung und in der Regel auch das erforderliche Spezialwerkzeug für die meisten Reparaturen. Unsachgemäß ausgetauschte Steuerketten oder Zahnriemen verursachen schon beim ersten Startversuch kapitale Schäden an Kolben und Ventilen – beim Diesel kann das gar das »endgültige AUS« für den Zylinderkopf bedeuten.

Trauen Sie sich besser auch keine Reparaturen an Zylinderkopfdichtung und Ventilen zu. Ebenso überfor-

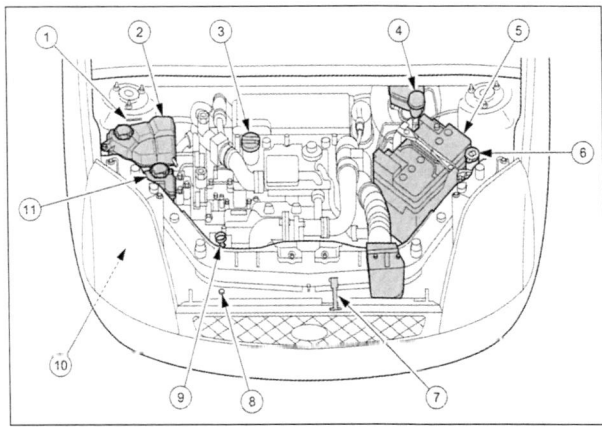

Was ist wo?: Pfadfinder unter der Fiesta Motorhaube. ❶ Fahrgestellnummer, ❷ Kühlflüssigkeitsvorratsbehälter, ❸ Öleinfüllstutzen, ❹ Bremsflüssigkeitsvorratsbehälter, ❺ Batterie, ❻ Scheibenwaschanlagenvorratsbehälter, ❼ Motorhaubenöffner, ❽ AC-Niederdruckserviceanschluss, ❾ Ölmessstab, ❿ AC-Hochdruckserviceanschluss, ⓫ Servolenkungsvorratsbehälter.

8 Ventile und vier Zylinder: Die Eckdaten des neuen Fiesta Common-Rail-Dieselmotors mit Kraftstoff-Direkteinspritzung. ❶ Nockenwelle, ❷ Ventil, ❸ Kolben, ❹ Wasserpumpe, ❺ Kurbelwellenriemenscheibe (Schwingungsdämpfer), ❻ AC-Verdichter, ❼ Zweimassenschwungrad, ❽ Einspritzdüse, ❾ Kraftstoffpipeline.

MOTOREN

dert den »normalen« Do it yourselfer wahrscheinlich auch die Revision des Kurbeltriebs oder einzelner Lager. Immer dann, wenn Sie nicht ganz sicher sind, ob Sie sich den Innereien Ihres Motors tatsächlich fachgerecht nähern können, vergessen Sie ganz schnell Do it yourself – im Interesse Ihres eigenen Geldbeutels. Unter dem Strich bieten Ihnen auch moderne Motoren noch genügend »Angriffspunkte«, die Sie in Eigenregie sinnvoll »abarbeiten« können – zum Beispiel bei Prüf- und Wartungsarbeiten.

Die Motorbauteile

Technik-lexikon

Metallmix: Die Motorblöcke der Fiesta-Aggregate bestehen aus Grauguss oder Leichtmetall. Stabil ausgeprägte Seitenwände und eine verwindungssteife Hauptlagergasse geben den Motoren die erforderliche Verwindungssteifheit.
❶ *Hauptlagerschrauben,* ❷ *Hauptlagerschalen,* ❸ *Hauptlagerdeckel,* ❹ *Kurbelwelle,* ❺ *Pleuellagerschalen,* ❻ *Pleuel,* ❼ *Kolbenbolzen,* ❽ *Kolben,* ❾ *Motorblock,* ❿ *Zylinderkopf,* ⓫ *Ventile,* ⓬ *Ventilfedern,* ⓭ *Ventilstößel,* ⓮ *Kipphebel,* ⓯ *Nockenwelle,* ⓰ *Nockenwellenlagerdeckel.*

Motorblock: Hier sind sämtliche rotierenden und oszillierenden Bauteile des Kurbeltriebs und der Ölversorgung zusammengefasst. An seiner Peripherie trägt der Motorblock Nebenaggregate wie Lichtmaschine, Anlasser und Zündanlage. Die Fiesta-Motorblöcke bestehen aus Grauguss (Duratec 8V) oder Leichtmetall (Duratec 16V, Duratorq 8V).

Zylinderkopf: Der Zylinderkopf »deckelt« den Motorblock nach oben. Er enthält Ansaug-, Auspuff-, Wasser- und Ölkanäle, Ventilsitzringe, Lagerstellen für den Ventiltrieb, Ventilführungen sowie Zündkerzen- bzw. Einspritzdüsenbohrungen und die Brennräume. Die Zylinderkopfdichtung zwischen Motorblock und Zylinderkopf dichtet beide Bauteile gegen Öl, Kühlflüssigkeit und Luft nach außen und innen ab.

Zylinder: In den Zylindern oszillieren die Kolben zwischen dem unteren und oberen Totpunkt (UT/OT). Die Zylinderdurchmesser sind exakt auf den Kolbendurchmesser ausgebohrt und nachträglich speziell Oberflächen behandelt (gehont). »Trockene« Zylinder (Zylinderlaufbuchsen) werden indirekt über Kühlkanäle gekühlt, »nasse« Zylinderlaufbuchsen stehen dagegen direkt in der Kühlflüssigkeit.

Kolben: Oszillieren in den Zylindern und übertragen die Verbrennungsenergie über Pleuel auf die Kurbelwelle. Kolben bestehen aus einer besonders leichten und hitzebeständigen Leichtmetalllegierung. Ihre Hauptbestandteile sind der Kolbenboden, die Ringzone mit Kolbenringen, das Kolbenbolzenauge und der Kolbenschaft. Im montierten Zustand ist der Kolbenbolzen die Verbindung zwischen Kolben und Pleuel. Die oberen Kolbenringe (Verdichtungsringe) dichten den Brennraum weitestgehend gasdicht gegen den Kurbeltrieb ab. Der untere Ring (Ölabstreifring) streift überschüssiges Schmieröl von der Zylinderwand in den Ölsumpf (Ölwanne) ab.

Pleuel: Das Verbindungselement zwischen Kolben und Kurbelwelle. Die Bestandteile: Pleuelauge (fixiert den Kolbenbolzen), Pleuelschaft, Pleuelfuß und Pleuellagerdeckel (umschließen den Kurbelzapfen). Fiesta-Pleuel haben bruchgetrennte Lagerstellen.

Kurbelwelle: Wandelt oszillierende Energie (Auf- und Abwärtsbewegung der Kolben von OT nach UT) in rotierende Energie (Drehbewegung der Kurbelwelle). Moderne Kurbelwellen bestehen aus einem geschmiedeten Rumpf, der zentrisch in den Hauptlagerstellen des Motorblocks gelagert wird. Je nach Zylinderzahl führen in einem genau definierten Versatz (Winkelgrad) jeweils zwei Kurbelwangen zu den Kurbelzapfen (Pleuellagerstellen). Fiesta-Kurbelwellen besitzen fünf Hauptlager und vier, im Winkel von 90° versetzte, Pleuellager. In allen Lagerstellen »stecken« auswechselbare Dreistoff-Gleitlager.

MOTORENTECHNIK

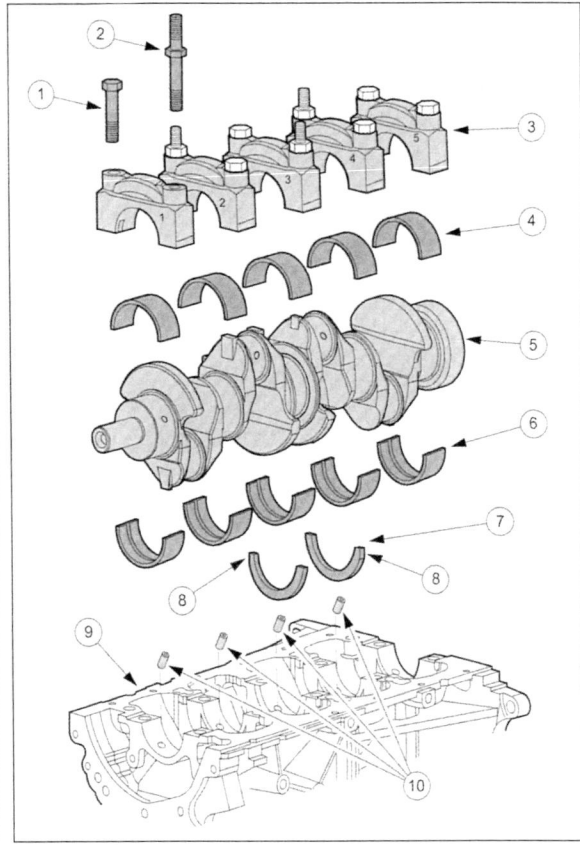

Ventile: Steuern in Viertaktmotoren den Gaswechsel (Ansaugen, Verdichten, Verbrennen, Ausstoßen). In den Duratec-Motoren hängen die Ventile V-förmig im Zylinderkopf. Gemeinsam mit allen beweglichen Teilen im Zylinderkopf bilden sie den Ventiltrieb. Den Ventilen mitsamt ihrem Ventilspiel können Sie in den Acht-Ventil-Motoren getrost ein Motorleben lang vertrauen, hydraulische Stößel justieren das Ventilspiel automatisch. Nicht so in den 16V-Zylinderköpfen, wenn Sie hier etwa alle 150.000 Kilometer nach dem Rechten schauen (besser noch – schauen lassen) sind Sie auf der sicheren Seite.

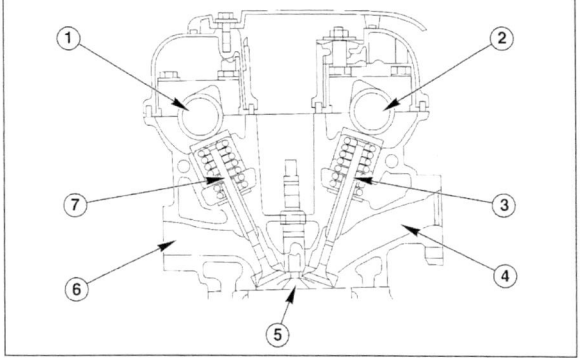

Der Kurbeltrieb im Detail: ❶ Hauptlagerschrauben, ❷ Hauptlagerschraube mit aufgesetztem Bolzen, ❸ Hauptlagerdeckel, ❹ Hauptlagerschalen (Lagerdeckel), ❺ Kurbelwelle, ❻ Hauptlagerschalen (Motorblock), ❼/❽ Anlaufscheiben zur Korrektur des Kurbelwellenaxialspiels, ❾ Motorblock, ❿ Öldüsen.

Parallel angeordnet: Die Nockenwellen ❶ und ❷ und jeweils zwei Ein- und Auslassventile ❸ und ❼. Die Einlasskanäle ❹ sind speziell profiliert, so dass die Frischgase – entsprechend verwirbelt – in die Brennräume ❺ gelangen. Unmittelbar vor Ende des Verbrennungstakts verlassen die Abgase bereits über den Auslasskanal ❻ den Zylinder.

Nockenwelle: Öffnet und schließt die Ventile mit Hilfe von Schlepphebeln und/oder Tassenstößeln in genau definierten Zeitabständen.

Grundbegriffe der Motortechnik

Technik-lexikon

Das Viertaktprinzip:

1 **Ansaugen** (1. Takt): Kolben gleitet von OT nach UT. Einlassventil öffnet, das Kraftstoff/Luftgemisch strömt in den Zylinder.

2 **Verdichten** (2. Takt): Kolben gleitet von UT nach OT und komprimiert auf seinem Weg das angesaugte Frischgas. Einlassventil und Auslassventil sind geschlossen.

3 **Verbrennen** (3. Takt): Bereits kurz vor OT entzündet der Zündfunken explosionsartig das komprimierte Frischgas: Der plötzliche Druckanstieg beschleunigt den Kolben zurück in seine UT-Stellung. Das Pleuel überträgt die oszillierende Energie auf die Kurbelwelle und versetzt sie in Rotation.

4 **Ausstoßen** (4. Takt): Die Schwungmasse der Schwungscheibe bewegt den Kolben von UT erneut in Richtung OT. Das Auslassventil ist bereits geöffnet, die verbrannten Gase (Abgase) entweichen über den Auspuff in die Atmosphäre. Zusammengefasst bilden die vier Takte den Gaswechsel in einem Viertaktmotor.

Grundsätzlich funktioniert ein **Dieselmotor** nach dem gleichen Prinzip. Er saugt im Ansaugtakt lediglich reine Luft an, komprimiert sie wesentlich effizienter, so dass sich der gegen Ende des Verdichtungstakts eingespritzte Kraftstoff (Dieselöl) an der heißen Luft ohne Fremdzündung (Zündfunken) selbst entzünden kann. Der übrige Gaswechsel ist dann völlig identisch zum Ottomotor.

MOTOREN

5 **Hub:** Der Weg, den der Kolben bei seiner Bewegung von UT nach OT durchmisst.

6 **Hubraum:** Der Raum, den der Kolben bei seiner Bewegung von UT nach OT durchmisst. Der Brennraum hat keinen Einfluss auf den Hubraum.

7 **Zylinderraum:** Die Addition aus Hub- und Brennraum ergibt den Zylinderraum.

8 **Verdichtungsverhältnis:** Das Verdichtungsverhältnis umschreibt das Frischgasvolumen welches bei 100 %-iger Füllung, also bei voll geöffneter Drosselklappe, zum Zündzeitpunkt im Brennraum komprimiert sein müsste. Die Brennraumgröße hat demnach unmittelbaren Einfluss auf das Verdichtungsverhältnis: Duratec-Motoren verdichten ihr Frischgas im Verhältnis 10,2:1 oder 11,0:1.

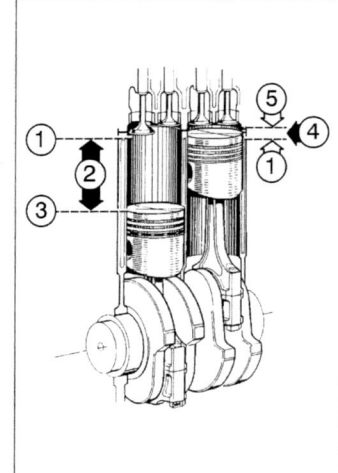

Kleine Hubraumkunde: Der Zylinderhubraum ❷ ergibt sich aus dem Weg, den der Kolben zwischen dem oberen ❶ und unteren ❸ Totpunkt zurücklegt. Zwischen dem OT, der im rechten Zylinder gerade durch den Kolbenboden begrenzt wird, und der Wölbung des Zylinderkopfes ❺ ist der Brennraum ❹.

Motor durchdrehen

Bei einer Reihe von Arbeiten am Motor ist es **WICHTIG**, dass die Kolbenstellung des ersten Zylinders exakt fixiert ist. Ausgehend vom oberen Totpunkt (OT) ergeben sich daraus die Positionen der anderen Kolben automatisch.

OT-Stellung 1. Zylinder: Der Kolben des ersten Zylinders (im Fiesta Fahrtrichtung rechts) steht dann exakt im oberen Totpunkt, wenn sich die Ventile des vierten Zylinders überschneiden (Auslassventil schließt, Einlassventil beginnt zu öffnen). Die Ventile des ersten Zylinders sind dann geschlossen. An den meisten älteren Motoren mit Zündverteiler lässt sich die OT-Stellung des 1. Kolbens auch anhand der Stellung des Verteilerfingers und des Schwungrads überprüfen (Verteilerfinger steht über der Markierung am Verteilergehäuse, Schwungradmarkierung stimmt mit Kennzeichnung im Schauloch überein).

Arbeitsschritte

① Liften Sie, wie zum Radwechsel, ein Vorderrad und legen den fünften Gang ein. Wenn Sie jetzt das frei stehende Rad nach vorne drehen, rotiert die Kurbelwelle automatisch mit. Leichter geht's, wenn Sie vorab die Zündkerzen demontieren. Sollten Sie Ihr Auto jedoch nicht »standfest« anheben können, legen Sie den 5. Gang ein und schieben den Wagen vorsichtig bis zur OT-Stellung des ersten Kolbens vor.

② Ohne fremde Hilfe können Sie den Motor auch mit einer Stecknuss durchdrehen. Setzen Sie die Nuss an der Antriebsriemenscheibe der Lichtmaschine an. Der Motor dreht »williger«, wenn Sie dazu den Antriebsriemen etwas in den Riementrieb pressen. Achten Sie jedoch darauf, dass der Motor immer nur im Uhrzeigersinn dreht.

Zündkerzen überprüfen

Da Ottomotoren, anders als Dieselaggregate, nur »fremdgezündet« arbeiten, sind die Frischgase in ihren Brennräumen auf den »zündenden« Funken zur rechten Zeit angewiesen. In früheren Jahren waren Zündkerzen sensible und hoch verschleißfreudige Bauteile – spätestens nach 12.000 Kilometern ging ihnen das »Feuer« aus. Mit modernen Werkstoffen, bleifreiem Benzin, vor allem auch im Zusammenspiel mit elektronischen Hochleistungszündanlagen hat sich das grundlegend geändert: Zwar reagieren die »Funkenspender« immer noch allergisch auf Feuchtigkeit, beispielsweise nach einer Motorwäsche, doch Laufleistungen jenseits von 40.000 Kilometern sind weitgehend normal – Ford empfiehlt den Wechsel nach 60.000 Kilometern. Dennoch, behalten Sie Ihre Zündkerzen im Auge und inspizieren sie etwa alle 20.000 Kilometer: Bei den Duratec-Motoren beträgt der Elektrodenabstand 1 Millimeter. Der Fachmann erkennt am Kerzenbild den technischen Zustand eines Motors.

ZÜNDKERZEN

Mit diesen Kerzen funkt Ihr Fiesta

Motor		Zünderzen-Spezifikation
1,3-Liter Duratec 8V	(44 kW/60 PS)	Motorcraft AYFS 32 CJ
1,3-Liter Duratec 8V	(51 kW/70 PS)	dto.
1,4-Liter Duratec 16V	(59 kW/80 PS)	Motorcraft AYFS 22 C
1,6-Liter Duratec 16V	(74 kW/100 PS)	dto.
1,4-Liter Duratorq	(50 kW/68 PS)	Motorcraft EZD 40 (Schnellglühkerze)

Zündkerzen — Störungsbeistand

Erkennungsmerkmal	Ursache/Besonderheiten
A Isolatorspitze hellgrau bis grau.	Zündkerzen mit vorgeschriebenem Wärmewert montiert. Motormanagement (Gemischaufbereitung, Zündanlage) arbeitet vorschriftsmäßig. Mechanischer Verschleiß innerhalb der Toleranzen.
B Isolatorspitze weißlich gefärbt.	Isolator überhitzt. Schlechter (falscher) Kraftstoff. Undichte Ventile. Zu geringes Ventilspiel. Abgasmessung durchführen lassen. Motormanagement überprüfen, evtl. zu mageres Gemisch. Im Zweifelsfall riskieren Sie einen kapitalen Motorschaden (Kolbenfresser, Kolben brennen durch, Auslassventile verbrennen).
C Kerzengesicht dunkel, Isolator schwarz.	Zündkerzen mit zu hohem Wärmewert montiert. Zündkerzen verschlissen. Hoher Kurzstreckenanteil. Luftfilter verdreckt. Motormanagement verstellt. Lambda-Sonde arbeitet nicht korrekt. Auspuffgase schwarz.
D Kerzengesicht schwarz, Isolator verölt.	Siehe C. Zündkabel, Zündkerzenstecker defekt. Ölabstreifring gebrochen. Kolbenfresser. Ventilschaftabdichtung verschlissen. Hoher Ölverbrauch. Blau/schwarze Abgasfahne.

Überdrehzahlen und Motorlebensdauer

Überdrehzahlen verkürzen die Lebensdauer Ihres Motors. Lassen Sie die Kurbelwelle zu schnell rotieren, gerät sie oder der Ventiltrieb in unkontrollierte Schwingungen. Zu starke Vibrationen verursachen mechanische Schäden: Schlimmstenfalls bricht eine Ventilfeder, reißt ein Ventil ab, frisst ein Kolben im Zylinder oder, der absolute »Gau«, ein Pleuel reißt ab bzw. die Kurbelwelle bricht. Außer viel vermeidbarem Ärger handeln Sie sich damit teure Reparaturen oder gar einen Motortotalschaden ein. Abweichend von der Maximaldrehzahl traut Ford seinen Ottomotoren im Fiesta Dauerdrehzahlen von rund 6.450 min^{-1} (16V) bzw. 5.950 min^{-1} (8V) zu. Der Duratorq bremst Ihren Gasfuß automatisch bei etwa 4.850 min^{-1} ein.

Der Kompressionsdruck

Sollte sich dann im Laufe der Zeit irgendwann der Eindruck verfestigen, Ihr Fiesta sei weniger temperamentvoll als in seinen Anfangstagen, kann der Leistungsverlust durchaus mechanische Hintergründe haben. Die häufigsten Ursachen sind: Zu viel Spiel zwischen Kolben und Zylindern, verschlissene Kolbenringe, undichte oder verbrannte Ventile, eine beschädigte Zylinderkopfdichtung, verschlissene Einspritzventile oder Zündkerzen.

Gegen Ende des Verdichtungstakts entstehen hohe Kompressionsdrücke, die bei der Verbrennung des Kraftstoff-/Luftgemischs schlagartig weiter ansteigen. Das bedeutet für Kolben und Kolbenringe, Zylinderwände, Ventile, Ventilsitze, Ventilschaftdichtungen sowie die Zylinderkopfdichtung eine hohe thermische und mechanische Belastung. Symptome wie mangelhaftes Kaltstartverhalten oder unrunder Motorlauf, gestiegener Öl- und Kraftstoffverbrauch, weiße oder blaue »Auspufffahne«, erhöhte Wassertemperatur, schlechtere Abgaswerte sowie geringere Leistung sind in der Praxis die »heimlichen« Vorboten eines drohenden Motorschadens. Zum globalen Überblick

MOTOREN

sollten Sie darum etwa alle 40.000 Kilometer den Kompressionsdruck in jedem Zylinder prüfen lassen. Das gilt übrigens nicht nur für Otto- sondern gleichermaßen auch für Dieselmotoren.

Richtwerte für den Kompressionsdruck

Die Kompressionsdruckwerte für Ihren Fiesta unterscheiden sich, abhängig vom Verdichtungsverhältnis, geringfügig. Unsere Richtwerte gelten für Motoren in einwandfreiem mechanischen Zustand. Allerdings kommt es bei der Interpretation des Kompressionsdrucks weniger auf den absoluten Spitzenwert als auf gleichmäßige Werte in allen Zylindern an. Abweichungen bis maximal 2 bar sind noch vertretbar, darüber hinaus sollten Sie den Fehler von einem Fachmann »einkreisen« lassen. Er wird im ersten Schritt Ihrem Motor mit einer Druckverlustmessung »auf den Zahn« fühlen.

Völlig normal - ältere Motoren bauen weniger Kompressionsdruck auf

Bei älteren Motoren sinkt der Kompressionsdruck zwangsläufig. Kein Grund zur Sorge, erst wenn die gemessenen Werte die Verschleißgrenze erreichen, sollten Sie geistig eine umfangreiche Reparatur oder einen Austauschmotor »ins Auge« fassen. Wenn die Differenzwerte der Zylinder deutlich mehr als 2 bar betragen, deutet das erfahrungsgemäß auf eine dieser Ursachen hin:

- Kolben oder Kolbenringe verschlissen.
- Verbrennungsrückstände in den Kolbenringnuten – Kolbenringe sitzen fest oder sind verschlissen.
- Unrunde Zylinderlaufbahnen – häufig die Folge von leichten Kolbenklemmern oder festsitzenden Kolbenringen.
- Verbrennungs- bzw. verkrustete Ölrückstände an Ventilschäften oder auf Ventilsitzflächen.
- »Eingehämmerte« Ventile.
- Verbrannte Ventilsitze – Folgeschaden von zu geringem Ventilspiel oder thermischer Überlastung.

Versierte Hobbymonteure messen den Kompressionsdruck natürlich in Eigenregie. Sie benötigen dazu allerdings einen Helfer, der den Motor per Anlasser durchdreht, und einen Kompressionsdruckmesser. Zunächst schrauben Sie alle Zündkerzen (Diesel – Einspritzventile) aus dem Zylinderkopf und stellen sicher, dass die Ventile richtig eingestellt sind. Während der Prüfung tritt Ihr Helfer das Kupplungs- und Gaspedal voll durch, Sie »drücken« derweil den Zylinder ab. Sinnvollerweise beginnen Sie mit dem ersten Zylinder und gehen dann der Reihe nach weiter vor. Zählen Sie die Kurbelwellenumdrehungen bis zum Aufbau des höchsten Drucks und nehmen den Wert als Maßstab für die anderen Zylinder: Je zügiger sich der Kompressionsdruck aufbaut, um so »gesunder« ist der Zylinder. In einem gesunden Motor sollte der Maximaldruck nach etwa 6 bis 8 Kurbelwellenumdrehungen anstehen.

Basis für verlässliche Messwerte - durchzugsstarker Anlasser, volle Batterie

Es ist zwar eine Binsenweisheit, doch wir weisen an dieser Stelle noch einmal ausdrücklich darauf hin: Die Basis für verlässliche Messwerte sind ein durchzugsstarker Anlasser und eine geladene Batterie. Denn wenn die Kurbelwelle nur »gemächlich« rotiert, baut sich im Ansaugrohr die Gassäule nur widerwillig auf – die Messung macht dann wenig Sinn. Sollten Sie große Abweichungen entdecken, kreisen Sie den Fehler mit einem Druckverlusttest weiter ein. Die Vorgehensweise mit diesem Gerät setzt allerdings einige praktische Erfahrungen voraus – deshalb unser Rat: Betrauen Sie mit dem Druckverlusttest einen Fachmann.

Do it yourself - so kommen Sie Fehlern auf die Spur

- Bei zu geringem Kompressionsdruck träufeln Sie mit einer Spritzölkanne etwas Motoröl ins Zündker-

Richtwerte für den Kompressionsdruck (bar)

Motor		Normal	Toleranzgrenze
1,3-Liter Duratec 8V	(44 kW/60 PS)	14 – 16	12
1,3-Liter Duratec 8V	(51 kW/70 PS)	14 – 16	12
1,4-Liter Duratec 16V	(59 kW/80 PS)	15 – 17	13
1,6-Liter Duratec 16V	(74 kW/100 PS)	15 – 17	13
1,4-Liter Duratorq	(50 kW/68 PS)	26 – 30	22

KOMPRESSIONSDRUCK MESSEN

zenloch und wiederholen die Messung. Das dichtet den Raum zwischen Kolben und Zylinderwand besser ab.

- Verändert sich danach der Kompressionsdruck nicht, gehen Sie davon aus, dass der Druck an Ventilen, Ventilsitzen, Ventilführungen, am Zylinderkopf oder der Zylinderkopfdichtung entweicht.
- Sind die Werte jedoch besser, gehen Sie von verschlissenen Kolbenringen oder Zylinderlaufflächen aus.

Kompressionsdruck messen

Bei Ausbau des Kraftstoffpumpenrelais bzw. Abklemmen elektrischer Bauteile erhält das Motorsteuergerät eine Fehlermeldung. Die Information muss Ihre Ford-Werkstatt aus dem Fehlercodespeicher löschen.

Ottomotor

① Fahren Sie vor der Messung den Motor warm (Betriebstemperatur). Alle beweglichen Teile »laufen« dann mit ihrem Einbauspiel.

② Öffnen Sie den Relaiskasten im rechten Fußraum und …

③ … ziehen, um die Kraftstoffförderung während der Messung zu unterbrechen, das Kraftstoffpumpenrelais (Pfeil) aus der Fassung.

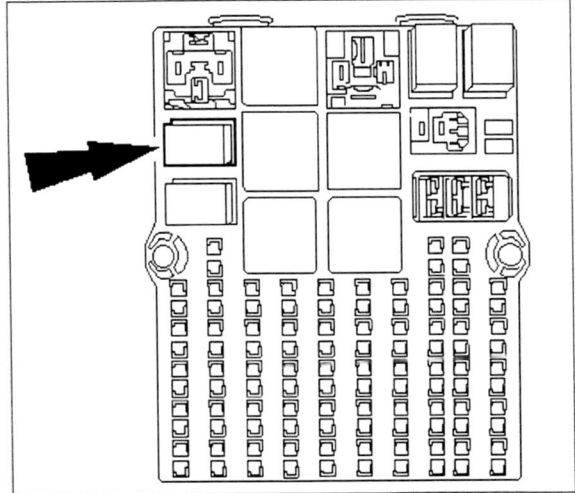

Direkt im Relaiskasten gesteckt – Kraftstoffpumpenrelais.

④ Lassen Sie hernach den Motor so lange laufen, bis er von alleine abstirbt. Das Kraftstoffsystem ist dann entleert.

⑤ Ziehen Sie jetzt den Zündmodulstecker (Pfeil) ab und demontieren alle Zündkerzen.

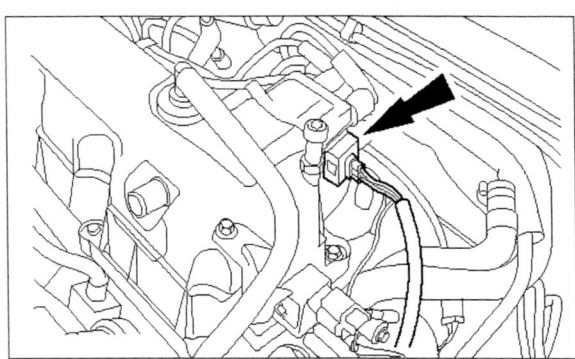

Abziehen – Zündmodulstecker am 8V-Duratec.

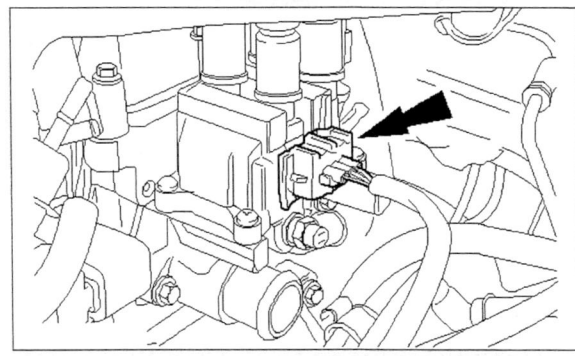

Abziehen – Zündmodulstecker am 16V-Duratec.

⑥ Ziehen Sie die Handbremse an, schalten in den Leerlauf und treten das Kupplungs- und Gaspedal voll durch.

⑦ Pressen Sie den Gummikonus des Druckprüfers auf das Kerzenloch des ersten Zylinders – bei Bedarf arbeiten Sie mit einem passenden Adapter.

⑧ Ihr Helfer dreht den Motor jetzt per Anlasser etwa 6- bis 8-mal durch. Wichtig bei Ottomotoren: Die beste Frischgasfüllung (äußere Gemischbildung) erreichen Sie nur bei voll getretenem Gaspedal.

⑨ Lesen Sie den Messwert ab und notieren das Ergebnis. Bei einem Druckprüfer mit Messschreiber schalten Sie einfach auf den nächsten Zylinder.

⑩ Beenden Sie den Kompressionscheck in umgekehrter Reihenfolge.

Dieselmotor

① Fahren Sie vor der Messung den Motor warm (Betriebstemperatur). Alle beweglichen Teile »laufen« dann mit ihrem Einbauspiel.

② Demontieren Sie den Luftfilter, …

③ … ziehen die Anschlussstecker (Pfeile) der Einspritzventile und des Glühkerzenrelais ab.

MOTOREN

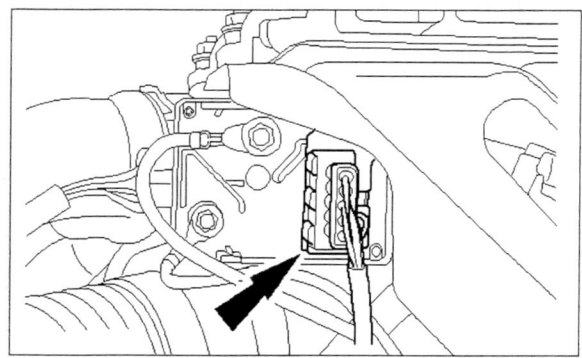

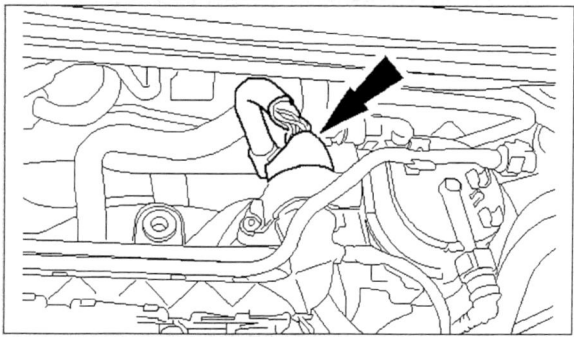

Vor der Messung abziehen – Anschlussstecker an den E-Ventilen und am Glühkerzenrelais.

④ Hernach schrauben Sie drei Muttern der Abgasrückführung vom Zylinderblock (Pfeile) und legen das Rohr beiseite.

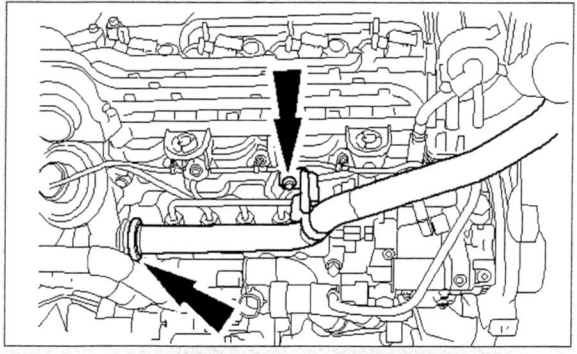

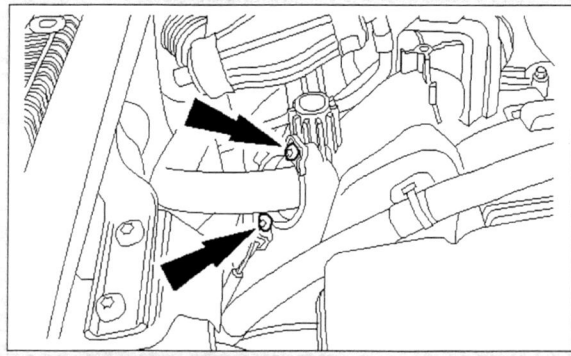

Mit drei Muttern lösen – Abgasrückführungsrohr zum Ansaugstutzen.

⑤ Jetzt lösen Sie die vier Glühkerzenanschlüsse (Pfeile) und …

⑥ … schrauben die Kerzen aus dem Zylinderkopf.

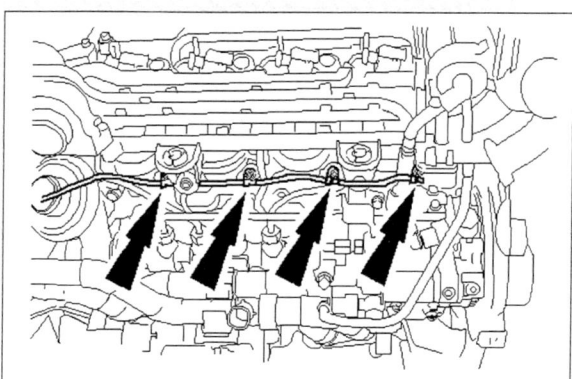

Vor der Messung demontieren – Glühkerzen aus dem Zylinderkopf.

⑦ Ziehen Sie die Handbremse an, legen den Leerlauf ein und treten das Kupplungspedal voll durch.

⑧ Pressen Sie den Gummikonus des Druckprüfers auf das Kerzenloch des ersten Zylinders – bei Bedarf arbeiten Sie mit einem passenden Adapter.

Luftdicht verschließen: *Der Gummikonus des Kompressionsdruckprüfers muss das Kerzenloch abdichten. »Gesunden« Motoren reichen etwa 6 – 8 Kurbelwellenumdrehungen bis zum maximalen Kompressionsdruck. Checken Sie alle Zylinder der Reihe nach und zählen die Kurbelwellenumdrehungen. Große Differenzen sind verdeckte Schadensymptome.*

ANTRIEBSRIEMEN CHECKEN

⑨ Ihr Helfer dreht den Motor jetzt per Anlasser etwa 6- bis 8-mal durch.

⑩ Lesen Sie den Messwert ab und notieren das Ergebnis. Bei einem Druckprüfer mit Messschreiber schalten Sie einfach auf den nächsten Zylinder.

⑪ Beenden Sie den Kompressionscheck in umgekehrter Reihenfolge. Die Glühkerzen bekommen ein Drehmoment von 8 Nm.

»Gleichmäßigkeitsprüfung«: Wichtiger als der absolute Spitzendruck sind gleiche Werte in allen Zylindern. Sie sollten zudem mit etwa der gleichen Kurbelwellendrehzahl erreicht werden.

Praxistipp
Kompressionsdruck entweicht

Wenn der Kompressionsdruck bereits (hörbar) entweicht, hat das erfahrungsgemäß folgende Ursachen:

- Aus dem Ansaugkrümmer oder Ansauggeräuschdämpfer – undichtes Einlassventil.
- Aus dem geöffneten Kühler oder Kühlmittelausgleichsbehälter – defekte Zylinderkopfdichtung oder Riss im Zylinderkopf.
- Aus dem geöffnetem Öleinfüllstutzen oder Ölpeilstab – verschlissene Zylinderwände, Kolbenlaufbahnen oder Kolbenringe.
- Aus dem Auspuffendrohr – undichtes Auslassventil.

Antriebsriemen checken

Die Fiesta-Nebenaggregate (Lichtmaschine, Wasserpumpe, AC-Verdichter etc.) treibt ein Keilrippenriemen an. Ford verwendet generell Antriebsriemen, die besonders flexibel über die Radien der Riemenscheiben laufen. Um im Ernstfall allen Ärger zu vermeiden, komplettieren Sie Ihr Pannenset mit einem passenden Ersatzantriebsriemen – irgendwann kommt er zu Ehren.

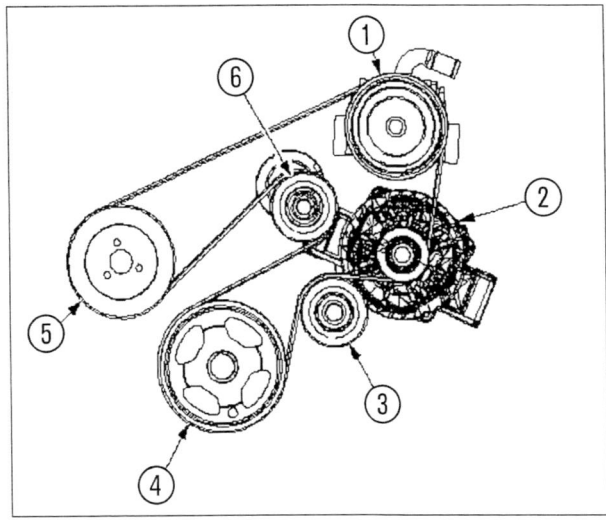

Riementrieb Duratec 8V (ohne AC): ❶ *Servopumpe,* ❷ *Generator,* ❸ *Umlenkrolle,* ❹ *Kurbelwellenriemenscheibe (Schwingungsdämpfer),* ❺ *Wasserpumpe,* ❻ *Riemenspanner.*

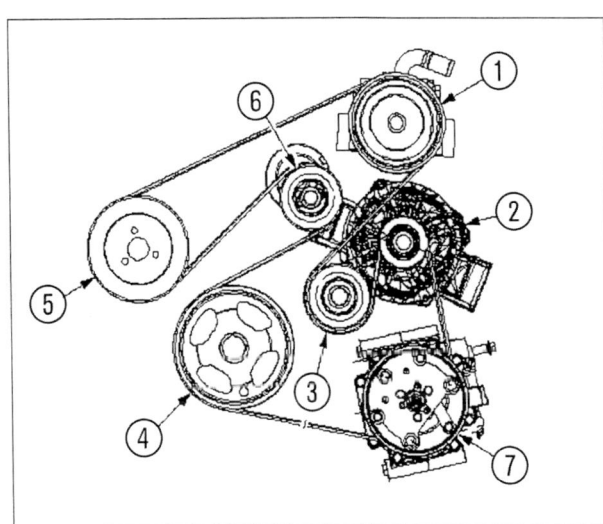

Riementrieb Duratec 8V (mit AC): ❶ *Servopumpe,* ❷ *Generator,* ❸ *Umlenkrolle,* ❹ *Kurbelwellenriemenscheibe (Schwingungsdämpfer),* ❺ *Wasserpumpe,* ❻ *Riemenspanner,* ❼ *AC-Verdichter.*

MOTOREN

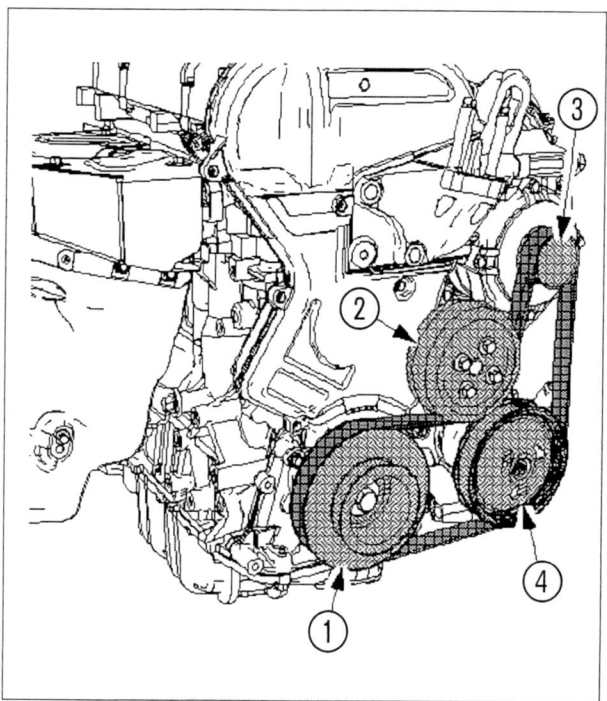

Riementrieb Duratec 16V (ohne AC): ❶ Kurbelwellenriemenscheibe (Schwingungsdämpfer), ❷ Wasserpumpe, ❸ Generator, ❹ Servopumpe.

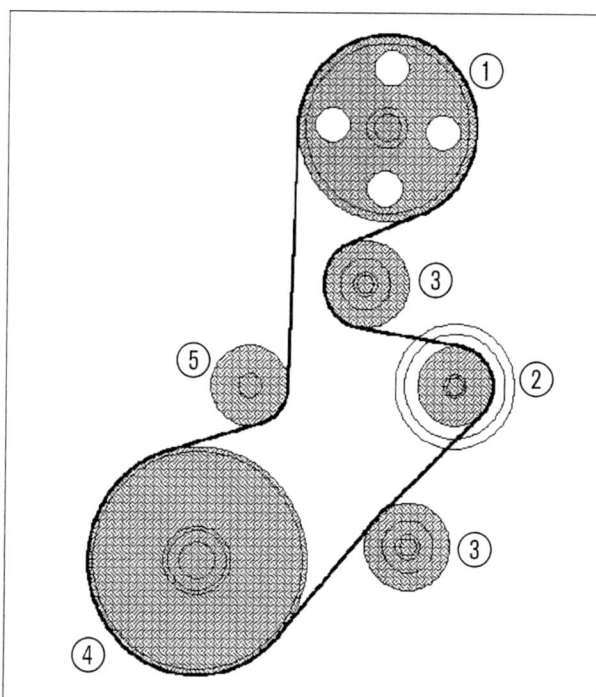

Riementrieb Duratorq (ohne AC): ❶ Servopumpe, ❷ Generator, ❸ Umlenkrollen, ❹ Kurbelwellenriemenscheibe (Schwingungsdämpfer), ❺ automatischer Riemenspanner.

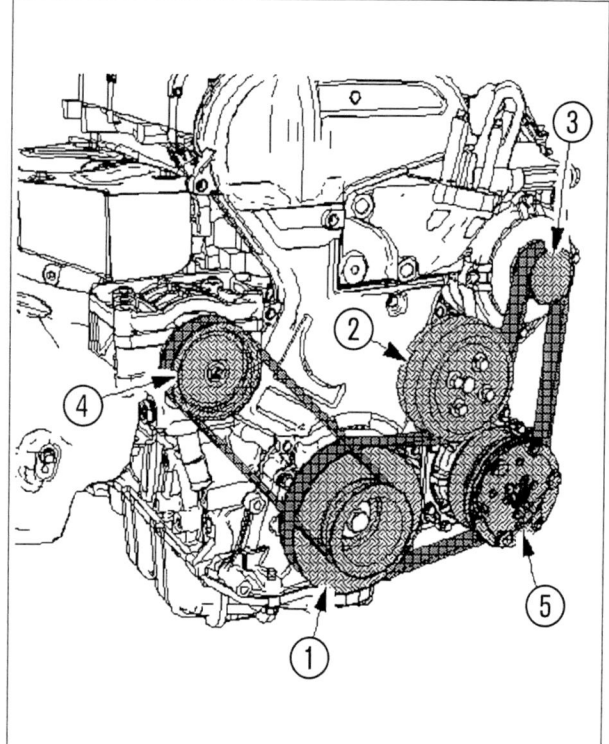

Riementrieb Duratec 16V (mit AC): ❶ Kurbelwellenriemenscheibe (Schwingungsdämpfer), ❷ Wasserpumpe, ❸ Generator, ❹ Servopumpe, ❺ AC-Verdichter.

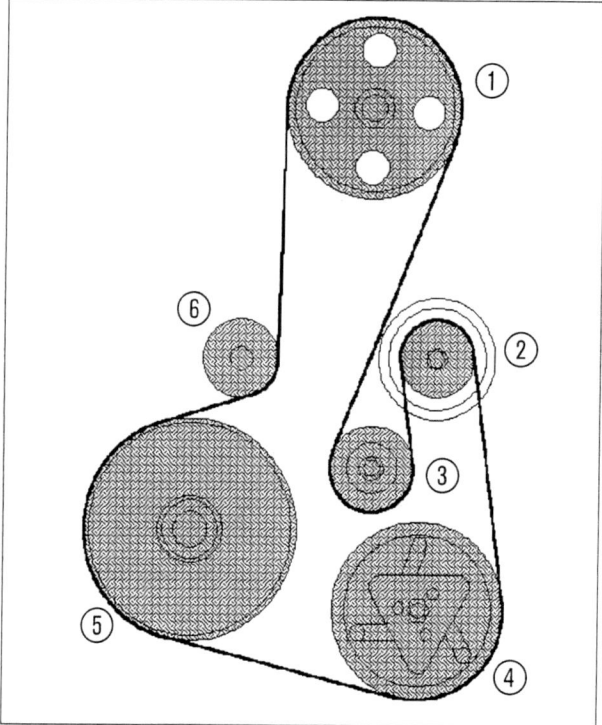

Riementrieb Duratorq (mit AC): ❶ Servopumpe, ❷ Generator, ❸ Umlenkrolle, ❹ AC-Verdichter, ❺ Kurbelwellenriemenscheibe (Schwingungsdämpfer), ❻ automatischer Riemenspanner.

ANTRIEBSRIEMEN

Antriebsriemen – auf die Vorspannung kommt's an

Antriebsriemen verrichten ihre Arbeit nur dann zufriedenstellend, wenn sie die nötige Vorspannung haben: Sie müssen straff, aber nicht zu stramm gespannt sein. Ein Spiel zwischen drei bis fünf Millimeter geht in Ordnung. Strammer gespannte Riemen ruinieren auf Dauer die Lager der angetriebenen Nebenaggregate wie z. B. Generator, Wasserpumpe, AC-Verdichter etc. Außerdem überdehnen zu straff gespannte Antriebsriemen und können dann reißen.

»Schlaffe« Antriebsriemen rutschen lautstark durch – jämmerliche Quietschgeräusche sind Indiz dafür. Am meisten »leidet« der Generator darunter – ihm fehlt der nötige Antrieb. Speziell im Kurzstreckenverkehr und bei Kaltstarts nimmt die Batterie das über kurz oder lang Übel.

Rutschende Antriebsriemen unterliegen zudem einem höheren Verschleiß: Ihre Riemenflanken »verbrennen«. In Extremfällen verursacht ein schlaffer Antriebsriemen sogar überhöhte Motortemperaturen und damit teure Folgeschäden (z. B. Kolbenklemmer, durchgebrannte Zylinderkopfdichtung, etc.). Obwohl im Fiesta ein automatischer Antriebsriemenspanner den manuellen Spannvorgang erübrigt, schauen Sie ab und an, besonders im Herbst und Winter, nach dem Rechten. Ihre Umsicht bewahrt Sie vor vermeidbaren Schraubererlebnissen am »zugigen Straßenrand«.

Arbeitsschritte

① Kontrollieren Sie die Riemenoberfläche auf Risse oder Ausfransungen in der »Riemenkarkasse«.

② Drehen Sie dazu den Motor einige Male per Hand durch. Nur so können Sie den Antriebsriemen zuverlässig inspizieren. Oft hat der Riemen nur einen einzigen tiefen Riss. Und wenn den unglücklicherweise bei Ihrem Check gerade eine der Riemenscheiben verdeckt, ist späterer Ärger, trotz Kontrolle, vorprogrammiert.

Das macht den Antriebsriemen zum Risikofaktor:

- unregelmäßige Schleifspuren an den Riemenflanken,
- poröse, ausgefranste Riemenflanken oder Oberfläche,
- Altersrisse.

Antriebsriemen montieren — Praxistipp

»Würgen« Sie einen Antriebsriemen niemals über die Riemenscheiben. Dabei können verdeckte Bruchstellen im Unterbau entstehen, die den nächsten Riemenschaden bereits vor der ersten Umdrehung programmieren. Nach der Montage eines gebrauchten Antriebsriemens lassen Sie den Motor etwa 3 Minuten im Stand laufen (bei einem neuen Antriebsriemen, wenngleich die Hersteller das nicht mehr ausdrücklich empfehlen, etwa 10 Minuten) und prüfen erneut die Vorspannung. Bevor Sie den Motor abstellen, geben Sie dem Riemen einige kurze »Gasstöße«, das zieht ihn tief in die Riemenscheiben. Nach etwa 1000 Kilometern checken Sie den Riemen erneut. Er muss jetzt mit 3 – 5 Millimeter Vorspannung laufen und frei von mechanischen Beschädigungen sein.

Antriebsriemen – bei den 16V Duratec-Motoren ein Fall für den Fachmann

An den 16V Fiesta-Motoren lassen Sie lieber einen »Ford-Blaumann« Hand an den Antriebsriemen anlegen. Er verfügt über das erforderliche Spezialwerkzeug, um den alten Nylonriemen zu ersetzen.

Wenn der Antriebsriemen reißt — Praxistipp

Die brennende Ladekontrollleuchte verrät während der Fahrt meistens einen gerissenen Antriebsriemen. Häufig bemerken Sie unmittelbar davor auch einen harten Schlag gegen den Radlauf oder das Frontblech im Motorraum. Fahren Sie ohne Antriebsriemen auf keinen Fall weiter. Bei den Otto-Modellen steht die Wasserpumpe »still«, nahezu »still« steht dann auch der Kühlkreislauf. Folge: Der Wärmeaustausch zwischen der im Motorblock verharrenden Kühlflüssigkeit und der Außenluft gerät ins Stocken – Sie provozieren jetzt einen kapitalen Motorschaden. Übrigens: Die »Sage« von der als Retter »zweckentfremdeten Damenstrumpfhose« vergessen Sie getrost – sie verabschiedet sich schon, kurz, nachdem Sie das Ding um die Scheiben gequält und verknüpft haben. Entweder montieren Sie an Ort und Stelle einen Ersatzriemen oder lassen den Wagen gleich in die nächste Werkstatt abschleppen.

MOTOREN

Verräterisch – »unbekannte« Klopfgeräusche aus dem Motorraum

Bei kaltem Motor sind leichte Klopfgeräusche aus dem Motorraum nicht unbedingt ein Grund zur Sorge. Metallisch harte Klopf- oder Rollgeräusche deuten bei betriebswarmem Motor dagegen fast immer auf einen ernsthaften Schaden hin. Die häufigsten Defekte treten an Pleuellagern auf. Die Hauptlager der Kurbelwelle, Ihr Fiesta hat fünf, sind seltener betroffen. Ein Lagerschaden zieht immer eine umfangreiche Motorrevision nach sich. Mit viel Glück und einem sensiblen Ohr erkennen Sie Lagerschäden mitunter schon im frühen Anfangsstadium. Ist das der Fall, reicht es ab und an, die Gleitlagerschalen des betreffenden Pleuel- oder Hauptlagers auszutauschen – ein Fachmann wir Ihnen freilich generell zu einer umfangreicheren Reparatur (Kurbelwelle schleifen, nitrieren, neu lagern) bzw. zu einem Teilemotor raten.

So entlarven Sie einen Lagerschaden

- Beschleunigen Sie den Motor im Stand auf mittlere Drehzahlen und nehmen dann das Gas zurück. Taucht mit abfallender Drehzahl ein leichtes Klopfgeräusch (»nack-nack-nack«) auf und bemerken Sie dieses Geräusch auch beim zügigen Beschleunigen, lassen Sie den Motor sofort in einer Fachwerkstatt checken: Die Geräusche sind typisch für einen Pleuellagerschaden.
- Ignorieren Sie das anfängliche »nack-nack-nack« folgt schon nach wenigen Kilometern ein hartes »klack-klack-klack«: Der Lagerschaden hat sich verschlimmert, die Lagerschale ist bereits ausgelaufen und hat mit großer Wahrscheinlichkeit die Kurbelwelle in Mitleidenschaft gezogen. An eine preisgünstige Reparatur ist jetzt nicht mehr zu denken. »Freunden« Sie sich mit einem Austausch- oder Teilemotor an ...
- Machen Sie im Kurbeltrieb ein gleichmäßiges, synchron zur Motordrehzahl ansteigendes Rollgeräusch aus, deutet das ziemlich sicher auf einen Hauptlagerschaden hin. Stellen Sie den Motor sofort ab und lassen einen Fachmann seine Ohren »spitzen«. Wenn Sie damit zu lange warten, »himmeln« Sie den Motorblock sogar als Austauschteil: Das treibt die Reparaturkosten völlig unnötig in die Höhe, denn Ihr Händler berechnet Ihnen den Austauschblock dann so als wär's ein Neuteil.

Zylinderkopfdichtung — Störungsbeistand

Erkennungsmerkmal	Ursache/Besonderheiten
A Kühlflüssigkeitsstand wird regelmäßig ergänzt.	Kühlmittel gelangt in sehr geringer Menge in die Brennräume. Der Zustand kann sich ohne Merkmale über längere Zeit hinziehen.
B Beträchtlicher Kühlmittelverlust. Auch bei warmem Motor entweicht dem Auspuff ein weißen Abgasschleier.	Kühlmittel dringt in größerer Menge in einen Verbrennungsraum, verdampft dort und entweicht als »Wasserdampf« aus dem Auspuffendrohr.
C Aus dem geöffneten Ausgleichsbehälter steigen Luftblasen auf, beim Öffnen des Verschlussdeckels sprudelt Kühlmittel unter Druck aus dem Behälter oder Kühler.	Motor drückt Verbrennungsgase ins Kühlsystem. Aus der Einfüllöffnung riecht es nach Abgasen.
D Bunt schillernder Film schwimmt auf der Kühlflüssigkeit.	Motoröl gelangt ins Kühlsystem.
E Gräulich aussehende Emulsion setzt sich am Ölpeilstab ab, Motoröl ist von Wasserbläschen durchsetzt.	Kühlflüssigkeit gerät ins Motoröl. Zylinderkopfdichtung oder Zylinderkopf defekt. Schaden sofort diagnostizieren lassen. Wagen zur Reparatur in Fachwerkstatt abschleppen. Achtung: Wasser im Motoröl verursacht einen Lagerschaden.

DAS SCHMIERSYSTEM

Wer gut schmiert – der gut fährt: Obwohl moderne Motoren ihr Schmiermittel allenfalls noch in homöopathischen Mengen verbrennen, ziehen Sie spätestens nach jeder dritten Tankfüllung den Ölstab. Solange Sie dort einen Pegel zwischen »min« und »max« ablesen, fahren Sie beruhigt weiter. Sollte der Ölspiegel allerdings auf etwa zwei Millimeter über »min« abgesunken sein, hat der Motor »einen Schluck aus der Pulle« verdient. Die Differenzmenge zwischen »min« und »max« beträgt beim Fiesta etwa einen Liter. Das sollten Sie beim Nachfüllen beachten, denn ein über »max« befüllter Motor neigt zum »Nässen«. Besonders die Radialwellendichtringe an der Kurbelwelle sind davon betroffen. Folge: Die Kupplung oder der Riementrieb verölen. Günstigstenfalls gelangen die Öldämpfe »nur« in den Luftfilter und verstopfen dort das Filterelement.

Wartung

Motorölstand prüfen	77
Motoröl und Ölfilter wechseln	78
Öldichtigkeit prüfen	80

SCHMIERSYSTEM

Ohne ausreichende Schmierung ging in Ihrem Fiesta-Motor schon nach wenigen Minuten nichts mehr wie »geschmiert«. Darum verhindert ein hauchdünner Ölfilm überall dort »zerstörerische Reibereien«, wo bewegliche Teile im Motor »aneinander geraten«: So zum Beispiel an Kolben und Kolbenbolzen, den Zylinderlaufbahnen, Pleuel- und Hauptlagern, der Kurbelwelle oder im gesamten Ventiltrieb.

Damit der Ölfilm nicht »abreißt«, zirkuliert das Motoröl in einem filigranen Leitungs-, Kanal- und Bohrungs-Labyrinth. Den geregelten Transport organisiert eine **Ölpumpe**. In den meisten Motoren saugt sie das Motoröl direkt aus der Ölwanne und pumpt es innerhalb der beschriebenen »Kreisbahn« an die jeweils richtige Adresse. Und damit der Saft möglichst »sauber« beim Adressaten ankommt, passiert er vorher noch den **Ölfilter**.

Bei jedem Ölwechsel erneuern – den Ölfilter

Der Ölfilter sitzt in allen modernen Motoren direkt im Hauptstrom des Ölkreislaufs, kurz nach der Ölpumpe. Das Filterelement befreit den »Schmiersaft« von Rußpartikeln, Metallabrieb und sonstigen Fremdkörpern. Ölfilter funktionieren freilich nur so lange als Saubermänner, wie ihre mikroskopisch feinen Papierlamellen noch durchlässig und nicht verschlammt sind. Danach machen sie »dicht«! Das Öl läuft dann zwar noch in einem »Seitenkanal« ungereinigt am Filter vorbei, doch um den baldigen Exitus des Motors zu prophezeien, ist nicht allzu viel Phantasie erforderlich. Übrigens: Sie bemerken die Verstopfung nicht.

Darum spendieren Sie Ihrem Fiesta bei jedem Motorölwechsel grundsätzlich auch einen neuen Ölfiltereinsatz. Denn ungereinigtes Motoröl »verkleistert« den Motor in kürzester Zeit mit einer zähen Ölschlammschicht. Das schadet vornehmlich den Haupt- und Pleuellagern, dem Ventiltrieb sowie den Kolben und Zylinderlaufbahnen. Der Schlamm beeinträchtigt außerdem den Wärmeaustausch innerhalb des Motors – das Öl wird mitunter zu heiß und verliert seine Scherstabilität: Der Schmierfilm »reißt«.

Sobald die Kurbelwelle rotiert, schickt die Ölpumpe das Motoröl auf die Reise zu allen relevanten Schmierstellen im Motorblock und Kurbeltrieb. Ähnlich »druckvoll« erreicht der Schmiersaft auch den Zylinderkopf mitsamt Nockenwellen. Den meisten anderen Schmierstellen, beispielsweise den Kolben oder Ventilen, reicht dagegen Spritzöl das im Kurbel- und Ventiltrieb ohnehin zuhauf umherwirbelt und das benachbarte Umfeld gleichmäßig mit einem Ölfilm überzieht. Auf seiner planmäßigen Reise durch den Motor hält das Öl übrigens nicht nur alle Innereien beweglich und geschmeidig, sondern es nimmt auch einen Großteil der an den Lagerstellen und den Brennräumen entstehenden Überschusswärme auf. Der Rückweg in die Ölwanne ist dann wesentlich direkter: Das Öl »fällt« in speziellen Rücklaufkanälen in die Ölwanne zurück. Dort im »Ölsumpf« kommt der Schmiersaft kurzzeitig zur Ruhe und kühlt sich, bevor ihn die Ölpumpe erneut unter »Druck« setzt, auf etwa 80 °C ab.

Drucksache – der Ölkreislauf

Damit der Schmierfilm auch Höchstbelastungen standhält, gelangt das Öl druckvoll an die meisten Schmierstellen. Doch ständig überhöhter Öldruck, beispielsweise bei kaltem und zähflüssigen Öl, schadet dem Motor. Dem wirkt ein Überdruckventil (Bypass) im Ölfilteranschlussflansch entgegen. Der Bypass öffnet bei etwa 4,0 bar und leitet das Öl direkt auf die Saugseite der Ölpumpe um. In technisch gesunden Triebwerken gelangt das Öl bei mittleren Motordrehzahlen mit etwa 3 bar (Öltemperatur ca. 80 °C; Mehrbereichsöl SAE 10W-30) an die Schmierstellen. Im Leerlauf sind, bei rund 80 °C Öltemperatur, schon 1,0 bar völlig ausreichend. Um den Öldruck exakt bestimmen zu können, müsste Ihr Fiesta einen Öldruckmesser an Bord haben. Sie werden keinen finden – wie übrigens in den meisten Autos. Doch als Do it yourselfer sollten Sie davor nicht kapitulieren: Öldruckmesser sind relativ kostengünstig und einfach im Blickfeld nachrüstbar.

Signalisiert nur den Mindestdruck – Öldruckwarnleuchte

Der serienmäßigen Öldruckwarnleuchte können Sie keine kontinuierlichen Messwerte abverlangen, sie »flackert« lediglich zwischen 0,3 – 0,5 bar auf. Mit anderen Worten, die Öldruckwarnleuchte tritt erst dann auf den Plan, wenn Motorschä-den bereits im Anmarsch sind: Denn eine ausreichende Ölversorgung der Motorinnereien ist zuverlässig mit 0,3 – 0,5 bar nicht mehr gesichert. »Störungen« können zum Beispiel schon dann auftreten, wenn Sie Ihrem Fiesta mit zu geringem Ölstand eine scharfe Kurve zumuten: Die dabei auftretenden Fliehkräfte verlagern das Öl innerhalb der Ölwanne auf die kurvenäußere Seite – die Ölpumpe fördert dann kurzzeitig nur noch »heiße Luft«

MOTORÖL

aus dem Ölsumpf. Zwangsläufig geht der Öldruck in den »Keller«, der Ölfilm reißt. Das teure Resultat: schwere Motorschäden.

Auch wenn nach schnellen Autobahn- oder Passfahrten die Öldruckwarnleuchte im Leerlauf flackern sollte, ist das ein sicheres Indiz dafür, dass der Öldruck nicht mehr ausreicht. Solange die Kontrollleuchte beim leichten Gasgeben allerdings wieder verlischt, besteht kein triftiger Anlass zu großer Sorge – das Öl ist dann nämlich »nur« zu heiß, bzw. zu dünnflüssig geworden. Lassen Sie es fortan etwas beschaulicher angehen, ein »gesunder« Motor kühlt während der Fahrt wieder ab.

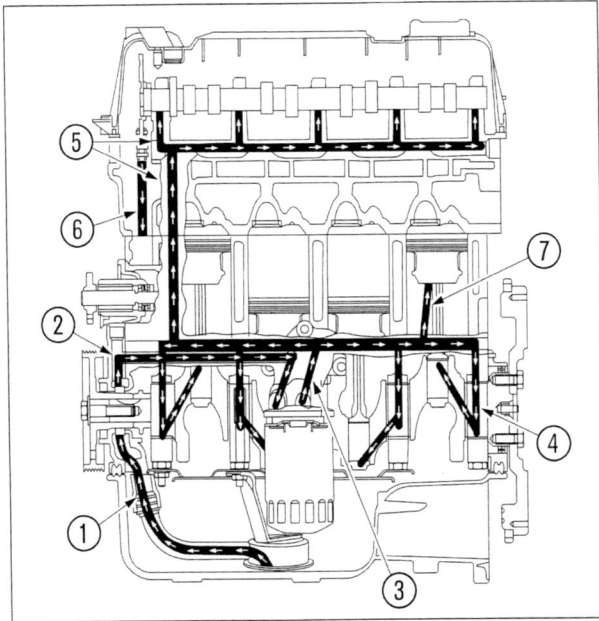

Der Motorölkreislauf auf einen Blick: ❶ *Ölansaugleitung,* ❷ *Druckleitung zum Ölfilter,* ❸ *Hauptölkanal,* ❹ *Hauptölkanal zu den Hauptlagern,* ❺ *Ölkanal zum Zylinderkopf und Ventiltrieb,* ❻ *Ölrücklaufkanal,* ❼ *Spritzöldüsen zu den Kolbenböden.*

Erst wenn die Öldruckwarnleuchte ständig brennt ...

- ... halten Sie sofort an und stellen den Motor ab,
- ... kontrollieren Sie den Ölstand und ...
- ... ergänzen Fehlmengen möglichst sofort. Ansonsten fahren Sie ganz behutsam die nächste Tankstelle an und füllen dort Öl auf. Die Ölkontrolle muss dann sofort erlöschen!
- Falls nicht, schleppen Sie den Wagen in die nächste Werkstatt und lassen die Ursache einen Fachmann diagnostizieren. Unter Umständen vermeiden Sie damit gerade noch einen schweren Motorschaden.

Ein »Saft« mit vielen Talenten – das Motoröl

Spätestens an dieser Stelle dürfte Ihnen völlig klar sein: Öl ist das Lebenselexier eines jeden Verbrennungsmotors. Es vermindert die Reibung und den Verschleiß an Kolben und Zylindern sowie an allen Lagerstellen des Kurbel- und Ventiltriebs. Zudem dichtet Motoröl die Kolben zu den Zylinderwänden ab. Die bei der Verbrennung explosionsartig entstehenden Gase wirken, dank der »Öldichtung«, nahezu verlustfrei auf die Kurbelwelle ein. Doch damit sind die Talente des Motoröls längst noch nicht ausgereizt: Motoröl kühlt zu einem Großteil auch die Motorinnereien. Außerdem schützt es vor Rost, hält Schmutzpartikel in der Schwebe und bindet einen Großteil chemischer Verbrennungsrückstände.

Multitalente – die Longlife-Mehrbereichsöle

Moderne Motoröle sind aus Erdöl raffinierte Schmierstoffe. Doch bevor sie ihre Karriere als Motoröl antreten dürfen, mischen ihnen die Ölhersteller noch spezielle Additive unter. Das macht am Schluss der Raffinationskette bis zu 20 Prozent des Motoröls aus. Additive schützen das Öl beispielsweise vor Oxidation und verhindern sein Aufschäumen bei hohen Drehzahlen. Eines der wichtigsten Additive sind die VI-Verbesserer (VI = Viskositätsindex). VI-Verbesserer sind lange Molekülketten, die unter Wärmeeinfluss »quellen« und beim Abkühlen wieder schrumpfen. Sie »stellen« somit das Motoröl in einem bestimmten Temperaturfenster automatisch auf die vorhandene Motortemperatur ein. Gekonnt gemischt, überspannen Additive gleich mehrere Viskositätsklassen.

VI-Verbesserer haben jedoch die negative Eigenschaft, bei hohen Temperaturen zu verschleißen und damit einen Großteil ihrer Wirkung zu verlieren. Außerdem setzen Wasser, Kraftstoff und Verbrennungsrückstände der Lebensdauer des Motoröls Grenzen. Ein dünnes Mineralöl hält den im Motor herrschenden Drücken und Temperaturen über einen längeren Zeitraum nur unzureichend stand. Regelmäßige Ölwechsel sind daher kein verzichtbarer Luxus, sondern schlichtweg eine technisch/chemische Notwendigkeit – zumindest dann, wenn Ihr Motor reibungslos funktionieren soll.

SCHMIERSYSTEM

Hochpreisig – synthetische Leichtlauföle

Synthetiköle sind im Prinzip nicht »künstlicher« als herkömmliche Mineralöle, aber durchweg teurer. Grund: Bei Synthetikölen wird der Molekülaufbau des »natürlichen« Rohöls in einem aufwendigen Verfahren (Cracken) aufgelöst und mit speziellen Additiven in anderer Rezeptur neu vermischt. Als Äquivalent zum hohen Einstandspreis versprechen ihre Hersteller einen geringeren Öl- und Kraftstoffverbrauch, eine größere Beständigkeit und längere Standfestigkeit: Theoretisch resultieren daraus auch größere Ölwechselintervalle. Wenn Sie sich den Luxus dieses Spitzenöls leisten möchten, sollten Sie die ohnehin schon sehr gedehnten Ford-Wechselintervalle nicht überschreiten.

Motoröl – achten Sie auf Qualität

Für den Motor Ihres Ford Fiesta genügt ein herkömmliches Longlife-Mehrbereichsöl. Wichtig ist, dass der Schmiersaft alle relevanten Normen erfüllt. Im Zweifelsfall fragen Sie Ihren Händler, denn über die Eignung entscheidet nicht der werbewirksame Auftritt eines Ölherstellers, sondern allein die Ölspezifikation, die richtige Viskositätsklasse und das »Kleingedruckte« auf der Dose: Ford empfiehlt SAE 5W-30 (Diesel 10W-40) Motorenöle die mindestens der Ford-Spezifikation WSS-M2C913-A (Diesel WSS-M2C913-B) entsprechen. Sollten Sie andere Öle verwenden wollen, müssen Sie mindestens der Qualität SAE 5W-30, SAE 5W-40 oder SAE 10W-40 und den Bestimmungen gemäß ACEA A1/B1 oder ACEA A3/B3 entsprechen. Öle mit der Bezeichnung API SC, SD, SE oder SF (Diesel API CC) können Ihrem Fiesta dagegen sogar schaden. Sobald der Schmiersaft den genannten Kriterien entspricht, lassen sich die Ölsorten verschiedener Hersteller durchaus mischen. Sie müssen dann jedoch damit rechnen, dass spezielle Eigenschaften der ursprünglichen Rezeptoren nachlassen. Jede Marke zeichnet nämlich eine spezielle Additivrezeptur aus, deren Wirksamkeit beim Mix mit anderen Ölen abbauen kann. Aus diesem Grund macht auch die Kombination von Mineralöl und Synthetiköl keinen Sinn. Desgleichen sollten Sie auch keine reinen Dieselöle mit Ölen für Ottomotoren vermischen – schlimmstenfalls provozieren Sie damit einen Motorschaden.

Begriffe und Normen rund ums Öl

Viskosität: Bezeichnet das Maß für die Fließfähigkeit des Schmieröls. Im Winter ist dünnflüssiges Motoröl, dass nach dem Kaltstart sofort an alle Schmierstellen im Motor gelangt, erste Wahl. Im Sommer dagegen ist dick flüssiges Öl gefragt, das den Schmierfilm auch bei hohen Temperaturen nicht abreißen lässt.

SAE-Klasse (Society of Automotive Engineers): Bezeichnet die Viskositätsklasse, zum Beispiel SAE 5W-30. Je kleiner die erste Zahl, um so besser fließt das Öl bei Kälte (W = Winter). Ein Öl mit 0W schmiert noch bei minus 30 Grad, bei 5W steigt dieser Wert auf minus 25 Grad, bei 15W auf minus 15 Grad. Je höher die zweite Zahl, um so temperaturbeständiger ist das Öl bei hohen Temperaturen.

ACEA (Association des Constructeurs Européen d'Automobiles): Die 1996 eingeführte europäische Ölnorm löst die CCMC-Norm ab. Für Ottomotoren gibt's die Gruppen A1 (kraftstoffsparendes Öl), A2 (gering belastetes Öl), A3 (Hochleistungsöl). Für Dieselmotoren gilt die Einteilung B1, B2 und B3.

CCMC (Comittée des Constructeurs d'Automobiles du Marché Commun): Die Spezifikation besteht aus den Buchstaben G (Benzine) und PD (Diesel) sowie einer Zahl. Je höher die Zahl, um so besser ist die Ölqualität.

API (American Petroleum Institute): Die Spezifikation besteht aus den Buchstaben S (Ottomotor) und C (Dieselmotor) sowie einem weiteren Buchstaben. Je höher dieser im Alphabet rangiert, um so besser ist die Ölqualität.

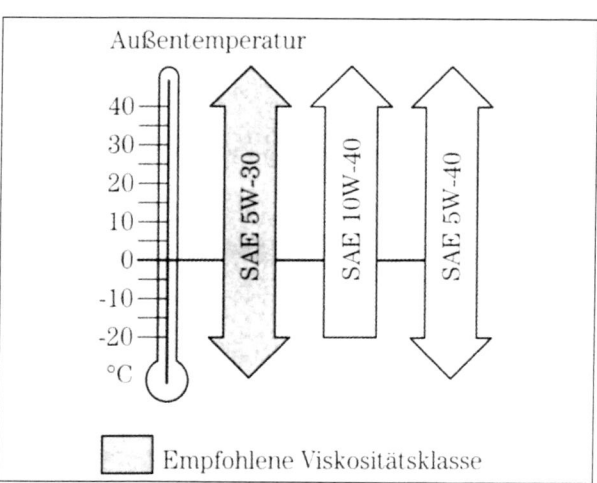

Immer im grünen Bereich: Hierzulande deckt ein normales 5W-30 Longlife-Motoröl fast sämtliche Einsatzbedingungen mit großen Sicherheitsreserven ab. Mitunter reichen auch andere Öle völlig aus. Doch achten Sie generell auf die Ford-Freigabe, andernfalls könnte Sie das teuer zu stehen kommen.

MOTORÖLSTAND CHECKEN

Völlig normal – geringer Ölverbrauch

Ganz ohne Ölverbrauch gehen Verbrennungsmotoren nicht an die Arbeit – auch Fiesta-Motoren nicht. Teilweise gelangt der Schmiersaft auf natürlichem Weg und in vertretbaren Mengen in den Verbrennungsraum. Er wird dort zusammen mit den Frischgasen »verfeuert«. Ein undichter Motor, defekte Ventilschaftabdichtungen, verschlissene Ölabstreifringe, zu großes Laufspiel zwischen Kolben und Zylinderlaufbuchsen oder »ausgeleierte« Ventilführungen treiben den normalen Verbrauch in die Höhe. Schauen Sie einfach mal nach einem Lastwechsel auf der Autobahn in den Rückspiegel – blaue Rauchwolken aus dem Auspuffendrohr sind ein sicheres Indiz für überhöhten Ölverbrauch – auch bei modernen Dieselmotoren. Technisch gesunde Motoren »verbrennen« innerhalb der vorgeschriebenen Ölwechselintervalle »unsichtbar« nur geringe Ölmengen (ca. 0,25 Liter/1000 km). Allerdings nur dann, wenn Sie das Öl vorschriftsmäßig wechseln und Ihren Motor nicht übermäßig belasten.

Kein Grund zur Freude – »Null Ölverbrauch«

Einen der vorgenannten Schäden leiten Sie untrüglich an einer blauen Abgasfahne ab. Doch auch wenn Ihr Motor grundsätzlich »keinen Tropfen Öl« konsumiert, ist dies generell kein Grund zur Freude: Denn mitunter verdünnen überschüssiger Kraftstoff oder Kondenswasser das Motoröl – die Schmiereigenschaften gehen auch dann »in den Keller«.

Vor allem im Winter und vornehmlich im Kurzstreckenverkehr können Sie dieses Phänomen beobachten – der Motor erreicht dann über längere Zeit selten seine Betriebstemperatur. Folglich »verbandeln« sich die Rückstände, anstatt zu verdunsten oder zu verbrennen, dann mit dem Motoröl zu einer Verschleiß provozierenden Melange. Sollten Sie das bemerken, lassen Sie das Motoröl in kürzeren Intervallen ab, etwa schon nach spätestens 12.000 Kilometern oder halbjährlich.

Nicht vergessen – regelmäßig den Motorölstand checken

Checken Sie den Motorölstand nach jedem dritten Tankstopp oder nach längeren Autobahnfahrten mit hohen Tempi. Während der Einfahrzeit oder bei älteren Motoren mit erhöhtem Ölverbrauch ist es ratsam, den Ölstand mindestens alle 1.000 Kilometer zu kontrollieren. Ergänzen Sie den Ölvorrat frühestens, wenn der Ölpegel etwa mittig zwischen beiden Markierungen des Ölstabs steht. Ihrem Fiesta fehlt dann etwa ein halber Liter.

Arbeitsschritte    **ständige Kontrolle**

① Kontrollieren Sie den Ölstand möglichst bei betriebswarmem Motor. Ihr Auto sollte dazu auf einem waagrechten Untergrund stehen. Bevor Sie den checken, gönnen Sie Ihrem Fiesta vorher mindestens eine fünfminütige Pause – das umlaufende Öl hat dann Zeit, sich im Ölsumpf der Ölwanne zu sammeln.

② Ziehen Sie den Peilstab und wischen ihn mit einem sauberen, flusenfreien Lappen oder Papiertuch ab. Bugsieren Sie den Stab danach wieder bis zum Anschlag in die Ölwanne, warten kurz und ziehen ihn dann erneut heraus. Vorsicht bei betriebswarmem Motor: Der Ölstab kann sehr heiß sein.

③ Liegt der Pegel im oberen Viertel zwischen Minimum und Maximum, reicht's allemal. Bei rund 50 % ergänzen Sie maximal einen halben Liter. Dümpelt der Ölstand dagegen an der unteren Markierung oder gar darunter, füllen Sie sofort den Ölstand auf – Ihrem Motor fehlt dann rund ein Liter Motoröl.

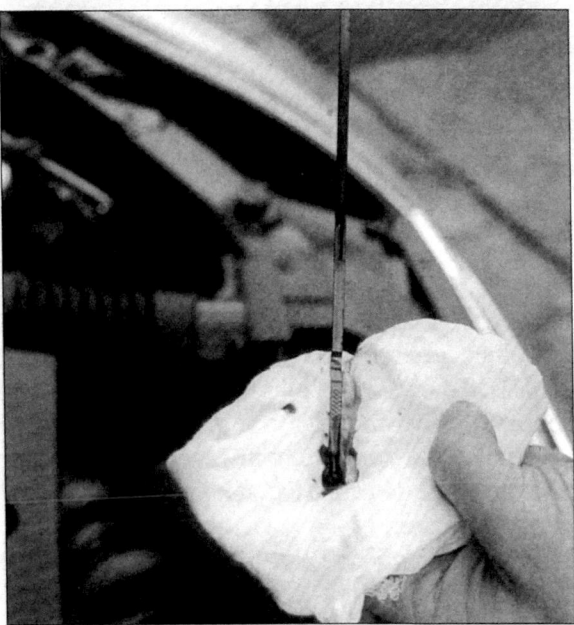

Es muss nicht immer Maximum sein: Lassen Sie den Ölstand ruhig zwischen »min« und »max« pendeln. Zwischen beiden Markierungen beträgt beim Fiesta die maximale Nachfüllmenge rund einen Liter.

SCHMIERSYSTEM

④ Füllen Sie grundsätzlich nur so viel Öl nach, dass der Pegel niemals die obere Markierung übersteigt. Unsere Empfehlung: Halten Sie den Stand konstant im oberen Viertel. Das Öl wird dann auch im Sommer, bei hohen Außentemperaturen, nicht zu heiß. Zu viel Motoröl schadet jedem Motor: Es sucht sich über Dichtflächen und Radialwellendichtringe einen Weg ins Freie (verölte Kupplung, Riemenscheibe), oder wird mitunter über die Kurbelgehäuseentlüftung angesaugt und verschmutzt den Luftfilter inklusive Ansaugtrakt.

⑤ Benutzen Sie zum Nachfüllen aus größeren Gebinden einen sauberen Trichter.

IMMER gemeinsam wechseln – Motoröl und Ölfilter

Bei Fiesta-Motoren steht der Ölwechsel nach einem Jahr oder 20.000 Kilometern an. Halten Sie die Serviceintervalle auch dann ein, wenn Sie überwiegend auf langen Strecken unterwegs sein sollten. Das Öl wird dann zwar weniger beansprucht, doch wir sind der Meinung, dass nach rund 20.000 Kilometern auch ein gutes Motoröl nicht mehr topfit sein kann. Und wenn Sie Ihre Kilometer ausschließlich in der Stadt oder auf Kurzstrecken »fressen«, spendieren Sie Ihrem Fiesta spätestens nach 12.000 Kilometern oder alle 12 Monate neues Motoröl.

Ölwechsel – Do it yourself lohnt nicht immer

Do it yourself lohnt dann, wenn Sie ein preiswertes Öl mit den **vorgeschriebenen Spezifikationen** aus dem Zubehörhandel, Warenhaus oder von der Tankstelle nutzen. Zu einem konventionellen Ölwechsel (Öl aus der Wanne ablassen, Filtereinsatz wechseln, Öl an Sammelstelle entsorgen) müssen Sie Ihren Fiesta aufbocken. Schneller und sauberer erledigen Sie den Ölwechsel an einer Tankstellen-SB-Station – dort saugen Sie in der Regel den alten Saft mit einem Absauggerät aus der Ölwanne.

Die Methode ist zwar bequem, sie hat jedoch auch Nachteile: Ein Teil des Ölschlamms verbleibt nämlich in der Ölwanne – und wenn Sie dann noch »auf ganz bequem« machen wollen und den Ölfilter auch nicht mit wechseln, ist der Motorölwechsel erst recht »verschenkt«. Am einfachsten sind Ölwechsel immer noch in der Fachwerkstatt. Natürlich arbeitet der Fachmann nicht für »Gotteslohn«: Er verwendet in der Regel nur teure Ölsorten und berechnet Ihnen zudem die Entsorgung des Altöls und Ölfilters. Dennoch kann sich pekuniär der Gang zum Fachmann lohnen, zumal immer mehr Werkstätten saisonal befristete Ölwechselaktionen inklusive Motoröl und Ölfilter anbieten. Fragen Sie also Ihren Händler und kalkulieren im Vorfeld: Werkstätten erledigen die »Drecksarbeit« mitunter auch dann, wenn Sie Ihr Öl und den Filter selbst anliefern.

So viel Motoröl »schluckt« Ihr Fiesta

Motor		Motoröl mit Filter*
1,3 Liter Duratec 8V	(44 kW/60 PS)	4,10
1,3 Liter Duratec 8V	(51 kW/70 PS)	4,10
1,4 Liter Duratec 16V	(59 kW/80 PS)	3,80
1,6 Liter Duratec 16V	(74 kW/100 PS)	4,05
1,4 Liter Duratorq	(50 kW/68 PS)	4,00

*Der Ölfilter ist auf den Motor abgestimmt. Verwenden Sie darum nur Originalfilter und verzichten auf dubiose Wühltischangebote.

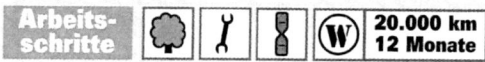

① Fahren Sie das Motoröl warm: Erst dann sind die Schmutzpartikel in der Schwebe.

② Bocken Sie Ihren Fiesta auf ebener Fläche waagerecht auf.

③ Schieben Sie eine flache Wanne, Schüssel oder einen aufgeschnittenen Plastikölkanister mit ausreichendem Fassungsvermögen unter die Ölwanne.

④ Lösen Sie die Ölablassschraube ❶ mit einer »Knarre« und lassen das alte Motoröl vorsichtig aus der Wanne ab. Wirklich vorsichtig! Denn beim Herausdrehen der Ablassschraube schwappt heißes Öl aus der Ölwanne in den Auffangbehälter. Sie wären nicht der Erste, der sich kräftig daran verbrüht!

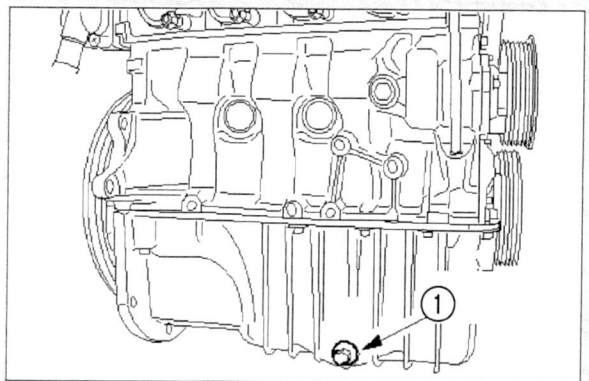

In Fahrtrichtung vor der Ölwanne – Ölablassschrauben bei den Ottomotoren (Darstellung 1,3-Liter Motor).

MOTORÖL UND ÖLFILTER WECHSELN

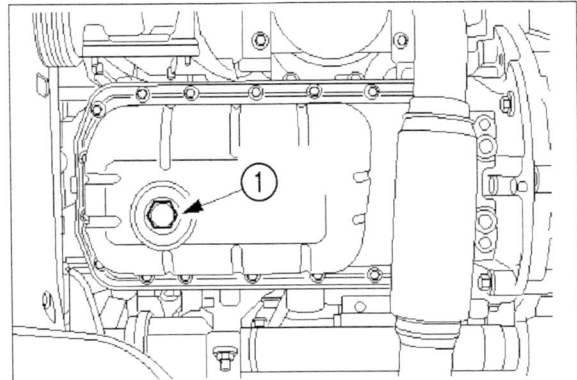

Mittig unter der Ölwanne – Ablassschraube am Dieselmotor.

⑤ Sobald das Öl abgelaufen ist, montieren Sie die Ölablassschraube. Verwenden Sie grundsätzlich einen neuen Dichtring.

⑥ Platzwechsel – schieben Sie die Auffangwanne nun unter den Ölfilter. Denn dort tropft's gleich.

Ottomotoren

⑦ Den Ölfilter lösen Sie am geschicktesten mit einem Spannbandschlüssel. Falls Sie keinen besitzen, behelfen Sie sich mit einem stabilen Schraubendreher. Den »hämmern« Sie einfach quer durchs Filtergehäuse (Vorsicht: Verbrühungsgefahr – heißes Öl läuft aus) und nutzen ihn dann als Knebel.

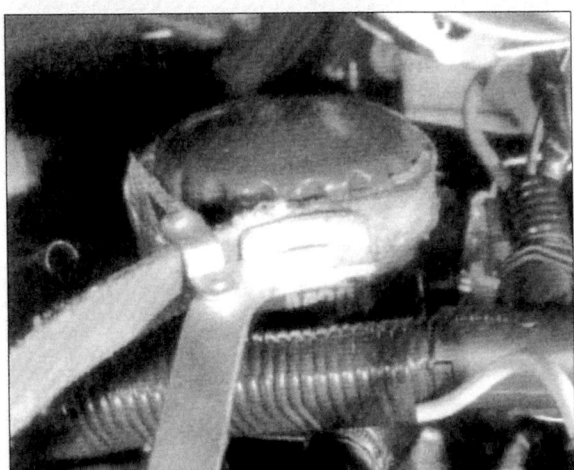

Preiswerte Variante: Ölfilter mit Spannbandschlüssel lösen. Bei Problemen stoßen Sie den Filter mit einem großen Schraubendreher durch und drehen ihn damit los.

⑧ Bevor Sie den neuen Filter aufschrauben (einsetzen), ölen Sie den neuen Dichtring leicht ein und ziehen den Filter dann handfest.

Dieselmotor

⑨ Lösen Sie den Ölfilterdeckel ❸ mit einer »Knarre«, ...

⑩ ... ziehen Sie den Filtereinsatz ❶ heraus, ...

⑪ ... erneuern, bevor Sie den neuen Filter montieren, den O-Ring ❷ oben im Filterflansch und ...

⑫ ... ziehen den Deckel wieder an.

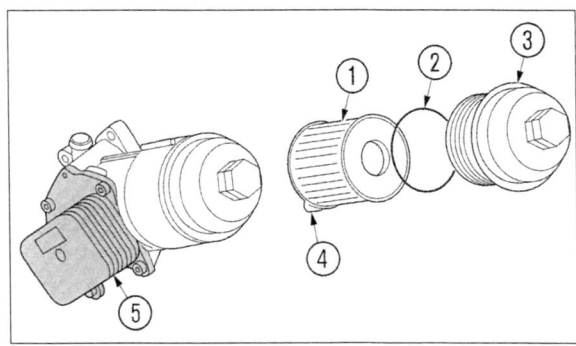

Typisch Diesel – Ölfiltergehäuse in Fahrtrichtung links am Motorblock: ❶ *Ölfiltereinsatz,* ❷ *O-Ring,* ❸ *Ölfilterdeckel,* ❹ *Verschlussstopfen,* ❺ *Ölkühler.*

Otto- und Dieselmotoren

⑬ Befüllen Sie den Motor mit der vorgegebenen Ölmenge (siehe Tabelle auf Seite 78) und lassen ihn kurz im Stand anlaufen. Die Öldruckwarnleuchte erlischt erst, nachdem das Ölfiltergehäuse gefüllt ist.

⑭ Checken Sie jetzt noch einmal, ob Ölfilter und Ablassschraube auch tatsächlich dicht sind.

⑮ Erst dann stellen Sie Ihren Fiesta wieder auf die Räder.

Altöl richtig entsorgen — Praxistipp

Das Altöl kippen Sie natürlich nicht einfach in die »Gosse« sondern liefern es im Ölkanister bei Ihrem »Frischölverkäufer« ab. Nimmt der nicht an? Von wegen – sämtliche Verkaufsstellen **MÜSSEN** Ihr Altöl in der Menge entsorgen, wie sie Ihnen frisches Öl verkauft haben. Zudem können Sie Altöl, zusammen mit dem Ölfilter und ölverschmutzten Putzlappen, auch an einer Altölsammelstelle Ihrer Gemeinde oder Stadt entsorgen. Adressen erfahren Sie bei der Gemeindeverwaltung oder bei Automobilclubs.

SCHMIERSYSTEM

Kein Grund zur Sorge – Ölschwitzflecken am Motor

Überschaubare Ölschwitzflecken unter der Motorhaube müssen Sie nicht akribisch »bekämpfen«: In überschaubaren Mengen sucht Motoröl sich – vornehmlich bei starken Temperaturschwankungen – an Gehäusedichtflächen und durch Dichtungsporen vorbei, einen Weg ins Freie.

Anders sieht die Sache aus, wenn sich im Motorraum oder unter dem abgestellten Wagen starke Ölspuren breit machen. Größere Leckagen spüren Sie stante pede auf, sie ziehen meist Folgeschäden nach sich. Am besten inspizieren Sie Ihren Motor nach einer Motorwäsche mit anschließender Probefahrt und legen die »Ölquelle« dann trocken.

Schmiersystem — Störungsbeistand

Störung	Ursache	Abhilfe
A Öldruckwarnleuchte bleibt bei eingeschalteter Zündung dunkel.	1 Kontrollleuchte defekt.	Auswechseln.
	2 Steckverbindung korrodiert bzw. Kabelverbindung unterbrochen.	Überprüfen und reinigen, ggf. Kabel instand setzen.
	3 Öldruckschalter defekt.	Kontrollieren, ggf. auswechseln.
B Öldruckwarnleuchte glimmt bei warmem Motor im Leerlauf und erlischt bei höheren Drehzahlen.	Heißes und damit dünnflüssiges Öl.	Evtl. auf Öl mit höherer Viskosität umsteigen.
C Öldruckwarnleuchte geht nur bei höheren Drehzahlen aus.	Bypassventil in der Hauptstromleitung undicht.	Öldruck überprüfen lassen, ggf. Ventil auswechseln lassen.
D Öldruckwarnleuchte brennt nach Anspringen des Motors und geht auch beim Gasgeben nicht aus.	1 Zu wenig Öl im Motor.	Ölstand prüfen, ggf. Öl nachfüllen.
	2 Ölansaugsieb der Ölpumpe zugesetzt bzw. Ölpumpe verschlissen.	Überprüfen bzw. erneuern lassen.
	3 Siehe A2 und 3.	Nur weiterfahren, wenn Ursache klar ist.

DAS KÜHLSYSTEM

Schnell zu erkennen und zu ergänzen: Der Kühlflüssigkeitsstand im Ausgleichsbehälter. Falls Sie übers Jahr häufig kleinere Mengen mit destilliertem Wasser ergänzen mussten, beseitigen Sie die Leckage spätestens im Herbst vor den ersten Frostnächten. Spindeln Sie dann auch gleichzeitig den Gefrierschutz: In unseren Breitengraden reichen erfahrungsgemäß -20°C. Mit einer Mixtur ab -30°C gehen Sie freilich ganz auf Nummer sicher.

Wartung

Kühlsystem auf Dichtheit prüfen 84
Kühlflüssigkeit prüfen und nachfüllen 85
Kühlflüssigkeit wechseln 86
Frostschutz auffüllen 87
Luftfiltereinsatz auswechseln und reinigen 96

Reparatur

Thermostat aus- und einbauen sowie prüfen 89
Lüftermotor aus- und einbauen 93
Kühler aus- und einbauen 94
Kühlwasserschläuche erneuern 94

KÜHLSYSTEM

Das Fiesta-Kühlsystem beschreibt einen »Aggregateverbund«, in dem Ausgleichsbehälter, Wärmetauscher (Kühler), Wasserpumpe, Thermostat, Kühlwasserleitungen, Kühlerventilator und Schläuche lediglich »Statisten« für das eigentliche Kühlmedium, nämlich die Kühlflüssigkeit, sind. Statisten freilich, die »unter ständigem Druck« ihren Job in einem filigran proportionierten Netz aus Wasserkanälen (Wassermantel) im Motorblock und Zylinderkopf verrichten. Die im Wassermantel gespeicherte und transferierte überschüssige Verbrennungswärme führt der Wärmetauscher über eine leporelloartige Oberfläche an die Atmosphäre ab. Auf welch verschlungenen Wegen das Kühlmittel im Motor zirkuliert, hängt freilich von der Motortemperatur und den momentanen Einsatzbedingungen ab.

Bei kaltem Motor – kleiner Kühlmittelkreislauf

Das vom Thermostaten koordinierte Wechselspiel der Elemente Luft und Wasser bewahrt den Motor gleichermaßen vor einem Kälteschock und Hitzekollaps. Nach jedem Kaltstart pulsiert das Kühlmittel zunächst im kleinen Kühlkreislauf – er beschränkt sich auf den »Wassermantel« und den Heizungskühler. In dieser Phase sperrt der Thermostat den Wärmetauscher so lange, bis der Motor seinen »grünen« Betriebstemperaturbereich erreicht hat: Technisch gesunde Motoren arbeiten stets im grünen Temperaturbereich.

Die »Sperre« hat einen triftigen technischen Hintergrund: Je zügiger der Motor auf Betriebstemperatur kommt, um so kürzer sind die verschleißträchtigen Kalt-/Warmlaufphasen. Zudem stoßen betriebswarme Motoren wesentlich weniger unverbrannte Kohlenwasserstoffe (HC) und Stickoxyde (NO_x) aus.

Sobald die Kühlflüssigkeit in Nähe des Thermostatgehäuses rund 88 °C (Diesel 83 °C) erreicht, öffnet der Thermostat, zunächst ganz »verhalten«. Analog zur steigenden Motortemperatur wird der Durchlassquerschnitt dann ständig größer, um bei etwa 94 °C (Diesel 89 °C) die heiße Flüssigkeit den Wärmetauscher ungebremst von oben nach unten passieren zu lassen.

In dieser Phase steigt die Motortemperatur nicht mehr an: Der kühlende Fahrtwind hat ausreichend Gelegenheit, sich an der künstlich vergrößerten Oberfläche des Wärmetauschers zu erhitzen und der Kühlflüssigkeit einen Großteil der Motorwärme zu entziehen.

In besonders »stressigen« Situationen beschleunigt ab rund 110 °C zusätzlich noch ein elektrisch angetriebener Kühlerlüfter den Wärmetausch. Das »Schaufelrad« des kleinen Windkraftwerks beschleunigt den Luftstrom hinter den Kühllamellen, so dass vor dem Kühler ein geringer Unterdruck entsteht und somit im gleichen Zeitraum wesentlich mehr Fahrtwind die Kühllamellen passiert. Sobald dann nach kurzer Zeit »alles« wieder im grünen Temperaturbereich ist, schaltet der Ventilator ab und das »Spiel mit der Wärme« nimmt seinen Anfang ...

Hilft dem Diesel auf die »Sprünge« – Zusatzheizung

Moderne Dieseldirekteinspritzer produzieren aufgrund ihres optimierten Verbrennungsverlaufs nur wenig überschüssige Verbrennungswärme. Mitunter gar so wenig, dass die Restwärme in der kalten Jahreszeit nicht einmal für »warme Füße« reicht. Zusatzheizer müssen her, um das Manko zu beseitigen: Im Fiesta besteht der »Heizkörper« aus einem 215 cm^2 großen Netz mit keramischen Widerständen. Er schaltet sich im Fiesta TDCi automatisch, bevor Eisblumen die Fenster verschleiern, mit einer Leistungsaufnahme von rund 1.000 Watt in den Heizkreislauf ein.

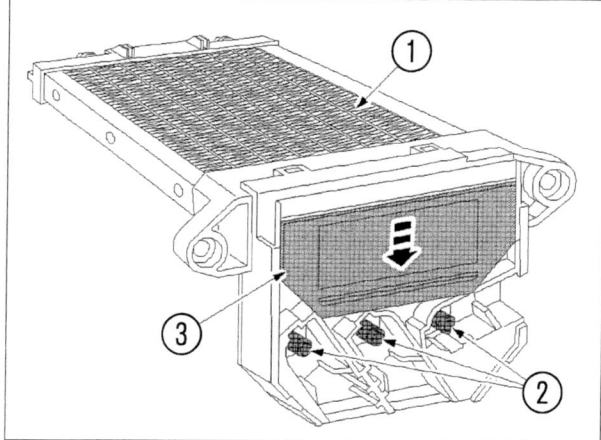

Sorgt im TDCi für »warme Socken«: Zusatzheizer mit rund 1000 Watt Leistungsaufnahme. ❶ *Heizfläche,* ❷ *elektrische Anschlüsse,* ❸ *Abdeckung.*

Bei warmem Motor – großer Kühlmittelkreislauf

Konstruktionsbedingt strömt die Kühlflüssigkeit aus dem Thermostatgehäuse in den oberen Einlass des linken Kühlwasserkastens, »fällt« hernach in den Kühler, gibt dort ihre überschüssige Wärme an die

KOMPONENTEN DES KÜHLSYSTEMS

Kühlluft ab und tritt dann aus dem unteren Einlass in Richtung Wasserpumpe aus. Von hier aus geht's dann beschleunigt in den Motorblock und Zylinderkopf: Ein Großteil der Flüssigkeit strömt durch das geöffnete Thermostatgehäuse unmittelbar in den linken Kühlwasserkasten zurück, die Restmenge nimmt den Umweg über den Heizungswärmetauscher. Auf ihrem Weg durch die Kühlerlamellen ändert die abfließende Flüssigkeit ihr spezifisches Gewicht: Mit abnehmender Temperatur wird sie dichter (schwerer) und »fällt« dementsprechend schneller in den Wärmetauscher. Erst wenn sie unten aus dem linken Wasserkasten austritt und von der Wasserpumpe in den Motorblock beschleunigt wird, schließt sich der Kreislauf. Sollte der Temperaturpegel während der Fahrt unterhalb der vorgeschriebenen Betriebstemperatur sinken, verschließt der Thermostat den Durchflussquerschnitt im Gehäuse so weit, bis das Kühlmittel auf Betriebstemperatur und der große Kreislauf wieder in Gang kommt.

Steht ständig unter Druck – das Kühlsystem

Sobald der Motor läuft, baut das Kühlsystem einen definierten Überdruck auf. Das ist technisch so gewollt, denn der Überdruck hindert den »locker« an die Wasserstoffmoleküle gebundenen Sauerstoff daran, schon bei rund 100 °C in die Atmosphäre zu entweichen: Das passiert jetzt erst etwa 20 °C später. Die höhere Temperatur ermöglicht einen wirtschaftlicheren und damit effizienteren Betrieb. Erst wenn im geschlossenen Kühlsystem der Betriebsdruck 0,95 – 1,2 bar übersteigt, entweicht der Überdruck durch ein Ventil am Verschlussdeckel des Ausgleichsbehälters in die Atmosphäre. Das bei abgekühlter Flüssigkeit entstehende Vakuum, gleicht ein zweites, so genanntes Vakuumventil, im Verschlussdeckel aus – es lässt Außenluft in den Behälter nachströmen. Speziell bei Stadtfahrten oder im Stop-and-go-Verkehr reicht der kühlende Fahrtwind häufig allein nicht aus, um den Motor vor Überhitzungsschäden zu bewahren. Diesen Sonderfall entschärft der Fiesta mit einem elektrisch angetriebenen Kühlerventilator.

Die Komponenten des Kühlsystems

Wasserpumpe: In allen Fiesta-Motoren beschleunigt eine Kreiselpumpe die Kühlflüssigkeit im Kühlsystem. Die Pumpe treibt ein Keilrippenriemen an.

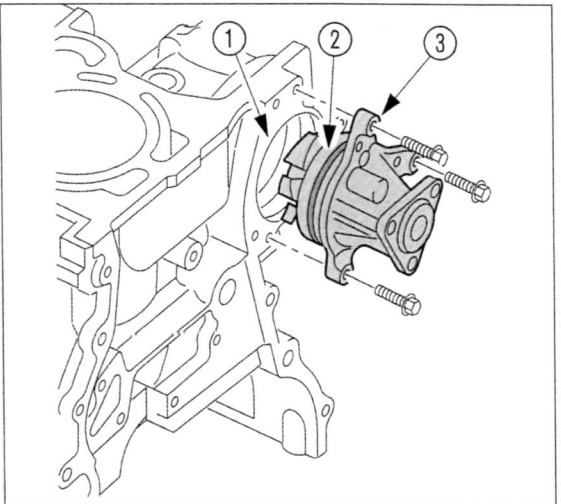

Beschleunigt die Kühlflüssigkeit: Die Wasserpumpe (Schleuderpumpe). ❶ *Pumpengehäuse direkt im Motorblock,* ❷ *O-Dichtring,* ❸ *Wasserpumpe mit Pumpenrad (Schleuderrad).*

»Kreislaufwirtschaft«: Die Komponenten des Motorkühlsystems »kontaktieren« hydraulisch. ❶ *Wasserkühler,* ❷ *Kühlflüssigkeitsausgleichsbehälter,* ❸ *Wasserpumpe,* ❹ *Zusatzheizer (Diesel),* ❺ *Motorblock,* ❻ *Heizungswärmetauscher,* ❼ *Thermostatgehäuse.*

KÜHLSYSTEM

Kühler: Besteht aus zwei Kunststoffwasserkästen die über eine Vielzahl dünnwandiger Röhrchen miteinander in Verbindung stehen. Um die Leistungsfähigkeit des Kühlers zu steigern, vergrößern leporelloartig gefaltete Aluminiumstreifen »künstlich« seine Oberfläche. Sie befinden sich zwischen den Röhrchen und leiten die Überschusswärme direkt an den Fahrtwind ab.

Thermostat: Regelt die Kühlflüssigkeitstemperatur im Motor. Die meisten Thermostaten öffnen, je nach Motorversion zwischen 85 °C – 95 °C, ganz geöffnet sind sie zwischen 96 °C – 105 °C. Bei gebrauchten Thermostaten ist eine Toleranz von +/- 3 °C zulässig. Thermostate bestehen aus einem verschlossenen, mit Spezialwachs gefüllten Thermoelement (Zylinder), einer Druckfeder und einem Ventilteller. In dem Maße wie sich die Kühlflüssigkeit im Motor erwärmt, dehnt sich das Wachs im Thermoelement aus und hebt den Ventilteller, gegen den Widerstand einer Druckfeder, von seinem Sitz. Erst bei Betriebstemperatur ist das Ventil ganz geöffnet. Kühlt das Wasser ab, drückt die Feder gegen den Ventilteller und sperrt den Durchfluss entsprechend.

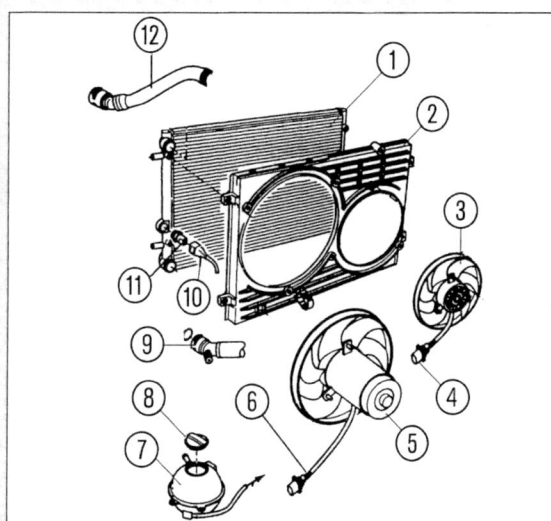

Grundsätzlicher Aufbau des Kühlsystems: ❶ *Lamellenkühler mit seitlichen Wasserkästen,* ❷ *innere Luftführung mit Lüfterflanschen,* ❸ *elektrischer Zusatzlüfter (Option),* ❹ *Anschlussstecker,* ❺ *elektrischer Kühlerlüfter,* ❻ *Anschlussstecker,* ❼ *Kühlmittelausgleichsbehälter,* ❽ *Behälterverschlussdeckel mit Überdruckventil,* ❾ *unterer Kühlmittelschlauch,* ❿ *Anschlussstecker,* ⓫ *Thermoschalter,* ⓬ *oberer Kühlmittelschlauch.*

Ausgleichsbehälter: Ergänzt automatisch die umlaufende Kühlflüssigkeitsmenge im Kühlsystem. Der Systemüberdruck entweicht aus einem Überdruckventil im Behälterverschlussdeckel, ein zweites Ventil im Verschlussdeckel gleicht entstehendes Vakuum aus. Der transparente Kunststoffbehälter sitzt in Fahrtrichtung links vor der Spritzwand im Motorraum.

Kühlerventilator: Moderne Kühlsysteme arbeiten heutzutage mit einem elektrisch angetriebenen und thermostatisch gesteuerten Kühlerventilator. Der Ventilator wird häufig auch als Kühlerlüfter bezeichnet.

Das Kühlmittel

Kühlflüssigkeit (Kühlmittel) besteht in den meisten Systemen aus einer Melange von Frost- und Korrosionsschutzmitteln sowie destilliertem Wasser. Werksseitig stellen die meisten Hersteller ihre Kühlflüssigkeit mit rund 50 % Kühlkonzentrat (Farbe: rot, silikatfrei, LLC) und 50 % Wasser ein. Das reicht allemal für einen zuverlässigen Schutz bis rund -30 °C, denn erst bei etwa -38 °C beginnt die Flüssigkeit tatsächlich zu gelieren (Stockpunkt) – mithin ein Wert, der hierzulande nur theoretische Bedeutung hat.

Die Werksbefüllung mit silikatfreiem Kühlerfrostschutz ist nicht mit jedem x-beliebigen Frostschutzmittel zu mixen. Füllen Sie grundsätzlich nur von Ford freigegebene Flüssigkeiten, auf jeden Fall jedoch »Mixturen« mit entsprechenden Spezifikationen nach.

Kühlsystem auf Dichtheit prüfen

Um sicher zu stellen, dass Ihr Fiesta auch tatsächlich den richtigen Vordruck im Kühler hat und hält, pumpen Sie das System vor dem Check per Druckpumpe auf exakt 1,6 bar auf. Der Druck muss am Manometer 1 mindestens über fünf Minuten konstant bleiben, ansonsten misstrauen Sie allen Schlauchanschlüssen, den Kühlerverschlüssen und in letzter Konsequenz auch der Zylinderkopfdichtung.

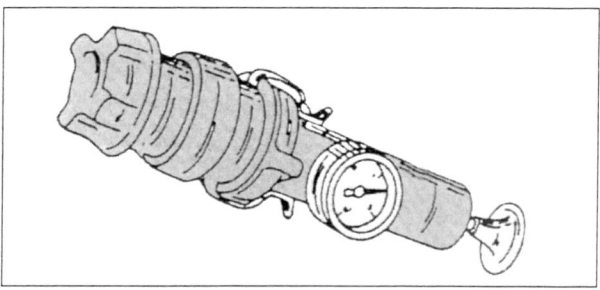

Künstlich unter Druck gesetzt: Profis überprüfen den Kühlsystemvordruck mit einer mechanischen Druckpumpe.

KÜHLFLÜSSIGKEIT PRÜFEN UND NACHFÜLLEN

- Undichte Wasserschläuche erkennen Sie an weißen Ablagerungen rund ums »Leck«.
- Auch wenn Sie auf den ersten Blick keine Ablagerungen entdecken, walken Sie von Zeit zu Zeit alle Wasserschläuche an Motor, Kühler und Heizungskühler kräftig durch. Harte, spröde oder rissige Schläuche tauschen Sie besser sofort aus.
- Checken Sie auch, ob die Schlauchenden noch »satt« auf den Anschlussstutzen sitzen.
- Prüfen Sie die Schlauchschellen: Gelockerte Schellen sind ein potenzieller Gefahrenpunkt. Die Schlauchenden können dann während der Fahrt und bei heißem Motor von den Anschlussstutzen rutschen. Korrodierte Schlauchschellen wechseln Sie umgehend aus.

Drucksache: »Kneten« Sie die betriebswarmen Kühlflüssigkeitsschläuche kräftig durch. Nur so entdecken Sie eventuelle Risse oder andere Beschädigungen.

- Die Kühlschläuche und Schlauchanschlüsse sind zwar dicht, Sie müssen dennoch regelmäßig Kühlflüssigkeit ergänzen. Außerdem beobachten Sie eine leicht erhöhte Betriebstemperatur – obwohl die typischen Symptome einer undichten Zylinderkopfdichtung nicht vorhanden sind. Fahren Sie den Motor dann warm und öffnen vorsichtig den Verschlussdeckel des Ausgleichbehälters. Sollte währenddessen hörbar kein Druck entweichen, ist entweder die Deckeldichtung defekt oder eines der beiden Deckelventile undicht. Tauschen Sie den Deckel dann unbedingt aus.

Kühlflüssigkeit prüfen und nachfüllen

Arbeitsschritte   ständige Wartung

① Checken Sie den Kühlflüssigkeitspegel bei kaltem Motor im Ausgleichsbehälter. Das Kühlsystem ist dann fast drucklos und die Kühlflüssigkeit hat ihr normales Volumen erreicht.

② Bei kaltem Motor sollte der Pegel mindestens an der unteren Behältermarkierung stehen. Vorsicht: Bei warmem Motor dehnt sich das Kühlmittel automatisch aus. Im Behälter muss dann noch genügend Platz für »überschüssige« Flüssigkeit sein. Lassen Sie sich also nicht von dem höheren Stand blenden.

③ Öffnen Sie zum Nachfüllen vorsichtig den Verschlussdeckel. Bei heißem Motor steht der Behälter unter Druck. Legen Sie darum vorher einen dicken Lappen über den Deckel. Sollten Sie den Deckel vorschnell öffnen, besteht Verbrühungsgefahr – die Kühlflüssigkeit sprudelt siedend heiß aus dem Behälter.

④ Befüllen Sie den Ausgleichsbehälter nicht über die obere Markierung hinaus. Das Kühlmittel dehnt sich bei Erwärmung aus und entweicht aus dem System.

⑤ Kleinere Fehlmengen können Sie getrost bei warmem Motor ergänzen.

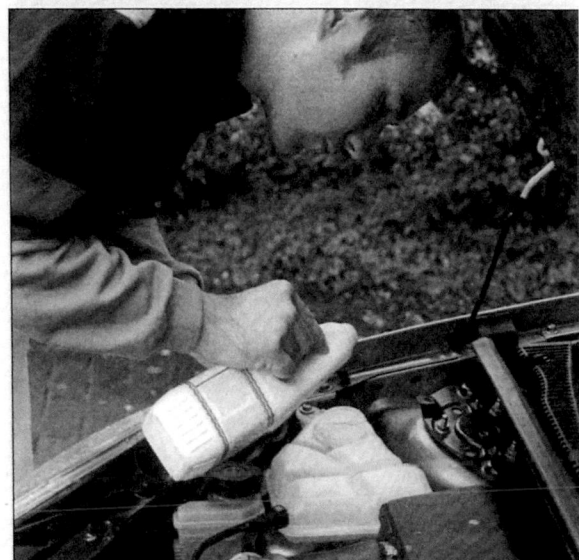

Nachschub: Sollte der Flüssigkeitsstand im Ausgleichsbehälter die »MIN-Markierung« unterschreiten, ergänzen Sie das Reservoir mit vorgemischter Flüssigkeit. Achten Sie beim Öffnen des Behälters auf Blasenbildung und Ölschlamm – eine defekte Zylinderkopfdichtung macht sich meistens so bemerkbar.

KÜHLSYSTEM

Alterungsbeständig – die Originalkühlflüssigkeit

Ford schreibt beim Fiesta alle zehn Jahre einen Kühlflüssigkeitswechsel vor. Das gilt allerdings nur für die silikatfreie Originalflüssigkeit (Farbe: rot, orange). Übrigens: Gebrauchte Kühlflüssigkeiten greifen neue Aluminiumbauteile (z. B. Thermostatgehäuse) an. Sollten Sie Ihrem Motor also irgendwann ein Neuteil spendieren, das ständig Kontakt zur Kühlflüssigkeit hat, wechseln Sie – unabhängig vom Alter oder der Laufleistung – die Kühlflüssigkeit. So wird's gemacht:

Kühlflüssigkeit wechseln

① Schrauben Sie zunächst den Verschlussdeckel des Ausgleichsbehälters langsam los und lassen vorsichtig den Überdruck aus dem Kühlsystem entweichen. Legen Sie unbedingt Wert auf Vorsicht: Bei heißem Motor besteht **Verbrühungsgefahr**.

② Nachdem das System drucklos ist, schrauben Sie den Verschlussdeckel ganz ab.

③ Dann stellen Sie ein Auffanggefäß unter den Kühler, öffnen die Ablassschraube (Pfeil) am unteren Kühlerkasten, …

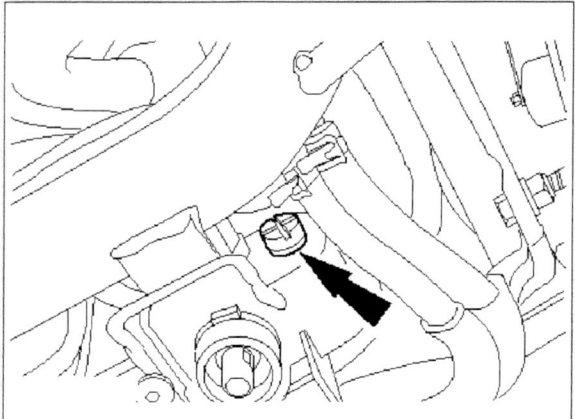

Öffnen – Ablassschraube (Pfeil) am unteren Kühlerkasten.

④ … lassen die Kühlflüssigkeit ganz ablaufen und …

⑤ … ziehen hernach die Ablassschraube wieder fest.

⑥ Jetzt öffnen Sie die obere Entlüftungsschraube am Kühlerkasten und …

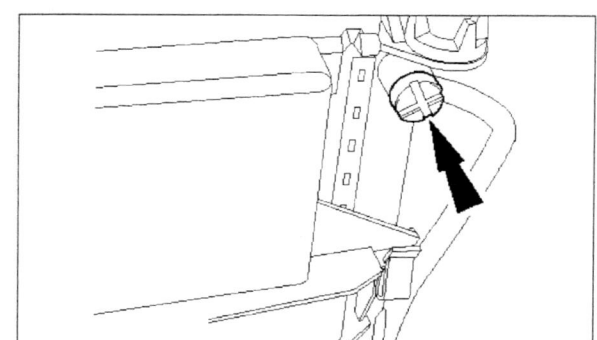

Öffnen – Entlüftungsschraube (Pfeil) am oberen Kühlerkasten.

⑦ … befüllen das System über den Ausgleichsbehälter mit dem neuen Konzentrat. Ergänzen Sie die Restmenge so lange mit möglichst kalkarmem Leitungswasser, bis das Kühlmittel an der Entlüftungsöffnung austritt oder sich der Kühlmittelstand an der »MAX«-Markierung stabilisiert hat.

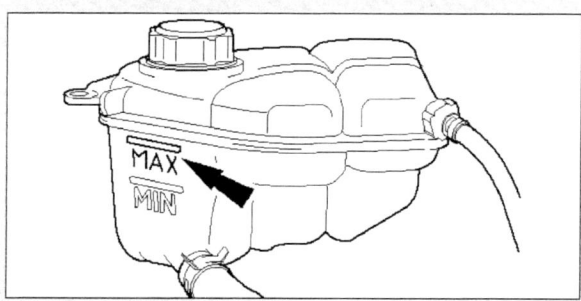

Auffüllen – Ausgleichsbehälter bis zur »MAX-Markierung«.

⑧ Hernach schließen Sie die Entlüftungsschraube, …

⑨ … starten den Motor und lassen ihn bei mittlerer Drehzahl laufen, bis der Thermostat geöffnet hat. Ergänzen Sie dann im Ausgleichsbehälter die evtl. Fehlmenge mit kalkarmem Leitungswasser. Das Kühlsystem ist erst dann befüllt, wenn bei betriebswarmen Motor der Flüssigkeitspegel im Ausgleichsbehälter konstant bleibt.

⑩ Erst dann setzen Sie den Verschlussdeckel auf und fahren etwa 20 Kilometer zur »Probe«. Das Konzentrat vermischt sich jetzt homogen mit dem destillierten Wasser und die verbliebenen Luftbläschen haben die Gelegenheit, restlos zu entweichen.

⑪ Nach der Probefahrt öffnen Sie vorsichtig den Ausgleichsbehälter und lassen den Motor bei mittlerer Drehzahl laufen, der Kühlerventilator muss sich einschalten.

⑫ Falls erforderlich ergänzen Sie mit kalkarmem Leitungswasser den Kühlflüssigkeitsstand bis zur oberen Markierung. Vergessen Sie nicht, den Deckel wieder fest zu verschrauben.

FROSTSCHUTZ AUFFÜLLEN

Damit trotzen Sie dem Winter – Frostschutz bis -30 °C

In unseren Breitengraden reicht allemal ein Frostschutz bis -30 °C. Das entspricht, auf Basis des Ford-Konzentrats, etwa einer 50%igen Mischung. Haben Sie zwischenzeitlich jedoch den Flüssigkeitsstand ab und an mit destilliertem Wasser ergänzt, reicht mitunter die Konzentration für kältere Tage nicht mehr aus. Prüfen Sie darum die Mischung bereits im Herbst mit einer Frostschutzspindel und lassen die Kühlflüssigkeit im Zweifelsfall von Ihrer Werkstatt neu einstellen. Als Faustregel gilt: Etwa ¾ Liter Kühlkonzentrat erhöht den Kälteschutz um ca. 10 °C.

Vorsicht: Mischen Sie niemals die Originalkühlflüssigkeit mit »irgendwelchen« anonymen Produkten – der Korrosionsschutz und die Metallverträglichkeit könnten arg darunter leiden. Im Zweifelsfall programmieren Sie damit kapitale Reparaturen. Wenn Sie also ergänzen müssen und die Spezifikation des neuen Mittels nicht der Herstellerfreigabe entspricht, wechseln Sie die Kühlflüssigkeit besser gleich komplett. Achten Sie besonders bei Leichtmetallmotorblöcken auf die richtige Rezeptur, ansonsten könnte Ihnen der Motorblock beizeiten wie eine trockene Semmel zerbröseln.

Arbeitsschritte 🌳 🔧 🧪 Ⓦ **ständige Wartung**

① Schrauben Sie zunächst den Verschlussdeckel des Ausgleichsbehälters vorsichtig auf und lassen den Überdruck aus dem Kühlsystem entweichen. Vorsicht bei heißem Motor: **Verbrühungsgefahr!**

② Nachdem das System drucklos ist, schrauben Sie den Verschlussdeckel ganz ab.

③ Stellen Sie dann ein Auffanggefäß unter den Kühler und öffnen die Ablassschraube am unteren Kühlerkasten. Lassen Sie rund 1 – 2 Liter Kühlmittel ab.

④ Verschließen Sie dann die Ablassschraube mit einem neuen Dichtring, ...

⑤ ...befüllen den Kühler/Ausgleichsbehälter mit der benötigten Kühlkonzentratmenge und ergänzen die Fehlmenge mit alter Kühlflüssigkeit.

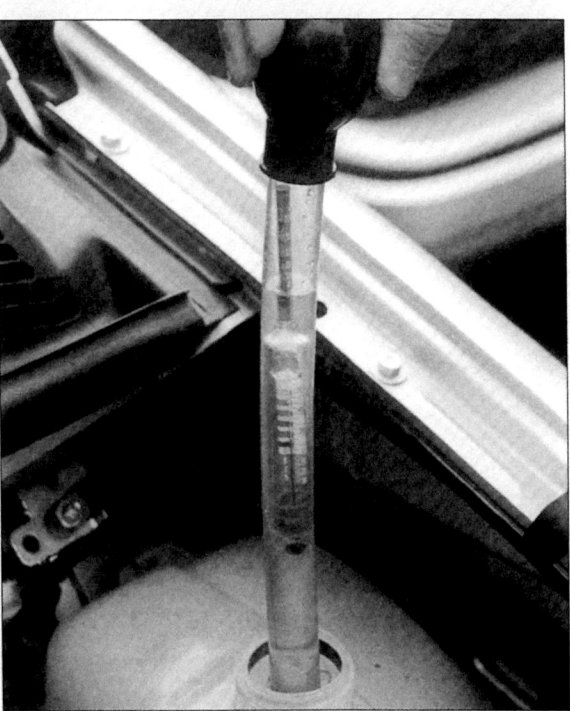

Kontrolle: Um nachträglich das Mischverhältnis der Kühlflüssigkeit zu checken, benötigen Sie eine Frostschutzspindel (Hebemesser). Diese Geräte arbeiten entweder mit Zeigerinstrumenten oder – wie abgebildet – mit einem Tauchkolben.

Gesamtfüllmenge – Mischungsverhältnis (bis – 30° C)			
Motoren	Kühlkonzentrat (Liter)	Wasser (Liter)	Gesamtfüllmenge (Liter)
1,3 Liter Duratec 8V	ca. 2,5	2,5	5,0
1,3 Liter Duratec 8V	ca. 2,5	2,5	5,0
1,4 Liter Duratec 16V	ca. 2,5	2,5	5,0
1,6 Liter Duratec 16V	ca. 2,5	2,5	5,0
1,4 Liter Duratorq	ca. 2,8	2,7	5,5

Motor verliert Kühlflüssigkeit — **Praxistipp**

Sollte Ihr Motor während der Fahrt größere Mengen an Kühlflüssigkeit verlieren, ergänzen Sie den Flüssigkeitsstand auf keinen Fall mit kaltem Wasser: Der heiße Motor kann dann einen Kälteschock bekommen. Im Extremfall reißt sogar der Motorblock oder der Zylinderkopf verzieht sich. Im ersten Fall wandert der Motorblock vorzeitig auf den Schrott. Die zweite Möglichkeit endet mit einer undichten Zylinderkopfdichtung: Kühlmittel tritt sichtbar aus oder vermengt sich mit dem Motoröl zu einer verschleißfördernden Emulsion. Geben Sie Ihrem Fiesta also genügend Zeit und füllen erst dann Wasser nach, wenn der Motor gut abgekühlt ist. Auf jeden Fall jedoch lassen Sie einen Fachmann nach der Leckage suchen.

KÜHLSYSTEM

Kühlsystem — Störungsbeistand

Störung	Ursache	Abhilfe
A Motortemperatur zu hoch.	1 Antriebsriemen zu schwach gespannt oder gerissen.	Riemenspannung kontrollieren oder Antriebsriemen ersetzen.
	2 Zu wenig Flüssigkeit im Kühlsystem.	Wasser auffüllen, notfalls aus der Scheibenwaschanlage.
	3 Anschlusskabel zur Warnlampe hat Masseschluss.	Kabel am Temperaturgeber abziehen, Warnlampe muss verlöschen, ansonsten liegt ein Masseschluss vor; checken Sie dann den Kabelverlauf.
	4 Thermostat bleibt geschlossen (Kühler kalt).	Thermostat ausbauen und ohne weiterfahren, Wassertemperatur laufend prüfen. Evtl. Wagen in Werkstatt abschleppen lassen.
	5 Kühlerventilator schaltet nicht ein.	Ventilatormotor defekt, erneuern. Temperaturfühler defekt. Stromführendes Kabel am Fühler abziehen und direkt an Klemme des vom Fühler kommenden Kabels anschließen.
	6 Überdruckventil im Verschlussdeckel des Ausgleichsbehälters defekt.	Ventil prüfen (lassen), Deckeldichtung kontrollieren, ggf. Verschlussdeckel erneuern.
	7 Masseschluss im Geber der Temperaturanzeige.	Austauschen.
	8 Kühler verstopft oder Lamellen zugesetzt.	Kühler gründlich reinigen. Eventuell Werkstatt oder Kühlerbauer damit beauftragen.
B Motor kommt nur langsam auf Temperatur. Schlechte Heizleistung.	Thermostat schließt nicht völlig, dadurch ständig großer Kreislauf in Betrieb.	Thermostat säubern, ggf. ersetzen.
	Zuheizer defekt (nur Diesel).	Elektrische Anschlüsse prüfen. Austauschen.

Thermostat — Störungsbeistand

Erkennungsmerkmal	Ursache/Auswirkungen
A Motorbetriebstemperatur wird nur langsam erreicht, Heizwirkung ungenügend.	Thermostat klemmt – Zufluss zum Kühler ist ständig geöffnet. Motor wird nicht richtig warm. Kurzfristig stellen sich keine Folgeschäden ein: Dennoch Thermostat baldmöglichst reinigen bzw. erneuern.
B Temperatur dauerhaft zu hoch. Kühlmittelstand o.k. – Kühler und oberer Kühlerschlauch bleiben kalt.	Thermostat klemmt. Auf keinen Fall weiterfahren, sonst entstehen schwere Hitzschäden am Motor. Thermostat erneuern.

THERMOSTAT AUS- UND EINBAUEN

Im Zweifelsfall lassen Sie den Profi ran – Thermostat aus- und einbauen (prüfen)

Als geübtem Hobbyschrauber überfordert Sie kein defekter Thermostat, Sie wechseln den Regler in Eigenregie: Sollten Sie allerdings geringe Selbstzweifel bremsen, übergeben Sie die Arbeit besser einer Fachwerkstatt. Denn unsachgemäß ausgeführte Arbeiten kommen Sie teuer zu stehen.

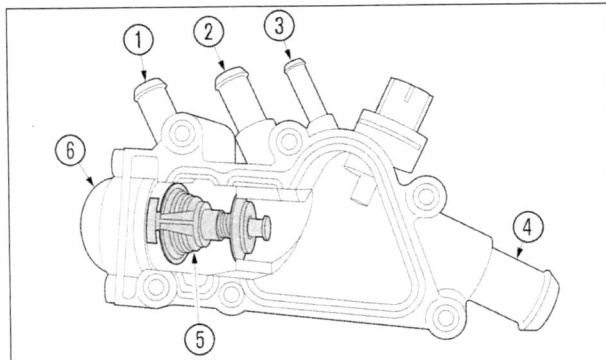

Montagebeispiel: Bei den kleinen »Ottos« sitzt das Thermostatgehäuse direkt am Zylinderkopf. ❶ *Heizungswärmetauscherzulauf,* ❷ *Heizungswärmetauscherablauf,* ❸ *Kühlmittelausgleichsbehälterablauf,* ❹ *Kühlerablauf,* ❺ *Thermostat,* ❻ *Kühlerzulauf.*

Falls Sie fit sind, lassen Sie den Motor gründlich auskühlen und hernach den Betriebsdruck – wie beschrieben – aus dem Kühlsystem entweichen. Bevor Sie dann loslegen, haben Sie die erforderlichen Ersatzteile bereits parat: Sie benötigen ein Thermostat, die Deckeldichtung des Thermostatgehäuses sowie ein dauerelastisches und wärmebeständiges Dichtmittel (z. B. Würth DP 300). Erneuern Sie grundsätzlich die Dichtung. Als vorausschauender Heimwerker fangen Sie das auslaufende Kühlmittel in einem sauberen Gefäß auf, Sie können den »Saft« dann bedenkenlos wieder verwenden. Wenn Sie dem alten Thermostaten übrigens nur noch vage trauen, erwärmen Sie Leitungswasser in einem ausgemusterten Kochtopf, legen den Regler hinein und checken seine Regeltemperatur mit einem Einweckthermometer. Die »theoretische« Regeltemperaturangabe ist übrigens auf dem Thermostatgehäuse eingestanzt, Sie können also ziemlich verlässlich zwischen Theorie und Praxis unterscheiden. Wir raten Ihnen allerdings generell davon ab, einem bereits optisch in die Jahre gekommenen Kühlwasserregler zu vertrauen.

① Zunächst öffnen Sie vorsichtig den Verschlussdeckel des Ausgleichsbehälters und lassen den Überdruck aus dem Kühlsystem entweichen. Vorsicht bei heißem Motor: **Verbrühungsgefahr!**

② Erst nachdem das System völlig drucklos ist, schrauben Sie den Verschlussdeckel ganz ab, ...

③ ... stellen dann ein Auffanggefäß unter den Kühler und lösen am unteren Kühlerkasten die Ablassschraube. Lassen Sie rund 2 – 3 Liter Kühlmittel ab und ziehen die Ablassschraube wieder fest.

Duratec 8V

④ Lösen Sie die Schlauchschellen der beiden Kühlerschläuche und ziehen sie vom Thermostatgehäuse ab. Ford-»Blaumänner« öffnen die Schlauchschelle mit dem Spezialwerkzeug »303-397«, mit etwas Geschick kriegen Sie es auch mit der Kombination »Schraubendreher, Seitenschneider« hin.

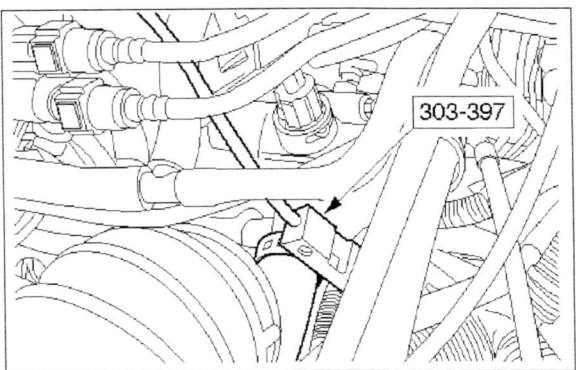

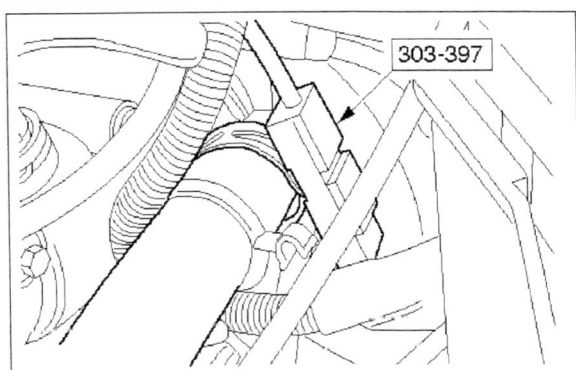

Demontieren – Wasserschläuche vom Thermostatgehäuse.

⑤ Hernach nehmen Sie eine Kombizange und öffnen damit die Schlauchschellen der Heizungs- und Entlüftungsschläuche (Pfeile). Die losen Schellen schieben Sie »schlaucheinwärts« und ziehen die »ungefesselten« Schlauchenden vom Thermostatgehäuse ab.

KÜHLSYSTEM

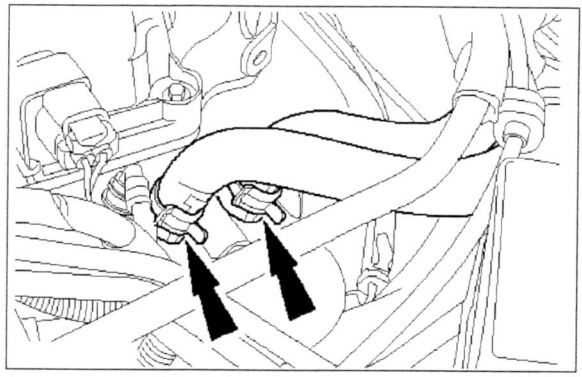

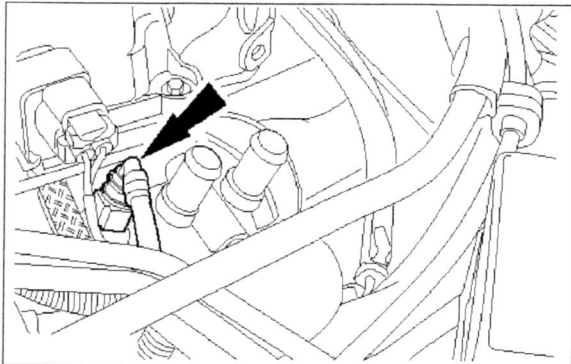

Abziehen – Heizungs- und Entlüftungsschlauch vom Thermostatgehäuse.

⑥ Ziehen Sie am Thermostatgehäuse den Anschlussstecker (Pfeil) des Kühlmittelsensors ab, ...

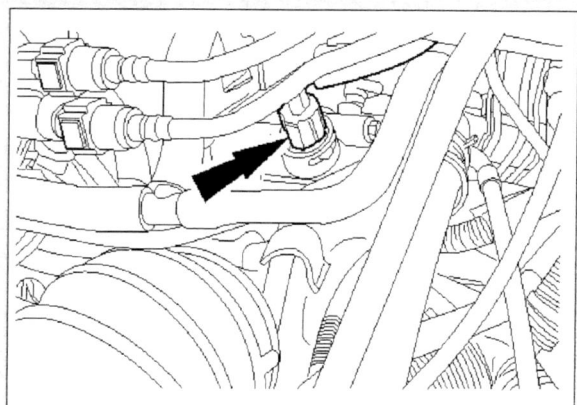

Am Thermostatgehäuse abziehen – Temperatursensoranschluss.

⑦ ... demontieren am Gehäuse die sechs Befestigungsschrauben (Pfeile) und ...

⑧ ... »rappeln« es am Zylinderkopf los. Sollte das Gehäuse wider Erwarten »zicken«, helfen Sie ihm mit einem Gummihammer etwas nach.

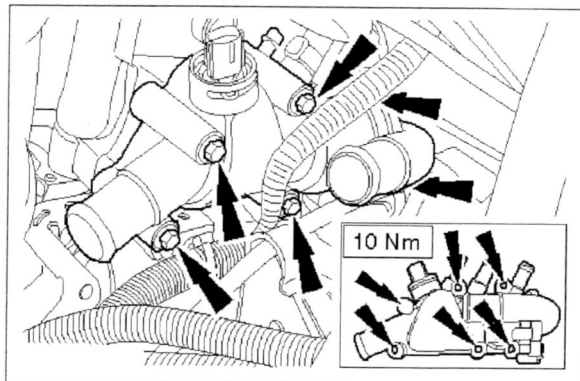

Zur Demontage lösen – sechs Befestigungsschrauben vom Thermostatgehäuse.

⑨ Hernach nehmen Sie den alten Regler aus dem Gehäuse.

⑩ Vor der Montage des neuen Reglers säubern Sie gründlich die Dichtflächen und legen ihn so ins Gehäuse, dass der Führungsstift nach oben zeigt. Fixieren Sie die neue Dichtung auf dem Flansch, ...

⑪ ... legen den Gehäusedeckel auf und ziehen die Schrauben mit 10 Nm fest.

Duratec 16V

① Demontieren Sie, wie beschrieben, den Generator.

② Erledigt? Dann öffnen Sie die Schlauchschelle und ziehen den unteren Wasserschlauch vom Thermostatgehäuse ab. Ford-»Blaumänner« nutzen dazu das Spezialwerkzeug »303-397«. Mit etwas handwerklichem Geschick »sprengen« Sie das Band auch per Schraubendreher und Seitenschneider.

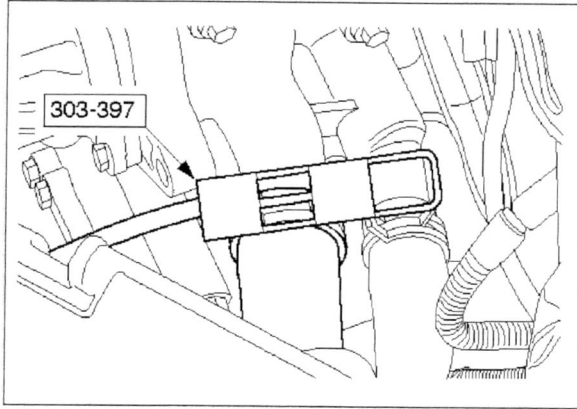

Schelle öffnen und dann demontieren – unteren Wasserschlauch vom Thermostatgehäuse.

③ Lösen Sie die Schlauchschelle des Heizungsschlauchs (Pfeil) und ziehen den Schlauch vom Thermostatgehäuse ab.

THERMOSTAT AUS- UND EINBAUEN

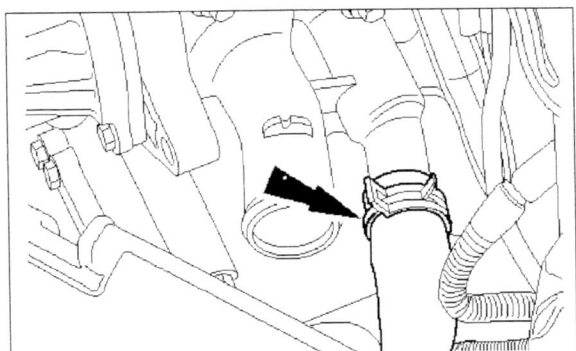

Schelle öffnen und dann abziehen – Heizungsschlauch vom Thermostatgehäuse.

④ Demontieren Sie vier Befestigungsschrauben (Pfeile) des Thermostatgehäuses und ...

⑤ ... »rappeln« es vom Zylinderkopf ab. Sollte das Gehäuse wider Erwarten »zicken«, helfen Sie ihm mit einem Gummihammer etwas nach.

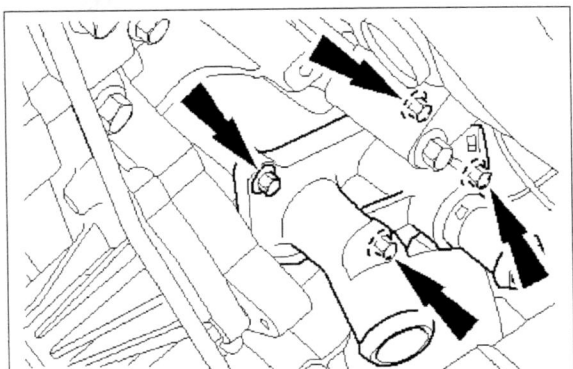

Demontieren – Thermostatgehäuse mit vier Schrauben.

⑥ Hernach ziehen Sie den alten Thermostaten aus dem Gehäuse.

⑦ Säubern Sie vor der Montage des neuen Reglers gründlich die Dichtflächen und legen ihn so ins Gehäuse, dass der Führungsstift (Pfeil) nach oben zeigt. Fixieren Sie die neue Dichtung auf dem Flansch, ...

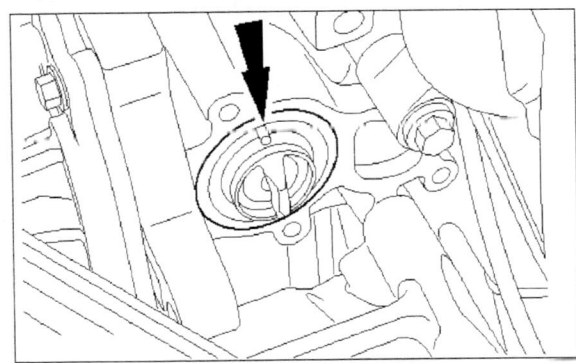

Beachten – die richtige Thermostateinbaulage.

⑧ ... legen den Gehäusedeckel auf und ziehen die Schrauben mit 10 Nm fest.

Duratorq

① Lösen Sie am Luftansaugschlauch (Pfeil) die Schlauchschelle und ziehen den Schlauch ab.

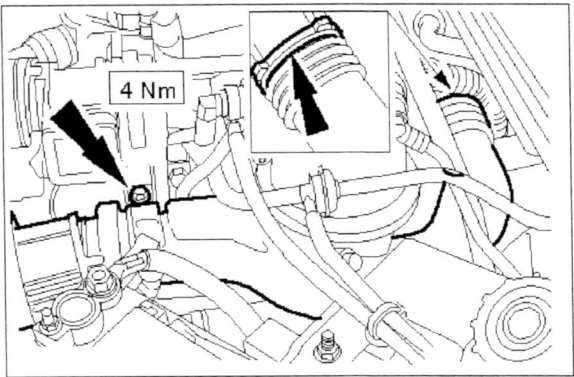

Abziehen – Luftansaugschlauch vom Luftfilterkasten.

② Jetzt demontieren Sie die Batterie und anschließend die Batteriekonsole an drei Schrauben (Pfeile).

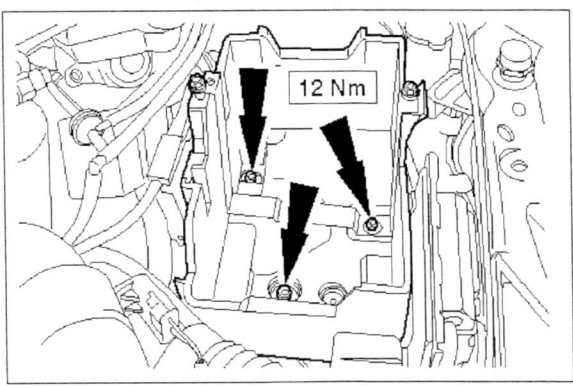

An drei Schrauben demontieren – Batteriekonsole.

③ Ziehen Sie die Batterieverteilbox nach oben aus der Konsole (achten Sie auf die Pfeilrichtung), ...

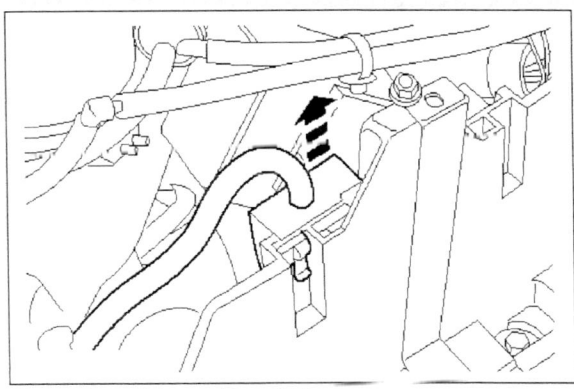

Nach oben ziehen – Verteilerbox.

KÜHLSYSTEM

④... trennen den Anschlussstecker (Pfeil) des Kühlmittelsensors, ...

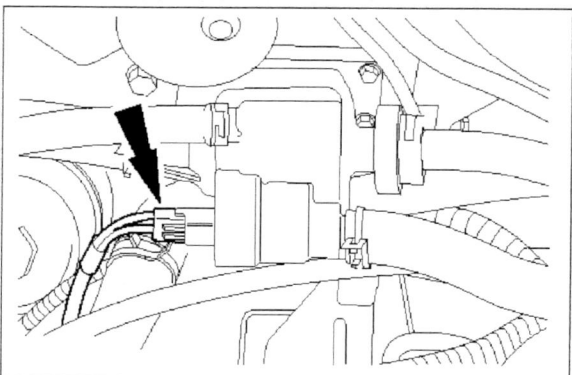

Abziehen – Sensoranschluss.

⑤... lösen dann am Entlüftungsschlauch den Clip ❷ und ziehen jetzt den Schlauch vom Thermostatgehäuse ❶ ab.

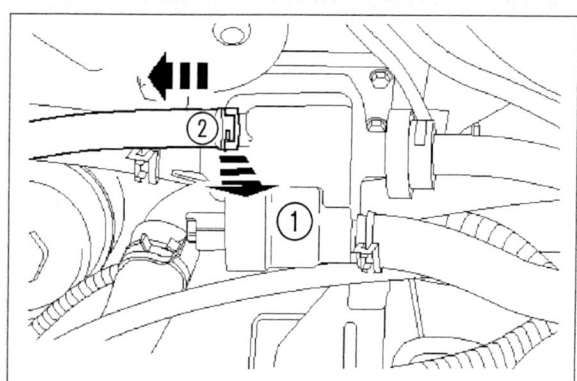

Vom Thermostatgehäuse abziehen – Entlüftungsschlauch.

⑥ Anschließend öffnen Sie die Schlauchschelle am Thermostatgehäuse und demontieren den Kühler mitsamt Heizungsschlauch. Ford-»Blaumänner« nutzen dazu das Spezialwerkzeug »303-397«. Mit etwas handwerklichem Geschick »sprengen« Sie das Band auch per Schraubendreher und Seitenschneider.

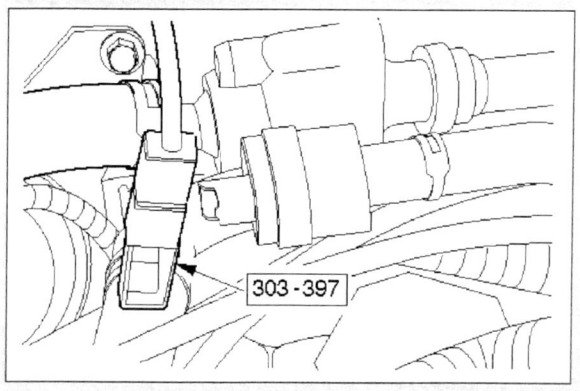

Demontieren – Kühler und Heizungsschlauch vom Thermostatgehäuse.

⑦ Lösen Sie die Schlauchschelle des Zulaufschlauchs (Pfeil), ziehen den Schlauch vom Flansch und ...

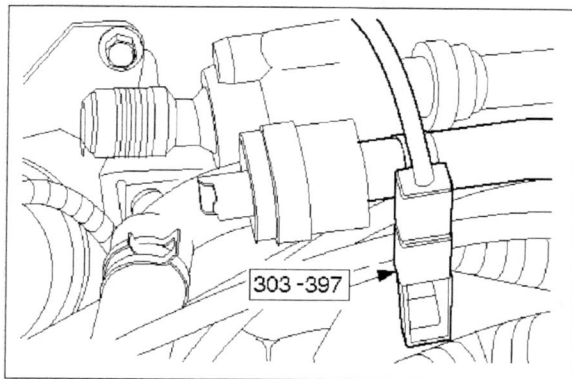

Abziehen – Schlauch von der Wasserpumpe.

⑧... demontieren dann den Bypasshalter vom Thermostatgehäuse. Dazu müssen Sie die Torxschraube (Pfeil) öffnen.

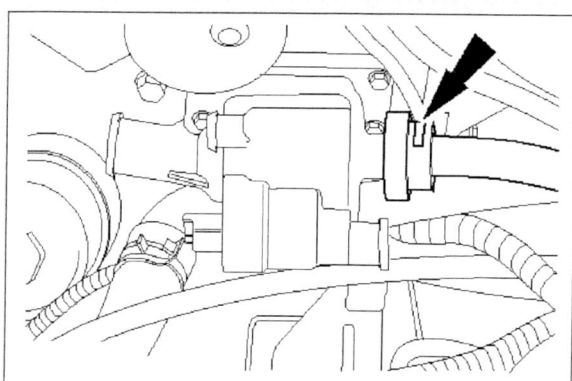

Losschrauben und abnehmen – Bypasshalter.

⑨ Jetzt haben Sie Platz, um vier Befestigungsschrauben (Pfeile) des Thermostatgehäuses zu lösen und ...

LÜFTERMOTOR AUS- UND EINBAUEN

⑩ ... das »gute Stück« mitsamt Thermostat vorsichtig vom Zylinderkopf zu »rappeln«. Sollte das Gehäuse wider Erwarten »zicken«, helfen Sie ihm mit einem Gummihammer etwas nach.

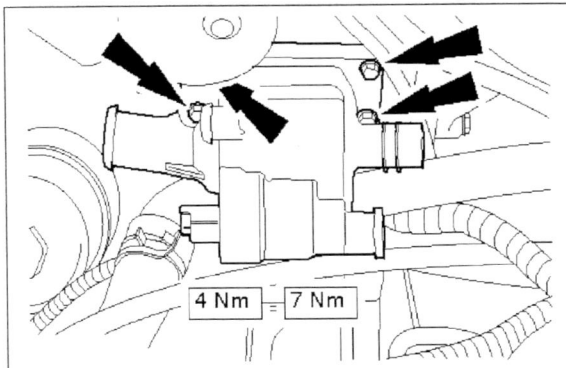

Demontieren – Thermostatgehäuse vom Zylinderkopf.

⑪ Vor der Montage säubern Sie gründlich die Dichtflächen und montieren das neue Thermostatgehäuse mit 4 Nm beziehungsweise 7 Nm am Zylinderkopf.

Duratec und Duratorq

① Die Schlauchstutzen »fetten« Sie jetzt dünn mit Vaseline ein und schieben erst dann die Kühlerschläuche »satt« auf. Es reicht völlig, wenn Sie die Schlauchschellen handfest anziehen.

② Den Flüssigkeitspegel ergänzen Sie bis zur Markierung mit neuer bzw. sauberer, gebrauchter Kühlflüssigkeit, oder Sie befüllen den Behälter mit kalkarmem Leitungswasser.

③ Beenden Sie die Arbeit typenspezifisch in umgekehrter Reihenfolge und ...

④ ... lassen hernach den Motor bei mittleren Drehzahlen warm laufen. Nutzen Sie den »Leerlauf«, um alle Montagestellen noch einmal zu checken. Sobald der Thermostat öffnet und die Kühlflüssigkeit konstant zirkuliert, verschließen Sie den Ausgleichsbehälter. – Fertig.

Lässt den Motor »kochen« – streikender Kühlerventilator

Das Kühlsystem Ihres Fiesta verkraftet locker längere Leerlaufpassagen, Kolonnenverkehr mit häufigem Stop-and-go sowie stressige Passfahrten. Steigt die Temperatur dennoch auf den Siedepunkt, ist häufig ein »streikender« Kühlerventilator das heiße Übel. Gehen Sie deshalb nicht gleich eine »Seilschaft« mit einem hilfsbereiten »Zeitgenossen« ein, sondern geben dem »kochenden« Motor stattdessen genügend Zeit, sich abzukühlen. Danach fahren Sie zügig die nächste Vertragswerkstatt an. Leerlauf und Schleichfahrt in hohen Gängen sollten Sie dann allerdings tunlichst vermeiden. Ihre vermeintliche Vorsicht bringt den Motor nämlich erneut unnötig ins Schwitzen – den Kühler passiert dann zu wenig Fahrtwind.

Vorsicht: Halten Sie bei gerade abgestelltem und heiß gefahrenen Motor niemals Ihre Hände in die Nähe des Kühlerlüfters! Der elektrische Ventilator kann auch bei ausgeschalteter Zündung unvermittelt anlaufen.

Lüftermotor aus- und einbauen

① Bocken Sie den Vorderwagen rüttelsicher auf und klemmen das Batteriemassekabel ab.

② Montieren Sie von unterhalb beide Anschlussstecker (Pfeile) am Lüftermotor und Vorwiderstand ab.

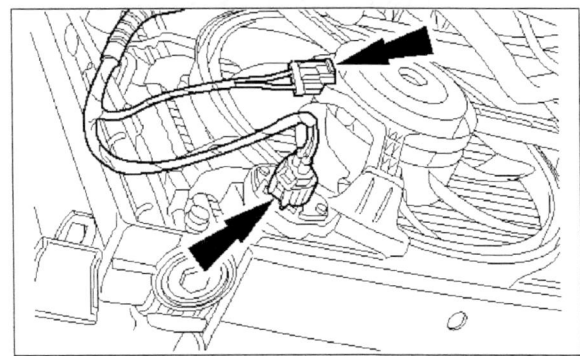

Zunächst entriegeln und dann abziehen – Zentralstecker am Lüftermotor und Vorwiderstand.

③ Dann lösen Sie am Kunststofflüftergehäuse beide Befestigungspunkte ❶ und schieben das Gehäuse aus dem Fixierpunkt ❷. Dazu drücken Sie es zuerst nach oben (Pfeilrichtung) um es dann anschließend mitsamt Lüftermotor nach unten aus dem Motorraum zu bugsieren.

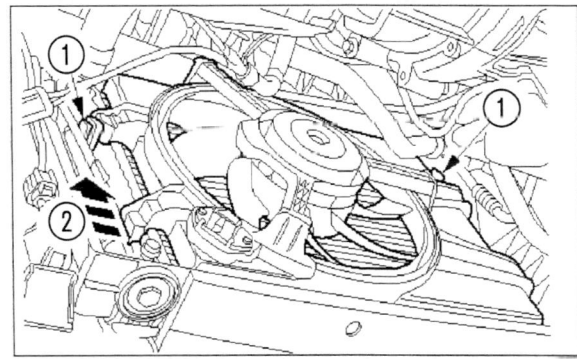

Mitsamt Kunststofflüftergehäuse nach unten aus dem Motorraum bugsieren – Lüftermotor.

KÜHLSYSTEM

④ Legen Sie das Gehäuse auf die Werkbank, lösen den Lüftermotor an drei Schrauben, drehen den Motor um …

⑤ … und schrauben dann das Lüfterrad von der Motorantriebswelle ab.

⑥ Zur Montage des neuen Lüfters verfahren Sie in umgekehrter Reihenfolge.

Kühler aus- und einbauen

Arbeitsschritte

① Bocken Sie den Vorderwagen rüttelsicher auf, klemmen das Batteriemassekabel ab, demontieren das Lüftergehäuse und entleeren das Kühlsystem, wie beschrieben.

② Lösen Sie beide Kühlerschlauchschellen am linken Wasserkasten und ziehen die Schläuche ab. Ford-«Blaumänner» nutzen dazu das Spezialwerkzeug »303-397«. Doch mit etwas Geschick klappt's auch in der Kombination mit »Schraubendreher und Seitenschneider«.

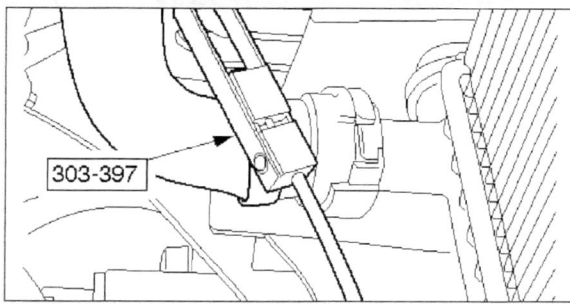

Schlauchschellen lösen und vom linken Wasserkasten abziehen – beide Kühlwasserschläuche.

③ Hernach lösen Sie beidseitig die unteren Kühlerhalterungen ❶, …

④ … legen die Aufnahme ❷ mitsamt Gummitüllen beiseite und …

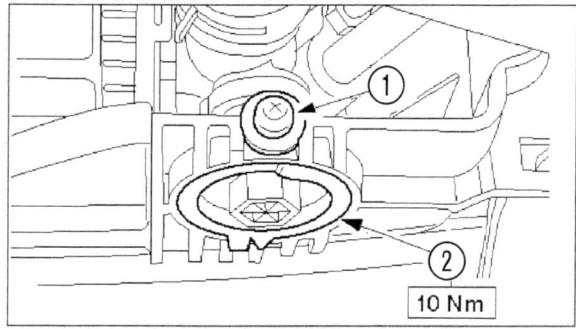

Demontieren – untere Kühlerhalterung.

⑤ … bugsieren den Kühler vorsichtig nach unten aus dem Motorraum.

⑥ Beenden Sie die Montage in umgekehrter Reihenfolge.

Kühlwasserschläuche auswechseln

Platzt Ihnen während der Fahrt ein Kühlwasserschlauch und Sie haben keinen Ersatz dabei, ist »Holland noch nicht in Not«. Versuchen Sie Ihr Glück mit einer »Notreparatur« – viele Leckagen lassen sich provisorisch mit Klebeband abdichten. Zumindest dann, wenn Sie den Rest der Tour ohne Verschlussdeckel auf dem Ausgleichsbehälter zurücklegen – es reicht übrigens auch, den Deckel nur in der ersten Raste zu fixieren.

Das Kühlsystem bleibt dann drucklos und Ihre Flickstelle hat, bis zur endgültigen Reparatur, zumindest eine »faire Chance« durchzuhalten. Achten Sie während der Fahrt fortan stets auf die Motortemperaturanzeige und gehen keinerlei Risiken ein. Und noch ein Tipp: Kaufen Sie als Ersatz nur Originalschläuche – am besten bei Ihrem Ford-Händler. Die passen garantiert, auch verhärten sie nicht schon nach kurzer Zeit. Inspizieren Sie gleichfalls auch kritisch die alten Schlauchschellen – korrodierte Schellen haben unter der Fiesta-Motorhaube nichts zu suchen.

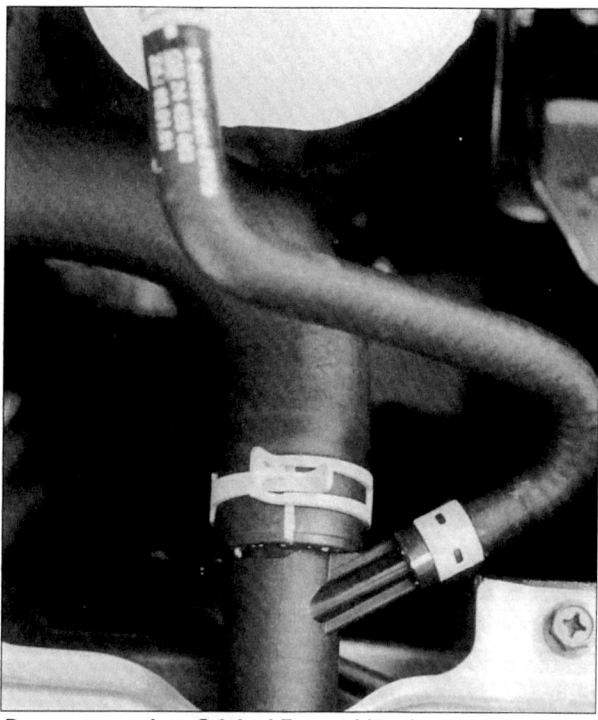

Passen garantiert: Original Formschläuche. *Tauschen Sie verhärtete oder poröse Schläuche sinnvollerweise nur gegen Originale. Nicht so die Schlauchklemmschellen – hier sind Schraubschellen aus dem Zubehörhandel mitunter die bessere Wahl.*

DER LUFTFILTER

Arbeitsschritte

① Lassen Sie das Kühlmittel ab und fangen es in einem sauberen Gefäß auf, ...

② ... lösen dann die Schlauchschellen und ziehen die Schläuche ab.

③ Festsitzende Schlauchenden lockern Sie mit einem Schraubendreher, den Sie vorsichtig zwischen Schlauch und Stutzen schieben. Sie »sprengen« damit die Oxidschicht zwischen Schlauch und Stutzen.

④ Die neuen Schläuche setzen Sie grundsätzlich mit Vaseline an und schieben sie »satt« auf die Stutzen auf. Nehmen Sie das bitte ernst, ansonsten könnten Ihnen die Schläuche während der Fahrt »abrutschen«. Und um das verlässlich zu vermeiden, setzen Sie die Schlauchschelle direkt hinter dem »Flanschstauchring« an.

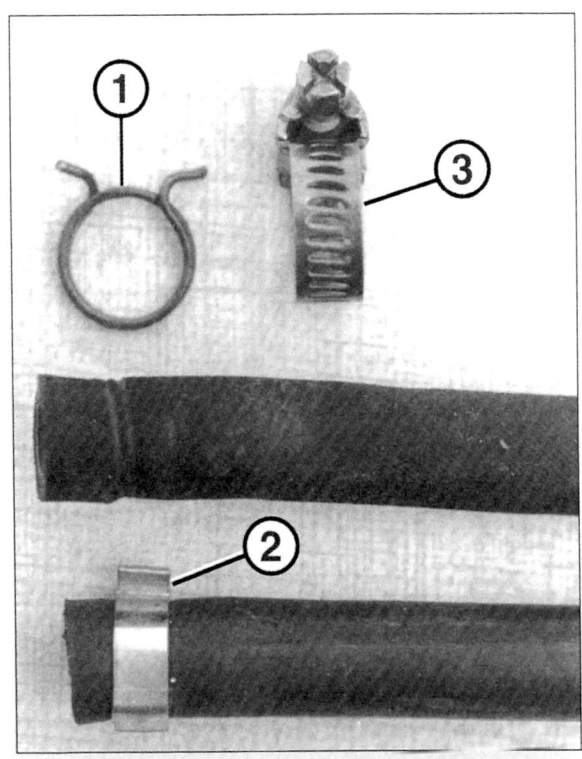

»Einschneidend«: Klemmschellen ❶ *und* ❷ *an Wasser- oder Kraftstoffschläuchen. Wenn Sie alte Kühler- oder Kraftstoffschläuche ersetzen oder die serienmäßigen Klemmschellen lösen mussten, verwenden Sie zur Montage gleich Schraubschellen* ❸*. Schraubschellen »quetschen« die Schläuche auf einer größeren Fläche – zudem können Sie die Klemmwirkung von Schraubschellen wesentlich besser dosieren.*

Der Luftfilter
(Ansauggeräuschdämpfer)

Damit der Motor möglichst unbehindert und sauber »atmen« kann, passiert die Ansaugluft – bevor sie eine zündende Verbindung mit dem Kraftstoff eingeht – ein feinporiges Filterelement. Der Filter befreit die Ansaugluft von Schmutz- und Staubpartikeln. Im Fiesta sitzt der Saubermann oberhalb des Motors. Sein Gehäusekasten ist nicht etwa ein »gedankenlos geformtes und montiertes Gebilde«, das den Filtereinsatz ausschließlich vor Beschädigungen schützt. In seinem Inneren »disziplinieren« vielmehr thermodynamisch ausgelegte Profile die Ansaugluft zu einer pulsierenden Gassäule, die sich jeweils zur rechten Zeit vor dem »einatmenden« Zylinder verdichtet.

Darüber hinaus übernimmt das Luftfiltergehäuse – samt Innereien – den Part eines »Schalldämpfers«, daher der Name Ansauggeräuschdämpfer. Im Fiesta besteht der Ansauggeräuschdämpfer aus einem Kunststoffgehäuse mit einem harmonikaartig gefalteten Papierfiltereinsatz.

Zwischen 50.000 – 60.000 Kilometern tauschen – den Luftfiltereinsatz

Die Frischluft durchströmt das Luftfiltergehäuse von außen nach innen. Gegen »ungewollte« Nebenluft dichten den Filtereinsatz (Filterelement) zwei flexible Kunststoffringe ab. Dementsprechend passiert die gesamte Frischluftmenge den Filtereinsatz auf ihrem Weg in die Brennräume, verschleißfördernde Schmutzpartikel bleiben zwangsläufig auf der Strecke. Größere Fremdkörper, zum Beispiel Insekten und von der Straße aufgesaugtes Laub oder Sandkörnchen, fallen automatisch ins Filtergehäuse. Luftfilter und Filterelement bleiben auf Dauer freilich nur fit, wenn sie regelmäßig gecheckt und gewartet werden.

Hier zu Lande schreibt Ford dem Fiesta, unter normalen Fahrbedingungen, alle 60.000 Kilometer ein neues Luftfilterelement vor. Sollten Sie Ihrem Fiesta überwiegend »verstaubte« Pisten zumuten müssen, wechseln bzw. reinigen Sie den Luftfilter frühzeitiger. Ein verschmutzter Filtereinsatz »schnürt« dem Motor nämlich die Ansaugluft ab.

Folge: Das Kraftstoff-/Luftgemisch gerät aus dem Gleichgewicht, die Motorleistung sinkt und der Kraftstoffverbrauch steigt.

KÜHLSYSTEM

In Kapitel »Der Innenraum« beschreiben wir übrigens auch den Tausch des Innenraumpollenfilters. Die Betonung liegt hier eindeutig auf **Tausch**, denn wenn der Filter wirksam bleiben soll, vergessen Sie die Reinigung und erneuern das Element stattdessen einmal jährlich. Darüber hinaus gelten für den Pollenfilter die gleichen Empfehlungen wie für den Luftfilter: Sollten Sie Ihrem Fiesta überwiegend »verstaubte« Pisten oder »pollenreiche Gegenden« zumuten müssen, wechseln Sie das Element frühzeitig. Zumal ein neuer Filter den Innenraumluftdurchsatz erhöht und – vorausgesetzt Sie kaufen original Ersatzteile – atemgängige Pollen bindet.

Luftfilter – wie gesagt – ruhig häufiger unter den Deckel. Neue Filtereinsätze bekommen Sie beim Ford-Händler oder im Zubehörhandel. Es muss übrigens nicht generell ein Originalersatzteil sein – doch achten Sie unbedingt auf Qualitätsware. Auf »Wühltischen« des Zubehörhandels stapeln sich ab und an vermeintlich billige Plagiate obskurer Produktpiraten. Im Moment sparen Sie vielleicht ein paar Cent, doch auf Dauer verübelt Ihnen der Motor den »Geiz« – er inhaliert ständig unsaubere Luft, die in seinem Inneren dann wie Schmirgelpapier wirkt. Ahnen Sie es schon? »**Billig ist nicht preisgünstig**«.

Das Ansaugsystem beim 1,4-Liter Duratorq Motor im Detail: ❶ *Luftfiltereinsatz,* ❷ *Verbindungsrohr,* ❸ *Ansauggeräuschdämpfer,* ❹ *Verbindungsstück zwischen Luftmassensensor (MAF) und Abgasturbolader,* ❺ *MAF-Sensor,* ❻ *Verbindungsschlauch.*

Arbeitsschritte

Duratec 8V

① Lösen Sie beide Torxschrauben auf dem Luftfiltergehäuse (Pfeile) und ...

② ... ziehen den Deckel vom Gehäuse ab.

③ Heben Sie jetzt den Papierfiltereinsatz aus dem Gehäuse.

④ Bevor Sie den neuen Einsatz ins Gehäuse legen, reinigen Sie mit einem fusselfreien Lappen das Filtergehäuse mitsamt Deckel oder – besser noch – blasen Sie das Gehäuse mit Druckluft aus. Achten Sie allerdings darauf, dass keine Schmutzpartikel in den Ansaugstutzen gelangen und der neue Filtereinsatz zur Montage plan auf den Gehäusepressflächen aufliegt.

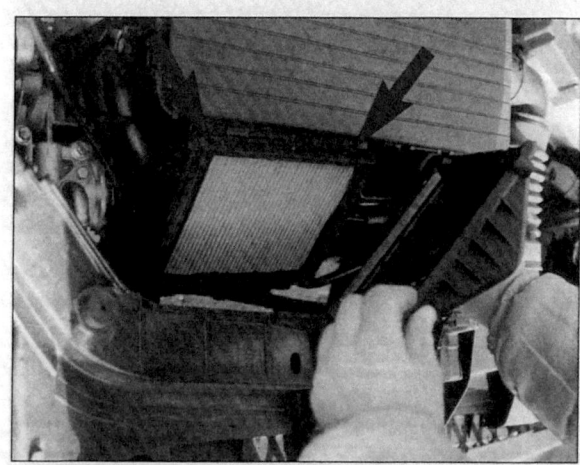

Zur Demontage des Filterelements losdrehen: Beide Torxschrauben auf dem Luftfiltergehäuse.

Luftfilter/Filterelement reinigen und auswechseln

Unabhängig von Ihrer Fahrstrecke reinigen Sie das Filterelement mindestens einmal jährlich und wechseln es spätestens nach vier Jahren aus. Nach Fahrten auf überwiegend staubigen Straßen schauen Sie Ihrem

FILTERELEMENT REINIGEN

Duratec 16V

① Demontieren Sie den Ansaugschlauch – Luftfilter zum Motor – und die Kurbelgehäuseentlüftung vom Luftfiltergehäuse.

② Schrauben Sie alle Torxschrauben (Pfeile) auf dem Luftfiltergehäuse los und ...

③ ziehen den Deckel vom Gehäuse ab.

④ Ziehen Sie das Filterelement aus dem Gehäuse.

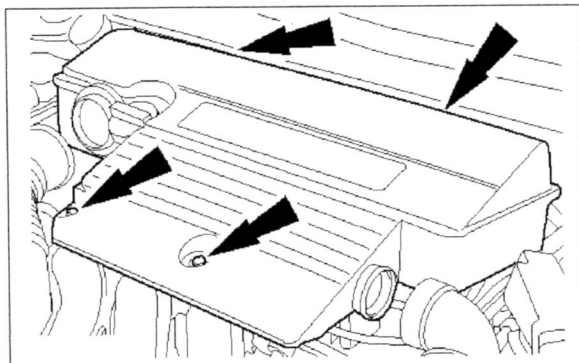

Deckel lösen und vom Gehäuse abziehen – zur Demontage des Filterelements.

Duratorq

① Lösen Sie die drei Torxschrauben (Pfeile) auf der Vorderseite des Luftfiltergehäuses, ...

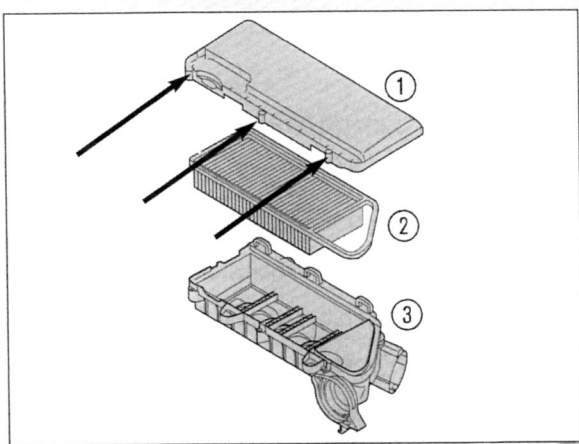

Drei Torxschrauben auf der Vorderseite des Luftfiltergehäuses lösen – zum Filterwechsel. ❶ *Luftfilterdeckel,* ❷ *Papierfiltereinsatz,* ❸ *Luftfiltergehäuseunterteil.*

② ... klappen den Deckel auf und ziehen ihn nach vorne aus den drei hinteren Halteklammern.

③ Nehmen Sie den alten Einsatz nach oben aus dem Gehäuse.

④ Bevor Sie den neuen Einsatz ins Gehäuse legen, reinigen Sie mit einem fusselfreien Lappen das Filtergehäuse mitsamt Deckel oder – besser noch – blasen Sie das Gehäuse mit Druckluft aus. Achten Sie allerdings darauf, dass keine Schmutzpartikel in den Ansaugstutzen gelangen und der neue Filtereinsatz zur Montage plan auf den Gehäusepressflächen aufliegt.

Filterelement reinigen

① Klopfen Sie das Filterelement, mit der verdreckten Seite nach unten, vorsichtig auf einer harten Unterlage aus. Größere Verschmutzungen und Insektenkadaver suchen dann bereits das »Weite«.

② Feine Staubpartikel blasen Sie mit Druckluft aus. Sie sollten ...

③ ... das Filterelement **nur** von der »sauberen« Unterseite nach oben anblasen. Falls Sie unseren Rat ignorieren, pressen Sie den Dreck noch tiefer in die Filterporen.

④ Und, falls Sie den Papierfiltereinsatz in Waschbenzin oder anderen Reinigungsflüssigkeiten cleanen möchten, ist er für alle Zeit unbrauchbar – die Filterporen sind dann hoffnungslos verstopft. Folge: Der Motor leidet anschließend unter »Atemnot«, die Abgaswerte verschlechtern sich dramatisch.

⑤ Achten Sie zur Montage des Filterelements immer darauf, dass die Dichtflächen sauber gegen die Gehäuseteile abdichten.

Aktion Saubermann: Blasen Sie das Filterelement immer von unten nach oben aus. Wenn Sie Beschädigungen an der Filterfolie erkennen, den Einsatz grundsätzlich erneuern.

DIE KRAFTSTOFFEINSPRITZUNG

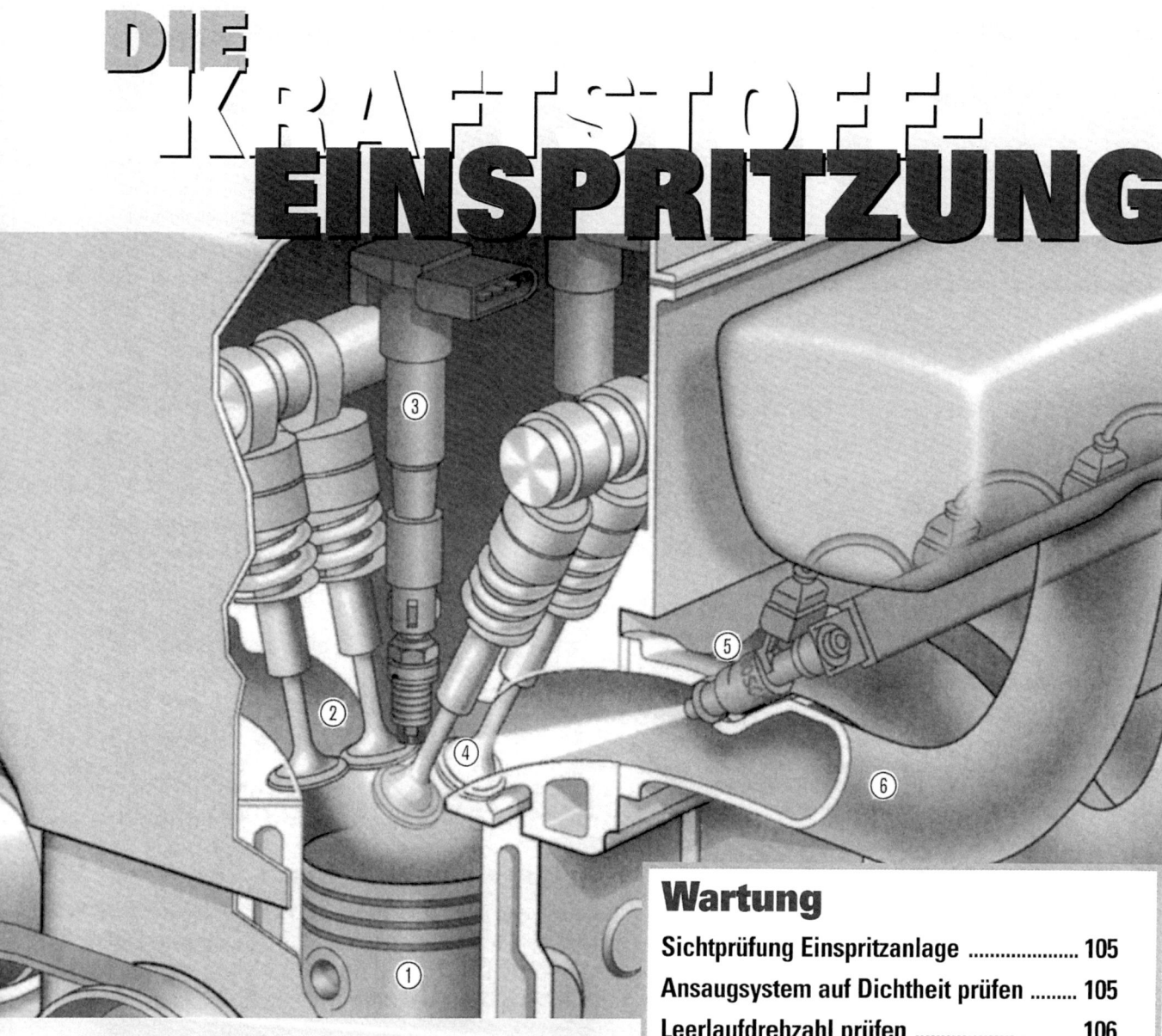

Elektronisch geregelt: Schematische Darstellung einer sequenziellen Saugrohr-Kraftstoffeinspritzanlage. ❶ *Kolben mit Zylinder,* ❷ *Auslassventile,* ❸ *zentral angeordnete Zündkerze mit separater Zündspule,* ❹ *Einlassventile,* ❺ *Einspritzventil,* ❻ *Saugrohr.*

Wartung

Sichtprüfung Einspritzanlage	105
Ansaugsystem auf Dichtheit prüfen	105
Leerlaufdrehzahl prüfen	106
Drosselklappenmodul checken	106
Gaszug einstellen	107
Einspritzventile prüfen	108
Sichtprüfung Einspritzanlage (Diesel)	118
Luftfiltereinsatz erneuern	118
Dieselfilter entwässern	118

Reparatur

Sicherheitsschalter überprüfen	106
Einspritzventile aus- und einbauen sowie prüfen	108

KRAFTSTOFFEINSPRITZUNG

Elektronisch geregelte Kraftstoffeinspritzanlagen geben längstens den Ton unter den Motorhauben moderner Automobile an. Abgasseitig besetzt der Dreiwege-Katalysator die Rolle des Saubermanns – zumindest bei den Ottomotoren. Den »Nachlass« heutiger Selbstzünder cleanen Oxidationskatalysatoren im Verbund mit Abgasrückführungssystemen und hinreichend digitaler Diesel-Steuertechnik.

Hobbyschrauber »von altem Schrot und Korn« haben da schlechte Karten: Mit herkömmlichem Mechanikergrundwissen und Diagnosetechnik ist den Geheimnissen von Chips und Bits nicht mehr beizukommen. Sei's drum, die Zeit von Vergaser, Zündverteiler und Co. ist passé. Heutzutage dominiert Elektronik längst auf der ganzen Linie – und vom Luftfilter bis hin zum Auspuffendrohr.

Automobil-Techniker wissen den »Segen« der Elektronik durchaus zu schätzen – natürlich nur mit dem erforderlichen Know-how und Messequipment »bestückt«. Da ist es nicht weiter verwunderlich, dass alle fünf Fiesta-Triebwerke (vier Otto-, ein Dieselmotor) keinen Mucks mehr ohne elektronisches Motormanagement von sich geben, geschweige denn auch nur einen Tropfen Treibstoff verbrennen würden. Bei den »Ottos« liefern sequenzielle Kraftstoffeinspritzanlagen das Frischgasgemisch oberhalb der Kolben ab. Verteilerlose 3-D-Kennfeldzündanlagen steuern – mit ruhender Hochspannungsverteilung – in der Reihenfolge 1 – 3 – 4 – 2 den zündenden Funken bei. Die »Funkenfabrik der Duratec-Ottos« steht, wie alle Akteure des elektronischen Motormanagements, natürlich unter der Regie eines leistungsfähigen Bordrechners.

Eingefleischte Do it yourselfer wird das zunächst nicht gerade begeistern. Doch gemach gemach, das Fiesta-Motormanagement arbeitet weitgehend wartungsfrei – egal ob auf Otto oder Diesel getrimmt. Da ist es nicht weiter tragisch, dass sich etwaige Fehlfunktionen erfahrungsgemäß nur mit einem gerüttelt Maß an Praxiserfahrungen, tief greifenden Fachkenntnissen und speziellem Messequipment lokalisieren lassen: Ohne den Ford »FDS 2000 Systemtester« sind da selbst ausgewiesene Fachleute weitgehend hilflos.

Versuchen Sie unsere »provokante Behauptung« zu akzeptieren und vertrauen einen »zickenden« Fiesta bei Störungen an der Einspritzanlage besser einem Ford-Händler oder Gemischaufbereitungs-Spezialisten an. Doch damit Sie außer Haus freilich nicht gleich »die Katze im Sack kaufen müssen«, ist es mitunter empfehlenswert und vorteilhaft, die theoretischen Grundzüge der Fiesta-Kraftstoffeinspritzung einordnen zu können. Und sei's nur, um im Zweifelsfall dem Werkstattprofi auftretende Unregelmäßigkeiten präziser beschreiben zu können. Ihr Vermögen erspart Ihnen dann aufwändige Diagnoserechnungen: Je eindeutiger Sie die Wehwehchen Ihres Fiesta benennen können, um so überschaubarer fällt die spätere Werkstattrechnung aus.

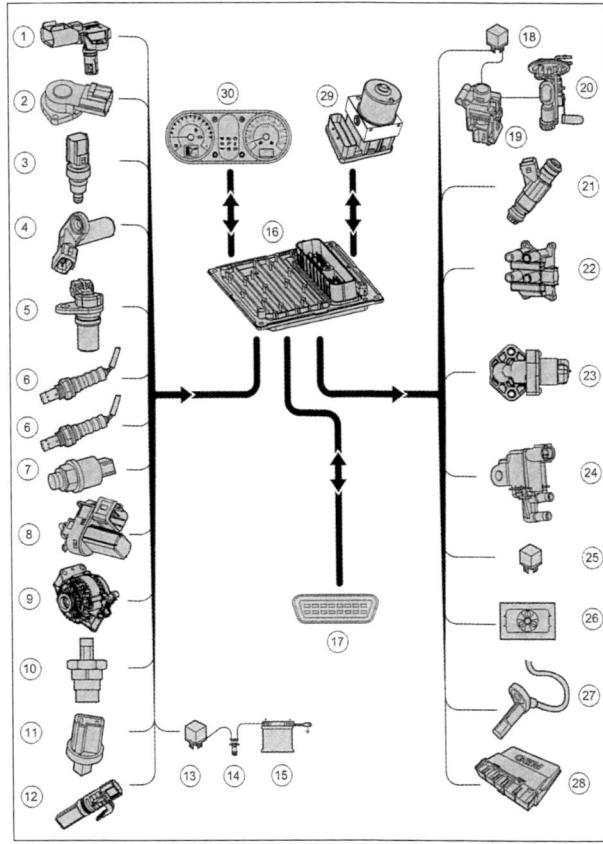

Die unsichtbaren »Helferlein«: Das Motorsteuerungs-Organigramm am Beispiel des Duratec 8V: ❶ *Absolutdrucksensor mit integriertem Ansauglufttemperatursensor (TMAP),* ❷ *Drosselklappensensor (TP),* ❸ *Kühlmitteltemperatursensor (ECT),* ❹ *Kurbelwellensensor (CKP),* ❺ *Nockenwellensensor (CMP),* ❻ *vor- und nachgeschaltete, beheizbare Lambdasonden (HO2S),* ❼ *Servopumpendruckschalter (PSP),* ❽ *Kupplungspedalschalter (CPP),* ❾ *Generator,* ❿ *A/C Schalter (Hochdruck),* ⓫ *A/C Schalter (Niederdruck),* ⓬ *Fahrgeschwindigkeitssensor (VSS – nur in Modellen ohne ABS),* ⓭ *Anlasserrelais,* ⓮ *Zündschloss,* ⓯ *Batterie,* ⓰ *Motorsteuergerät (SIM 21-PCM),* ⓱ *Diagnosestecker (DLC),* ⓲ *Kraftstoffpumpenrelais,* ⓳ *Sicherheitsschalter Kraftstoffpumpe,* ⓴ *Kraftstoffpumpe,* ㉑ *Einspritzventile,* ㉒ *Zündmodul (EI),* ㉓ *Leerlaufregelventil (IAC),* ㉔ *Kraftstoffverdunstungssystem (EVAP),* ㉕ *Vollastrelais,* ㉖ *Lüfterrelais,* ㉗ *Radsensoren (ABS),* ㉘ *Zentralelektrikmodul (GEM),* ㉙ *Steuergerät (ABS),* ㉚ *Kombiinstrument.*

KRAFTSTOFFEINSPRITZUNG

Auf einen Blick – die Managements der SIM-21 und SFI Einspritzanlagen

Kraftstoffsystem
- Sequenzielle Kraftstoffeinspritzung
- Mehrlocheinspritzventile
- Tankentlüftungssystem

Luftansaugsystem
- Saugrohrdruck- und Temperaturfühler (TMAP)
- Drosselklappenmodul (TCU)
- Leerlaufregelventil (IAC)

Zündsystem
- Digitales integriertes, elektronisches Zündsystem (EI)
- Zündspannungsüberwachung

Sicherheitssystem
- Mechanischer Sicherheitsschalter. Bei einem Unfall oder plötzlichen Druckabfall in der Förderleitung »kappt« er die Stromversorgung zur Kraftstoffpumpe.

Abgasregelung
- direkt am Abgaskrümmer angeflanschter Dreiwege-Katalysator
- zwei Lambdasonden – jeweils eine vor und nach dem Katalysator
- Kraftstoffverdunstungssystem (EVAP)

Sensoren
- Drosselklappensensor (TP)
- Nockenwellensensor (CMP)
- Kurbelwellensensor (CKP)
- Kühlmitteltemperatursensor (ECT)
- Klopfsensor (KS)
- Fahrpedalpotentiometer (APP)
- Servopumpendruckschalter (PSP)
- Kupplungspedalschalter (CPP)

Diagnosemöglichkeiten
- Diagnosestecker (DLC) unter der Lenksäule

Im Detail – das Management der Duratec-Einspritzanlage

Motorsteuergerät (Power Control Module – **PCM**): Die »Regiezentrale« des elektronischen Motormanagements sitzt unter der Motorhaube Ihres Fiesta. Sie verwertet ständig aktuelles »Datenmaterial« aus den unterschiedlichsten Motorkennfeldern (Drehzahl, Saugrohrdruck, Ansaugluft-, Kühlflüssigkeitstemperatur, etc.) und vergleicht sie mit einem fest installierten Datenpool. Nach dem Abgleich ermittelt und berechnet das PCM unter anderem die Öffnungsdauer der

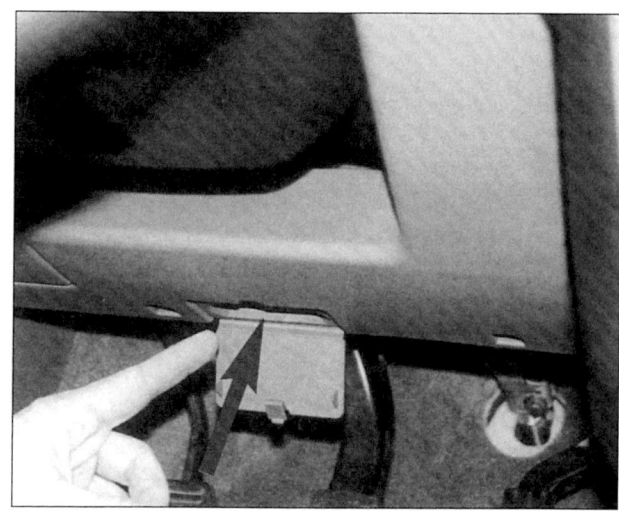

»Elektronischer Futternapf«: Relevante Serviceinformationen »zapft« der FDS 2000 Systemtester aus dem Diagnosestecker (Pfeil) unterhalb der Lenksäule.

elektromagnetisch betätigten Einspritzventile, die Kraftstoffmenge und das Kraftstoff-Luft-Gemisch. Das Motorsteuergerät ist ohne großen Aufwand neu einzulesen bzw. zu aktualisieren. Zum Beispiel dann, wenn modifizierte Strategien mit neuen »Spielregeln« die »alte Software« abgelöst haben. Das »überholte Wissen« des EEPROM wird dann kurzerhand durch ein mobiles Diagnosegerät »gekillt« und im nächsten Schritt mit der neuesten Software aufgefrischt. Das geschieht ohne großen Umstand bei Ihrem Ford-Händler, denn das entsprechende Servicemodul hat jeder Fiesta bereits ab Werk an Bord.

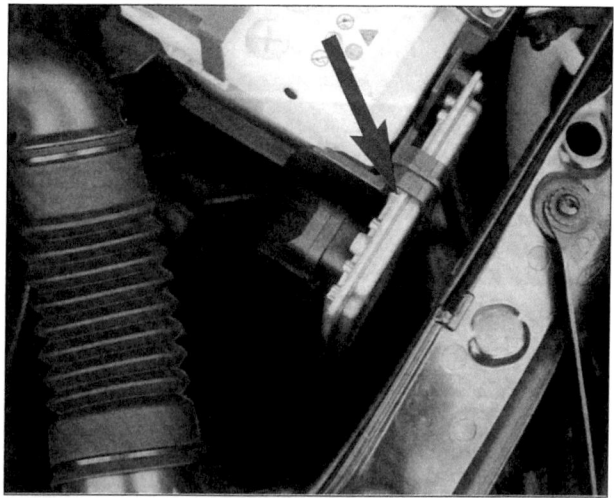

Elektronische Regiezentrale am Beispiel des 1,3-Liter Motors: Der Duratec 8V »versteckt« sein Motorsteuergerät (Pfeil) direkt vor der Batterie.

MOTORMANAGEMENT

Kraftstoff-Verdampfungskontrollsystem (EVAPorative Emission – **EVAP**): Das System minimiert die im Tank entstehenden Kohlenwasserstoffe und speichert sie in einem Aktivkohlefilter außerhalb des Tanks. Den Taktstock dazu führt das PCM mit fest gespeicherten und kalibrierten Kennwerten. Zum System gehören ein Aktivkohlefilter, ein Reinigungskontrollventil sowie ein Kraftstoffdampfabscheider. Der Aktivkohlefilter korrespondiert über diverse Kunststoff- und Gummileitungen mit dem Kraftstofftank, dem Reinigungskontrollventil und dem Ansaugkrümmer: Solange das Reinigungskontrollventil verschlossen ist, »parkieren« die im Tank »aufsteigenden« Dämpfe vorübergehend im Aktivkohlefilter. Erst wenn der Motor anläuft, öffnet das Reinigungskontrollventil und entlässt die im Aktivkohlefilter gebundenen Kraftstoffdämpfe in den Ansaugkrümmer. Dort »schließt« sich die Mixtur den Frischgasen an und verbrennt mit ihnen im Motor.

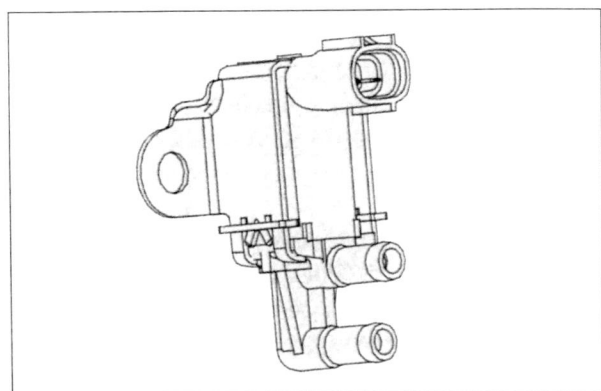

Regelt den »Verkehr« zwischen Aktivkohlefilter und Ansaugsystem: Reinigungsmagnetventil (EVAP).

Drosselklappenmodul (Throttle Control Unit – **TCU**): Das TCU-Modul der 16V-Motoren wird durch einen Gleichstrommotor aktiviert. Es »übersetzt« mechanische Fußtritte als last- und drehzahlabhängige, elektronische Signale. Zwei Sensoren mit Selbstdiagnosefunktion zeichnen dafür verantwortlich. Entsprechend »informiert« gibt die Drosselklappe in Leerlaufstellung nur einen geringen und bei Volllast den gesamten Querschnitt des Drosselklappengehäuses frei. Beide Sensoren sitzen direkt am Drosselklappengehäuse, sie arbeiten wie ein variabler Widerstand (Potentiometer): Je nach Winkelstellung der Drosselklappe »tastet« ein Schleifer eine Widerstandsbahn ab und variiert so, abhängig von seiner Stellung, die Ausgangsspannung an den Sensoren. Sein Tun ist für das Motorsteuergerät von großem »Interesse«: Es »interpretiert« die Spannungskurven als »Speiseplan« und leitet daraus für jeden Zylinder die »passende« Kraftstoffration ab.

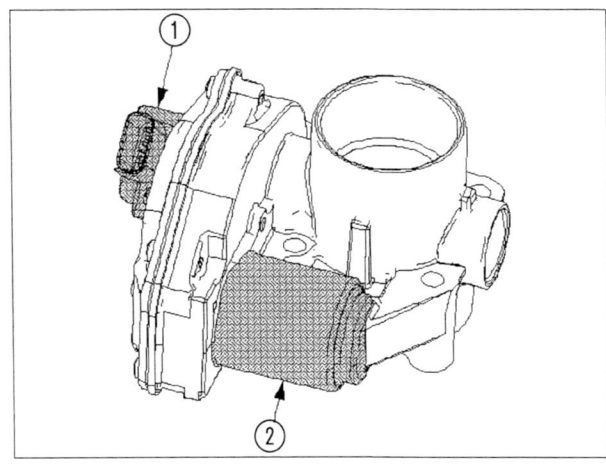

Gut am Drosselklappenmodul zu erkennen: Drosselklappensensor ❶ und Gleichstrommotor ❷.

Drosselklappenstellungssensor (Throttle Position – **TP**): Der Sensor sitzt direkt am Drosselklappengehäuse, er arbeitet nach dem Potentiometerprinzip. Im Duratec 8V betätigt die Drosselklappenwelle den Sensor, dass PCM »füttert« ihn mit der erforderlichen Referenzspannung. Je nach Winkelstellung der Drosselklappe »schiebt« ein Schleifer über eine Widerstandsbahn und variiert die Ausgangsspannung des Sensors. Die Daten verarbeitet das PCM und ordnet ihnen eine entsprechende Drosselklappenstellung zu.

Fahrpedalmodul (Accelerator Pedal Position – **APP**): Das Fahrpedal »hängt« im Fiesta 16V an keinem »Gaszug«. Es funktioniert elektronisch (drive by wire) mit zwei separat versorgten Schleifpotentiometern.

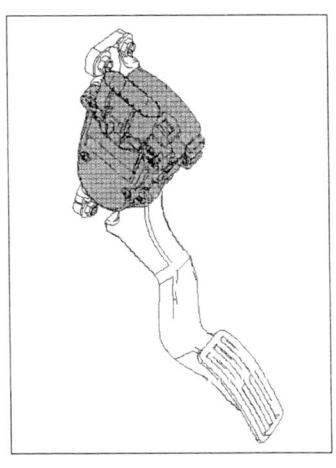

Analysiert den »Gasfuß«: Fahrpedalmodul (APP).

KRAFTSTOFFEINSPRITZUNG

Nockenwellenstellungssensor (Camshaft Position – CMP): Der CMP-Sensor »observiert« die Stellung der Nockenwellen und leitet daraus die zur sequenziellen Einspritzung und Klopfregelung notwendige Zylindererkennung ab. Der Sensor besteht aus zwei Hall-Elementen und lokalisiert bei stehendem Motor bereits die Nockenwellenstellung – eingeschaltete Zündung vorausgesetzt. Das PCM nutzt die Informationen, um aus dem »Stand« heraus jeden Zylinder mit der »adäquaten« Kraftstoffmenge und einem »just in time«-Zündfunken zu bedienen.

Saugrohr-Absolutdrucksensor mit integriertem Ansauglufttemperatursensor (Temperature and Monifold absolute Pressure – TMAP): Der TMAP-Sensor minimiert eventuell auftretende Leistungsverluste auf Berg- und Talstrecken, indem er bei eingeschalteter Zündung und Volllast den momentan herrschenden Motorbetriebszu-stand ermittelt. Als Messgröße interpretiert der Sensor den barometrischen Druck im Ansaugkrümmer. Die »Erkenntnisse« speichert und verarbeitet das PCM als Referenzgröße für den jeweiligen Saugrohrdruck bei unterschiedlichen Lastzuständen.
Die Signale des integrierten IAT-Sensors sind zunächst »nur« Bezugsgrößen für den Kaltstart und die Warmlaufphase. Zusätzlich dienen sie dem den MAP-Sensor als Korrekturgröße, denn er gleicht mit seinem »Hintergrundwissen« unterschiedliche Zylinderfüllungsgrade aus. Aus sämtlichen Eingangssignalen des TMAP-Sensors errechnet das PCM die vom Motor angesaugte Luftmasse.

Kurbelwellenpositionssensor (Crankshaft Position – CKP): Der CKP-Sensor sitzt bei den Duratec-Motoren seitlich des Kurbelwellenschwingungsdämpfers am Steuergehäusedeckel. Der Sensor erfasst induktiv an einer Zahnscheibe die winkelgenaue Position der Kurbelwelle sowie die momentane Motordrehzahl. Die Scheibe verteilt auf 360° 36 Zähne minus 1, die »Zahnlücke« (Markierung für den 1. Zylinder) sitzt 90° vor OT.
Die Messdaten des CKP-Sensors beeinflussen die Kraftstoffeinspritzmenge, den Einspritzzeitpunkt, den Zündzeitpunkt und die Leerlaufregelung. Streikt der Sensor, liegt das Motormanagement im »Tiefschlaf«: Der Motor stirbt ab und bleibt – bis zum Austausch des Sensors – stumm.

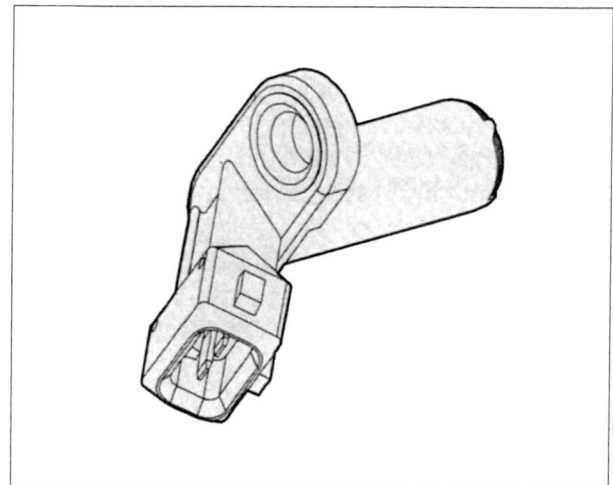

Checkt für die »Blackbox« winkelgrad genau die Kurbelwellenposition: CKP-Sensor.

Servolenkungsdruckschalter (Power Steering Pressure – PSP): PSP bezieht seine Informationen aus der Druckleitung zwischen Lenkhilfepumpe und Lenkgetriebe. Sobald der Druck abfällt, zum Beispiel bei Rangiermanövern mit vollen Lenkeinschlägen, öffnet der Schalter: Anlass für das PCM, die Leerlaufdrehzahl geringfügig anzuheben.

Kühlmitteltemperatursensor (Engine Coolant Temperature – ECT): Der ECT-Sensor ist ein temperaturabhängiger Widerstand mit negativem Temperaturkoeffizienten, d.h. der Widerstandswert variiert umgekehrt proportional zur eigentlichen Kühlmitteltemperatur. Er bezieht seine Informationen vom PCM. Je nach Spannungslage vergleicht der Bordrechner die angelieferten Daten mit »seiner Referenzspannung« und leitet aus der Differenz die tatsächliche Kühlmitteltemperatur ab.

Lambdasonde (Heated Oxygen Sensor – HO2S): Den Fiesta-Auspuff »schnüffeln« zwei Lambdasonden aus. Sie messen den Sauerstoffgehalt der Abgase jeweils vor und nach dem Katalysator. Ihre Analysen verarbeitet das PCM zu digitalen Steuerimpulsen für die Kraftstoffeinspritzung und das Kraftstoffverdunstungssystem. Um einwandfrei im Sinne von Lambda 1 zu arbeiten, sind sie auf den ständigen Wechsel von leicht angefettetem und abgemagertem Gemisch angewiesen. Beide Sonden haben starken Einfluss auf die Funktion und Lebensdauer des Katalysators.

MOTORMANAGEMENT

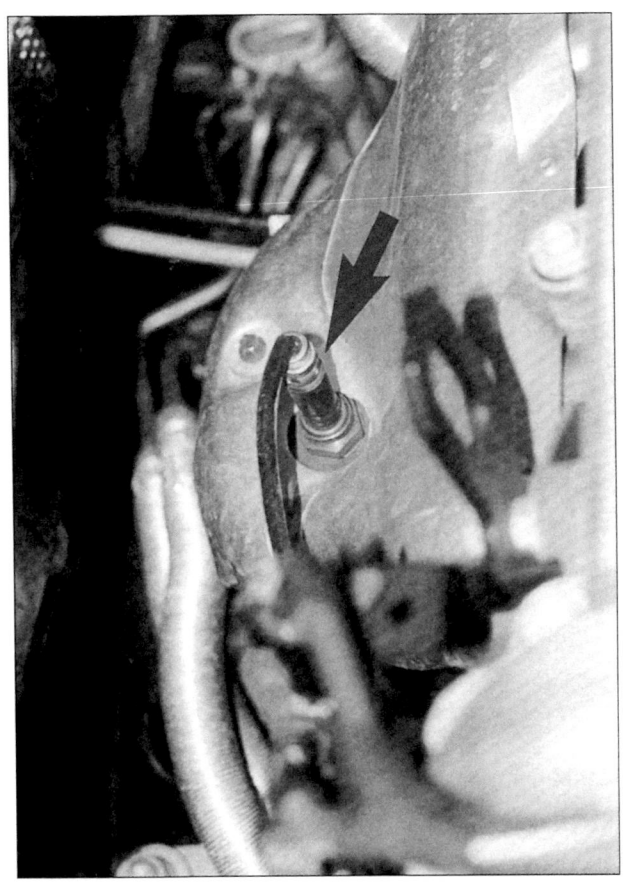

Zentral im Auspuffkrümmer platziert: Die erste Lambda-Sonde (Pfeil) – Sonde zwei »schnüffelt« hinter dem Katalysator.

Klopfsensor (**K**nock **S**ensor – **KS**): Der Klopfsensor nimmt mechanische Schwingungen am Motorblock auf. Im Fiesta sind bei den Duratec 16V Aggregaten – wegen ihres relativ hohen Verdichtungsverhältnisses – Klopfsensoren mit von der Partie. Der Sensor sitzt ansaugseitig am Motorblock direkt zwischen dem zweiten und dritten Zylinder. Sobald die »Klingelgrenze« erreicht wird, signalisiert der KS dem CKP- und CMP-Sensor die unkontrollierte Verbrennung. Das PCM nimmt daraufhin den Zündzeitpunkt des betreffenden Zylinders um 1,5 Grad zurück. Reicht das nicht aus, »fährt« der Zündzeitpunkt so lange zurück, bis die Verbrennung wieder normal verläuft. Etwa zwei Sekunden später nähert das PCM dann den Zündzeitpunkt wieder kontinuierlich der Klopfgrenze oder – bei normaler Kraftstoffqualität – dem vorgegebenen Zündzeitpunkt an. Im montierten Zustand darf der KS keinesfalls Kontakt zu angrenzenden »Massen« haben.

Elektronisches Testequipment – an Einspritzanlagen unabdingbar

Wir haben es an anderer Stelle bereits »behauptet«: Normales Heimwerkerwissen und »Hobbywerkzeuge« reichen unter den Motorhauben moderner Autos nicht aus. Mit Ihrem jetzigen Wissensstand über das Einspritzmanagement pflichten Sie uns sicher unwidersprochen bei – dennoch wiederholen wir uns hier gerne: Überlassen Sie Arbeiten an der Einspritzanlage Ihres Autos grundsätzlich einem Profi. Zumindest dann, wenn tiefer gehende Korrekturen Spezialequipment und aktuelles Fachwissen voraussetzen. Um Defekte im elektronischen Motormanagement einwandfrei analysieren zu können, führen Profis diverse Testprogramme in einer ganz bestimmten Reihenfolge aus. »Begnadete Mechaniker« mögen darin nicht unbedingt die Logik erkennen, die mechanische Funktionen haben, doch seien Sie ganz sicher – elektronischen Bugs kommen Sie nur so auf die Spur. Klingt frustrierend – oder?
Völlig unbegründet, denn die Praxis beweist längst: Störungen an elektronischen Bauteilen treten selten auf – fachgerechte Bedienung vorausgesetzt ...

Sicherheitsschalter Kraftstoffeinspritzanlage: Der Schalter unterbricht, etwa nach einem Unfall, bei starken Erschütterungen oder plötzlichem Druckabfall, die Kraftstoffzufuhr in der Kraftstoffförderleitung.

Einspritzventile: Vor jedem Zylinder sitzt im geteilten Ansaugrohr ein Einspritzventil (sequenzielle Einspritzung). Die Ventile reagieren auf elektrische Impulse. Ihre »Reaktionszeit« beträgt etwa 1 bis 1,5 Millisekunden. Um die Gemischbildung schneller und homogener zu unterstützen, spritzen die Ventile einen »geteilten« Kraftstoffstrahl vor die Einlassventile. Jeder Einspritzvorgang hebt die Ventilnadel nur etwa 0,1 Millimeter von ihrem Sitz.

Leerlaufregelungsventil (**I**dle **A**ir **C**ontrol – **IAC**): Das IAC-Ventil sitzt bei den Duratec-Motoren am Ansaugkrümmer in Nähe der Drosselklappen. Es bekommt vom PCM pulsierende Taktsignale: Je nach Frequenz umgeht die Drosselklappe über einen Bypass mehr oder weniger Frischluft.

KRAFTSTOFFEINSPRITZUNG

Kraftstoffeinspritzung — Störungsbeistand

Störung	Ursache	Abhilfe
A Kalter Motor springt nicht oder schlecht an.	1 Versorgungsrelais defekt.	Überprüfen, ggf. austauschen lassen.
	2 Kraftstoffpumpe fördert nicht oder ungenügend.	Benzin im Tank? Pumpenanschlüsse überprüfen. Evtl. Pumpe aus Tank demontieren, Fördermenge messen lassen.
	3 Druckregler defekt.	Systemdruck messen lassen.
	4 Unterdrucksystem undicht.	Sämtliche Schlauchleitungen überprüfen.
	5 Kühlmitteltemperatursensor defekt.	Prüfen lassen.
	6 Drosselklappenpotentiometer defekt.	Prüfen lassen.
	7 Zündanlage defekt.	Zündsystem überprüfen lassen.
	8 Drehzahl-Sensoren defekt oder Kabelverbindung unterbrochen.	Überprüfen, ggf. auswechseln lassen.
	9 Steuergerät defekt.	Überprüfen lassen.
	10 Ansaugsystem undicht (zieht Nebenluft).	Sämtliche Schlauchleitungen überprüfen.
	11 Luftmassenmesser defekt.	Überprüfen lassen.
	12 Drosselklappenmodul defekt.	Überprüfen lassen.
	13 Kraftstoffpumpen-Sicherheitsschalter ausgelöst.	Überprüfen.
B Warmer Motor springt nicht oder schlecht an.	1 Siehe A1 – 13.	
	2 Absolutdruckgeber defekt.	Überprüfen lassen.
	3 Einspritzventile undicht.	Überprüfen lassen.
C Motor springt an, stirbt aber wieder ab.	1 Drosselklappenstellmodul arbeitet nicht.	Überprüfen lassen.
	2 Lambdasonden defekt.	Funktion prüfen, ggf. ersetzen lassen.
D Kalter Motor schüttelt im Leerlauf.	1 Siehe A5.	
	2 Siehe C1.	
E Warmer Motor schüttelt im Leerlauf.	Siehe C1.	
F Leerlauf fällt beim Einschalten starker Stromverbraucher bzw. beim vollen Einschlag der Servolenkung ab.	Siehe C1.	
G Motor hat Aussetzer.	1 Kraftstofffilter verstopft.	Filter auswechseln.
	2 Siehe A2 und 7.	
	3 Siehe B2.	
	4 Siehe C2.	

SICHTPRÜFUNG AN DER EINSPRITZANLAGE

Kraftstoffeinspritzung Fortsetzung — Störungsbeistand

Symptom		Maßnahme
H Schwankende Drehzahlen bei 2000–4000/min.	Siehe A6 und 10.	
I Motor stottert, setzt aus.	Siehe A3 und 7.	
J Motorleistung ungenügend.	1 Siehe A2, 4 und 6.	
	2 Drosselklappe geht nicht in Vollgasstellung.	Fahrpedalmodul (E-Gas) prüfen lassen.
K Kraftstoffverbrauch zu hoch.	1 Siehe A3 – 12.	
	2 Siehe C2.	
L Motor springt grundsätzlich nicht an.	1 Siehe A1 – 13.	
	2 Siehe B1 – 3.	

Ab und an zu empfehlen – Sichtprüfung an der Einspritzanlage

Bei allem berechtigten Respekt, sehen Sie für sich fortan das technische Umfeld moderner Kraftstoffspritzanlagen nicht generell als »Parc-fermé« – überlegen Sie vielmehr mit entsprechendem »Augenmaß«, wo Ihre ganz persönlichen Grenzen liegen. Wir vermuten, hernach steht die Sichtprüfung unter der Fiesta-Motorhaube im Vordergrund Ihres »Arbeitseinsatzes«. Gut so, denn da gibt's genug zu tun: Checken Sie zum Beispiel ab und an Schläuche und ihre Befestigungen auf korrekten Sitz und Ermüdungsrisse. Allen voran …

- … den Unterdruckschlauch zum Bremskraftverstärker, …
- … die Schläuche der Motorbe- und -entlüftung (sind sie verstopft, verschmutzt oder aufgequollen?), …
- … die Kraftstoffschläuche und Kraftstoffleitungen (erkennen Sie Scheuerstellen, Altersrisse oder »Schwitzspuren«?), …
- … die Druckregleranschlüsse (sind die Anschlüsse trocken?) und …
- … falls Sie irgendwann Kabelstecker unter der Motorhaube oder sonst wo trennen mussten, können Sie unbeabsichtigt schon den Grundstein für spätere »Kontaktschwächen« gelegt haben. Versuchen Sie die Stecker zunächst wieder mit Kontaktspray »zu motivieren« und biegen die Kontaktzungen lediglich im »Notfall« mit viel Gefühl nach.

Verunsichert den Bordrechner – Nebenluft

Undichte Stellen im Ansaugsystem lassen unkontrollierte Nebenluft passieren. Das stört das PCM erheblich. Denn Nebenluft schickt die »Mitarbeiter« des Motormanagements in die Irre. Beispielsweise die Gemischaufbereitung: Mitunter spendieren die Einspritzdüsen dem Motor dann zu wenig Kraftstoff, so dass die Verbrennungstemperaturen ansteigen: Ungünstigstenfalls sogar bis in Regionen, die Kolben und Ventilen den Hitzetod bereiten. Fehlfunktionen im Einspritzsystem erkennen Sie übrigens schon an einem »sägenden« Leerlauf. Bei voller Belastung neigen »abgemagerte« Motoren ohne Anti-Klopfregelung (Duratec 8V) zu hörbarem »Klingeln«. Seien Sie spätestens dann »hell wach« und kreisen den Fehler systematisch ein:

Arbeitsschritte

① Prüfen Sie die Unterdruckschläuche auf Risse und festen Sitz. Checken Sie sämtliche Schläuche der Einspritzanlage oder des Ansaugkrümmers (Saugrohrdrucksensor, Bremskraftverstärker, Kraftstoff-Verdunstungsanlage, etc.).

② Fahren Sie Ihren Fiesta etwa 20 Kilometer warm und lassen ihn anschließend im Leerlauf »brummen«. Öffnen Sie die Motorhaube und ziehen den Stecker der ersten Lambdasonde mit hitzeresistenten Handschuhen (unmittelbar am Abgaskrümmer) ab. Ändert sich daraufhin die Drehzahl?

KRAFTSTOFFEINSPRITZUNG

③ Besprühen Sie mit einem handelsüblichen Kaltstartspray nacheinander sämtliche Schlauchverbindungen und Flanschdichtungen der Einspritzanlage. Achten Sie aufmerksam darauf, wann und an welchem Anschluss sich die Motordrehzahl ändert – der Motor zieht dort Nebenluft.

Leerlaufdrehzahl prüfen

Die Leerlaufdrehzahl justiert, je nach eingeschaltetem Verbraucher (z. B. Scheinwerfer, AC oder Servolenkung) das PCM laufend über den Leerlaufstellmotor. Fiesta-Ottomotoren drehen im Stand mit etwa 750 +/- 50 min^{-1}, der Turbodiesel lässt seine Kurbelwellen in der Minute rund 750 mal rotieren. Zur Kontrolle benötigen Sie einen exakten Drehzahlmesser. Werkstätten nutzen dazu einen stationären Motortester. Drehzahldifferenzen können Sie am Fiesta nicht isoliert sehen und justieren: Experten kreisen im gesamten Motormanagement die Fehlfunktion systematisch ein. Es sei denn, die Batterie war abgeklemmt: Dann beansprucht der Bordrechner ein paar Kilometer, um wieder an seine alte Form anknüpfen zu können. In dieser »Trainingsphase« kann es beispielsweise auch zu erhöhten Leerlaufschwankungen kommen.

Systematisch einkreisen – Leerlaufschwankungen

Falls Sie die Batterie abgeklemmt hatten, lassen Sie dem Bordrechner rund zehn Kilometer Zeit um das »verstimmte« Motormanagement zu disziplinieren und mit »offiziellen« Basisdaten wieder auf Kurs zu bringen. Falls das der Bordrechner wider Erwarten nicht ohne fremde Hilfe schafft, gehen Sie zunächst folgendermaßen vor:

Arbeitsschritte

① Kontrollieren Sie den Zustand der Luftschläuche.
② Prüfen Sie, ob alle elektrischen Anschlüsse einwandfrei sitzen. Sie dürfen nicht korrodiert sein. Für weitere Kontrollen verwendet die Werkstatt einen speziell auf das Steuergerät abgestimmten Motortester.
③ Zu geringer Kraftstoffvordruck verursacht gleichfalls Leerlaufdrehzahlschwankungen. Lassen Sie Ihre Werkstatt dann einen Drucktest durchführen.

Drosselklappenmodul checken

Arbeitsschritte

① Lassen Sie den Motor im Leerlauf laufen und ...
② ... schalten derweil möglichst viele Stromverbraucher ein. Drehen Sie auch das Lenkrad von Anschlag zu Anschlag.
③ Die Leerlaufdrehzahl darf kurzfristig absinken, ein intaktes Drosselklappenmodul regelt den Wert jedoch unverzüglich wieder »hoch«.
④ Ziehen Sie Steckverbindung am Drosselklappenmodul ab, der Motor muss jetzt sofort ausgehen.
⑤ Falls nicht, lassen Sie das Drosselklappenmodul in einer Ford-Werkstatt genau checken.

Der direkte »Draht« zur Drosselklappe – beim Duratec 8V ein konventioneller Gaszug

Im Fiesta 1,3-Liter geben Sie »Gas« nach alter Väter Sitte – die Drosselklappe öffnet oder schließt ein mechanischer Gaszug: Über Jahrzehnte ein eher unauffälliges Bauteil, doch wenn Gaszüge im Motorraum nicht einwandfrei verlegt oder gar geknickt sind, können sie durchaus nerven. Dann nämlich lassen sie sich nur widerwillig bewegen und »bremsen« das Gaspedal. Im Extremfall bekommen Sie »Wadenkrämpfe« beim Gas geben oder der Motor heult bei jedem Schaltvorgang auf, denn der schwergängige Zug überfordert die Rückzugfeder. Wenn Ihnen diese Symptome nicht fremd sind, verfolgen Sie die verschlungenen Wege des Gaszugs, entschärfen seine Radien und spendieren ihm und allen Umlenkmechanismen ein paar Tröpfchen Schmieröl. Nach jeder Motorwäsche machen Sie sich das ohnehin an allen Hebeln, Lagerstellen und Zugenden zu Ihren Aufgaben.

Sicherheitsschalter überprüfen

Damit Ihr Auto, beispielsweise nach einem Unfall oder wegen einer undichten bzw. geplatzten Kraftstoffleitung, nicht plötzlich »abfackelt«, unterbricht ein Sicherheitsschalter die Stromzufuhr zur Kraftstoffpumpe. Bei allen Fiesta mit Ottomotor finden Sie den

GASZUG EINSTELLEN

Schalter rechts hinter dem Handschuhfach. Warum »verraten« wir Ihnen das? Weil der Schalter durchaus mal »spinnen« kann. Zum Beispiel dann, wenn Ihr Fiesta partout nicht anspringt, obwohl die Zündanlage kräftige Funken liefert. Bevor Sie jetzt fremde Hilfe »bezahlen« müssen, checken Sie zuerst den Sicherheitsschalter. So wird's gemacht:

① Entfernen Sie den Krimskrams aus Ihrem Handschuhfach, ...

② ... drücken seine Seitenwände (Pfeile) dann vorsichtig zusammen und ...

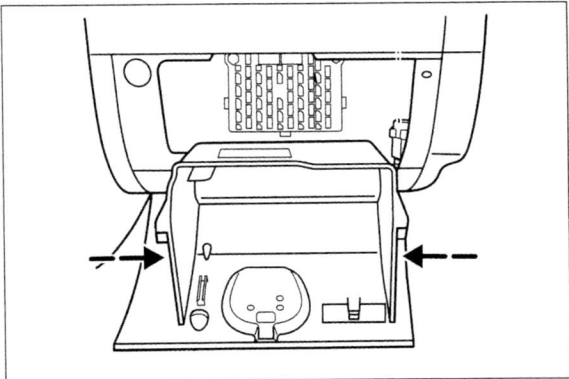

Zusammendrücken – Handschuhfach.

③ ...schwenken es zeitgleich nach unten in den Fußraum.

④ Ziehen Sie jetzt vom frei gelegten Sicherheitsschalter den gelben Verschlussdeckel in Pfeilrichtung ab und ...

⑤ ...drücken den herausgesprungenen »Sicherungsknopf« einfach in den Schalter zurück.

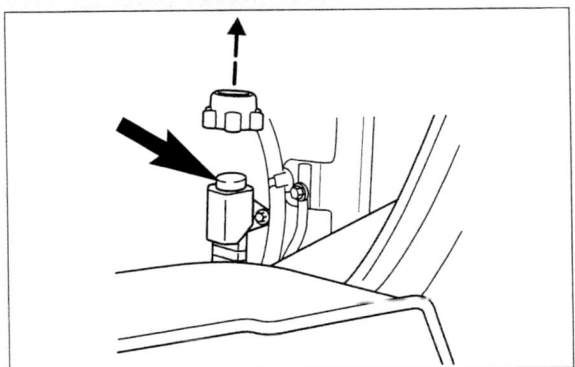

In den Schalter drücken – Sicherungsknopf (Pfeil).

⑥ Schalten Sie dann kurz die Zündung ein und »lauschen« der Kraftstoffpumpe, die jetzt wieder anlaufen müsste. Danach beenden Sie die Arbeit in umgekehrter Reihenfolge.

Gaszug einstellen

Duratec 8V

① Demontieren Sie den Luftfilter und den Gaszugclip (Pfeil).

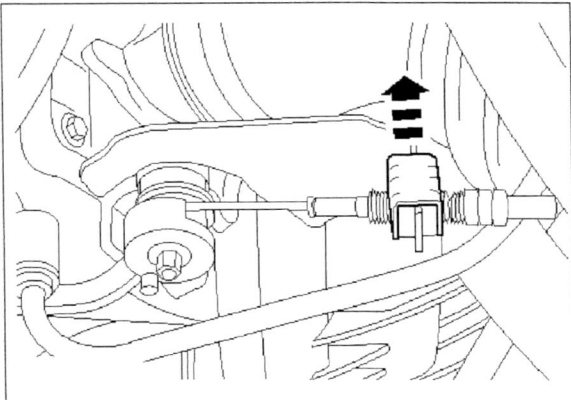

In Pfeilrichtung herausziehen – Gaszugclip.

② Lassen Sie das Gaspedal von einem Helfer voll durchtreten – der Motor bleibt stumm – und ...

③ ... checken derweil, ob die Drosselklappe auch voll öffnet.

④ Falls nicht, korrigieren Sie die Zuglänge am Widerlager und fixieren mit der Kunststofftülle den Gaszug dann im Halter.

⑤ Ihr Helfer kann jetzt vom »Gas gehen«, währenddessen beobachten Sie, ob die Drosselklappe auch tatsächlich schließt. Denken Sie daran, dass der Motor auch mit Standgas nicht ohne »Atemluft« auskommt. Die Menge inhaliert er durch den haarfeinen Spalt, den die Drosselklappe in Leerlaufstellung geöffnet hält.

⑥ Sollte das nicht der Fall sein, wiederholen Sie die Korrektur. Übrigens, wenn sich der Zug zwischen Umlenkmechanismus und Drosselklappenbetätigung im »Leerlauf« etwa 2–4 mm durchdrücken lässt, haben Sie gut gearbeitet.

KRAFTSTOFFEINSPRITZUNG

Einspritzventile checken

Eine Arbeit, die immer seltener erforderlich ist: Einspritzventile überleben in der Regel sogar den Motor. Ausnahmen bestätigen auch hier natürlich die Regel – und dann ist guter Rat nicht unbedingt teuer sondern schnell in die Tat umgesetzt.

Arbeitsschritte

① Defekte Einspritzventile entlarven Sie unter Umständen bereits durch bloßes »Hand auflegen«: Defekte Ventile vibrieren, im Gegensatz zu arbeitswilligen, nämlich nicht im Takt. Machen Sie die Probe aufs Exempel möglichst nicht am »knisternden« Motor, Sie vermeiden dann »Brandblasen« an Ihren Fingerkuppen.

② Falls Ihr »Gefühl« nicht eindeutig ist, checken Sie nacheinander jedes einzelne Ventil mit einem LED-Spannungsprüfer. Dazu ziehen Sie oberhalb der Ventile den jeweiligen Anschlussstecker ab und legen an die bloße Steckerzunge den Spannungsprüfer (keine Prüflampe) an. Der Motor bleibt währenddessen stumm.

③ Starten Sie nun den Motor: Falls jetzt die Leuchtdioden im Spannungsprüfer flackern, fließen zumindest Steuerströme zum Ventil. Falls nicht, muss das nicht unbedingt an der Zuleitung liegen, eventuell hat auch das Steuergerät einen Defekt. In diesem Fall ist die Werkstatt Ihre erste Adresse.

④ Ansonsten ist der nächste Schritt die Widerstandsmessung. Liften Sie den Versorgungsstecker des betreffenden Einspritzventils und »überbrücken« die bloßen Kontaktzungen mit einem Multimeter. Ein gesundes Einspritzventil realisiert bei ungefähr 20 °C einen Messwert von etwa 14,5 ±1 Ohm.

⑤ Sind die Differenzen deutlich größer, ersetzen Sie zumindest das betreffende Ventil – besser Sie erneuern dann gleich alle.

Einspritzventile aus- und einbauen

Arbeitsschritte

Duratec 8V

① Um den Benzindruck aus dem Kraftstoffsystem entweichen zu lassen, ziehen Sie, wie beschrieben, die Kraftstoffpumpensicherung aus dem Sockel und ...

② ...starten hernach den Motor. Er wird bereits nach kurzer Zeit verstummen. Erst dann drehen Sie für ca. fünf Sekunden den Motor per Anlasser durch. Danach können Sie tatsächlich davon ausgehen, dass im System kein Druck mehr vorhanden ist.

③ Damit eventuell vagabundierende Kraftstoffdämpfe keinerlei »Zündfunken« bekommen, klemmen Sie jetzt der Reihe nach das Batteriemassekabel und den Anschlussstecker des Leerlaufregelventils ab.

④ Lösen Sie hernach beide Befestigungsschrauben (Pfeile), demontieren das »IAC-Ventil« ❶ und legen es dann beiseite.

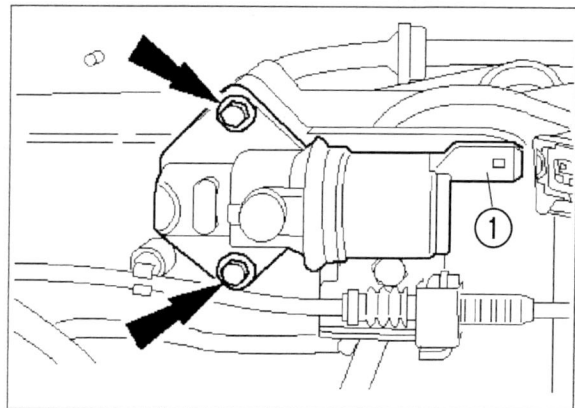

Leerlaufregelventil (IAC) demontieren – zuerst den Anschlussstecker abziehen, dann beide Schrauben lösen.

⑤ Jetzt »entspannen« Sie den Gaszug. Dazu ...

⑥ ...ziehen Sie mit einer Zange die Gaszugarretierung (Pfeil) vom Drosselklappengehäuse und ...

⑦ ...hebeln anschließend den Gaszug in Pfeilrichtung aus dem Halter.

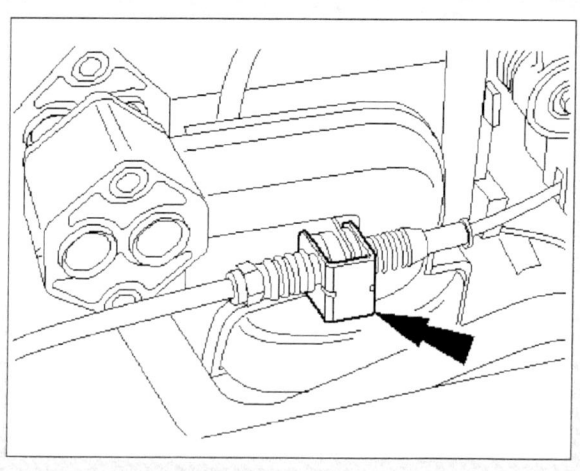

EINSPRITZVENTILE AUS- UND EINBAUEN

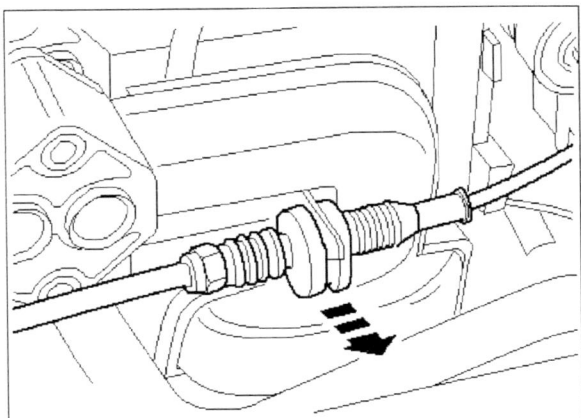

Nacheinander vom Halter abziehen – zuerst die Klammer, dann den Gaszug.

⑧ Hängen Sie das Gaszugende aus der Drosselklappenwelle (Pfeilrichtung) aus und parken den Zug dann »knitterfrei« im Motorraum.

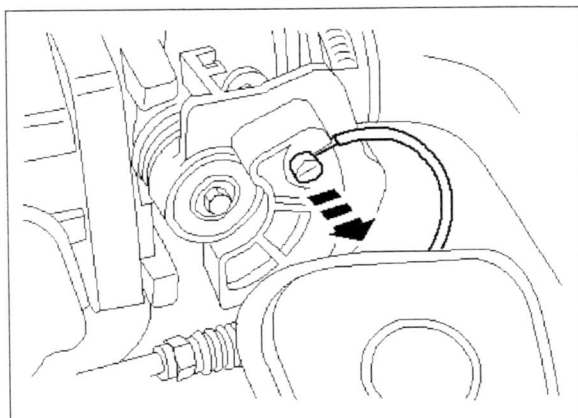

An der Drosselklappenwelle aushängen – Gaszug.

⑨ Lösen Sie die Befestigungsschraube (Pfeil) vom Gaszughalter und legen ihn beiseite.

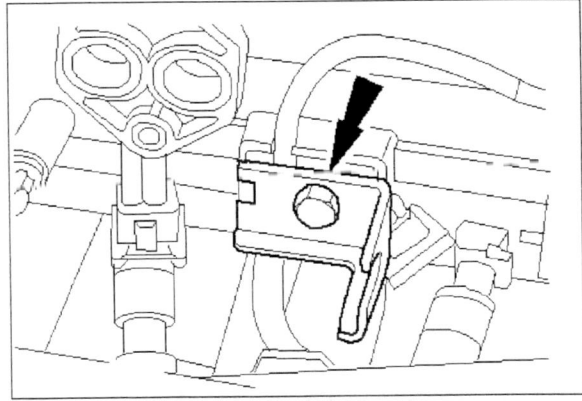

Am Gaszughalter lösen – Befestigungsschraube.

⑩ Hernach ziehen Sie vom Drosselklappengehäuse die Ansaugluftkammer in Pfeilrichtung ab.

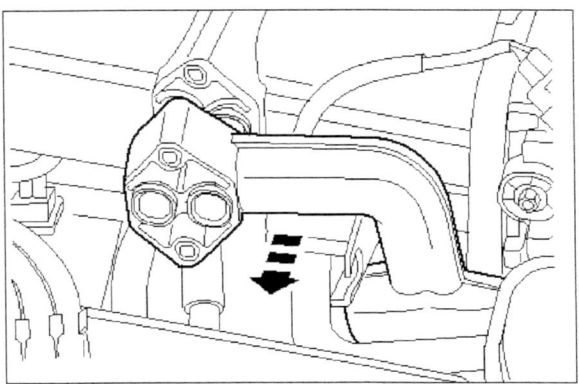

Vom Drosselklappengehäuse demontieren – Ansaugluftkammer.

⑪ Ziehen Sie das Ansaugrohr vom Flansch – vorab lösen Sie natürlich beide Schlauchschellen (Pfeile).

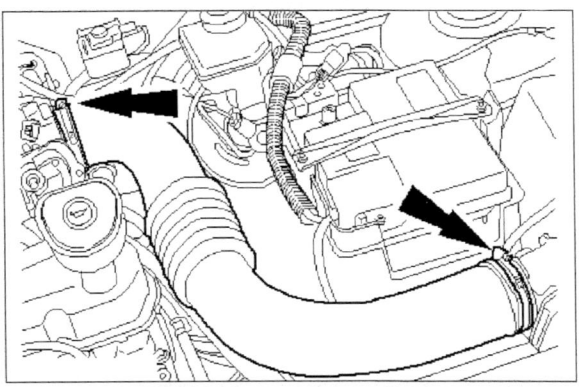

Vom Flansch demontieren – Ansaugrohr.

⑫ Anschließend hebeln Sie die drei Motorentlüftungsschläuche (Pfeile) von den Anschlüssen und »parken« ihre freien Enden im Motorraum.

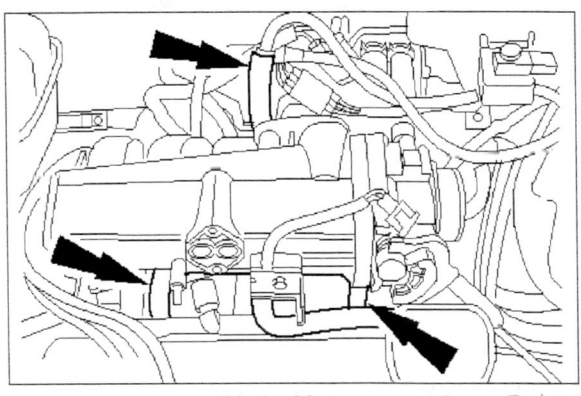

Abziehen und kurzzeitig im Motorraum parken – Entlüftungsschläuche.

KRAFTSTOFFEINSPRITZUNG

⑬ Nun ziehen Sie die Zündkerzenstecker ab, lösen die Kabel aus den Halterungen und schwenken die »Strippen« beiseite.

⑭ Um den Anschlussstecker vom Drosselklappenstellungssensor (Pfeil) zu lösen, drücken Sie auf die Verriegelungsfeder (Pfeilrichtung) und ziehen den Stecker zeitgleich ab.

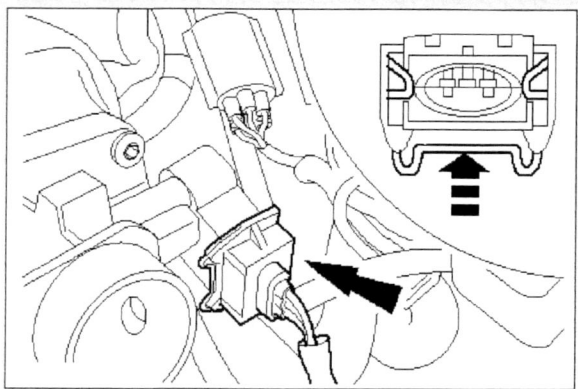

Zeitgleich entriegeln und abziehen – Anschlussstecker vom Drosselklappenstellungssensor.

⑮ Das Prozedere wiederholen Sie selbstverständlich an allen vier Einspritzventilsteckern (Pfeile).

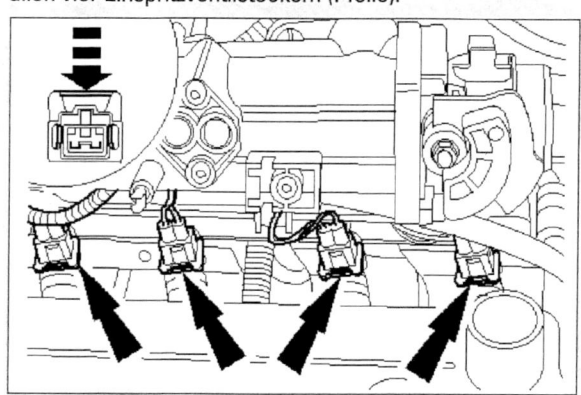

⑯ Erledigt? Dann lösen Sie beide Schrauben des Kabelstrangs (Pfeile) und …

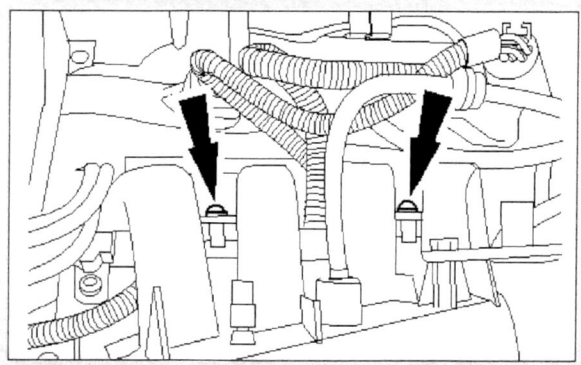

Demontieren – Kabelstrang der Einspritzventile.

⑰ …stülpen die Schutzkappe (Pfeil) vom Einspritzdüsenzentralstecker, trennen die darunter liegenden Steckkontakte (Pfeil) und legen »das Geweih« dann beiseite.

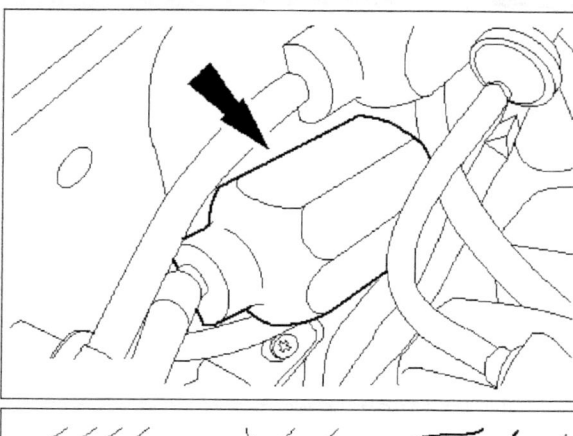

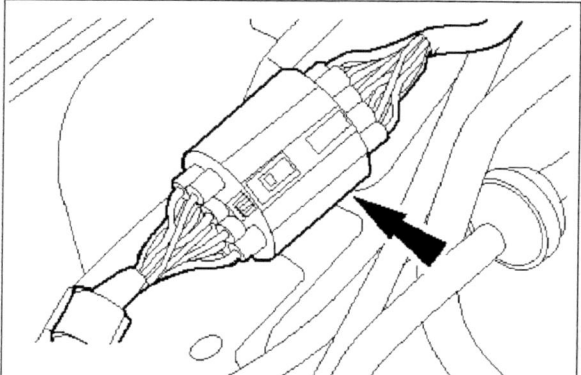

Von einer Schutzkappe gesichert – Einspritzdüsenzentralstecker.

⑱ Anschließend ziehen Sie den Unterdruckschlauch (Pfeil) vom Kraftstoffdruckregler.

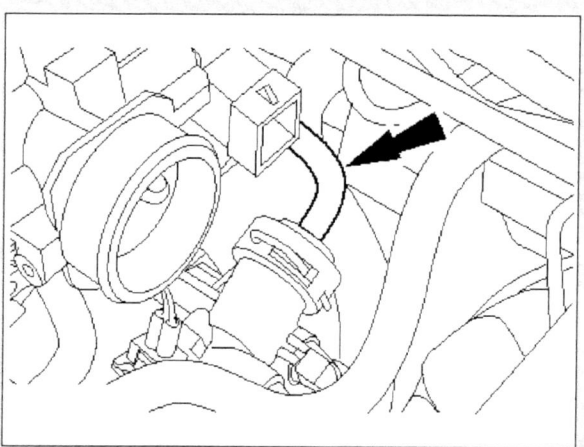

Vom Kraftstoffdruckregler abziehen – Unterdruckschlauch.

EINSPRITZVENTILE AUS- UND EINBAUEN

⑲ Trennen Sie, wie im »Praxistipp« beschrieben, die Kraftstoffzu- und -rücklaufleitungen (Pfeile) vom Kraftstoffverteilerrohr. Verwechseln Sie zur Montage die Leitungen nicht: Die Anschlüsse der Versorgungsleitung sind weiß oder mit einem weißen Band, die der Rücklaufleitung rot oder mit einem roten Band gekennzeichnet.

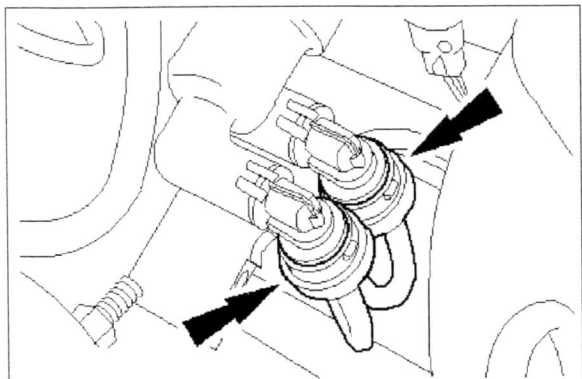

Demontieren – Kraftstoffleitungen vom Kraftstoffverteilerrohr.

⑳ Passiert? Dann ziehen Sie das Kraftstoffverteilerrohr ❷ komplett aus der Ansaugbrücke. Lösen Sie dazu beide Befestigungsschrauben (Pfeile) und hebeln die »Pipeline« mitsamt Einspritzdüsen ❶ aus dem Ansaugkrümmer.

Nur komplett demontieren – Kraftstoffverteilerrohr von der Ansaugbrücke.

㉑ Spannen Sie das Kraftstoffverteilerrohr jetzt vorsichtig in einen Schraubstock ein.

㉒ Um der Düsen »habhaft« zu werden, ziehen Sie zunächst die Sicherungsklammer (Pfeile) und dann das jeweilige Ventil aus dem Kraftstoffverteilerrohr. Verfahren Sie mit allen Ventilen gleich.

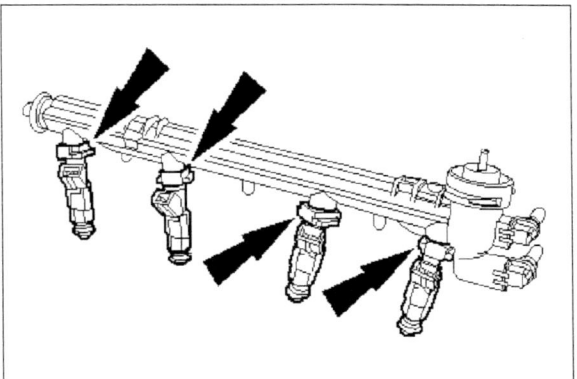

Erst die jeweilige Sicherungsklammer ziehen – zur Demontage der Einspritzventile aus dem Verteilerrohr.

㉓ Beenden Sie die Montage in umgekehrter Reihenfolge. Damit die Ventile besser ins »Loch flutschen«, benetzen Sie die O-Dichtringe vorab mit sauberem Motoröl oder Vaseline. Unser Rat: Geben Sie alten O-Ringen keine Chance mehr.

Duratec 16V

① Um den Benzindruck aus dem Kraftstoffsystem entweichen zu lassen, ziehen Sie, wie beschrieben, die Kraftstoffpumpensicherung aus dem Sockel und...

② ...starten hernach den Motor. Er wird bereits nach kurzer Zeit verstummen. Erst dann drehen Sie für ca. fünf Sekunden den Motor per Anlasser durch. Danach können Sie tatsächlich davon ausgehen, dass im System kein Druck mehr vorhanden ist.

③ Damit eventuell vagabundierende Kraftstoffdämpfe keinerlei »Zündfunken« bekommen, klemmen Sie jetzt der Reihe nach das Batteriemassekabel und den Anschlussstecker des Leerlaufregelventils ab.

④ Ziehen Sie den Motorentlüftungsschlauch (Pfeil) vom Ventildeckel und...

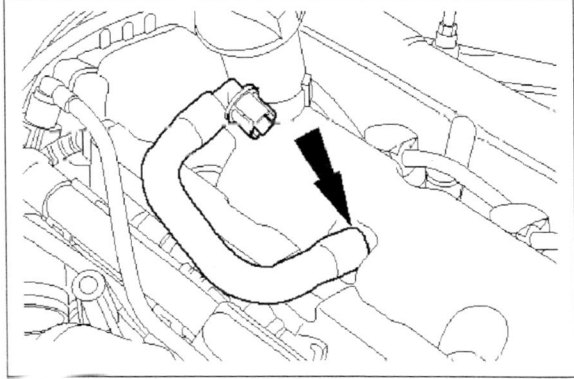

Einfach abziehen – Motorentlüftungsschlauch.

KRAFTSTOFFEINSPRITZUNG

⑤ ...entriegeln anschließend die Mehrfachstecker (Pfeile) der Einspritzventile. Den losen Kabelstrang legen Sie beiseite.

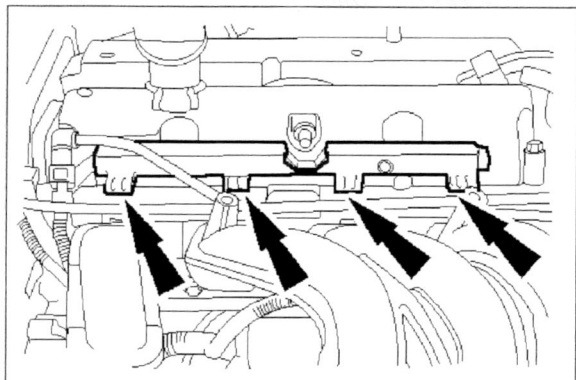

Entriegeln und abziehen – Anschlussstecker der Einspritzventile.

⑥ Hernach ziehen Sie vom Kraftstoffdruckregler den Unterdruckschlauch (Pfeil), ...

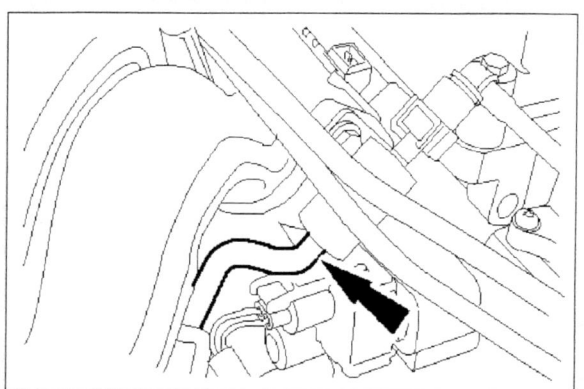

Abziehen – Unterdruckschlauch vom Kraftstoffdruckregler.

⑦ ... lösen die Befestigungsschrauben (Pfeile) des Kraftstoffdruckreglers.

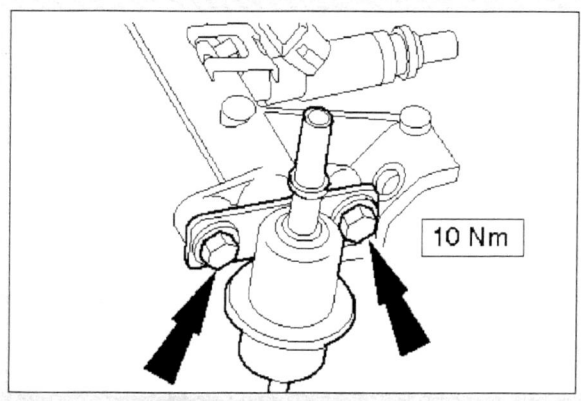

Demontieren – Kraftstoffdruckregler.

⑧ Trennen Sie, wie im »Praxistipp« beschrieben, die Kraftstoffzu- und -rücklaufleitungen (Pfeile) vom Kraftstoffverteilerrohr. Verwechseln Sie zur Montage die Leitungen nicht: Die Anschlüsse der Versorgungsleitung sind weiß oder mit einem weißen Band, die der Rücklaufleitung rot oder mit einem roten Band gekennzeichnet.

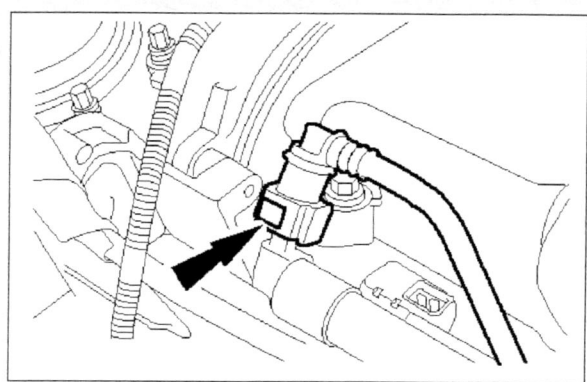

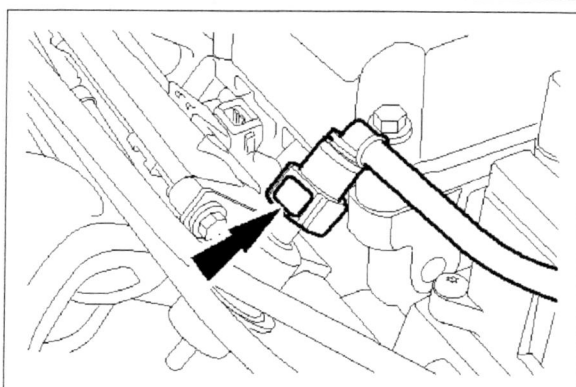

Demontieren – Kraftstoffleitungen vom Kraftstoffverteilerrohr.

⑨ Passiert? Dann ziehen Sie das Kraftstoffverteilerrohr komplett aus der Ansaugbrücke. Vorher lösen Sie die beiden Befestigungsschrauben (Pfeile) und hebeln die »Pipeline« mitsamt Einspritzdüsen aus dem Ansaugrohr.

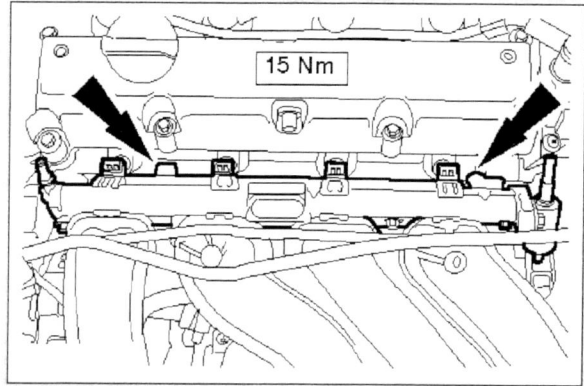

Immer komplett demontieren – Kraftstoffverteilerrohr von der Ansaugbrücke.

DIESEL-KRAFTSTOFFVERSORGUNG

⑩ Spannen Sie das Kraftstoffverteilerrohr jetzt vorsichtig in einen Schraubstock ein.

⑪ Um der Düsen »habhaft« zu werden, heben Sie zunächst den Clip ❶ an und drücken ihn in Pfeilrichtung ❷. Jetzt können Sie das jeweilige Ventil ❸ aus dem Kraftstoffverteilerrohr ziehen. Verfahren Sie mit allen Ventilen gleich.

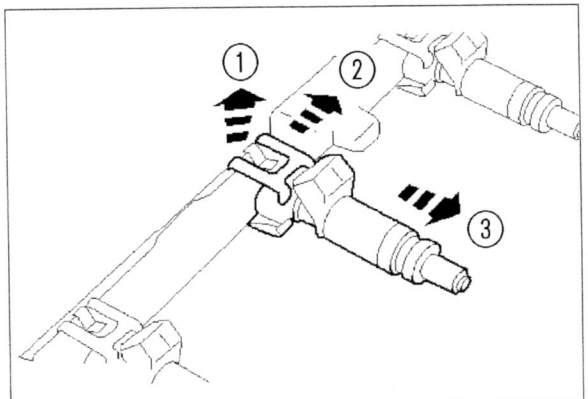

Erst die jeweilige Sicherungsklammer ziehen – zur Demontage der Einspritzventile aus dem Verteilerrohr.

⑫ Beenden Sie die Montage in umgekehrter Reihenfolge. Damit die Ventile besser ins »Loch flutschen«, benetzen Sie die O-Dichtringe vorab mit sauberem Motoröl oder Vaseline. Unser Rat: Geben Sie alten O-Ringen keine Chance mehr.

Einspritzventile prüfen

① Demontieren Sie, wie beschrieben, das Kraftstoffverteilerrohr mitsamt Einspritzventilen und …

② … ziehen dann die elektrischen Anschlüsse von den Einspritzventilen ab. Die Kraftstoffleitungen bleiben derweil angeschlossen.

③ Damit die Kraftstoffpumpe den nötigen Systemdruck aufbaut, stecken Sie zunächst das Kraftstoffpumpenrelais in seine Fassung und schalten dann die Zündung mehrmals aus und ein.

Tropfprobe – checken Sie jedes Einspritzventil

④ Inspizieren Sie jedes Einspritzventil einzeln. Wenn nur ein Tropfen »nachläuft« ist das Ventil o. k., ansonsten tauschen Sie es ohne Wenn und Aber aus.

Spritzprobe – »gute« Ventile zerstäuben den Kraftstoff kegelförmig

⑤ Um den Spritzstrahl zu prüfen, demontieren Sie das gesamte Kraftstoffverteilerrohr. Die Kraftstoffleitungen bleiben bei allen Ventilen angeschlossen. Ziehen Sie – bis auf das jeweils zu prüfende Ventil – von allen Ventilen die Stecker ab und fangen den Kraftstoff in einem Behälter auf.

⑥ Schalten Sie dazu die Zündung ein und starten den Motor – »gute« Ventile spritzen den Kraftstoff kegelförmig ab.

⑦ Wiederholen Sie die Prüfung an jedem Ventil.

Diesel-Kraftstoffversorgung – der Grundaufbau

Im Gegensatz zu Ottomotoren arbeiten Diesel-Einspritzanlagen mit höheren Systemdrücken. Die »Einspritzpumpen« inklusive ihrer Regelperipherie unterscheiden sich darum auch grundsätzlich von den »Kollegen der Ottozunft«. Techniker unterscheiden bei Dieselmotoren zwischen der Reiheneinspritzpumpe, der Einstempel-Verteilereinspritzpumpe, dem Common-Rail- und dem Pumpe/Düse-System. Unter der Motorhaube des Diesel-Fiesta »werkelt« ein Siemens VDO Common-Rail System, dass den Kraftstoff via piezoelektrisch gesteuerter Einspritzdüsen mit bis zu 1.500 bar direkt in die Brennräume »schießt«. Die Fiesta-Einspritzdüsen (Injektoren) arbeiten übrigens mit einer besonders schnellen Schaltzeit – die Düsennadel reagiert binnen 0,2 Millisekunden.

Als versierter Do it yourselfer haben Sie bereits nach wenigen Sätzen begriffen: Ohne filigrane Regelelektronik bleibt der Fiesta-Diesel mucksmäuschenstill. Die Rede ist vom Motormanagement – Ford nennt seine Blackbox PCM (**P**owertrain **C**ontrol **M**odule – Antriebsstrangsteuergerät). Das schwarze Kästchen arbeitet aufwändiger als die Steuerelektronik moderner Ottomotoren.

KRAFTSTOFFEINSPRITZUNG

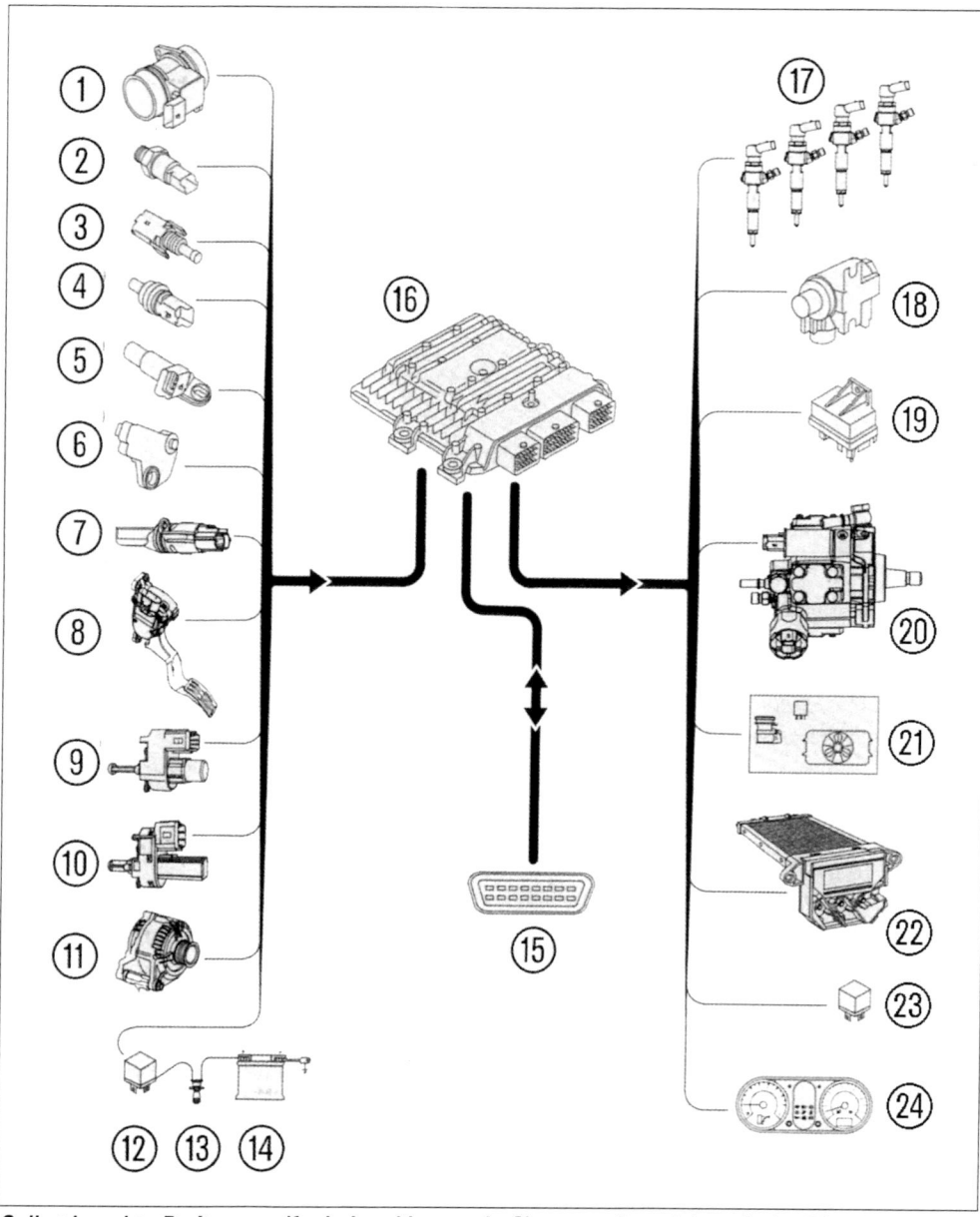

Selbst begabte Do it yourselfer haben hier wenig Chancen: Das elektronische Dieselmanagement des Duratorq TDCi Motors arbeitet sensibler als die Steuerelektronik der Ottomotoren. ❶ Luftmengenmesser (MAF), ❷ Kraftstoffdrucksensor, ❸ Kraftstofftemperatursensor, ❹ Kühlmitteltemperatursensor (ECT), ❺ Nockenwellensensor (CMP), ❻ Kurbelwellensensor (CKP), ❼ Geschwindigkeitssensor (VSS), ❽ E-Gas Sensor (APP), ❾ Bremslichtschalter (BPP), ❿ Kupplungspedalschalter (CPP), ⓫ Generator, ⓬ Startsperrrelais, ⓭ Zündschloss, ⓮ Batterie, ⓯ Diagnosestecker (DLC), ⓰ Motorsteuergerät (PCM), ⓱ Einspritzdüsen (Injektoren), ⓲ Abgasrückführungsventil (EGR), ⓳ Vorglühmodul, ⓴ Dieselhochdruckpumpe mit Kraftstoffdosierventil und Kraftstoffdruckregler (Common-Rail), ㉑ Magnetkupplung (AC, Kühllüfter), ㉒ Zuheizer (PTC), ㉓ Relais (PCM), ㉔ Kombiinstrument.

■ Das PCM arbeitet mit Fail Safe (Sicherheitssystem). Fail Safe »bemerkt« alle Unregelmäßigkeiten und legt sie in einem Fehlerspeicher ab. Den Speicherinhalt liest ein Systemtester aus – was die Diagnose für Profis zu einem »Kinderspiel« macht. Lassen Sie sich das Prüfprotokoll aushändigen und entscheiden anhand des »Aufschriebs« selber, ob Ihnen die erforderliche Arbeit selbst von den Händen geht, oder ob Ihr Fiesta ein Fall für den Fachmann bleibt.

■ Der Motor bekommt in jedem Betriebszustand eine genau dosierte Kraftstoffmenge zugeteilt. Dadurch verbessern sich die Abgase, die Leistung steigt und der Verbrauch bleibt akzeptabel.

■ Das von älteren Selbstzündern bekannte »Leerlaufsägen« können Sie beim Fiesta getrost vergessen: PCM regelt gleichermaßen den Leerlauf und die Abregeldrehzahl elektronisch.

■ Die Hochdruckpumpe treibt im Fiesta ein Zahnriemen von der Kurbelwelle aus an. Das elektronische Steuergerät sitzt, wie bei der Ottofraktion, direkt neben der Batterie. Das Steuergerät ist in Hybridtechnik ausgeführt, es ist demzufolge per Steckverbindungen mit wenigen Handgriffen platzsparend zu montieren.

DIESEL-KRAFTSTOFFVERSORGUNG

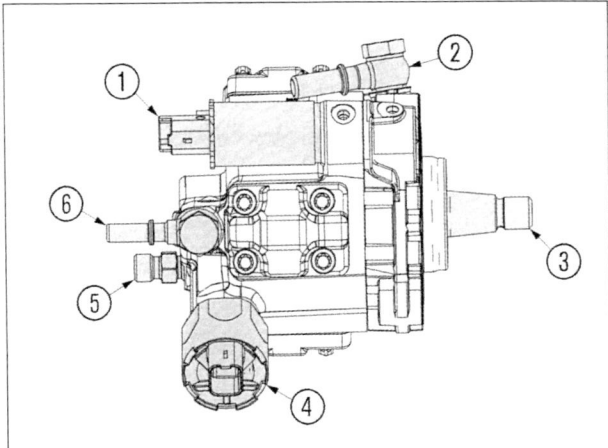

Setzt Ihren Diesel »mächtig unter Druck« – die Hochdruckpumpe. ❶ *Kraftstoffdosierventil,* ❷ *Kraftstoffzulauf,* ❸ *Antriebswelle,* ❹ *Kraftstoffdruckregler,* ❺ *Kraftstoffauslass (Hochdruck),* ❻ *Kraftstoffrücklauf.*

Im Fiesta-Diesel gelangt der Kraftstoff aus dem gemeinsamen Kraftstoffverteilerrohr (Common-Rail) über gleich lange Hochdruckleitungen zu den Einspritzdüsen (Injektoren). Die Düsen werden durch Klemmschrauben im Zylinderkopf fixiert. Dichtscheiben schützen ihre Spitzen vor direktem Kontakt zum Zylinderkopf. Erneuern Sie die Dichtscheiben generell nach jeder Düsendemontage. Die Einspritzdüsen sind übrigens »mehrstrahlig« ausgelegt, ihre Spritzrichtung »zielt« nahezu zentral in die speziell profilierten Kolbenmulden innerhalb der Zylinder. Im ersten Schritt »spendieren« die Düsen den Muldenkoben zunächst eine relativ kleine »Vorspeise« Dieselöl. Sobald der Aperitif (Pilotmenge) dann »in hellen Flammen steht« kommt der Hauptgang stante pede. Vorteil, die Haupteinspritzmenge entzündet sich relativ »weich« an der »großen« Flammfront – der Motor »nagelt« dezenter.

Läuft in den Tank zurück – überschüssiges Dieselöl

Bezogen auf die Volllastmenge kursiert im Dieseleinspritzsystem ständig mehr Kraftstoff als tatsächlich benötigt wird. Auch die Düsen spritzen nicht die gesamte Kraftstoffmenge in die Brennräume ein: Der überschüssige Kraftstoff dient unter anderem dazu, alle beweglichen Teile der Hochdruckpumpe und Einspritzdüsen zu schmieren und zu kühlen.
Um den Kraftstoff bei laufendem Motor im System kursieren zu lassen, besitzen Dieselmotoren jeweils eine Vor- und Rücklaufleitung (Leckölleitung). Auch die Einspritzdüsen sind darin integriert: Sie haben Rücklaufkanäle und stehen via Leckölleitung miteinander in Kontakt. Die Lecköl- und Rücklaufleitung »treffen« sich außerhalb des Zylinderkopfs. Durch die Rücklaufleitung fließt der Dieselkraftstoff zurück in den Tank.

Der Förderweg – so gelangt das Dieselöl zur Einspritzdüse

Das Dieselöl gelangt über eine im Tankgeber integrierte Saugstrahlpumpe, die in »Teamarbeit« mit der Transferpumpe das Dieselöl über den Kraftstofffilter in die Hochdruckpumpe fördert. Die Transferpumpe sitzt im Pumpengehäuse der Hochdruckpumpe. Der Weg des Kraftstoffs führt über das Kraftstoffverteilerrohr in die Einspritzdüsen und somit ans »Ziel«, den Brennraum im Kolben. Sobald der Motor läuft, kursiert das Dieselöl in einem abgeschlossenen Leitungssystem (Vor- und Rücklaufleitung).

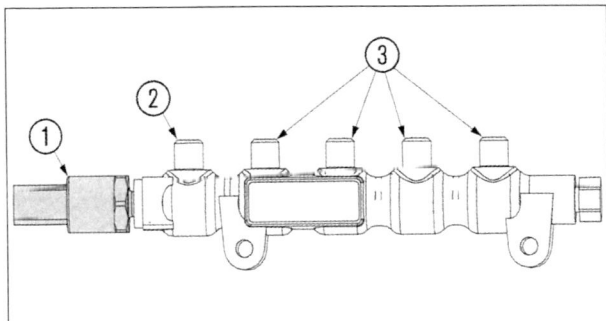

Das Kraftstoffverteilerrohr versorgt im Fiesta vier gleich lange Hochdruckleitungen mit Dieselöl. ❶ *Drucksensor,* ❷ *Hochdruckleitung (Anschluss Hochdruckpumpe),* ❸ *Hochdruckanschlüsse zu den Injektoren (Einspritzdüsen).*

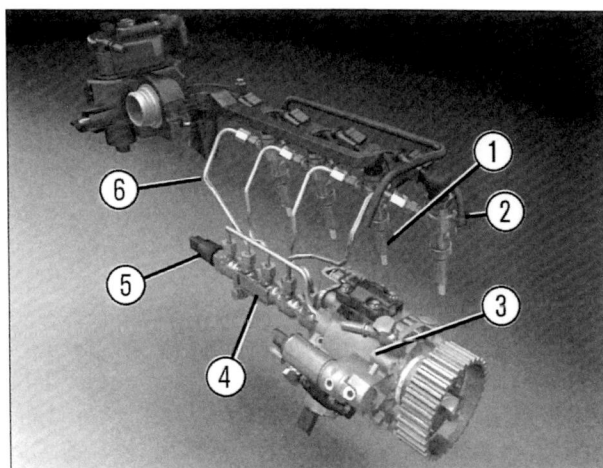

Erstmals im Fiesta-Diesel eingesetzt – Siemens VDO Common-Rail Einspritzung. ❶ *piezoelektrisch gesteuerte Einspritzdüse (Injektor),* ❷ *Leckölleitung,* ❸ *Hochdruckpumpe,* ❹ *Kraftstoffverteilerrohr (Common-Rail),* ❺ *Kraftstoffdrucksensor,* ❻ *Kraftstoffhochdruckleitungen.*

KRAFTSTOFFEINSPRITZUNG

Premiere im Fiesta – Common-Rail Dieseleinspritztechnik von Siemens VDO

Den 1,4-Liter Duratorq TDCi Turbodieselmotor »füttert« eine Siemens VDO Common-Rail Dieseleinspritzanlage. Common-Rail Dieseleinspritzsysteme sind Druckspeicher-Einspritzsysteme, die mit einem permanenten Kraftstoffvordruck arbeiten. Im Gegensatz dazu wird bei herkömmlichen Systemen, zum Beispiel mit Verteilereinspritz- oder Reiheneinspritzpumpen, der Druck für jeden Einspritzvorgang wieder neu aufgebaut. Der Druckaufbau und die Kraftstoffeinspritzung sind im Common-Rail System zwei »Paar verschiedene Schuhe«. Im Fiesta bleiben die piezoelektrisch angesteuerten Injektoren bis zu 1.500 bar völlig dicht. Die einzelnen Kraftstoffeinspritzdüsen öffnen und schließen also nicht über einen kurzfristigen Systemdruckanstieg, stattdessen ermöglicht ein piezoelektrischer Kontakt den Einspritzvorgang. Das Dieselöl kommt dann mikroskopisch fein zerstäubt ans Ziel. Die kleinste von fünf Düsenbohrungen misst im Durchmesser gerade mal 0,12 Millimeter: Ford toleriert eine Fertigungstoleranz unterhalb weniger Tausendstel Millimeter. Von hoher Präzision und hohem Wirkungsgrad profitiert auch die Kraftstoffhochdruckpumpe, sie arbeitet mit Volumenstromregelung und einem Wirkungsgrad von 95 Prozent.

Verteilen die Arbeit – Nockenwellen- und Kurbelwellensensor

Damit jeder Zylinder in der richtigen Reihenfolge und zum richtigen Zeitpunkt »sein Portiönchen abbekommt«, übernehmen ein Nockenwellen- und Kurbelwellensensor die Rolle als »Verteiler«. Der Kurbelwellensensor befindet sich am Ölpumpengehäuse hinter dem Kurbelwellenzahnriemenrad. Er tastet auf dem Kurbelwellenzahnriemenrad eine Magnetimpulsscheibe ab und arbeitet, ähnlich wie viele kontaktlose Zündverteiler, nach dem Hall-Effekt-Prinzip. Besagte Magnetscheibe verteilt an ihrem Umfang 60 Magnetpolpaare. Der Sensor analysiert nun aus dem »Tempo« der Magnetpolpaare die Kurbelwellendrehzahl und leitet sein Info an das PCM weiter. Die Signale des Nockenwellensensors »deutet« das PCM als momentane Nockenwellenposition und leitet daraus gleichermaßen die aktuelle Einspritzpumpendrehzahl ab.

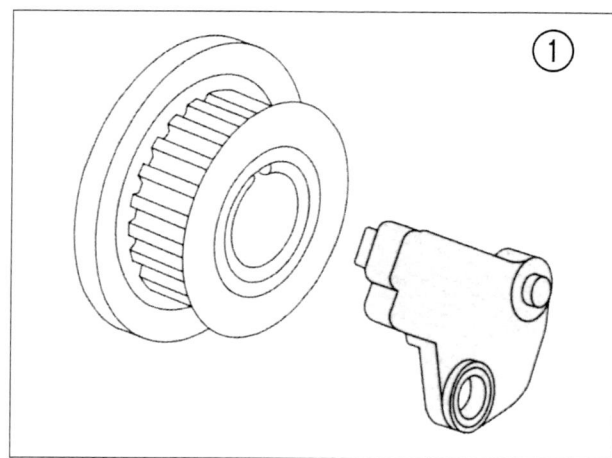

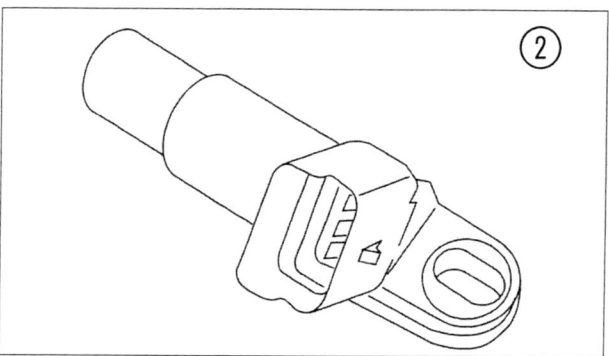

»Timen« die Einspritzsignale: Kurbelwellen- ❶ und Nockenwellensensor ❷.

Macht kalte Diesel munter – die Kaltstarteinrichtung

Die Kaltstarteinrichtung erfüllt beim Diesel den gleichen Zweck wie die Startautomatik an Ottomotoren: Beide Systeme helfen kalten Motoren über die ersten Minuten. Damit sind freilich die Gemeinsamkeiten schon erschöpft.
Zwar macht auch die Dieselkaltstarteinrichtung ihren Einsatz von den herrschenden Umgebungstemperaturen abhängig, doch sie verringert nicht etwa, wie bei einem Ottomotor, die Luftzufuhr in die Zylinder, sondern verstellt kurzerhand den Einspritzzeitpunkt in Richtung »früh«. Anders gesagt: Der Kraftstoffnebel hat jetzt mehr Zeit, sich an der komprimierten Luft und den Glühstiftkerzen zu entzünden – der Motor springt »williger und runder« an. Außerdem hebt die Kaltstarteinrichtung geringfügig die Leerlaufdrehzahl und heizt – je nach Motortemperatur – die Brennräume für max. 30 Sekunden nach. Das verringert die Motorgeräusche, verbessert die Leerlaufqualität und verringert die Kohlenstoffemissionen in der Warmlaufphase.

EINSPRITZDÜSEN

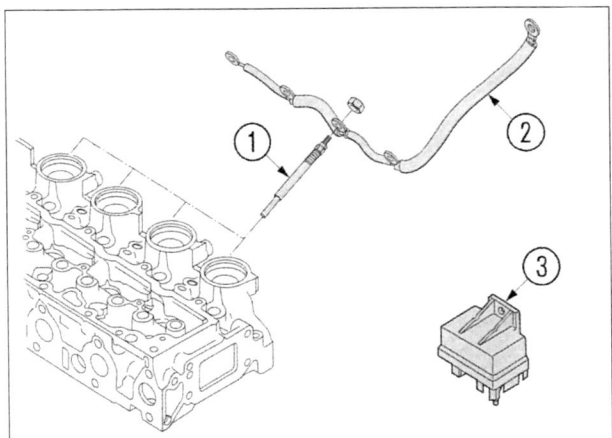

Heizen kalte Dieselbrennräume vor: Glühstiftkerzen ❶ mit Zuleitung ❷ am Zylinderkopf. Das Glühsteuergerät ❸ sitzt direkt an der Spritzwand.

Zerstäuben Dieselöl in die Brennräume – Einspritzdüsen

Die Einspritzdüsen oder Injektoren sind die letzte Station des flüssigen Dieselöls auf dem Weg aus dem Tank in die muldenförmigen Brennräume der Kolbenböden. Um die Verbrennungsgeräusche zu minimieren und den explosionsartigen Druckanstieg im Zylinder geringfügig zu »zähmen«, wird die gesamte Kraftstoffmenge in mehrere Portionen aufgeteilt. Zuerst gelangt eine geringe Kraftstoffmenge (Pilotmenge) in den Brennraum und entzündet sich.

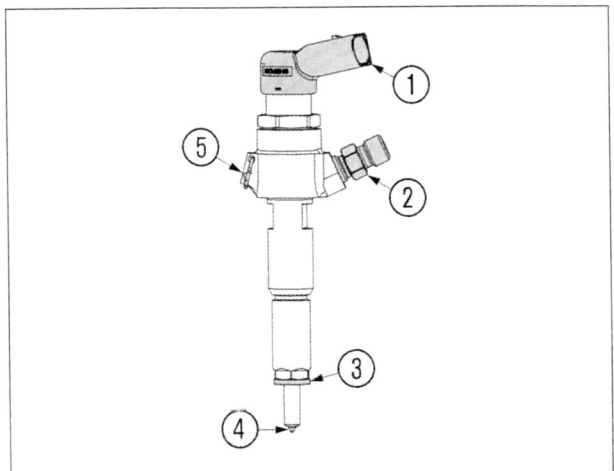

Die Fiesta-Einspritzdüse. ❶ Anschlussstecker, ❷ Kraftstoffanschluss, ❸ Dichtring, ❹ Einspritzdüse, ❺ Leckölanschluss.

Das »Vorfeuer« bewirkt einen sanften Anstieg des Verbrennungsdrucks, es dient der Haupteinspritzmenge gewissermaßen nur als »Lunte«. Zur Haupteinspritzung, bei ca. 1.500 bar, hebt die Düsennadel ganz von ihrem Sitz und entlässt das Dieselöl via fünf Düsenöffnungen in die Kolbenmulde. Der von der »Vorverbrennung« intensivierte Luftwirbel reißt die frischen Kraftstoffpartikel mit und bildet ein nahezu homogenes und leicht zündfähiges Diesel-/Luftgemisch.

In nur 0,002 Sekunden auf und zu – piezoelektrisch gesteuerte Blei-Zink-Titan-Keramikkristalle

Die Einspritzdüsen des Fiesta werden durch Piezoaktoren gesteuert. Der Fachterminus umschreibt kristalline Schaltelemente, wie sie mittlerweile in fast jedem Wegwerffeuerzeug verbaut sind. Sobald ein Piezoaktor eine elektrische Ladung »angelegt« bekommt, verändert er, innerhalb weniger Millisekunden, sein kristallines Gitter und dehnt sich aus. Im Fiesta hebt die Düsennadel von ihrem Sitz und öffnet den Weg in den Brennraum. Sobald nun die elektrische Spannung in sich zusammen bricht, kehrt der Kristall zu seinen ursprünglichen Abmessungen zurück.

Piezoelektrisch gesteuerte Einspritzventile arbeiten etwa fünf Mal schneller als ihre »magnetischen« Vorläufer. Die Fiesta-Einspritzdüsen werden durch Piezokristalle aus hauchdünnen Lagen einer gesinterten Blei-Zink-Titan-Keramik gesteuert. Dazu werden mehr als 100 Lagen auf 30 Millimeter Kristallhöhe »aufgestapelt«. Das Maß reicht, um die Düsennadel im Ventilkopf auf maximal 0,4 Millimeter zu liften. Die Sollzeit zwischen Einspritzbeginn und Zündzeitpunkt beträgt lediglich 0,002 Sekunden – das ist momentan absolute Spitzenklasse.

Verständlich, dass bereits die geringste Fehlfunktion, etwa eine »fressende« Düsennadel, den physikalisch ausgewogenen Verbrennungsablauf aus dem Gleichgewicht bringt. Leistungsverluste, Schwarzrauch bzw. laute »Nagelgeräusche« (auch bei warmen Motoren) sind untrügliche und unüberhörbare Zeichen eines aus dem Gleichtritt geratenen Diesel-Fiesta.

Ein Fall für den Experten – Reparaturen und Korrekturen an der Diesel-Einspritzanlage

Einer einzelnen, defekten Einspritzdüse kommen versierte Do it yourselfer durchaus noch in Eigenregie auf die Schliche: Lassen Sie einfach den Motor im Leerlauf

KRAFTSTOFFEINSPRITZUNG

»brummen« und lösen der Reihe nach bei allen Düsen kurzzeitig die Überwurfmutter der Einspritzleitung. Bleibt mit einem lahm gelegten »Topf« die Drehzahl konstant, ist die Düse oder der betreffende Zylinder (Ventile, Kolbenringe) defekt. Schadhafte Einspritzdüsen erkennen Sie unter anderem noch an folgenden Symptomen:

- regelmäßig defekte Glühkerzen.
- Fehlzündungen.
- ständiger Schwarzrauch aus dem Auspuff.
- harte Verbrennungsgeräusche (lautes Dieselnageln).
- Leistungsabfall.
- Mehrverbrauch.

Sollte Ihr Fiesta mit den genannten Symptomen nerven, suchen Sie eine Fachwerkstatt auf und schildern das Problem dem Experten vor Ort. Ihre präzise Beschreibung erspart aufwändige Diagnosen, der »Schrauber« kann sofort geeignete Gegenmaßnahmen einleiten.

Einspritzdüsen zerlegen?

Ohne speziellen Düsenprüfer lässt sich die Funktion einer Dieseleinspritzdüse nur oberflächlich beurteilen. Sie können allenfalls äußere Beschädigungen oder starke Verschmutzungen lokalisieren. Der eigentliche Verschleiß findet freilich im Düseninnern, an der Düsennadel, dem Düsengehäuse und den Druckfedern statt. Dort haben Sie als Do it yourselfer nur beschränkte Korrekturmöglichkeiten, es sei denn, Sie verfügen über einen Düsenprüfer, mit dem Sie die Düse »abdrücken«, das »Strahlbild« erkennen und den Abspritzdruck korrigieren können.
In der Mehrzahl aller Fälle ist es besser, die Düsen komplett auszutauschen. Sollten Sie dennoch eine Düse zerlegen, lassen Sie ihre Innereien nicht über einen längeren Zeitraum »offen« auf der Werkbank liegen: Die mit hoher Präzision bearbeiteten Oberflächen der Düsennadel und des Düsengehäuses reagieren äußerst sensibel auf Staub oder Flugrost. Setzen Sie neue oder gebrauchte Einspritzdüsen generell nur mit neuen Dichtringen in den Zylinderkopf ein.

Sichtprüfung an der Diesel-Einspritzanlage

① Einspritzleitungen auf Dichtheit prüfen.

② Rücklaufleitungsanschluss am Zylinderkopf auf Dichtheit prüfen.

③ Hochdruckpumpe auf Dichtheit prüfen.

④ Kraftstofffilter auf Verunreinigungen prüfen (regelmäßig zu den vorgeschriebenen Wartungsintervallen erneuern).

⑤ Verschlusskappe an der ersten Einspritzdüse auf Dichtheit prüfen.

⑥ Kraftstoffzu- und -rücklaufleitung auf Dichtheit prüfen.

⑦ Kabelstecker an Pumpensteuereinheit auf festen Sitz und Kontaktfähigkeit prüfen.

Luftfiltereinsatz erneuern

Die Aufgabe und Funktion des Luftfilters haben wir im vorherigen Kapitel bereits beschrieben – was dem Ottomotor recht, ist selbstverständlich auch dem Dieselmotor billig. Beim Fiesta-Diesel »thront« das Luftfiltermodul pflegeleicht auf dem Motor.

Dieselfilter entwässern

Nicht nur für Common-Rail-Dieseleinspritzanlagen ist Wasser ein gravierendes Problem. Einmal eingedrungenes Wasser führt im Systeminneren zu Korrosion und somit zu einer stark verringerten Lebenserwartung. Abhilfe schafft der Dieselfilter. Er trennt Wasser vom Dieselöl und sammelt es im unteren Bereich des Filtergehäuses. »Entsorgen« Sie die Brake, bei stehendem Motor an der Ablassschraube, mindestens einmal jährlich. Lassen Sie die »Diesel-Wasser-Dreckmelange« mindestens so lange ablaufen, bis »sauberer« Dieselkraftstoff aus der Ablassschraube läuft.

DIESELFILTER ENTWÄSSERN

Im Fiesta einfach zu wechseln und zu entwässern: Dieselfilter (Pfeil) an der Spritzwand.

Arbeitsschritte

① Positionieren Sie unter das Filterghäuse einen passenden Behälter und ...

② ... öffnen die Ablassschraube ❶ um etwa eine Umdrehung. Die angestaute »Diesel-Wasser-Dreckmelange« fangen Sie auf jeden Fall so lange auf, bis wirklich klares Dieselöl austritt.

③ Schließen Sie dann die Ablassschraube.

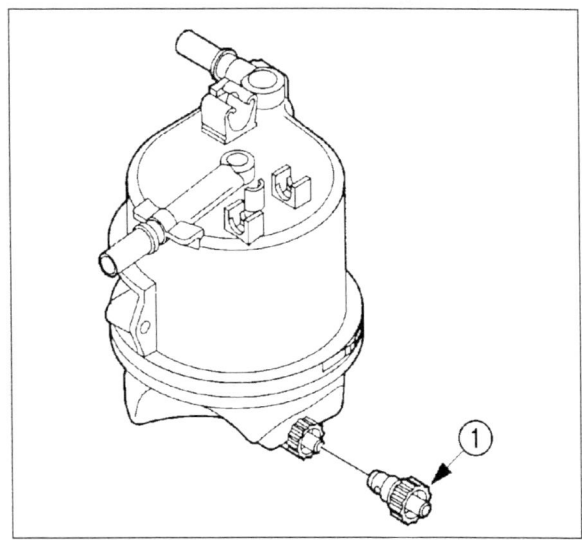

***Mindestens einmal jährlich entwässern – Dieselfilter**. In südlichen und osteuropäischen Ländern lassen Sie besser nach jedem fünften Tankstopp die angesammelte »Brühe« aus dem Filtergehäuse ab.*

KRAFTSTOFFEINSPRITZUNG

Diesel-Kraftstoffeinspritzung — Störungsbeistand

Störung	Ursache	Abhilfe
A Motor springt schlecht oder gar nicht an.	1 Tank leer.	Auftanken.
	2 Tankbelüftung verstopft.	Tankverschluss langsam öffnen (auf Zischgeräusche achten). Verschluss und Belüftung reinigen.
	3 Temperaturschalter der Kaltstarteinrichtung defekt.	Temperaturschalter überprüfen, evtl. erneuern.
	4 Glühanlage defekt.	Spannung prüfen. Glühkerzen auf Funktion überprüfen. Schadhafte Teile erneuern.
	5 Luft im Krafftstoffsystem.	System über Handpumpe und Anlasser so lange entlüften, bis Kraftstoff an Düse 1 gefördert wird.
	6 Kraftstoffversorgung ausgefallen. Prüfung: Einspritzleitungen an den Düsen öffnen und überprüfen, ob geringe Kraftstoffmengen austreten.	Überprüfen ob Kraftstoffleitungen geknickt, verstopft oder undicht sind. Kraftstofffilter reinigen bzw. erneuern. Im Winter evtl. versulzten Kraftstofffilter erneuern und Winterdiesel nachtanken.
	7 Elektrische Anschlüsse der Einspritzdüsen korrodiert.	Anschlüsse überprüfen.
	8 Einspritzdüse(n) defekt.	Prüfen und in Stand setzen, bzw. erneuern lassen.
	9 Kompressionsdruck zu gering.	Kompressionsdruck prüfen lassen.
	10 Hochdruckpumpe defekt.	Prüfen lassen.
B Warmer Motor hat schlechten, »sägenden« Leerlauf.	1 Leerlaufdrehzahl falsch eingestellt.	Prüfen und einstellen lassen.
	2 Kraftstoffschlauch zwischen Filter und Einspritzpumpe lose.	Anschlüsse festziehen, evtl. Dichtungen erneuern.
	3 Unterdruckschläuche an EGR-Einrichtung defekt.	Überprüfen, ggf. austauschen.
	4 Siehe A2, 5 – 9.	
	5 Siehe C3.	
C Falsche Leerlaufdrehzahl bei Betriebstemperatur.	1 Siehe A5.	
	2 Siehe B1.	
	3 Motorsteuergerät defekt.	Überprüfen, ggf. austauschen.
D Starker Schwarz-, Weiß- oder Blaurauch aus dem Auspuff.	1 Motor nicht auf Betriebstemperatur.	Warm fahren.
	2 Extrem untertourige Fahrweise.	Gänge höher ausdrehen; zeitiger herunter schalten.
	3 Luftfilter verdreckt.	Element ausblasen bzw. erneuern.
	4 Kraftstofffilter verschmutzt.	Auswechseln.
	5 Höchstdrehzal falsch eingestellt.	Korrigieren lassen.
	6 Filter im EGR-Regelventil verstopft.	Reinigen bzw. auswechseln lassen.
	7 Einspritzdüsen tropfen.	Prüfen bzw. erneuern lassen.

STÖRUNGSBEISTAND DIESEL-KRAFTSTOFFEINSPRITZUNG

Diesel-Kraftstoffeinspritzung

Störung	Ursache	Abhilfe
D Starker Schwarz-, Weiß- oder Blaurauch aus dem Auspuff.	8 Einspritzdruck zu gering.	Prüfen bzw. regulieren lassen.
	9 Falsche Düsen eingebaut.	Wechseln lassen.
	10 Siehe A10.	
E Schlechte Leistung, zu geringe Höchstgeschwindigkeit.	1 Fahrpedalpotentiometer (drive by wire) gibt falsche Impulse.	System einstellen.
	2 Höchstdrehzahl wird nicht erreicht.	Drehzahlregler prüfen bzw. einstellen lassen.
	3 Einspritzleitungen an den Anschlüssen verkröpft.	Leitungen demontieren und prüfen. Leitungen nacharbeiten bzw. erneuern.
	4 Falsche Einspritzleitungen montiert.	Leitungen prüfen lassen (müssen mit Einspritzpumpe korrespondieren).
	5 Siehe A7, 8, 10.	
	6 Siehe D3, 4, 6 – 10.	
F Kraftstoffverbrauch zu hoch.	1 Motor noch nicht eingelaufen.	Einfahrhinweise beachten und danach erneut messen.
	2 Kraftstoffanlage undicht.	Ab Tank Sichtprüfung aller Versorgungsleitungen; unter der Motorhaube sämtliche Schläuche, Schlauchanschlüsse, Kraftstofffilter und Einspritzpumpe auf Dichtheit prüfen bzw. abdichten.
	3 Rücklaufleitung (Leckölleitung) verstopft.	Leitung vom Tank aus in Richtung Einspritzdüsen Schritt für Schritt mit Druckluft ausblasen.
	4 Leerlauf- bzw. Höchstdrehzahl zu hoch.	Prüfen bzw. einstellen lassen.
	5 Siehe D6 – 10.	
G Motor hat während der Fahrt Aussetzer (»Fehlzündungen«).	1 Einspritzdüsen gelockert bzw. defekt.	Prüfen (lassen), ob Einspritzdüsen »gasdicht« im Zylinderkopf verschraubt sind.
	2 Zylinderkopfdichtung durchgebrannt (prüfen, ob Motoröl im Kühlwasser oder bei laufendem Motor Gasblasen in der Kühlflüssigkeit aufsteigen).	Prüfen und erneuern lassen.
H Motor kann nicht abgestellt werden.	Siehe C3.	Einheit bzw. Kontakte prüfen (lassen).

DIE ZÜNDANLAGE

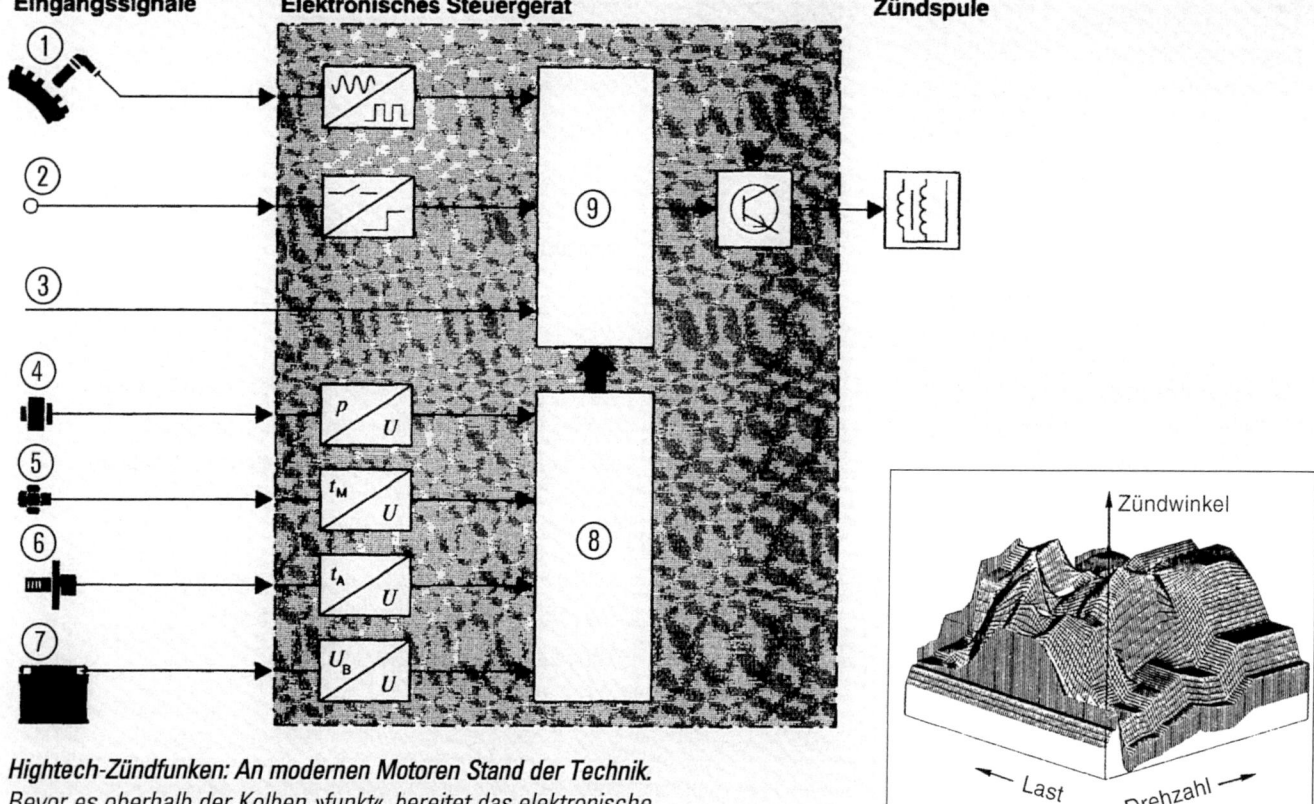

Hightech-Zündfunken: An modernen Motoren Stand der Technik.
Bevor es oberhalb der Kolben »funkt«, bereitet das elektronische Motormanagement den Zündfunken für jeden Zylinder situationsgerecht auf. Der Mikrocomputer ❾ des Steuergeräts – in der linken Darstellung – nutzt dazu unterschiedlichste Eingangssignale, so zum Beispiel die Motordrehzahl ❶, diverse Schaltersignale ❷, den Saugrohrdruck ❹, die Motortemperatur ❺, die Ansauglufttemperatur ❻ oder die Batteriespannung ❼. Damit der »Funkenrechner« die Datenflut nicht als »Datensalat« ignoriert, liefert ein Datenbus ❸ den Großteil der analogen Sensorsignale einem Analog-/Digitalwandler ❽ zur »Übersetzung« ab. Den »Dolmetscher« verlassen dann ausschließlich digitale Daten, die aus der Zündendstufe die Reise zur Zündspule antreten. Jeder Zündfunke wird hinsichtlich Kraftstoffverbrauch, Drehmoment, Abgas, Abstand zur Motorklopfgrenze, Motortemperatur, Fahrbarkeit, usw. im Vorfeld entsprechend modifiziert: Je nach Motorenbauer-Philosophie bekommt der eine oder andere »Gesichtspunkt« eine unterschiedliche Gewichtung. Das Prozedere läuft im Zündwinkelkennfeld (Darstellung rechts), einem dreidimensionalen »Berg- und Talgebilde« mit bis zu 4000 einzeln abrufbaren Zündwinkeln ab. Die Oberaufsicht über diese »Kraterlandschaft« führt das Motorsteuergerät.

Wartung

Zündkerzen prüfen und wechseln	128
Sichtprüfung: Zündspule und Zündkabel	130
Drehzahlgeber prüfen (Multimeter)	130

Reparatur

Zündmodul aus- und einbauen	127
Zündstrom prüfen	127
Vorglühanlage checken	132
Glühkerzen aus- und einbauen sowie prüfen	132

ZÜNDANLAGE

Elektronische Hightech-Zündanlagen »zündeln« seit dem letzten Jahrzehnt des vergangenen Jahrtausends: Chips und Bits gehen unter den Motorhauben moderner Autos dazu mannigfaltige Verbindungen mit den Zündkerzen ein. Sie tun das mit großer Flexibilität und bei jeder Kurbelwellenumdrehung mit einer neuen, individuellen Grundeinstellung für jeden Zylinder. Die in diesem Band beschriebenen Duratec-Vierzylinder arbeiten übrigens im Zündrhythmus 1 – 3 – 4 – 2.

Der Variantenreichtum jedes einzelnen Zündfunkens ist bei den Duratec-Motoren nahezu unerschöpflich: Ein Hochleistungsrechner taktet den Blitz in wenigen Millisekunden. Er nutzt dazu ein Festplattengrundwissen von rund 4.000 abgelegten Zündwinkelkennfeldern. Im Vergleich zur Spulenzündung ein beeindruckender Fortschritt.

Ohne Spezialequipment ein Risiko – Do it yourself an elektronischen Zündanlagen

Ein Fortschritt freilich, den mittlerweile alle Hersteller nutzen. Für Do it yourselfer und ambitionierte Schrauber hat das tief greifende Folgen: Fest ins Motormanagement integrierte Zündanlagen bieten Heimwerkern ohne Spezialequipment kaum noch »Angriffspunkte«. Auch dem Innenleben der Fiesta-«Blackboxes« kommen Sie ausschließlich mit Expertenwissen und hochsensiblem Testequipment auf die Spur. Hobbyschrauber, die das ignorieren, bezahlen ihre »Ignoranz« irgendwann mit viel Lehrgeld – und sei es nur nach jedem Tankstopp oder anlässlich der AU.

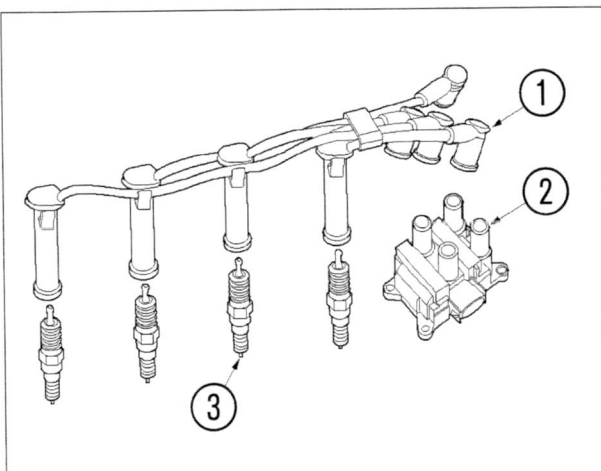

Am Beispiel des Duratec 16V Motors – das Zündsystem.
❶ *Zündkabel,* ❷ *Zündspüle,* ❸ *Zündkerzen.*

Konstruktionsbedingt liefern Duratec-Vierzylinder aus jeweils zwei Zündspulen in einem Gehäuse ihre Funken immer im »Doppelpack« an den Zündkerzen ab: Ein Funke zündet die Frischgase des im Verdichtungstakt befindlichen Zylinders, der andere springt während des Ausstoßtakts im »gegenüberliegenden« Zylinder über. Anders gesagt: Zylinder 1 und 4 sowie Zylinder 3 und 2 bekommen »ihren Funken« immer gleichzeitig ab.

Beliefert das PCM mit Grunddaten – der CKP-Sensor

Als Berechnungsgrundlage für jeden einzelnen Zündfunken dient zunächst einmal das Signal des Kurbelwellenstellungssensors (CKP). Sein Signal steuert, nachdem es vorab im PCM digitalisiert wurde, die Primärwicklung der Zündspule an. Dazu unterbricht das PCM kurzfristig die Stromversorgung dorthin. Auf diese Weise entsteht eine Hochspannung (Zündspannung), die via Zündkabel an die Zündkerzen kommt und sich an den Kerzenelektroden entlädt.

Damit es »zeitgemäß funkt« – Antriebsstrangsteuergerät (PCM) mit diversen Kennfeldern

Die »passgenaue« Koordination des Zündfunkens verantwortet das PCM. In seinem Speicher sind unter anderem die theoretischen Grunddaten unterschiedlichster Zündwinkelkennfelder abgelegt. Doch um die graue Theorie bestmöglich mit der Praxis verquicken zu können, verarbeitet der Bordrechner im Millisekundentakt relevante Sensorsignale aus der Motorperipherie. So ergänzt er zum Beispiel sein »Festplattenwissen« mit den aktuellen Daten des Kurbelwellenpositions- und Klopfsensors. Das PCM kommuniziert vor jedem Gaswechsel zudem mit dem Gaspedal, der Einspritzanlage, mit der Lambda-Sonde vor dem Katalysator, dem Drehzahl- sowie mit diversen Temperatursensoren und dem Luftmengenmesser unter der Motorhaube.

Je nach Belastungszustand (Leerlauf, Teillast, Volllast) und Frischluftqualität verbrennt das Gemisch in den Brennräumen mit unterschiedlicher Geschwindigkeit. Um die Kraftstoffenergie dennoch bestmöglich zu nutzen, variiert die Blackbox das Zündwinkelkennfeld entsprechend dem Belastungszustand für jeden einzelnen Zylinder. Der beste Augenblick ist jeweils dann, wenn das Frischgas im Moment der höchsten

ZÜNDANLAGE

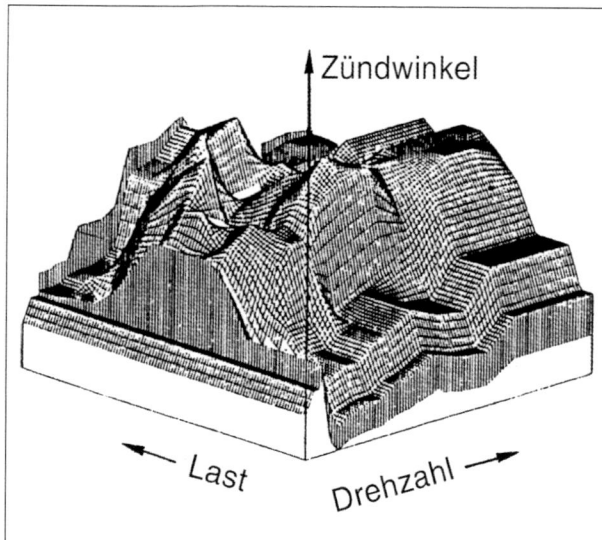

Dreidimensional: Zündwinkelkennfeld. Jeder einzelne Zündfunke wird im Vorfeld nach den Gesichtspunkten Kraftstoffverbrauch, Drehmoment, Abgas, Abstand zur Motorklopfgrenze, Motortemperatur, Fahrbarkeit, usw. vorbereitet. Je nach Motorenbauer-Philosophie bekommt der eine oder andere »Gesichtspunkt« eine unterschiedliche Gewichtung. Das Prozedere läuft im Zündwinkelkennfeld, einem dreidimensionalen »Berg- und Talgebilde« mit bis zu 4000 einzeln abrufbaren Zündwinkeln ab. Die Oberaufsicht über diese »Kraterlandschaft« führt das Motorsteuergerät.

Verdichtung gezündet wird. Beim Viertaktmotor ist das der Augenblick, in dem der Kolben von der Aufwärtsbewegung des Kompressionshubs in die Abwärtsbewegung des Arbeitstakts übergehen will.

Zeitlich versetzt – Zündung und Verbrennung

Allerdings korrespondiert der Zündzeitpunkt nicht exakt mit dem oberen Totpunkt (OT). Denn bis zur Zündung benötigt das Gemisch rund eine dreitausendstel Sekunde. Demzufolge bekommt der Zündfunken noch während der Aufwärtsbewegung des Kolbens »grünes Licht«. Der höchste Verbrennungsdruck dagegen setzt ein, wenn der Kolben OT gerade überschritten hat. Da das Kraftstoff-Luft-Gemisch zum Entflammen stets die gleiche Zeit benötigt, muss der Zündzeitpunkt mit steigender Motordrehzahl weiter vor OT wandern.

Soviel zum Grund-Layout einer elektronisch gesteuerten Zündanlage. Und Sie ahnen es längst: Ohne viele kleine »Helferlein« geht da nicht viel zusammen – zumindest nicht koordiniert. Das bemerken Sie spätestens dann, wenn – infolge irgendeiner Unpässlichkeit – das System auf »Notprogramm« (fail safe) schaltet. Ihr Fiesta streckt dann zwar nicht gleich »alle Viere« von sich, aber als sensibler Autofahrer bemerken Sie sofort, dass irgendein »Störenfried« das geordnete Miteinander unter der Motorhaube konterkariert.

Unsichtbare Helfer (allgemein)

Druckgeber: Der Druckgeber liefert dem Steuergerät Informationen über den Unterdruck im Saugrohr. Der Sensor ist ein druckempfindlicher Kristallchip, der seinen elektrischen Widerstand anhand des herrschenden Unterdrucks variiert. Aus diesen Differenzen sowie den aktuellen Drehzahlinformationen erkennt das Steuergerät den momentanen Betriebszustand.

Klopfsensor: Arbeiten auf Basis von Piezokeramik, einem Werkstoff also, der in Gasfeuerzeugen schon seit Jahren den Feuerstein ersetzt. Piezokeramik wandelt mechanische Energie, wie Zug oder Druck, in elektrische Spannung um. Kleinste Disharmonien, etwa bei »klopfender Verbrennung«, reichen, um den Sensor zu aktivieren. Klopfende Verbrennung heißt für die Motorinnereien, allen voran Kolben, Ventile und Zylinderkopfdichtung »Stress, Stress, Stress«: Denn Die Flammfronten »beschleunigen« anstatt mit 30 m/s jetzt mit bis zu 2000 m/s, was unter anderem zu »mörderischen« Verbrennungstemperaturen und wesentlich höheren Verbrennungsdrücken führt.

Ohne Sensor wären die Materialien binnen kurzer Zeit überfordert und ein veritabler Motorschaden unausweichlich. Klopfsensoren greifen demzufolge sofort in das Geschehen ein und melden die Disharmonien weiter an den Bordrechner. Der Zündzeitpunkt des betreffenden Zylinders wird daraufhin sofort korrigiert (etwa -5°). Die übrigen Zylinder arbeiten so lange unbeeinflusst weiter, bis der Sensor auch in ihrem Umfeld Unregelmäßigkeiten feststellt und meldet. Der Zündzeitpunkt wandert, ausgehend vom Soll-Zündzeitpunkt und pro Arbeitstakt, so lange in Richtung Spätzündung, bis die Verbrennung wieder normal verläuft. Der maximale Verstellbereich beträgt erfahrungsgemäß -15°.

Nach kurzer Verweilzeit und bei ordnungsgemäßer »Datenlage« verstellt der Bordrechner den Zündzeitpunkt des/der betreffenden Zylinder(s) schrittweise wieder auf »früh«.

ZÜNDSPULE UND ZÜNDKERZEN

Funkenfabrik – die Zündspule

Damit's an den Zündkerzen kräftig funkt, entlädt sich an ihren Elektroden eine Hochspannung jenseits von 30.000 Volt. Zündspulen bestehen aus zwei Wicklungen: Einer Primärwicklung mit wenigen Windungen (ca. 100) aus dickem Kupferdraht (ca. 0,6 mm²) und einer Sekundärwicklung mit einigen tausend Windungen dünnen Kupferdrahts (ca. 0,1 mm²). Beide Wicklungen umschließen einen lamellierten Eisenkern. Vom Steuergerät über das integrierte Zündleistungsmodul getaktet, bekommt die Primärwicklung Strom von der Batterie (Niederspannung). Dadurch entsteht ein Magnetfeld, das die Sekundärwicklung transferiert. Unterbricht das Steuergerät diesen Stromkreis, bricht für Bruchteile von Sekunden das Magnetfeld schlagartig zusammen. In der Sekundärwicklung entsteht jetzt eine Spannung bis zu 400 Volt, die wiederum einen Hochspannungsstromstoß (Induktion) von mehr als 30.000 Volt produziert. Fiesta-Motoren haben eine elektronische Zündanlage mit zwei Zündspulen (EI), die ihre Zündfunken in der Arbeitsreihenfolge 1 – 3 – 4 – 2 takten.

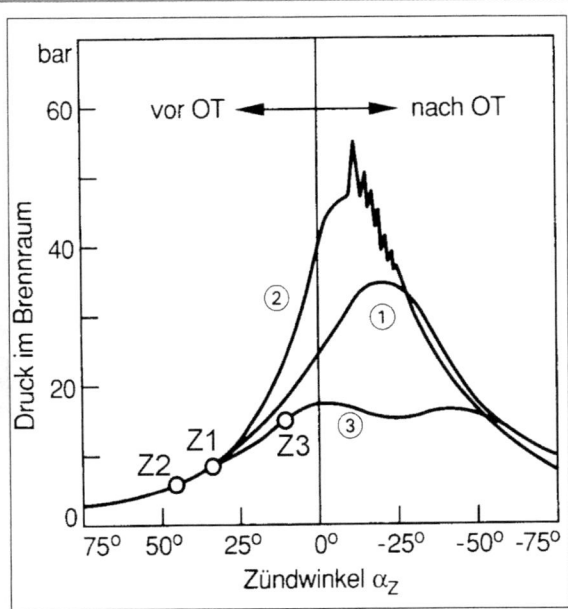

Drucksache: Bei falsch eingestelltem Zündzeitpunkt, oder schlechten Kraftstoffqualitäten variiert der Verbrennungsdruck in den Zylindern. ❶ korrekt eingestellter Zündzeitpunkt, ❷ Frühzündung (klopfende Verbrennung), ❸ Spätzündung.

Drehzahlgeber: Im allgemeinen ein Induktionsgeber, der den Zündspulen über das Steuergerät Spannung anliefert. Im Geber sind Magnet und Spule integriert. Die Steuerung übernehmen spezielle Impulsstege an der Motorschwungscheibe: Immer, wenn ein Steg den Geber passiert, ändert sich das Magnetfeld im Dauermagneten – die Spule erzeugt dann Spannung. Um die Stellung der Kurbelwelle als plausibles OT-Signal erfassen zu können, sind als »Orientierungshilfen« für den ersten und letzten Zylinder an der Schwungscheibe zwei Impulsstege ausgespart – jeweils vor OT. Das Steuergerät interpretiert »die Lücken« als Informationsquelle zur Motordrehzahl.

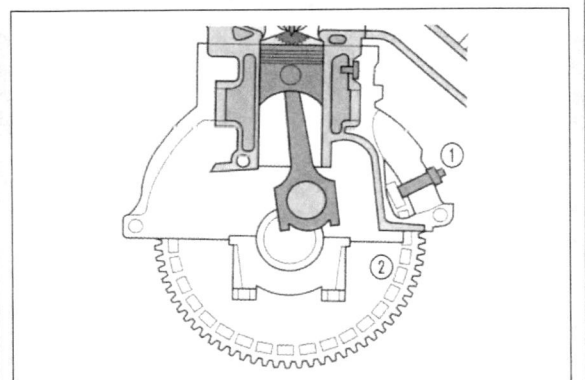

Arbeitet auf den Winkelgrad genau: Kurbelwellenpositionssensor. ❶ Sensor, ❷ Sektionsfelder.

Hochtemperaturbeständig – die Zündkerzen

Zündkerzen haben die Aufgabe, das Kraftstoff-/Luftgemisch im Brennraum zu entzünden. Dabei entstehen Temperaturen von rund 2.500 °C und Drücke bis zur 60 bar. Damit der Funke zuverlässig an den Zündkerzenelektroden überspringt, ummantelt den Kerzenanschlussbolzen ein keramischer Isolator. Mittelelektrode und Anschlussbolzen stecken außerdem in einer

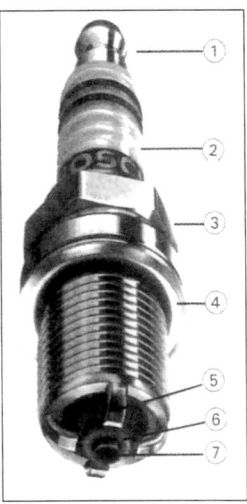

Optimal auf die Motoren abgestimmt: Gleitfunkenzündkerzen mit vier Masseelektroden. Die Kerzen garantieren mit ihrer hochwärmeleitfähigen Kupferkernmittelelektrode und Luftgleitfunkentechnik ein sicheres Zündverhalten sowie lange Lebensdauer. ❶ Zündkabelanschlussmutter, ❷ Keramikisolator, ❸ Zündkerzenkörper, ❹ Dichtring, ❺ Masseelektrode, ❻ Isolatorfuß, ❼ Mittelelektrode.

ZÜNDANLAGE

elektrisch leitenden Glasschmelze, der gleichermaßen die Verankerung und Abdichtung gegenüber dem Brennraum obliegt. Sobald die erforderliche Zündspannung am Ende der Mittelelektrode ansteht, entlädt sich der Zündfunken von der Mittel- zur Masseelektrode. Der kurze »Blitz« reicht aus, um die Frischgase zu zünden.

Variabel – der Wärmewert

Um zuverlässig zu funktionieren, müssen Zündkerzen ihre Selbstreinigungstemperatur von etwa 400 °C möglichst schnell erreichen. Falls nicht, »verbacken« den Isolatorfuß früher oder später Verbrennungsrückstände, die fortan den Zündfunken »fesseln«. Bei Volllast allerdings darf die Temperatur nicht ins Uferlose steigen – die gesunde Arbeitstemperatur einer Zündkerze liegt bei rund 800 °C. Nicht alle Motoren bieten den Zündkerzen identische Arbeitsbedingungen: Somit entscheidet erst der Wärmewert (auf der Zündkerze eingeprägt), ob Funkenspender und Motor auch tatsächlich harmonieren. Verwenden Sie zum Beispiel eine Zündkerze mit zu geringem Wärmewert, wird sich der Isolatorfuß stark erhitzen. Das hätte unkontrollierte Glühzündungen zur Folge, die – früher oder später – zu Motorschäden führen. Wählen Sie dagegen Zündkerzen mit zu hohem Wärmewert, bleibt die Selbstreinigungstemperatur auf der Strecke – der Isolatorfuß verschmutzt und »lähmt« alsbald den Zündfunken.

Vergrößert sich automatisch – der Elektrodenabstand

Neben dem richtigen Wärmewert (siehe Tabelle »Damit »funkt's« im Fiesta«) müssen Zündkerzen auch den richtigen Elektrodenabstand aufweisen. Neue Fiesta-Kerzen haben etwa 1,3 Millimeter, mit zunehmender Laufzeit vergrößert sich der Abstand jedoch. Denn bei jedem Funken (Überschlagsspannung) lösen sich kleine Metallpartikel von den Elektroden. Größere Elektrodenabstände erfordern eine höhere Zündspannung. Folge: Es kann zu Zündaussetzern kommen, eventuell springt der Motor dann nicht mehr zuverlässig an.

Achten Sie beim Kerzentausch unbedingt darauf, dass Ihren Fiesta tatsächlich nur Zündkerzen mit dem vorgeschriebenen Wärmewert, dem korrekten Elektrodenabstand und dem richtigen Kerzengewinde »befeuern«.

Damit »funkt's« im Fiesta

Motor	Zündkerzen-Spezifikation
1,3-Liter 8V/44 kW	Motorcraft AYFS 32CJ
1,3-Liter 8V/51 kW	Motorcraft AYFS 32CJ
1,4-Liter 16V/59 kW	Motorcraft AYFS 22C
1,6-Liter 16V/74 kW	Motorcraft AYFS 22C
1,4-Liter TDCi 8V/50 kW	Motorcraft EZD 40 Schnellglühkerzen

Was das »Kerzengesicht« sagt

Zündkerzen sind gewissermaßen die Kronzeugen der Verbrennung. Die Optik der Kerzenelektroden (»Kerzengesicht«) verrät einem Fachmann, ob der Motor optimal arbeitet. Achten Sie bei ausgebauten Zündkerzen darum auf folgende Punkte:

Isolatorfuß hellgrau, graugelb bis rehbraun gefärbt: Gut eingestelltes Kraftstoff-/Luftgemisch – der Motor läuft wirtschaftlich.

Isolatorfuß weißlich gefärbt: Zu mageres Kraftstoff-/Luftgemisch – CO-Gehalt prüfen; eventuell falscher Zündzeitpunkt; Steuergerät defekt.

Isolatorfuß, Elektroden, Zündkerzengehäuse mit samtartigem, stumpfschwarzen Ruß bedeckt: Zündkerze erreicht nicht ihre Selbstreinigungstemperatur (häufiger Kurzstreckenverkehr), falscher Wärmewert, Kraftstoff-/Luftgemisch zu fett, CO-Gehalt zu hoch.

Isolatorfuß, Elektroden, Zündkerzengehäuse mit ölglänzendem Ruß oder Ölkohle bedeckt: Kolbenringe, Ventilführungen oder Abdichtungen der Ventilschäfte schadhaft. Möglicherweise haben Sie auch Motoröl oder Kraftstoff mit Zusätzen verwendet. Tauschen Sie die Zündkerzen aus, wechseln Sie Öl und Kraftstoffmarke und prüfen dann erneut den Zustand der Kerzen.

Arbeiten an der Zündanlage

Völlig zu Recht stuft der Gesetzgeber elektronische Zündanlagen als gefährliche Bauteile ein. Beachten Sie darum vor und während aller Arbeiten an der Zündung besondere Sicherheitsvorkehrungen. Herzschrittmacher zum Beispiel geraten im Kontakt mit elektronischen Zündanlagen mitunter aus dem »Takt«. Um da ganz sicher zu gehen, dass Sie sich keiner Gefahr aussetzen, überlassen Sie »ernsthaftere« Eingriffe darum besser Ihrer Ford-Werkstatt. Doch auch zu turnusmäßigen Wartungsarbeiten lassen Sie besondere Vorsicht walten.

ZÜNDSTROM PRÜFEN

- Berühren Sie bei eingeschalteter Zündung auf keinen Fall spannungsführende Teile des Primär- und Sekundärstromkreises – Lebensgefahr!

- Schalten Sie zu allen Servicearbeiten stets die Zündung aus. Das gilt gleichermaßen für den Zündkerzenwechsel wie für das An- bzw. Abklemmen elektrischer Leitungen oder den Anschluss von Prüfgeräten.

- Um an elektronischen Zündanlagen den Hochspannungsimpuls auszulösen, genügt – bei eingeschalteter Zündung – eine Fahrzeugerschütterung. Bei Arbeiten im Motorraum »schweben« Sie dann in Lebensgefahr, zudem können auch elementare Bauteile der Zündanlage zerstören.

- Wenn Sie Schweißarbeiten (Schutzgas, E-Schweißen) an Ihrem Fiesta durchführen, klemmen Sie grundsätzlich vorher die Batterie ab.

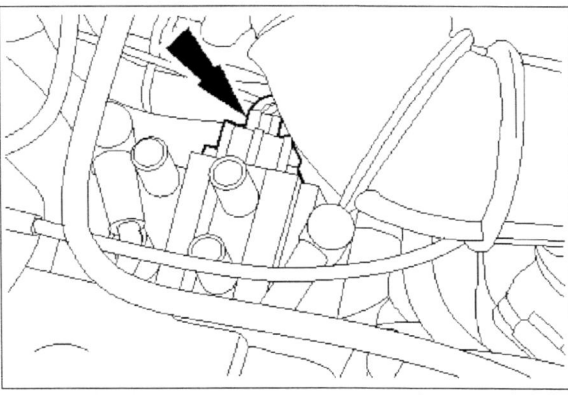

Abziehen – Anschlussstecker des Zündmoduls.

④ ... lösen die vier Befestigungsschrauben (Pfeile).

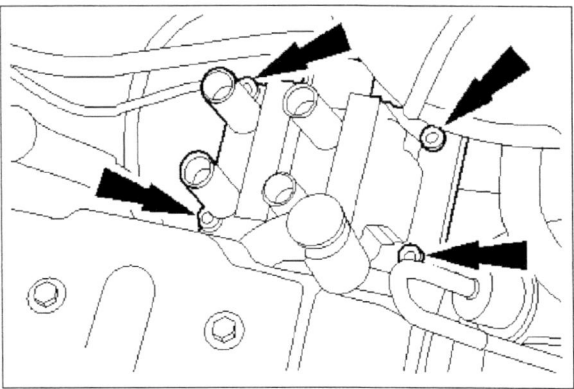

Demontieren – Zündmodul.

⑤ Beenden Sie die Montage in umgekehrter Reihenfolge. Die Befestigungsschrauben des Zündmoduls sitzen mit 6 Nm fest am Halter. Prüfen Sie alle Anschlüsse auf festen Sitz.

Zündmodul aus- und einbauen

(am Beispiel Duratec 16V)

① Demontieren Sie den Luftfilterkasten wie beschrieben und ...

② ... ziehen die Zündkabel (Pfeile) vom Zündmodul. Achten Sie allerdings darauf, dass Sie nur an den Zündsteckern und nicht »unterwegs« an den Kabeln ziehen.

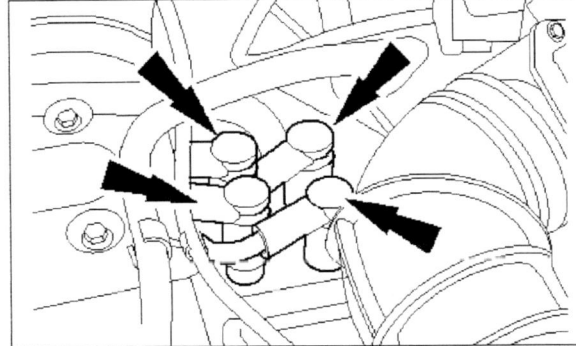

Immer im gleichen Rhythmus – Zündfolge. Die Kabel sind schnell abgezogen. Achten Sie auf die Belegungsplätze.

③ Trennen Sie dann den Anschlussstecker (Pfeil) vom Modul und ...

Teamwork – Zündstrom prüfen

① Ziehen Sie die Zündkerzenstecker ab und schrauben dann alle Zündkerzen aus dem Zylinderkopf.

② Die losen Kerzen »verkuppeln« Sie jetzt mit den Kerzensteckern und legen dann das »Zündgeweih« möglichst rutschfest auf dem Motorblock ab. Die Kerzen müssen einen satten Massekontakt haben.

③ Lassen Sie jetzt Ihren Helfer den Anlasser betätigen. Sie beobachten derweil den »Funkenflug«: Kräftige, blaue

ZÜNDANLAGE

Funken dürfen (müssen) nur an den Kerzenelektroden überspringen. Falls es schon »unterwegs« irgendwo knistert, ist die Isolation der Zündkabel defekt. Bei »schlappen«, gelblich gefärbten Funken fehlt's an der nötigen Überschlagspannung.

④ Bleiben die Funken »ganz auf der Strecke«, nehmen Sie zunächst die Zündanlage in Augenschein. Fällt Ihnen dabei nichts auf, prüfen Sie die Spannungsversorgung vom Zündmodul.

Zündkerzen wechseln – im Fiesta spätestens nach 60.000 Kilometern

Im Wartungsplan empfiehlt Ford die Zündkerzen alle 60.000 Kilometer (respektive alle 36 Monate) zu wechseln. Die Empfehlung sollten Sie erfahrungsgemäß auch bedenkenlos übernehmen – moderne Zündkerzen »überleben« locker die Distanz. Die Betonung liegt auf »sollten«, es kann nämlich durchaus angehen, dass Ihr Fiesta auch mit »jüngeren« Kerzen nur noch unwillig anspringt, oder in der Kaltlaufphase bzw. beim Beschleunigen ruckelt. Häufig sind Zündkerzen dann die »Quertreiber« – zum Beispiel wegen verbrannter Elektroden oder unsichtbarer Risse im Keramikisolator. Besagte Risse »saugen« sich bei Kaltstarts »gerne« mit kondensierendem Kraftstoff voll. Und da Zündfunken grundsätzlich den Weg des geringsten Widerstands gehen, führt der eben auf dem »kürzesten« Weg an Masse. Sollten Sie alten Zündkerzen misstrauen, fackeln Sie nicht lange, sondern spendieren Ihrem Auto einen neuen Satz. Wechseln Sie die Kerzen allerdings **nur** bei kaltem Motor und **nur** mit einer Zündkerzennuss.

Arbeitsschritte

① Den Luftfilterkasten demontieren Sie wie beschrieben und ziehen dann die Kerzenstecker (an den Kerzensteckern) von den Zündkerzen.

② Lösen Sie die Zündkerzen zunächst nur um etwa drei Umdrehungen und reinigen dann die Kerzenschächte gründlich von Staub und Dreck. Falls Sie Druckluft zur Hand haben, blasen Sie alle Kerzenschächte sorgfältig aus. Falls nicht, »fangen« Sie zum Beispiel Insektenkadaver oder groben Schmutz mit einem langen Schraubendreher oder einer Handpumpe vor den Brennräumen ein.

③ Sobald die Kerzenschächte »clean« sind, drehen Sie die Zündkerzen ganz heraus und …

Immer nur mit Kerzennuss oder Zündkerzenschlüssel demontieren/montieren – Zündkerzen.

④ … legen sie außerhalb des Motorraums in der Zylinderreihenfolge ab. Prüfen Sie jedes einzelne »Kerzengesicht« und vergleichen es mit dem der übrigen Kerzen: Anhand der Optik bekommen Sie nämlich schnell einen ersten Überblick über den »Gesundheitszustand« der Zylinder. Falls alle Zündkerzen total unterschiedlich aussehen und mit groben Verbrennungsrückständen »verbacken« sind, gehen Sie der Ursache auf den Grund oder lassen einen Fachmann mit Messequipment an Ihren Fiesta.

⑤ Achten Sie darauf, dass Sie zur Montage die Kerzen unbedingt »gerade« ansetzen und nicht im Gewinde verkanten. Reiben Sie vorab die Kerzengewinde dünn mit hitzebeständiger Kupferfettpaste ein. Erst dann drehen Sie alle Kerzen zunächst nur handfest in die Kerzenlöcher. Hernach ziehen dann jede einzelne mit dem Zündkerzenschlüssel noch eine Vierteldrehung (90 Grad) weiter an. Dies entspricht dann etwa dem vorgeschriebenen Anzugsdrehmoment (25 Nm).

⑥ Sollten Sie gebrauchten Zündkerzen »vertrauen«, reinigen Sie vor der Montage das Kerzengewinde gründlich mit einer Messingbürste und fetten es dünn mit hitzebeständiger Kupferfettpaste ein. Ansonsten verfahren Sie wie bei neuen Zündkerzen. **Ausnahme**: Den Kerzenschlüssel drehen Sie nur um rund 15 Grad weiter (an gebrauchten Kerzen ist der Dichtring ja bereits gepresst).

⑦ Beenden Sie die Montage in umgekehrter Reihenfolge.

STÖRUNGSBEISTAND MOTOR UND ZÜNDANLAGE

Praxistipp

Zündkerze sitzt fest

Wenden Sie bei »festgebackenen« Zündkerzen auf keinen Fall grobe Gewalt an: Ihre »unbändige« Kraft könnte dem Kerzengewinde im Zylinderkopf den Garaus bereiten. Anstatt »Kraftakt« fahren Sie besser den Motor warm und versuchen hernach, die Kerze auszudrehen. Achten Sie auf Ihre Hände und tragen besser Arbeitshandschuhe, ansonsten »tragen« Sie schnell dicke Brandblasen an den Fingern.

Selbstverständlich lassen Sie dann bis zur Montage der neuen Kerzen den Motor so lange auskühlen, bis Sie ohne »Fingerschutz« arbeiten können. Unser Rat hat auch einen technischen Hintergrund – die Materialien der Zündkerze und des Zylinderkopfs dehnen sich unterschiedlich aus: Kalte Zündkerzen in einen heißen Motor »eingepflanzt«, sitzen später »bombensicher bombenfest«.

Motor und Zündanlage*

Störungsbeistand

Störung	Ursache	Abhilfe
A Motor springt schlecht oder gar nicht an.	1 Zündmodul oder Zündkerzen feucht bzw. verschmutzt, daher kein Zündfunken.	Trocknen bzw. reinigen, ggf. mit Zündspray behandeln.
	2 Steckverbindungen locker bzw. oxidiert.	Kontrollieren, ggf. erneuern (lassen).
	3 Zündkerzen nass (nach häufigen Startversuchen).	Ausbauen und trocknen.
	4 Drehzahl-/Positionssensor lose – zu großer Abstand zur »Geberseite«.	Festziehen.
	5 Drehzahl-/Positionssensor defekt; Kabel hat Masse oder ist unterbrochen.	Erneuern lassen; Kabel kontrollieren bzw. erneuern.
	6 Zündmodul defekt.	Austauschen
	7 Leistungsmodul bzw. Steuergerät defekt.	Kontrollieren lassen und ggf. austauschen.
B Motor läuft unrund, hat Zündaussetzer.	1 Zündkerze defekt.	Austauschen.
	2 Siehe A1–7.	
C Motor hat keine Leistung.	1 Ansaugsystem zieht Nebenluft.	Überprüfen (lassen).
	2 Ansauglufttemperatursensor defekt oder Stecker sitzt nicht korrekt.	Steckverbindungen kontrollieren, Sensor ggf. ersetzen lassen.
	3 Siehe A4–7.	

* Der Störungsbeistand setzt mechanisch gesunde Motoren mit intakter Gemischaufbereitung voraus.

ZÜNDANLAGE

Zündmodul und Kabel – das sollten Sie im Auge halten

Bevor Sie den Motor per Anlasser mit abgezogenen Zündsteckern durchdrehen lassen, ziehen Sie unbedingt den Mehrfachstecker vom Zündmodul ab. Falls Sie das vergessen sollten, könnte das Zündmodul fortan eine Macke haben.

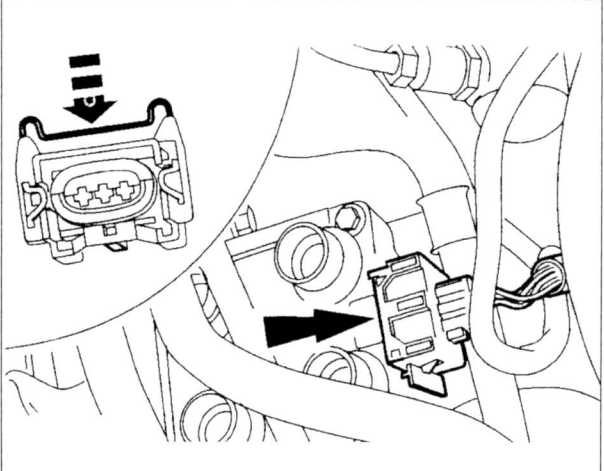

Schnell erledigt: Zur Demontage des Mehrfachsteckers einfach den Spannbügel (Pfeil) eindrücken.

- Sind die Kabelanschlüsse und Mehrfachstecker fest mit der Zündspule und dem Steuergerät verbunden? Die erwärmte, in den Zündkerzensteckern eingeschlossene Luft kann locker aufliegende Zündkabel beispielsweise von den Kontaktbuchsen abheben und deftige Zündaussetzer (Stottern) verursachen. Lose »herumliegende« Zündkabel können zudem Kriechströme und unkontrollierte Funkenüberschläge verursachen.

- Kontrollieren Sie das Zündspulengehäuse auf Risse oder Brandspuren. Letztere sind ein sicheres Indiz für unkontrolliert überschlagende Funken. Erneuern Sie dann die gesamte Zündspule.

- Sitzen die Kerzenstecker fest auf den Zündkabeln? Die Klemmkontakte müssen sauber (Oxid) sein.

- Prüfen Sie die Zündkabel, die Isolation darf nicht an- oder durchgescheuert sein. Kabel mit Scheuer- oder Schmorstellen ersetzen Sie besser umgehend. An einem defekten Kabel kann der Zündfunke schon vor der Zündkerze überspringen (Weg des geringsten Widerstands!) – Sie hören das an Knack- oder Knattergeräuschen im Motorraum.

- Entfernen Sie Streusalz- und Kalkablagerungen von den Zündkabeln.

Mit Multimeter checken – Drehzahlgeber

Den Drehzahlgeber checken Sie mit dem Multimeter in Stellung »Widerstand (Ω)« (siehe Kapitel »Die Fahrzeugelektrik«). Damit Sie Ihrem Messergebnis auch tatsächlich »trauen« können, checken Sie vorab den vorschriftsmäßigen Sensorabstand zum Schwungrad und – ganz besonders wichtig – die richtige Sensor-Befestigung.

Arbeitsschritte

① Zur Kontrolle ziehen Sie den Stecker (Pfeil) am Drehzahlsensor ab.

Abziehen – Anschlussstecker am Drehzahlsensor (Duratec 8V).

② Den Widerstand messen Sie an den beiden Steckkontakten.

③ Bei einem »gesunden« Drehzahlsensor liegt der Wert zwischen etwa 200 ± 50 Ω.

VORGLÜHANLAGE

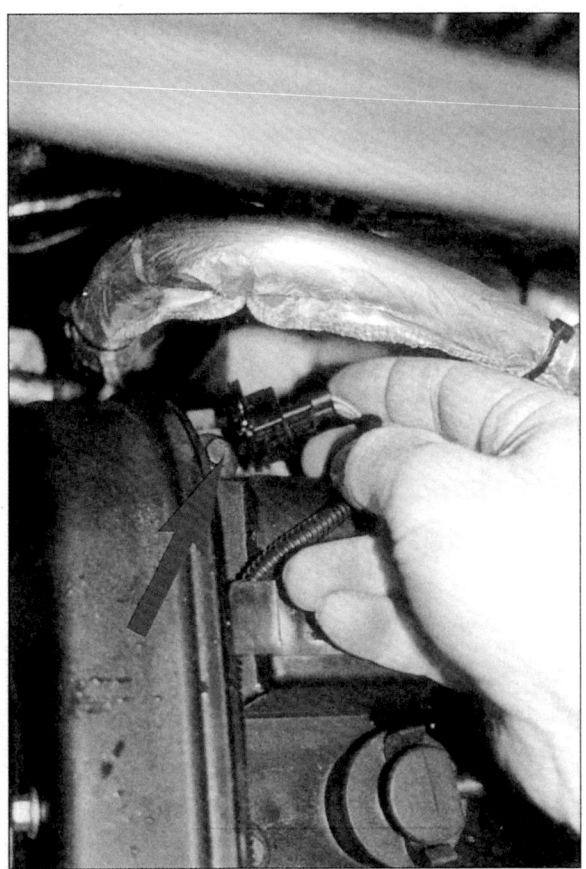

Abziehen – Anschlussstecker am Drehzahlsensor (Duratec 16V).

Heizt kalten Dieselmotoren ein – die Vorglühanlage

Dieselmotoren kommen beim Kaltstart erfahrungsgemäß schwerer als ihre Kollegen der Bauart Otto aus den »Pantoffeln«. Zwar springen Direkteinspritzer in unseren Breitengraden auch im Winter noch »höflich« an, ohne Vorglühanlage täten sie sich bei grimmiger Kälte allerdings schwer, ihre ersten Lebenszeichen taktvoll auf die Schwungscheibe zu »schütteln«.

Darum heizen leistungsfähige Glühkerzen den ausgekühlten Dieselbrennräumen ein. Die Glühkerzen sitzen auf der Rückseite des Zylinderkopfs und stehen unter Aufsicht des elektronischen Dieselmotormanagements. Um die Zeitdauer des »Hitzeschubs« exakt festzulegen, vertraut das PCM in der Vorwärmphase den Signalen des Temperatursensors: Je niedriger die Temperatur, um so intensiver die Vorwärmphase. Die maximale Vorwärmdauer beträgt rund acht Sekunden, vorausgesetzt es herrschen mindestens -20 °C. Sobald die Motortemperatur höher als 80 °C ist, fällt nach einem Startvorgang die Vorwärmphase gänzlich aus.

Machen müde Diesel munter: Schnellglühkerzen auf der Zylinderkopfrückseite. Jedem Brennraum, bzw. jeder Wirbel- oder Vorkammer, heizt – wie die Abbildung zeigt – eine eigene Glühkerze mit maximal 1.050 °C ein. Im System auftretende Fehler oder Unregelmäßigkeiten »archiviert« der Bordrechner. Die Daten entschlüsselt Ihr Ford-Händler, er setzt den Speicher auch wieder auf Null.

Und damit der Duratorq im Fiesta auch nach den ersten Lebenszeichen nicht zum »Schüttelhuber« wird, geht's nahtlos in die Nachglühphase: Das stabilisiert den Leerlauf und minimiert die Kohlenwasserstoffemissionen. Bei Außentemperaturen unterhalb -20 °C glühen die Kerzen für etwa 30 Sekunden nach, bei Motortemperaturen oberhalb 50 °C läuft der Fiesta gänzlich ohne fremde Hilfe.

Gleichfalls wenn der kalte Selbstzünder mehr als 2500 min^{-1} macht: Ein Hinweis für das elektronische Dieselmotormanagement, den Glühkerzen jetzt den »Strom« zu entziehen. Davon profitiert übrigens auch Ihr Geldbeutel – die Vorkehrung verlängert die Lebensdauer der Glühkerzen.

ZÜNDANLAGE

Vorglühanlage prüfen

Sollte Ihr Motor unwillig anspringen und Sie den Grund dafür im Vorglühsystem vermuten, gehen Sie Ihrem Verdacht auf den Grund:

① Schauen Sie auf jeden Fall zuerst nach der Hauptsicherung der Vorglühanlage (F3) und ...

② ... checken dann die übrigen Sicherungen der Motorelektrik.

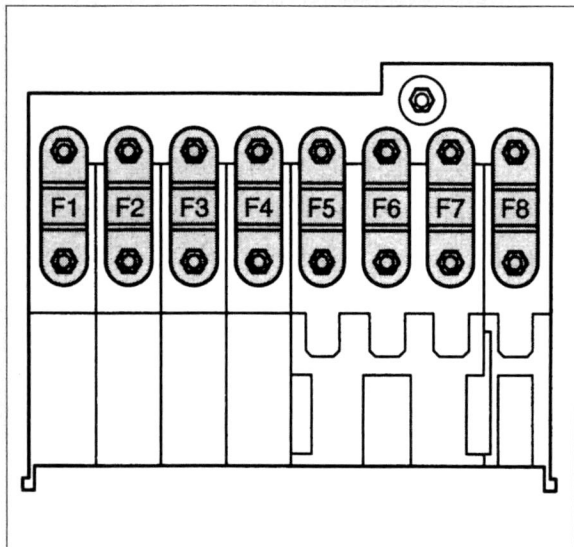

Direkt neben der Batterie im Motorraum: Sicherungskasten mit Relaissteckplätzen.

③ Falls dort alles o. k. ist, checken Sie mit dem Multimeter (Stellung »V«) die Spannung an den Schnellglühkerzen.

④ Kommen dort mindestens 11,5 Volt an, misstrauen Sie zu Recht den Glühkerzen.

⑤ Ziehen Sie dann das Anschlusskabel an einer der vier Glühkerzen ab und ...

⑥ ... »legen« eine Prüflampe zwischen Anschlusskabel und Masse.

⑦ Jetzt ziehen Sie am Kühlmitteltemperaturgeber den Stecker ab und legen ihn beiseite. Achten Sie darauf, dass der »geparkte« Stecker nicht an Masse kommen.

⑧ Alles o. k.? Dann drehen Sie den Zündschlüssel auf Stellung »Vorglühen«.

⑨ Die Prüflampe muss jetzt etwa 20 Sekunden aufleuchten.

⑩ Falls nicht, prüfen Sie die Hauptsicherung und das Vorglührelais.

⑪ Solange Sie dort den Fehler nicht lokalisieren, freunden Sie sich mit einem neuen Steuergerät an.

⑫ Bei geringen Selbstzweifeln verzichten Sie auf den Austausch und überlassen den Job Ihrem Ford-Händler.

Glühkerzen aus- und einbauen

① Klemmen Sie das Batteriemassekabel ab und demontieren das Luftfiltermodul.

② Hernach schrauben Sie die Anschlusskabel von den Glühkerzen (Pfeile) und ...

③ ... schrauben die Kerzen dann aus dem Zylinderkopf.

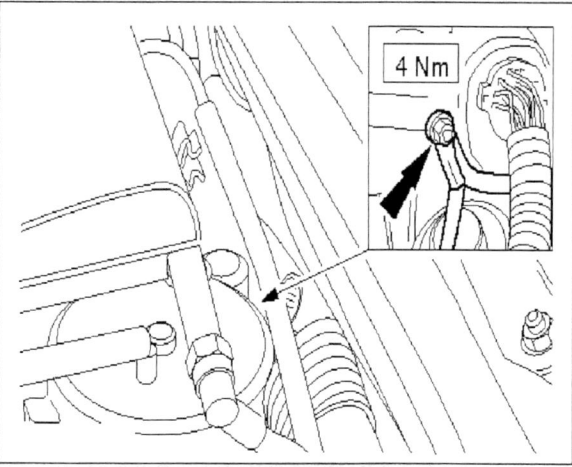

Vor der Demontage – Anschlusskabel von den Vorglühkerzen abziehen.

④ Beenden Sie die Montage in umgekehrter Reihenfolge. Ziehen Sie die neuen Glühstifte mit rund 8 Nm im Zylinderkopf fest.

Glühkerzen prüfen

Arbeitsschritte

① Legen Sie die Glühkerzen auf einer feuerfesten Unterlage ab und ...

② ... schließen Sie nacheinander mit einem Fremdstartkabel direkt an eine voll geladene Batterie an. Arbeiten Sie unbedingt mit dicken Lederhandschuhen – die Kerzen werden glühend heiß (max. 1050 °C)!

③ Binnen 10 Sekunden müssen alle Glühkerzen hellrot glühen. Ansonsten erneuern Sie die »träge(n)« Kerze(n) – besser Sie erneuern gleich alle Kerzen.

Vorglühanlage defekt — *Praxistipp*

Defekte an der Fiesta-Vorglühanlage bemerken Sie wahrscheinlich erst bei klirrendem Frost (unter -15 °C). Dann nämlich nimmt Ihr Fiesta, ohne fremde Heizenergie, seinen Job nur widerwillig auf. Mit »offenen« Augen und einem feinen »Näschen« kommen Sie möglichen Fehlern allerdings schon früher auf die Spur: Interessieren Sie sich für die Kaltstart-Dieselwolke hinter Ihrem Auto. Wenn dort »stechende«, blaue Rauchfahnen Ihre Nase verprellen und die Umwelt »verdunkeln«, lassen Sie prophylaktisch schon mal den PCU-Fehlerspeicher in Ihrer Werkstatt auslesen – Blaurauch mit einer gehender »scharfer« Duftnote signalisiert eine »kalte, unvollständige« Verbrennung. Kleinere »Wölkchen« hinter Ihrem Fiesta müssen Sie freilich nicht beunruhigen.

DIE KRAFTSTOFFVERSORGUNG

Schluckt selten über den Durst: Der Ford Fiesta des Jahrgangs 2002. 45 Liter Euro-Super reichen der stärksten Variante mit 74 kW/100 PS für rund 680 Kilometer. Der 1,4-Liter-Ableger mit 59 kW/80 PS verbrennt die gleiche Menge auf etwa 700 Kilometer. Beide 1,3-Liter 8V Motoren (44 kW/60 PS; 51 kW/ 70 PS) kommen mit der gleichen Menge rund 25 Kilometer weiter. Angesichts der gebotenen Fahrleistungen und des Fahrkomforts durchaus vorzeigbare Werte innerhalb der Otto-Zunft. Der 1,4-Selbstzünder mit 50 kW/68 PS sticht seine Kollegen an der Zapfsäule locker aus: In seinem Tank herrscht erst nach rund 1.050 Kilometern Ebbe.

Wartung

Tankbe- und -entlüftung prüfen 137

Kraftstoffleitungen und Schläuche
demontieren 140

Auspuffsystem checken 148

Reparatur

Kraftstofffilter erneuern 138

Kraftstoffpumpe prüfen 142

Kraftstofftank aus- und einbauen 143

Kraftstoffpumpe mit Pumpegehäuse
aus- und einbauen 145

Tipps für Arbeiten am Auspuffsystem 147

Auspuffsystem erneuern 148

KRAFTSTOFFVERSORGUNG

Der Fiesta-Kraftstofftank, ein tief gezogener Stahlblechbehälter mit 45 Liter Inhalt, »hängt« unterhalb der Rücksitzbank im hinteren Bereich der Bodengruppe. Die Versionen mit Ottomotor versorgt eine elektrisch angetriebene Intank-Kraftstoffpumpe mit Euro-Super und der Diesel-Fiesta legt seinen »Ölsumpf« mit einer im Tankgeber integrierten Saugstrahlpumpe inklusive einer Transferpumpe »trocken«. Generell haben die Tanks keine Ablassschraube. Warum erwähnen wir das? Sollten Sie irgendwann einmal den Tank demontieren oder an seine »Innereien« müssen, können Sie das Reservoir nur über den Einfüllstutzen entleeren.

Ausgeklügelt - das Belüftungssystem

Die Kraftstoffpumpe der Ottomotoren (Intank-Saug-/Druckpumpe) ist kombiniert mit dem Kraftstoffvorratsanzeiger (Tankgeber). Um Verunreinigungen und Kondensate zu binden, sitzt ein Kraftstofffilter in der Vorlaufleitung. Sein Arbeitsplatz: In Nähe des linken Hinterrads unter dem Bodenblech. Die Kraftstoffvor- und -rücklaufleitungen kommen zusammen mit dem Tankgeber aus dem Tank. Ihre Anschlüsse sind leicht lösbare Schnellverschlüsse. Ein Sicherheitsventil regelt die Be- und Entlüftung. Die oberhalb des Kraftstoffspiegels entstehenden Gase »sammelt« bei den Ottoversionen so lange ein Aktivkohlefilter, bis er sie – bei laufendem Motor – zur Verbrennung in den Ansaugtrakt einspeisen kann.

Die generellen Bauteile der Kraftstoffversorgung

Kraftstoffpumpe: Im Fiesta arbeitet eine im Tank montierte, elektrisch angetriebene Intank-Saug-/Druckpumpe (Diesel mit Saugstrahl-/Transfer- und Hochdruckpumpe). Die Intank-Kraftstoffpumpe arbeitet als Strömungspumpe mit einer Förderleistung von ca. 80 l/h und einem Förderdruck von rund 3,0 bar. Pumpe und Tankgeber »sitzen«, ähnlich wie beim Diesel, gemeinsam in einem Gehäuse. Die Stromversorgung der Kraftstoffpumpe »läuft« unter der Regie des Motorsteuergeräts vom Zündschloss über das Kraftstoffpumpenrelais inklusive Sicherung zur Pumpe. Sobald der Motor läuft, fördert auch die Pumpe.

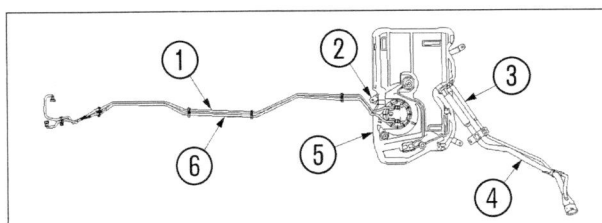

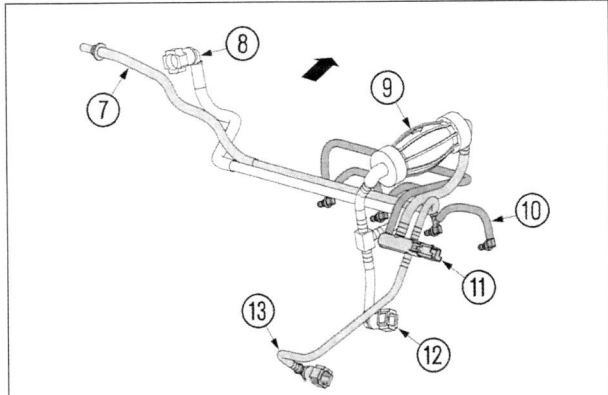

Vom Tank bis unter die Motorhaube: So kommt im Diesel-Fiesta der Kraftstoff ans Ziel. ❶ *Kraftstoffrücklaufleitung,* ❷ *Tankhaltebänder,* ❸ *Entlüftungsleitung,* ❹ *Tankeinfüllstutzen,* ❺ *Kraftstofftank,* ❻ *Kraftstoffvorlaufleitung,* ❼ *Tankrücklaufleitung,* ❽ *Vorlaufleitung zum Kraftstofffilter,* ❾ *Kraftstoffhandpumpe zum manuellen Entlüften (z. B. nach Filterwechsel) des Kraftstoffsystems,* ❿ *Lecköl-Rücklaufleitung,* ⓫ *Sammelrohr-Kraftstoffrücklauf,* ⓬ *Kraftstoffanschluss zur Hochdruckpumpe,* ⓭ *Kraftstoffrücklaufleitung-Hochdruckpumpe.*

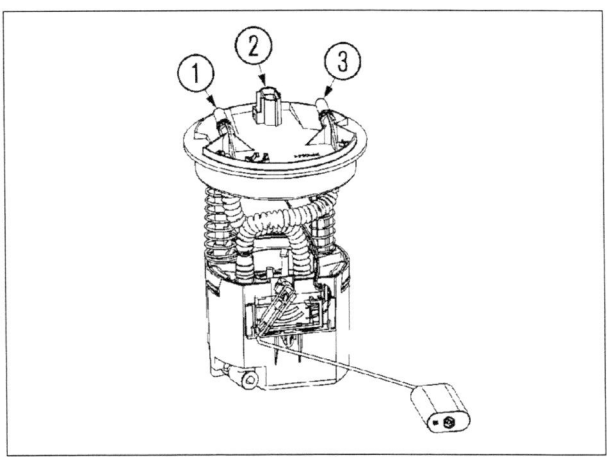

»Sitzen« auch beim Diesel in einem Gehäuse: Intank-Kraftstoffsaugstrahlpumpe und Tankgeber. ❶ *Kraftstoffvorlauf,* ❷ *Tankgeberanschluss,* ❸ *Kraftstoffrücklauf.*

Kraftstofffilter: Besteht aus einem Stahlgehäuse mit leporelloartig gefaltetem Papiereinsatz (Ottomotoren). Er bindet flüssige und feste Schmutzpartikel. Der Filter ist an einem Halter, in Nähe des linken Hinterrads, unterhalb des Bodenblechs montiert. Beim Diesel sitzt der Wechselfiltereinsatz in einem Filtergehäuse an der Spritzwand im Motorraum.

KRAFTSTOFFVERSORGUNG

Aktivkohlefilter: »Bindet« bei abgestelltem Motor Benzindämpfe aus dem Tank. Bei laufendem Motor öffnet ein Magnetventil – die im Aktivkohlefilter nur vorübergehend »geparkten« Gase gelangen aus dem Filter in den Luftfilter bzw. ins Ansaugsystem und verbrennen dort zusammen mit den Frischgasen. Der Aktivkohlefilter ist unterhalb des Bodenblechs in Nähe des Kraftstofftanks montiert.

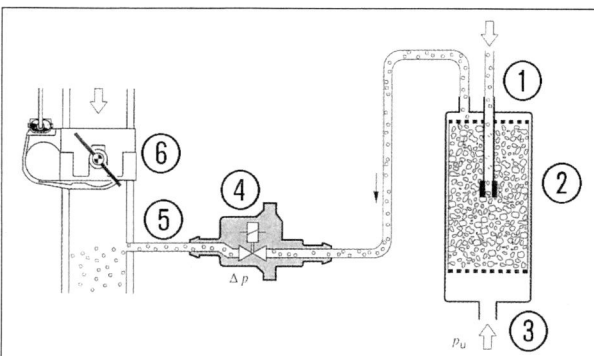

Gasspeicher in Tanknähe: Aktivkohlefilter binden grundsätzlich jene Gase, die sich im Tank oberhalb des Kraftstoffpegels bilden. Das Anschluss- und Funktionsschema ist in den meisten Autos nahezu identisch. ❶ Kraftstofftankentlüftungsleitung, ❷ Aktivkohlefilter, ❸ Frischluft, ❹ Tankentlüftungsventil, ❺ Saugrohranschlussleitung, ❻ Drosselklappengehäuse.

Der Kraftstoff

Unisono verbrennen die Duratec-Ottomotoren des Fiesta Euro-Super (ROZ 95). Sie können sie jedoch auch mit Super Plus (ROZ 98) füttern. Ab und an machen die drei »Zusatz-Oktan« durchaus Sinn: Zum Beispiel wenn Ihr Fiesta Ihnen im Gespannbetrieb oder bei hohen Außentemperaturen ständig Höchstleistungen an den Vorderrädern »abliefern« muss. Mitunter sinkt der Kraftstoffverbrauch bei Super Plus sogar geringfügig. Doch wenn's ums Sparen geht, dann haben Ihr »eigener« Gasfuß und der richtige Umgang mit dem Getriebeschalthebel unvergleichlich mehr Einfluss auf den Appetit ihres Autos als hochoktaniger Super-Plus-Saft. Wir sagen Ihnen wie's geht:

Senkt die Spritkosten – mit wenig Gas »dahin rollen«

Beschleunigen Sie stets zügig (Gaspedal resolut zu etwa 2/3 durchtreten) und schalten möglichst früh (im Bereich des oberen Drehmoments) in den nächst höheren Gang. Sobald Sie »Ihre« Wunschgeschwindigkeit erreicht haben, lassen Sie Ihren Fiesta möglichst im größten Gang und mit wenig »Gas« dahin rollen. Drehen Sie den Motor lediglich beim Überholen oder Einspuren in den fließenden Verkehr höher aus. Außerdem sollten Sie den Motor auch während kurzer Stopps, beispielsweise vor Eisenbahnschranken, Baustellenampeln oder im Stau abstellen: Das »rechnet« sich bereits nach 5 bis 7 Sekunden – und die Umwelt profitiert auch davon.

Kraftstoff – Begriffe und Normen

Normal-/Superbenzin (DIN EN 228): Fast identische Reinheitsgrade, Verdampfungsverhalten (wichtig für Entzündbarkeit) und Energiebilanzen (Heizwert je Kilogramm Kraftstoff). Entscheidender Unterschied: Super hat eine höhere Klopffestigkeit als Normalbenzin.

Diesel (DIN EN 506): Ein Kraftstoff, der die physikalischen Eigenschaften des »Selbstzünders« perfekt bedient. Durch die hohe Zündwilligkeit des Dieselkraftstoffs und das extrem hohe Verdichtungsverhältnis in Dieselmotoren läuft die Verbrennung kontrolliert in Sekundenbruchteilen ab. Für Ottomotoren wäre Dieselöl freilich »pures Gift« – es würde die Zündkerzen binnen kürzester Zeit verrußen.

Sommer-/Winterdiesel: Sommerdiesel kommt zwischen Frühjahr und Herbst an die Zapfsäulen. Schon bei geringen Minustemperaturen (> -7°C) würde Sommerdiesel allerdings paraffinieren und die Kraftstoffleitungen samt Filter versulzen. Deshalb kommt hierzulande in der Übergangszeit bereits Dieselkraftstoff mit einem geringen Anteil an Fließverbesserern, so genannter Winterdiesel, auf den Markt. Laut DIN-Norm behält Winterdiesel seine Fließfähigkeit bis -12°C. In der Praxis können Sie dem Saft jedoch Minustemperaturen bis etwa 22°C zumuten.

Biodiesel (RME, E DIN 51606): RME (**R**aps-**M**eth**y**l**e**ster oder **R**apsölfettsäure-**M**eth**y**l**e**ster) ist eine umweltfreundliche Alternative zu herkömmlichem Dieselöl. Die Grundlage zu RME sind keine fossilen sondern nachwachsende Rohstoffe (Sonnenblumen, Raps, etc.). Das Raffinat besteht hauptsächlich aus Methanol mit veresterten Fettsäuren. Im Gegensatz zu herkömmlichen Kraftstoffen ist Biodiesel lediglich als schwach Wasser gefährdend eingestuft. Allerdings sollte nicht jeder »Dieselkapitän« an der Biodieselsäule RME bunkern. Holen Sie sich vorab besser die »Freigabe« Ihres Herstellers ein. Bei Ford zwecklos – Fiesta-Eigner sollten darum den »Umweltsaft« meiden: Dichtungen und Kraftstoffleitungen des Common-

Rail-Systems sind nicht auf den Dauerbetrieb mit RME ausgelegt.

Klopffestigkeit: Je höher der Kompressionsdruck um so besser der thermische Motorwirkungsgrad. Doch wenn hochverdichtete Ottomotoren zur Selbstentzündung neigen, kommt es zu unkontrollierten Verbrennungen – der Motor »klingelt«. Superkraftstoff widersteht höheren Verbrennungsdrücken als Normalbenzin und entschärft das Problem. Sollten Sie versehentlich Ihren Fiesta mit Normalbenzin »abgefüllt« haben, wird er Ihnen, sobald Sie aus niedrigen Drehzahlen voll beschleunigen, den Lapsus mit lauten Klingelgeräuschen quittieren. Um thermische Schäden weitgehend zu vermeiden, »horcht« die Duratec 16V Motoren während des Betriebs allerdings ein Klopfsensor ab. Sobald er »ungewohnte« Schwingungen am Motorblock bemerkt, wandert der Zündzeitpunkt sukzessive in Richtung spät: die Leistung sinkt. Wenn Sie das bemerken, gehen Sie etwas sensibler mit dem Gaspedal um und verlangen dem Motor keine Höchstleistungen mehr ab. Bessern Sie zudem das »Klingelwasser« möglichst schnell mit ein paar Liter Super-Plus auf.

Oktanzahl: Steht für die Klopffestigkeit des Kraftstoffs. An der Zapfsäule finden Sie in der Regel die Bezeichnung »ROZ« (Research-Oktanzahl), seltener die Spezifikation »MOZ« (Motoroktanzahl). Die Oktanzahlwerte für die Mindestanforderungen an bleifreien Kraftstoff wurden in Deutschland früher vom deutschen Institut für Normung (DIN) nach DIN 51 607 fest geschrieben. Heute gilt die Euro-Norm EN 228.

Cetanzahl: Eine reine, im Labor ermittelte, Verhältniszahl. Steht für die Zündwilligkeit eines Kraftstoffs. Dem sehr zündwilligen Cetan wird die Zahl 100 zugeordnet, dem extrem zündunwilligen Vergleichskraftstoff Methylnaphtalin dagegen eine 0. Die Cetanzahl gibt an, wie viel Volumenprozent Cetan ein Gemisch mit Methylnaphtalin enthalten müsste, um die gleiche Zündwilligkeit wie der zu messende Kraftstoff zu haben. Beim Diesel soll sie 45 betragen.

Umgang mit Kraftstoff — Gefahrenhinweis

Im Umgang mit Kraftstoffen ist Vorsicht das höchste Gebot. Nehmen Sie Wartungs- und Reparaturarbeiten an der Kraftstoffanlage niemals auf die leichte Schulter. Legen Sie vor allem den Kraftstoffbehälter nur mit höchster Vorsicht trocken. Beachten Sie dazu unbedingt folgende Sicherheitsvorkehrungen:

- Klemmen Sie die Batterie an beiden Polen ab.
- Entleeren Sie Kraftstoffbehälter nur im Freien oder in exzellent durchlüfteten Räumen. Dazu benötigen Sie eine kraftstoffresistente Handpumpe (z. B. Balgen-Schlauchpumpe). Versuchen sie auf keinen Fall den Kraftstoff aus der oberen Tanköffnung auszugießen oder mit einem Schlauch per Mund abzusaugen – Vergiftungsgefahr durch Kraftstoffzusätze!
- Halten Sie generell einen CO_2-Pulver- oder Schaumlöscher der Brandklasse B griffbereit.
- Entleeren Sie Kraftstoffbehälter niemals über einer Grube: Die entweichenden Gase sind schwerer als Luft und könnten in der Grube über mehrere Stunden ein hochexplosives Gemisch bilden. Außerdem greifen die giftigen Gase Ihre Atmungsorgane an.
- Stellen Sie sicher, dass während der Arbeit mit Kraftstoff keine eingeschalteten elektrischen Geräte, offenen Flammen, Wärme- und Funkenquellen im Raum sind.
- Füllen Sie Kraftstoff nur in verschließbare, klar beschriftete und resistente Gefäße um. Dazu gibt's spezielle Behälter mit Flammschutz und Druckausgleichsverschluss.
- Leere Kraftstofftanks sind über längere Zeit wie »explosive Gasometer«. Halten Sie sich in ihrer Nähe also mit offenen Flammen, brennenden Zigaretten oder schmauchenden Pfeifen zurück – es besteht latente Explosionsgefahr.

Tankbe- und -entlüftung kontrollieren

① Fahren Sie den Motor warm (Betriebstemperatur) und lassen ihn im Leerlauf weiter laufen.

② Ziehen Sie am Magnetventil den vom Aktivkohlefilter kommenden Unterdruckschlauch ab.

③ Legen Sie jetzt Ihre Fingerkuppe auf die Öffnung und checken, ob dort Unterdruck anliegt. Falls Ihr Finger jetzt nicht »angesaugt« wird, checken Sie das Magnetventil.

④ Dazu klemmen Sie das Batteriemassekabel mitsamt dem Magnetventilstecker ab, …

KRAFTSTOFFVERSORGUNG

⑤ ... »drehen« beide Entlüftungsschläuche vom Gehäuse und schrauben das Ventil (Pfeil) vom Halter ab.

⑥ Und sollten Sie das Ventil jetzt durchblasen können, vergessen Sie das Teil: Intakte Ventile halten »dicht«.

Nur bei warmem Motor prüfen: Tankentlüftungsventil.

Kraftstofffilter austauschen

Bevor Sie den ersten Finger krümmen, denken Sie daran: Kraftstoff ist ein hochexplosiver »Saft«. Also während der Arbeit die Finger weg von offenen Flammen, brennenden Zigaretten oder schmauchenden Pfeifen. Wie eingangs schon erwähnt, das Kraftstoffsystem Ihres Fiesta steht ständig unter Druck. Sobald Sie es also irgendwo »öffnen«, kommt Ihnen stante pede der Kraftstoff entgegen gespritzt. Wenn Sie das vermeiden möchten, bandagieren Sie vorher den »Arbeitsplatz« mit einem Putzlappen, Ihre Augen schützen Sie besser noch mit einer Schutzbrille. Halten Sie zudem einen Feuerlöscher griffbereit. Dermaßen ausstaffiert wechseln Sie den Filter in Ottomotoren spätestens nach 120.000 Kilometern, Dieselmotoren »spendieren« Sie bereits nach 60.000 Kilometern einen neuen Filter. Vergessen Sie auch nicht, den Dieselfilter mindestens einmal jährlich zu entwässern.

Ottomotor

① Ziehen Sie im Innenraum-Sicherungskasten die Kraftstoffpumpensicherung (F 15), ...

② ... starten hernach den Motor und lassen ihn so lange laufen, bis ihm der »Saft« ausgeht.

③ Seien Sie skeptisch und drehen ihn danach noch etwa fünf Sekunden per Anlasser durch. Jetzt müsste der Systemdruck tatsächlich abgebaut sein.

④ Stecken Sie nun die Kraftstoffpumpensicherung wieder ein, ...

⑤ ... bocken die Hinterachse Ihres Fiesta standsicher auf und ...

⑥ ... stellen unter den Kraftstofffilter einen Auffangbehälter.

⑦ Ziehen Sie dann, wie beschrieben, die beiden Kraftstoffleitungen vom Filtergehäuse ab.

⑧ Im Anschluss lösen Sie die Sicherungsschraube der Klemmschelle, ...

⑨ ... ziehen den Filter nach vorn aus dem Halter und legen ihn auslaufsicher beiseite.

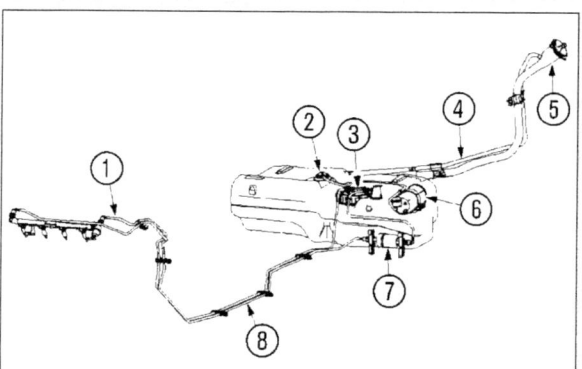

Vom Tank bis unter die Motorhaube: So kommt im Fiesta der Kraftstoff ans Ziel. ❶ *Kraftstoffrücklaufleitung,* ❷ *Kraftstoffrückschlagventil,* ❸ *Kraftstoffpumpenmodul,* ❹ *Tankentlüftungsleitung,* ❺ *Kraftstoffeinfüllstutzen,* ❻ *Aktivkohlefilter,* ❼ *Kraftstofffilter,* ❽ *Kraftstoffvorlaufleitung.*

⑩ Den neuen Filter montieren Sie in umgekehrter Reihenfolge. Achten Sie auf die richtige Durchflussrichtung (Richtungspfeil am Gehäuse).

⑪ Alles o. k.? Dann starten Sie den Motor, lassen ihn kurz durchlaufen und checken derweil sämtliche Schlauchschellen auf Dichtheit.

⑫ Entleeren Sie den alten Filter und entsorgen ihn als Sondermüll.

KRAFTSTOFFFILTER AUSTAUSCHEN

Dieselmotor

Unter einem Plastikdeckel (Pfeil) links neben dem Luftfiltergehäuse verborgen: Dieselkraftstofffilter im Fiesta.

① Klemmen Sie das Batteriemassekabel ab ...

② ... und clipsen den Kraftstoffrücklaufschlauch aus seinem Halter (Pfeil).

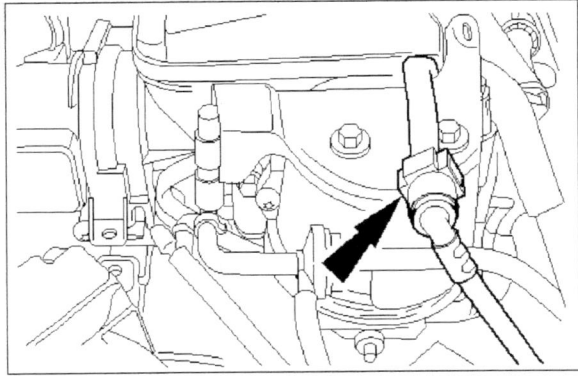

Aus dem Halter clipsen – Kraftstoffrücklaufschlauch.

③ Hernach lösen Sie beide Befestigungsschrauben (Pfeile) der oberen Filterverkleidung und ...

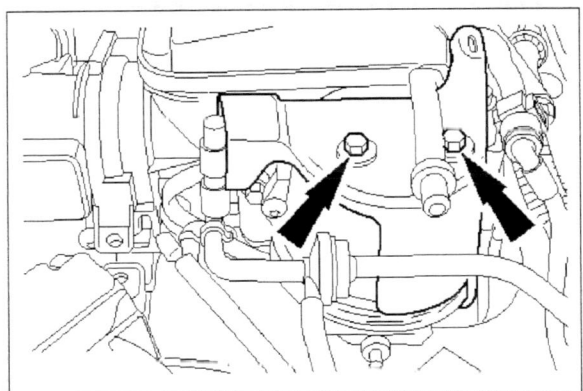

Aus der oberen Filterverkleidung drehen – beide Befestigungsschrauben.

④ ... trennen beide Kraftstoffleitungen (Pfeile) vom Kraftstofffilter.

⑤ Vorsichtig, fangen Sie den auslaufenden Kraftstoff mit einem saugfähigen Lappen auf.

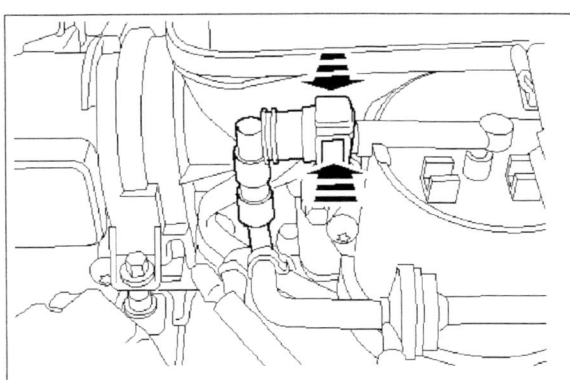

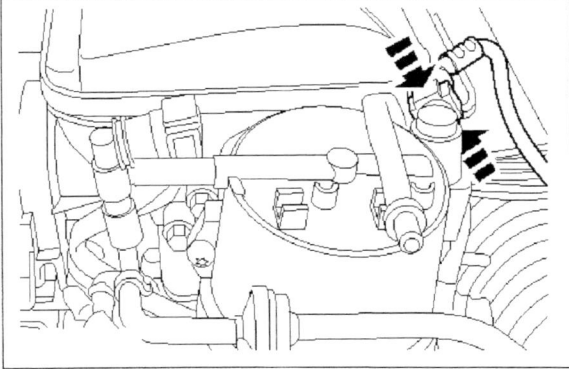

Trennen – Kraftstoffleitungen vom Filterflansch.

⑥ Nun demontieren Sie den Ansaugschlauch vom Luftfilter. Dazu lösen Sie die Befestigungsschraube (Pfeil), ziehen den Schlauch vom Flansch und biegen »das gute Stück« beiseite.

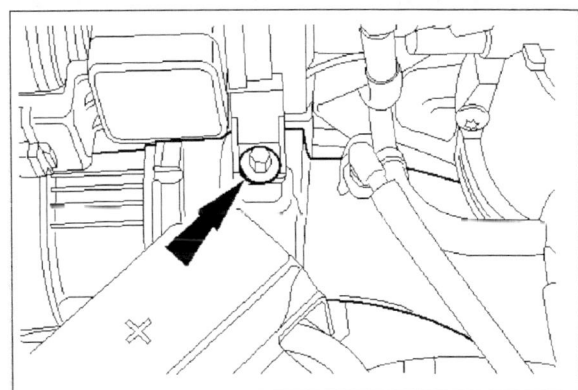

Vom Luftfilter demontieren – Luftansaugschlauch.

⑦ Anschließend lösen Sie die Klemmschraube (Pfeil) vom Kraftstofffilter und ...

KRAFTSTOFFVERSORGUNG

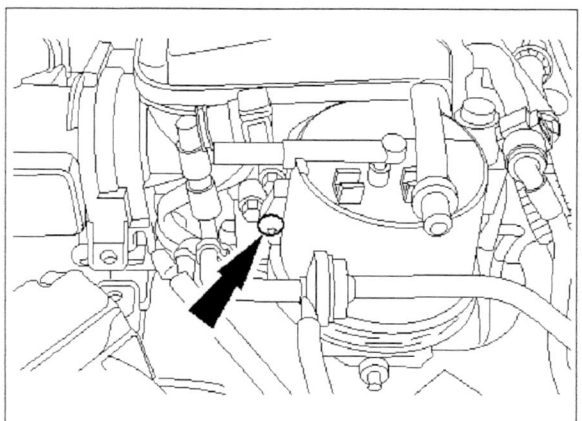

Am Kraftstofffilter ausdrehen – Klemmschraube.

⑧ ... drehen den Filter links herum nach oben aus seinem Halter.

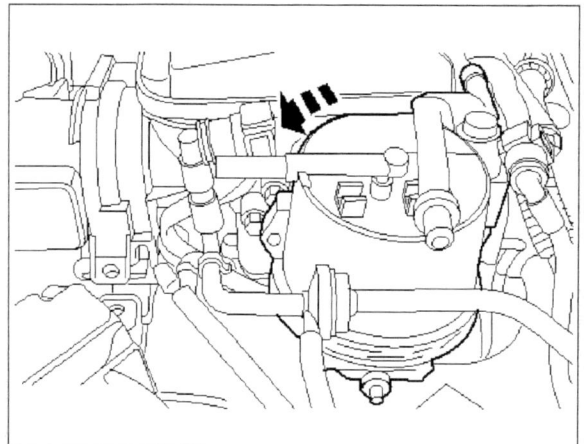

Entgegen dem Uhrzeigersinn losdrehen – Kraftstofffilter.

⑨ In den neuen Kraftstofffilter »kippen« Sie jetzt etwas sauberes Dieselöl und schieben ihn dann von oben in den Halter. Beenden Sie hernach die Montage in umgekehrter Reihenfolge. Achten Sie darauf, dass die Schnellverschlüsse richtig einrasten. Ansonsten könnten Ihnen die Schläuche während der Fahrt abspringen und den Motorraum mit »Dieselöl« fluten.

⑩ Bevor Sie Ihren Selbstzünder nun starten, müssen Sie noch das Kraftstoffsystem unter Druck setzen. Dazu betätigen Sie etwa 20- bis 30-mal die Handförderpumpe (Pfeil) und starten erst dann den Motor. Er könnte sich zunächst kräftig schütteln – kein Problem, sobald die »Restluft« aus dem System gewichen ist »nagelt« er wieder ruhig vor sich hin.

Auf Vordruck bringen – Kraftstoffsystemdruck mit der Handförderpumpe rechts neben dem Luftfiltergehäuse.

⑪ Lassen Sie ihn etwas mit Standgas laufen – derweil checken Sie alle Anschlüsse auf Dichtheit und versuchen zur Sicherheit die Schläuche per Hand von den Anschlüssen zu ziehen. Bei solider Arbeit haben Sie jetzt keine Chance ...

Darauf sollten Sie achten – Dieselkraftstoff und Kondenswasser

Dieselöl hat die unangenehme Eigenart Kondenswasser zu binden und flockige Schmutzpartikel zu führen. Deshalb sollten Sie die vorgeschriebenen Wechselintervalle des Dieselfilters hierzulande unbedingt einhalten und nach ausgedehnten Fahrten ins außereuropäische Ausland mitunter sogar vorziehen.

Kraftstoffleitungen und Schläuche demontieren

(allgemein)

Vorsicht: Das Kraftstoffsystem steht bei Einspritzanlagen auch dann noch unter Betriebsdruck, wenn der Zündschlüssel bereits längere Zeit »gezogen« ist. »Bandagieren« Sie die Montagestellen deshalb grundsätzlich mit einem Putzlappen und tragen eine Schutzbrille.

KRAFTSTOFFLEITUNGEN ABNABELN

Arbeitsschritte

① Lösen Sie die Schnellkupplungen bzw. Schraubanschlüsse.

② Bei Quetschklemmen »fahren« Sie mit einem feinen Schraubendreher unter die Schelle und lockern sie, indem Sie den Schraubendreher seitlich hin und her hebeln.

③ Ziehen Sie mit Drehbewegungen den Schlauch ab. Gelingt Ihnen das nicht, setzen Sie hinter das Schlauchende einen kleinen Gabelschlüssel an und pressen den Schlauch mit dem »Schlüsselmaul« ab.

④ Montieren Sie die Schläuche nicht mit Quetsch- sondern mit Schraubschellen. Schraubflansche dichten Sie grundsätzlich mit neuen Kupferdichtungen ab.

⑤ Bei der Montage von Schnellkupplungen müssen Sie den Clip vom Stecker abziehen und ...

⑥ ... ihn in die Buchse einsetzen. Achten Sie darauf, dass die Haltenasen fest in einrasteten.

⑦ Anschließend drücken Sie den Stecker fest in die Buchse. Auch er rastet hörbar ein.

⑧ Derweil checken Sie alle Anschlüsse auf Dichtheit und versuchen zur Sicherheit die Schläuche per Hand von den Anschlüssen zu ziehen. Bei solider Arbeit haben Sie jetzt keine Chance

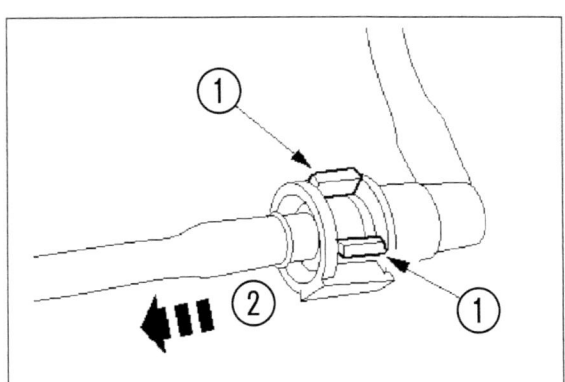

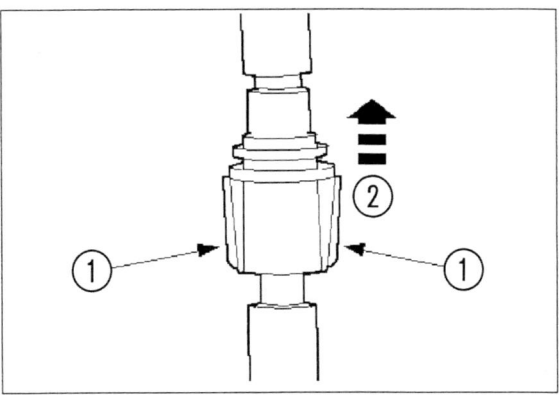

Drücken und ziehen – Schnellkupplungen Typ 1 und 2.

Schnellkupplung Typ 3

① Hebeln Sie mit Hilfe eines kleinen Schlitzschraubendrehers die Rastnase ❶ so weit aus der Kupplung ❷, bis ...

② ... Sie beide Leitungsenden auseinander ziehen können.

Kraftstoffleitungen »abnabeln« – vier Schnellkupplungen am Fiesta — **Praxistipp**

Ford verbaut an den Kraftstoffleitungen Ihres Fiesta bis zu vier verschiedene Schnellkupplungen. So bekommen Sie die »Dinger« los:

Arbeitsschritte

Schnellkupplung Typ 1 und 2

① Drücken Sie die Rastnasen ❶ der Kupplung kräftig zusammen und ...

② ... ziehen zeitgleich die Kraftstoffleitung ❷ aus der Kupplung.

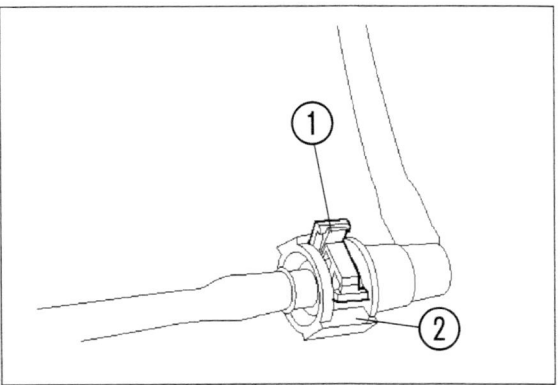

Rastnasen ausheben und Leitungsenden auseinander ziehen – Schnellkupplung Typ 3.

KRAFTSTOFFVERSORGUNG

> ### Schnellkupplung Typ 4
>
> ① Drücken Sie kräftig auf beide Schnellkupplungstasten ❶ und ...
>
> ② ... ziehen zeitgleich die Kraftstoffleitung ❷ aus der Kupplung.
>
>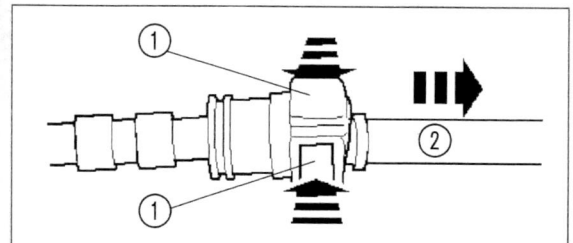
>
> *Auf beide Schnellkupplungstasten drücken und Kraftstoffleitung zeitgleich aus der Kupplung ziehen – Schnellkupplung Typ 4.*

Fehlersuche an der elektrischen Kraftstoffpumpe

Elektrische Kraftstoffpumpen »beliefert« ein Arbeitsstromrelais mit »Energie«. Ab der Startphase fördert die Pumpe frischen Kraftstoff in die Einspritzdüsen. Ein zweites Relais tritt nur dann in Aktion, wenn der Motor mit eingeschalteter Zündung stillsteht (Steuergerät empfängt keine Drehzahlimpulse mehr) oder der Betriebsdruck plötzlich zusammenbricht. In dem Fall kappt Relais II den Stromfluss im Motorsteuergerät (Sicherheitsschaltung). So kann zum Beispiel nach einem Unfall kein Benzin auslaufen. Die Prüfung der Kraftstoffpumpe ist eher eine Arbeit für die Werkstatt. Beschränken Sie sich auf folgende Punkte.

Arbeitsschritte

① Klemmen Sie das Batteriemassekabel ab und ...

② ... lösen die Kraftstoffdruckleitung am Kraftstoffverteilerrohr. Umherspritzendes Benzin »fangen« Sie mit einer Lappenbandage ein.

③ Geringe Kraftstoffmengen treten übrigens auch bei stehendem Motor aus, das Kraftstoffsystem steht ja ständig unter Druck.

④ Bleibt der Anschluss trocken, schalten Sie kurz die Zündung ein (nicht den Anlasser betätigen!).

⑤ Bleibt die Pumpe untätig, dann checken Sie die Sicherung im Sicherungskasten bzw. das Sicherheitsrelais im Motorraum.

⑥ »Sprudelt« hernach weiterhin kein Benzin, überprüfen Sie das Pumpenrelais im Motorraum.

⑦ Sollten Sie dort fündig werden, muss die Kraftstoffpumpe jetzt anlaufen.

⑧ Ansonsten demontieren Sie den Kraftstofftank und »traktieren« das Pumpengehäuse vorsichtig mit einem kleinen Hammer – mitunter hilft das.

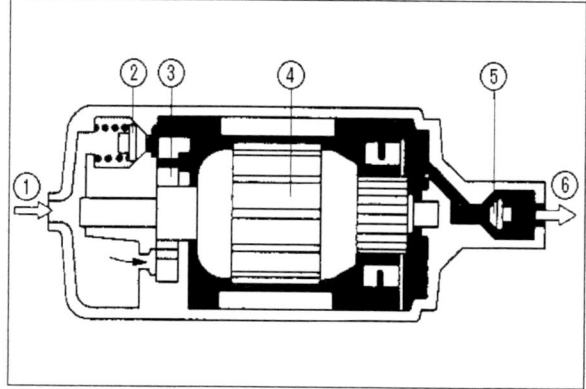

Quer durch die Pumpe: Die Förderrichtung in einer elektrisch angetriebenen Rollenzellenpumpe: ❶ *Saugseite,* ❷ *Überdruckventil,* ❸ *Filtergehäuse,* ❹ *Laderegler,* ❺ *Rückschlagventil,* ❻ *Druckseite.*

⑨ Bei der Gelegenheit prüfen Sie selbstverständlich auch die Pumpenanschlusskabel. Mitunter sind sie oxidiert oder haben sich gar los gerappelt.

⑩ Lässt auch das die Pumpe »kalt«, prüfen Sie mit einem Dioden-Spannungsprüfer (eine normale Prüflampe könnte dem Steuergerät schaden) ob überhaupt Spannung anliegt. Vergessen Sie allerdings nicht, vorher die Zündung einzuschalten.

⑪ Spannung o. k., dann dürfte die Pumpe defekt oder ein Anschlusskabel unterbrochen sein. Ihre eigenen Reparaturchancen sind ab sofort eher gering. Nachdem Sie die Kabel geprüft haben, montieren Sie besser freiwillig eine neue Pumpe.

⑫ Läuft die Pumpe, an der Druckleitung kommt jedoch kein Kraftstoff an, checken Sie den Kraftstofffilter und blasen die Kraftstoffleitung durch. Evtl. ist der Filter verstopft oder die Leitung unterwegs »nur« irgendwo geknickt.

Kraftstofftank aus- und einbauen

① Entleeren Sie den Tank vollständig und klemmen das Batteriemassekabel ab.

② Bocken Sie Ihren Fiesta an der Hinterachse rüttelsicher auf und lassen den Kraftstoffdruck entweichen.

③ Hernach lösen Sie die sechs Befestigungsschrauben (Pfeile) des Querträgers und ...

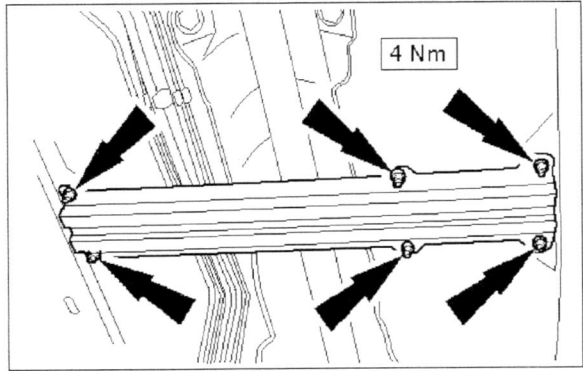

Lösen – Schrauben vom Querträger.

④ ... senken den Auspuff auf den Hinterachskörper. Hängen Sie dazu den Schalldämpfer aus der mittleren und hinteren Gummischlaufe (Pfeile) aus.

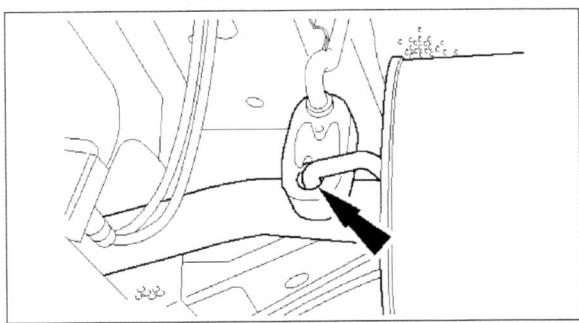

Aus Gummischlaufen aushängen – Endschalldämpfer.

⑤ Jetzt drehen Sie die vier Blechmuttern (Pfeile) des Hitzeschutzblechs los und legen es beiseite. Das geht erfahrungsgemäß am schnellsten mit einer Wasserpumpenzange.

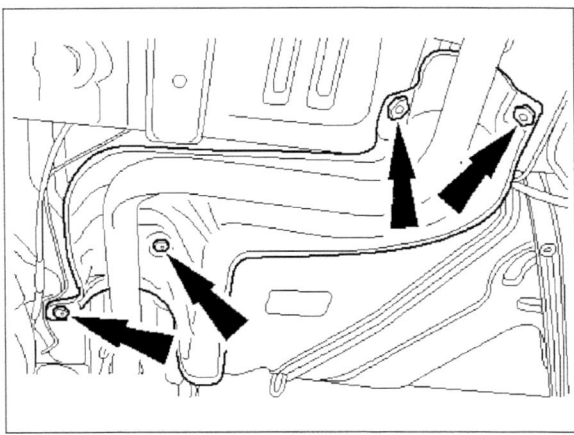

Mit Wasserpumpenzange demontieren – Blechmuttern des Hitzeschutzblechs.

⑥ Lösen Sie am Tank beide Schlauchschellen des Kraftstoffentlüftungs-/ und Einfüllschlauchs (Pfeile) und ziehen die Schläuche von den Stutzen. Die Schlauchöffnungen verschließen Sie sofort mit einem passenden Stopfen (z. B. Schraube).

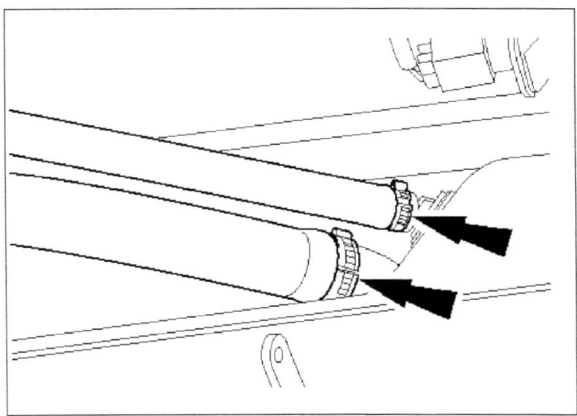

Vom Tank abziehen – Kraftstoffentlüftungs/- und Einfüllschlauch.

⑦ Setzen Sie hernach einen Wagenheber (Rangierwagenheber) inklusive Holzunterlage mittig unter den Tank und ...

⑧ ... lösen dann die hinteren Schrauben (Pfeile) beider Tankhaltebänder.

KRAFTSTOFFVERSORGUNG

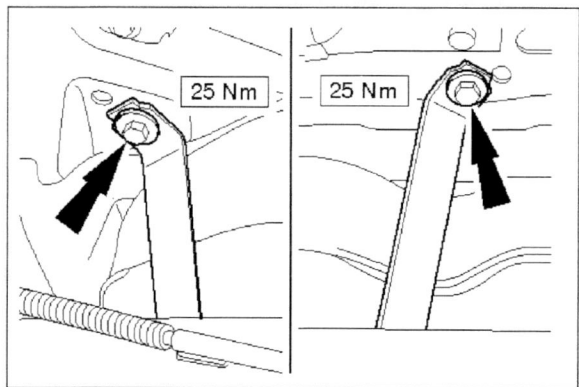

Hintere Schrauben lösen – an beiden Tankhaltebändern.

⑨ Im Anschluss lösen Sie die vorderen Haltebänder an nur einer Schraube (Pfeil). Vergessen Sie nicht, die Lager der Haltebänder zu notieren: Das linke Band läuft über das rechte.

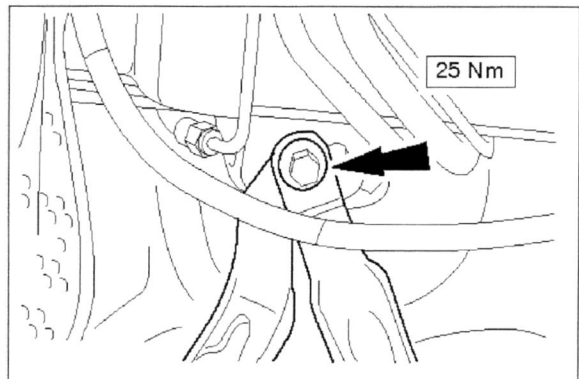

An nur einer Schraube demontieren – vordere Tankhaltebänder.

⑩ Der gelöste Tank liegt jetzt nur noch auf dem Wagenheber auf. Senken Sie ihn nun so weit ab, dass Sie vom Aktivkohlefilter die Schnellkupplung der Tankentlüftung öffnen können (Duratec). Dazu drücken Sie den Schnellverschluss (Pfeil) kräftig zusammen und ziehen die Leitung aus dem Filtergehäuse.

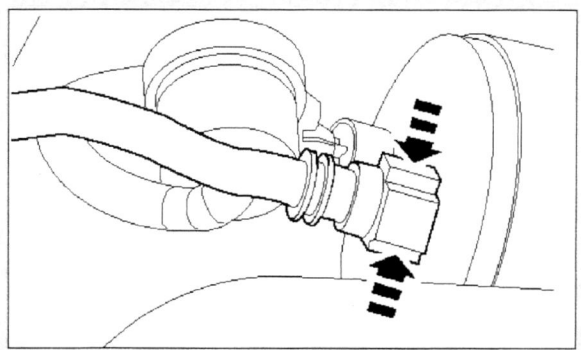

Vom Aktivkohlefilter abziehen – Schnellkupplung der Tankentlüftung (Duratec).

⑪ Hernach demontieren Sie die Entlüftungsleitung des Aktivkohlefilters. Drücken Sie dazu den Verbindungsclip kräftig zusammen und ziehen zeitgleich die Leitung aus dem Filter.

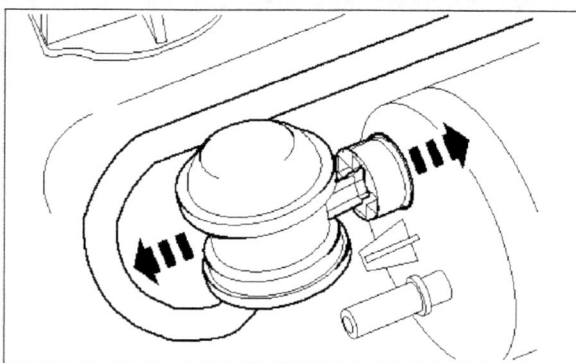

Zusammendrücken und aus dem Filter herausziehen – Entlüftungsleitung.

⑫ Lösen Sie die Halteschraube (Pfeil) am Aktivkohlefilter und legen das Filtergehäuse dann beiseite.

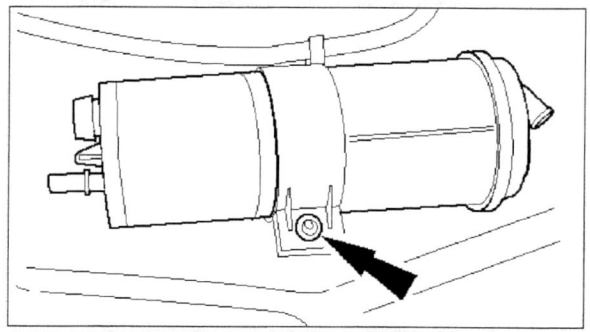

Mit nur einer Schraube befestigt – Aktivkohlefilter.

⑬ Ziehen Sie nun den Kabelanschluss (Pfeil) am Tankgeber ab, ...

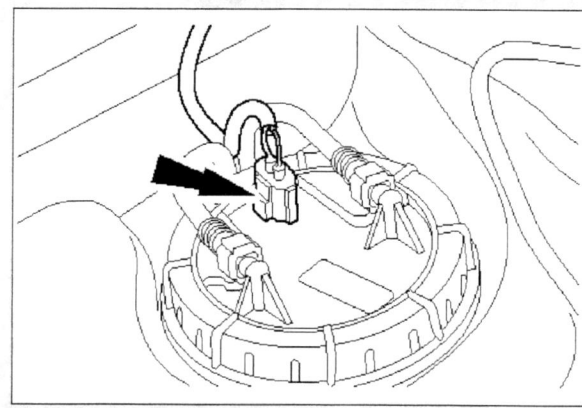

Entriegeln und abziehen – Anschlussstecker am Tankgebermodul.

KRAFTSTOFFPUMPE MIT PUMPENGEHÄUSE AUS- UND EINBAUEN

⑭ ... entriegeln an den Schnellkupplungen die Kraftstoffleitungen und ...

⑮ ... ziehen sie von den Anschlussstutzen. Damit möglichst wenig Kraftstoff umher spritzt, »bandagieren« Sie vorab die Schlauchenden mit einem saugfähigen Lappen und verschließen die Öffnungen der demontierten Schläuche mit passenden Stopfen (Schraube). Die Anschlüsse der Kraftstoffzufuhrleitung sind weiß oder mit einem weißen Band, die der Kraftstoffrücklaufleitung dagegen rot oder mit einem roten Band gezeichnet.

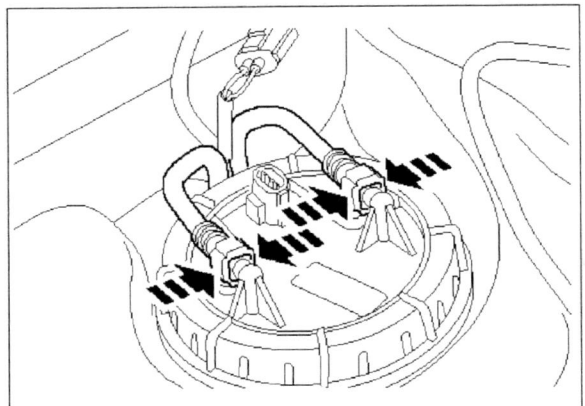

Vom Tankgebermodul demontieren – Kraftstoffleitungen.

⑯ Jetzt senken Sie den Kraftstofftank vorsichtig zu Boden.

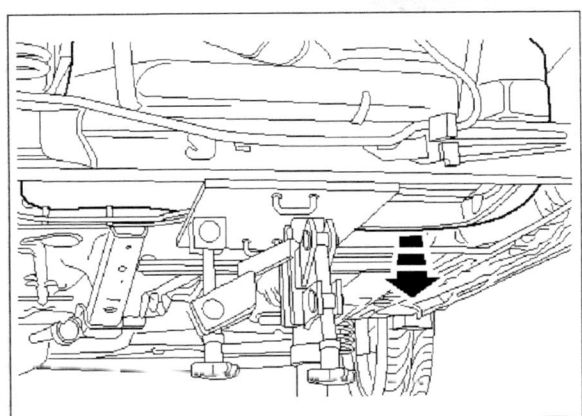

Mit einem Rangierwagenheber »locker« zu machen – Kraftstofftank absenken.

⑰ Beenden Sie die Montage in umgekehrter Reihenfolge. Vergessen Sie bitte nicht, alle Leitungsanschlüsse auf korrekten Sitz und Dichtheit zu prüfen.

Kraftstoffpumpe mit Pumpengehäuse aus- und einbauen

Arbeitsschritte

① Den Kraftstofftank demontieren Sie wie beschrieben.

② Ford-Schrauber »entriegeln« den Kraftstoffpumpenverschlussdeckel mit einem Spezialsteckschlüssel (310-069). Haben Sie nicht? Dann setzen Sie direkt am Verriegelungsring einen Hartholzkeil an und schlagen ihn mit einem Hammer entgegen dem Uhrzeigersinn los – meistens klappt das. Ziehen Sie das Pumpengehäuse jetzt vorsichtig aus dem Tank.

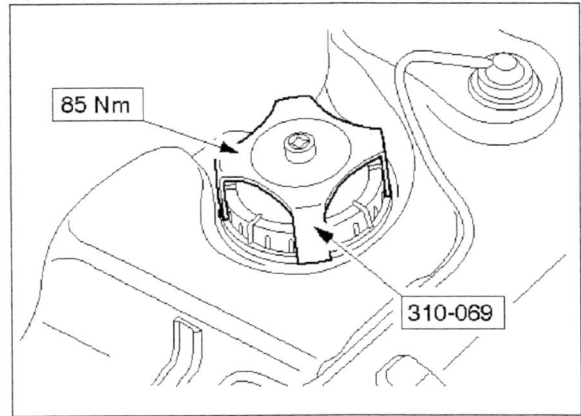

Links herum lösen – Verschlussdeckel.

③ Beenden Sie die Montage in umgekehrter Reihenfolge und ziehen den Verriegelungsring mit etwa 85 Nm an. Vorab allerdings reinigen Sie gründlich alle Dichtflächen und erneuern grundsätzlich alle alten Dichtungen. Ansonsten könnten Sie sich mit austretenden Kraftstoffdämpfen auf Raten »vergiften«.

KRAFTSTOFFVERSORGUNG

Das Abgassystem

Weiland hatten Auspuffsysteme lediglich die Aufgabe, die Verbrennungsgeräusche des »Explosionsmotors« zu reduzieren. Doch seit den achtziger Jahren des vergangen Jahrhunderts erledigt der Auspuff noch einen weiteren »Job«: Er eliminiert in Kooperation mit Dreiwege-Katalysatoren bis zu 90 Prozent der giftigen Abgase.

Ab Werk »hängt« unter dem Fiesta-Bauch ein relativ rostresistenter, mehrteiliger Auspuff. Bei den Ottomotoren mit zwei Lambdasonden, einem Dreiwege-Katalysator und einem flexiblen Zwischenstück zwischen Hosenrohr und Auspuffanlage. Der Diesel »entgiftet« per Oxidationskatalysator. Daran anschließend strömen die Abgase durch einen einflutigen Reflexions- und Hauptschalldämpfer ins Freie. Beim Ottomotor ist der geregelte Katalysator motornah direkt mit dem Auspuffkrümmer verschweißt. Vorteil: Die heißen Abgase heizen den »Filter« schneller auf, so dass seine Innereien zeitiger »reaktionsfähig« werden. Das minimiert die Schadstoffmenge und schont die Umwelt – vornehmlich im Kurzstreckenverkehr mit vielen Kaltstarts.

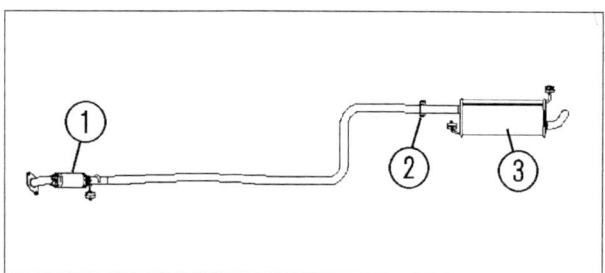

Auspuffsystem Duratec 1,3 8V: ❶ *Vorderes Abgasrohr mit Flex-Rohr,* ❷ *Rohrtrennstellen,* ❸ *Hauptschalldämpfer.*

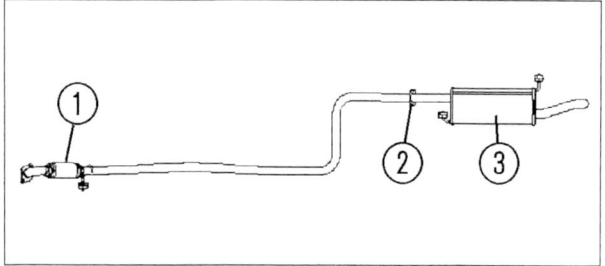

Auspuffsystem Duratec 1,4 16V: ❶ *Vorderes Abgasrohr mit Flex-Rohr und Lambdasondenanschluss (Abgaskontrolle),* ❷ *Rohrtrennstellen,* ❸ *Hauptschalldämpfer.*

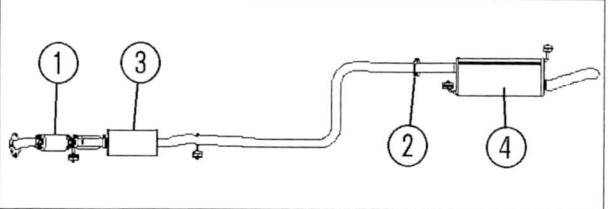

Auspuffsystem Duratec 1,6 16V: ❶ *Vorderes Abgasrohr mit Flex-Rohr Lambdasondenanschluss (Abgaskontrolle),* ❷ *Rohrtrennstellen,* ❸ *Vorschalldämpfer mit mittlerem Abgasrohr,* ❹ *Hauptschalldämpfer.*

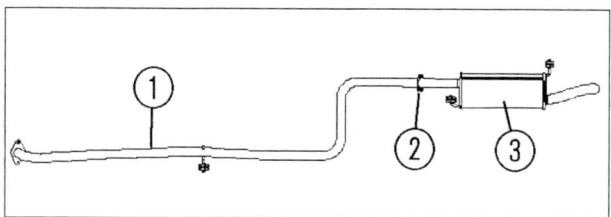

Auspuffsystem Duratorq 1,4 8V: ❶ *Vorderes Abgasrohr,* ❷ *Rohrtrennstellen,* ❸ *Hauptschalldämpfer.*

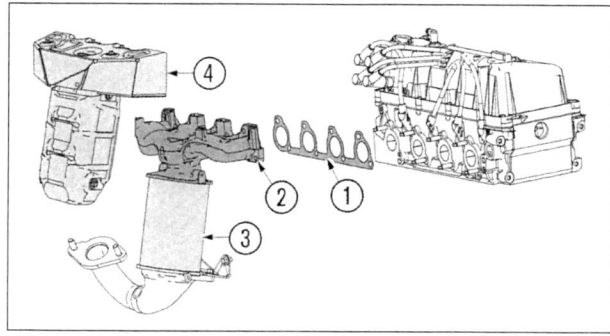

Eine Einheit: Auspuffkrümmer und Katalysator. Der Abgaskrümmer (Duratec 1,3 8V) im Detail. ❶ *Metallauspuffkrümmerdichtung,* ❷ *Auspuffkrümmer,* ❸ *Katalysator,* ❹ *Hitzeschutzblech.*

Den Ersatzbedarf deckt Ford mit Serviceanlagen ab. Zur Montage des Serviceparts »teilen« Sie jeweils die Produktionsanlage an den entsprechenden Flanschen und setzen dann das Neuteil dazwischen. Außer einer festen Halterung fixieren den Auspuff an exponierten Stellen mehrere Weichgummihalterungen. Sie halten die Anlage nahezu vibrations- und spannungsfrei in der Waage und – last but not least auf erforderliche Distanz zum Unterboden.

Hält »locker« 80.000 Kilometer – Fiesta-Abgassystem

Natürlich hängt die Lebensdauer des Abgassystems stark von den Einsatzbedingungen Ihres Fiesta ab:

TIPPS FÜR ARBEITEN AM AUSPUFFSYSTEM

Sind Sie überwiegend im Stadtverkehr oder auf kurzen Strecken unterwegs, setzen sich in seinem Innern wesentlich mehr »ätzendes« Kondensat, Ruß und aggressive Säuren ab. Auf Langstrecken haben die Schadstoffe dagegen wesentlich weniger Chancen, Schalldämpfer und Rohre zu »perforieren« – die Auspuffanlage ist dann ständig gut durchgewärmt. Doch erfahrungsgemäß »überlebt« eine original Fiesta-Auspuffanlage locker 80.000 Kilometer – auch unter widrigeren Einsatzbedingungen.

Der vordere Auspuffbereich mit eingeschweißtem Katalysator trotzt dem Rost ohnehin erfolgreicher als die hintere Anlage. Grund: die Abgase sind dort noch zwischen 800 bis 1000 °C heiß – Spritzwasser und aggressive Kondensate haben da nur geringe Chancen, an Rohren und Schalldämpfern zu fressen.

Auf ihrem Weg durch den Reflexions- und Endschalldämpfer bis hin zum Auspuffendrohr kühlen die Abgase zunehmend aus. Sie verlassen den Auspuff, je nach Arbeitsverfahren (Diesel, Otto), mit etwa 150 – 300 °C. Einleuchtend, dass der Endschalldämpfer das meiste Kondensat sammelt: Eine Melange aus aggressiven Säuren und festen Verbrennungsrückständen zerfrisst den »Topf« von innen nach außen.

Sobald ständig kaltes Spritzwasser den heißen Auspuff Ihres Fiesta bei Regenfahrten »duscht«, sind große Temperaturschwankungen programmiert: Speziell für den vorderen Teil der Abgasanlage ist das extrem belastend. Der allgegenwärtige Temperaturschock kann dann sogar glatte »Rohrbrüche« oder feine Haarrisse provozieren – trotz des flexiblen Zwischenstücks nach dem Auspuffkrümmer.

Ansonsten beschleunigen Spritz- und Salzwasser den Rostfraß von außen nach innen. Steinschläge oder andere äußere Einflüsse, etwa wenn Sie mit dem Auspuff aufsetzen, verkürzen zusätzlich die »normale« Lebenserwartung. Gleichermaßen machen dem Auspuff auch schädliche Schwingungsfrequenzen, die beispielsweise ein sprödes oder gerissenes Aufhängungsgummi initiiert, auf Dauer den Garaus.

Erfahrungssache – so »bearbeiten« Profis den Auspuff

Stark oxidierte Bleche sind nicht dauerhaft zu schweißen und erst recht nicht mit Füllmaterialien zu bandagieren. Der Reparaturerfolg an einer »Salz vergoldeten« Abgasanlage ist daher meist nur von kurzer Dauer. Zwar halten Schweißnähte und Bandagen den »Rost« etwas länger beieinander, aber direkt neben der Reparaturstelle treibt er weiter seine Blüten. Abgasanlagen mit mehr als einem Schalldämpfer haben die unangenehme Eigenschaft, dass, nur wenige Monate nach dem Austausch des ersten, auch der zweite Schalldämpfer perforiert ist. Werkstätten wechseln Abgasanlagen deshalb von vornherein »gerne« komplett.

Unser Tipp:
Bevor Sie »Hand anlegen«, nehmen Sie den Auspuff Ihres Fiesta genau in Augenschein und entscheiden erst danach, ob Sie Einzelteile oder besser doch die komplette Anlage erneuern möchten.

① Bocken Sie Ihren Fiesta rüttelsicher auf.

② Sollten Sie festgerostete Verschraubungen nicht mehr lösen können, versuchen Sie's »anders herum« – meistens reißen »überdrehte« Schrauben dann einfach ab. Zur Montage verwenden Sie grundsätzlich neue Schrauben, Federringe, Muttern und Dichtungen.

③ Erneuern Sie gleichfalls die drei Gummischlaufen. Der neue Auspuff hängt dann rüttelsicher in der Waage und verspannt nicht so leicht.

④ Haben Sie den Auspuff bereits früher teilweise erneuert, trennen Sie die Steckverbindungen der Rohrenden am besten im erhitzten Zustand. Werkstätten nutzen dazu einen Schweißbrenner – ein guter Propangasbrenner tut's in der Regel auch. Schützen Sie Ihre Hände, die Augen und das Umfeld der »Feuerstelle« allerdings mit Arbeitshandschuhen, einer Arbeitsbrille bzw. einer feuerfesten Zwischenlage – halten Sie einen Feuerlöscher griffbereit. Praxistipp: Bevor Sie den Brenner »anheizen«, versuchen Sie's zunächst mit Rostlösemitteln.

⑤ Trennen Sie Rohre und Flanschen mit kräftigen Drehbewegungen. Eventuell erleichtern Ihnen die Arbeit leichte Hammerschläge auf das Außenrohr.

⑥ Bleiben Sie damit erfolglos, flexen oder sägen Sie Steckverbindungen knapp 10 Zentimeter hinter der Verbindungsstelle ab. Den Rest des Rohrs »schlitzen« Sie dann bis zur Trennstelle in Längsrichtung auf und »schälen« es hernach mit einem kräftigen Schraubendreher ab.

⑦ Auspuffschrauben lassen sich später leichter lösen, wenn Sie vor der Montage den Gewinden eine dünne Schicht hitzefestes Kupferfett »gönnen«. Gleiches gilt erst recht für Steckverbindungen.

KRAFTSTOFFVERSORGUNG

Trauen Sie keiner alten Aufhängungsschlaufe – Augen auf beim Auspuffcheck

Motorseitig ist das Auspuffsystem an einem Zweipunktflansch fest mit dem Auspuffkrümmer verschraubt. Unter dem Fahrzeugboden hängt es allerdings frei schwingend in Gummistegschlaufen. Wenn Ihr Auspuff erst »dröhnt oder knallt« oder gar an den Unterboden anschlägt, trauen Sie keiner Schweißnaht, keinem Schalldämpfer und erst recht keiner Aufhängungsschlaufe mehr. Inspizieren Sie den »rostigen Rest« penibel, schrecken Sie dabei auch vor Hammerschlägen nicht zurück.

① Checken Sie alte Gummistegschlaufen (Pfeil) auf Brüchigkeit, Einrisse oder sonstige Beschädigungen. Zur Kontrolle »rütteln« Sie am Endrohr den Auspuff kräftig hin und her.

② Überprüfen Sie am Krümmerflansch sämtliche Verschraubungen auf festen Sitz.

③ Starten Sie den Motor und verstopfen das Auspuffendrohr mit einem Lappen. Schon nach kurzer Zeit muss der Motor absterben. Hören Sie unter dem Fiesta-Bauch allerdings zischelnde Geräusche oder läuft der Motor unbeeindruckt weiter, ist die Anlage undicht.

④ Laute Verbrennungsgeräusche und helles »Petschen« im Schiebebetrieb verraten untrüglich einen defekten Auspuff.

⑤ Klopfen Sie mit Hammerschlägen gründlich alle Schalldämpfer und Rohre ab. Vergessen Sie auch die Schalldämpferstirnseiten nicht. Hämmern Sie übrigens nicht zu zaghaft, ein »gesunder« Auspuff verträgt das. Auf gesundem Blech klingen Ihre Schläge »trocken und hell«, morsches Blech erkennen Sie an dumpfen Klopfgeräuschen.

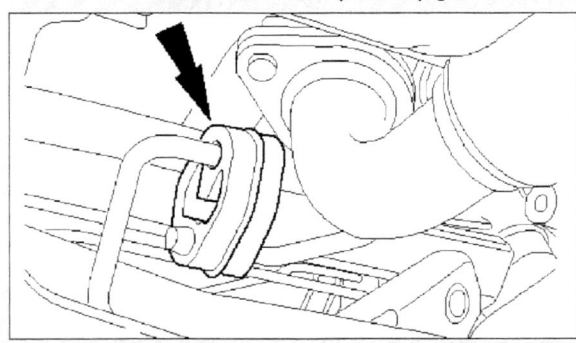

Besser gleich alle drei Gummistegschlaufen erneuern.

Preisfrage – Auspuffkomplett- oder -teilreparatur

Da der Arbeitsgang ähnlich ist, beschreiben wir die Demontage der kompletten, einteiligen Abgasanlage am Beispiel der Duratec 16V. Sollten Sie nur einzelne Teile auswechseln müssen und auf Reparaturkits zurückgreifen, berücksichtigen Sie eben nur den entsprechenden Reparaturabschnitt. Denken Sie beim Ersatzteilkauf daran, dass Sie Schrauben, selbstsichernde Muttern, eingebrannte Dichtungen und spröde Haltegummis generell mit Neuteilen ersetzen.

① Bocken Sie Ihren Fiesta rüttelsicher auf oder liften ihn per Hebebühne.

② »Bandagieren« Sie zunächst das flexible Rohr (Pfeil) nach dem Katalysator mit einem Stützmantel oder geeigneten Schienen (Kanthölzer, Dachlatten) und Spannbändern. Denn wenn Sie das flexible Stück während der Montage zu stark knicken oder überdehnen sollten, reißt das »Netz«, das Auspuffvorderteil ist dann Schrott. Gehen Sie mit dem »Netz« also entsprechend sensibel um.

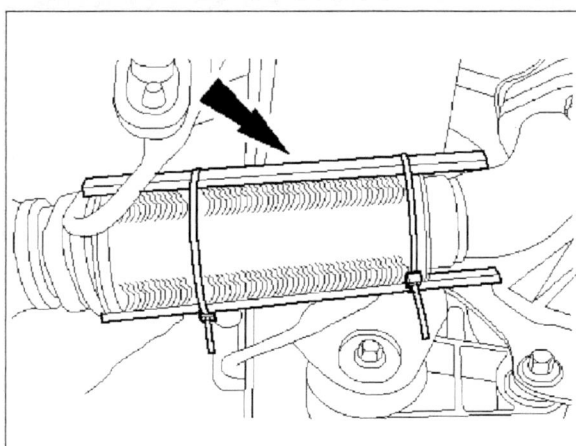

Gegen Beschädigungen »bandagieren« – das flexible Auspuffrohr.

③ Lösen Sie die Schelle (Pfeil) des flexiblen Zwischenrohrs direkt hinter dem Katalysator und ...

AUSPUFFREPARATUR

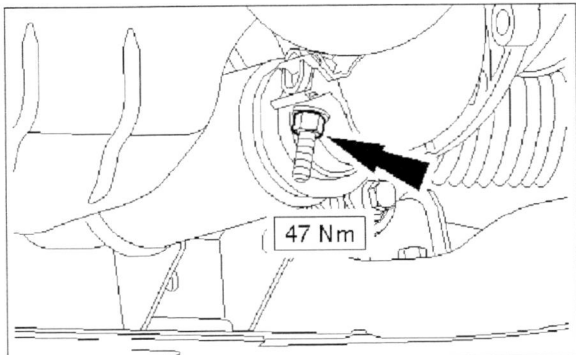

Vor dem Katalysator lösen – Auspuffflansch.

④ ... hängen den Auspuff aus der vorderen Gummistegschlaufe (Pfeil) aus.

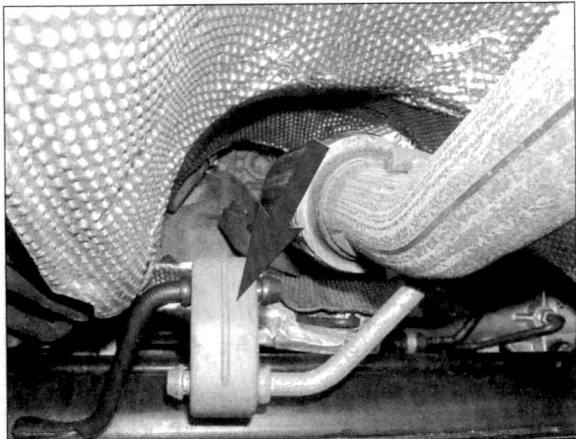

Vordere Gummistegschlaufe aushängen – nachdem der Flansch gelöst ist.

⑤ Schrauben Sie jetzt die Traverse an sechs Schrauben los und legen sie beiseite.

⑥ Hängen Sie hernach die restlichen zwei Gummistegschlaufen (Pfeile) am Endschalldämpfer aus und ...

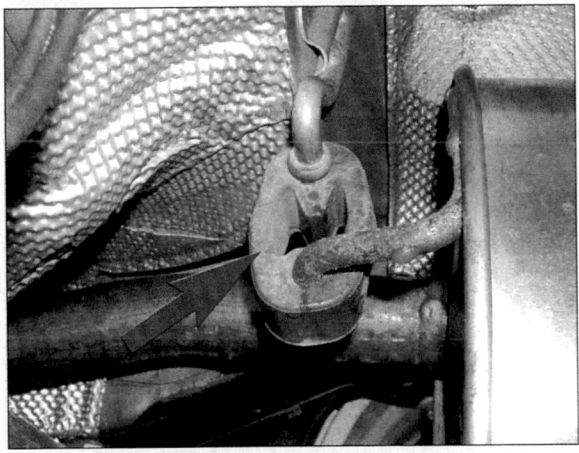

»Gefesselt« an zwei Gummistegschlaufen – der Nachschalldämpfer unter dem Fiesta.

⑦ ... ziehen, wenn Sie die Original-Anlage montiert hatten, nun den gesamten Auspuff »durch den Hinterachskörper« ans Tageslicht.

⑧ Vor der Montage reinigen Sie die Dichtflächen und ...

⑨ ... streichen die Dichtfläche hinter dem Katalysator mit Fett ein. »Pappen« Sie hernach die Dichtung mit zähem Fett an den Flansch – das Fett muss zäh genug sein, um die Dichtung auf der Fläche halten zu können.

⑩ Bugsieren Sie nun den Auspuff vorsichtig unter den Wagen, ...

⑪ ... »fädeln« ihn provisorisch in die beiden Stehbolzen des Flanschs und ...

⑫ ... hängen die Anlage dann in die Gummistegschlaufen ein. Achten Sie währenddessen auf das flexible Rohr, es darf nicht überdehnen.

⑬ Erst jetzt widmen Sie sich endgültig dem Anschlussflansch: Achten Sie darauf, dass sich die neue Dichtung nicht verschoben hat und ziehen dann die neuen Muttern mit ca. 44 Nm fest.

⑭ Bevor Sie bei Reparaturanlagen den Nachschalldämpfer montieren, fetten Sie das Schiebestück mit Kupferfettpaste ein. Schieben Sie den Dämpfer weit genug auf das mittlere Abgasrohr und »hängen« ihn mit neuen Gummischlaufen auf. Erst jetzt ziehen Sie die Klemmschelle »mit Gefühl« vor und ...

⑮ ... richten dann die Anlage unter dem Wagenboden aus. Dazu ...

⑯ ... schwingen Sie den Auspuff am Endrohr kräftig hin und her. Falls er nicht mit dem Bodenblech kollidiert, ziehen Sie die Reparaturschelle mit rund 50 Nm an.

⑰ Fertig! Starten Sie nun den Motor, halten das Auspuffendrohr so lange zu, bis der Motor »abstirbt«. Falls er keine Anstalten dazu macht, ziehen Sie sämtliche Schraubverbindungen nach und geben ihm dann eine »zweite Chance«.

KRAFTSTOFFVERSORGUNG

So wird der Auspuff dicht — Praxistipp

Verwenden Sie zu jeder Auspuffreparatur generell neue Dichtungen und Schrauben: Unbenutzte Dichtungen sind felxibel und passen sich daher den Flanschen besser an. Neue Schrauben sind einfach schneller zu »bewegen«. Vergessen Sie auch nicht sämtliche Dichtflächen vor der Montage zu planen und die Schraubengewinde mit hitzefester Kupfergleitpaste einzustreichen. Die Chancen, dass Ihr Auspuff dann auf Anhieb dicht wird, sind so wesentlich größer. Undichte Anlagen »klingen« übrigens nicht nur nach »Hinterhof«, sondern sie wirken sich zudem negativ auf die Motorleistung und das Abgasverhalten aus.

Kleines Abgas-Abc

An die pflichtgemäße Abgasuntersuchung (AU) haben wir uns längstens gewöhnt – PKW mit mehr als 30 Jahren auf dem Blechbuckel, können von der AU befreit werden. An Neuwagen ist die AU-Plakette drei Jahre gültig, danach sind zweijährige Kontrollen Pflicht. Die AU führen Reparaturwerkstätten mit entsprechender Ausrüstung sowie DEKRA und TÜV aus. Zur Messung muss die Abgasanlage »dicht« und das Ansaugsystem völlig intakt sein. »Spendieren« Sie Ihrem Fiesta regelmäßig die Hebebühnen eines »freundlichen Ford-Händlers«, erledigt er das automatisch für Sie.

Das kommt aus dem Auspuff — Techniklexikon

Kohlenmonoxid (CO): Wird bei der Abgasuntersuchung gemessen. Die Grundvoraussetzungen für »zeitgemäße« Abgase sind eine präzise gesteuerte Kraftstoffeinspritzmenge, eine homogene Gemischverwirbelung und der richtige Zündzeitpunkt. Messen Sie Kohlenmonoxid (CO) niemals in geschlossenen Räumen – Sie könnten an den Gasen ersticken! Nicht so in gut belüfteten Räumen oder unter freiem Himmel, hier vermischt sich Kohlenmonoxid mit Sauerstoff zum ungefährlicheren Kohlendioxid (CO_2). CO_2 hat wesentlichen Anteil am Treibhauseffekt.

Kohlenwasserstoffe (HC): Verbrennen in »zerklüfteten« Brennräumen mit »kalten« Zonen nur unvollkommen. Abhängig von der Motorkonstruktion ist der HC-Anteil bei gesunden Motoren eine unveränderliche Größe. Falsch eingestellte Triebwerke variieren in den Abgasen dagegen ihren HC-Anteil. Kohlenwasserstoffe sind, zusammen mit Stickoxiden (NO_x), zu einem Großteil für die Smogbildung (schwer auflösbare Abgaskonzentrationen) in der Atmosphäre verantwortlich.

Stickoxide (NO_x): Ihr Anteil steigt bei hohen Verbrennungstemperaturen. Beispielsweise in Motoren, die für geringen CO- und HC-Ausstoß (reduziert Kraftstoffverbrauch) ausgelegt sind (Magergemischmotoren). Bei starker Konzentration kann NO_x die Atmungsorgane reizen. In Verbindung mit Wasser bildet sich Salpetersäure (saurer Regen).

Schwefeldioxid (SO_2): Entsteht – aufgrund des Schwefelgehalts im Kraftstoff – überwiegend bei der Verbrennung von Diesel. Unter Einwirkung von Licht mutiert Schwefeldioxid zu schwefeliger Säure (H_2SO_3) oder gar zu Schwefelsäure (H_2SO_4). Beide Verbindungen begünstigen den sauren Regen. Das derzeitige Verkehrsaufkommen beeinflusst das Entstehen schwefeliger Säuren mit rund 3 Prozent.

Typische Dieselabgasgifte: Funktionsbedingt emittieren Dieselmotoren nur geringe Mengen an CO und HC. Trotz höherer Verdichtung belasten sie die Atmosphäre mit weniger Stickoxiden als Ottomotoren. Vom Image eines »Saubermanns« ist der Diesel dennoch weit entfernt: Er »stinkt« nämlich mit anderen, problematischen Verbrennungsrückständen, so zum Beispiel mit Ruß, einem typischen Bestandteil der Dieselabgase. Ruß ist das »ungesunde« Ergebnis aus unverbrannten Kohlenstoffen und Asche. Die Partikel sind atemgängig und stehen im Ruf, krebserregend zu sein. Gleichfalls entsteht bei der Verbrennung von Dieselkraftstoff Schwefeldioxid – und zwar in höheren Konzentrationen als beim Ottomotor (siehe Schwefeldioxid). Umweltbewusste Dieselfahrer haben hierzulande bereits jetzt die Möglichkeit, ihren Selbstzünder mit schwefelarmem Saft aus modernen Raffinerien zu füttern.

Rußpartikelfilter: Die ersten neuen Selbstzünder, zum Beispiel jene aus dem PSA-Konzern, »cleanen« ihre Abgase mit einem zusätzlichen Rußpartikelfilter. Der Filter sammelt Feststoffe aus den Dieselabgasen und verbrennt sie etwa alle 500 Kilometer nahezu rückstandslos in seinen Waben. Um die interne Verbrennung zu realisieren, wird dem Dieselkraftstoff in »homöopathischen« Dosen ein Additiv beigemischt. Der mitgeführte Vorrat reicht für etwa 100.000 Kilometer – danach wird eine neue Füllung fällig. Auf diese relativ einfache Art werden rund 90 Prozent der krebsfördernden Reststoffe während der Verbrennung eliminiert.

ABGASENTGIFTUNG

Die Abgasentgiftung

Kraftstoff besteht im Wesentlichen aus den Elementen Kohlenstoff und Wasserstoff. Bei der Verbrennung im Motor verbindet sich Kohlenstoff mit Sauerstoff aus der Luft zu Kohlendioxid (CO_2), der Wasserstoff (H) geht mit Sauerstoff (O_2) eine Verbindung zu Wasser (H_2O) ein. Aus einem Liter Kraftstoff entsteht rund 0,9 Liter Wasser. Es entweicht als »unsichtbarer« Wasserdampf aus dem Auspuff. Im Winter können Sie nach dem Kaltstart jedoch oft weiße Auspuffwolken beobachten – ein Indiz für kondensiertes Wasser.

Fiesta mit geregeltem Katalysator – Diesel mit Oxidationskatalysator und Abgasrückführung (EGR)

Hierzulande haben alle Fiesta mit Ottomotor zwei Lambdasonden und einen geregelten Katalysator an Bord: Die Dieselvarianten fahren dagegen mit einem Oxidationskatalysator und Abgasrückführungssystem. Der geregelte Katalysator verringert im Betrieb den Kohlenmonoxidanteil um etwa 85 Prozent, den der Kohlenwasserstoffe um 80 und die Stickoxidanteile um rund 70 Prozent. Oxidationskatalysatoren lassen Stickoxide unbehelligt passieren (darum auch die Abgasrückführung beim Diesel). Die Bezeichnung »geregelt« weist darauf hin, dass die Abgasemissionen, nicht so beim Oxidationskatalysator, während des Betriebs aktiv gemessen (Lambdasonde) und im Bereich des gesetzlich vorgegebenen Minimums justiert werden. Mit zunehmender Laufleistung verliert jeder Katalysator jedoch an Wirkung.

Misst den Restsauerstoffgehalt im Abgas – Lambdasonde

Um die Reaktionszeit der »Giftschnüffler« zu verkürzen, sitzen die Lambdasonden beim Fiesta direkt im Abgaskrümmer, bzw. unmittelbar hinter dem Katalysator. Während die erste Sonde »lediglich« die Zusammensetzung des Kraftstoff-/Luftgemischs analysiert, checkt die zweite Sonde gleichermaßen den vorderen Katalysator und ihre vorgeschaltete »Kollegin«. Dieses »Monitorsystem« ist Bestandteil der Ford On-Board-Diagnose, die im übrigen alle emissionsrelevanten Baugruppen und Funktionen überwacht und eventuell auftretende Systemfehler per Kontrollleuchte ins Cockpit »funkt«. Die »Zustandsberichte« der Lambdasonden wertet das elektronische Motormanagement als Basis für alle Betriebszustände aus: Abhängig von den Messwerten mixt der Bordrechner daraus die Zusammensetzung des Luft-/Kraftstoffgemischs. Das geschieht in rasch wechselnder Folge immer nach dem gleichen Schema: Luftüberschuss zur Verbrennung überflüssiger Kohlenwasserstoffe – Luftmangel zur Verringerung der Stickoxide. Die »geregelten« Abgase passieren den Katalysator und werden in seinem Innern zu Kohlendioxid, Wasserdampf und Stickstoff gewandelt. Mit zunehmender Laufleistung verliert jeder Katalysator jedoch an Wirkung. Bei heutigen Kraftstoffqualitäten ist sein Exitus nach etwa 160.000 Kilometer »besiegelt«.

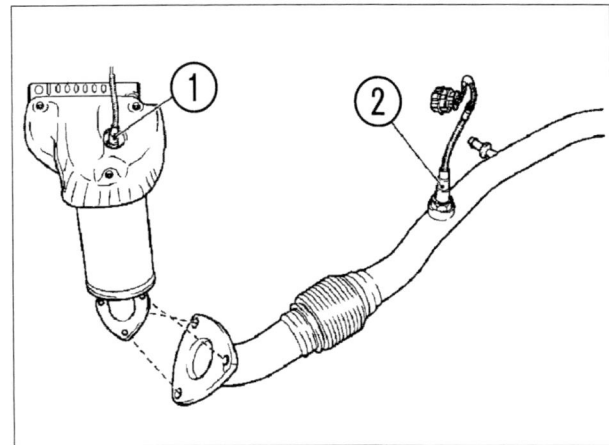

Immer im Doppelpack: Lambdasonden unter dem Fiesta-Bauch. Die Abbildung zeigt eine schematische Darstellung des Lambdasondenregelkreises. ❶ *Lambdasonde Gemischregelung,* ❷ *Lambdasonde Abgasregelung.*

Arbeitstemperaturen des Katalysators

Katalysator und Lambdasonden müssen zunächst auf Betriebstemperatur kommen (ca. 300 °C) – vorher funktioniert das »Putzgeschwader« im Auspuff nicht. Die Lambdasonden heizen sich mit elektrischer Energie selber ein, den Katalysator bringen heiße Abgase in rund 25 – 80 Sekunden auf Temperatur. Auf allzu hohe Temperaturen reagieren die »Saubermänner« jedoch sehr empfindlich. Zum Beispiel dann, wenn sich unverbrannte Gemischrückstände im heißen Katalysator entzünden (Fehlzündungen). Dauertemperaturen um 1200 °C lassen Katalysatoren vorzeitig altern, oberhalb 1400 °C schmilzt der Keramikkörper und der Lambdasonde wird's auch zu heiß.

KRAFTSTOFFVERSORGUNG

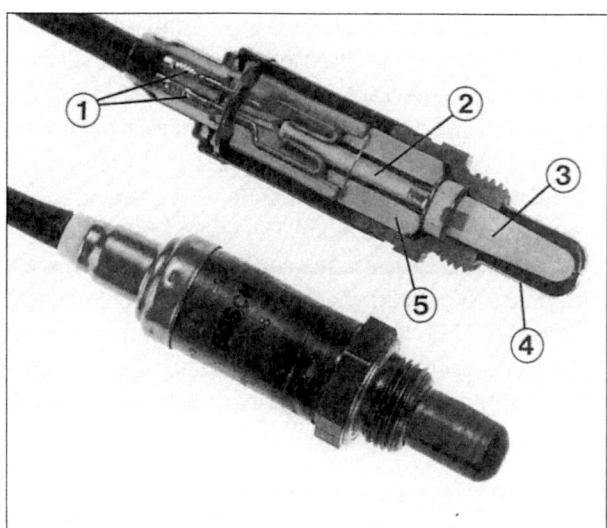

Steht in der Warmlaufphase unter Strom – beheizbare Lambdasonde. ❶ *Sondenanschlüsse,* ❷ *Heizelement,* ❸ *Keramikkörper,* ❹ *Ummantelung,* ❺ *keramischer Stützisolator.*

Achten Sie bei Ihrem Fiesta besonders beim Herunterschalten oder im Schiebebetrieb (längere Bergabfahrten) auf Fehlzündungen. Wenn's da im Auspuff knallt, »erschüttert« das den Katalysator bedrohlich – ergründen Sie die Ursache.

Fiesta-Diesel – Oxidationskatalysator und Abgasrückführung

Hinsichtlich Abgasentgiftung nutzt der Fiesta-Diesel andere Wege als die Kollegen aus dem Otto-Lager: Im Gegensatz zu denen »putzt« er seinen Auspuff mit einem Oxidationskatalysator und »schiebt« der Frischluft im Ansaugtakt jeweils einen exakt definierten Teil seiner eigenen Abgase unter. Grund: Dieselmotoren arbeiten generell, also in jedem Lastbereich, mit Luftüberschuss ($\lambda > 1$). Und da Dreiwege-Katalysatoren erst ab einem Luft-/Kraftstoffverhältnis von 14,7 : 1 ($\lambda 1$) wirken, bleibt er an Dieselmotoren wirkungslos.

Mit »guten Ohren« entlarven Sie verschmolzene Katalysatoren leicht an zischelnden Auspuffgeräuschen – bedingt von einem überhöhten Abgasgegendruck – und am plötzlichen Leistungsverlust Ihres Fiesta. Analysieren Sie gründlich den Hitzetod, ansonsten ist dem neuen Katalysator auch nur ein kurzes Leben beschieden, und die Auslassventile Ihres Fiesta »verbrennen« gleichfalls binnen kurzer Zeit.

Dennoch, moderne Dieselmotoren sind keine »Giftspritzen«: Oxidationskatalysatoren wandeln das im Abgas befindliche Kohlenmonoxid (CO) und Kohlenwasserstoffverbindungen (HC) in Kohlendioxid (CO_2) und Wasser (H_2O) um. Was bleibt, sind unbehandelte Stickoxide (NO_x) die ein Oxidationskatalysator unbeachtet in die Atmosphäre entweichen lässt. Ford »killt« jene Stickoxide mit einem Abgasrückführungssystem im Diesel-Fiesta. Die zugeführten Abgase sen-

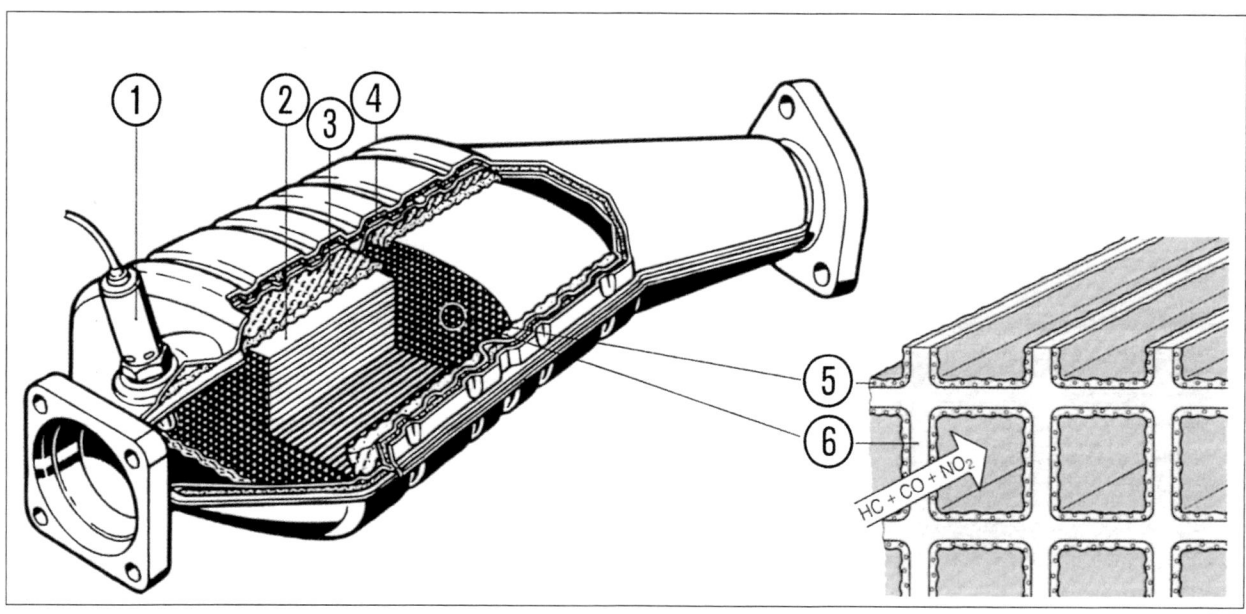

Säubert bis zu 90 Prozent der Abgase auf chemischem Weg: Geregelter Katalysator – aus $2\,CO + O_2$ wird $2\,CO_2$; aus $2\,C_2H_6 + 7\,O_2$ wird $4\,CO_2 + 6\,H_2O$; aus $2\,NO + 2\,CO$ wird $N_2 + 2\,CO_2$ ❶ *Lambdasonde,* ❷ *keramischer Monolith,* ❸ *elastisches Metallgeflecht,* ❹ *wärmegedämmte Doppelschale,* ❺ *Platin-Rhodiumbeschichtung,* ❻ *keramischer- oder metallischer Trägerkörper.*

ken die Verbrennungstemperaturen und »kurieren« somit ganz trickreich ein Selbstzünderproblem an der Wurzel: Je magerer das Kraftstoff-/Luftgemisch (Frischluftüberschuss) um so heißer die Verbrennung, und je heißer die Verbrennung um so mehr Stickoxide. Und da Abgase nun alles andere als »Sauerstofflieferanten« sind, verschlechtern sie mit ihren »Ballaststoffen« die Frischluft und senken somit künstlich die Verbrennungstemperatur.

Natürlich muss das sehr sensibel über die Bühne gehen – ansonsten würde der Diesel an seinem eigenen »Mief« ersticken. Damit das nicht passiert und das Mischungsverhältniss immer konstant bleibt, reagiert das Abgasrückführungsventil gezielt auf das Vakuum im Ansaugtrakt.

Umgang mit dem Kat — Praxistipp

- Wenn Ihr Fiesta wegen einer leeren Batterie nicht anspringt, verzichten Sie aufs Anrollen lassen, Anschieben oder Anschleppen. Dabei kann nämlich zu viel unverbrannter Kraftstoff in den Katalysator gelangen, was ihm auf Dauer nicht bekommt.
- Zündaussetzer oder Fehlzündungen »verraten« Unregelmäßigkeiten an der Zündanlage. Gehen Sie schnellstens den Symptomen nach, bzw. beordern einen Fachmann mit Messequipment an Ihren Fiesta.
- Bevor Sie frischen Unterbodenschutz auftragen, »packen« Sie vorab den Katalysator gut ein, ansonsten könnte es danach unter dem Fiesta-Bauch zündeln.
- Kontrollieren Sie gelegentlich auch den Hitzeschutz über dem Katalysator auf Beschädigungen.
- Ein undichter Auspuff (verbrannte Dichtung, Hitzerisse, Rostschäden, etc.) vor der Lambdasonde verfälschen die Messwerte (erhöhter Sauerstoffanteil). Folglich reichert das elektronische Motormanagement das Gemisch an. Sie »sponsern« den Irrtum der Elektronik mit überhöhtem Kraftstoffverbrauch und vorzeitig alterndem Katalysator.

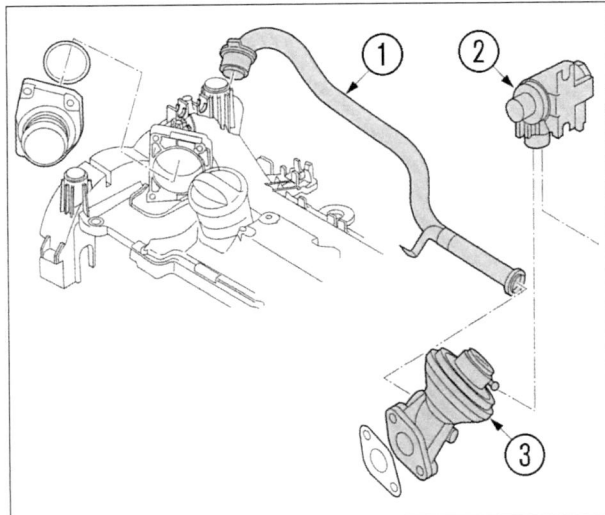

Das Abgasrückführungssystem im Detail: ❶ *Abgasrückführungsleitung,* ❷ *Magnetventil,* ❸ *EGR-Ventil.*

DIE KRAFTÜBERTRAGUNG

DIE KRAFTÜBERTRAGUNG

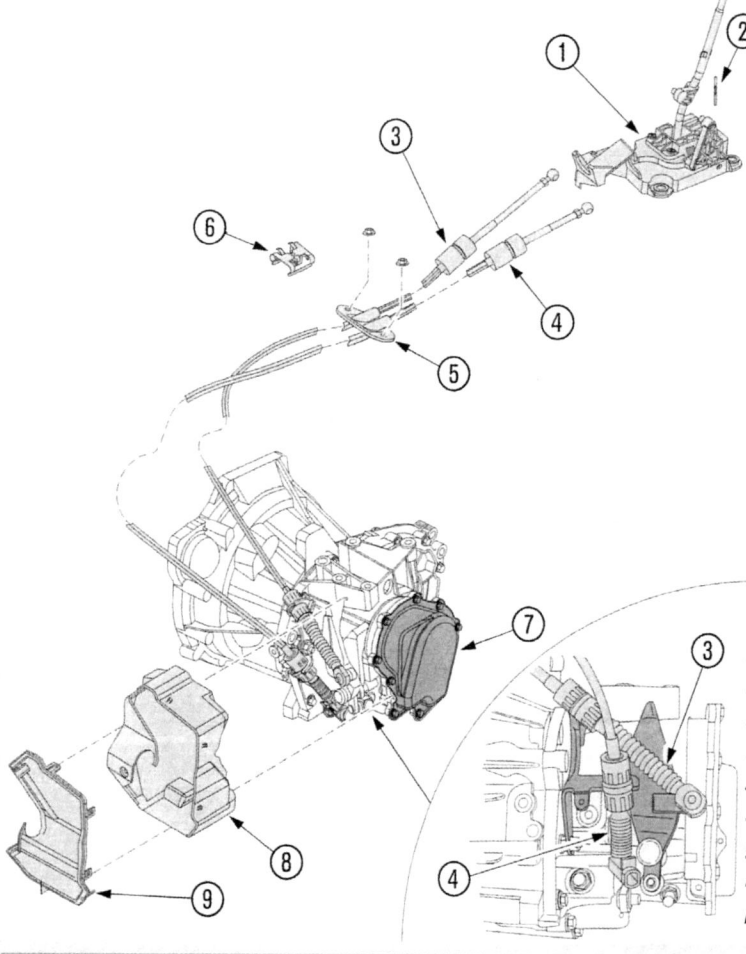

Heutzutage halten manuelle Schaltgetriebe ein Autoleben lang. Falls in Ihrem Fiesta die Schaltbox gerade mal die Ausnahme von der Regel sein sollte, »legen« Sie besser gleich Ihrem Ford-Händler das komplette Getriebe auf die Werkbank. Er wird es als iB5-Getriebe mit Seilzugschaltung identifizieren und erfahrungsgemäß selbst keinen Handschlag mehr daran rühren. Stattdessen wandert Ihr alter »Zahnkasten« in die Ford-Aggergateinstandsetzung und Sie bekommen von dort ein neues AT-Getriebe mit »Neuteilgarantie« zurück. Interessanter für Fiesta-Fahrer ist dagegen der äußere Schaltmechanismus – hier und da treten daran schon mal Störungen auf. Unsere Großdarstellung erleichtert Ihnen dann die Orientierung. ❶ äußerer Schaltmechanismus, ❷ Zentrierdorn (3 mm Bohrer) zur Grundeinstellung der Schaltseilzüge, ❸ Schaltseilzug, ❹ Wählseilzug, ❺ Kunststoffkarosserieabdichtung, ❻ Seilzugbefestigungsklammer, ❼ linker Getriebedeckel mit darunter liegendem fünften Gang, ❽ Schaltwippenverkleidung, ❾ Schaltseilzugverkleidung.

Wartung

Kupplung prüfen	157
Trennt die Kupplung?	158
Getriebeölstand prüfen	163
Getriebeöl ergänzen	163
Antriebswellenmanschetten prüfen	165

Reparatur

Schaltung einstellen	162
Antriebswellen aus- und einbauen	166
Antriebsgelenkmanschetten wechseln	168

KRAFTÜBERTRAGUNG

Das Zusammenwirken von Kupplung, Getriebe, Antriebswellen und Achsantrieb subsumieren Profis unter dem Oberbegriff »Kraftübertragung«. Damit die genannten Einzelkomponenten auch untereinander harmonieren, arbeiten sie »Hand in Hand« in einem fein abgestimmten System aus Reibbelägen, Wellen, Lagern, Zahnrädern, Schaltgabeln und Gelenken. In diesem Kapitel erfahren Sie, wie der Fiesta seine »Pferdchen auf die Piste« bringt und wie die daran beteiligte Mechanik fit bleibt.

Wie viel Kilowatt tatsächlich an den Vorderrädern Ihres Fiesta »rotieren«, beeinflusst zunächst Ihr »Gasfuß« und grundsätzlich die gebotene Motorleistung. Doch wenn die theoretisch abrufbare »Kraft« nicht zur Motordrehzahl bzw. zur Momentangeschwindigkeit passt, kommen die Kilowatt nur zögerlich aus dem Drehzahlkeller, in dem Moment hat Ihr Gasfuß allenfalls noch das Temperament einer Schlaftablette. Warum das so ist?

Jeder Verbrennungsmotor ist nur in einem ganz begrenzten Drehzahlfenster leistungswillig und -fähig. Den sichtbaren Beweis liefern wir Ihnen im Kapitel »Die Modellvorstellung« unter dem Stichwort »Motoren« ab: Dort finden sie ab Seite 12 die unterschiedlichen Leistungsdiagramme aller Fiesta-Treibsätze. Vergleichen Sie in den Darstellungen jeweils den Verlauf der Drehmomentkurve (Nm) mit dem Anstieg der Leistungskurve (PS/kW). Auf der X-Achse (min^{-1}) erkennen Sie leicht, in welchem Drehzahlfenster Ihr Fiesta auf der Y-Achse das größte Drehmoment (Nm) abliefert.

Sparen ohne zu bummeln – bis zu 20 Prozent sind drin ...

Sobald Sie das theoretisch »verdaut« haben, setzen Sie Ihr theoretisches Wissen in die Praxis um. Gehen Sie künftig bewusst auf die Charakteristik Ihres Motors ein und koordinieren Motordrehzahl und Geschwindigkeit mit dem richtigen Gang. Ihr Fiesta wird dann nicht mehr »lustlos« dahin rollen oder »nervös« am Gaspedal hängen – auch zum »Schlafwagen« wird er nicht.

Übrigens – begreifen Sie Ihren womöglich neuen Fahrstil nicht als langweiliges Korsett, sondern als »Sprit sparende Herausforderung«. Fahren Sie Ihren Fiesta fortan **IMMER** mit der geringst möglichen Motordrehzahl im höchst möglichen Drehmomentbereich. Als Belohnung für Ihren hellwachen Umgang mit dem Gaspedal »flattern« Ihnen automatisch günstigere Tankrechnungen ins Haus: Bis zu 20 Prozent Minderverbräuche sind keine Seltenheit – und zwar ohne bei Überholvorgängen zu »verhungern« oder »die Tachonadel in den Keller zu schicken«, bzw. Ihre kostbare Zeit zwischen Start und Ziel zu »verplempern«.

Und so wird's gemacht: Beschleunigen Sie zügig (Gaspedal etwa 2/3 durchtreten) und versuchen, »Ihr Tempo« immer mit dem Gang zu koordinieren, der die Motordrehzahl möglichst nah an das maximale Drehmoment heran führt. Damit Sie Drehmoment und Geschwindigkeit effizient »unter einen Hut« bringen, stellt Ford Sie vor die Qual der Wahl. Neben den optimierten Fünfgangschaltgetrieben gibt's im Fiesta 1,4-Liter ab Jahresende 2002 ein automatisiertes Fünfgangschaltgetriebe (Durashift EST).

Übersetzungen für die Zugkraft

Damit der Fiesta aus dem Stand »leichtfüßig« in Fahrt kommt, beanspruchen seine Antriebsräder ein möglichst großes Drehmoment. Wie allerdings die Leistungskurven der Benziner verraten – unterhalb vierzehnhundert Umdrehungen passiert an den Vorderrädern nicht allzu viel: Folglich erleichtert der erste Gang dem Motor, mit einer »Übersetzung ins Langsame«, relativ schnell Drehzahl anzunehmen. Ab dem vierten Gang verhält es sich genau umgekehrt: Hier wird eine »Übersetzung ins Schnelle« wirksam. Im Vergleich zur Drehzahl an den Antriebsrädern dreht der Motor jetzt gemächlicher hoch. Anders ausgedrückt: Das Getriebe variiert die Motordrehzahl immer zur gewünschten Drehzahl an den Antriebsrädern.

Trennt Motor und Getriebe zu jedem Gangwechsel – die Kupplung

Jeder Anfahr- oder Schaltvorgang unterbricht den Kraftfluss zwischen Motor und Getriebe. In Autos mit manuellem Schaltgetriebe besorgt das die Kupplung, sie trennt kurzfristig die Kurbel- und Getriebeantriebswelle. Ihr »Tun« ermöglicht weiche Anfahrvorgänge und ruckfreie Gangwechsel.

»Letzte Instanz« vor den Antriebsrädern – der Achsantrieb

Als »letzte Instanz« auf dem Weg zu den Antriebsrädern passiert das Motordrehmoment den Achsantrieb. Die vom Getriebe »angelieferten Drehzahlen« übersetzt der Achsantrieb ins »Langsamere«, er steigert damit das Drehmoment und verteilt die Kraft möglichst gleichmäßig an die Antriebsräder.

KRAFTÜBERTRAGUNG

Die Kupplung

Im Fiesta arbeitet eine Einscheiben-Trockenkupplung – eine gleichermaßen einfache und zweckmäßige Konstruktion. Für Do it yourselfer hat die Trockenkupplung freilich den Nachteil, dass ihre Verschleißteile (Mitnehmerscheibe, Kupplungsdruckplatte) gleichwie das Ausrücklager nicht ohne weiteres zugänglich sind. Um sie in die »Finger« zu bekommen, müssen Hobbyschrauber zunächst das Getriebe vom Motor trennen: Eine Arbeit, die solides Know-how und Spezialwerkzeuge erfordert. Falls Sie da für sich und auf Ihrer Werkbank Defizite erkennen sollten, überlassen Sie den Job besser einer Fachwerkstatt.

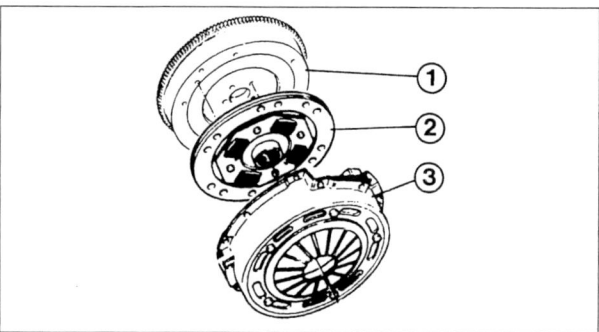

Teamarbeit: Eine funktionsfähige Trockenkupplung besteht grundsätzlich aus der Motorschwungscheibe ❶, der Kupplungsscheibe (Mitnehmerscheibe) ❷ und der Kupplungsdruckplatte (Automat) ❸. Der Fiesta setzt die Membranfeder der Kupplungsdruckplatte hydraulisch unter Druck.

Die wichtigsten Kupplungskomponenten

Motorschwungscheibe: Drehfest mit der Kurbelwelle verschraubt.
Kupplungsscheibe (Mitnehmerscheibe): Sitzt axial verschiebbar und verdrehfest auf der Getriebeeingangswelle. Auf beiden Seiten einer »Stahlscheibe« sind Reibbeläge aufgenietet. Die Außendurchmesser der Kupplungsscheibe sind im Fiesta, abhängig von der Motorisierung, unterschiedlich dimensioniert.
Kupplungsdruckplatte (Kupplungsautomat): Drehfest mit der Motorschwungscheibe verschraubt. Presst die schwimmend gelagerte Kupplungsscheibe über eine Tellerfeder gegen die Schwungscheibe.
Ausrücklager: Bei allen Fiesta-Modellen direkt in den zentralen Kupplungsnehmerzylinder integriert. Sitzt axial verschiebbar auf der Ausrückwelle und überträgt die vom Kupplungspedal erzeugte Druckkraft hydraulisch auf die Tellerfeder der Kupplungsdruckplatte. Das entlastet die Druckplatte, so dass die Mitnehmerscheibe »frei« zwischen Kupplungsdruckplatte und Motorschwungscheibe dreht.

Nachstellautomatik: Im Fiesta regelt eine hydraulisch betätigte Kupplung automatisch das Kupplungspedalspiel bis zur Verschleißgrenze – lästige Nachstellarbeiten sind überflüssig. Sobald die Kupplung rutscht, gehen Sie darum getrost von normalem Verschleiß aus – nur in seltenen Fällen klemmt das Vordruckventil der Kupplungshydraulik, oder »nässt« einer der beiden Radialwellendichtringe (Kurbelwelle, Getriebeeingangswelle). Im Falle »Vordruckventil« reicht's, das Ventil zu erneuern und die Kupplungshydraulik zu entlüften. Um allerdings die »Ölquelle« an den Radialwellendichtringen trocken zu legen, müssen Sie das Getriebe demontieren. Erneuern Sie vorbeugend gleich beide Radialwellendichtringe und entscheiden von Fall zu Fall, ob die verschmierte Mitnehmerscheibe noch zu retten ist. Falls ja, entfetten Sie das gute Stück gründlich mit Waschbenzin oder Bremsenreiniger – aber wirklich nur wenn die Belagstärke noch neuwertig sein sollte – die gleiche Behandlung verabreichen Sie der Schwungscheibe und dem Kupplungsautomaten.

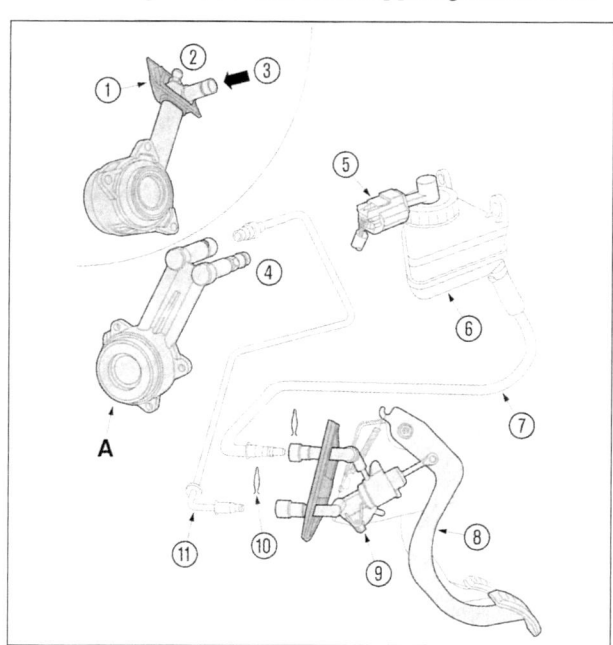

Hydraulische Kupplungsbetätigung: **A** Kupplungsnehmerzylinder mit integriertem Ausrücklager, ❶ Kunststoffmanschette, ❷ Entlüftungsanschluss, ❸ Vorlaufleitung, ❹ Entlüftungsanschluss, ❺ Bremsflüssigkeitsstand-Niveauschalter, ❻ Bremsflüssigkeitsvorratsbehälter, ❼ Nachlaufleitung, ❽ Kupplungspedal, ❾ Geberzylinder, ❿ Sicherungsklammer, ⓫ Druckleitung.

DIE KUPPLUNG

So funktioniert die Kupplung

Kupplungsspiel: Solange das Kupplungspedal unbelastet ist, steht das Ausrücklager nur in »lockerem« Kontakt zur Tellerfeder der Kupplungsdruckplatte. Mit zunehmender Laufleistung wird der Kontakt, analog zum Verschleiß an der Kupplungsscheibe, jedoch enger: Die Tellerfeder der Druckplatte nähert sich dem Ausrücklager. Sobald das Lager dann ohne Spieltoleranz fest an der Tellerfeder anliegt, entlastet es die Druckplatte: Der Anpressdruck der Mitnehmerscheibe gegen die Anlageflächen von Schwungscheibe und Druckplatte wird geringer. Wird das Spiel nicht mehr korrigiert, rutscht die Kupplung durch – das Drehmoment kommt nicht mehr schlupffrei im Getriebe an.

Auskuppeln: Sobald Sie das Kupplungspedal treten, überwindet das Ausrücklager die Federkraft der Tellerfeder. Das entlastet die Druckplatte, bei völlig durchgetretenem Pedal zieht sie sich automatisch zurück: Die Mitnehmerscheibe rotiert dann »frei« zwischen Druckplatte und Schwungscheibe.

Einkuppeln: Die entlastete Tellerfeder der Druckplatte drückt die Mitnehmerscheibe gegen die Schwungscheibe. In dieser Phase schleifen die Reibbeläge der Kupplungsscheibe kurzzeitig zwischen der Schwungscheibe und der Kupplungsdruckplatte. Bei ausgekuppeltem Pedal steigt der Anpressdruck des Kupplungsautomaten so weit an, dass er die Mitnehmerscheibe zwischen der Schwungscheibe und Druckplatte »fesselt«. Die Motorleistung »geht« nun verlustfrei ins Getriebe.

Die »Kupplungsmörder«

Der zweifelhafte Ruf des Kupplungsmörders eilt jenen Automobilisten voraus, die ihr Gefährt ganz gemächlich mit »heulendem Motor« und schleifender Kupplung in Fahrt bringen: Kupplungsmörder inszenieren mit ihrem »schweren« Kupplungsfuß regelmäßig »heiße« Dramen zwischen den Reibbelägen der Kupplungsscheibe, der Druckplatte und der Schwungscheibe. Denn im Umfeld einer schleifenden Kupplung entstehen Temperaturen, die der Kupplungsscheibe und der Druckplatte schnell den Garaus bereiten.

Fahrer die ihren Kupplungsfuß während der Fahrt ständig auf dem Kupplungspedal »parken«, bezahlen ihre Bequemlichkeit gleichermaßen mit erhöhtem Verschleiß. Eine weitere Unsitte von Kupplungsmördern: Anstatt den Leerlauf einzulegen und die Handbremse (Feststellbremse) anzuziehen, halten Sie ihr Auto vor roten Ampeln oder an Steigungen mit eingelegtem ersten Gang, Kupplungs- und Gaspedal in der »Waage«. Da »bedankt« sich nicht nur die Kupplung, sondern auf Dauer auch das Ausrücklager sowie das Passlager der Kurbelwelle.

Wenn Sie nicht mit Kupplungsmördern sympathisieren, kuppeln Sie vor roten Ampeln generell aus und legen den ersten Gang erst dann ein, wenn die Ampel auf Gelb schaltet. Und während der Fahrt parken Sie Ihren Kupplungsfuß – zwischen den Gangwechseln – neben und nicht auf dem Kupplungspedal.

Schnell erledigt – Kupplung checken

Eine verschlissene (schleifende) Kupplung erkennen Sie untrüglich, wenn Sie Ihr Auto im höchsten Gang beschleunigen oder im Gebirge unterwegs sind. Der Motor dreht dann hoch, ohne dass die Fahrgeschwindigkeit entsprechend zunimmt. Um rechtzeitig davor gewarnt zu sein, testen Sie die Kupplung besser vor der Garage. Allerdings nur bei berechtigten Verdachtsmomenten, denn die Kupplung kommt gehörig ins »schwitzen«. Bevor Sie »loslegen«, ziehen Sie die Handbremse fest an.

① Ziehen Sie die Handbremse an und starten den Motor. Treten Sie hernach die Kupplung, legen den 3. Gang ein und versuchen mit »normalem Gas« anzufahren.

② Eine einwandfrei funktionierende Kupplung »würgt« den Motor bereits im ersten Viertel des zurückkommenden Kupplungspedals ab.

③ Läuft der Motor »unbeeindruckt« weiter, ist die Kupplung verschlissen.

KRAFTÜBERTRAGUNG

Gut zu wissen – trennt die Kupplung vollständig?

Wenn beim Heraufschalten »Kratzgeräusche« hörbar werden, trennt häufig die Kupplung nicht vollständig. Verschaffen Sie sich mit der Rückwärtsgangprobe Gewissheit, der Check »entlarvt« übrigens auch mögliche Getriebeschäden.

Arbeitsschritte

① Lassen Sie den Motor mit Standgas laufen, …

② … treten dann das Kupplungspedal für etwa drei Sekunden voll durch und legen dann gefühlvoll den Rückwärtsgang ein. Wenn Sie dabei besagte Kratzgeräusche wahrnehmen, trennt die Kupplung unsauber, evtl. klebt die Mitnehmerscheibe zwischen Kupplungsautomat und Schwungscheibe.

③ **Bevor** Sie freilich an Getriebedemontage und Kupplungsreparatur denken, lassen Sie in einer Fachwerkstatt auf jeden Fall die Nachstellautomatik checken.

Schalten ohne zu kuppeln — *Praxistipp*

Mit etwas Geduld und feinfühligem Umgang mit Schalthebel und Gaspedal schalten Sie das Getriebe Ihres Fiesta auch ohne zu kuppeln. Wichtig zu wissen.

Zum Beispiel für den Fall, dass unterwegs die Kupplungshydraulik »leckt« (Kupplungsgeber-/Nehmerzylinder undicht, Schlauch geplatzt, Luft im Hydrauliksystem). Um Ihren Fiesta dann nicht unfreiwillig am Straßenrand parken zu müssen, geben wir Ihnen ein paar Tipps, wie Sie »ohne Kupplung« ein nahes Ziel oder die nächste Werkstatt erreichen können.

Anfahren, ohne zu kuppeln:

Motor aus. 1. Gang einlegen, Anlasser betätigen. Ihr Fiesta »ruckelt« los, sobald der Motor läuft, geben Sie etwas Gas. Wenn Sie während der Fahrt partout nicht schalten möchten, dann legen Sie in der Ebene zum Anfahren sofort den 2. Gang ein.

Hochschalten, ohne zu kuppeln:

1. Gang nur knapp über Leerlaufdrehzahl hinaus drehen (ca. 1000/min). Gas etwas zurücknehmen, Schalthebel sachte über Leerlaufstellung »vor« den 2. Gang ziehen. Wenn der Gang klemmt, geben Sie dem Motor einen gefühlvollen Gasstoß und ziehen gleichzeitig den Schalthebel vorsichtig in den 2. Gang. Bei synchroner Drehzahl von Motor und Getriebe rutscht der Gang dann fast von selbst hinein. Sollten Sie mit dem Schalten zu lange gewartet haben, geben Sie etwas Gas, der Gang »spurt« dann ohne knirschende Zahnräder ein. War das erfolglos, halten Sie nochmals an und versuchen Ihr »Glück« erneut. Alle weiteren Gänge schalten Sie auf die gleiche Weise hoch. Am leichtesten geht dies bei niedrigen Geschwindigkeiten: In den 3. Gang bei 30 km/h, in den 4. bei 40 km/h und in den 5. bei 50 km/h.

Herunterschalten, ohne zu kuppeln:

Klappt am besten bei geringen Motordrehzahlen und Geschwindigkeiten. Zuerst Fuß vom Gas und Gang herausnehmen. Behutsam Gas geben, um die Motordrehzahl leicht zu erhöhen. Schalthebel gleichzeitig »vor« den kleineren Gang drücken. Bei richtiger Motordrehzahl rutscht der Gang hinein. Verfahren Sie in allen Gängen nach dem gleichen Schema.

STÖRUNGSBEISTAND KUPPLUNG

Kupplung — Störungsbeistand

Störung	Ursache	Abhilfe
A Kupplung rutscht.	1 Nachstellautomatik defekt; Systemvordruck zu hoch (Vordruckventil klemmt).	Ggf. zentralen Kupplungsnehmerzylinder mit Ausrücklager ersetzen; Vordruckventil erneuern.
	2 Kupplungsbeläge verschlissen.	Mitnehmerscheibe erneuern lassen.
	3 Anpressdruck der Kupplung zu gering.	Kupplungsdruckplatte erneuern lassen. Mitnehmerscheibe gleich mit erneuern lassen.
	4 Kupplungsbelag verölt.	Radialwellendichtring an Kurbel- oder Getriebeeingangswelle undicht. Verschlissenen Dichtring erneuern lassen.
	5 Kupplung überhitzt.	Motorschwungscheibe prüfen, ggf. planschleifen, Kupplung komplett erneuern.
B Kupplung trennt nicht.	1 Siehe A1.	
	2 Kupplungsgeber- oder Kupplungsnehmerzylinder defekt.	Defekten Zylinder auswechseln lassen.
	3 Luft im Hydrauliksystem.	Flüssigkeit ergänzen; Kupplung entlüften lassen.
	4 Mitnehmerscheibe klemmt auf Getriebewelle.	Kerbverzahnung gründlich reinigen und leicht einfetten.
	5 Mitnehmerscheibe hat Schlag.	Mitnehmerscheibe ersetzen lassen.
	6 Mitnehmerscheibe verzogen oder Belag gebrochen.	Mitnehmerscheibe ersetzen lassen.
	7 Belag nach langer Standzeit an Schwungscheibe festgerostet.	Anfahren wie unter »Fahren ohne zu kuppeln« beschrieben. Kupplungspedal dauernd durchgetreten halten. Gaspedal ruckartig durchtreten und loslassen, um die Kupplung loszubrechen. Andernfalls schadhafte Teile wechseln lassen.
C Kupplung trennt nicht und rutscht gleichzeitig durch.	Kupplungsautomat defekt.	Auswechseln lassen.
D Kupplung rupft.	1 Siehe A3.	
	2 Motor- oder Getriebeaufhängung locker oder defekt.	Motor- oder Getriebeaufhängung festziehen bzw. ersetzen.
	3 Unebenheiten auf Schwungscheibe oder Druckplatte.	Defektes Teil ersetzen lassen.
	4 Falsche Beläge. Torsionsdämpfer verschlissen.	Mitnehmerscheibe erneuern lassen.
E Kupplungsgeräusche.	1 Unwucht der Kupplungsdruckplatte bzw. Mitnehmerscheibe.	Defektes Teil ersetzen lassen.
	2 Torsionsdämpferfeder defekt.	Mitnehmerscheibe ersetzen lassen.
	3 Ausrücklager defekt.	Zentralen Nehmerzylinder mit integriertem Ausrücklager ersetzen lassen.
	4 Verbindungselemente im Kupplungsautomaten verschlissen.	Kupplungsautomat erneuern.

KRAFTÜBERTRAGUNG

Das Fünfganggetriebe

Fiesta-Modelle mit manueller Schaltung, gleichwie der »Durashift-Ableger«, besitzen ein mechanisches Fünfganggetriebe: Ford intern heißen die Schaltboxen kurz und knapp »iB5«. Ihre Vorwärtsgänge sind synchronisiert, die ersten zwei Gänge arbeiten gar mit einer Doppelsynchronisation. Sämtliche beweglichen Getrieberäder laufen in Gleitlagern. Das Schaltgestänge der ursprünglichen Version wich im Fiesta, wie übrigens vorab schon im Focus, einem doppelten Seilzug (Schaltzug, Wählzug). Vorteil: Der Gangwechsel geht im iB5 jetzt wesentlich präziser über die Bühne. Zudem »isolieren« die beiden Bowdenzüge einen Großteil der Geräusche und Schwingungen aus dem Antriebsstrang.

Kombiniert den Komfort von Getriebeautomaten mit dem Wirkungsgrad mechanischer Schaltgetriebe – die Durashift EST

In der iB5-Variante des Durashift EST Fiesta sind auch die Schaltseilzüge überflüssig: Hier »verbindet« ein elektronischer Wählhebel die Gangräder miteinander – entweder im Automatik- oder Schaltmodus. Im Schaltmodus »schieben« Durashift-Chauffeure den Hebel zum Gangwechsel jeweils nach vorne oder sie ziehen ihn nach hinten, im Automatikmodus zeichnet ein Getrieberechner dafür verantwortlich. Die äußere Schaltung des iB5-Getriebes handelt ein Steuermodul, das, sobald der Wählhebel einen definierten Druckpunkt überwindet, über Elektromotoren alle Ein- und Auskoppelvorgänge sowie sämtliche Gangwechsel lanciert. Techniker sprechen in diesem Zusammenhang von »intelligent« gesteuerten Kupplungs- und Schaltaktuatoren.

Je nach Temperament oder Gutdünken des Chauffeurs arbeitet das Durashift EST-Getriebe mit automatischer oder manueller Gangwahl. Automatisch variiert Durashift die Schaltpunkte fahrsituationsabhängig. Der Informationsaustausch zwischen Getriebe und dem Bordrechner (PCM) erfolgt über einen CAN-Datenbus. Wichtig bei Störungen: Durashift EST ist über einen bordeigenen **D**ata **L**ink **C**onnector (DLC - Diagnoseanschluss) selbstverständlich auch diagnosefähig.

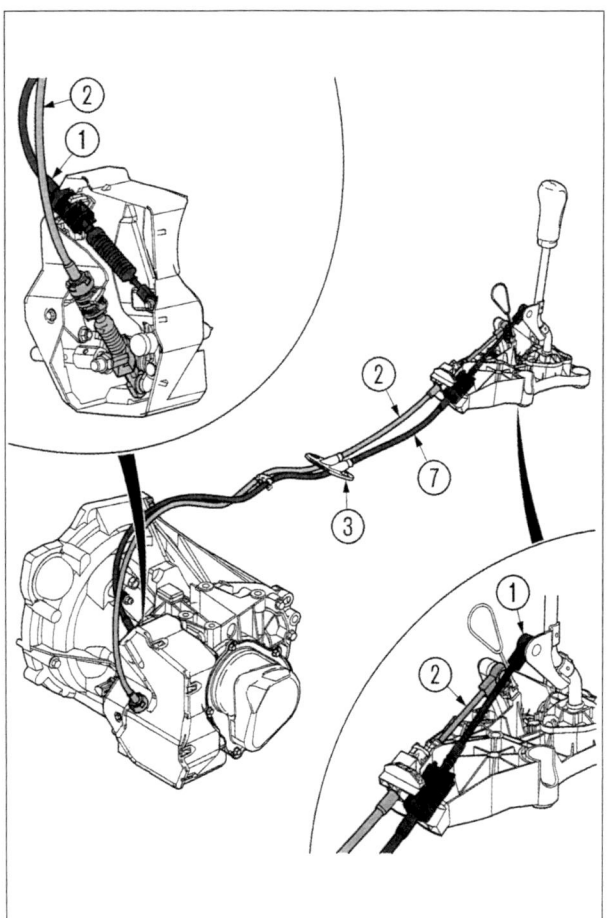

Akustisch vom Antriebsstrang entkoppelt – das iB5-Getriebe im Fiesta. ❶ *Schaltseilzug,* ❷ *Wählseilzug,* ❸ *Karosseriedurchführung.*

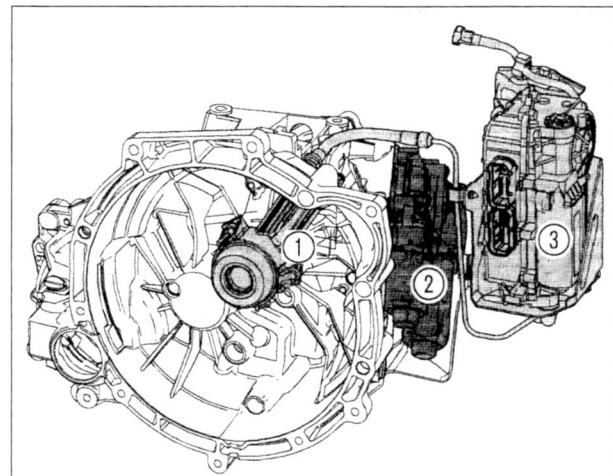

Per Elektronik zum Schaltroboter aufgemotzt: iB5-Getriebe in der Durashift EST-Version. In die Kupplungsglocke integriert bzw. seitlich am Getriebegehäuse montiert – die hydraulisch elektronisch wirkenden Kupplungs- ❶ *und Schaltaktuatoren* ❷ *und* ❸*.*

DURASHIFT-GETRIEBE

Das Durashift EST-Getriebe verquickt, ohne hydraulischen Wandler, nahezu den Bedienkomfort einer elektrohydraulisch gesteuerten Automatik. Die Box macht das nahezu mit dem Wirkungsgrad eines konventionellen Schaltgetriebes: Ihr mechanischer Wirkungsgrad liegt über 90 Prozent. Drei elektrische Stellmotoren (Aktuatoren) legen sich hinter den Kulissen dazu ins Zeug: Motor 1 ersetzt den Kupplungsfuß, die beiden anderen (2, 3) »verkuppeln« Gangräder miteinander. Normalerweise schaffen sie das in rund 300 Millisekunden – wenn's besonders zügig durch die »Wellen« gehen muss, packen die Drei das deutlich »ruppiger« auch etwa 60 Millisekunden schneller.

Datenhighway – CAN Bus im Fiesta

Um zwischen dem Fiesta-PCM und seinen »Abhängigen«, zum Beispiel dem Durashift-Getriebe, möglichst schnelle und effiziente Datentransfers zu realisieren, bemüht Ford einen CAN Bus. Der »Ford-Schritt« befreit die Fiesta-Macher von »engen« Denkstrukturen: Von der entsprechenden Software »angesprochen« transferiert der Bus in Sekundenbruchteilen große Datenmengen. Die Ingenieure nutzten das »weidlich« aus, so auch zwischen PCM und Durashift-Getriebe.

Bei jedem Schaltvorgang unterbricht das Steuermodul kurzzeitig die Zugkraft, analog sinkt auch das Motordrehmoment etwas ab – vom subjektiven Gefühl arbeitet das elektronisch beaufschlagte iB5-Getriebe ähnlich einer Wandlerautomatik. Das »Teamwork« von Kupplungs- und Schaltaktuatoren verwöhnt Durashift-Fahrer mit weichen und komfortablen Gangwechseln. »Knallhart« reagiert die Schaltbox dagegen auf Kickdown-Befehle: Wenn's denn sein muss, überspringt sie dann sogar mehrere Gangstufen – beispielsweise vom fünften direkt in den zweiten Gang.

Selbstverständlich kommen Fiesta-Lenker, die ab und an selber schalten möchten, mit Durashift nicht zu kurz: Sie wählen das entsprechende Programm, tippen hernach kurz den Schalthebel an (zum Raufschalten nach vorne und zum Runterschalten nach hinten) – das »Restprogramm« bewerkstelligen Elektromotoren. Natürlich können Sie auch Gänge überspringen. Solange es den Motor nicht »himmelt« oder die Luft »abschnürt«, führt mehrmaliges Tippen auf direkten Weg in den gewünschten Gang.

Schließt Fehlbedienung aus – Steuerelektronik

Wichtig zu wissen: Durashift »verzeiht« unbewusste Bedienungsfehler, selbstverständlich auch im Winter auf rutschigen Straßen. Sobald das PCM »unlogische« Bedienungsweisen erkennt, schaltet es auf STUR und lässt den Motor automatisch im besten »Drehzahlfenster« arbeiten.

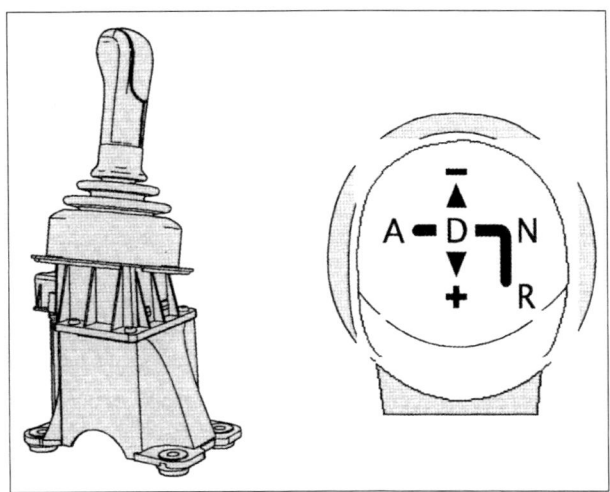

»Taktstock«: Der elektronische Wählhebel hat keine mechanische Verbindung zum Getriebe, sondern kontaktet per CAN-Datenbus mit der Getriebesteuerung. Hallsensoren erfassen seine Bewegungen, eine interne Elektronik prüft sie auf Plausibilität und schickt das Prüfprotokoll in digitalisierter Form ans Steuergerät weiter. Mit den Hallsensoren, samt Elektronik, ist eine Leiterplatte unterhalb der Wählhebelabdeckung bestückt.

Getriebereparaturen – ein Fall für die Werkstatt

Ford-Getriebe halten erfahrungsgemäß ein Autoleben lang – einerlei ob mit manueller Fünfgangschaltung oder »Durashift EST-Montagesatz«. Sollte ausgerechnet Ihr Fiesta die Ausnahme von der Regel sein, überlassen Sie die Reparatur besser einer Fachwerkstatt: Es sei denn, Sie haben das erforderliche Spezialwerkzeug und den nötigen Sachverstand, mit Zahnrädern, Schiebemuffen, Schaltgabeln, Synchronringen, Aktuatoren und Co. umgehen zu können. Falls nicht, verzweifeln Sie nicht an Ihrem »Unvermögen«: Die meisten Fachwerkstätten »legen« marode Getriebe zur Revision gleichfalls direkt dem Hersteller auf die Werkbank, oder sie ordern komplette Tauschaggregate.

KRAFTÜBERTRAGUNG

So funktioniert das Fünfgangschaltgetriebe

 **Techniklexikon**

Die Motorleistung gelangt via Kupplung auf die Getriebeantriebswelle (Eingangswelle). Auf der Antriebswelle finden die fünf schräg verzahnte Zahnräder (plus eines für den Rückwärtsgang) Platz. Die passenden Pendants dazu sitzen allesamt auf der Abtriebswelle. Als »Pärchen« stehen zwar alle Gangräder in ständigem Kontakt zueinander, »fest verkuppelt« ist jedoch immer nur ein Gangradpaar.

Zahnräder und Wellen

Bis die Gangräder der Hauptwelle »festen Kontakt« zu ihren Konterparts auf der Vorgelegewelle aufnehmen, rotieren sie frei ineinander. Erst wenn ein Gang eingelegt wird, ist das betreffende Zahnradpaar kraftschlüssig miteinander verbunden. Der Ganghebel wirkt nämlich auf eine Schaltgabel, die über eine Schiebemuffe den Kraftschluss der Gangräder einleitet. Damit die Zahnräder während des Schaltvorgangs geräuschlos und schnell zueinander finden, bringen Synchronringe die Getriebewellen auf die gleiche Drehzahl: Sie »bremsen« die schnellere Welle in einem Anlaufkonus so lange ab, bis die Schiebemuffe das »neue Gangradpärchen« geräuschlos miteinander verkuppelt.

Vorwärtsgänge und Rückwärtsgang

Die ersten drei Gänge der Fiesta-Getriebe transferieren die Motordrehzahl ins Langsamere. Erst ab der vierten Fahrstufe drehen die Antriebsräder dann »schneller« als der Motor. Experten sprechen in dem Fall von einem »lang« übersetzten Getriebe. Ford unterstreicht und nutzt damit die »bewusst defensive« Leistungscharakteristik der Duratec-Motoren: Lang übersetzte Getriebe schonen den Motor und senken, vornehmlich auf Langstrecken, den Kraftstoffverbrauch.

Erst mit drei Zahnrädern komplett – Rückwärtsgang

In allen Vorwärtsgängen sind grundsätzlich zwei Zahnräder im Spiel. Lediglich der Rückwärtsgang bemüht ein Zahnradtrio. Das dritte Zahnrad, auch Zwischenrad genannt, läuft auf einer eigenen Welle. Es wird immer dann aktiv, wenn es gilt, zur Rückwärtsfahrt eine Drehrichtungsänderung der Abtriebswelle zu bewirken.

Selten akut – Seilzug einstellen

Wenn in Ihrem Fiesta die Gänge haken oder nicht richtig einrasten, ist in der Regel an Neuwagen die Schaltbetätigung falsch justiert (Garantiefall für die Werkstatt). An älteren Modellen können zudem alternde Lagerbuchsen oder gelängte Schaltzüge der Kasus sein. Das ist in beiden Fällen zwar ärgerlich, doch technisch »kein Beinbruch«, in den meisten Fällen können Sie das korrigieren. Der Schaltzug ist übrigens weiß und der Wählzug schwarz gezeichnet. Beide Züge sind nur im Doppelpack zu erneuern und nur der Wählzug ist einstellbar. Überprüfen Sie vor Arbeitsbeginn, ob die Schaltbetätigung nicht verbogen und die Lagerstellen auch nicht übermäßig ausgeschlagen sind

Arbeitsschritte

① Ziehen Sie die Handbremse an, legen den Leerlauf ein und ...

② ... bocken den Vorderwagen rüttelsicher auf.

③ Clipsen Sie auf der Getriebevorderseite die Abdeckung des Schaltmechanismus ab und lösen dahinter dann die »Seilschaft«.

④ Dazu schieben Sie den orangefarbenen Einsatz (Pfeil) in die Einstellvorrichtung und ...

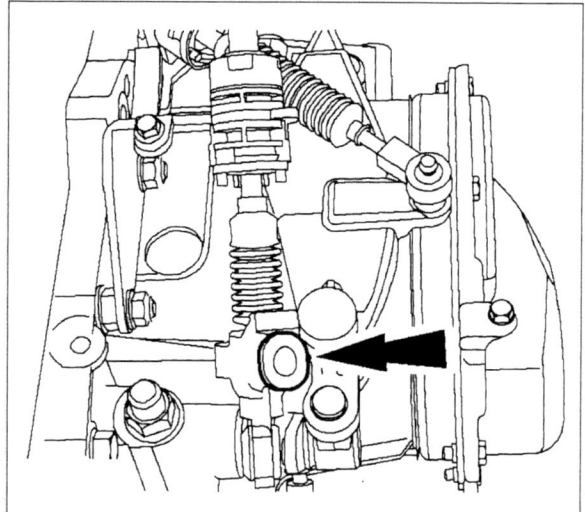

In die Einstellvorrichtung schieben – Einsatz.

GETRIEBEÖLSTAND CHECKEN

⑤ ... messen dann den Abstand (XX mm) zwischen Wählhebel und Widerlager.

⑥ Wenn Sie 138 +/- 2 Millimeter ablesen, ist die Schaltung korrekt eingestellt. Ansonsten korrigieren Sie die Länge kurzerhand an der Rändelmutter (Pfeil) auf das erforderliche Maß.

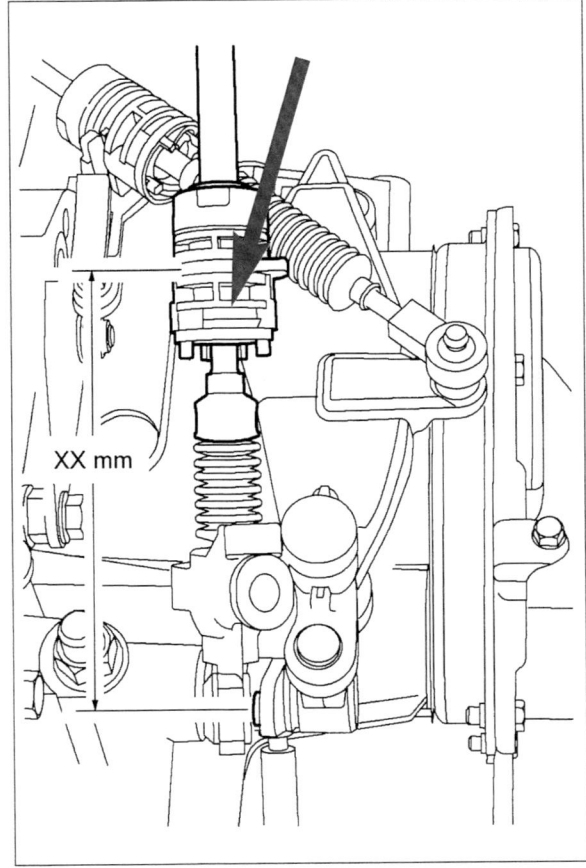

Auf 138 +/- 2 mm einstellen – äußere Getriebeschaltung.

⑦ Anschließend legen Sie den 3. oder 4. Gang und ziehen den Einsatz (Pfeil) aus der Einstellvorrichtung. Der Schaltseilzug ist jetzt fixiert.

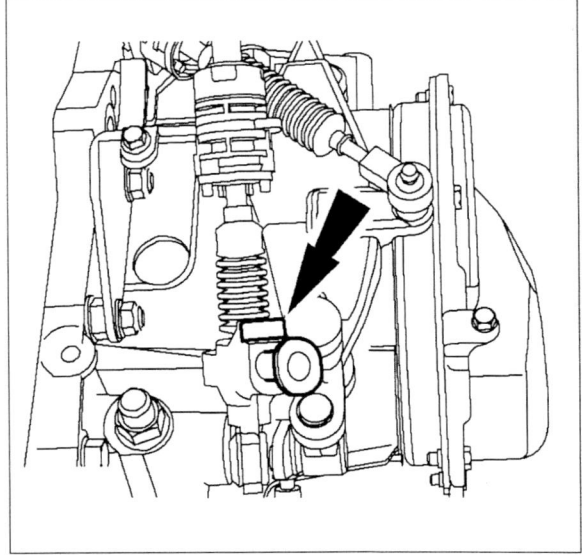

Mit Einsatz fixieren – Schaltseilzug.

⑧ Beenden Sie die Montage in umgekehrter Reihenfolge und schalten sämtliche Gänge der Reihe nach durch.

⑨ Schlimmstenfalls müssen Sie jetzt die Einstellung noch einmal korrigieren. Falls auch das erfolglos bleibt, »freunden« Sie sich mit zwei neuen Seilzügen an.

Getriebeölstand checken

Hochwertige Getriebeöle halten ein »Getriebeleben« lang. Solange Sie unter seinem Bauch also keine großen Getriebeöllachen entdecken, ignorieren Sie unseren Wartungshinweis getrost. Übrigens: Leichter Ölnebel im Umfeld der Getriebeentlüftung muss Sie nicht beunruhigen. Wenn Sie dort allerdings schon dicke Tropfen oder »kleine Rinnsale« entdecken, blasen Sie die Entlüftung mit Druckluft frei. Anschließend checken Sie natürlich den Getriebeölpegel und ergänzen die Fehlmenge. Und da werden Sie eine Überraschung erleben – Getriebeöleinfüllöffnung, beim Fiesta 2002 Fehlanzeige. Das iB5-Getriebe ist im Fiesta 2002 »vernagelt«, die ehemalige Öffnung verschießt ein Blindstopfen. Doch wo ein fester Wille, ist auch ein Weg: Nutzen Sie kurzerhand den »Rückfahrscheinwerfer-Schalter« als Einfüllöffnung. Er sitzt mittig auf der Getriebevorderseite etwa zwei Zentimeter oberhalb der ursprünglichen Öleinfüllöffnung.

KRAFTÜBERTRAGUNG

Wichtig für Funktion und Lebensdauer – das richtige Getriebeöl

Synthetische Mehrbereichsöle, im Falle Fiesta mit der Ford-Spezifikation WSD-M2C200-C, halten die Innereien der Getriebe bei Laune. Sollten Sie, beispielsweise nach dem Austausch einer Antriebswelle, den Ölstand ergänzen müssen, bleiben Sie unbedingt der gleichen Ölqualität treu. Ihr Ford-Händler hat die entsprechenden Schmiersäfte auf Lager. Werkstätten »heben« das Öl übrigens mit speziellen Saugdruckpumpen aus 50 Liter Fässchen direkt ins Getriebe.

Wenn Sie die Pumpe schon nicht in der Werkstattecke stehen haben, bringen Sie wenigstens viel Langmut mit: Wir raten Ihnen den Rückfahrscheinwerfer-Schalter zu demontieren und die Fehlmenge über die Öffnung ins Getriebe zu bugsieren. Richtig – zu bugsieren. Denn als »Ölpumpe« nehmen Sie ein Spritzölkännchen mit einem per Kunststoffschlauch verlängerten Steigrohr (Scheibenwaschanlage). Sie können so in »bequemer Haltung« das Öl ins Getriebe träufeln lassen. Stoppen Sie den »Zufluss« sobald der Ölpegel etwa 20 – 25 Millimeter unter der Einfüllöffnung des Rückfahrscheinwerfer-Schalters steht. Bevor Sie den Schalter wieder ins Gehäuse schrauben, inspizieren Sie den alten Dichtring: Sollte er schon marode oder angekratzt aussehen, tauschen Sie ihn gegen einen neuen Dichtring.

Getriebegeräusche — Praxistipp

Heul- oder Mahlgeräusche in nur einer Fahrstufe deuten erfahrungsgemäß auf verschlissene Gangräder oder Gangradlager hin. Und Laufgeräusche in allen Gängen sind meistens ein Indiz für Verschleißspuren im Achsantrieb oder den Getriebelagern. Kratzgeräusche, die während der Schaltvorgänge auftreten, verraten verschlissene Synchronringe oder eine »klebende« Kupplungsscheibe. Besonderem Verschleiß unterliegen die Synchronringe in den unteren Gangstufen – hier sind die Drehzahldifferenzen zwischen den Gangradpaaren besonders groß.

Der Achsantrieb

Das Getriebe und der Achsantrieb mitsamt Differenzial sitzen beim Fiesta in einem gemeinsamen Gehäuse. Die vom Motor ans Getriebe geleitete Kraft gelangt über ein kleines und ein großes Zahnrad (Achsantriebsrad) an den Achsantrieb. Das Achsantriebsrad ist mit dem Differenzialgehäuse verschraubt. Die Antriebswellen stellen letztendlich die kraftschlüssige Verbindung zwischen Achsantrieb und Radnabe her.

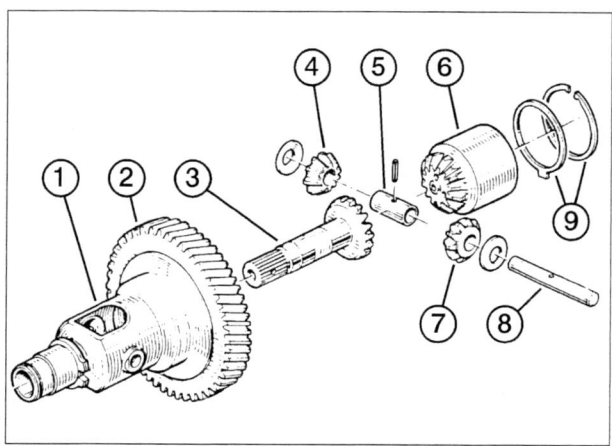

Im Getriebegehäuse installiert: Der Achsantrieb. ❶ *Differenzialgehäuse,* ❷ *Tellerrad,* ❸ *Getriebeausgangswelle,* ❹ *und* ❼ *Satelliten-Kegelräder,* ❺ *Distanzhülse,* ❻ *Planetenrad,* ❽ *Satellitenachse,* ❾ *Distanz- und Sicherungsring.*

Achsantrieb und Antriebswellen

Achsantrieb: Zusammen mit dem Ausgleichsgetriebe (Differenzial) und dem Schaltgetriebe in einem Gehäuse verbaut. Im Differenzialkorb befinden sich vier ineinander greifende Kegelräder, von denen zwei mit den Antriebswellen verbunden sind.

Geradeausfahrt: Die Vorderräder rollen mit dem Achsantrieb synchron. Das Differenzial rotiert mit gleicher Drehzahl, die Kegelräder im Differenzialkorb stehen still.

Kurvenfahrt: Das kurvenäußere Rad legt einen längeren Weg zurück als das innere (Drehzahldifferenz). Wenn die Drehzahldifferenz nicht ausgeglichen wird, würde der Fiesta extrem untersteuern und die Kurve mit durchdrehendem inneren Vorderrad nehmen. Die Kegelräder verhindern das, sie sorgen im Differenzialkorb für den nötigen Ausgleich: Das höher drehende Kegelrad der äußeren Antriebswelle wirkt über die

ANTRIEBSWELLENMANSCHETTEN CHECKEN

beiden Zwischenkegelräder »bremsend« auf das Kegelrad der kurveninneren Antriebswelle ein. Die gewollte Drehzahldifferenz neutralisiert die Wegunterschiede zwischen beiden Vorderrädern.

Kraftübertragung auf die Räder (vom Ausgleichsgetriebe): Das Getriebegehäuse des Fiesta ist nach links zur Fahrzeugmittelachse versetzt montiert. Demzufolge sind die beiden Antriebswellen unterschiedlich lang: Die rechte Antriebswelle ist länger als die linke.

Gleichlaufgelenk: Gleichlaufgelenke ermöglichen eine komfortable Drehmomentübertragung auf die Antriebsräder. Da sie, anders als Kardangelenke, wenig Verschleißteile haben, zeichnet sie eine lange Lebenserwartung aus. Getriebeseitig haben die Fiesta-Antriebswellen Tripodegelenke (mit Tripodestern, Laufrollen und Tripodeglocke), radseitig sind Gleichlaufgelenke (mit Kugelstern, Kugelkäfig und Kugelschale) montiert. Gleichlaufgelenke übertragen kaum Antriebseinflüsse ins Lenkrad.

Antriebswellenstümpfe: Laufen auf der Radseite in zwei Kugellagern des Lenkschwenklagers. Im Gegensatz zur Kerbverzahnung der Radnabenseite hat die Kerbverzahnung der Getriebeseite einen leichten Drall, dieser »Trick« vermeidet Klackgeräusche beim Anfahren.

Praxistipp: Wenn die Antriebswelle Geräusche macht

Die Lebensdauer der Antriebswellen beeinflussen Sie natürlich auch mit Ihrer Fahrweise. Vermeiden Sie Sprintstarts mit durchdrehenden Antriebsrädern und erst recht mit eingeschlagenen Vorderrädern. Geräusche, die einen Defekt signalisieren, treten erfahrungsgemäß von jetzt auf gleich auf. Lassen Sie sich nicht täuschen – auch wenn die Geräusche für eine geraume Zeit wieder verschwinden – ein Selbstheilungsprozess findet an den Wellen nicht statt. Inspizieren Sie die Wellen darum akribisch.

- Rhythmische Schlag- oder Knack-Knack-Knack-Geräusche, die während der Beschleunigung oder im Schiebebetrieb auftreten (können sich beim Lenkeinschlag verändern), entlarven ein defektes Gelenk an der Radseite.
- Sollte Ihnen – während der Kurvenfahrt – Ihr Lenkrad kräftig in die »Hand schlagen« gehen Sie gleichfalls von einem defekten äußeren Antriebswellengelenk aus.
- Beim Anfahren mit eingeschlagenen Vorderrädern verraten Knackgeräusche auch defekte Antriebswellen. Merke: Verschlissene Radlager zeigen häufig die gleichen Symptome.

Antriebswellen- manschetten checken

Arbeitsschritte

① Bocken Sie den Vorderwagen Ihres Fiesta rüttelsicher auf. Beide Räder müssen »frei hängen«.

② Drehen Sie das Lenkrad dann bis zum Anschlag jeweils nach links und rechts. Das jeweils »kurvenäußere« Rad drehen Sie mit der Hand und inspizieren dabei die äußeren Manschetten auf feine Risse und glänzende Stellen. Wenn sich erst Schmutz und Feuchtigkeit einnisten, dauert es nicht mehr lange, bis das Gelenk schrottreif ist. Zur Kontrolle der inneren Manschetten legen Sie sich unter den Vorderwagen. Ein Assistent dreht dann langsam an den Rädern.

③ Prüfen Sie gleichfalls den Sitz der Spannbänder.

④ Fettspuren an den Manschetten sind ein untrügliches Indiz: Gehen Sie ihnen auf den Grund und dichten die Manschette(n) schnellstmöglich wieder ab. Andernfalls haben Sie es bald mit einem zerstörten Antriebsgelenk zu tun.

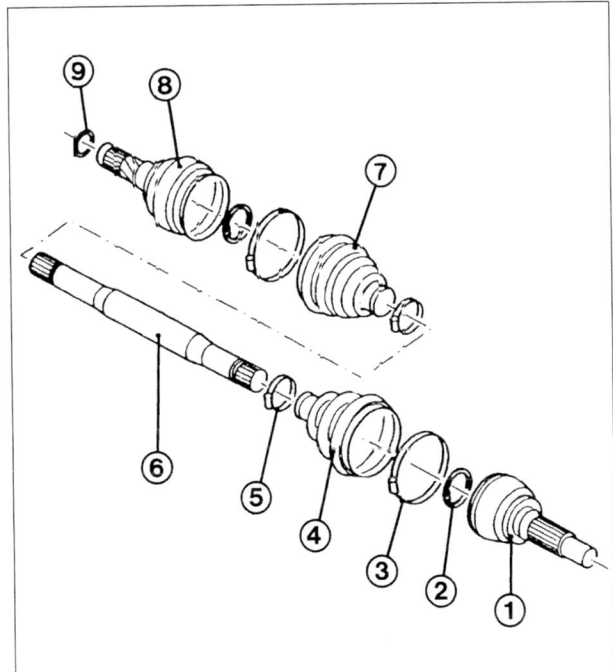

Mittlerweile fast verschleißfrei: Antriebswellen. ❶ *äußeres Gleichlaufgelenk,* ❷ *Sicherungsring,* ❸ *Spannband,* ❹ *Manschette,* ❺ *Spannband,* ❻ *Antriebswelle,* ❼ *Manschette,* ❽ *inneres Gleichlaufgelenk,* ❾ *Sicherungsring.*

KRAFTÜBERTRAGUNG

Die Gelenke sind ab Werk mit rund 100 Gramm Spezialfett befüllt – zu einem Manschettentausch reichen 60 Gramm MoS2-Fett aus. In Ford-Werkstätten kommt Fett mit der Teilenummer »WSS-M1C259-A1« an die Gelenke.

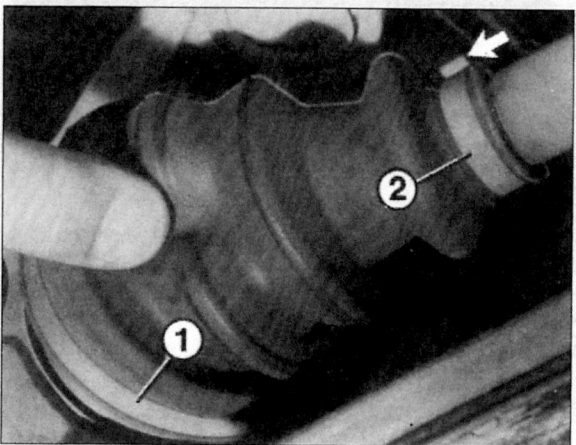

Bei der Kontrolle der Antriebswellen-Schutzmanschetten muss auch der feste Sitz des äußeren ❶ und inneren Schlauchbinders ❷ überprüft werden. Mit einem Seitenschneider werden die Lochbandklemmen gespannt (Pfeil). Dazu eine Ausbuchtung in Form eines plattgedrückten »O« in das Spannband biegen und mit dem Seitenschneider mit Gefühl so zudrücken, dass die Manschette nicht abgequetscht wird. Die Antriebswelle muss am Manschettensitz peinlich sauber sein.

Antriebswellen aus- und einbauen

Neue oder AT-Wellen werden grundsätzlich mit »Schutzkäfigen« geliefert. Grund: Die Käfige hindern die Gelenke während des Transports daran, zu überdehnen. Entfernen Sie die Käfige möglichst erst nach der Montage und achten darauf, dass Sie die Manschetten nicht beschädigen. Die Fiesta-Antriebswellen sind zwar unterschiedlich lang, die Arbeit ist auf beiden Seiten jedoch nahezu identisch.

Arbeitsschritte

Demontage beide Seiten

① Bevor Sie den Vorderwagen rüttelsicher aufbocken, lösen Sie die entsprechenden Radmuttern mitsamt der Mutter des Antriebswellenstumpfs (Pfeil). Lassen Sie sich dabei von einem Helfer das Rad (die Räder) mit der Bremse blockieren.

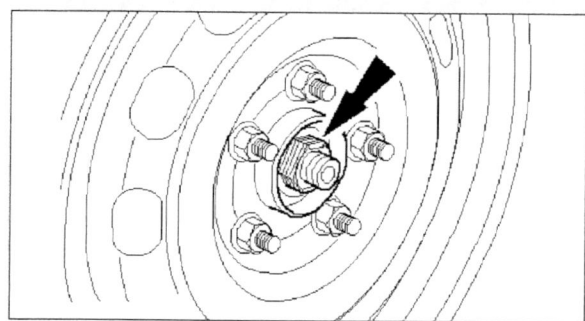

Erst entsichern und dann mit Nuss lösen – Achsmutter.

② Hernach lösen Sie im Federbeindom die Muttern des entsprechenden Federbeins (Pfeile) um drei Umdrehungen ...

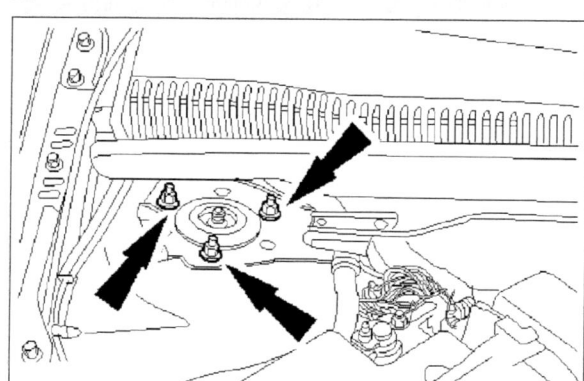

Um drei Umdrehungen lösen – Federbeinmuttern.

③ ... heben den Vorderwagen an und nehmen das Rad ab.

④ Demontieren Sie nun die Befestigungsschraube (Pfeil) vom Führungsgelenk und ...

⑤ ... ziehen den Lenker (gestrichelter Pfeil) kraftvoll aus dem Achsschenkel. Demontieren Sie auch das Hitzeschutzblech vom Halter.

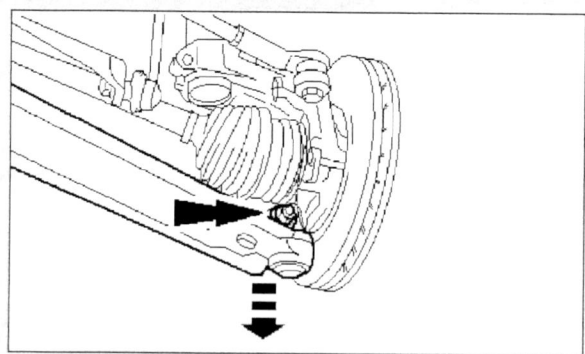

Vom Führungsgelenk lösen – Schraube.

ANTRIEBSWELLEN AUS- UND EINBAUEN

⑥ Fixieren Sie die Antriebswelle mit einem Schweißdraht im Radlauf. Achten Sie darauf, dass die Gelenke nicht überdehnen: Das innere Gelenk verträgt maximal 18 Grad und das äußere höchstens 45 Grad.

⑦ Pressen Sie jetzt die Antriebswelle mit einem stabilen Vierarmabzieher aus der Radnabe.

rechts

⑧ Schneiden Sie mit einem Seitenschneider das Spannband vorsichtig von der inneren Antriebswellenmanschette (Pfeil) und ...

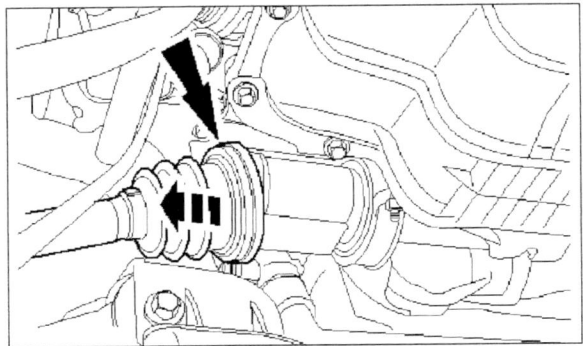

Von der Zwischenwelle lösen und abziehen – innere Antriebswellenmanschette.

⑨ ... schieben dann die Manschette in Pfeilrichtung von der Zwischenwelle.

⑩ Ziehen Sie jetzt die Antriebswelle aus der Zwischenwelle.

⑪ Geschafft? Dann lösen Sie beide selbstsichernden Muttern ❶ am Mittellager und ...

⑫ ... nehmen das Hitzeschutzschild ❷ mitsamt Lagerdeckel ❸ vom Mittellager ab.

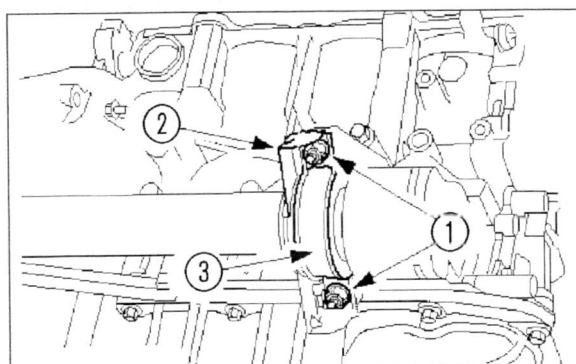

Mit zwei Muttern demontieren – Mittellager der Zwischenwelle.

beide Seiten

⑬ Sobald Sie die Zwischenwelle vom Antriebsflansch abziehen, läuft Öl aus dem Getriebe. »Fangen« Sie den Saft in einer sauberen Auffangwanne unter dem Getriebe auf und ...

⑭ ... hebeln dann die Antriebswelle mit einem Montierhebel aus dem Getriebe. Anstatt des Montierhebels nutzen Ford-Blaumänner das Spezialwerkzeug 308-256. Mit etwas Geschick geht's auch ohne »308-256«.

⑮ Setzen Sie den Montierhebel direkt an der Einfräsung im Antriebswellengelenk an, ...

⑯ ... nutzen die Hebelwirkung und pressen die Welle vom Flansch. Achten Sie darauf, den Faltenbalg nicht zu beschädigen. Die Öffnung verschließen Sie hernach mit einem sauberen Putztuch.

⑰ Checken Sie den alten Radialwellendichtring. Ist er bereits ausgehärtet oder an der Dichtlippe schon »abgelaufen«. Wenn Sie dem Ring, warum auch immer, misstrauen sollten, montieren Sie gleich einen neuen.

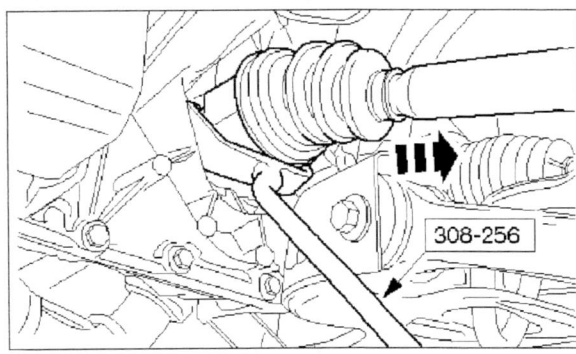

Per Montierhebel aus dem Getriebe »hebeln« – Antriebswelle.

Montage

① Um die Montage zu vereinfachen, benetzen Sie die Verzahnung auf der Antriebswelle mit Getriebeöl.

② Hernach ziehen Sie das Putztuch wieder aus dem Getriebegehäuse, fetten die Dichtlippe des Radialwellendichtrings leicht ein und setzen die Achswelle/Zwischenwelle an. Achten Sie darauf, dass der Radialwellendichtring im Getriebe die Aktion unbeschädigt übersteht.

rechts

③ Drücken Sie die Zwischenwelle so weit ins Getriebe, bis das Zwischenwellenlager satt am Haltersteg anliegt. Erst dann ziehen Sie den Halter mit 25 Nm fest.

④ Hernach schieben Sie die Achswelle auf die Zwischenwelle und ...

⑤ ... fixieren die Antriebswelle mit einem Schweißdraht im Radlauf.

⑥ Jetzt befüllen Sie das Antriebswellengelenk mit höchstens 100 Gramm Fett und stülpen anschließend die Antriebswellenmanschette über die Zwischenwelle.

KRAFTÜBERTRAGUNG

⑦ »Entlüften« Sie den Faltenbalg mit einem kleinen Schraubendreher. Damit die Luft gut entweicht, schieben Sie den Schraubendreher zwischen Welle und Manschettenkragen.

⑧ Das Gelenk pressen Sie dann inklusive Schraubendreher bis zum Anschlag zusammen und ziehen es anschließend sofort um etwa 20 Millimeter auseinander.

⑨ Erst jetzt ziehen Sie den Schraubendreher ab und ...

⑩ ... legen dann ein neues Spannband um den Manschettenkragen. Spannen Sie das Band mit einer passenden Gripzange.

links

⑪ Um den Sicherungsring (Pfeil) verlässlich im Getriebe verankern zu können, »helfen« Sie der Welle mit einem Hammer und Weichmetalldorn etwas nach ...

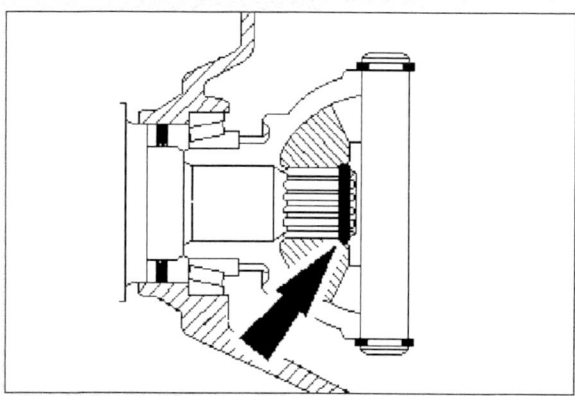

Muss hörbar einrasten – Sicherungsring.

beide Seiten

⑫ Nun setzten Sie die Antriebswelle in die Radnabe ein und montieren das Führungsgelenk des Querlenkers wieder an den Achsschenkel. Ziehen Sie die neue Mutter mit etwa 50 Nm an.

⑬ Auf dem Antriebswellenstumpf schrauben Sie die neue Mutter mit 290 Nm fest. Ihr Assistent blockiert derweil die Bremse.

⑭ Abschließend checken Sie den Getriebeölstand und beenden die Montage in umgekehrter Reihenfolge.

Antriebsgelenkmanschetten wechseln

Gelenkmanschetten sind mittlerweile so ausgelegt, dass sie der Lebensdauer von Antriebswellen kaum noch nachstehen. Dennoch, äußere Beschädigungen, etwa von messerscharfen Flintsteinchen, die von den Reifen hochgeschleudert werden, machen den Manschetten mitunter vorzeitig den Garaus. Demzufolge bietet Ford oder der gut sortierte Fachhandel Reparaturkits an. Wir raten ihnen jedoch davon ab, Gelenkmanschetten in Eigenregie zu wechseln. Warum? Die Arbeit setzt ein umfangreiches Arsenal an Spezialwerkzeugen voraus – wir vermuten das nicht gerade auf jeder »Heimwerkbank«. Falls Sie dennoch »angreifen« möchten, erklären wir Ihnen den Austausch am Beispiel einer demontierten Antriebswelle.

getriebeseitige Manschette

① Um das Gelenk ❷ zu demontieren, spannen Sie zunächst die Antriebswelle mit Schutzbacken in einen Schraubstock ein. Lassen Sie währenddessen die Gelenke nicht zu stark abknicken. Das innere Antriebswellengelenk pariert maximal 18 Grad, das äußere maximal 45 Grad.

② Durchtrennen Sie die Spannbänder ❶ mit einem Seitenschneider und entsorgen sie. Jetzt können Sie die Manschette zurückschieben und das Achsgelenk in Pfeilrichtung von der Antriebswelle abziehen. Legen Sie es staubgeschützt beiseite.

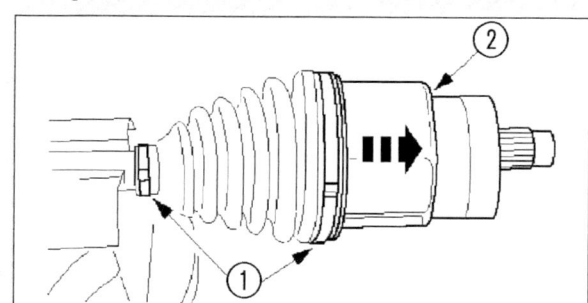

Mit Seitenschneider auftrennen – beide Manschetten-Spannbänder.

③ Entriegeln Sie den Sicherungsring (Pfeil) mit einer Zange und ...

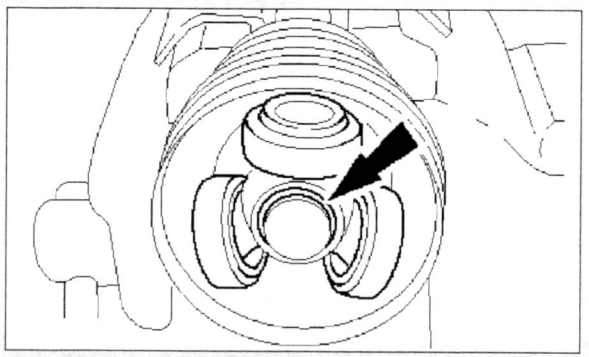

Entriegeln und abziehen – Sicherungsring von der Antriebswelle.

ANTRIEBSGELENKMANSCHETTEN WECHSELN

④ ... ziehen den Gelenkstern von der Welle ab. Ford-Werkstätten verwenden dazu eine Kombination aus Abzieher (205-311) und Lagerkralle (205-310).

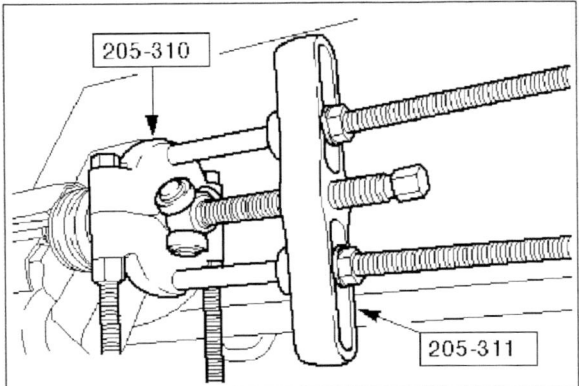

Gelenkstern von der Antriebswelle ziehen – problemlos nur mit Spezialwerkzeugen möglich.

⑤ Jetzt ziehen Sie die alte Manschette von der Antriebswelle und entsorgen den »Beutel« mitsamt Fett als Sondermüll.

⑥ Reinigen Sie die Welle und schieben den neuen Faltenbalg auf.

⑦ Hernach schlagen Sie den Gelenkstern auf die Welle auf. Ford-Blaumännern hilft das Spezialwerkzeug »308-046«. Achten Sie auf jeden Fall darauf, dass die Nase am Gelenkstern (Pfeil) in Richtung Antriebswelle zeigt.

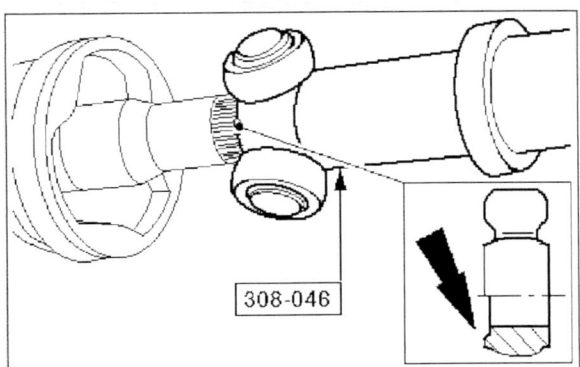

Mit Spezialwerkzeug auf den Wellenstumpf schlagen – Gelenkstern.

⑧ Montieren Sie den neuen Sicherungsring und ...

⑨ ... »befüllen« das saubere Gelenk mit neuem Fett. Ihr Ford-Händler verwendet pro Gelenk maximal 80 Gramm Spezialfett der Spezifikation »WSS-M1C259-A1«. Massieren Sie das Fett gut ins Gelenk ein.

⑩ »Entlüften« Sie den Faltenbalg mit einem kleinen Schraubendreher. Damit die Luft gut entweicht, schieben Sie den Schraubendreher zwischen Welle und Manschettenkragen.

⑪ Montieren Sie das Gelenkgehäuse mitsamt Schraubendreher an die Antriebswelle und kneten dann den Faltenbalg vorsichtig bis keine Luft mehr entweicht. Erst dann ziehen Sie den Schraubendreher ab, ...

⑫ ... »wickeln« neue Spannbänder um den Manschettenkragen und ziehen die Bänder fest.

radseitige Manschette

① Das äußere Gleichlaufgelenk ist aufgepresst – Sie können es nicht zerlegen.

② Demontieren Sie darum die getriebeseitige Antriebswellenmanschette.

③ Durchtrennen Sie die Spannbänder (Pfeile) mit einem Seitenschneider und ziehen Sie dann die alte Manschette von der Antriebswelle ab.

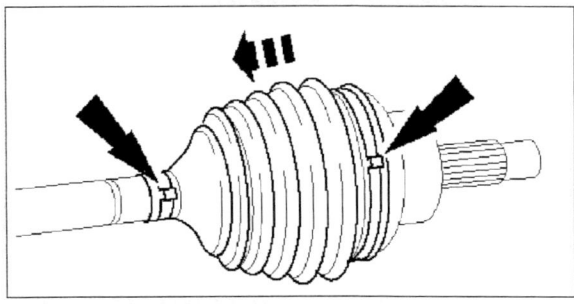

Mit Seitenschneider durchtrennen – Spannbänder der Antriebswellenmanschette.

④ Die »nackte« Welle reinigen Sie mit einem benzingetränkten Lappen.

⑤ Anschließend »befüllen« Sie die neue Manschette mit Spezialfett und schieben Sie wieder auf. Ihr Ford-Händler verwendet pro Gelenk maximal 80 Gramm Fett der Spezifikation »WSS-M1C259-A1«.

⑥ Beenden Sie die Montage in umgekehrter Reihenfolge.

»Massieren« Sie das Fett gut ein — Praxistipp

Bevor Sie die Spannbänder endgültig fixieren, massieren Sie das neue Fett gut ein. Kneten Sie dazu den Faltenbalg und schwenken dabei auch vorsichtig das Gelenk: Das Fett verteilt sich dann gleichmäßig in der Manschette und im Gelenk. Achten Sie darauf, dass die Manschette ohne Quetschfalten auf der Antriebswelle sitzt.

DAS FAHRWERK

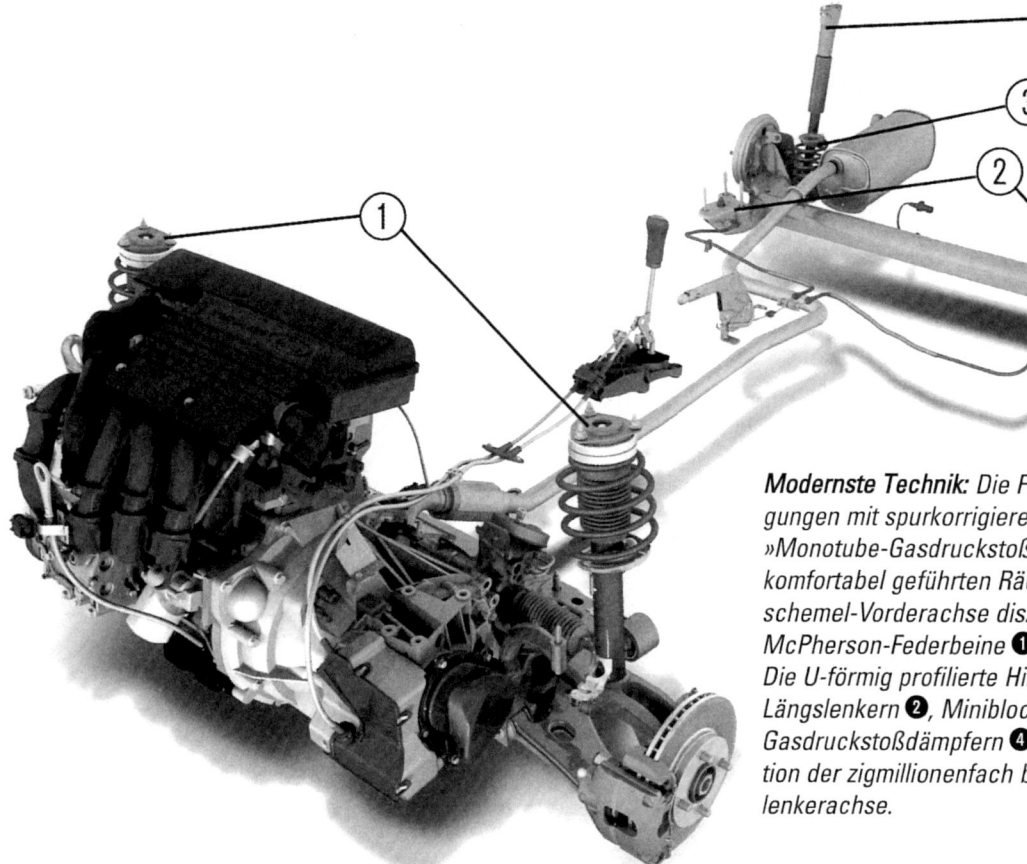

Modernste Technik: Die Fiesta-Radaufhängungen mit spurkorrigierenden Eigenschaften, »Monotube-Gasdruckstoßdämpfern« und komfortabel geführten Rädern. An der Fahrschemel-Vorderachse disziplinieren zwei McPherson-Federbeine ❶ die Vorderräder. Die U-förmig profilierte Hinterachse mit Längslenkern ❷, Miniblockfedern ❸ und Gasdruckstoßdämpfern ❹ ist eine Interpretation der zigmillionenfach bewährten Verbundlenkerachse.

Wartung

Vorderachsgeometrie prüfen 174
Stoßdämpfer prüfen 174
Lenkungsspiel prüfen 175
Ölstand der Servolenkung checken 175
Zahnstangen-Schutzmanschettn
(Lenkmanschetten) prüfen 176
Spurstangenköpfe und
Manschetten prüfen 176
Querlenkerlager prüfen 176
Radlagerspiel prüfen 177
Reifendruck prüfen 188

Rad wechseln 188
Reifenzustand prüfen 189

Reparatur

Querlenker austauschen 177
Federbein demontieren, montieren,
zerlegen 178
Spurstangenköpfe erneuern 180
Lenkgetriebemanschetten auswechseln ... 181
Lenkschwenklager erneuern 181
Stoßdämpfer hinten erneuern 182

DAS FAHRWERK

Um Ihrem »Baby« ein vorzeigbares Fahrverhalten mit auf die Straße zu geben, adaptierten Ford-Ingenieure das bereits im Focus hoch gelobte Fahrwerk an den Fiesta. In der Theorie soll die Konstruktion nicht nur in allen erdenklichen Situationen, auf den unterschiedlichsten Oberflächen und während jeder Bewegung die Räder präzise führen, sondern im Grenzbereich auch spurkorrigierend wirken.

Soweit die Theorie: In der Praxis begann damit die Suche nach dem Kompromiss, der dem hochgesteckten Ideal möglichst nahe kommt. Besagte Suche entpuppt sich mit schöner Regelmäßigkeit als annähernde Sisyphusarbeit, die, im Falle Fiesta, bis kurz vor der Nullserie industrielle Großrechner, modernste Software und – rund um den Globus – unzählige Testfahrer »unter Strom« setzte. Denn die Räder Ihres Fiesta sollten sich ja nicht nur drehen, sondern während der Fahrt – möglichst unbemerkt von Ihnen – auch gezielte Auf- und Abwärtsbewegungen sowie Richtungsänderungen ausführen. Und das bitte schön auch beim Bremsen und Beschleunigen: Denn gerade dann entstehen mannigfaltige Kräfte, die das Fahrwerk erheblich fordern. Teamwork wird das nur, wenn sämtliche Komponenten exakt aufeinander abgestimmt sind und zueinander passen.

Zum Fahrwerk gehören die Federn und Stoßdämpfer, die Radaufhängungen, die Lenkung sowie die Räder und Reifen. Die Bremsen, gleichfalls Bestandteil des Fahrwerks, bringen wir Ihnen in einem gesonderten Kapitel »näher«.

Reagiert feinfühlig – das Fiesta-Fahrwerk

Präzise ausgelegte Radaufhängungen sind auch im Computerzeitalter eine diffizile Angelegenheit: Im Idealfall sollen die Räder nämlich ständig in genau definierten Winkeln zur Fahrzeugachse stehen. Auf »topfebenen« Straßen kein Problem, doch kommt Ihrem Fiesta zum Beispiel eine Bodenwelle in die Quere oder er durcheilt gerade eine Kurve, hat das zwangsläufig Auswirkungen auf seine Radgeometrie – jedes Rad versucht dann zunächst seinen eigenen Weg zu finden.

Gelänge ihnen das, würde Ihr Fiesta, stringent der Fliehkraft folgend, den kürzesten Weg ins »Abseits« nehmen oder planlos jeder sich bietenden Spurrille hinterher laufen. Damit das möglichst nicht passiert und der Aufbau nicht unkoordiniert schwingt und taumelt, werden die Räder präzise geführt und gedämpft.

Vier Gasdruckstoßdämpfer und Schraubenfedern – an den Vorderrädern als typische McPherson-Federbeine und hinten als getrennte Feder-/Stoßdämpfereinheiten ausgeführt – besänftigen die Karosserie. Stoßdämpfer müssten eigentlich Schwingungsdämpfer heißen. Denn sie dämpfen keine Stöße, sondern schwächen lediglich die Eigenschwingungen der Federn und Reifen ab. Technisch ausgedrückt: Stoßdämpfer wandeln Bewegungsenergie in Wärme um.

Zusammengehörig – Lenkung und Fahrsicherheit

Fahrverhalten und Fahrsicherheit sind unter anderem davon abhängig, dass die Vorderräder auch sicher in die von Ihnen gewünschte Richtung lenken. Beides muss möglichst feinfühlig und zielgenau funktionieren. Das Ansprechverhalten der Lenkung ist darum exakt auf die Achskinematik, die Lenkgeometrie und Lenkelastizität der Vorderräder abgestimmt. Im Fiesta schlägt eine hydraulisch unterstützte Zahnstangenlenkung mit linearer Lenkcharakteristik die Vorderräder ein. Das Lenkgetriebe ist mit 15,5:1 geringfügig direkter übersetzt als im Vorgänger (16:1). Von Anschlag zu Anschlag rotiert das Ledervolant im neuen Modell exakt 2,8-mal, die Lenkkräfte beim Einparken sind im aktuellen Fiesta um fast 25 Prozent geringer als beim Vorgänger.

Ein Novum an der Vorderachse – exzentrisch montierte, S-förmig profilierte Schraubenfedern

Das Fiesta-Fahrwerk ist ein solides Beispiel dafür, dass moderne Kompaktwagen ihren Käufern – hinsichtlich Fahrkomfort und Fahrverhalten – keine großen Eingeständnisse abverlangen: Die Fiesta-Vorderachse interpretiert das bewährte McPherson-Prinzip mit Dreiecks-Querlenkern und Querstabilisator – verschraubt an einem Fahrschemel. Ein Highlight in den vorderen Fiesta-Radkästen sind exzentrisch auf die Dämpferbeine montierte Schraubenfedern mit S-förmigem Profil. Laut Ford parieren die neuen »Vorderbeine« nahezu alle auftretenden Seitenkräfte, was sich unter anderem auch positiv auf die Reibung innerhalb der Aufhängungselemente und den Fahrkomfort auswirkt. Die im Federbeinlager »zweigeteilten« Befestigungspunkte für Dämpfer und Federn reduzieren zudem die Vibrationen und Innenraumgeräusche.

FAHRWERK

Zigmillionenfach bewährt – Verbundlenkerhinterachse

Die extrem flach bauende Hinterachse des neuen Fiesta ist, mit Längslenkern und Schraubenfedern, eine weitere Interpretation der zigmillionenfach bewährten Verbundlenkerachse. Das neuerdings verwendete U-förmige Achsprofil bringt, trotz höherer Stabilität, weniger Pfunde als das abgelöste V-Profilrohr auf die Waage. Mit ihrem, gegenüber dem Vorgängermodell um 71 Millimeter gewachsenen Spurmaß trotzt die neue Achse den »angreifenden« Seitenführungskräften besonders erfolgreich, was natürlich auch dem sportlichen Handling mit leicht untersteuernden Tendenzen sehr zugute kommt. Während die Einrohr-Gasdruckdämpfer aufrecht in den Radläufen stehen, nehmen die Federn eine »geduckte« Unterflurposition ein. Das schafft mehr Platz im Gepäckraum – auf beiden Seiten fallen die Feder-Dämpferdome wesentlich kompakter aus. Nicht so der Federweg: Sechs Millimeter mehr »verwöhnen« die Hinterbänkler, übrigens nicht nur auf schlechten Wegen. All die genannten konstruktiven Maßnamen und verstärkte Befestigungsbolzen steigern jetzt während jeden Bremsvorgangs die Sturz- und Spurstabilität um 27 bzw. 38 Prozent.

Begriffe der Lenkgeometrie — Technik-lexikon

Vorspur: Vorderräder stehen vorn enger zusammen als hinten (rollen aufeinander zu). Das gleicht die Reibung zwischen Rad und Straße aus, die das linke Rad nach links und das rechte nach rechts drücken will. Die Vorspur verhindert Flattern der Räder und Radieren der Reifen. Bei der Fahrt durch eine Kurve schwenkt das kurveninnere Rad zur Unterstützung der Lenkbewegung und der Lenkkräfte stärker ein als das kurvenäußere – die Vorspur geht in Nachspur über (Räder stehen hinten enger zusammen als vorn).

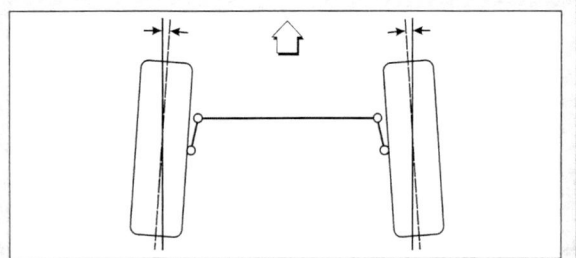

Typisch Vorspur: Die Vorderräder stehen vorne enger zusammen als hinten.

Sturz: Radneigung zu einer Senkrechten. Vermindert Fahrbahnstöße in die Lenkung, reduziert Lenkkräfte und Reibung der Räder auf der Fahrbahn. Die Vorderräder des Fiesta haben negativen Sturz – sie stehen oben im Radkasten geringfügig weiter auseinander als unten am Boden.

Spreizung: Neigung der Lenkungsdrehachse zu einer Senkrechten. Denkt man sich eine Linie dieser Achse zum Boden und misst den Abstand zur Mittellinie durch das Rad (Mittelpunkt der Reifenaufstandsfläche), erhält man den Lenkrollradius. Um die Störkräfte in der Lenkung zu verringern, soll der Lenkrollradius möglichst »klein« sein. Zusammen mit dem Nachlauf bewirkt die Spreizung außerdem, dass sich das Auto bei eingeschlagenen Rädern etwas anhebt. Lässt man das Lenkrad los, stellen sich die Räder selbst in die Mittelstellung zurück (Rückstellmoment).

Nachlauf: Abstand (in Fahrtrichtung) zwischen der gedachten Verlängerungslinie der Lenkdrehachse zum Boden und dem Mittelpunkt der Reifenaufstandsfläche. Durch den Nachlauf werden die Räder gezogen (nicht geschoben). Gezogene Räder neigen dazu, sich von selbst zu stabilisieren (Teewageneffekt) und die Geradeauslaufstellung beizubehalten.

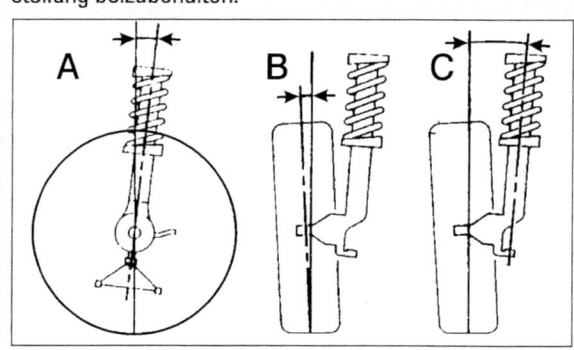

Die Radeinstellungen:
A: *Nachlauf,* **B:** *Radsturz,* **C:** *Spreizung.*

Die Fiesta-Vorderachse

Einzelradaufhängung: Nach dem System McPherson (1949 zum Patent angemeldet). Kompakte Einheit aus »Monotube-Stoßdämpfer«, S-förmiger Feder, schwenkbarem Radnabenteil, Querlenker und Querstabilisator.

Federbein: Besteht im Fiesta aus Schraubenfeder und – innerhalb der Federwindungen arbeitendem – Einrohr-Gasdruckstoßdämpfer. Innere Anschläge im Federbein begrenzen das Ausfedern nach unten. Bei

DIE HINTERACHSE

hartem Durchfedern – etwa in einem Schlagloch – hindert der Anschlagbegrenzer die Feder im oberen Bereich der Kolbenstange daran, abrupt zu blockieren.

Federbeindom (im Kotflügel): Stützt das Federbein nach oben gegen die Karosserie ab. Das obere Stützlager ist ein von einem Zentrierring geführtes Gummilager, das sich an je einer oberen und unteren Tellerscheibe abstützt. Im Federbeinstützlager ist gleichfalls die Kolbenstange des Federbeins verschraubt.

Lenkschwenklager: »Blockiert« das untere Ende des Federbeins mit Klemmschrauben. Das Lenkschwenklager kontaktet über ein Kugelgelenk mit dem Querlenker. Der Querlenker sitzt beweglich im Achsträger und nimmt die Seitenkräfte auf.

Fahrschemel: Der Hilfsrahmen trägt die Befestigungspunkte der Querlenker und die der Zahnstangenlenkung. Er besteht aus Stahlpressteilen, die eine geschlossene, ringsum geschweißte Struktur ergeben. Außerdem hält der Hilfsrahmen, im Falle eines Frontal-Crashs, als Lastpfad her, der die Aufprallenergie gezielt in die Karosserie abführt.

Querstabilisator: Drehbar am Fahrzeugboden befestigt. Jeweils mit einem Querlenker verbunden. Er minimiert die Seitenneigung der Karosserie bei Kurvenfahrt.

Zahnstangenlenkung: Am Hilfsrahmen hinter dem Motor befestigt. Zweiteilige Lenkspindel wirkt direkt auf die Zahnstange, an deren Enden jeweils die rechte und linke Spurstange verschraubt ist. Die Lenkbewegungen werden auf die Lenkhebel des Lenkschwenklagers und damit auf die Räder übertragen.

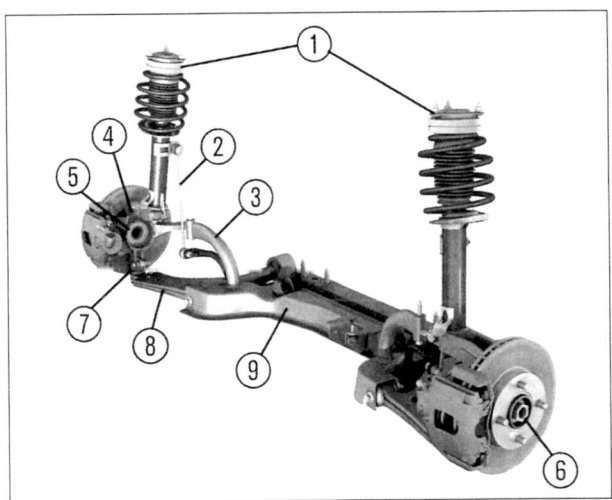

Pariert hohe Seitenführungskräfte: Fiesta-Vorderachse.
❶ *Federbein,* ❷ *Pendel,* ❸ *Stabilisator,* ❹ *Achsschenkel,* ❺ *Radlager,* ❻ *Radnabe,* ❼ *Führungsgelenk,* ❽ *Dreiecklenker,* ❾ *Fahrschemel.*

Die Fiesta-Hinterachse

Verbundlenkerachse: U-förmiger Achskörper mit verschraubten Längslenkern und spurkorrigierenden Achslagern. Die vorderen »Augen« der Längslenker sind flexibel gelagert. Beide Lagerböcke sind direkt am Unterboden befestigt.

Federung: Aufrecht stehende Stoßdämpfer und unterflur auf den Längslenkern montierte Schraubenfedern – in Radnähe platziert. Die Stoßdämpfer stützen kleine Dome oberhalb der Radläufe gegen die Karosserie ab, Widerlager in Achskörperdomen fixieren die »getrennt aufgestellten« Federn.

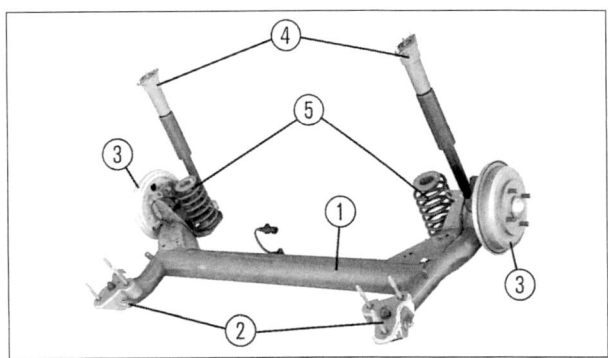

Pariert hohe Seitenführungskräfte spurkorrigierend: Die Fiesta-Verbundlenkerhinterachse. ❶ *hohlprofiliertes Achsrohr (U-Profil),* ❷ *spurkorrigierende Lagerböcke,* ❸ *Trommelbremsen,* ❹ *aufrecht stehende Gasdruckstoßdämpfer,* ❺ *Miniblockschraubenfedern.*

Do it yourself an Fahrwerk und Lenkung
Gefahrenhinweis

Arbeiten an Fahrwerk und Lenkung setzen viel Erfahrung, Spezialwerkzeuge sowie optische oder elektronische Messgeräte voraus. Wenn Sie das in der heimischen »Bastelstube« nicht vorweisen können, überlassen Sie Arbeiten an Fahrwerk oder Lenkung besser Ihrer Werkstatt. Denn mit fehlerhaft ausgeführten Reparaturen gefährden Sie nicht nur Ihr eigenes Ich, sondern auch die Sicherheit anderer Verkehrsteilnehmer. Beschädigte Teile der Radaufhängung sind grundsätzlich nicht zu richten oder zu schweißen, sondern generell mit Neu- oder brauchbaren Secondhand-Teilen zu ersetzen. Nach grundlegenden Fahrwerks- oder Lenkungsarbeiten lassen Sie die Fahrwerksgeometrie Ihres Fiesta besser in einer Fachwerkstatt vermessen.

FAHRWERK

Handlingfaktor – die Vorderachsgeometrie

Die richtige »Grundstellung« der Vorderräder entscheidet mit darüber, ob Ihr Fiesta den Vorderrädern in Kurven, auf ebener Strecke oder langen Autobahngeraden willig folgt. Schon ein deftiger »Schubser« gegen den Bordstein kann das Zusammenspiel von Spur, Sturz und Spreizung empfindlich aus dem Gleichgewicht bringen. Ausgeschlagene Gelenke und Gummilager oder unsachgemäße Reparaturen haben gleichfalls negativen Einfluss auf das Fahrverhalten. Überlassen Sie darum die optische Fahrwerksprüfung grundsätzlich einer Werkstatt mit Achsmessstand. Verstellten Vorderrädern kommen Sie als aufmerksamer Fahrer freilich selbst auf die Spur. Allerdings nur dann, wenn beide Vorderreifen vom gleichen »Reifenbäcker« stammen, noch eine vergleichbare Profiltiefe und den vorgeschriebenen Luftdruck aufweisen. Überprüfen Sie die Basis und beobachten hernach folgende Symptome:

- Ein plötzlich schräg sitzendes Lenkrad ist das erste Indiz für »schiefe« Vorderräder. Achten Sie also grundsätzlich darauf, ob das Lenkrad bei Geradeausfahrt auch geradeaus »steht«.
- Korrespondieren die Vorderräder in Geradeausstellung auch mit der Lenkradstellung?
- Läuft Ihr Fiesta auf ebener Fahrbahn »freihändig« geradeaus? Oder will er ständig nach links oder rechts »ausbrechen«?
- »Kommt« das Lenkrad am Kurvenausgang »freiwillig« aus der Kurve zurück? Oder müssen Sie es in Geradeausstellung zurücklenken?
- Nutzen die Vorderreifen gleichmäßig ab? Erkennen Sie an den Profilkanten unterschiedliche Verschleißspuren?

Stoßdämpfer prüfen – nach zwei verschlissenen Reifensätzen obligatorisch

Stoßdämpfer sind zur Geräuschisolation an Karosserie und Fahrwerk mit elastischen Lagern befestigt. Sie wandeln die Schwingungsenergie des Aufbaus und der Räder in Wärme um. Nach etwa zwei verschlissenen Reifensätzen haben Stoßdämpfer in der Regel noch etwa 50 Prozent ihrer ursprünglichen Wirkung – spätestens dann sind sie verkehrsunsicher. Da sie in ihrer Wirkung jedoch langsam und nicht abrupt nachlassen, bemerken Sie den Leistungsverlust nur schwer. Unbewusst stellen Sie, wie übrigens die meisten Autofahrer, Ihren Fahrstil dann auf das verschlechterte Fahrverhalten ein: In Extremsituationen führt das zu bösen Überraschungen. Lassen Sie darum Stoßdämpfer einmal jährlich auf dem Prüfstand eines Automobilclubs bzw. von TÜV oder Dekra checken. Die Schaukelmethode, bei der Sie Ihr Auto an den Kotflügeln aufschaukeln um sein Nachschwingverhalten zu »testen«, ist kein ernst zu nehmender Check. Auf diesem Weg entlarven Sie allenfalls einen total verschlissenen Stoßdämpfer. Als sicherheitsbewusster Fahrer achten Sie auf folgende Symptome:

- Flattert die Lenkung? In diesem Fall »tanzen« die Räder über dem Boden oder sind falsch ausgewuchtet.
- Schwingt Ihr Fiesta nach Bodenwellen kräftig nach?
- Wie verhält er sich in Kurven? Wirkt er schwammig oder wankt gar jeder Straßenunebenheit hinterher?
- Nutzen die Reifen ungleichmäßig ab (partiell ausgewaschene Lauffläche)?
- Erkennen Sie am Stoßdämpfergehäuse starke Ölundichtigkeiten? Geringe Schwitzspuren sind durchaus normal.

So arbeitet der Gasdruckstoßdämpfer
Techniklexikon

Gasdruckstoßdämpfer arbeiten nach dem Einrohr- bzw. Zweirohrprinzip. In modernen Autos hat sich das Zweirohrprinzip weitestgehend durchgesetzt. Jene Konstruktionen verquicken nämlich die Vorteile des Einrohrgasdruckstoßdämpfers – gutes Ansprechverhalten und exakte Dämpfung selbst kleinster Vertikalbewegungen – mit dem hohen Abrollkomfort des Zweirohrfederbeins.

Um den Gasdruck, das so genannte Gaspolster, im Dämpferinnern möglichst gering zu halten, kommt, ähnlich wie in herkömmlichen Stoßdämpfern, ein Bodenventil zu Ehren. Das Rückschlagventil im Dämpferkolben (Arbeitskolben) hält den Gasdruck während der Arbeitsbewegungen weitestgehend konstant. Gasdruckstoßdämpfer arbeiten doppelwirkend: Ihr Dämpferkolben wirkt sowohl beim Ein- als auch beim Ausfedern der Kolbenstange. Die Dämpferwirkung wird generell so ausgelegt, dass sie in der Druckstufe – der Dämpferkolben fährt ein – geringer ist als in der Zugstufe.

Zunächst steigt die Dämpferkraft in der Druckstufe stark an, um dann nach etwa zehn Millimeter Kolbenweg bis zum halben »Prüfhub« und zur maximalen Dämpferwirkung nur noch gering zuzulegen. Gegen Ende des Hubs

SERVOLENKUNG BEGUTACHTEN

lässt die Dämpferwirkung gar stark nach, um gegen Ende der Zugstufe nach Null auszulaufen. Die Dämpfungswirkung (Kennlinien) innerhalb der Zug- und Druckstufe bestimmen die Bohrungsquerschnitte im Dämpferkolben sowie die Federvorspannung innerhalb der zugehörigen Arbeitsventile.

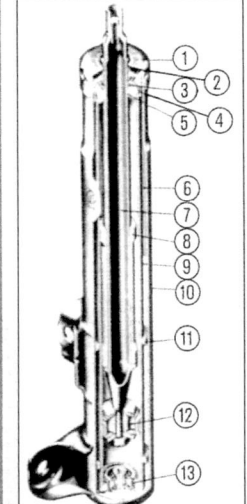

»Fesselt« den Aufbau und die Räder: Einrohrstoßdämpfer (System Sachs). ❶ *Anschlagkappe,* ❷ *Dichtung,* ❸ *Ölabstreifring,* ❹ *Rückschlagventil,* ❺ *Führungsbuchse,* ❻ *Gasdruckpolster,* ❼ *hohlgebohrte Kolbenstange,* ❽ *Zuganschlag,* ❾ *Zylinderrohr,* ❿ *Behälterrohr,* ⓫ *Ölberuhigungsringe,* ⓬ *Kolbenventil,* ⓭ *Bodenventil.*

Optisch nach rund 60.000 Kilometer begutachten – Servolenkung

Die hydraulisch unterstützten Fiesta-Lenkgetriebe sind wartungsfrei. Jedoch bei einem so sicherheitsrelevanten Bauteil wie der Lenkung checken Sie das System etwa alle 60.000 km auf undichte Stellen an Manschetten und sämtlichen Schlauchverbindungen. Sollten Sie regelmäßig Ölmangel im Lenkungsölvorratsbehälter (vorn rechts im Motorraum) feststellen, deutet das auf Leckagen hin. Beheben Sie schnellstens die Ursache und füllen den Vorratsbehälter nur mit Ford-Hydrauliköl der Spezifikation »WSA-M2C195-A« auf. Und so wird's gemacht.

① Checken Sie den Hydraulikölpegel bei stehendem und kaltem Motor im Ausgleichsbehälter vorne rechts im Motorraum. Das Lenksystem ist dann fast drucklos und die Hydraulikflüssigkeit hat ihr normales Volumen erreicht.

② Der »Ruhe-Pegel« sollte mindestens bis zur unteren Behältermarkierung reichen. Vorsicht: Bei warmem Motor dehnt sich das Hydrauliköl automatisch aus. Im Behälter muss dann noch genügend Platz für »überschüssige« Flüssigkeit sein. Lassen Sie sich also nicht von einem allzu hohen »Ruhe-Pegel« blenden.

③ Zum Nachfüllen öffnen Sie den Verschlussdeckel und ...

④ ... befüllen den Ausgleichsbehälter **keinesfalls** über die obere Markierung (Pfeil) hinaus.

Regelmäßig checken – Lenkungsspiel

Das Lenkungsspiel Ihres Fiesta lässt sich nicht korrigieren. Sollten sie der Meinung sein, dass die Vorderräder Ihres Fiesta zu viel Eigenleben entwickeln, machen Sie die Probe auf's Exempel: Stellen Sie zunächst Ihren Wagen auf einer ebenen Stein- oder Asphaltfläche ab.

① Räder geradeaus stellen.

② Greifen Sie durchs geöffnete Seitenfenster und drehen das Lenkrad ruckartig hin und her.

③ Achten Sie dabei auf's linke Vorderrad, besser noch auf sein Felgenhorn, es muss sich rhythmisch mitbewegen. Der elastische Reifen kann die Bewegungen geringfügig »bremsen«.

④ Stellen Sie kein Spiel um die Geradeausstellung fest, bei stärkerem Lenkeinschlag jedoch ein Klemmen, ist die Zahnstange verschlissen. In dem Fall tauschen Sie besser das gesamte Lenkgetriebe aus.

⑤ Falls Sie nach der »hauseigenen« Prüfung immer noch unsicher sein sollten, lassen Sie Ihren Ford-Händler das Spiel mit dem erforderlichen Messequipment checken. Denken Sie daran – im Zweifelsfall sind Sie mit einem neuen Lenkgetriebe besser bedient.

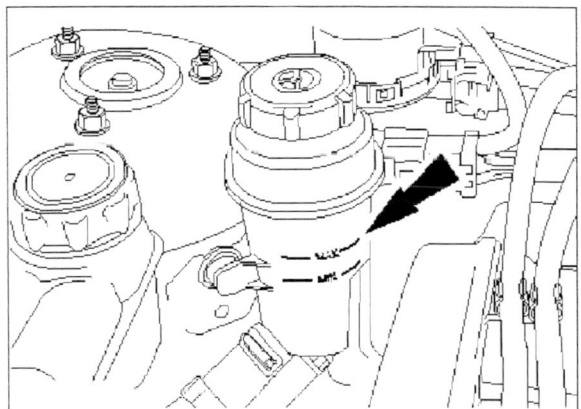

Niemals über »max« befüllen – Ausgleichsbehälter der Servolenkung.

FAHRWERK

Zahnstangen-Schutzmanschetten prüfen

Auf beiden Seiten schützt je eine Gummimanschette die aus dem Lenkgetriebegehäuse austretende Zahnstange. Bei einer intakten Lenkung müssen beide Manschetten staubtrocken sein. Feuchte Manschetten erneuern Sie unmittelbar. Falls Sie das ignorieren, verwandeln eindringender Schmutz oder Feuchtigkeit das Lenkgetriebefett in kürzester Zeit zu einer Schleifpaste, die den Lenkinnereien früher oder später den Garaus macht.

Arbeitsschritte

① Inspizieren Sie beide Faltenbälge mit einer Taschenlampe.

② Schlagen Sie dazu die Lenkung voll nach rechts und links ein und ziehen den »gedehnten« Faltenbalg dann jeweils Stück um Stück auseinander. Achten Sie besonders auf feine Haarrisse – grobe Verletzungen erkennen Sie ohnehin.

③ Auch die Spannbänder ❶ und ❷ müssen fest auf beiden Manschetten sitzen.

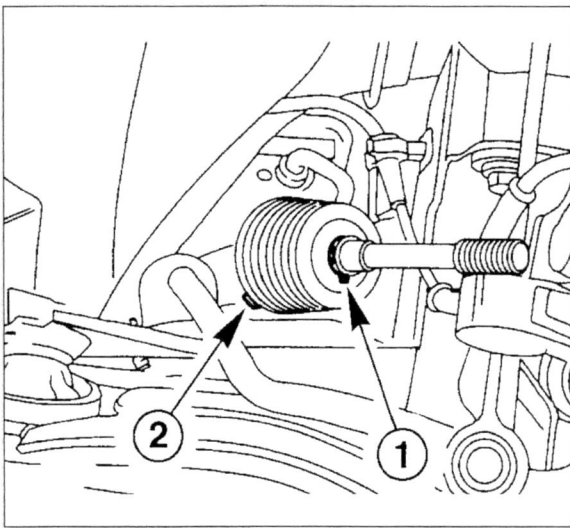

Die Lenkmanschetten sind oberhalb des Achsträgers relativ gut gegen äußere Beschädigungen geschützt. »Gönnen« Sie ihnen dennoch bei demontiertem Spritzschutz ab und an einen Blick und kontrollieren gleichzeitig die Spannbänder ❶ und ❷ auf festen Sitz.

Spurstangenköpfe und Manschetten prüfen

Die Spurstangenköpfe sitzen links und rechts zwischen der Spurstange und dem Lenkschwenklagerspurstangenhebel. Die stählernen Kugelköpfe sitzen in einer selbstschmierenden Kunststoffschale – eine mit Spezialfett gefüllte Manschette schützt sie vor Schmutz und Feuchtigkeit. Ersetzen Sie »schwitzende« Manschetten gleichfalls wie Spurstangenköpfe mit zu viel Spiel umgehend.

Staubtrocken und ohne Spiel: Ein Indiz für intakte Spurstangenköpfe (Pfeil).

Querlenkerlager prüfen

Die beiden Lager und das Kugelgelenk der vorderen Querlenker sind wartungsfrei. Das äußere Kugelgelenk sitzt in einer Kunststoffschale mit Fettdauerfüllung. Dennoch sollten Sie die Querlenker regelmäßig inspizieren und mit einem Montierhebel das Spiel »abdrücken«: Eindringender Schmutz und Feuchtigkeit hinterlassen ihre Spuren, sie wirken wie Schleifpaste. Folge: Die Gelenke schlagen aus, und die Lager korrodieren.

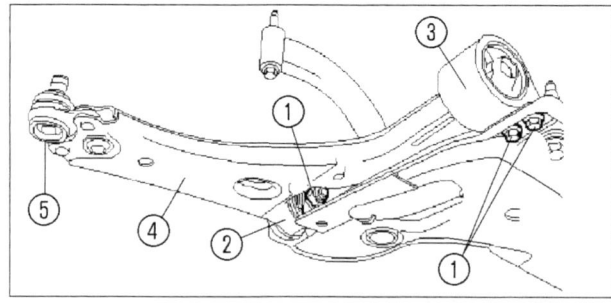

Stabil geführt und gut gedämpft – Fiesta-Vorderachsquerlenker. ❶ *Befestigungsschrauben mit Muttern,* ❷ *hintere Dämpfungsbuchse,* ❸ *vordere Dämpfungsbuchse,* ❹ *Querlenker,* ❺ *Kugelgelenk.*

QUERLENKER AUSTAUSCHEN

Arbeitsschritte

① Lenkung mehrmals ruckartig nach links und rechts einschlagen.

② Kugelgelenke rechts und links optisch auf Beschädigungen prüfen.

③ Setzen Sie dann einen Montierhebel an und »wippen« die Gelenke »gut durch«.

④ Inspizieren Sie die beiden Lager auf die gleiche Weise. Denken Sie daran, dass die Lager von Haus aus eine gewisse Elastizität haben (müssen). Sobald sich der Montierhebel allerdings »widerstandslos« schwenken lässt, sind die Lager verschlissen.

Versierte Do it yourselfer werden, mit dem erforderlichen Equipment ausgerüstet, jetzt zur Selbsthilfe greifen wollen. Wir raten Ihnen dennoch davon ab, denn die Arbeit endet nicht allein mit dem Tausch eines Lagers oder Kugelgelenks: Stattdessen müssen Sie den kompletten Querlenker demontieren und, nach beendeter Reparatur, die Vorderachse optisch neu vermessen lassen. In der Fachwerkstatt sind Sie damit von vornherein besser aufgehoben.

Radlagerspiel prüfen

Die Räder des Fiesta drehen mit wartungsfreien Doppelkugellagern. Moderne Hinterachsradlager sind heutzutage für rund 150.000 Kilometer gut. Radlager an der Vorderachse sind naturgemäß stärker belastet als an der »Hinterhand«, sie halten häufig nicht ganz so lange. Im Fiesta sind die Radlager bereits mit der Montage eingestellt, bei Schäden bleibt Ihnen nur der komplette Austausch übrig. Die anstehende Reparatur kündigt sich rechtzeitig mit unüberhörbaren Laufgeräuschen an. Mahlgeräusche in Rechtskurven deuten auf ein defektes Radlager links vorne hin, Geräusche in Linkskurven verraten das rechte Radlager. Überlassen Sie den Austausch besser Ihrer Werkstatt – Lager, Laufringe, Nabe und Lenkschwenklager sind in sehr engen Toleranzen gefertigt. Die fachgerechte Montage setzt Spezialwerkzeuge voraus. Doch bevor Sie die Werkstatt aufsuchen, machen Sie folgenden Test:

- Stellen Sie den Wagen auf einer Stein- oder Asphaltfläche ab. Greifen Sie das Rad im oberen Radlauf und versuchen es rhythmisch quer zur Fahrzeuglängsachse zu bewegen. Einwandfreie Lager verkraften das lautlos und ohne Spiel.
- Sollten Sie bei dem Check an den vorderen Radlagern zu viel Spiel feststellen, lassen Sie einen Helfer die Bremse treten – Sie »wackeln« derweil am betreffenden Rad. Ist das Spiel dann immer noch vorhanden, haben Sie ein defektes Achsgelenk ausfindig gemacht.

Querlenker austauschen

Wechseln Sie deformierte Querlenker immer komplett aus. Verschlissene Lagerbuchsen können Sie dagegen sehr wohl erneuern. Überlassen Sie die Arbeit jedoch besser Ihrer Werkstatt (siehe Wartungsarbeit »Querlenkerlager prüfen«). Damit die Lagerbuchsen genau fluchten und tatsächlich auch ihren definierten Abstand zueinander haben, nutzen Profis ein spezielles Einziehwerkzeug bzw. eine hydraulische Presse mit entsprechenden Druckvorsätzen.

Arbeitsschritte

Verwenden Sie zur Montage generell neue Muttern, Schrauben und Unterlegscheiben.

Demontage

① Ziehen Sie die Handbremse an, lösen die Radmuttern, ...

② ... liften Ihren Fiesta und bocken ihn rüttelsicher auf. Sichern Sie zusätzlich die Hinterachse mit Unterlegkeilen.

③ Schrauben Sie das entsprechende Vorderrad ab, ...

④ ...lösen und entfernen die Klemmschraube (Pfeil) um...

⑤ ... dann das Kugelgelenk vorsichtig mit einem Montierhebel aus dem Achsschenkel zu hebeln. Sichern Sie das Gelenk, von oben, mit einem fünf Millimeter Inbusschlüssel gegen Verdrehen.

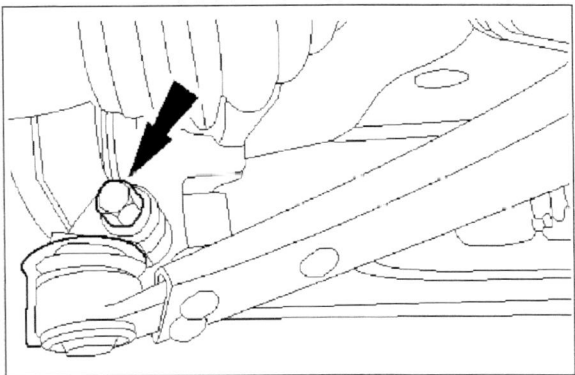

Demontieren – die Klemmschraube vom Kugelgelenk.

⑥ Schützen Sie nach der Demontage die Gelenkdichtung mit einem Lappen, ...

FAHRWERK

⑦ ... lösen dann die vier Schrauben (Pfeile) und demontieren den Querlenker.

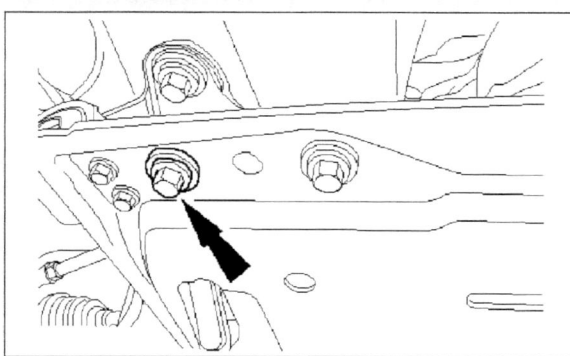

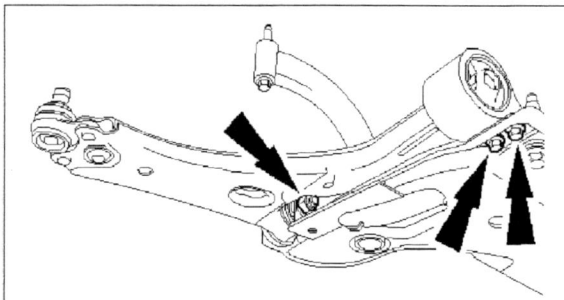

Demontieren – Vorderachsquerlenker.

Montage

⑧ Zur Montage verwenden Sie generell nur neue Muttern, Schrauben und Unterlegscheiben. Die Befestigungsschrauben vom Querlenker ziehen Sie mit 175 Nm an, die Klemmschraube bekommt 48 Nm und die Radschrauben »vertragen« 85 Nm.

⑨ Checken Sie nach einer Probefahrt sämtliche Schraubverbindungen. »Gönnen« Sie Ihrem Fiesta danach einen optischen Achsmessstand und lassen seine Vorderachsgeometrie überprüfen bzw. neu einstellen.

Federbein demontieren und montieren

① Bocken Sie den Vorderwagen Ihres Fiesta auf ebener Fläche rüttelsicher auf und demontieren, wie beschrieben, das betreffende Vorderrad inklusive Bremssattelträger und Bremsscheibe.

② Ziehen Sie den Bremsschlauch in Pfeilrichtung aus der Federbeinhalterung und ...

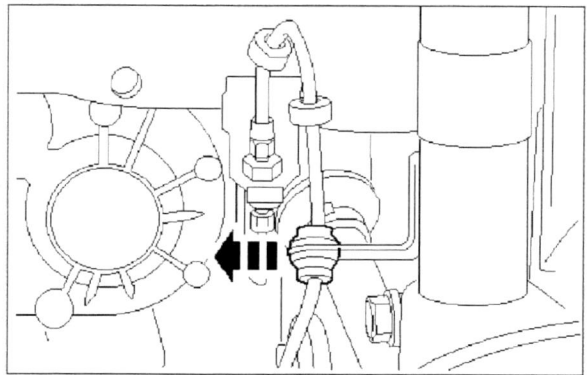

Abziehen – Bremsschlauch vom Federbeinhalter.

③ ... lösen am Stoßdämpfer die Kugelgelenkschraube (Pfeil). Das Pendel sichern Sie von hinten mit einem fünf Millimeter Inbusschlüssel gegen Verdrehen.

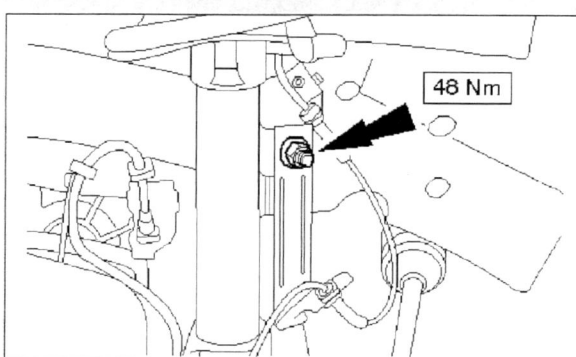

Mit einem Sechskant- und Inbusschlüssel vom Federbein lösen und gegen Verdrehen sichern – Pendel.

④ Hernach demontieren Sie die Kugelgelenkschraube um...

⑤ ... das Kugelgelenk dann mit einem Montierhebel vorsichtig aus dem Achsschenkel zu hebeln.

⑥ Schützen Sie die Gelenkdichtung nach der Demontage mit einem Lappen.

⑦ Jetzt lösen Sie die Klemmschraube (Pfeil) am Federbein und ...

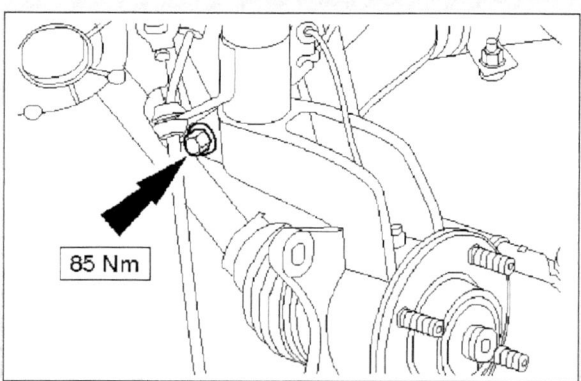

Am Federbein lösen – Klemmschraube.

FEDERBEIN ZERLEGEN

⑧ ... binden die Antriebswelle mit einem Schweißdraht im Radkasten fest. »Verbiegen« Sie die Gelenke nicht übermäßig: Das innere Gelenk verträgt max. 18 Grad und das äußere allenfalls 45 Grad.

⑨ »Weiten« Sie die Federbeinaufnahme am Achsschenkel mit einem breiten Schraubendreher und ziehen das »Konstrukt« dann auseinander. In Ford-Werkstätten kommt dazu das Spezialwerkzeug »204-159« zu Ehren, mit etwas Krafteinsatz reicht auch der Schraubendreher.

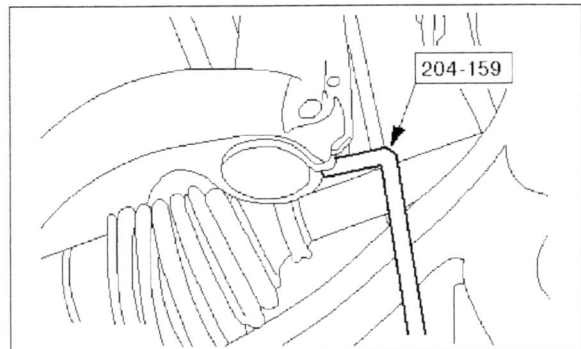

Mit Spezialwerkzeug oder stabilem Schlitzschraubendreher weiten – Federbeinaufnahme am Achsschenkel.

⑩ Anschließend lösen Sie die drei Befestigungsmuttern (Pfeile) vom Stoßdämpfer und ...

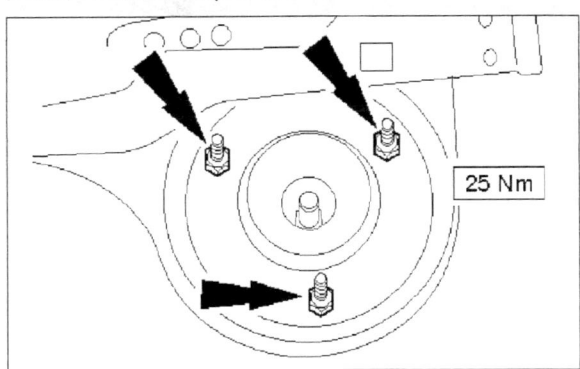

Losschrauben – obere Federbeinbefestigung.

⑪ ... bugsieren das komplette Federbein aus dem Radhaus.

Montage

⑫ Stellen Sie das neue Federbein zentrisch im Federbeindom auf und beenden die Montage in umgekehrter Reihenfolge. Verwenden Sie nur neue Schrauben und Muttern.

⑬ Checken Sie nach einer Probefahrt sämtliche Schraubverbindungen. »Gönnen« Sie Ihrem Fiesta dann einen optischen Achsmessstand und lassen seine Vorderachsgeometrie überprüfen bzw. neu einstellen.

Federbein zerlegen

Unterschätzen Sie nicht die »gefesselte Kraft« einer gespannten Feder! Hantieren Sie daher äußerst vorsichtig mit dem demontierten, jedoch noch kompletten Federbein: Ihr heimisches Garagendach wäre nicht das erste das eine »eigenmächtig« befreite Schraubenfeder öffnet ...

Dennoch, wenn Sie die Schraubenfeder mit einem Universalfederspanner vorschriftsmäßig »fesseln«, bleiben Feder und Arbeit »beherrschbar«. Vorschriftsmäßig heißt: Sie verteilen die Halteklauen des Federspanners möglichst um 180° versetzt in den Federwindungen und entspannen (spannen) die Feder dann gleichmäßig an beiden Spindeln. Da der Aufwand an beiden Federbeinen nahezu identisch ist, beschreiben wir die Arbeit am Beispiel des rechten Federbeins.

Arbeitsschritte

① Demontieren Sie das Federbein, wie beschrieben und spannen es am unteren Schaft vorsichtig in einen Schraubstock ein. Um den Schaft nicht zu deformieren, verwenden Sie Aluminiumspannbacken.

② Setzen Sie die Federspannerkrallen am Umfang der Schraubenfeder um etwa 180° versetzt und möglichst weit nach oben und unten an.

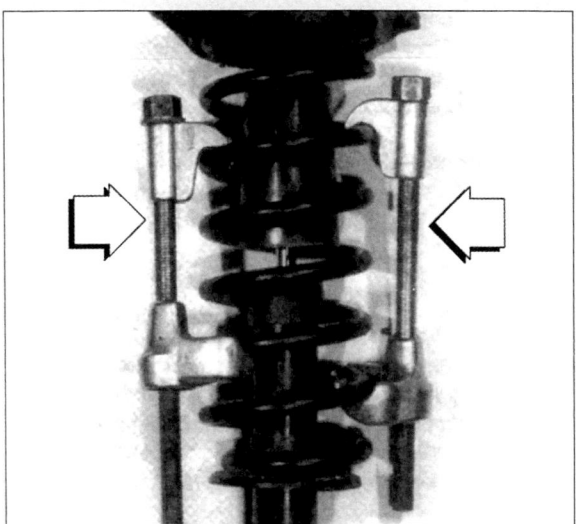

Immer um etwa 180° versetzen: Haltekrallen (Pfeile) des Federspanners. Falls Sie die Feder unterschiedlich spannen oder entspannen, kann sie sich »explosionsartig« aus dem Federspanner befreien. Nur mit viel Glück bleibt's bei einem »geöffneten« Garagendach ...

FAHRWERK

③ Hernach lösen Sie die Kolbenstangenmutter ❶. Kontern Sie dazu die Kolbenstange mit einem Inbusschlüssel.

④ Ziehen Sie jetzt das obere Stützlager ❸ komplett von der Kolbenstange ab. Vergessen Sie auch nicht den oberen Federteller ❷, er ist jetzt gleichfalls entlastet.

⑤ Ziehen Sie die gespannte Feder ❻ gleichmäßig an beiden Spindeln nach oben von der Kolbenstange und stellen »das Ganze« vorsichtig an einer Wand ab.

⑥ Bevor Sie jetzt den Stoßdämpfer ausspannen, ziehen Sie noch schnell die Schutzmanschette ❹ und den Anschlagpuffer ❺ von der Kolbenstange.

⑦ Falls Sie die Feder erneuern müssen, legen Sie sie mitsamt Federspanner in den weit geöffneten Schraubstock und entspannen das »Powerpack« so lange gleichmäßig an beiden Spindelmuttern, bis Sie die Halterkrallen aus den Windungen ziehen können.

⑧ Bereiten Sie die neuen Teile zur Montage vor und spannen den Stoßdämpfer dann, wie beschrieben, in den Schraubstock ein.

⑨ Montieren Sie sämtliche Bauteile in umgekehrter Reihenfolge und entspannen die Feder dann gleichmäßig.

⑩ Vorab stellen Sie sicher, dass beide Federenden richtig in den Federtellern anliegen und der Anschlagpuffer mit der flachen Seite noch oben montiert ist. Die Sicherungsmutter ziehen Sie mit 48 Nm fest.

⑪ Bevor Sie dann das Federbein im Radlauf montieren, reinigen Sie den Federbeindom und das obere Stützlager von altem Straßendreck.

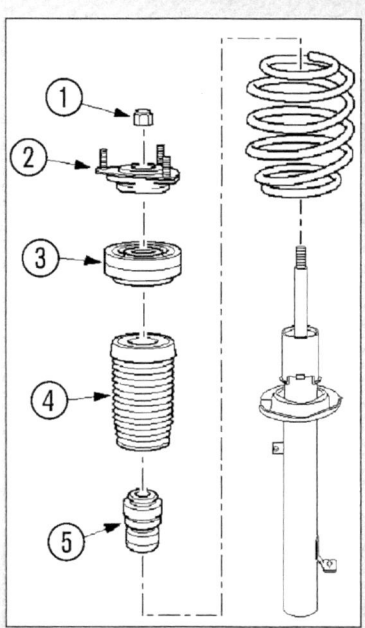

Mit dem gebotenen Respekt problemlos machbar – Federbein zerlegen. ❶ *Kolbenstangenmutter,* ❷ *oberes Federlager,* ❸ *oberes Stützlager,* ❹ *Staubmanschette,* ❺ *Anschlagpuffer.*

Spurstangenköpfe erneuern

Die Spurstangenköpfe sind mit den Spurstangen jeweils links und rechts verschraubt. Vorteil: Bei defekten Spurstangenköpfen reicht's, den verschlissenen Kopf und nicht die komplette Spurstange auszutauschen.

① Bocken Sie den Vorderwagen Ihres Fiesta auf ebener Fläche rüttelsicher auf und demontieren das entsprechende Vorderrad.

② Lösen Sie am Lenkhebel des Lenkschwenklagers die selbstsichernde Mutter ❷ des Spurstangenkopfs zunächst nur um einige Umdrehungen und …

③ … drücken den Spurstangenkopf mit einem Klauen- oder Kugelgelenkabzieher aus dem Lenkhebel.

④ Schrauben Sie die Mutter dann ganz ab und ziehen den Spurstangenkopf aus dem Lenkhebel.

⑤ Lösen Sie jetzt die Klemmmutter ❶ am Spurstangenkopf und schrauben das Endstück von der Spurstange ab, nicht jedoch, ohne vorab die »freien« Gewindegänge (I) außerhalb der Spurstange exakt gezählt zu haben. Den neuen Kopf montieren Sie dann mit gleicher Einbaulänge. Wenn Sie das präzise hin bekommen, können Sie eventuell auf eine Spurkorrektur verzichten.

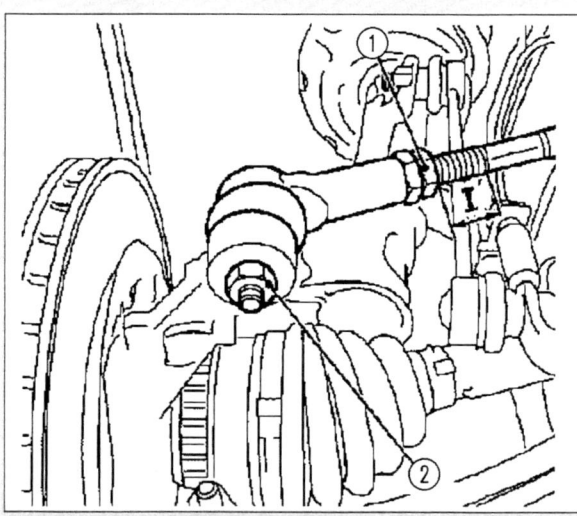

Lösen – Spurstangenkopf. ❶ *Klemmmutter,* ❷ *selbstsichernde Mutter des Spurstangenkopfes.*

LENKSCHWENKLAGER ERNEUERN

Lenkgetriebemanschetten auswechseln

① Demontieren Sie – wie beschrieben – das Spurstangenendstück und zählen beim Ausdrehen exakt die Gewindegänge (siehe »Spurstangenköpfe erneuern«).

② Schrauben Sie die Klemmmutter (Pfeil) von der Spurstange und …

③ … cleanen, z. B. mit einem benzingetränkten Lappen, die Spurstange.

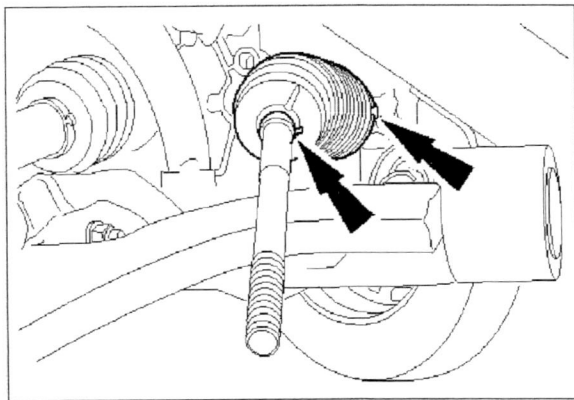

Muss nach der Montage spannungsfrei sitzen – Lenkgetriebemanschette.

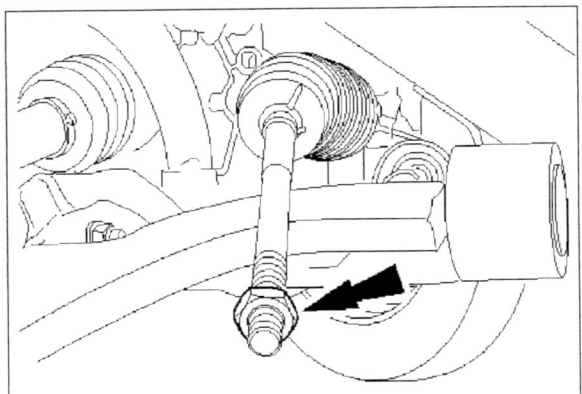

Von der Spurstange abschrauben – Klemmmutter.

④ Lockern Sie jetzt beide Klemmschellen (Pfeile) von der Lenkmanschette und …

⑤ … ziehen die Manschette von der Spurstange.

⑥ Bevor Sie die neue Manschette montieren, fetten Sie die Öffnungen gut ein und schieben die Manschette vorsichtig auf die Spurstange. Achten Sie darauf die Manschette währenddessen nicht zu verdrehen. Richten Sie den »Gummi« spannungsfrei in den Nuten der Spurstange sowie des Lenkgehäuses aus. Falls Sie das nur »mit links« erledigen, könnte die Manschette verspannen und früher oder später wieder reißen.

⑦ Sichern Sie die Manschette mit einem neuen Halteband/Klemmschelle und …

⑧ … lassen in einer Fachwerkstatt die Vorderachsgeometrie neu vermessen.

Lenkschwenklager erneuern

① Bevor Sie den Vorderwagen rüttelsicher aufbocken, lösen Sie die Radmuttern und die Zentralmutter des Antriebswellenstumpfs (Pfeil). Lassen Sie einen Assistenten die Bremse treten um das Rad zu blockieren.

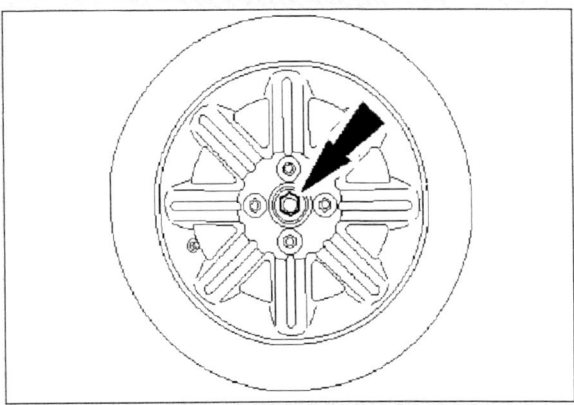

Lösen – Radschrauben und Zentralmutter.

② Öffnen Sie die Motorhaube und …

③ … lösen die drei Federbeinbefestigungsmuttern im Federbeindom um ca. fünf Umdrehungen.

④ Wie im Kapitel »Die Bremsanlage« beschrieben, demontieren Sie dann den Bremssattel und fixieren ihn mit Draht im Radkasten. Achten Sie auf den Bremsschlauch – er darf nicht abknicken.

FAHRWERK

⑤ Jetzt lösen Sie den Sicherungsring der Bremsscheibe und ziehen die »Disc« von der Radnabe ab. Festsitzende Scheiben lockern Sie vorsichtig mit gezielten Hammerschlägen (Kunststoffhammer) auf den Außenrand der Scheibe – drehen Sie die Scheibe währenddessen. Ach ja, sollten Sie einen passenden Zweiarmabzieher zur Hand haben, ist das die elegantere Lösung.

⑥ Schrauben Sie den ABS-Radsensor (Pfeil) vom Lenkschwenklager ab und »parken« ihn geschützt im Radkasten.

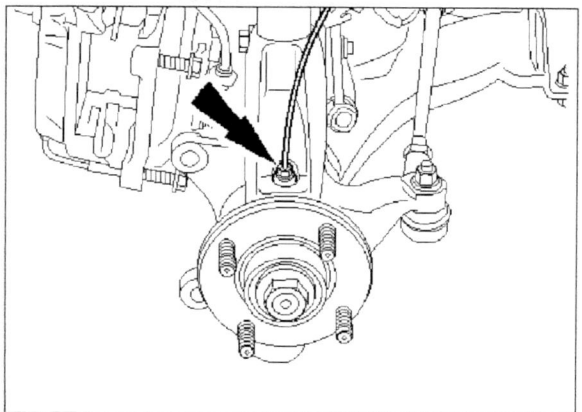

Vom Lenkschwenklager losschrauben und beiseite legen – ABS-Sensor.

⑦ Jetzt lösen Sie die Befestigungsmutter des Spurstangenkopfs und ...

⑧ ... pressen ihn mit einem handelsüblichen Abzieher aus dem Schwenklager. Passiert? Dann schrauben Sie die Mutter ganz ab und schützen die Kugelgelenkdichtungen mit einem Lappen vor Beschädigung.

⑨ Jetzt lösen Sie die Klemmschraube am Federbein und ...

⑩ ... binden die Antriebswelle mit einem Stück Schweißdraht im Radkasten fest. Überdehnen Sie nicht die Gelenke: Der maximale Beugungswinkel des inneren Gelenks beträgt 18 und der des äußeren 45 Grad.

⑪ Hernach ziehen Sie die Radnabe mit einem passenden Vierarmabzieher von der Antriebswelle ab. Achten Sie darauf, dass sich während der Demontage die Antriebswelle nicht aus dem Gleichlaufgelenk löst. Stützen Sie die Welle ab, bzw. hängen sie mit Schweißdraht am Federbein auf.

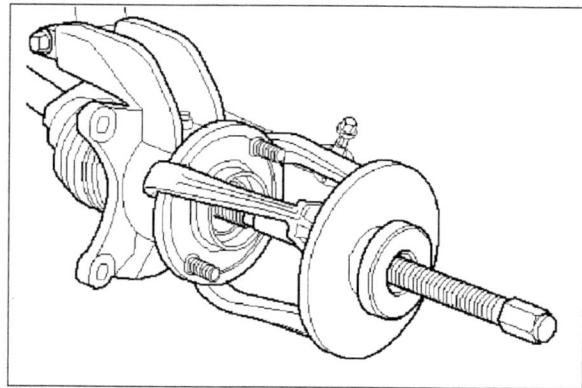

Mit einem Vierarmabzieher von der Antriebswelle abziehen – Radnabe.

⑫ Hernach »weiten« Sie mit einem breiten Schraubendreher die Federbeinaufnahme am Achsschenkel und ziehen das Konstrukt auseinander.

⑬ Beenden Sie die Arbeit in umgekehrter Reihenfolge. Verwenden Sie grundsätzlich nur neue Muttern und Schrauben. Checken Sie nach einer Probefahrt sämtliche Schraubverbindungen und »gönnen« Ihrem Fiesta dann unbedingt einen optischen Achsmessstand, um seine Vorderachsgeometrie überprüfen bzw. neu einstellen zu lassen.

Stoßdämpfer hinten erneuern

Demontieren und montieren Sie immer nur einen Stoßdämpfer – niemals beide gleichzeitig. Da die Arbeiten für beide Seiten nahezu gleich sind, beschreiben wir die Arbeit am Beispiel des linken Dämpfers.

① Sichern Sie die Vorderräder mit einem Unterlegkeil, bocken den Hinterwagen rüttelsicher auf und ...

② ... demontieren die Hinterräder.

③ Lösen Sie an den fünf Kunststoffschrauben (Pfeile) die Radhausverkleidung und bugsieren das »gute Stück« aus dem Radkasten.

RÄDER UND REIFEN

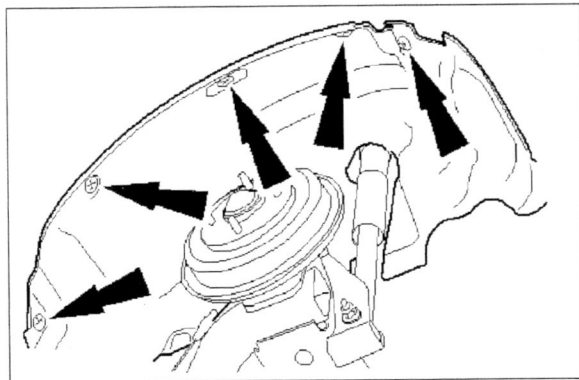

Mit einem breiten Schraubendreher losdrehen – Radhausverkleidung.

④ Stellen Sie einen Rangierwagenheber unter den Hinterachskörper und heben die Achse so weit an, dass Sie die entlasteten Stoßdämpferverschraubungen (Pfeile) oben und unten gut lösen können.

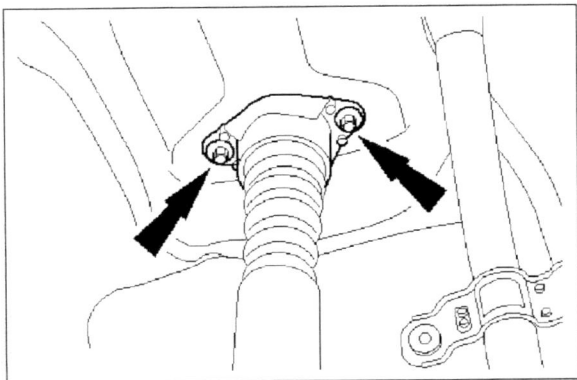

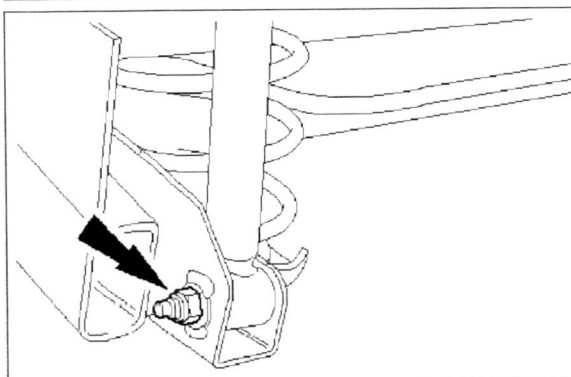

Zur Stoßdämpferdemontage lösen – Muttern oben und unten.

⑤ Anschließend ziehen Sie den Stoßdämpfer nach unten aus der Halterung.

⑥ Beenden Sie die Arbeit in umgekehrter Reihenfolge. Die oberen Schrauben ziehen Sie zunächst mit 25 Nm fest.

⑦ Wenn Ihr Fiesta wieder »festen Boden« unter den Rädern hat, ziehen Sie die untere Schraube mit 115 Nm fest und …

⑧ … checken dann noch einmal das Anzugsdrehmoment der oberen Schrauben.

Praxistipp

Airbag – generell ein Fall für »echte« Profis

Ab Werk schützt Sie in Ihrem Fiesta ein Airbagsystem vor den gröbsten Unfallfolgen. Überlassen Sie Arbeiten an der Lenksäule und ihrer Bedienungselemente besser einer Ford-Werkstatt. Selbst dort schrauben nur besonders geschulte Airbagprofis an den »Druckluftsäcken« oder an sicherheitsrelevanten Innenraumkomponenten. Das hat gute Gründe: Unsachgemäß behandelte Airbags etwa lösen in Millisekunden aus. Lassen Sie also Ihre »Finger« besser grundsätzlich immer dann aus dem Spiel, wenn an der Lenksäule Ihres Fiesta Schalter und Bedienungselemente »malade« sind. Bereits der Transport und die Lagerung des Airbags unterliegen strengen Sicherheitsvorschriften: Für den Gasgenerator, der mit seiner Festbrennstofffüllung den Prallsack beim Crash blitzschnell aufbläst, gelten beispielsweise die verschärften Bestimmungen im Umgang mit Sprengstoffen. Akzeptieren Sie also auch als »begnadeter« Do it yourselfer und im eigenen Interesse: **Airbag – generell ein Fall für Profis.**

Räder und Reifen

Auf einer je Rad etwa Postkarten großen Aufstandsfläche tragen die Pneus Ihr Auto über »Stock und Stein, entschärfen die unterschiedlichsten Fahrbahnen« und übertragen sämtliche Antriebs-, Brems- und Fliehkräfte. Es müsste Ihnen längst dämmern: Reifen leisten einen wichtigen Beitrag zum guten Fahrverhalten und damit auch zur aktiven Sicherheit Ihres Fiesta: Die Karkasse, die Gummimischung, der Silicatanteil und das Computer berechnete Reifenprofil machen moderne Radialreifen zu Hightech-Produkten. Bei durchschnittlicher Belastung müssen Sie Ihren Fiesta etwa alle 50.000 – 60.000 Kilometer auf der Vorder- und nach rund 60.000 – 80.000 Kilometer auf der Hinterachse neu »besohlen«.

FAHRWERK

Unabhängig von der Laufleistung – Reifen grundsätzlich nach sieben bis acht Jahren wechseln

Wenn Sie überwiegend auf Kurzstrecken unterwegs sind, sollten Sie die Reifen – unabhängig von der Laufleistung und Restprofiltiefe – nach spätestens sieben bis acht Jahren erneuern. Winterreifen geben Sie am besten schon nach vier Wintern den Laufpass und fahren das verbliebene Restprofil ins Frühjahr hinein ab. Warum die generelle Empfehlung? In den angegebenen Zeiträumen haben Schmutz, chemische Umwelteinflüsse, interne Alterungsprozesse und nicht zuletzt die Sonne den Reifen dermaßen zugesetzt, dass sie Ihren Job nicht mehr verlässlich erledigen können. Trauen Sie übrigens auch keinem neu aussehenden »alten« Ersatzrad, die neuwertige Optik ist nur Fassade – darunter sieht's häufig gefährlich alt aus. Denn Reifen altern auch in dunklen Kellern oder Garagen: Die Alterungsschutzmittel diffundieren an die Oberfläche und härten den Pneu von innen nach außen künstlich aus.

Ultra-Light-Weight-Reifen (ULW-R)

In der Formel 1 sind sie längst Stand der Technik: Ultra-Light-Weight-Reifen (ULW-R). Auch unter normalen Straßenautos werden die »Superleichtgewichte« immer aktueller – und das aus gutem Grund: Gegenüber einem herkömmlichen Stahlgürtelreifen schleppen ULW-Reifen etwa drei Kilogramm weniger durch die Lande. Wie das? Anstelle von Stahlcord-Gürteleinlagen »fesseln« ULW-Karkassen ultraleichte Aramidfasern. Die Hightech-Kunststofffaser wiegt etwa sechsmal weniger als Stahl, übertrifft seine Zugfestigkeit jedoch um das Zehnfache. Das erfreut landauf landab nicht nur die »Reifenbäcker« sondern gleichermaßen auch Bremsenkonstrukteure. Denn mit geringeren rotierenden Radmassen sind höhere ABS-Regelfrequenzen möglich. Im Klartext: Ultra-Light-Weight-Reifen können schneller stoppen – auch auf rutschigen Pisten. Und weil Aramidfasern zudem weniger verletzlich als »Stahlfäden« sind – sie oxidieren beispielsweise nicht nach Reifenpannen – haben sie auch gute Chancen, als Runderneuerte ein »zweites Leben zu erleben«. Darüber hinaus spielen die Pneus über die Zeit den Aufpreis beim Kauf wieder ein: Ultra-Light-Weight-Reifen senken die Kraftstoffkosten.

Ab Werk mit an Bord – vollwertiges Ersatzrad

Grundsätzlich rollen alle Fiesta auf Stahlblechfelgen der Dimension 5½Jx14" vom Fertigungsband. Sie schleppen dann im Kofferraum übrigens auch ein vollwertiges Ersatzrad durch die Lande.
Welche weiteren Reifengrößen und Felgenformate Ihrem Fiesta grundsätzlich noch passen würden, können Sie im Kfz.-Brief bzw. Kfz-Schein nachlesen. Sollte Ihnen freilich der Sinn nach individuelleren Rad/Reifenkombinationen stehen, orientieren Sie sich nur an zugelassenen Produkten. Qualitativ verlässliche Sonderfelgen haben grundsätzlich eine Allgemeine Betriebserlaubnis (ABE) mit entsprechender Prüfnummer. Sollten die Formate Ihrer gewünschten »Sonderschuhe« in den Kfz-Papieren unauffindbar sein, klären Sie vor dem Kauf und der Montage entweder bei Ihrem Ford-Händler oder einem TÜV-/DEKRA-Sachverständigen die Freigabe ab.

Solide umrüsten – bundesweit mit »COKIS« möglich

Unter dem Synonym »COKIS« bietet der Reifenbäcker Conti übrigens einen Breitreifen-/Sonderfelgen-Service an, der aus 260.000 Fahrzeugdaten und 51.000 Originalgutachten zugelassene Rad-/Reifenkombination sondiert. Große Reifenfachbetriebe nutzen die Software, um unter anderem die zum Eintrag erforderlichen Gutachten auszudrucken. Um Sonderräder in die Kfz-Papiere (Brief und Schein) eintragen zu lassen, bleibt Ihnen nur noch der Weg zum Straßenverkehrsamt. Felgen und Reifen ohne Gutachten oder ABE müssen Sie generell per Teilgutachten vom TÜV/DEKRA abnehmen und hernach noch bei ihrem Straßenverkehrsamt im Kfz.-Schein eintragen lassen.

Die Felgen

Entsprechend der Normenvorschrift wird die Felgengröße stets in Zoll angegeben. Die Bezeichnung 5½J x 14" zum Beispiel bezeichnet eine Tiefbettfelge mit einer Breite von fünfeinhalb Zoll (1 Zoll = 25,4 mm) und einem Durchmesser von 14 Zoll. Der Buchstabe »J« steht für die Form des Felgenhorns. Das Besondere an der Tiefbettfelge: Etwa in Mitte der Felgenschulter ist eine rund umlaufende Erhöhung (Hump) eingepresst. Der Reifen sitzt dann »strammer« zwischen Felgenhorn und Hump und kann bei schneller Kurvenfahrt von der Felgenschulter nicht ins Tiefbett »rutschen«.

REIFENDATEN

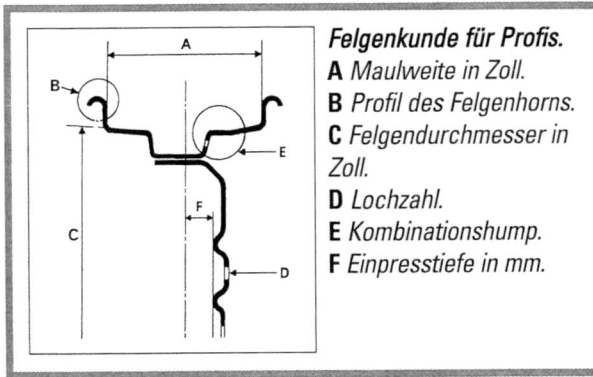

Felgenkunde für Profis.
A *Maulweite in Zoll.*
B *Profil des Felgenhorns.*
C *Felgendurchmesser in Zoll.*
D *Lochzahl.*
E *Kombinationshump.*
F *Einpresstiefe in mm.*

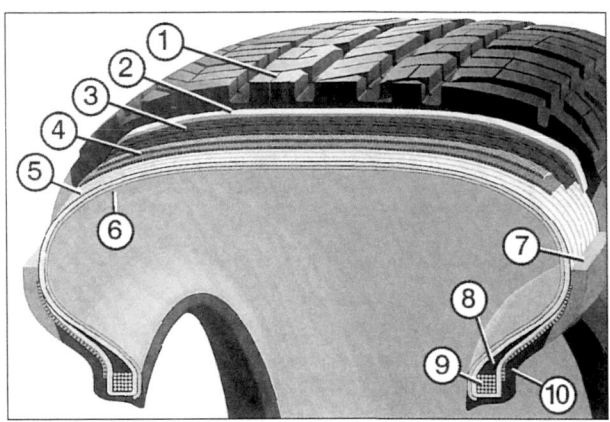

Das vielschichtige Innenleben eines PKW-Reifens.
❶ *Laufstreifen: Profil und Mischung beeinflussen die Eigenschaften,* ❷ *Base: Senkt den Rollwiderstand,* ❸ *Nylon-Spulbandagen: Erhöhen Hochgeschwindigkeitstauglichkeit,* ❹ *Stahlcord-Gürtellagen: Steigern die Fahrstabilität,* ❺ *Karkasse: Form- und Festigkeitsträger des Reifens,* ❻ *Innenseele: Gasdichte Innenschicht ersetzt den Schlauch,* ❼ *Seitenteil: Schützt Karkasse vor Beschädigungen,* ❽ *Kernprofil: Unterstützt Lenk- und Fahrpräzision,* ❾ *Kern: Sorgt für festen Sitz auf der Felge,* ❿ *Wulstverstärker: Für präzises Lenkverhalten und hohe Fahrstabilität.*

Die wichtigsten Reifendaten

Auf den Reifenflanken sind eine Reihe von Ziffern und Buchstaben eingeprägt, die Fachleuten als verschlüsselte »Visitenkarte« dient. Die meisten Fiesta-Fahrer interessiert ohnehin nur das Reifenformat. 175/65 R 14 bedeutet zum Beispiel, dass der Reifenquerschnitt eine Breite von 175 Millimetern aufweist. Die zweite Zahl bestimmt das Verhältnis von Höhe und Breite des Reifens. Im Beispiel beträgt es 65 Prozent. Je kleiner dieses Verhältnis, um so flacher ist der Reifen. Der Buchstabe »R« steht für Radialbauweise (Gürtelreifen) und die Zahl hinter der Kombination (14) beschreibt den Felgendurchmesser in Zoll.

Synonym für die Höchstgeschwindigkeit – der Großbuchstabe hinter der letzten Ziffer

Der Großbuchstabe hinter der letzten Ziffer auf der Reifenflanke verrät die zulässige Höchstgeschwindigkeit des Reifens. Ein 185/65 R 15 Reifen mit dem Kennbuchstaben »S« ist für ein Top Speed bis 180 km/h, mit »T« bis 190 km/h zugelassen. Für maximal 210 km/h sind Reifen mit dem Kennbuchstaben »H« genehmigt. Herkömmliche M+S-Reifen mit dem Kürzel »Q« sind bis 160 km/h freigegeben.

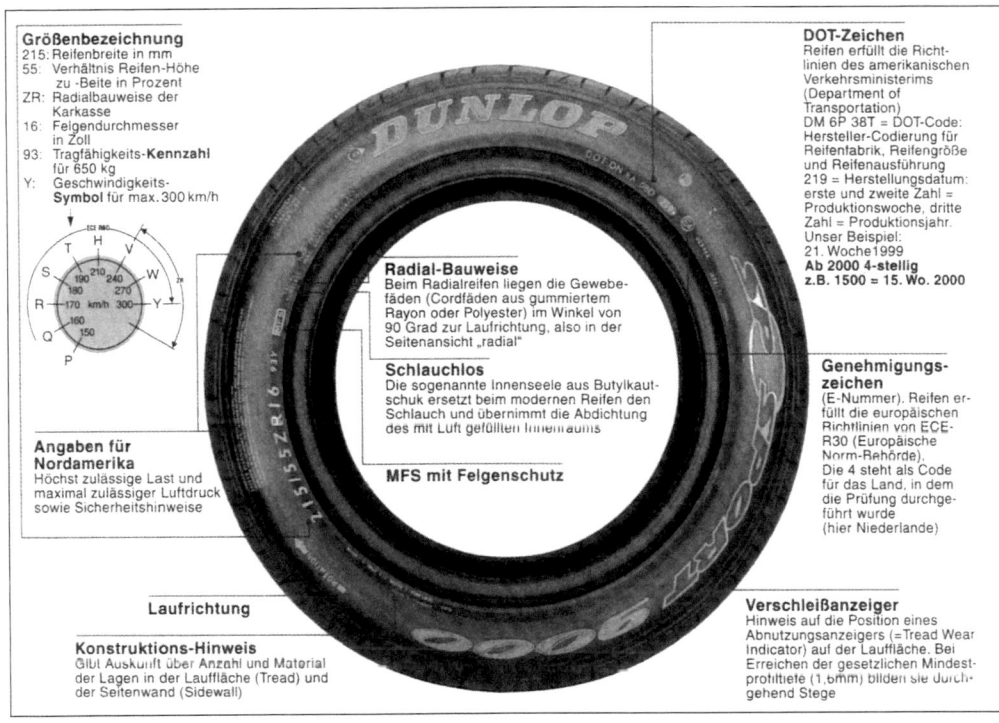

»Visitenkarte«: Reifendaten auf der Flanke. Achten Sie beim Kauf auf die Spezifikationen, damit der neue Reifen wirklich auf die Felge passt.

FAHRWERK

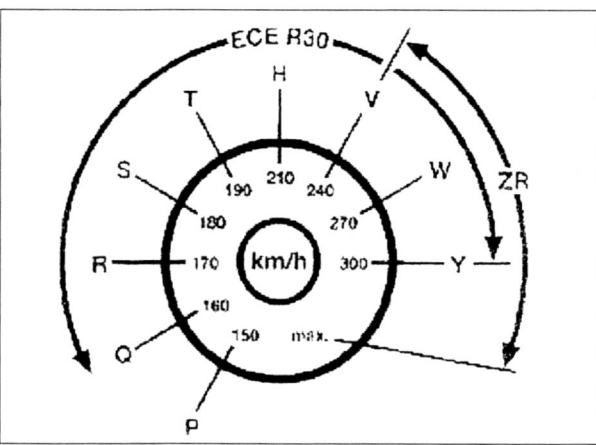

Entschlüsselt die Großbuchstaben auf der Reifenflanke: Der ECE-R 30 »Indextacho«. Demnach steht P für Geschwindigkeiten bis 150 km/h; Q bis 160 km/h; R bis 170 km/h; S bis 180 km/h; T bis 190 km/h; H bis 210 km/h; V bis 240 km/h; W bis 270 km/h; Y bis 300 km/h. »ZR-Reifen« entsprechen nicht der ECE-R 30 Norm.

Verrät das Reifenalter – die DOT-Nummer

Das tatsächliche Herstellungsdatum verrät Ihnen die "DOT-Nummer« auf der Reifenflanke: Seit 1990 steht übrigens hinter dieser Zahl ein kleines Dreieck. Lautet die »DOT-Nummer« beispielsweise 1502, wurde der Reifen in der 15. Woche des Jahres 2002 produziert. Neureifen mit Produktionsdatum ab 01. Oktober 1998 müssen eine ECE-Prüfnummer auf ihrer Reifenflanke tragen. Das macht Sinn, denn die Prüfnummer garantiert Ihnen ein typgeprüftes Bauteil, entsprechend dem Qualitätsstandard der Economic Commission of Europe (ECE-R 30), zu fahren. Sollten auf Ihrem Auto Reifen mit DOT-Nummer größer als 408 – jedoch ohne ECE-Prüfnummer – montiert sein, fahren Sie übrigens ohne Allgemeine Betriebserlaubnis.

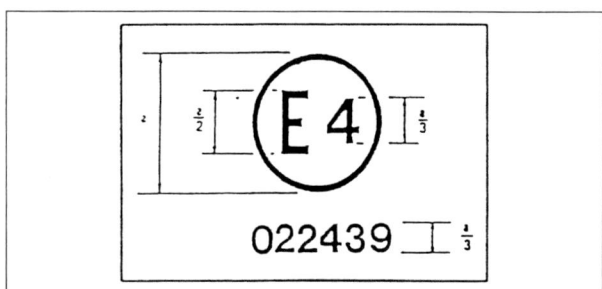

Verwirrend für Laien: ECE Prüfnummer auf der Reifenflanke. Das große »E« steht für den Produktionsort Europa und die Nummer dahinter signalisiert das Herkunftsland. In diesem Beispiel kommt der Reifen aus den Niederlanden »4«, deutsche Pneus verrät eine »1« auf der Reifenflanke.

Winterreifen – Profis bei Wind und Wetter

Bereits auf herbstlichen Straßen sind Winterreifen unangefochten erste Wahl – und bei Schnee und Eis sind die schwarzen Rundlinge ohnehin unschlagbar. Warum eigentlich?

Winterpneus sind nicht schwärzer und runder als ihre Sommerkollegen, doch die Laufflächen moderner Winterreifen bestehen aus einer speziellen Gummirezeptur. Naturkautschuk und Silikat sind hier in besonderer Konzentration miteinander vermischt und extrem filigran profiliert. Diese besondere Kombination baut auf feuchten, glitschigen Straßen und bei Temperaturen unter 7°C eine bessere Haftfähigkeit als herkömmliche Sommerreifen auf.

Grundvoraussetzung dafür, dass Winterreifen die Antriebs- und Bremskräfte sicher auf die Straße übertragen, ist jedoch eine Mindestprofiltiefe von vier Millimetern – weniger Profil ist nicht erlaubt und disqualifiziert den Pneu als »Winterprofi«. Bestücken Sie in jedem Fall alle vier Räder mit Winterreifen – eine Kombination von Sommer- und Winterreifen kann sich in Gefahrensituationen gefährlich rächen.

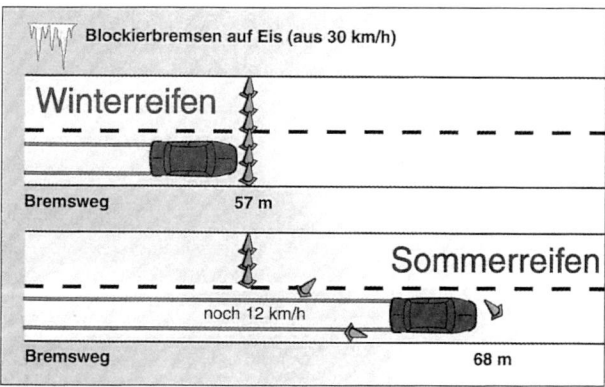

Bremsvergleich Sommer- und Winterreifen ohne ABS.

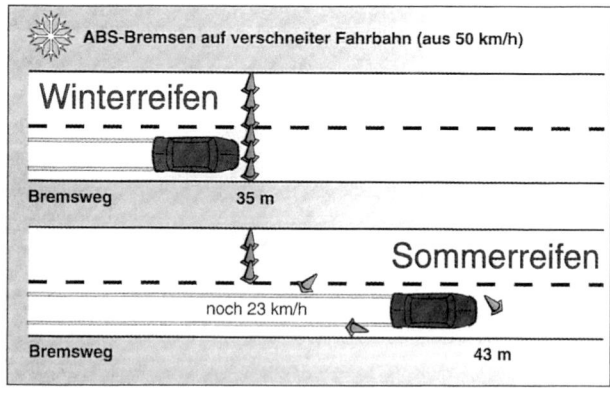

Bremsvergleich Sommer- und Winterreifen mit ABS.

Besser auf »eigene« Felgen montieren – Winterreifen

Ein guter Winterreifen muss nicht breit sein: Das kleinste freigegebene Reifenformat reicht Ihrem Fiesta allemal, um Sie auf winterlichen Straßen mobil zu halten. Außerdem sind Standardreifen preisgünstiger als üppige Breitreifen: Investieren Sie die »clever« gesparten Euro besser in einen zweiten Satz passender Felgen – das ständige Ummontieren von Sommer- auf Winterreifen macht die Reifen nicht besser und kommt Sie auf Dauer ohnehin viel teurer als ein zweiter Satz Felgen.

Die Räder müssen übrigens nach jeder Montage neu ausgewuchtet werden. Fahren Sie Winterreifen mit 0,2 bar höherem Luftdruck als Sommerreifen. Liegt die zulässige Höchstgeschwindigkeit Ihrer Winterpneus unter der des Autos, ist hierzulande ein Warnaufkleber im Sichtbereich des Armaturenbretts vorgeschrieben. Ihr Reifenhändler hat entsprechende Aufkleber vorrätig. Übrigens, servicefreundliche Reifenhändler oder Fachwerkstätten lagern Ihre Reifen bis zum nächsten Wechsel auch gegen eine geringe Gebühr fachgerecht ein.

Praxistipp: Das schont die Reifen

- Fahren Sie niemals schneller als es Ihre Reifen zulassen. Das gilt vor allem für M+S-Reifen der Kategorie »Q« (160 km/h). Zu hohe Tempi bewirken mehr Abrieb, im schlimmsten Fall sogar den Reifenkollaps.
- Vermeiden Sie Höchstgeschwindigkeit mit schwer beladenem Auto. Machen Sie die Wärmeprobe: Ist der Reifen handwarm, steht es gut um ihn. Ein heißer Pneu birgt Gefahren: Meistens ist der Luftdruck zu gering oder der Unterbau beschädigt. Trauen Sie solchen Reifen niemals über den Weg – zumindest so lange nicht, bis ein Reifenfachmann die Karkasse auf mögliche Schäden geprüft hat.
- Wenn Sie häufiger zügig auf der Autobahn unterwegs sein müssen: Montieren Sie Reifen, deren Geschwindigkeitsindex eine Klasse höher ist als im Fahrzeugschein verlangt (zum Beispiel »T« statt »S«).
- Achten Sie darauf, dass Sie beim Einparken mit der Reifenflanke nicht den Bordstein »rempeln«. Rollen Sie über Bordsteine und Schwellen grundsätzlich nur langsam und im rechten Winkel.
- Erhöhen Sie generell den Luftdruck Ihrer Reifen um 0,3 bar – das spart Kraftstoff und schadet dem Reifen nicht.

Praxistipp: Räder richtig tauschen

Wenn Sie beim ersten Reifenwechsel Ihr neuwertiges Ersatzrad einbeziehen, sparen Sie »bares« Geld. Vorausgesetzt: Das Fabrikat ist mit dem gleichen Profil noch lieferbar. In diesem Fall kaufen Sie einen Reifen dazu und haben eine Achse neu bereift. Die Laufleistung Ihrer Reifen können Sie übrigens auch erhöhen: Tauschen Sie regelmäßig die Räder einer Fahrzeugseite, also nicht über Kreuz, gegeneinander aus. Ihre Reifen nutzen so gleichmäßiger ab und Sie haben beim nächsten Neukauf Ihr Auto dann mit vier »frischen« Reifen besohlt. Ein Nachteil dieser Methode: Beim Wechsel in kurzen Kilometerabständen können Sie mögliche Fehler an der Radaufhängung, Lenkung und den Stoßdämpfern nicht mehr deutlich am Reifenprofil erkennen. Achten Sie beim Reifentausch generell darauf, dass die Achsen paarweise mit Reifen des gleichen Fabrikats, des gleichen Profils und mit gleichem Produktionsdatum (+/-1 Jahr) bestückt sind.

Untauglich für den kommenden Winter: Winterreifen mit mehr als vier Wintern oder weniger als vier Millimetern Reifenprofil auf den »Sohlen«. Machen Sie nach jeder Saison den Euro-Test – sobald Sie den Goldrand an der Profiloberkante erkennen können, fahren Sie das Restprofil getrost im Frühjahr ab.

FAHRWERK

An kalten Reifen prüfen – Reifendruck

Den Luftdruck sollten Sie stets an möglichst kühlen Reifen prüfen – also bevor Sie auf »Tour« gehen. Denn während der Fahrt erwärmt sich der Reifen. Folge: Sie erhalten ungenaue Werte, denn der Druck steigt mit der Temperatur – erfahrungsgemäß würden Sie dann meistens mit zu geringem Reifendruck fahren.

Checken Sie den Reifendruck regelmäßig alle drei bis vier Wochen. Den vorschriftsmäßigen Druck lesen Sie von der Klebefolie an der Innenseite der Tankklappe ab. Ein Druckverlust von 1,5 Prozent im Monat ist übrigens noch völlig normal, sollten Ihre Pneus mehr Luft lassen, gehen Sie der Sache akribisch auf den Grund: Oftmals »gärt« es dann schon unter der Oberfläche.

Häufigster Grund für Reifenplatzer: Zu geringer Luftdruck. Unter Belastung wird die Karkasse dann zu heiß und löst sich – ohne Vorankündigung – in ihre Bestandteile auf.

Nicht vergessen – Ventilschutzkappen aufschrauben

Nach dem Luftcheck vergessen Sie bitte nicht die Schutzkappen auf den Reifenventilen. Falls doch, hat's mit der relativen Dichtheit ein Ende. Denn wenn erst einmal Schmutz ins Ventil gelangt, verliert der Reifen ständig Luft. Sie potenzieren damit die Gefahr eines Reifenplatzers, »todsicher« – früher oder später. Ein höherer Luftdruck (etwa 0,2 – 0,3 bar) kann dagegen durchaus vorteilhaft sein: Die Lenkung arbeitet feinfühliger, die Reifen halten länger und der Kraftstoffverbrauch sinkt geringfügig. Nachteil: Der Wagen rollt etwas straffer ab.

Rad wechseln

Arbeitsschritte

① Ziehen Sie zunächst die Handbremse an und legen den ersten oder den Rückwärtsgang ein. Auf öffentlichen Straßen müssen Sie laut StVZO auch den Warnblinker einschalten und ein Warndreieck hinter dem Auto aufstellen.

② Rollt Ihr Fiesta auf Stahlfelgen, ziehen Sie jetzt die Radzierblende mit der Rückseite des Radschraubenschlüssels ab. Den Schraubendreher setzen Sie als Hebel zwischen Felge und Blende an, die Klammer bugsieren Sie in die Aussparungen am äußeren Blendenwulst.

Luftdruckwerte bei kalten Reifen (bar)

Motor	Reifengröße*	Normalbelastung bis 3 Personen		Volle Belastung über 3 Personen	
		vorne	hinten	vorne	hinten
1,3l Duratec 8V	175/65 R14	2,1	1,8	2,5	2,8
	195/50 R15	2,0**	1,9**	2,5	2,8
	195/45 R16	2,1**	2,0**	2,3**	2,4***
1,4l Duratec 16V	175/65 R14	2,1	1,8	2,5	2,8
	195/50 R15	2,0**	1,9**	2,5	2,8
	195/45 R16	2,1**	2,0**	2,3**	2,4***
1,6l Duratec 16V	175/65 R14	2,1	1,8	2,5	2,8
	195/50 R15	2,0**	1,9**	2,5	2,8
	195/45 R16	2,1**	2,0**	2,3**	2,4***
1,4l Duratorq TDCi	175/65 R14	2,1	1,8	2,5	2,8
	195/50 R15	2,0**	1,9**	2,5	2,8
	195/45 R16	2,1**	2,0**	2,3**	2,4***

*Sommerreifen; ** Bei Dauergeschwindigkeiten oberhalb 160 km/h erhöhen Sie den Luftdruck um jeweils 0,2 bar (0,4 bar)***.

REIFENZUSTAND CHECKEN

③ Lösen Sie die Radmuttern um eine Umdrehung und ...

④ ... heben dann den Wagen an. Den Wagenheber setzen Sie bitte nur in den vorgesehenen Bereichen ❶ des Seitenschwellers an. Positionieren Sie dazu den Wagenheberkopf so in den Falz (Pfeil) des Seitenschwellers, dass beide Profile passgenau ineinander greifen. Drehen Sie zunächst den Heber an der Spindelstange per Hand auf die richtige Grundhöhe und setzen erst dann die Kurbelstange in der Öse an, wenn sich der Wagen aus den Federn zu heben beginnt. Achten Sie darauf, dass der Wagenheberfuß jetzt senkrecht unter dem Schweller und satt auf dem Untergrund steht.

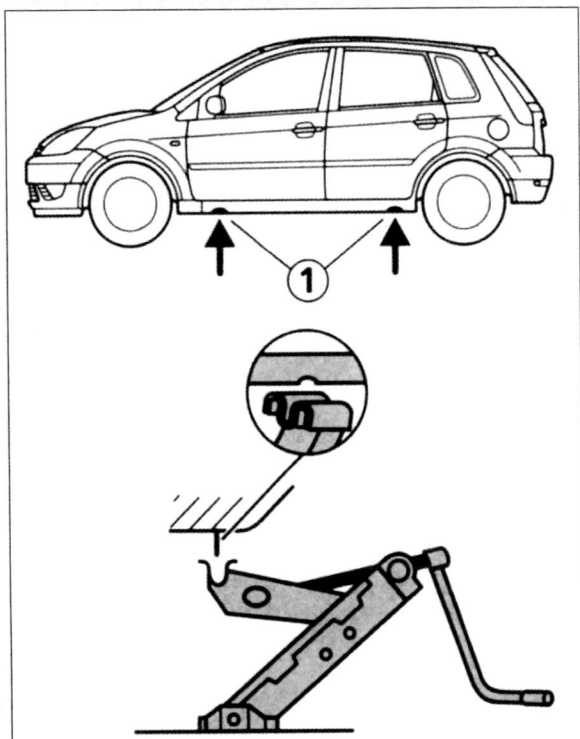

Möglichst passgenau und senkrecht unter dem Seitenschweller ansetzen – Wagenheberfußkante.

⑤ Erst wenn Ihr Auto »stabil« auf drei Rädern steht, drehen Sie die Radmuttern los, ...

⑥ ... nehmen das Rad ab und setzen unverzüglich das neue Rad provisorisch auf die Nabe.

⑦ Richten Sie das Rad so an der Nabe aus, dass die Radbolzenöffnungen mit den Radbolzen in der Radnabe übereinstimmen.

⑧ Drehen Sie dann die Radmuttern auf und ziehen sie handfest vor.

⑨ Lassen Sie den Wagen ab und ziehen die Radmuttern fest. Spätestens jetzt drängt sich ein Radkreuzschlüssel auf, damit können Sie nämlich die Muttern gefühlvoller anziehen. Das Anzugsdrehmoment soll 85 Nm übrigens nicht übersteigen: »Knallen« Sie die Muttern also nicht mit einem verlängerten Radschlüssel an, sondern ziehen sie gefühlvoll mit einem Radkreuzschlüssel fest.

⑩ Wenn Sie nun die Radabdeckung ansetzen, achten Sie darauf, dass die Ventilöffnung dem Ventil Platz lässt.

⑪ Ziehen Sie die Radmuttern nach ca. 10 Kilometern kurz nach.

Reifenzustand checken

Die Vorderräder treiben Ihren Fiesta an, halten ihn auf Kurs und bauen den größten Teil der Seitenführungskräfte auf. Bei jedem Bremsvorgang übertragen sie zusätzlich noch etwa 70 Prozent der Verzögerungskraft auf die Straße. Ihr Job ist stressiger als der der Hinterreifen, dementsprechend verschleißen sie schneller. »Gönnen« Sie allen Reifen einen kritischen Blick – am besten bei aufgebocktem Wagen und regelmäßig.

① Drehen Sie jedes Rad einmal komplett durch und reinigen im gleichen »Aufwasch« die Lauffläche von Steinchen und anderen Fremdkörpern. Entdecken Sie in der Lauffläche eine Glasscherbe oder einen Nagel, kann die Karkasse bereits beschädigt sein. Lassen Sie den Reifen dann auf jeden Fall von einem Fachmann untersuchen – auch wenn ihm die »Luft« noch nicht ausgeht.

② Achten Sie auf Beschädigungen wie Einstiche, Schnitte, Risse und herausgebrochene Profilstücke. Ein verletzter Gummi lässt Feuchtigkeit ins Reifeninnere. Mit dem bloßen Auge können Sie das mitunter nicht erkennen. Lassen Sie den Reifen zur Sicherheit von einem Fachmann »durchleuchten«. Das gilt übrigens auch bei auffälligem Reifenabrieb.

③ Das Reifenprofil muss bei Sommerreifen über die gesamte Lauffläche mindestens zwei Millimeter betragen. Sie können sich da nicht irren: Die Restprofilstärke lesen Sie, über die Lauffläche verteilt, gleich an mehreren Stellen ab. Überall dort, wo Sie auf der Reifenflanke die Buchstaben

FAHRWERK

»twi« (tread wear indicator) entdecken, haben die Profilrillen quer verlaufende Profilstege – sie sind exakt 1,6 Millimeter hoch. Sollten die Querstege also bereits »eins« mit der Lauffläche sein, erneuern Sie die Reifen sofort. Nicht nur, weil der Gesetzgeber es verlangt, sondern weil das Fahrverhalten mit abnehmendem Profil zunehmend schlechter wird – vornehmlich auf nasser Fahrbahn. Tauschen Sie Sommerreifen besser bereits bei 2,5 Millimeter Restprofil gegen neue Pneus aus. Winterreifen verlieren bereits bei rund 4,5 Millimeter ihren Grip auf rutschigem Untergrund.

④ Checken Sie, ob die Reifen über die gesamte Lauffläche gleichmäßig verschleißen.

⑤ Vergessen Sie auch die Reifenflanken nicht: Beulen sind ein untrügliches Indiz für beschädigte Karkassen.

Einseitig abgefahren: Folgeschaden bei verstellter Achsgeometrie.

- **Profilmitte stärker als Außenseiten abgenutzt:** Entsteht bei häufigem Fahren mit Höchstgeschwindigkeit. Die Reifen »bauchen« durch die Fliehkraft aus und nutzen daher in der Mitte stärker als an den Flanken ab. Besonders deutlich an den Hinterrädern zu beobachten.

Karkassenbruch: Häufig nur auf der Innenseite sichtbar.

Profilmitte verschlissen: Folge häufiger Fahrten im Höchstgeschwindigkeitsbereich und viel zu hohen Luftdrucks.

Was das Reifenlaufbild verrät — Techniklexikon

- **Außenseite abgefahren** (Vorderreifen): Zügiges Kurvenfahren. Vorspur überprüfen, Reifen in Laufrichtung auf den Felgen drehen lassen oder gegen Hinterräder austauschen.

- **Außenseiten stärker abgefahren als Profilmitte:** Zu geringer Luftdruck.

- **Schräges Profil:** Falsche Radeinstellung – überwiegend dann der Fall, wenn nur ein Reifen einseitig abgefahren ist.

- **Gleichmäßige Auswaschungen über die gesamte Lauffläche:** Vermutlich Stoßdämpfer defekt (Reifen »tanzt« auf der Fahrbahn).

- **Auswaschungen an beiden Reifenflanken** (über den Umfang verteilt): Untrüglicher Hinweis auf Unwucht. Räder auswuchten lassen.

- **Lauffläche an einer Stelle stark abgenutzt:** Bremsplatte. Tritt bei Blockierbremsung nur an Autos ohne ABS auf.

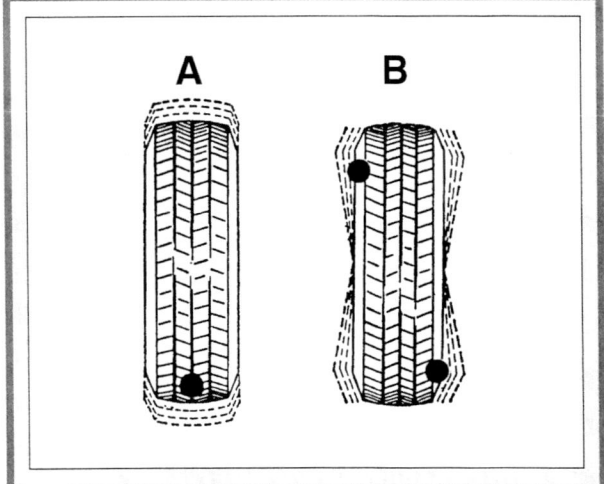

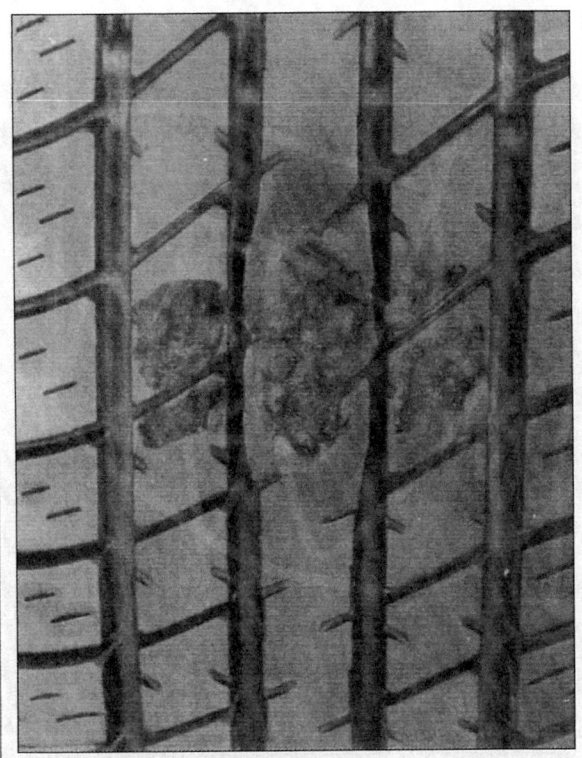

Bremsplatten: Mit ABS unmöglich.

Radunwucht verursacht Vibrationen am Lenkrad oder Schüttelbewegungen im Vorderwagen. Grund: Die ungleichmäßigen Massenverhältnisse an den Rädern. Unwuchtig laufende Reifen verschleißen schneller. Suchen Sie also schnellstens eine Fachwerkstatt auf und lassen die Räder Ihres Fiesta auswuchten.

Statische Unwucht A: Zeigt sich bereits, wenn das Rad am hochgebockten Wagen frei auspendeln kann: Der Schwerpunkt wird ganz von selbst nach unten »wandern«. Ein Rad mit einer statischen Unwucht hüpft beim Fahren, die Stoßdämpfer verschleißen schneller.

Dynamische Unwucht B: Kommt erst bei höheren Geschwindigkeiten zum Tragen. Die »übergewichtige« Stelle sitzt nicht in der Mittelebene des Rads, sondern etwas nach außen bzw. innen versetzt. Das Rad flattert und wackelt bei schneller Fahrt.

So lagern Sie Reifen richtig — Praxistipp

Nach dem »Reifentausch« brauchen die pausierenden Pneus einen guten Lagerplatz. Dazu eignet sich am besten ein trockener, kühler und dunkler Raum. Halten Sie Benzin, Öl, Fett und andere Chemikalien von den Reifen fern – denn auf Dauer zerstört das die Gummimischung.

- Markieren Sie zunächst Laufrichtung und Position der Reifen mit Ölkreide aus dem Verbandkasten (VR = vorne rechts, VL = vorne links, HR = hinten rechts, HL = hinten links).

- Nehmen Sie die Reifen ab, reinigen sie mit Waschwasser und einem guten »Schuss« Geschirrspülmittel. Trocknen Sie geputzten Reifen gut ab und vergessen auch nicht, ihre Profilrillen von sämtlichen Fremdkörpern zu »befreien«.

- Komplette Räder »parken« Sie liegend übereinander – am besten auf einer Holzpalette.

- Reifen ohne Felgen stellen Sie einfach nebeneinander auf. Drehen Sie die Pneus von Zeit zu Zeit.

DIE BREMSANLAGE

So »stoppt« Ihr Fiesta: An den Vorderrädern nehmen Faustsättel innenbelüftete Bremsscheiben in die Zange, die Hinterräder bremsen Trommelbremsen ein. Wie das Foto eindeutig belegt: Physikalisch ist Bremsen nichts anderes, als kinetische Energie in Wärme zu verwandeln. Bei Bergabfahrten oder in anderen Extremsituationen, etwa mit Caravan am Haken, kann es den Akteuren auch in der Praxis so heiß werden, dass die Funken – wie hier auf dem Messstand – fliegen.

Wartung

Bremsflüssigkeitsstand prüfen 199
Bremsanlage prüfen 199
Bremskraftverstärker prüfen 200
Bremsen prüfen 200
Scheibenbremsbelagverschleiß messen . . . 201
Bremsscheibenverschleiß kontrollieren 201
Bremstrommeln checken 202
Trommelbremsbeläge messen 202

Reparatur

Bremsanlage entlüften 202
Bremsflüssigkeit wechseln 203
Hauptbremszylinder aus- und einbauen . . . 203
Vorratsbehälter vom Hauptbremszylinder aus- und einbauen 205
Bremskraftverstärker aus- und einbauen . . 205
Bremsschläuche aus- und einbauen 206
Scheibenbremsbeläge tauschen 207
Bremsscheiben erneuern 208
Bremssattel gangbar machen 209
Staubmanschette wechseln 209
Bremstrommeln aus- und einbauen 210
Bremsbacken wechseln 210
Radbremszylinder demontieren 212
Handbremsseile wechseln 213
Handbremse einstellen (Grundeinstellung) . 214

ELEKTRONISCHE BREMSKOMPONENTEN

Die Straßenverkehrs-Zulassungsordnung (StVZO) schreibt zwei unabhängig voneinander wirkende Bremssysteme (Fuß- und Feststellbremse) vor. Hintergrund: Fällt ein Bremssystem aus, verzögert das andere immer noch mit verminderter Leistung. Die Betriebsbremse Ihres Fiesta ist zudem auch diagonal »geteilt« – ein Bremskreis wirkt jeweils auf ein Vorder- und das gegenüberliegende Hinterrad. Vorteil: Bei Ausfall eines Bremskreises sind die beiden Räder des anderen Kreises weiterhin bremsfähig – natürlich hat Ihr beherzter Tritt auf »den Anker« nur noch die halbe Wirkung. Doch immerhin – die Chance Ihren Fiesta abzubremsen, um den »worst case« zu vermeiden, ist relativ groß. Übrigens, nicht nur der etwa doppelt so lange Bremsweg indiziert Ihnen einen defekten Bremskreis, auch das Bremspedal »fällt« beim Bremsen doppelt so tief in den Fußraum. Und wenn Sie das alles ignorieren, signalisiert Ihnen noch im Instrumententräger die »brennende« Bremskontrollleuchte – Gefahr in Verzug!

Im Überblick – das Antiblockierbremssystem (ABS), die elektronische Bremskraftverteilung (EBD), das elektronische Stabilitätsprogramm (ESP) im Fiesta 1,6

ABS steigert die aktive Fahrsicherheit, **EBD** (elektronische Bremskraftverteilung – **E**lectronic **B**rake **D**istribution) ersetzt den mechanischen Bremskraftregler im Fiesta. Die ABS-Funktion sichert volle Lenkfähigkeit auch bei Vollbremsungen. Als weiteres aktives Sicherheitselement setzt sich EBD in modernen Bremskonfigurationen immer weiter durch. EBD-Chips steigern die Bremsstabilität. Sie berücksichtigen automatisch den Beladungszustand (Gewichtsverteilung) und werden zu jedem Bremsvorgang bereits vor dem ABS aktiv.

Das im Fiesta gewichtsoptimierte Vierkanal-Antiblockier-Bremssystem arbeitet mit einer elektronischen und einer hydraulischen Regeleinheit. Beide Systeme sind in einem gemeinsamen Aluminiumgehäuse untergebracht. Das ABS nutzt, um die Raddrehzahlen genau zu erfassen, einen Sensor pro Rad: EBD und ESP nutzen die gleichen Signale. An der Hinterachse funktioniert das parallel: »Vorbild« ist jeweils das Rad welches als Erstes die Blockiergrenze erreicht. Bei Systemfehlern werden ABS, EBD und ESP ausgeschaltet – die Bremse funktioniert dann wie ein herkömmliches Bremssystem ohne elektronische Hilfestellung. Systemstörungen erkennen Sie unmittelbar an der ABS-Warnleuchte im Armaturenbrett: Sie erlischt nicht mehr nach dem obligatorischen »Selbsttest«, sondern schaltet auf »Dauerstrom«. Das Fiesta ABS ist voll diagnosefähig, Fehlercodes »archiviert« ein permanenter Speicher auf Abruf. Bislang bestückt Ford ausschließlich den Fiesta 1,6 l optional mit ESP – alle anderen Modelle sind dem »Popometer« des Fahrers ausgeliefert.

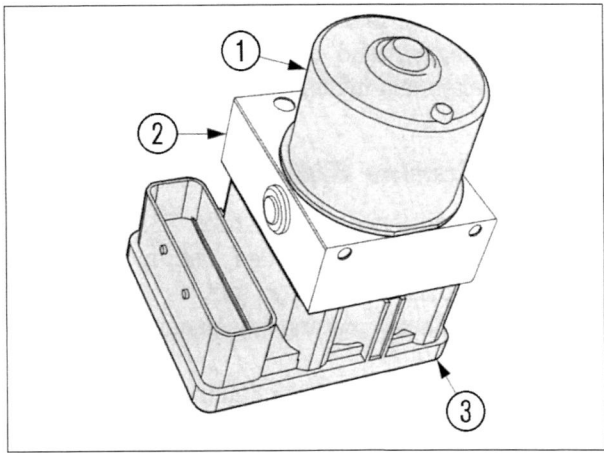

Kompakt, leicht und leistungsstark: Das Vierkanal ABS-Steuergerät des Fiesta. Es reguliert unter anderem auch die Bremskraft zwischen Vorder- und Hinterachse (EBD). Vor jedem Start findet ein Systemcheck statt: Bei negativem Befund erlischt die Warnlampe im Cockpit automatisch, positive Ergebnisse quittiert das Licht mit Dauerstrom. ❶ *Rückförderpumpe;* ❷ *Hydraulikblock;* ❸ *elektronische Steuereinheit.*

Wertet Raddrehzahlsignale aus – ABS-Steuergerät

Das ABS-Steuergerät überwacht alle elektrischen Komponenten und speichert Fehlerdaten. Bei eingeschalteter Zündung initiiert es vor jedem Fahrtbeginn einen System-Selbsttest. Selbstverständlich stehen die elektrischen ABS-Komponenten auch während des Fahrbetriebs kontinuierlich unter Aufsicht der »Bremsenleitzentrale«. Das funktioniert über Polaritätschecks sowie mit Durchgangsprüfungen der einzelnen Stromkreise. Gleichfalls sind auch sämtliche Magnetventile regelmäßig beaufsichtigt: Das Steuergerät hält sie dazu mit ständigen Prüfimpulsen wach. Eventuelle Störungen sammelt ein elektronischer Speicher, den Ihr Ford Händler »zielgenau« mit seinem Systemtester ausliest. Der erforderliche Diagnoseanschluss liegt unterhalb der Lenksäule.

BREMSANLAGE

Begrenzt den Hinterradschlupf – EBD

EBD-Sensoren machen herkömmliche Bremskraftregler überflüssig. Das System begrenzt bereits Millisekunden vor dem ABS-Einsatz den Hinterradschlupf. Dazu vergleichen Sensoren ständig die Schlupfdifferenzen zwischen den Vorder- und Hinterrädern, um daraus dann die maximal zulässige Bremskraft für die Hinterhand zu dosieren. EBD arbeitet gewöhnlich im »Untergrund«, die Elektronik realisiert – unabhängig vom Beladungszustand des Fahrzeugs – optimales Bremsverhalten und minimale Bremswege.

Bremst einzelne Räder gezielt ab – ESP

Als interaktives System unterstützt ESP (**E**lektronisches-**S**tabilitäts-**P**rogramm) den Fahrer in gefährlichen Situationen. Allerdings gibt es die »elektronischen Chauffeure« bislang nur gegen Aufpreis im Fiesta 1,6 l.

ESP reduziert mit progressiver Kennung die Motorleistung und gleichzeitig einzelne Räder gezielt ab. Die Fahrwerkselektronik »provoziert« ein Giermoment, welches den Wagen in Extremsituationen automatisch stabilisiert und auf Kurs hält. ESP arbeitet mit einem »aktiven« Bremskraftverstärker völlig autonom und zuverlässig. Ein »echter« Sicherheitsgewinn resultiert aus dem Elektronischen-Stabilitäts-Programm freilich nur innerhalb der fahrphysikalischen Grenzen: Sobald »kopflose« Chauffeure darüber hinaus gehen, stehen alle ESP-Helfer auf verlorenem Posten. Der »Abflug in die Botanik« wird dann unausweichlich – mit und ohne ESP! Fazit: ESP ist zwar ein »echter« Sicherheitsgewinn, eine »ab Werk montierte Lebensversicherung« ist ESP jedoch keinesfalls.

So bremst der Fiesta – alle Modelle mit ABS und EBD

Das Bremslayout aller Fiesta-Modelle folgt dem gleichen Schema: Die Vorderräder verzögern mit innenbelüfteten Bremsscheiben, die Hinteräder stoppen Trommelbremsen. Ihrem Bremsfuß assistiert unisono ein neun Zoll großer Bremskraftverstärker, er vermittelt schon mit geringen Fußkräften ein »gutes Pedalgefühl«. Die vorderen Bremsscheiben sind im Durchmesser 258 Millimeter groß und durch die Bank 22 Millimeter stark. Die Bremstrommeln messen 203 Millimeter, an ihre Bremsflächen legen sich jeweils zwei 36 Millimeter breite Bremsbacken an.

Fahrer der 1,6l-Variante nutzen gegen Aufpreis die Entschlossenheit eines **E**lektronischen-**B**rems-**A**ssistenten (EBA). Er nimmt die Bremsscheiben auch ohne »derbe Fußtritte« aufs Bremspedal schon richtig in die Zange. EBA interpretiert nämlich ab einer fest programmierten Pedalkraft (Panikbremsvorgang) und »Trittgeschwindigkeit« Ihre Bremsabsicht und steigert den Bremsdruck dann nicht mehr linear, sondern progressiv. Das verkürzt den Anhalteweg, egal ob Sie fest genug oder zu lasch auf dem Pedal »stehen« – mitunter gerade um die »teuren und gefährlichen letzten Zentimeter«.

ABS, kombiniert mit EBD, gehört zum Bremsenstandard eines jeden Fiesta. EBD nutzt, um die Raddrehzahlen zu erkennen, die vorhandene ABS-Sensorik. Während des Bremsvorgangs wird den EBD beaufsichtigten Hinterrädern immer nur soviel Bremsdruck »zugemutet«, dass sie, kurz vor der Blockiergrenze, stets mit maximaler Verzögerungskraft bremsen. Das System berücksichtigt automatisch den jeweiligen Beladungszustand, es verkürzt den Bremsweg auch außerhalb des ABS-Regelbereichs. Das Fiesta-ABS (MK 60) entspricht mit bis zu zwanzig Regelintervallen pro Sekunde dem neuesten Stand der Technik. Es gewährleistet, bei uneingeschränkter Lenkbarkeit, die maximale Verzögerung und bildet die Basis für ESP.

Selbstnachstellend – die Bremsbeläge

Scheiben- und Trommelbremsbeläge sind im Fiesta selbstnachstellend – an der Vorderachse »regelt« das der serienmäßige Taumelschlag in den Bremsscheiben und die »Spannkraft« der Bremsmanschetten in den Bremszangen. Damit sich auch die hinteren Bremsbacken nicht unnötig an den Bremstrommeln reiben oder auf zu große Distanz gehen, justiert eine automatische Nachstellmechanik das Spiel zwischen den Akteuren. Die per Seilzug auf die Hinterräder wirkende Handbremse verlangt wenig Kraftaufwand, ihren Hebelweg korrigieren Sie im Innenraum unterhalb der Manschette direkt am Handbremshebel.

Auf einen Blick – Bremsenknigge

Zweikreisbremsanlage (überwiegend diagonal geteilt): Jeweils ein Bremskreis verbindet ein Vorderrad und das gegenüberliegende Hinterrad.

BREMSBEGRIFFE

Hauptbremszylinder (HBZ): Wandelt den mechanischen Weg des Bremspedals in hydraulische Kraft. Bei gelöster Bremse bricht die hydraulische Kraft (Systemdruck) schlagartig zusammen.

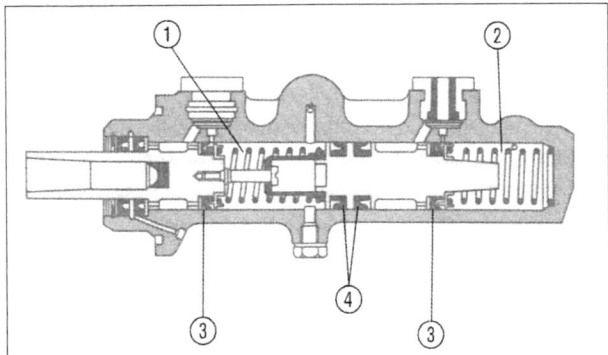

Jobsharing: In einem Tandem-HBZ wirken zwei Bremskolben. ❶ *Druckstangenbremskreis,* ❷ *»schwimmender« Hauptbremskreis,* ❸ *Primärmanschetten,* ❹ *Trennmanschetten.*

Bremskraftverstärker (Bremsservo): Sitzt im Motorraum vor dem Hauptbremszylinder. Verstärkt die mechanischen Pedalkräfte bei jedem Bremsvorgang um rund 60 Prozent. In Fahrzeugen mit elektronischem Stabilitätsprogramm ESP »jobbt« ein aktiver Bremskraftverstärker. Sobald ESP wirksam wird, aktiviert es ein Magnetventil im Bremskraftverstärker. Dadurch baut sich an der Rückseite der Membrane, auch ohne Betätigung des Bremspedals, ein Druck von rund 10 bar auf (aktiver Bremskraftverstärker). Herkömmliche Bremskraftverstärker beziehen »ihr Vakuum« über einen Schlauch direkt aus dem Ansaugrohr (Ottomotoren) oder einer separaten Vakuumpumpe (Diesel).

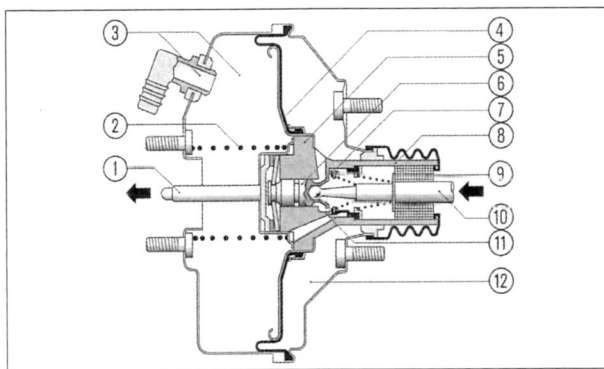

Grundsätzlicher Aufbau eines Zweikammerbremskraftverstärkers. ❶ *Druckstange (zum HBZ),* ❷ *Druckfeder,* ❸ *Unterdruckkammer mit Unterdruckanschluss,* ❹ *Membran mit Membranteller,* ❺ *Arbeitskolben,* ❻ *Füllkolben,* ❼ *Doppelventil,* ❽ *Ventilgehäuse,* ❾ *Luftfilter,* ❿ *Kolbenstange (vom Bremspedal),* ⓫ *Ventilsitz,* ⓬ *Arbeitskammer.*

Während des Bremsvorgangs reagiert eine mit der Kolbenstange des HBZ verbundene Membrane auf den Druckunterschied zwischen dem äußeren Luft- und dem auf der »Membranvorderseite« herrschenden Unterdruck. Die Kolbenstange »wandert« initiiert vom Bremsfuß und bekräftigt vom Bremsservo in den HBZ.

»Saugt« den Bremskraftverstärker auf der Vorderseite »aus«: **Vakuumpumpe an Dieselmotoren.**

Bremssättel (BS): Je nach Ausführung sind Bremssättel fest oder schwimmend gelagert. In festgelagerten Versionen (bis in die siebziger Jahre weit verbreitet) pressen jeweils zwei Bremskolben aus einer starr montierten Bremszange die Bremssegmente an der Vorder- und Rückseite gegen die Bremsscheibe. An modernen Autos kommen jedoch überwiegend schwimmend gelagerte Faustsättel zur Anwendung. Faustsättel in Großserienautos arbeiten überwiegend mit einem Kolben, der, bei jedem Bremsvorgang, die schwimmend gelagerte »Faust« inklusive der beiden Bremssegmente gegen die Scheibe zieht.

BREMSANLAGE

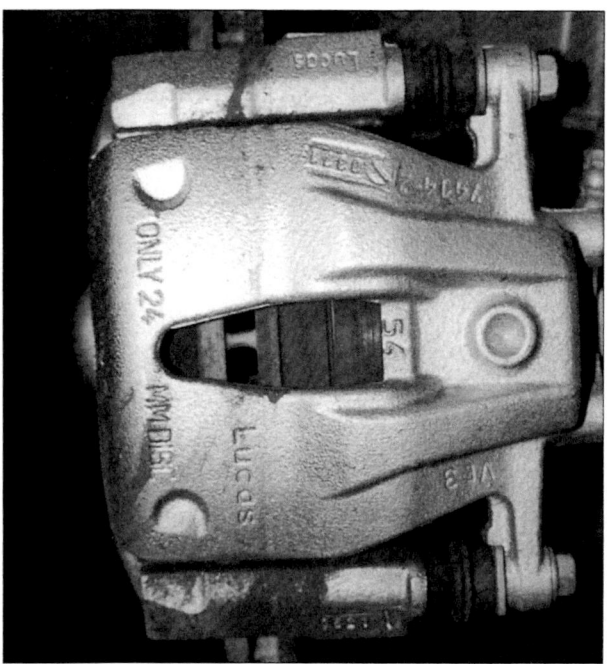

In die Zange genommen: Faustbremssättel »umarmen« schwimmend gelagert die Bremsscheiben.

Radbremszylinder (RBZ): Der Bremsflüssigkeitsdruck kann im RBZ bis zu 120 bar erreichen. Die RBZ-Kolben übertragen den Systemdruck auf flexibel gelagerte Bremsbacken und pressen sie gegen die Bremstrommel (Trommelbremse).

An die Bremstrommel angelegt: Radbremszylinder verschieben die Bremsbacken von innen gegen die Trommel.
❶ *Auflaufbacke (Primärbacke),* ❷ *Nachsteller-Haltefeder,* ❸ *Radbremszylinder,* ❹ *obere Rückzugfeder,* ❺ *Niederhaltefedern,* ❻ *Ablaufbacke (Sekundärbacke),* ❼ *Handbremsseil,* ❽ *untere Rückzugfeder.*

Die Bremsen — Techniklexikon

Vorderachse

Bremsscheibe: Dreht sich synchron mit der Achsnabe und verwandelt während des Bremsvorgangs Reibungsenergie in Wärme.

Bremssattel: Im Fiesta »umkrallen« Faustsättel die Bremsscheiben. Faustsättel sind schwimmend gelagert, sobald ihre Bremskolben (sitzen auf der Innenseite) mit Druck beaufschlagt werden, ziehen sie die Sättel mitsamt Bremssegmenten gegen die Bremsscheiben.

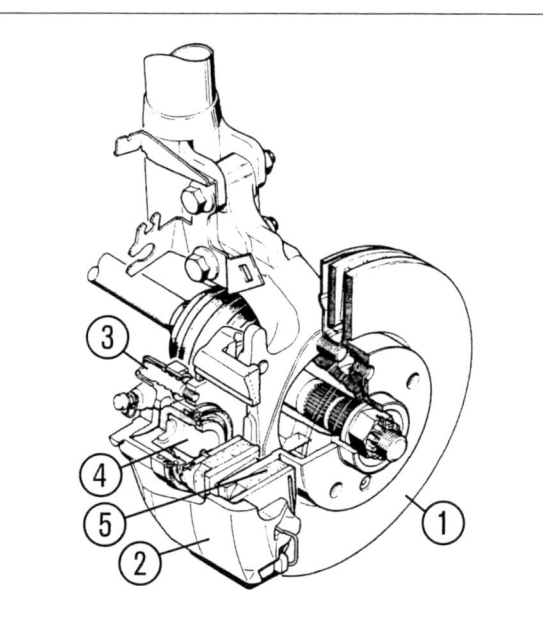

»Umkrallt die Bremsscheibe ❶ wie eine Faust«: *Faustsattel* ❷ *im Schnitt.* Der Sattel »schwimmt« auf den Gleitstiften ❸ und zieht bei jedem Bremsvorgang mit nur einem Bremskolben ❹ das äußere Bremssegment ❺ automatisch gegen die Scheibe. Faustsättel gleichen den Bremsbelagverschleiß automatisch aus.

Hinterachse

Trommelbremse: Die Hinterräder verzögern Trommelbremsen mit je zwei halbkreisförmigen Bremsbacken. Die Belagstärke der vorderen Backe (Auflaufbremsbacke) ist größer als die der hinteren (Ablaufbremsbacke). Beide Bremsbacken presst ein Radbremszylinder mit zwei freigängigen Kolben gegen die Bremstrommeln. Die Backen stabilisieren sich dabei an einem gemeinsamen Stützlager auf der dem Radbremszylinder gegenüberliegenden Seite. Das Lager ist mit der Bremsankerplatte vernietet.

DAS ANTIBLOCKIERBREMSSYSTEM

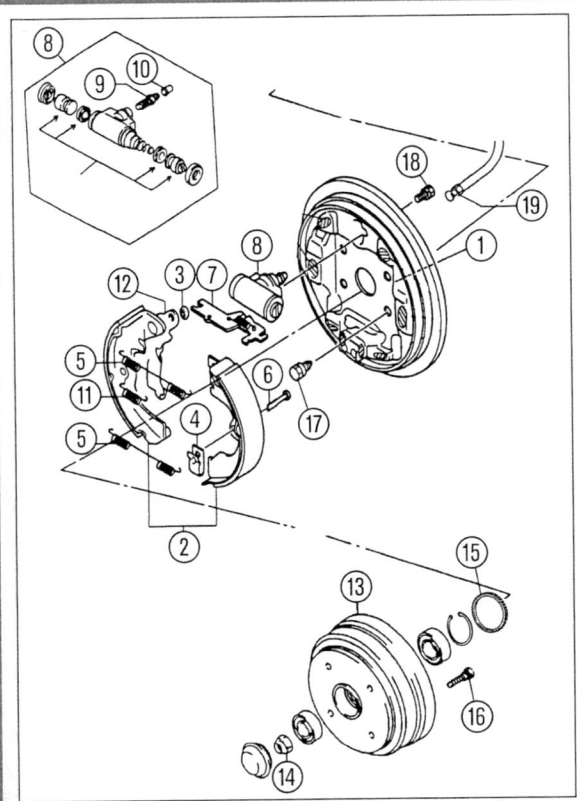

Das Antiblockierbremssystem

ABS-Steuergerät: Verarbeitet ständig die Drehzahlsignale der Radsensoren ❶ und vergleicht sie mit fest programmierten Werten. Signalisieren unterschiedliche Drehzahlfrequenzen drohende Blockiergefahr an einem oder mehreren Rädern, aktiviert das Steuergerät ❷ die Hydraulikeinheit ❸. Folglich wird der Bremsdruck an dem betreffenden Rad solange reduziert, bis es synchron mit den anderen Rädern läuft. Das Wechselspiel erfolgt während des gesamten Bremsvorgangs im Millisekundentakt.

Simplex-Trommelbremse im Detail: ❶ Bremsankerplatte, ❷ Bremsbacken, ❸ Sicherungsbund, ❹ Andruckfeder, ❺ Rückholfeder, ❻ Haltestift, ❼ Spreizhebel, ❽ Radbremszylinder, ❾ Entlüftungsschraube, ❿ Schutzkappe, ⓫ Feder, ⓬ Bremshebel, ⓭ Bremstrommel, ⓮ Achsspindelmutter, ⓯ ABS-Impulsgeberring, ⓰ Radmutterbolzen, ⓱/⓲ Schraube, ⓳ Überwurfmutter.

Unter der Motorhaube: Im montierten Zustand sitzt das ABS-Steuergerät bei allen Fiesta-Modellen links unter der Motorhaube.

Bremsfunktion

Bremspedal treten: Die mechanisch im HBZ »verschobenen« Kolben erzeugen im Bremssystem eine hydraulische Kraft (Systemdruck). Der Druck wirkt auf die Bremssattelkolben ein und presst zunächst die jeweils inneren Bremssegmente (Faustsattel) gegen die Bremsscheiben. Dadurch verschieben sich die gleitgelagerten Bremssättel mitsamt der äußeren Bremssegmente gegen die Bremsscheibe.

Bremspedal lösen: Systemdruck bricht schlagartig zusammen. Die Eigenelastizität der Kolbendichtungen reicht aus, um die Bremssattelkolben mitsamt der inneren Bremssegmente von der Scheibe zu lösen. Der Taumelschlag der Bremsscheiben zeigt nun gleichfalls Wirkung: er löst die »Bremssattelfaust«. Zwischen Bremssegmenten und Scheibe entsteht ein geringfügiges Spaltmaß – die Bremsscheiben drehen frei.

ABS-Hydraulikeinheit: Beinhaltet die elektrisch angetriebene Hydraulikpumpe sowie den Ventilblock mit Magnetventilen. Beim Tritt aufs Bremspedal pressen Kolben im Hauptbremszylinder die Bremsflüssigkeit über den Ventilblock zu den Rädern. Der Ventilblock regelt derweil den Bremsdruck in den Bremsleitungen – sie verbinden jeweils ein Vorderrad mit dem diagonal gegenüberliegenden Hinterrad. Tritt ABS in Funktion, erteilt das Steuergerät den Befehl »Bremsdruck reduzieren«. Die Bremsflüssigkeit fließt direkt vom Ventilblock in den Ausgleichsbehälter zurück. Wird der Bremsdruck wieder angehoben, befördert die Hydraulikpumpe Bremsflüssigkeit aus dem Ausgleichsbehälter direkt in den entsprechenden Bremskreis. Sobald die Pumpe arbeitet, bemerken Sie das übrigens an einem leicht pulsierenden Bremspedal.

BREMSANLAGE

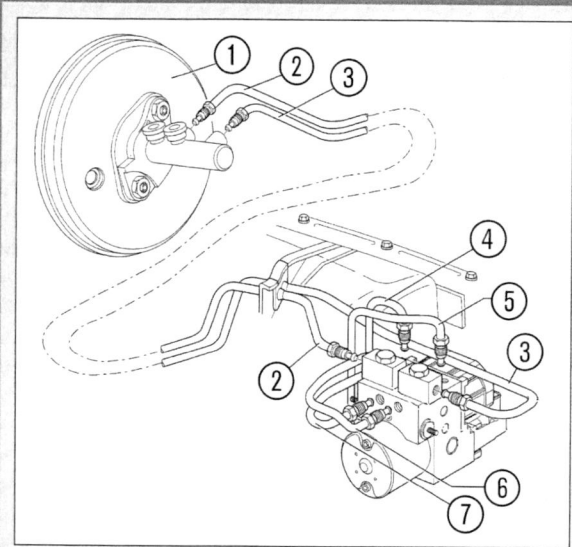

Regelt den Bremsdruck an den Rädern: ABS-Hydraulikeinheit. ❶ *Bremskraftverstärker mit angeflanschtem Tandem-Hauptbremszylinder,* ❷ *und* ❸ *Versorgungsleitungen vom HBZ zur ABS-Hydraulikeinheit,* ❹ *und* ❺ *Bremsleitungen vorderer Bremskreis,* ❻ *und* ❼ *Bremsleitungen hinterer Bremskreis.*

Raddrehzahlsensoren: In geringem Abstand zu einer Zahnscheibe (Impulsrad) fest mit der Radnabe verbunden. Das Impulsrad rotiert mit seinen zahnförmigen Erhebungen je nach Radumdrehung (Geschwindigkeit) schneller oder langsamer am Sensor vorbei. Jeder Zahn des Impulsrads induziert so einen kurzen Spannungsanstieg im Sensor. Es entsteht somit eine Wechselspannung, deren Frequenz analog zur Raddrehzahl variiert. Das Steuergerät leitet daraus die entsprechenden maximal Bremsdrücke für das jeweilige Rad ab.

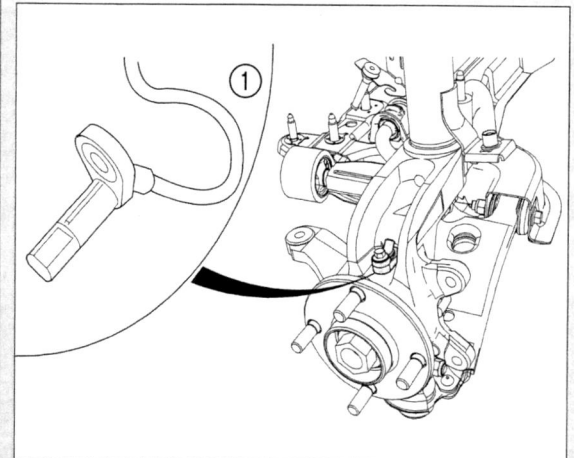

»Zählt« jede Radumdrehung an den Vorderrädern – ABS-Sensor ❶.

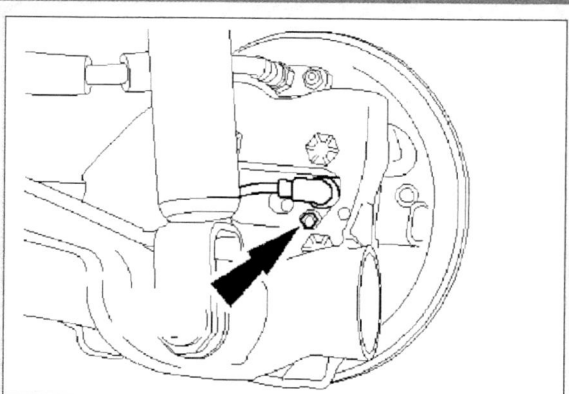

»Arbeitsplatz« auf der Bremsankerplatte – ABS-Hinterradsensor (Pfeil).

ESP-Modul: Das ESP-Modul ergänzt im Fiesta 1,6 l das ABS-Steuergerät um zwei weitere hydraulische Ventile. Mit diesem »Regelzusatz« lassen sich die Hinterräder einzeln verzögern. Um die ESP-Funktion generell zu initialisieren, arbeitet das System mit einem Gierraten-/Beschleunigungssensor, einem Lenkwinkel- und einem Drucksensor.

Gierraten-/Beschleunigungssensor: Im Fiesta 1,6 l ein mikromechanischer Doppelsensor, der die Aufbaugierrate und die Beschleunigung misst. Bei normaler Fahrt sowie bei leichter Beschleunigung oder Verzögerung bleibt der Sensor untätig. Werden die im Steuergerät programmierten Verzögerungs- oder Beschleunigungswerte überschritten, geht ein entsprechendes Signal an das Steuergerät weiter.

Störungen am ABS-Bremssystem: Bei eingeschalteter Zündung leuchtet die Kontrollleuchte des ABS-Bremssystems auf. Sie erlischt spätestens zwei Sekunden nachdem der Motor läuft. Falls nicht, liegt eine Systemstörung vor. Meistens können Sie dennoch weiterfahren – allerdings ohne die elektronischen Bremsassistenten. Suchen Sie also schnellstmöglich einen Ford-Händler zum Systemcheck auf. Ohne modernes Prüfequipment sind Sie als »ABS-Laie« machtlos, zumindest bei tiefer gehenden Reparaturen. Sie können dann allenfalls noch den korrekten Sitz der Steckverbindungen zum Steuergerät, zu den Relais, den Radsensoren und zur Hydraulikeinheit prüfen.

Bremseninspektion – beim geringsten Selbstzweifel ein Fall für die Werkstatt

Auf jedem Meter im öffentlichen Straßenverkehr entscheiden die Bremsen über Ihre und die Sicherheit anderer Verkehrsteilnehmer. Deshalb sind intakte Bremsen die beste Lebensversicherung. Scheuen Sie sich

BREMSANLAGE PRÜFEN

also nicht, von Zeit zu Zeit die Räder abzunehmen, um den Zustand der Bremsbeläge zu prüfen. Wartungsarbeiten an der Bremsanlage sind grundsätzlich kein Hexenwerk. Dennoch »legen Sie Ihre Hand nur dann an die Bremse«, wenn Sie sich absolut sicher sind: Beim geringsten Zweifel überlassen Sie »die Bremse« besser einer Fachwerkstatt mit aktuellem Know-how und den entsprechenden Spezialwerkzeugen.

Stand der Bremsflüssigkeit prüfen

Ihr Fiesta hat im Armaturenbrett zwei Bremssystemwarnleuchten, normalerweise bleiben sie während der Fahrt »dunkel«. Andernfalls liegt ein Systemfehler vor – im harmlosesten Fall haben Sie nur vergessen, die Handbremse zu lösen. Falls nicht, checken Sie zunächst den Bremsflüssigkeitsstand im Vorratsbehälter, er sitzt auf dem HBZ in Fahrtrichtung links. Flackert die gleiche Leuchte ab und an während der Fahrt auf, gehen Sie davon aus, dass Bremsflüssigkeit fehlt und ein Bremskreis bereits streikt. Der zweite Kreis ist dann in der Regel noch funktionstüchtig, so dass Sie mit defensiver Fahrweise die nächste Werkstatt erreichen können. Unser Rat: Vertrauen Sie an einem so sicherheitsrelevanten Bauteil wie der Bremse keiner »Automatik« – schauen Sie Ihrem Fiesta ab und an besser selbst unter die Motorhaube – und dort auch im Bremsflüssigkeitsausgleichbehälter nach dem Rechten.

Arbeitsschritte

① Der Bremsflüssigkeitsvorratsbehälter sitzt in Höhe der Spritzwand in Fahrtrichtung links. Halten Sie den Bremsflüssigkeitsstand regelmäßig im Auge.

② Selbst bei intakter Bremsanlage sinkt der Flüssigkeitspegel. Grund: Analog zum Verschleiß der Bremsbeläge »wandern« die Bremskolben aus den Bremszangen. Das dann hinter den Kolben entstehende größere Zylindervolumen gleicht nachfließende Bremsflüssigkeit aus.

③ Solange die Bremsflüssigkeit zwischen »min.« und »max.« im Vorratsbehälter »pendelt«, ist die Funktion beider Bremskreise gewährleistet.

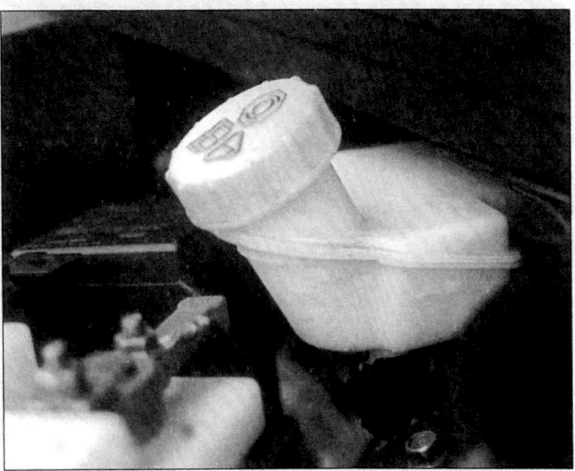

Transparent: Der Bremsflüssigkeitsvorratsbehälter vor der Spritzwand.

Bremsanlage prüfen

Arbeitsschritte

① Um eventuelle Leckagen eindeutig lokalisieren zu können, muss Ihr Auto von unten trocken sein. Suchen Sie sich für die »Inspektion« also keinen Regentag aus.

② Prüten Sie die Bremssättel sowie sämtliche Schlauchanschlüsse und Verbindungsleitungen. Dunkle Flecken und feuchte Stellen sind ein sicheres Indiz für Undichtigkeiten.

③ Inspizieren Sie die Bremsschläuche auch auf Scheuerstellen, sie dürfen weder feucht noch gequollen sein. Falls doch: Tauschen Sie die Schläuche sofort aus.

④ Zum Schutz gegen Rost sind die Leitungen mit einer Kunststoffschicht überzogen. Reinigen Sie die Bremsleitungen von außen nur mit einem Pinsel, Kaltreiniger oder Waschbenzin, »kratzen« Sie niemals mit einem Schraubendreher, Schmirgelleinen oder einer Drahtbürste an den

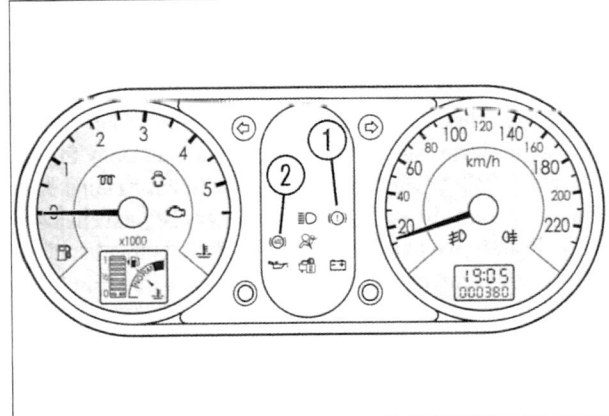

In den unteren Anzeigefeldern »versteckt«: Bremssystemwarnleuchten. ❶ Handbremse/Bremsflüssigkeit; ❷ ABS.

BREMSANLAGE

Leitungen herum. Sollte die Schutzschicht bereits leicht beschädigt sein, »retten« Sie in dem Bereich die Leitung mit einer Rostschutzgrundierung. Sobald sich allerdings schon Rostnarben, Verformungen oder Steinschlagspuren eingenistet haben, ersetzen Sie die maladen Leitungen umgehend.

⑤ Sind auf allen Entlüftungsventilen noch Staubschutzkappen vorhanden? Falls nicht, sorgen Sie für Ersatz.

⑥ Machen Sie regelmäßig eine (provisorische) Bremsdruckprobe. Dazu treten Sie das Bremspedal mit voller Kraft etwa eine Minute lang durch – etwa so, als wenn Sie eine Vollbremsung machen. Das Pedal darf dabei nicht »aufs Bodenblech wandern«. Falls doch, haben Sie es mit defekten Manschetten im Hauptbremszylinder oder an den Bremszangen zu tun. Schauen Sie dann auch auf feuchte Stellen. Exakt können Sie eine Bremsdruckprobe nur mit einem Druckstandsanzeiger ausführen – das ist ein typischer Fall für die Werkstatt.

Bremskraftverstärker prüfen

① Treten Sie bei abgestelltem Motor das Bremspedal mehrmals durch und halten es dann in der tiefsten Stellung fest.

② Jetzt starten Sie den Motor. Das Pedal muss dann noch ein paar Millimeter weiter nachgeben. Falls nicht, hat das folgende Ursachen:

- **Unterdruckschlauch vom Ansaugrohr (Ottomotor) bzw. Vakuumpumpe (Dieselmotor) zum Bremskraftverstärker undicht**: In diesem Fall ersetzen Sie unbedingt den Schlauch und prüfen die Anschlussflansche.
- **Rückschlagventil im Unterdruckschlauch defekt**: Nehmen Sie zur Ventilkontrolle den Unterdruckschlauch am Bremskraftverstärker ab und lassen den Motor mit Leerlaufdrehzahl laufen. Falls Sie keine rhythmischen Ansauggeräusche hören, verschließen Sie das freie Schlauchende mit einer Fingerkuppe. Wenn sich dabei kein Vakuum im Schlauch aufbaut, ist das Ventil defekt.
- **Gummidichtung zwischen Hauptbremszylinder und Bremskraftverstärker porös**: Zum Austausch Hauptbremszylinder vom Bremskraftverstärker demontieren und Dichtring erneuern.
- **Verstärkermembrane defekt**: Eine Reparatur ist nicht möglich. Sie müssen sich mit einem komplett neuen Bremskraftverstärker »anfreunden«.

Bremsen auf Funktion prüfen (ohne ABS)

Auf der Straße sollten Sie nur dann eine Bremsprobe machen, wenn Sie an-dere Verkehrsteilnehmer nicht behindern oder gefährden. Suchen Sie sich dazu eine ebene, möglichst abgelegene Straße mit gleichmäßiger Oberfläche aus. Autos mit ABS an Bord hinterlassen erfahrungsgemäß keine Bremsspuren mehr. Wenn Sie allerdings ganz zu Anfang des Bremsvorgangs einen »leichten Verriss« am Lenkrad bemerken, ist das ein Indiz dafür, dass die Räder einen unterschiedlichen Reibkoeffizienten haben und Ihnen der Wagen ohne ABS »aus der Spur laufen würde«. Checken Sie dann auf jeden Fall den optischen Zustand der Bremssegmente und den der Scheiben, und/oder setzen Sie zur Bremsprobe kurzerhand die ABS-Regelung außer Kraft.

① Fahren Sie zunächst im Schritttempo, treten die Kupplung und bremsen dann mit voller Kraft. Vergleichen Sie die Bremsspuren auf der Straße – gleich lange Spuren sind ein Indiz für gleichmäßig wirkende Bremsen. Führen Sie anschließend die gleiche »Übung« mit der Handbremse aus.

② Im zweiten Schritt beschleunigen Sie Ihr Auto auf etwa 50 km/h – verkrampfen Sie nicht am Lenkrad und korrigieren während des Bremsvorgangs nicht die Fahrtrichtung. Bremsen Sie zuerst sanft und dann scharf bis zum Stillstand. Das Fahrzeug muss sicher in der Spur bleiben. Andernfalls »zieht« die Bremse einseitig. Suchen Sie dann auf jeden Fall eine Fachwerkstatt mit einem Bremsenprüfstand auf.

③ Um die Freigängigkeit der Bremssegmente im Ruhezustand zu checken, lassen Sie im dritten Schritt den Fiesta auf einer leicht abschüssigen Strecke aus dem Stand losrollen. Rollt er »locker« an, sind alle Räder frei und das Spaltmaß der Bremssegmente zu den Bremsscheiben o. k. Prüfen Sie nach einer kurzen Probefahrt abschließend die Felgentemperatur: Legen Sie dazu Ihre Hand auf den Felgenstern – alle Räder müssen in etwa gleich warm sein.

Scheibenbremsbelagverschleiß messen

Die vorderen Scheibenbremssegmente verschleißen schneller als die Bremsbeläge der Hinterachse. Bei normaler Fahrweise checken Sie die Beläge etwa alle 20.000 Kilometer – generell jedoch einmal jährlich. Messen Sie weniger als 1,5 Millimeter, tauschen Sie die Beläge vorsichtshalber paarweise aus.

Arbeitsschritte

① Um den Belag »richtig« inspizieren zu können, schrauben Sie das jeweilige Rad ab.

② Nehmen Sie einen Euro und halten ihn zwischen Bremsscheibe und Belagträger. Sind Münze und Beläge in etwa gleich stark (etwa zwei Millimeter), »spendieren« Sie der betreffenden Achse schnellstens neue Segmente.

Bremspedalweg testen — *Praxistipp*

Mit dieser Prüfung erkennen Sie grundsätzlich keine verschlissenen Bremsbeläge. In freigängigen Bremssätteln reichen die Elastizität der Bremskolbendichtung und der serienmäßige Taumelschlag (rund 0,11 – 0,15 Millimeter) der Bremsscheibe aus, um die Bremsbeläge – nach jedem Bremsvorgang – automatisch von der Bremsscheibe abzurücken. Bei gelöstem Pedal bleiben die Belaggrundstellung zur Bremsscheibe und der Bremspedalweg gleich – zumindest so lange, wie die Beläge nicht total verschlissen sind. Prüfen Sie mit der Hand bei laufendem Motor den Leerweg des Bremspedals, er soll allenfalls ein Drittel des gesamten Pedalwegs betragen.
Ist der Pedalweg deutlich größer, gehen Sie von verschlissenen – oder evtl. im Sattel verklemmten – Bremsbelägen aus, mitunter »klemmt« auch die Bremszange. Sollte sich der Pedalweg freilich nach mehrmaligen Pumpen verkürzen, haben Sie möglicherweise Luft im System: Ergründen Sie Ursache, beheben den Schaden und entlüften die Anlage dann wie beschrieben.

Bremsscheiben-Abmessungen (in mm)	Vorderachse
Scheibendurchmesser	258
Scheibenstärke (neu)	22
Verschleißgrenze	20
Max. Scheibenschlag	0,25

Bremsscheibenverschleiß checken

Bocken Sie den Wagen auf einer ebenen Fläche rüttelsicher auf und nehmen die Räder der betreffenden Achse ab: Prüfen Sie bei gleicher Gelegenheit auch die Bremsbeläge.

Arbeitsschritte

① Leicht bläulich angelaufene Bremsscheiben sind völlig normal.

② Achten Sie auf tiefe Riefen in den Scheiben. Sie »verraten« in den Belägen verklemmte Fremdkörper, groben Straßenschmutz, verhärtete oder verschlissene Beläge. Bis zu drei Millimeter tiefe »Frässpuren« müssen Sie noch nicht beunruhigen. Demontieren Sie auf jeden Fall die Beläge und befreien sie von evtl. eingequetschten Fremdkörpern.

③ Die Scheibenstärke messen Sie am besten mit einer Schublehre und zwei Euro. Legen Sie auf jeder Scheibenseite jeweils einen Euro (Pfeile) zwischen Schublehre und Bremsscheibe. Von Ihrem Messwert müssen Sie natürlich um die Stärke beider Münzen (rund vier Millimeter) subtrahieren.

④ Unter Mindestmaß »abgeschrubbte« Scheiben sind Schrott. Riefige Scheiben können Sie durchaus planschleifen (lassen). Erneuern und planen Sie Bremsscheiben stets paarweise.

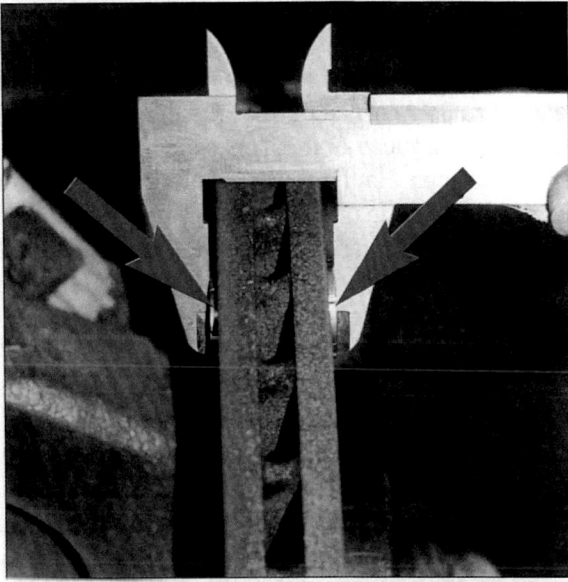

Ablesen und subtrahieren: Um den richtigen Wert zu ermitteln, müssen Sie nach der Messung die Stärke beider Münzen (Pfeile) subtrahieren.

BREMSANLAGE

Trommelbremsbeläge – ab einem Millimeter verschlissen

Der Belag an der Auflaufbremsbacke ist im Neuzustand etwas dicker als an der Ablaufbacke: Die Auflaufbacke nutzt im Fahrbetrieb schneller ab – beide Beläge erreichen daher fast gleichzeitig ihre Verschleißgrenze. Beläge mit einem Millimeter Reststärke befördern Sie besser sofort in den Sondermüll. Erneuern Sie Bremsbeläge grundsätzlich nur Paarweise und immer an beiden Rädern, beherzigen Sie das natürlich auch immer an den Bremssegmenten der Vorderachse. Bevor Sie die hinteren Beläge vermessen, demontieren Sie besser beide Trommeln. Sie haben dann »vollen« Durchblick und sind nicht auf den beschränkten Bildausschnitt angewiesen, den Ihnen die Schaufenster in den Bremsankerplatten bieten. Und bei gleicher Gelegenheit können Sie dann auch mit einer Schublehre die Trommeln vermessen. Unrunde Bremstrommeln lassen Sie am besten sofort ausdrehen – vorausgesetzt, Sie bleiben damit innerhalb der Verschleißgrenze von 204 Millimeter.

Die Maße der Bremstrommeln (in mm)	
Bremstrommeldurchmesser (neu)	203
Max. Trommeldurchmesser	204

Bremsanlage entlüften

Luft im Bremssystem »degradiert« jede Bremse zur »Luftpumpe« – entlüften Sie die Anlage also umgehend. Zum Beispiel nach allen Arbeiten, bei denen Sie die Bremsschläuche abnehmen oder Bremsleitungen öffnen mussten. Häufig reicht es, nur den Bremskreis zu entlüften, an dem Sie gearbeitet haben. Ganz auf Nummer SICHER gehen Sie jedoch, wenn Sie beide Bremskreise entlüften. Verwenden Sie IMMER nur neue Bremsflüssigkeit (Ford-Hochleistungsbremsflüssigkeit ESD-M6C 57-A, entspricht Spezifikation DOT4 – SAE J 1703) und einen sauberen, transparenten Kunststoffschlauch (Scheibenwaschanlage oder Aquarienbelüftung). Außerdem sollte Ihnen ein Helfer assistieren. Ihren Fiesta stellen Sie auf einer ebenen Fläche ab. Während des gesamten Entlüftungsvorgangs halten Sie den Bremsflüssigkeitsvorratsbehälter stets bis zur »max.-Markierung« aufgefüllt. Der Bremsflüssigkeitspegel darf auf keinen Fall unter »min.« abfallen. Falls doch, gelangt über die Nachfüllbohrungen wieder neue Luft ins System.

Achten Sie darauf, dass keine Bremsflüssigkeit auf die Lackoberfläche kommt. Andernfalls spülen Sie die Flächen umgehend mit klarem Wasser ab. Ansonsten wird der Lack »blind« oder löst sich gar auf.

Arbeitsschritte

① Klemmen Sie das Batteriemassekabel ab und ...

② ... lösen den Verschlussdeckel des Bremsflüssigkeitsbehälters.

③ Arbeitsreihenfolge: Entlüftungsventil rechts hinten – links hinten; rechts vorn – links vorne.

④ Ziehen Sie die Staubschutzkappe vom Entlüftungsventil ab und reinigen den Ventilnippel.

⑤ Schieben Sie den Kunststoffschlauch auf den Nippel und tauchen das freie Schlauchende in einen leicht mit Bremsflüssigkeit gefüllten Auffangbehälter.

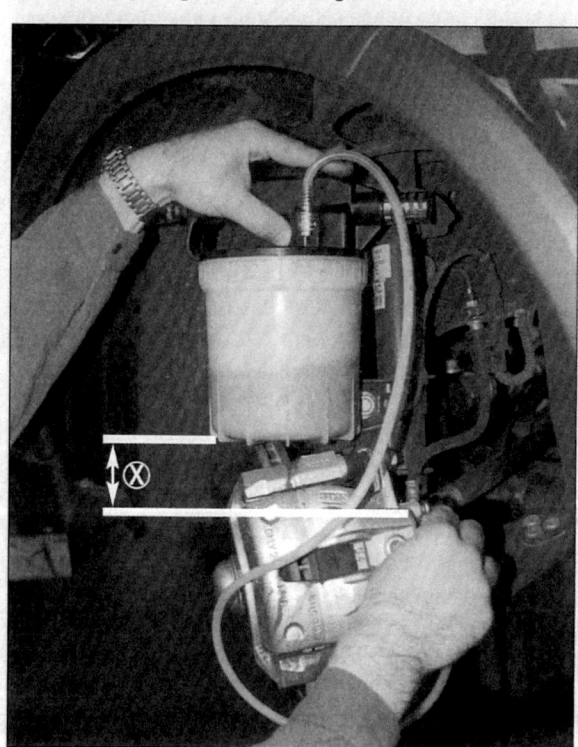

Mit Gefälle klappt's besser: Platzieren Sie den Auffangbehälter etwa 30 Zentimeter ⓧ über dem Entlüftungsnippel. Sie geben der Außenluft dann keine Chance, sich – an den Gewindegängen vorbei – ins Bremssystem zu »schmuggeln«.

⑥ Entlüftungsnippel maximal eine Umdrehung lösen. Ihr Helfer tritt das Bremspedal langsam bis zum Bodenblech durch und lässt es schnell in seine Ruhestellung zurück.

HAUPTBREMSZYLINDER AUS- UND EINBAUEN

⑦ Danach warten Sie etwa 3 Sekunden – der HBZ muss sich erst wieder füllen.

⑧ Den Vorgang wiederholen Sie solange, bis keine Luftbläschen mehr aus dem Entlüftungsnippel entweichen und reine Bremsflüssigkeit austritt.

⑨ Halten Sie das Bremspedal am Boden, schließen den Entlüftungsnippel und lassen dann das Pedal hochkommen. Ziehen Sie den Schlauch vom Entlüftungsnippel ab und ergänzen die Bremsflüssigkeit im Vorratsbehälter.

⑩ Diesen Vorgang wiederholen Sie an allen Rädern – bis die Anlage entlüftet ist.

⑪ Dann füllen Sie den Ausgleichbehälter bis »max.« auf und verschließen ihn.

⑫ Vergessen Sie anschließend bitte nicht, die Bremsfunktion auf einer »vorsichtigen« Probefahrt zu überprüfen.

Die Bremsflüssigkeit  Technik-lexikon

Hauptbestandteile der Bremsflüssigkeit sind Glykol und Polyglykolether. Diese Mischung ist bei – 40 °C noch dünnflüssig und hat mit etwa 270 °C einen sehr hohen Siedepunkt. Die Rezeptur verrät es schon: Bremsflüssigkeit ist hygroskopisch – sie nimmt auch im dichten System über die Entlüftungsbohrung des Vorratsbehälter-Verschlussdeckels Wasser aus der Luft auf. Jährlich etwa zwei Prozent, dadurch sinkt der Siedepunkt – bei einem Wassergehalt von rund 2,5 Prozent schon auf 150 °C. In diesem Fall können sich bei stark erhitzten Bremsen (Gebirgsfahrt, Vollbremsungen, Gespannbetrieb) Dampfblasen in der Bremsflüssigkeit bilden. Das hat die gleiche Wirkung wie Luft im System – das Bremspedal lässt sich bis auf die Bodenplatte durchtreten. Wechseln Sie daher zu Ihrer Sicherheit die Bremsflüssigkeit konsequent im Zweijahres-Rhythmus. Wenn Sie Ihren Ford regelmäßig in der Werkstatt warten lassen, geschieht das automatisch.

Wie Sondermüll entsorgen – alte Bremsflüssigkeit

Bremsflüssigkeit ist giftig. Nicht mit Mund oder offenen Wunden in Berührung bringen. Sie greift Metall- und Gummiteile zwar nicht an, wirkt jedoch auf Autolack aggressiv. Bremsflüssigkeit, die Sie einmal aus dem System abgelas-sen haben, dürfen Sie später nicht mehr einfüllen. Verwenden Sie auch keine Bremsflüssigkeit aus einem Behälter, der längere Zeit offen gestanden hat. Gebrauchte Bremsflüssigkeit ist Sondermüll – kümmern Sie sich um eine fachgerechte Entsorgung.

Bremsflüssigkeit wechseln

Der Wechsel der Bremsflüssigkeit ist mindestens alle zwei Jahre fällig. Fachwerkstätten erledigen das mit einem speziellen Befüllgerät. Sie können sich aber auch selbst ans Werk machen – die Arbeit ist die gleiche wie beim Entlüften. Für das gesamte System benötigen Sie rund einen Liter Bremsflüssigkeit (achten Sie auf die richtige Spezifikation).

Arbeitsschritte 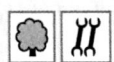   alle 2 Jahre

① Lösen Sie zuerst den Verschlussdeckel des Bremsflüssigkeitsbehälters und ...

② ... entfernen mit einer Pipette oder einer sauberen Injektionsspritze die alte Bremsflüssigkeit aus dem Vorratsbehälter.

③ Füllen Sie nun neue Flüssigkeit in den Behälter. Die Arbeitsschritte sind ansonsten die gleichen wie unter Bremsanlage entlüften beschrieben. Alte Bremsflüssigkeit ändert ihr Aussehen: Sie wirkt milchiger. Warten Sie also an jedem Radzylinder bis tatsächlich saubere »neue« Flüssigkeit austritt.

Hauptbremszylinder aus- und einbauen

Vor der Demontage des HBZ stellen Sie sicher, dass der Bremskraftverstärker »belüftet« ist. Ziehen Sie dazu entweder die Unterdruckleitung vom Bremskraftverstärker ab oder betätigen bei abgestelltem Motor mindestens 20 mal das Bremspedal.

Arbeitsschritte

① Demontieren Sie, wie beschrieben, die Batterie mit samt der Konsole.

② Jetzt schrauben Sie den Verschlussdeckel des Bremsflüssigkeitsbehälters ab und legen den Behälter mit einer Pipette »trocken«. Erledigt? Dann schrauben Sie den Deckel wieder auf.

③ Trennen Sie jetzt den Mehrfachstecker (Pfeil) vom Flüssigkeitssensor und ...

④ ... legen hernach den Kabelstrang beiseite.

BREMSANLAGE

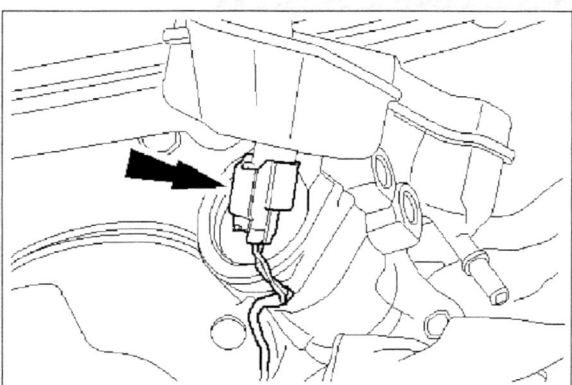

Entriegeln und abziehen – Mehrfachstecker vom Flüssigkeitssensor.

⑤ Danach befreien Sie den Unterdruckschlauch aus seiner Halterung ❶ und ...

⑥ ... ziehen ihn am Bremskraftverstärker ❷ ab.

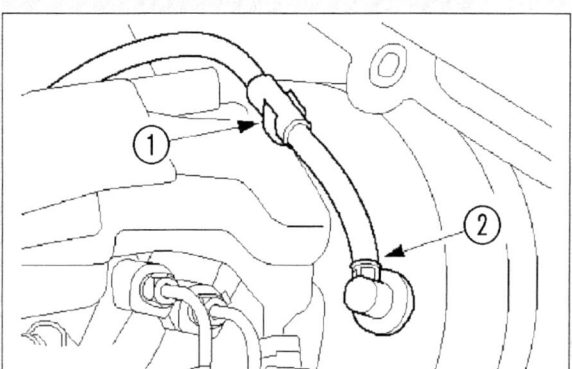

Lösen und abziehen – Unterdruckschlauch vom Bremskraftverstärker.

Modelle mit Schaltgetriebe

⑦ Ziehen Sie am Bremsflüssigkeitsbehälter (Pfeil) den Verbindungsschlauch vom Kupplungsgeberzylinder ab und verschließen die Öffnung.

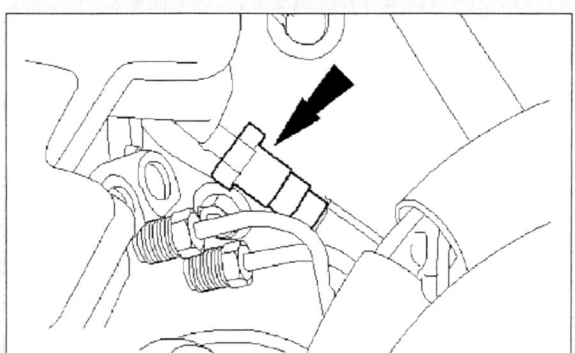

Vom Bremsflüssigkeitsbehälter abziehen – Verbindungsschlauch zum Kupplungsgeberzylinder.

alle Modelle

⑧ Lösen Sie jetzt beide Bremsleitungen (Pfeile) vom Hauptbremszylinder und ...

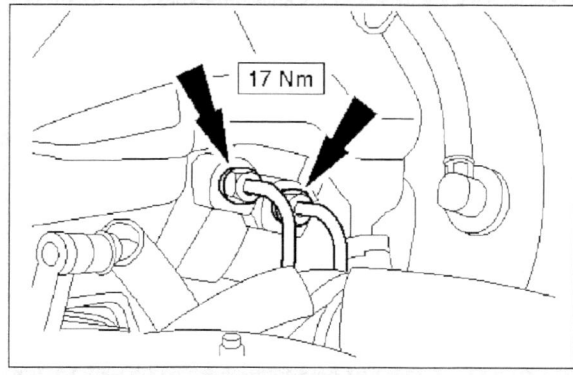

Lösen – beide Bremsleitungen vom HBZ.

⑨ ... dann beide Befestigungsmuttern (Pfeile) am Bremskraftverstärker. Legen Sie den HBZ beiseite. Achten Sie jedoch darauf, dass Ihnen keine Bremsflüssigkeit auf den Lack kommt. Falls doch, spülen Sie die Stellen schnell mit reichlich Wasser ab. Ansonsten bleicht Ihnen dort der Lack aus oder löst sich gar vom Untergrund.

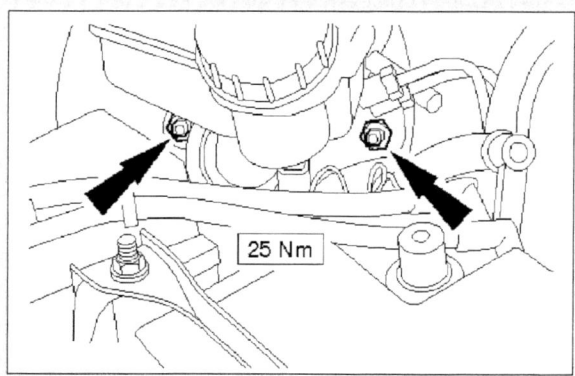

Beide Muttern am Bremskraftverstärker abschrauben und dann zusammen mit dem Vorratsbehälter abziehen – Tandem-Hauptbremszylinder.

Montage

⑩ Beenden Sie die Arbeit typspezifisch in umgekehrter Reihenfolge. Den Hauptbremszylinder ziehen Sie mit 25 Nm gegen den Bremskraftverstärker, die Bremsleitungen verschrauben Sie mit 17 Nm.

⑪ Entlüften Sie die Bremsanlage, wie beschrieben und ...

⑫ ... checken die Bremse auf einer »vorsichtigen« Probefahrt.

BREMSKRAFTVERSTÄRKER AUS- UND EINBAUEN

HBZ-Vorratsbehälter aus- und einbauen

Arbeitsschritte

① Demontieren Sie den Hauptbremszylinder wie beschrieben ...

② ... lösen dann die Befestigungsschraube am Behälter und ...

③ ... hebeln ihn vom HBZ vorsichtig mit den bloßen Händen oder einem Montierhebel ab. Den Montierhebel setzen Sie vorsichtig zwischen den beiden Steckverbindungen unterhalb des Behälters an.

④ Zur Montage stecken Sie den Behälter mit neuen Dichtringen auf den HBZ. Die Dichtringe und Bohrungen im HBZ benetzen Sie vorher mit frischer Bremsflüssigkeit oder Bremsenpaste.

⑤ Pressen Sie den Vorratsbehälter per Hand gleichmäßig in die Dichtringe ein. Der Behälter muss »schmatzend« einrasten. – Befüllen Sie ihn danach.

⑥ Beenden Sie die Montage in umgekehrter Reihenfolge und ...

⑦ ... entlüften die Bremsanlage wie beschrieben.

Bremskraftverstärker aus- und einbauen

Arbeitsschritte

Demontage

① Demontieren Sie den Hauptbremszylinder wie beschrieben. Der Bremsflüssigkeits-Vorratsbehälter bleibt montiert.

② Lösen Sie beide Bremsleitungen (Pfeile) vom HBZ, clipsen die Befestigungen aus und legen die Leitungen beiseite.

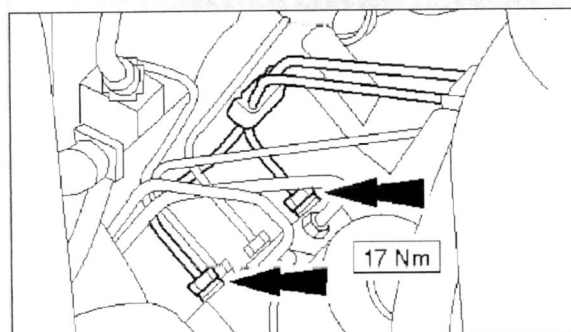

Losschrauben – Bremsleitungen vom HBZ.

③ Jetzt verlegen Sie Ihren »Arbeitsplatz« in den Fahrzeuginnenraum. Demontieren Sie dort unterhalb des Lenkrads die Armaturenbrettverkleidung an fünf Schrauben ❶, ❷ und ...

④ ... clipsen dann die Verkleidung aus dem Halter ❸. Schaffen Sie sich Platz und bugsieren Sie das gute Stück aus dem Fußraum.

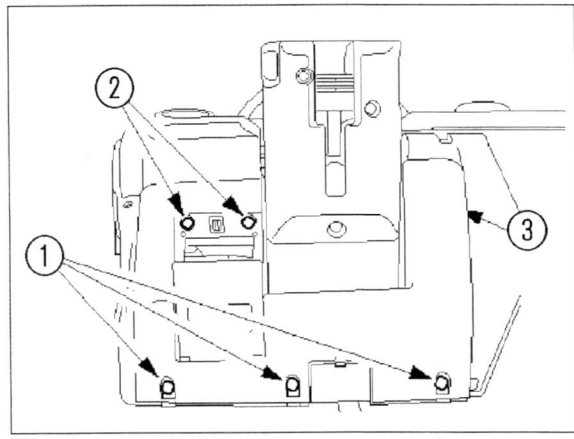

Unterhalb des Lenkrads demontieren – untere Armaturenbrettverkleidung.

⑤ Jetzt »biegen« Sie sich bitte selbst in den Fußraum, lösen vier Befestigungsmuttern (Pfeile) am Bremskraftverstärker und ...

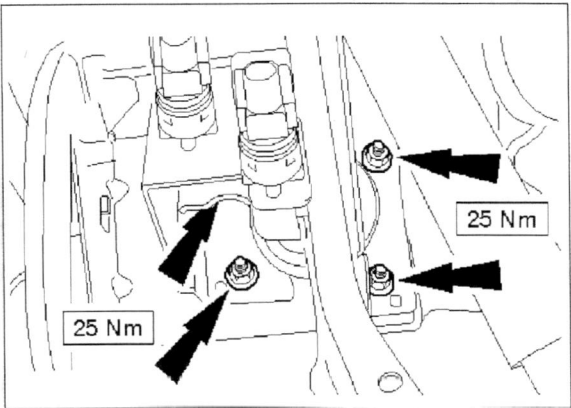

Lösen – Befestigungsschrauben vom Bremskraftverstärker.

⑥ ... »entkoppeln« das Bremspedal vom Bremskraftverstärker.

⑦ Dazu drücken Sie die Nase ❶ in den Verbindungsbolzen ❷ und pressen ihn zeitgleich aus der Bohrung.

BREMSANLAGE

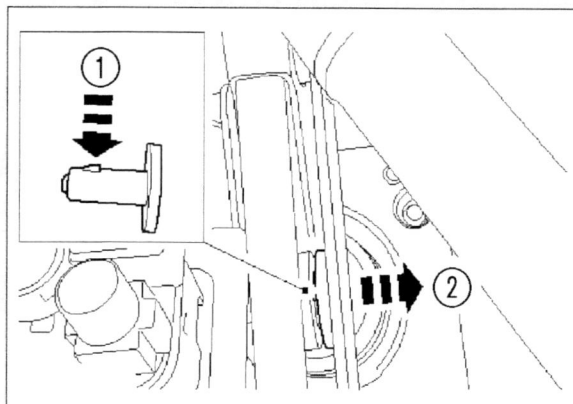

Entriegeln und aus der Bohrung pressen – Verbindungsbolzen.

⑧ »Verlassen« Sie die umbequeme Lage und fädeln den Bremskraftverstärker aus dem Fußraum.

Montage

⑨ Den neuen Bremskraftverstärker setzen Sie mit einer neuen Dichtung gegen das Spritzblech an. Achten Sie darauf, dass die Montageflächen sauber ist und …

⑩ … montieren dann sämtliche Bauteile in umgekehrter Reihenfolge.

⑪ Die neuen Muttern am Bremskraftverstärker bekommen, wie die des HBZ, 25 Nm. Den Bremsleitungsanschlüssen geben Sie 17 Nm.

⑫ Entlüften Sie die Bremse wie beschrieben und …

⑬ … checken Ihre Arbeit auf einer »vorsichtigen« Probefahrt.

So »stoppen« Sie die Bremsflüssigkeit — Praxistipp

Immer wenn Sie eine Bremsleitung (oder einen Bremsschlauch) lösen, sickert mehr oder weniger Bremsflüssigkeit aus dem Vorratsbehälter. Verhindern Sie das mit einem einfachen Trick: Öffnen Sie vorab einen Entlüftungsnippel des betreffenden Bremskreises und stecken einen Schlauch (Scheibenwaschanlage) auf. Das freie Schlauchende hängen Sie dann in ein möglichst kleines, sauberes Gefäß und treten das Bremspedal einige Male voll durch. Sobald das Schlauchende inmitten von Bremsflüssigkeit »steht«, fixieren Sie das »getretene« Bremspedal (Holzlatte oder Ziegelstein) am Bodenblech. In dieser Pedalstellung versperren die »verschlossenen« Zulaufbohrungen der Bremsflüssigkeit den Weg ins Freie.

Bremsschlauch aus- und einbauen

Arbeitsschritte

① Lösen Sie zuerst die Überwurfmutter der Bremsleitung und dann die andere Schlauchseite. Achten Sie darauf, dass Sie die Leitung nicht verdrehen.

② Gegen Rutschen sind die meisten Bremsschläuche mit einem Schlauchhalter (Blechbügel) gesichert. Vergessen Sie zur Montage eines neuen Schlauchs den Halter nicht.

③ Ziehen Sie zuerst das Außengewinde an, die andere Seite »verkuppeln« Sie hernach mit der Überwurfmutter.

④ Montieren Sie niemals einen »verdrehten« Bremsschlauch. Sie erkennen den richtigen Sitz am durchgehenden Farbstreifen, dem Gummianguss oder dem Gummiprofil entlang des Schlauchs.

⑤ Entlüften Sie nun das Bremssystem wie beschrieben und …

⑥ … kontrollieren unbedingt, ob der Bremsschlauch auch beim Einfedern des Rads den nötigen Freigang hat. Falls nicht, verschieben Sie den Abstandhalter und checken den Bremsschlauch nach einer längeren »vorsichtigen« Probefahrt erneut.

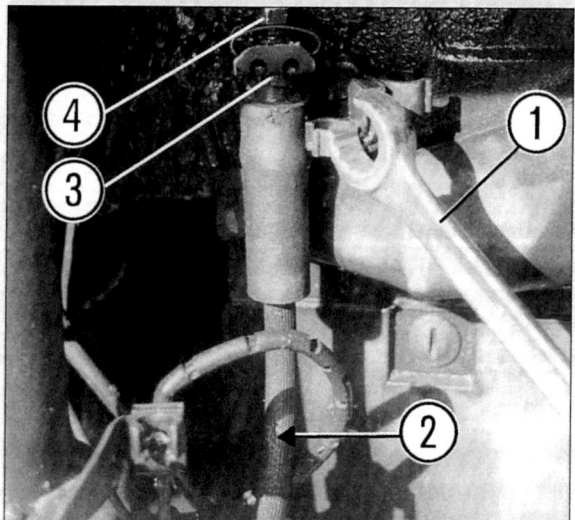

Bremsschlauchmontage: Benutzen Sie einen Leitungsschlüssel ❶. Sobald Bremsschläuche ❷ mit Fahrwerksteilen oder der Karosserie verbunden sind, sichert ein federnder Schlauchhalter ❸ die Schraubverbindung zur Bremsleitung ❹. Achten Sie bitte darauf, dass der Bremsschlauch nach der Montage genügend »Spielraum« im Radlauf an den Federbeinen bzw. Stoßdämpfern und an den Achskomponenten hat.

SCHEIBENBREMSBELÄGE TAUSCHEN

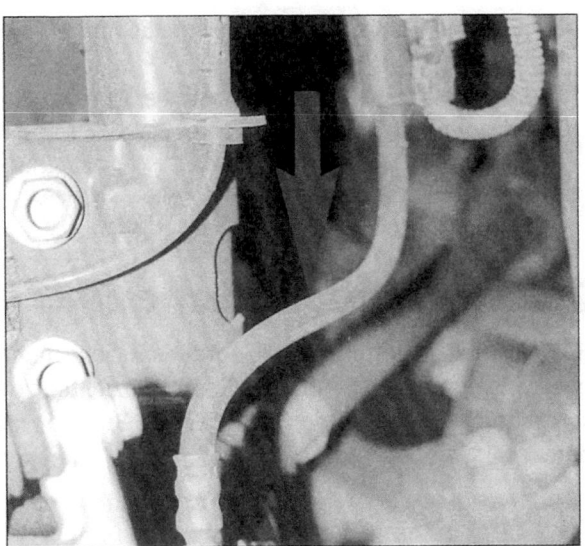

Braucht Freigang (Pfeil) beim Einfedern: Bremsschlauch.

Scheibenbremsbeläge tauschen

Tauschen Sie Bremsbeläge grundsätzlich nur paarweise und auf beiden Achsseiten. Ansonsten verzögern die Bremsscheiben mit unterschiedlichen Reibkoeffizienten, die Ihr Auto mitunter auch mit ABS und spätestens bei Vollbremsungen in »Schieflage« bringen könnten. Thermisch bedingt ändern neue Bremsbeläge während der ersten 500 Kilometer ihre Materialstruktur: Vermeiden Sie daher währenddessen häufige Vollbremsungen. Ansonsten könnten die Beläge schnell verhärten (»verglasen«) und fortan niemals mehr ihre top Verzögerungswerte erreichen. Achten Sie zudem peinlich genau darauf, dass **alle** Bremsen-

ersatzteile eine Herstellerfreigabe und gültige ABE für Ihr Auto haben. Lassen Sie besser »die Finger« von dubiosen Wühltischschnäppchen und decken sich mit Originalersatzteilen bei Ihrem Ford-Händler ein.

① Bocken Sie den Vorderwagen auf einer ebenen Fläche rüttelsicher auf und demontieren die Räder.

② Schlagen Sie die Lenkung jeweils zu einer Seite ein, Sie können dann an den Bremszangen besser hantieren.

③ Hebeln Sie die Haltefeder (Pfeil) mit einem Schraubendreher vom Bremssattel.

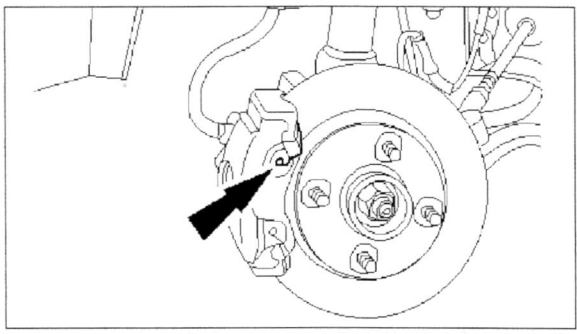

Mit einem Schraubendreher aushebeln – Haltefeder.

④ Falls »noch« vorhanden, ziehen Sie die beiden Schraubenabdeckungen ❶ mit einer Zange aus den Gummitüllen, ...

⑤ ... lösen die Führungsbolzen ❷ und ziehen dann den Bremssattel vom Bremsträger. Falls der Rahmen klemmen sollte, quetschen Sie auf der Außenseite einen stabilen Schraubendreher zwischen Bremsscheibe und Belag und hebeln den Rahmen samt Gleitkolben ein wenig hin und her. Das schafft den nötigen Freiraum und erleichtert die Demontage – besonders bei schon stärker verschlissenen Bremsscheiben.

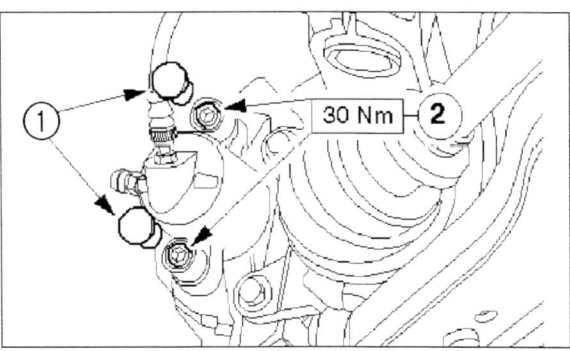

Immer der Reihe nach – zuerst die Führungsbolzen lösen und dann den Bremssattel abziehen. Evtl. schon vorab mit einem Schraubendreher zwischen Belag und Scheibe den nötigen Freiraum schaffen.

Die vordere Scheibenbremse im Detail: ❶ *Bremsscheibe,* ❷ *Clip,* ❸ *äußerer Belag,* ❹ *innerer Belag,* ❺ *Halteblech,* ❻ *Entlüfternippel,* ❼ *Schraube,* ❽ *Bremssattel.*

BREMSANLAGE

⑥ Ziehen Sie jetzt die Bremsbeläge (Pfeile) aus dem Bremssattel.

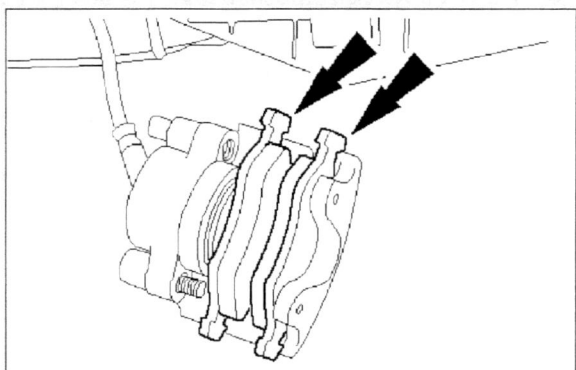

Aus dem Sattel ziehen – Bremsbeläge.

⑦ Vor der Montage setzen Sie den Gleitkolben mit einem stabilen Schraubendreher oder Hammerstiel vollständig in den Zylinder zurück. Geben Sie Acht und beschädigen dabei weder den Kolben noch die Staubmanschette.
Vorsicht: Beim Zurücksetzen des Gleitkolbens kann Bremsflüssigkeit aus dem Vorratsbehälter austreten. Spülen Sie sofort gründlich mit klarem Wasser nach.

⑧ Entfernen Sie den Belagabrieb auf den Bremsbelagführungen mit Bremsenreiniger oder Alkohol (keinesfalls Benzin) und Lappen bzw. mit einer Flaschenbürste oder einer harten Zahnbürste. Festgebackene Staubkrusten kratzen Sie vorsichtig mit einem flachen Schraubendreher ab – doch beschädigen Sie in »blinder Putzwut« nicht die Staubmanschette des Gleitkolbens.

⑨ Werfen Sie einen Blick auf die Bremsscheibe – haben sich Fett, Straßenschmutz oder tiefe Riefen »eingenistet«? Prüfen Sie im gleichen Aufwasch auch die Scheibenstärke (Verschleißgrenze).

⑩ Die Kontaktflächen der Bremsbeläge reiben Sie vorab mit wärmebeständigem Gleitmittel (Kupferpaste) ein. Paste darf auf keinen Fall auf die Bremsflächen gelangen.

⑪ Schieben Sie jetzt die Bremsbeläge in den Bremssattel, …

⑫ … setzen den Bremssattel auf den Bremsenträger und schrauben »das Ganze« inklusive einem neuen Führungsbolzen mit rund 30 Nm fest.

⑬ Montieren Sie die Haltefeder an den Bremssattel.

⑭ Vergessen Sie nicht, jetzt das Bremspedal so lange durchzutreten, bis die Beläge an den Scheiben anliegen. Sie spüren das am Widerstand im Bremspedal.

⑮ Überprüfen Sie den Bremsflüssigkeitsstand im Vorratsbehälter. Überschüssige Flüssigkeit saugen Sie mit einer Pipette bis »max.« ab, fehlende Flüssigkeit ergänzen Sie mit »frischem Saft« bis auf »max.«.

⑯ Montieren Sie die Räder und stellen das Auto auf die »Füße«.

⑰ Bremsen Sie die neuen Beläge auf einer Nebenstraße vorsichtig ein. Verzögern Sie die »Fuhre« einige Male ganz »piano« von etwa 100 km/h auf 50 km/h. Zwischendurch lassen Sie die Bremsbeläge immer wieder gut auskühlen.

Bremsscheiben erneuern

Bremsscheiben erneuern Sie grundsätzlich immer paarweise. Andernfalls sind die Reibkoeffizienten zwischen den Scheiben unterschiedlich – die Bremse wird dann schief ziehen.

Arbeitsschritte

① Demontieren Sie die Bremssättel mitsamt Bremssegmenten und »hängen« sie mit Bindedraht an den Federbeinen auf.

② Lösen Sie beidseitig die Befestigungsschrauben ❷ des Bremsträgers vom Lenkschwenklager und legen ihn beiseite.

③ Lösen Sie dann, falls vorhanden, den Arretierclip an den Bremsscheiben ❶ …

④ … und »treiben« die Discs von den Radnaben.

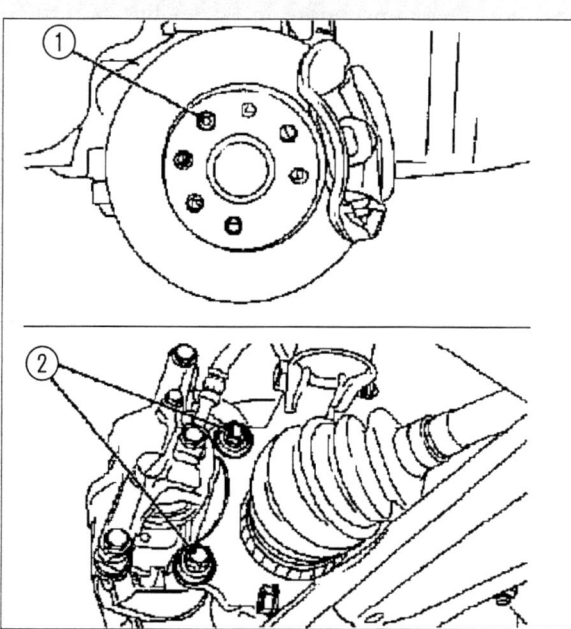

Von der Radnabe demontieren – Bremsscheibe.

⑤ Sollten die Scheiben nicht »willig« von den Naben kommen, helfen Sie »gefühlvoll« mit einem Gummihammer nach. Vergessen Sie jedoch auf keinen Fall, die Scheiben währenddessen zu drehen.

⑥ Bevor Sie die neuen Scheiben dann montieren, säubern Sie die Anlageflächen der Radnaben und Bremsscheiben gründlich mit einer Drahtbürste und …

⑦ … setzen sie erst dann wieder auf die Radnaben auf. Wenn Sie die Anlageflächen gut gesäubert haben, ist die Chance groß, dass beide Scheiben ohne unzulässigen Taumelschlag rund laufen.

⑧ Beenden Sie die Montage in umgekehrter Reihenfolge und ziehen den Halterahmen mit 70 Nm am Lenkschwenklager fest.

Bremssattel und Bremskolben gängig machen – Staubmanschette wechseln

Bei porösen oder nachlässig montierten Staubmanschetten dringen Schmutz und Feuchtigkeit in den Hydraulikzylinder ein. In der Folgezeit korrodiert der Gleitkolben dann langsam aber sicher. Folge: Hoher Bremsbelag- und Scheibenverschleiß, ungleichmäßige Bremswirkung. Wenn Ihr Fiesta die Symptome zeigt, gehen Sie folgendermaßen vor.

Arbeitsschritte

① Demontieren bzw. montieren Sie die Bremsbeläge wie beschrieben und …

② … überprüfen zuerst den Belagfreigang in den Belagschächten. Ggf. reinigen Sie die Schächte mit einer harten Zahnbürste oder einem passenden Schlitzschraubendreher. Achten Sie darauf, dass Sie die Staubmanschetten nicht beschädigen oder von ihrem Sitz lösen. Bevor Sie die Bremsbeläge wieder einsetzen, bestreichen Sie alle Kontaktflächen mit hitzefester Kupferpaste.

③ Selbstverständlich müssen auch die Bremssättel freigängig sein. Falls nicht, reinigen und bestreichen Sie die Gleitflächen, wie beschrieben, leicht mit hitzebeständiger Kupferpaste.

Bremskolben prüfen

① Bevor Sie den Bremskolben auf »Freigang« prüfen, fixieren Sie, als Endanschlag zur Bremsscheibe, ein passendes Distanzstück (evtl. Dachlatte) mit einer Schraubzwinge an der Scheibe. Die Maßnahme schützt Kolben mitsamt Dichtring vor Beschädigungen – der Kolbenweg ist damit begrenzt. Selbstverständlich muss der gegenüberliegende Bremssattel noch komplett montiert sein.

② Schieben Sie jetzt einen Montierhebel zwischen Kolben und provisorischem Endanschlag. Ein Helfer tritt derweil vorsichtig das Bremspedal durch. Falls der Kolben klemmt, »pumpt« er so lange das Bremspedal, bis der Kolben dem Druck »weicht« und nach außen wandert. Sobald der Kolben den Montierhebel erreicht, pressen Sie ihn per Hebel in den Zylinder zurück. Wiederholen Sie die Prozedur so lange, bis der »widerspenstige« Kolben leichtgängig im Zylinder gleitet.

Achtung: Bleiben Sie damit erfolglos, lassen Sie den Sattel besser in einer Fachwerkstatt überholen.

Staubmanschette erneuern

① Heben Sie die alte Staubmanschette mit einem gebogenen Schweißdraht oder kleinen Winkelschraubendreher vom Bremssattel und Gleitkolben ab. Beschädigen Sie dabei nicht den Gleitkolben oder die Zylinderlaufflächen. Achten Sie darauf, ob der Zylinder noch dicht ist oder ob bereits Bremsflüssigkeit austritt. Auch bei kleinsten Leckspuren lassen Sie den Sattel besser sofort in einer Fachwerkstatt überholen.

② Bevor Sie die neue Manschette montieren, reinigen Sie die Dichtflächen mit Brennspiritus oder sauberer Bremsflüssigkeit. Die gereinigten Flächen konservieren Sie anschließend mit Bremszylinderpaste (Ate).

③ Drücken Sie die neue Staubmanschette vorsichtig auf die Dichtflächen. Achten Sie darauf, dass die Manschette »satt« sitzt, erst dann …

④ … pressen Sie den Kolben mit einem Montierhebel bis zum Anschlag in den Zylinder zurück.

⑤ Die Bremsbeläge montieren Sie wie beschrieben.

⑥ Vergessen Sie auch nicht, die Bremsflüssigkeit im Vorratsbehälter zu checken.

⑦ Bevor Sie den Wagen auf die Räder stellen, prüfen Sie das gesamte Bremssystem auf Dichtheit. Erst danach beenden Sie die Montage in umgekehrter Reihenfolge.

BREMSANLAGE

Bremstrommel aus- und einbauen

Arbeitsschritte

① Bocken Sie den Hinterwagen rüttelsicher auf einer ebenen Fläche auf und nehmen das/die Räder ab.

② Demontieren Sie die Handbremshebelverkleidung und ...

③ ... lösen die Einstellmutter (Pfeil) des Handbremsseils.

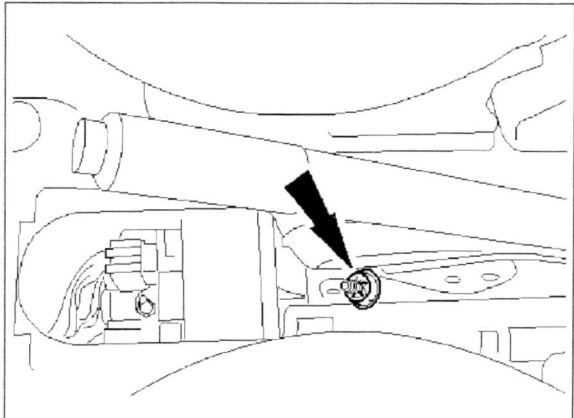

An der Einstellmutter zurücksetzen – Handbremse.

④ Ziehen Sie jetzt vorsichtig die Radnabenkappe ab. Falls sie klemmen sollte, setzen Sie zwischen Radnabe und Kappe einen Meißel an und schlagen die Kappe mit einem Hammer nach außen ab. Sollten Sie den Außenwulst der Kappe dabei stark verbiegen, tauschen Sie die Kappe gegen eine Neue.

⑤ Nun lösen Sie die Radnabenmutter ❶ und ...

⑥ ... ziehen die Bremstrommel ❷ komplett mit der Radnabe vom Radzapfen. Falls die Nabe klemmt, die Handbremse jedoch gelöst und die Bremsbacken nicht mehr an der Trommel anliegen, »brechen« Sie die Bremstrommel mit einem Kunststoffhammer ggf. an ihrem Außenrand los. Vergessen Sie nicht, die Trommel währenddessen auf dem Radzapfen zu drehen. Fachwerkstätten »entschärfen« die Situation mit einem speziellen Abzieher.

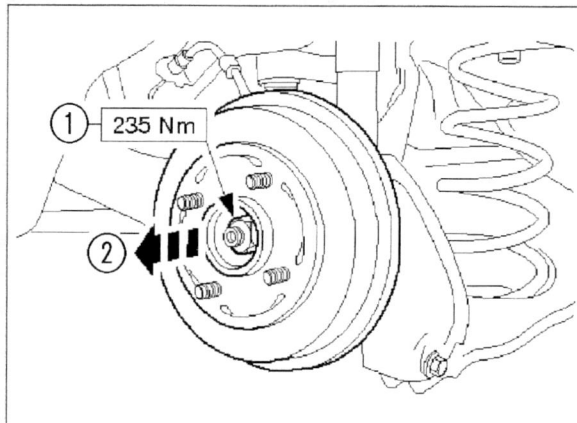

Lösen und dann Bremstrommel abziehen – Radzapfenmutter.

⑦ Checken Sie die Bremstrommel auf Verschleißspuren (Riefen, Härterisse).

⑧ Vor der Montage reinigen Sie die Bremstrommelflanschen und die Radnabe gründlich mit Schmirgelpapier. Vergessen Sie auch die Bremsankerplatte nicht und waschen Sie Spiritus oder Bremsenreiniger ab. Denken Sie daran, Bremsstaub ist atemgängig. Wenn Sie den losen Bremsstaub entfernen, schützen Sie sich besser mit einer Atemmaske.

⑨ Beenden Sie die Montage in umgekehrter Reihenfolge und ziehen die neue Radzapfenmutter mit 235 Nm an fest. Vergessen Sie nicht, die Handbremse zu justieren.

Bremstrommeln ausdrehen — *Praxistipp*

Neue Fiesta-Bremstrommeln haben einen Innendurchmesser von 203 Millimeter. Stellen Sie auf der Bremsfläche starke Riefen fest, können Sie die Trommel plan- bzw. ausdrehen lassen. Allerdings immer nur paarweise und nicht über die Verschleißgrenze von 204 Millimeter hinaus: In diesem Fall müssen Sie beide Trommeln ersetzen – gleichmäßig ziehende Bremsen setzen Trommeln mit gleichem Durchmesser voraus.

Bremsbacken wechseln

Bremsbacken sollten Sie grundsätzlich nur paarweise und auf beiden Achsseiten wechseln. Ansonsten zieht die Bremse nach der Reparatur einseitig. Fahren Sie neue Bremsbacken erst vorsichtig ein und vermeiden

BREMSBACKEN WECHSELN

während der ersten 500 Kilometer Vollbremsungen (siehe Scheibenbremsbeläge). Neue Bremsbacken sind zum Beispiel dann angesagt, wenn die alten abgenutzt, verölt oder »verbrannt« (Handbremse schleift) sind. Achten Sie peinlich genau darauf, dass die neuen Bremsbacken eine Herstellerfreigabe und eine gültige ABE für Ihr Auto haben. Decken Sie sich nicht auf »Wühltischen« sondern bei Ihrem Fachhändler ein.

Demontage

① Demontieren Sie beide Bremstrommeln wie beschrieben und ...

② ... lösen die Befestigungsschraube des ABS-Sensors (Pfeil). Ziehen Sie den »Schnüffler« aus der Ankerplatte.

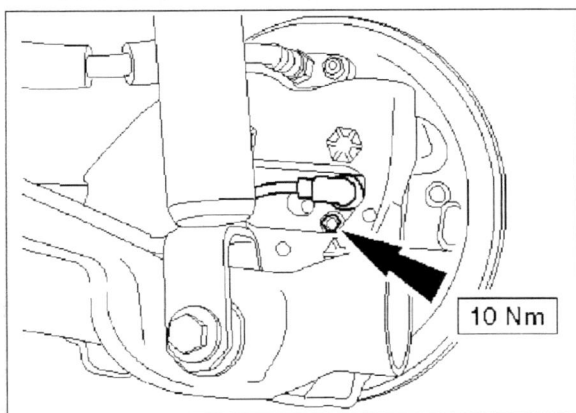

Lösen und dann aus der Ankerplatte herausziehen – ABS-Sensor.

③ Hernach ziehen Sie beide Bremsbackenhaltestifte (Pfeil) mit einer Zange ab und ...

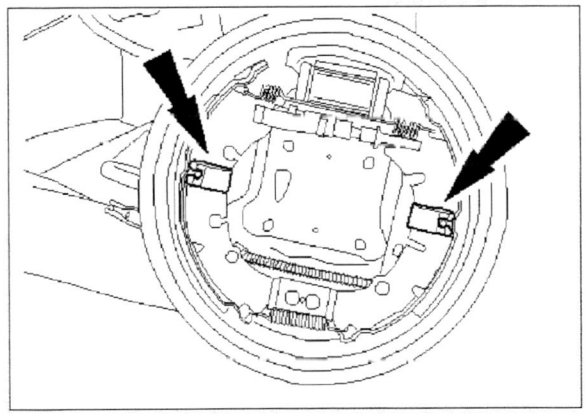

Mit einer Zange abziehen – Bremsbackenhaltestifte.

④ ... entlasten jetzt die »Federmechanik« an den Bremsbacken. Dazu ziehen Sie beide Backen vorsichtig auseinander und dann nach hinten auf sich zu. »Parken« Sie die Einheit einstweilen vor dem Radbremszylinder und achten darauf, dass seine Gummimanschetten nicht beschädigt werden.

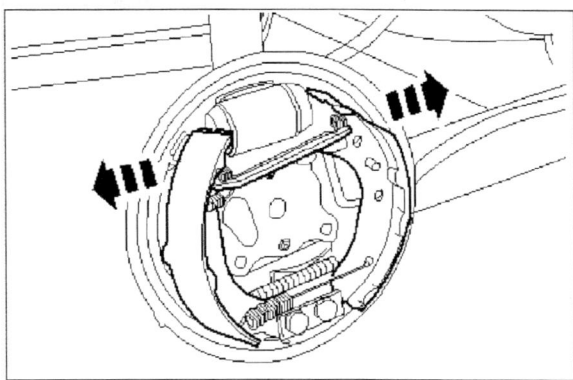

Auseinander ziehen und nach vorne »klappen« – Bremsbacken.

⑤ Hernach lösen Sie beide Rückholfedern (Pfeile) und ...

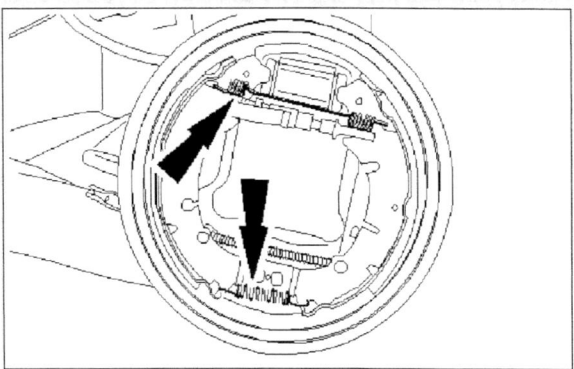

Am einfachsten mit Federzange zu lösen – Rückholfedern

⑥ ... ziehen die Bremsbacken etwas auseinander. Dabei »fällt« Ihnen die Nachstelleinheit (Pfeil) »entgegen«.

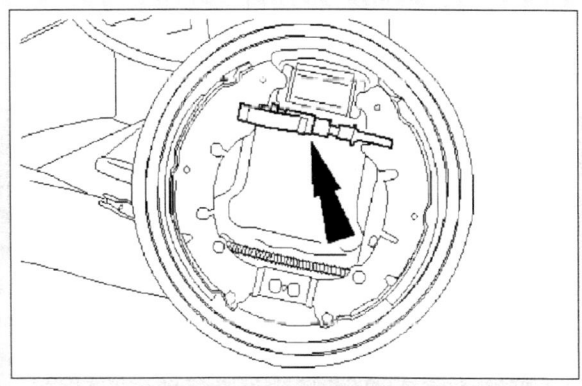

Fällt Ihnen »automatisch« entgegen – Nachstelleinheit.

BREMSANLAGE

⑦ Anschließend nehmen Sie die Bremsbacken mitsamt Spreizhebel soweit von der Ankerplatte ab, ...

⑧ ... dass Sie den Handbremszug an der Backe (Pfeil) aushängen können.

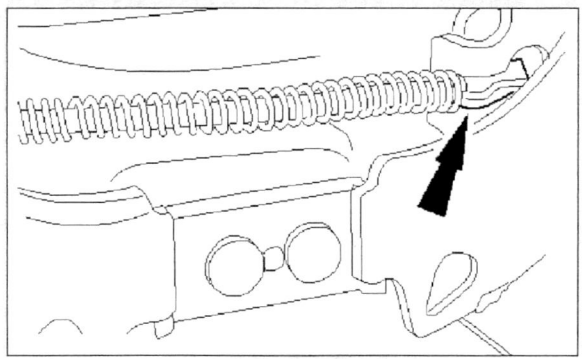

Am Handbremsseil aushängen – Bremsbacke

Montage

⑨ Reinigen Sie die Trägerplatte und alle Lagerpunkte gründlich. Vor der Montage checken Sie unbedingt sämtliche Lagerstellen und fetten sie dünn mit hitzebeständiger Kupferpaste ein.

⑩ Beenden Sie die Montage in umgekehrter Reihenfolge.

⑪ Treten Sie jetzt das Bremspedal bis etwa zur Hälfte so lange durch, bis die Backen gegen die Trommeln kommen. Sobald das soweit ist, spüren Sie »Bremsdruck« im Pedal. Zwischenzeitlich war auch die automatische Bremsnachstelleinrichtung nicht untätig, ihre Mechanik hat sich justiert und hält die Backen jetzt wieder auf richtige Distanz zu den Bremstrommeln.

⑫ Montieren Sie die Räder und »lassen« den Wagen ab.

⑬ Natürlich müssen Sie jetzt noch den Handbremshebelweg einstellen.

⑭ Bei der abschließenden Probefahrt bremsen Sie zunächst vorsichtig – checken Sie auch die Handbremswirkung.

Tipps zum Tauschen der Bremsbacken — Praxistipp

- Markieren Sie vor der Demontage die Montagerichtung und den Sitz der einzelnen Teile – das gilt vor allem für die Zugfedern. Sie erleichtern sich damit den Einbau und vermeiden spätere Funktionsstörungen.

- Sollten Sie an beiden Achsseiten gleichzeitig arbeiten, montieren Sie die Teile unter keinen Umständen seitenverkehrt.

- Treten Sie bei demontierten Bremsbacken niemals das Bremspedal durch: In dem Fall pressen Sie nämlich die Kolben aus den Radbremszylindern. Sichern Sie die Kolben am besten mit einer Schraubzwinge oder einem strammen Gummiband.

- Bei abgenommenen Bremsbacken sollten Sie stets auch die Radbremszylinder auf Dichtheit kontrollieren. Klappen Sie dazu vorsichtig die Staubmanschetten zurück: Erkennen Sie Feuchtigkeit, »spenden« Sie dem Zylinder einen neuen Dichtungssatz oder tauschen ihn gleich gegen ein Neuteil aus. Erfahrungsgemäß sollten Sie die andere Achsseite dann gleich mit erledigen.

Radbremszylinder demontieren

Immer wenn Sie einen Radbremszylinder demontieren, läuft Bremsflüssigkeit aus der Bremse. Beugen Sie dem vor, indem Sie vorab den Entlüftungsnippel des betreffenden Zylinders lösen und einen Entlüftungsschlauch (Scheibenwaschanlage) aufstecken. Das freie Schlauchende hängen Sie dann in ein möglichst kleines, sauberes Gefäß und treten das Bremspedal einige Male voll durch. Sobald das Schlauchende inmitten von Bremsflüssigkeit »steht«, fixieren Sie das »getretene« Bremspedal (Holzlatte oder Ziegelstein) am Bodenblech. In dieser Pedalstellung versperren die »verschlossenen« Zulaufbohrungen der Bremsflüssigkeit den Weg ins Freie.

Arbeitsschritte

① Demontieren Sie Bremstrommel und Bremsbacken, ...

② ... schrauben dann die Bremsleitung an der Bremsankerplatte ab und »verschließen« die Öffnung, wie beschrieben, gegen Schmutz und auslaufende Bremsflüssigkeit.

③ Lösen Sie jetzt die Befestigungsschrauben (Pfeile) und nehmen den Zylinder von der Ankerplatte ab.

HANDBREMSSEILE WECHSELN

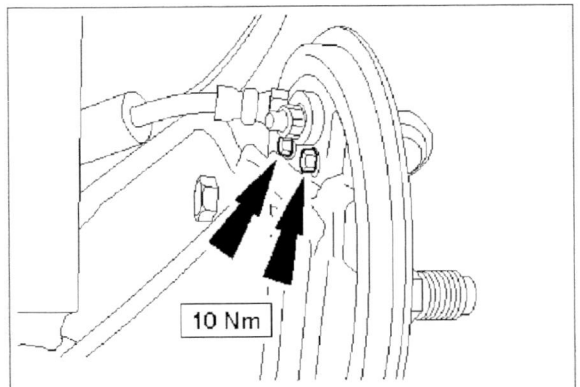

Zur Demontage beide Schrauben lösen – Radbremszylinder.

④ Beenden Sie die Arbeit in umgekehrter Reihenfolge.

⑤ Nach der Montage entlüften Sie die Anlage, unternehmen eine »vorsichtige« Probefahrt und kontrollieren hernach die Bremse auf Dichtheit.

Die Handbremse

Mit der Handbremse sichern Sie Ihren Wagen gegen unbeabsichtigte »Rollversuche« im Stand oder bei Berganfahrten. Sie wirkt mechanisch über Seilzüge auf die Hinterräder. Mit der Hebelbewegung des Handbremshebels »verkürzen« Sie die Seile und pressen je Seite zunächst nur die ablaufenden Bremsbacken gegen die Bremstrommel. Jeweils eine Druckstrebe überträgt dann die Bewegung der ablaufenden Bremsbacke auf die auflaufende Backe.

Handbremsseile wechseln

① Bocken Sie den Hinterwagen rüttelsicher auf einer ebenen Fläche auf und ...

② ... hängen den Endschalldämpfer aus den hinteren Gummischlaufen (Pfeil) aus. Damit Sie dabei das flexible Auspuffrohr nicht überdehnen, stützen Sie die Anlage – möglichst weit hinten – kurzerhand mit einem Rangierwagenheber ab.

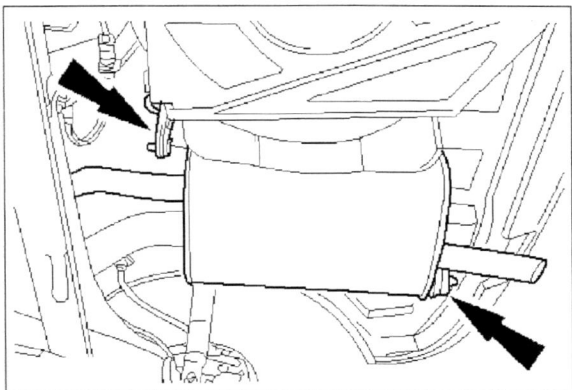

Aus den Gummischlaufen aushängen und mit einem Rangierwagenheber abstützen – Endschalldämpfer.

③ Anschließend demontieren Sie das mittlere Hitzeschutzschild (Pfeile).

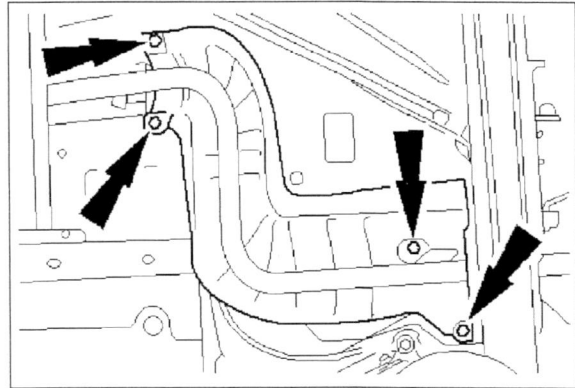

An vier Muttern lösen und dann demontieren – Hitzeschutzschild.

④ Hängen Sie an der Hinterachse jetzt das linke und rechte Bremsseil aus dem Zwischenstück (Pfeil) und ...

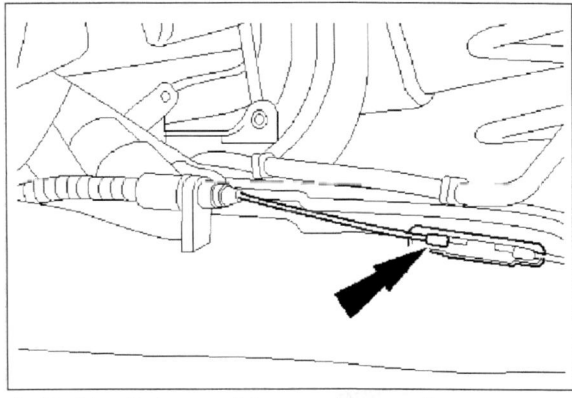

Auf beiden Seiten aushängen – Bremsseil.

⑤ ... ziehen beide Seilenden aus dem Widerlager (Pfeil). Lassen Sie das Seilende ruhig »baumeln«. Falls Sie die

BREMSANLAGE

Bremsseile nicht aus dem Zwischenstück »gefädelt« bekommen, lösen Sie die Handbremseinstellschraube. Erfahrungsgemäß klappt's dann.

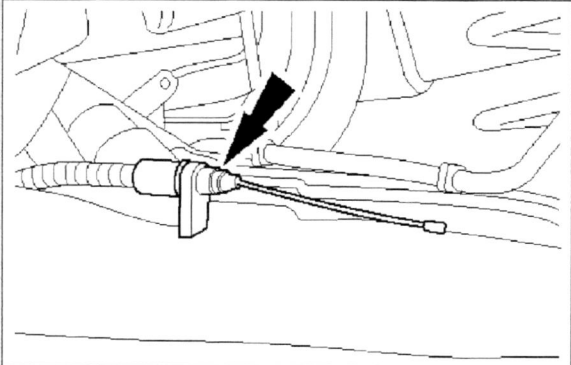

Aus dem Widerlager ziehen – Bremsseil.

⑥ Die spannungslosen Seile ❷ hängen Sie jetzt aus der Handbremsseilwippe aus und ...

⑦ ... ziehen dann die Bremsseilführungen aus den Haltern ❶.

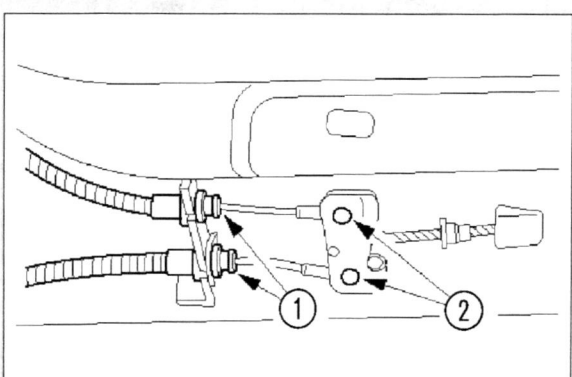

Aus der »Wippe« aushängen – Handbremsseile.

⑧ Geschafft? O. k., nun lösen Sie die Bremsseilführung (Pfeil) vom Hinterachskörper und ...

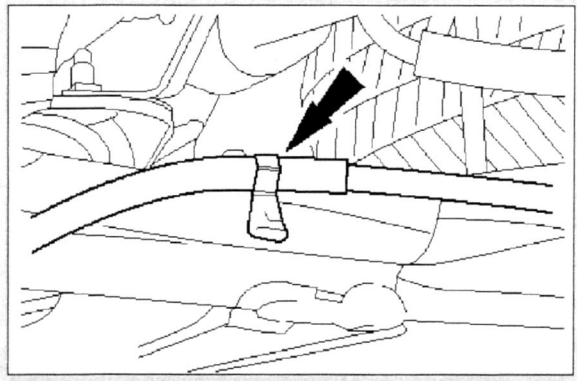

Vom Hinterachskörper und Unterboden lösen – Bremsseilführung.

⑨ ... vom Unterboden (Pfeile).

⑩ Jetzt können Sie das Bremsseil inklusive Gummitülle vom Unterboden abnehmen und beiseite legen.

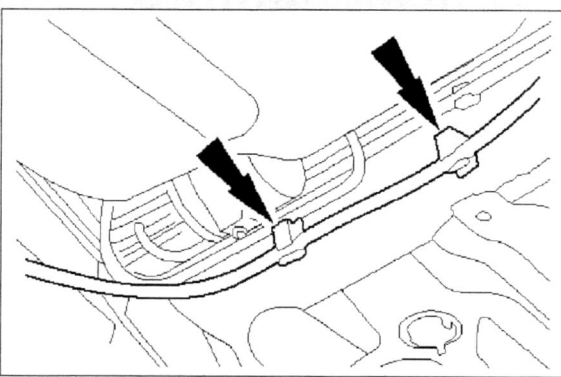

Inklusive Gummitülle abnehmen – Handbremsseil.

⑪ Beenden Sie die Arbeit in umgekehrter Reihenfolge.

⑫ Stellen Sie zuletzt den Hebelweg der Handbremse ein. Nach etwa drei Zähnen sollen die Hinterräder blockieren.

Handbremse einstellen

Kontrollieren Sie vorab, ob das Handbremsseil richtig in den Führungen verlegt ist und die automatische Nachstelleinrichtung an der Hinterachse einwandfrei funktioniert. Um ihre Arbeit später zu »sichern«, beschaffen Sie sich bei Ihrem Ford-Händler einen neuen Sicherungsclip.

① Bocken Sie den Hinterwagen Ihres Fiesta auf, sichern die Vorderräder mit Unterlegkeilen und checken, ob Sie beide Räder leicht drehen können.

② Um an die Handbremshebel-Einstellmutter zu kommen, knipsen Sie die Hebelabdeckung vorsichtig vom Mitteltunnel ab.

③ Lösen Sie die Handbremse und treten das Bremspedal danach einige Male voll durch: Mit Ihren »Tritten« aktivieren Sie die Nachstelleinrichtung.

④ Hernach ziehen Sie den Sicherungsclip vom Einstellgewinde und entsorgen ihn.

⑤ Passiert? Dann lösen Sie die Einstellmutter (Pfeil) und ziehen den Handbremshebel um zwei bis drei Rasten hoch.

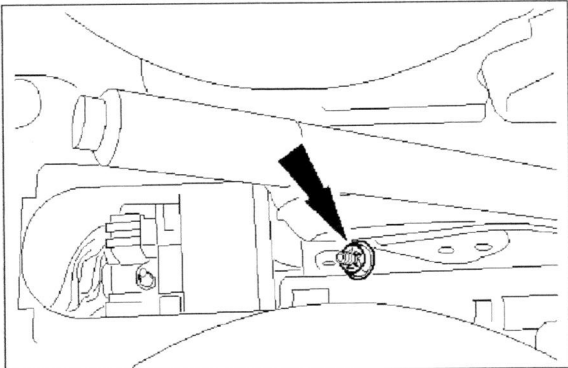

Als Erstes lösen – Handbremshebel-Einstellmutter.

⑥ Jetzt ziehen Sie die Einstellmutter gerade so weit an, dass sich beide Räder noch gut drehen lassen.

⑦ Wenn das der Fall ist, lösen Sie den Handbremshebel – beide Räder müssen jetzt wieder völlig freigängig sein.

⑧ Beenden Sie die Montage in umgekehrter Reihenfolge und ...

⑨ ... nehmen auf abgelegener Straße eine Bremsprüfung vor. Ziehen Sie dazu den Handbremshebel und achten darauf, dass der Wagen in der Spur bleibt. Das ist dann der Fall, wenn beide Räder synchron verzögern. Sollte Ihnen der Hinterwagen jetzt »quer« kommen, korrigieren Sie die Grundeinstellung der Handbremsseile.

Handbremsspiel

Wenn das Handbremsspiel in kurzen Nachstellabständen schnell größer wird, nehmen Sie die Bremstrommeln ab und checken den automatischen Nachstellmechanismus. Eventuell blockiert ihn nur Straßendreck und Bremsenabrieb. Falls das zutrifft, reinigen Sie seine Mechanik und fetten alle beweglichen Teile leicht mit hitzefester Kupferpaste ein. Sollte die Handbremse, trotz vorschriftsmäßiger Grundeinstellung, nicht richtig funktionieren, klemmt möglicherweise ein Bremsseil. Demontieren Sie dann alle Bremsseile und machen sie mit Silikonspray gangbar.

Bremse

Störung	Ursache	Abhilfe
A Bremse quietscht.	1 Resonanzgeräusche zwischen Bremsscheibe und Belägen.	Beläge wechseln, ggf. Bremsbelagträgerplatte auf der Rückseite mit Anti-Quietschpaste einstreichen.
	2 Beläge verschlissen bzw. verhärtet.	Erneuern.
	3 Bremsflächen der Scheiben bzw. Trommeln stark verschmutzt, verschmiert oder abgenutzt.	Scheiben reinigen bzw. Trommeln ausdrehen lassen. Ggf. austauschen.
	4 Belagführung am Bremssattel verschmutzt oder verrostet.	Säubern bzw. blank schleifen.
	5 Festsitzender Kolben im Bremssattel.	Gängig machen oder Bremssattel überholen lassen.
	6 Nachstellmechanismus der Trommelbremse nicht in Ordnung.	Mechanismus reinigen, gängig machen bzw. Einbaulage der Einzelteile überprüfen.
	7 Festsitzender Kolben im Radbremszylinder.	Gängig machen bzw. Bremszylinder austauschen (lassen).
	8 Neue Bremsbeläge tragen noch nicht vollflächig.	Außenkanten mit Schruppfeile brechen, evtl. Beläge egalisieren.
B Bremswirkung lässt nach (Fading).	1 Pedalweg normal: a) Beläge verölt, verbrannt oder verhärtet. b) Siehe A3 und 7.	Bremsbeläge ersetzen (lassen).

BREMSANLAGE

Bremse — Störungsbeistand

Störung	Ursache	Abhilfe
	2 Pedalweg kurz: Bremskraftverstärker arbeitet nicht oder kein Unterdruck am Verstärker.	Bremskraftverstärker bzw. Unterdruckleitung auf Knicke prüfen; Unterdruckventil verstopft; prüfen und evtl. ersetzen (lassen).
	3 Pedalweg lang: a) Siehe A5. b) Ein Bremskreis ausgefallen.	Kontrollieren, schadhafte Teile auswechseln (lassen).
	4 Falscher Belag.	Bremsbeläge tauschen (lassen).
	5 Hinterradbremse(n) defekt.	Bremsanlage prüfen (lassen).
C Bei hohem Bremspedaldruck schwache Bremsleistung.	1 Siehe A2 bis 7.	
	2 Siehe B1 bis 4.	
D Bremspedalweg schwammig.	1 Luft in der Anlage.	Bremsanlage prüfen, entlüften (lassen).
	2 Bei überanspruchter Bremse (Gebirgsfahrt, Anhängerbetrieb) Dampfblasenbildung (Bremsfading).	Anhalten, Bremse abkühlen lassen. Verhalten fahren und bremsen, häufiger einen Gang herunter schalten (Motorbremse).
	3 Hauptbremszylinder nicht richtig befestigt.	Befestigung prüfen.
E Bremspedal lässt sich ganz durchtreten, keine Bremswirkung.	1 Hauptzylinder ausgefallen.	Austauschen.
	2 Bremsschlauch oder Leitung gerissen, Dichtung leck.	Ersetzen.
	3 Bremsflüssigkeit zu alt oder überhitzt (Dampfblasenbildung).	Erneuern.
F Pedalweg zu lang.	1 Radlager lose oder verschlissen.	Befestigen, evtl. ersetzen lassen.
	2 Scheiben unrund, Beläge verschoben.	Scheibe und Beläge prüfen und evtl. ersetzen lassen.
	3 Falsch eingestellt.	Einstellen (lassen).
	4 Bremsflüssigkeit läuft aus.	Hydrauliksystem auf Dichtheit prüfen; Mangel beheben lassen.
G Stand der Bremsflüssigkeit zu gering.	1 Bremsscheiben oder Beläge verschlissen.	Bremsscheiben bzw. Beläge prüfen, ersetzen (lassen).
	2 Leck in der Hydraulik.	Hydraulik auf Leck prüfen und Mangel beheben lassen.
H Bremsen ziehen einseitig.	1 Bremsscheiben defekt oder unterschiedliche Beläge montiert.	Prüfen, evtl. ersetzen (lassen).
	2 Siehe A3.	
	3 Siehe A5 und 7.	
	4 Falsche Reifen oder falscher Reifendruck.	Prüfen; freigegebenes Reifenformat aufziehen, Reifendruck checken.
	5 Lenkung defekt.	Prüfen lassen.
	6 Stoßdämpfer verschlissen.	Prüfen, evtl. ersetzen (lassen).
I Beläge stark oder ungleichmäßig verschlissen.	1 Bremsscheiben sind korrodiert oder weisen Riefen auf.	Prüfen, evtl. ersetzen (lassen).
	2 Siehe A5.	

DIE FAHRZEUG-ELEKTRIK

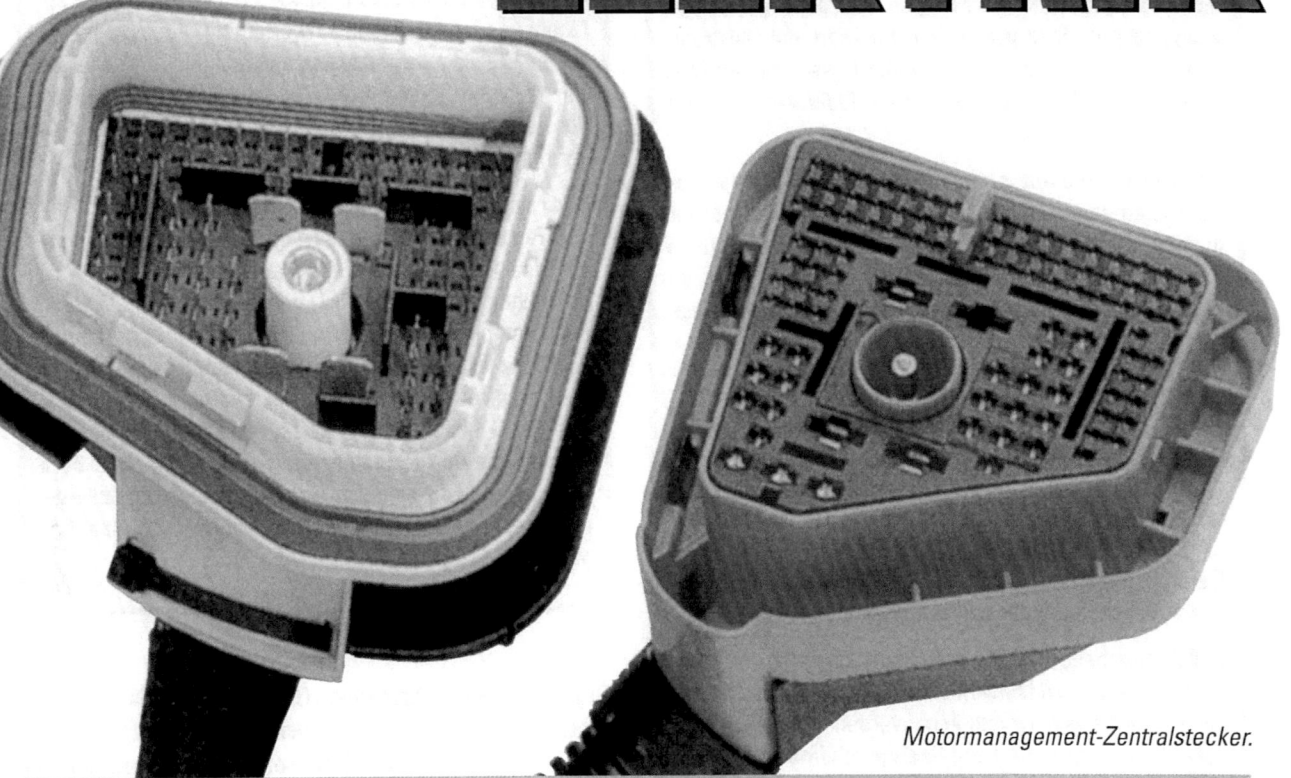

Motormanagement-Zentralstecker.

Wartung

Batteriesäurestand prüfen 223
Kontakte pflegen 224
Batterie prüfen 224
Stille Verbraucher messen 229

Reparatur

Motor »fremdstarten« 225
Batterie laden 228
Batterie aus- und einbauen 228
Spannungsregler prüfen 230
Antriebsriemen wechseln 230
Generator aus- und einbauen 232
Anlasser aus- und einbauen 234
Glühlampen wechseln 238
Scheinwerfer aus- und einbauen 238
Scheinwerfer einstellen 242
Signaleinrichtungen prüfen 243
Bremslichtschalter prüfen 245
Signalhorn prüfen 245
Schalter prüfen 247
Kombiinstrument aus- und einbauen 248
Sicherungen erneuern 250

FAHRZEUGELEKTRIK

Multiplextechnik/ CAN-Bus-System

Technik-lexikon

Dort wo viele Steuerimpulse und große Datenmengen weite Wege »gehen« müssen, beispielsweise in modernen Produktionshallen (Automobilfabriken, Chemische-Industrie, etc.), im Maschinenbau, anlässlich automatischer Fertigungsprozesse oder im Großgebäude-Management (Hotels, Freizeitzentren, etc.), sind baumdicke Kabelbäume mit unzähligen Einzelleitungen längst ausgemustert. Stattdessen kommuniziert die elektronische »Befehlsausgabe« über Daten-Busse mit den Maschinen- oder Produktionsstationen: Techniker sprechen von Multiplextechnik.

Und da moderne Autos längst Hightech-Produkte mit großem internen »Kommunikationsbedarf« sind, ist es nur logisch, dass Daten-Busse den Informationsaustausch handeln. Selbstverständlich bedient sich auch Ford im neuen Fiesta der Bus-Technik: Gleich drei CAN-Busse (**C**ontroller **A**rea **N**etwork) schaffen im Verborgenen.

Als »Datenspediteur bzw. Dolmetscher« managen CAN-Transceiver das »Palaver« in den Ringleitungen. Transceiver »übersetzen« digitale Daten in elektrische Signale und entlassen sie als Steuerbefehle ins Netz oder liefern sie als aktuelle vor Ort Beschreibungen zurück an den CAN-Controller. Das geschieht in Assistenz von **G**eneric **E**lectronic **M**odulen (GEM), die gewissermaßen den »Verkehr« zwischen Sender und Empfänger koordinieren.

GEM's bearbeiten mit hoher Übertragungsrate digitale Datensätze, die mit konventioneller Technik selbst baumdicke Kabelbäume »verstopfen« würden. In einer Leitung (CAN-Low) schickt der Bord-Rechner chiffrierte Informationen an die Netzteilnehmer und in einer zweiten Leitung (CAN-High) antworten die Adressaten dem Rechner mit chiffrierten Situationsberichten.

Da ist natürlich ein ständiger Plausibilitätscheck unumgänglich. Denn würden die Abgänge nicht mit den Eingängen korrespondieren, wäre das »Chaos« vorprogrammiert. Demzufolge vergleicht der Controller fortlaufend zwischen Soll- und Ist-Zustand. Sobald ihm etwas unlogisch erscheint, zum Beispiel wenn die Gemischanreicherung bei Betriebstemperatur munter weiter arbeitet, misstraut er dem Modul, nimmt es »vom Netz«, schaltet automatisch auf »Notprogramm« und legt den Fehler im Speicher ab.

Spätestens dann geht Ihnen eine Kontrollleuchte im Armaturenbrett auf: Mitunter sogar, obwohl Sie noch nichts bemerkt haben. Als Do it yourselfer sind Sie dann völlig aufgeschmissen – nicht so Ihr Ford-Händler: Er liest den »Bug« mittels Diagnoseequipment aus und erneuert das malade Modul.

CAN-Bus-Systeme managen im Fiesta den Datentransfer vom Blinker bis zur Scheibenheizung – vom Armaturenbrett bis zur Zentralverriegelung: Kurzum, im Fiesta gehen binnen kürzester Zeit zigtausende von Steuerimpulsen auf den Daten Highway. Ob, wo, wie und wer die Informationen nutzt, hängt, wie gesagt, allein von der Aufbereitungsart, bzw. vom Chiffre ab. Anders gesagt: Jeder Empfänger »spricht, versteht, antwortet und reagiert« nur auf seinen Dialekt, alles andere rauscht ungenutzt weiter bis zur nächsten Station. Das »Verständliche« wird genutzt, der Rest geht weiter auf die Reise. Und zwar so lange, bis der richtige Empfänger gefunden ist.

Der Fiesta »Daten-Highway« verkürzt übrigens nicht nur die »Reaktionszeit« zwischen vernetzten Baugruppen auf ein Minimum, er kommt zudem auch mit »spindeldürren« Kabelbäumen aus. Dennoch ganz ohne Kupfer, filigrane Zentralstecker und »verwirrende Kabelruten« geht's auch mit Multiplextechnik noch nicht. Versierte Do it yourselfer werden nicht arbeitslos: Denn einerlei ob Multiplex und Can-Bus – »Ströme laufen wie eh und je von A nach B«. Es gilt eben nur den richtigen Pfad zu finden. Und dazu benötigen Sie die aktuellen Schaltpläne des Herstellers – eine gehörige Portion aktuelles Fachwissen natürlich auch.

Ohne Batterie, Anlasser, Generator, CAN-Bus und rund sechs Kilometer Kupferkabel wäre Ihr Fiesta eine Immobilie auf Rädern: Mit leerer Batterie streikt der Anlasser, ohne Anlasser schweigt der Motor, ohne Motor pausiert der Generator – und ohne CAN-Bus-«Datencocktails« sind die Global-Player ohnehin zum Nichtstun verdammt.

Elektrische Energie – seit über 100 Jahren der »Lebenssaft« fürs Motormanagement

Wie schon im ersten Benz Patentmotorwagen anno 1886 helfen »elektrische Ströme« auch dem Fiesta von 2002 auf die Sprünge – die Geschichte des Autos ist unverrückbar an den Fortschritt der Elektrik/Elektronik gekettet: Schließlich war vor 116 Jahren die erste Zündkerze im Patenmotorwagen nicht weniger »stromabhängig« als heutige Subsysteme wie das Motormanagement, die Kraftstoffeinspritzung, die Beleuchtung oder ein GPS-Routenrechner.

Bei so viel Abhängigkeit erscheint es nicht verwunderlich, dass viele Autofahrer unangenehme Erlebnisse mit dem Trio Batterie, Anlasser, Generator verbinden. Die Ursache dafür liegt häufig unter der Motorhaube, also dem Arbeitsplatz und der Peripherie dieser drei Akteure. Zur Entschuldigung sei allerdings gesagt, die dort vorherrschenden Arbeitsbedingungen waren und sind nicht gerade ideal: Mal ist es zu kalt, mal zu warm, vielfach feucht, mitunter gar triefend nass. Viele Stromverbraucher sitzen zudem an exponierten Stellen – Störungen in der Bordelektrik/-elektronik sind da eigentlich vorprogrammiert. Zudem kapituliert die Batterie bisweilen vor klirrender Kälte wie vor großer Hitze.

Einfach zu beheben – kleine Störungen im Bordnetz

Nach der Lektüre dieses Kapitels sollte Ihnen freilich jedes überzeugende Argument fehlen, um vor einem »toten« Schalter oder einer »schwarzen« Lampe zu kapitulieren. Oft »wackelt« dahinter nämlich nur ein Kabelstecker oder ein Kontakt ist »unterwegs« korrodiert. An der Bordelektrik können Sie viele Unpässlichkeiten gewissermaßen mit Ihrer »Hausapotheke« behandeln. Selbst dann, wenn Sie kein »ausgewiesener Strippenwurm« sind und auch nicht werden möchten.

Kein »Spielplatz« für Besserwisser – CAN-Bus-Datenhighway im Fiesta

Doch wenn es um ernsthafte Fehlersuche bzw. Diagnoseergebnisse innerhalb der CAN-Bus-Datenhighways geht, lassen Sie Ihre »Hausapotheke« besser verschlossen: Beauftragen Sie ganz emotionslos Ihren Ford-Händler oder einen ausgewiesenen Elektronikexperten damit.

Je nach Anforderungsprofil aktiviert der Fiesta 2002 nämlich bis zu 40 Sensoren, bevor GEM's Datenmenüs an ihre Adressaten verschicken oder im Umkehrschluss »Ortsbeschreibungen« analysieren. Ganz nebenbei, ohne Funktions- und Schaltpläne sowie Diagnose-Equipment wären selbst Experten mit der Fehlersuche völlig überfordert. Wie viel Frust sollen da erst Heimwerker »tanken«, die sich ohne aktuelles Know-how auf CAN-Bus-Spuren begeben und in die Welt der Multiplex-Technologie abtauchen? Geben Sie sich die ehrliche Antwort selber – bevor Sie mit dickem Hals im Abseits stehen.

Praxistipp

Grundbegriffe der Elektrik

Elektrische Spannung (Strom) fließt nur in geschlossenen Stromkreisen. Stromkreise bestehen aus Erzeuger (z. B. Batterie, Generator), Verbraucher (z. B. Glühlampe, Anlasser, Elektromotor) und den Kabelsträngen mit ihren einzelnen Leitungen. Kabelstränge schaffen Verbindungen zwischen Erzeuger und Verbraucher.

Das folgende Beispiel verdeutlicht Ihnen die Grundbegriffe der Elektrik: Stellen Sie sich bitte eine Wasserleitung vor, in der unter bestimmtem Druck eine definierte Menge von A (Erzeuger) nach B (Verbraucher) fließt. Nichts anders passiert in den Kupferleitungen Ihres Fiesta. Zum Beispiel dann, wenn Ihnen beim Öffnen der Tür automatisch »ein Licht aufgeht«.

Spannung: Sie entspricht dem Druck in der Wasserleitung. Die Maßeinheit für Spannung ist Volt (V).

Strom: Entspricht der Wassermenge, die in einer definierten Zeit in der Wasserleitung fließt. Die Maßeinheit für Strom ist Ampere (A).

Leistung: Ist das Produkt aus Spannung und Strom. Es gibt an, wie viel Leistung ein elektrischer Verbraucher von einem Stromerzeuger bekommt. Die Maßeinheit für Leistung ist Watt (W).

Widerstand: Vergleichbar mit einem Wasserhahn. Ist der Hahn geöffnet, fließt ungehindert Wasser in der Leitung (Widerstand 0). Ein verschlossener Hahn erhöht den Widerstand kontinuierlich, bis schließlich kein Wasser mehr fließt (Widerstand ∞). Die Maßeinheit für Widerstand ist Ohm (Ω).

Kabel: Vergleichbar mit einer Wasserleitung. Die erforderliche Stärke der Leitung (Querschnitt) bestimmt der Verbraucher: Ein Kontrolllämpchen kommt mit einer Kabelstärke von 0,5 mm² aus. Der Anlasser verlangt dagegen ein starkes 16 mm² Kabel – in unserem Beispiel würde das dem Hauptwasseranschluss entsprechen. Ein zu dünnes Kabel heizt sich auf – die Spannung fällt zwangsläufig ab. An den Scheinwerfern kommen dann beispielsweise nicht mehr 12 Volt, sondern nur 10 oder 9,5 Volt an – das Licht wird trübe.

Batterie und Anlasser

Sechs in Reihe geschaltete Zellen sind das Herz einer 12-Volt-Starterbatterie. Eine Zelle besteht aus einer Kombination positiver und negativer Platten, die in einer Art chemischen Teamworks jeweils etwa zwei Volt Spannung produzieren. Die Platten bestehen aus

FAHRZEUGELEKTRIK

Hartbleigittern, die mit einer aktiven Masse gefüllt sind. Auf der positiven Plattenseite ist das Bleidioxid, das Reaktionsmittel der negativen Platte – reines Blei. Zwischen den beiden sitzt ein Separator – er trennt die Platten voneinander, lässt die Batterieflüssigkeit (Elektrolyt) jedoch durch mikroskopisch feine Poren zirkulieren. Elektrolyt ist eine leitfähige Flüssigkeit, die zu etwa 37 Prozent aus konzentrierter Schwefelsäure und 63 Prozent destilliertem Wasser besteht.

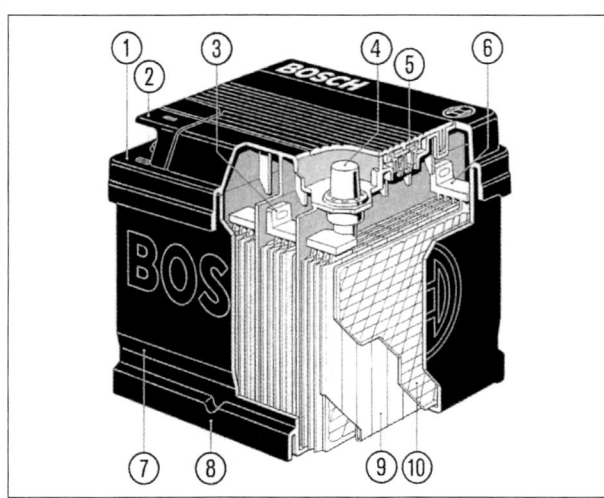

Kraftpaket: Wartungsfreie Batterie. ❶ Blockdeckel, ❷ Polabdeckkappe, ❸ Direktzellenverbinder, ❹ Endpol, ❺ Zellenverschlussstopfen (unter der Abdeckplatte), ❻ Plattenverbinder, ❼ Blockkasten, ❽ Bodenleiste, ❾ in Folienseparatoren »eingetaschte« Plusplatten, ❿ Minusplatten.

Speichert elektrische Energie – die Batterie

Im abgeschotteten Inneren der Batterie laufen energetische Prozesse ab – Batterien wandeln chemische Energie zu elektrischer Energie. Der wichtigste Abnehmer für den »Powersaft« ist der Anlasser. Seine Durchzugskraft ist abhängig von dem Energiepolster, das die Batterie während der Fahrt aufnimmt und speichert: Je nach Motor und Anlassertyp »lutscht« der Starter kurzzeitig dabei bis zu 2.000 Watt – dafür muss die Batterie in Höchstform sein.

Bei jedem Kaltstart geht ein Großteil der immensen Leistung auf das Konto interner Reibungsverluste. Warmstarts realisiert der Anlasser dagegen schon mit rund einem Fünftel der Kaltstartpower: Sämtliche oszillierenden und rotierenden Bauteile lassen sich dann untereinander mehr »Platz«, und »warme« Öle sind ohnehin flexibler als ausgekühlte Schmierstoffe, die zunächst nur äußerst unwillig im Ölkreislauf kursieren.

Die Batterie – Begriffe und Normen

Kennzeichnung: Befindet sich auf dem Gehäuse und spezifiziert die Batterieeigenschaften. Beispiel: »12V 43Ah 390A« (12V = Nennspannung; 43Ah = Nennkapazität; 390A = Kälteprüfstrom).

Nennspannung: Allgemeine Spannungsabgabe (Maßeinheit »V«). Beträgt bei allen Fiesta-Modellen 12 Volt. Die tatsächliche Spannung hängt allerdings vom Ladezustand der Batterie ab. Sie kann die Nennspannung über- oder unterschreiten.

Nennkapazität: Beziffert das Speichervermögen einer Batterie mit der Maßeinheit »Ah«. Es ist die Kapazität, die eine vollgeladene Batterie bei einer Temperatur von 27 °C in 20 Stunden abgeben kann, ohne dass dabei die Zellenspannung unter 10,5 Volt absinkt (Entladeschlussspannung). Das Begrenzungslicht Ihres Fiesta nimmt rund 35 Watt auf. Bei 12 Volt Bordspannung gibt die Batterie einen Strom von 2,9 Ampere ab, nach der Formel »Strom (A) = Leistung (W) / Spannung (V)«. Mit einer gefüllten 43 Ah-Batterie gingen Ihrem Fiesta theoretisch also nach rund 15 Stunden die Lichter aus. Die Betonung liegt auf »theoretisch«, denn in der Praxis ist die Batterie bereits nach etwa 11 Stunden saft- und kraftlos.

Kapazität: Die entnehmbare Strommenge in Amperestunden (Ah). Sie hängt vor allem vom Entladestrom, der Temperatur, dem Ladezustand und dem Allgemeinzustand (Alter) der Batterie ab.

Kälteprüfstrom: Steht für die Startfähigkeit einer Batterie bei Kälte (Maßeinheit »A«). Ein definierter Entladestrom, der einer 12-Volt-Batterie bei -18 °C entnommen werden kann. Die Spannung darf dann innerhalb von 30 Sekunden nicht unter 9 Volt, bzw. binnen 150 Sekunden nicht unter 6 Volt absinken.

Selbstentladung: Chemische Vorgänge führen in den Batteriezellen zur Entladung – auch wenn kein Verbraucher »Strom zieht«. Eine geladene, neuwertige Autobatterie verliert täglich etwa 0,5 Prozent ihrer Kraft. Hohe Temperaturschwankungen, Beschädigungen oder verdreckte Batteriegehäuse beschleunigen den Vorgang.

Die »Batterieverordnung«

Hierzulande gelten für Kauf und Entsorgung von Starterbatterien schon seit dem ersten Oktober 1998 die Vorschriften der »Batterieverordnung«. Dennoch sind ihre Inhalte und Bestimmungen beim Endverbraucher noch weitgehend unbekannt. Demnach müssen Endverbraucher eine alte Batterie über einen Händler oder in einer Werkstatt »entsorgen«. Die Rückgabe ist kostenlos, lediglich für den Neukauf einer Starterbatterie gelten besondere Regeln. Unsere Übersicht fasst die wichtigsten Punkte zusammen.

- Auf eine Starterbatterie, die Sie bei einem Händler oder in einer Werkstatt kaufen, berechnet Ihnen der Verkäufer automatisch ein »Rückgabepfand« von derzeit 7,50 Euro. Als Beleg dafür erhalten Sie beim Kauf eine Quittung oder Pfandmarke.
- Die Regelung enthält eine wichtige Ausnahme: Sie zahlen kein Pfandgeld, wenn Sie beim Kauf eine alte Batterie zurückgeben.
- Haben Sie dem Händler oder der Werkstatt für die alte Batterie bereits Pfand gezahlt, erhalten Sie Ihr Geld gegen Vorlage der Quittung zurück.
- Ihr Pfand können Sie grundsätzlich nur beim Verkäufer der neuen Batterie einlösen. Sie müssen ihm dazu die alte Batterie und die Quittung (Pfandmarke) vorlegen.
- Die alte Batterie muss freilich nicht mit der gekauften Starterbatterie identisch sein: Gegen Quittung können Sie eine x-beliebige Starterbatterie abgeben.
- Geben Sie beim Kauf eine alte Batterie zurück, für die Sie noch kein Pfand entrichtet haben, ist's egal, woher der Akku stammt: Für die neue Batterie wird kein Pfandgeld fällig.

Der Schub-Schraubtrieb-Anlasser mit Vorgelege

Technik-lexikon

Beim Start haucht Ihrem Fiesta ein Schub-Schraubtrieb-Anlasser mit Vorgelege die nötigen »Lebensgeister« ein.

- Drehen Sie den Zündschlüssel in Richtung »Start«, fließt über das Zündschloss (Klemme 50) Spannung an den Magnetschalter oberhalb des Anlassers.
- Das versetzt die Einrückgabel im Fiesta-Anlasser in Bewegung: Sie schiebt daraufhin auf einem Steilgewinde der Ankerwelle das Starterritzel in den Zahnkranz des Motorschwungrads (Schubweg).
- Am Ende des Schubwegs »steht« das Anlasserritzel dann unmittelbar vor der Schwungscheibe – Signal für den Magnetschalter jetzt über seine Hauptkontakte den vollen Batteriestrom freizugeben (Klemme 30). Das Starterritzel schraubt sich weiter in den Zahnkranz und stellt so den Kraftschluss her (Schraubweg) – der Anlasser dreht den Motor durch.
- Sobald der Motor die ersten Lebenszeichen von sich gibt und Sie den Zündschlüssel loslassen, bricht in der Haltewicklung des Magnetschalters das Magnetfeld in sich zusammen – die Einrückgabel gelangt nun per Rückzugfeder in ihre Ausgangsstellung (Ruhestellung). Das »führungslose« Anlasserritzel spurt daraufhin aus dem Schwungrad aus und der Anlasser »steht« ohne Strom da.

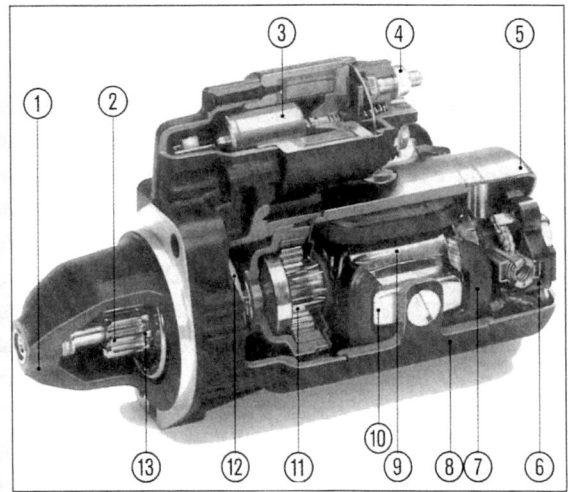

Kompaktes Kraftpaket: Schub-Schraubtrieb-Anlasser mit Vorgelege. ❶ *Antriebslager,* ❷ *Starterritzel,* ❸ *Einrückrelais,* ❹ *Anschluss Klemme 30,* ❺ *Kommutatorlager,* ❻ *Bürstenhalterplatte mit Kohlebürsten,* ❼ *Erregerwicklung,* ❽ *Polgehäuse,* ❾ *Anker,* ❿ *Polschuh,* ⓫ *Planetengetriebe (Vorgelege),* ⓬ *Einrückhebel* ⓭ *Einspurgetriebe.*

Der Generator

Drehstromgeneratoren (Lichtmaschinen) sind nichts anderes als kompakte »Stromkraftwerke«. Während der Motor läuft, versorgen sie alle elektrischen Aggregate mit Strom, ihre überschüssige Energie speichert die Batterie. Im Fiesta arbeiten unisono 14,2 Volt Generatoren, je nach Ausstattung mit 70 bis 90 Ampere Leistung. »Unbeaufsichtigt« produzieren Drehstromgeneratoren Wechselstrom. Erst ein im Gehäuse integrierter Gleichrichter wandelt die unbrauchbaren Spannungsspitzen »bordgerecht« und drehzahlunabhängig in 14,2 Volt Gleichstrom um – er macht das, sobald der Motor »brummt« und die Generatorriemen-

FAHRZEUGELEKTRIK

scheibe rotiert. Den Antrieb besorgt ein Keilrippenriemen, der den Läufer ungefähr mit doppelter Motordrehzahl »kreisen« lässt.

Moderne Generatoren sind ab Werk praktisch wartungsfrei. Selbst die Bürsten (Schleifkohlen) halten unter normalen Bedingungen gut und gerne 100.000 bis 150.000 Kilometer. Falls Ihr Generator wider Erwarten doch vorzeitig »zicken« sollte, legen Sie das »Kleinkraftwerk« zur Revision Ihrem Ford-Händler oder einem Bosch-Dienst auf die Werkbank.

Regelt die Bordspannung – der Spannungsregler

Je schneller der Läufer im Generatorgehäuse rotiert, um so mehr Spannung liefert die Lichtmaschine – das funktioniert ähnlich wie bei einem Fahrraddynamo. Doch wenn der Läufer, wie am Fahrraddynamo, die Bordspannung »ungezügelt« in die Höhe treiben könnte, wären die langfristigen Überlebenschancen aller Bordverbraucher gleich Null. Daher kappt die Spannungsspitzen des Drehstromgenerators ein Spannungsregler – bei modernen Generatoren sitzt er an der hinteren Gehäusewand direkt im Gehäuse. Je nach Batterie- und Umgebungstemperatur »bremst« der Regler die Betriebsspannung zwischen 13,8 und 14,2 Volt ein. Damit haben alle Bordverbraucher ein gutes Sicherheitspolster, und auch die Batterie läuft nicht Gefahr, ständig überladen und damit sprichwörtlich abgekocht zu werden.

Batterie schonend – Ladesystemregelung per PCM

Kalte Batterien lassen sich am wirksamsten mit einer höheren Spannung, warme Batterien dagegen mit einer geringeren Spannung auffrischen. Der Tatsache kommt Ford im neuen Fiesta mit einem »intelligenten« Ladesystem entgegen. Dreh- und Angelpunkt ist das PCM: Es koordiniert den Generatorausgang und passt die Ladespannung mit Hilfe des Ansauglufttemperatur-Sensors (IAT) der momentanen Batterietemperatur an. Bei hohem Stromverbrauch oder entladener Batterie erhöht das System beispielsweise die Leerlaufdrehzahl. Und um während des Startvorgangs den Anlasser mitsamt Batterie möglichst zu schonen, trennt eine Rutschkupplung die Generator-Riemenscheibe von der Läuferwelle: Fiesta-Lichtmaschinen laufen also erst dann zur Höchstform auf, wenn der Motor bereits läuft.

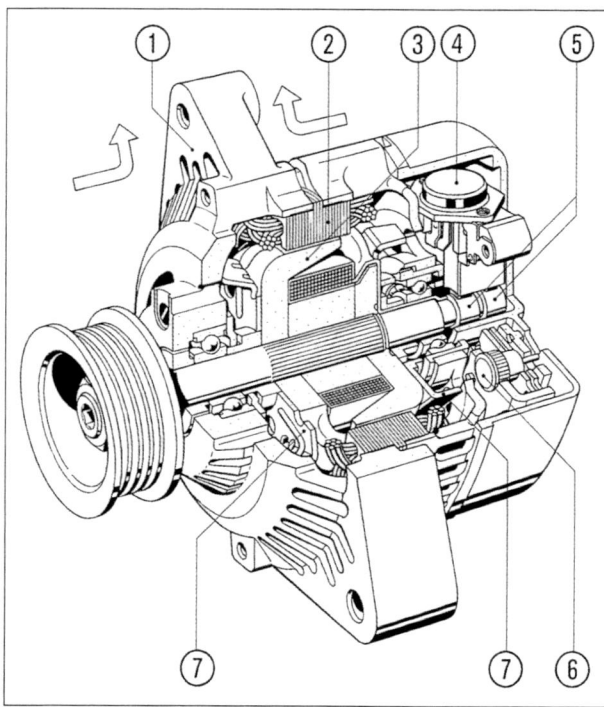

»Kleinkraftwerk« – Kompaktgenerator im Fiesta. ❶ *Gehäuse,* ❷ *Ständer,* ❸ *Läufer,* ❹ *elektronischer Feldregler mit Bürstenhalter,* ❺ *Schleifringe,* ❻ *Gleichrichter,* ❼ *Lüfter.*

Spannung, Strom und Widerstand messen — Techniklexikon

Wenn Sie »tieferes« Interesse am technischen Zustand der Bordelektrik haben, müssen Sie nicht unbedingt einen Autoelektriker bemühen: Der Fachhandel offeriert Do it yourselfern eine Reihe von Prüfgeräten, mit denen Sie der Elektrik Ihres Fiesta selbst auf die »Schliche« kommen können.

Prüflampe (mit Nadelkontakt): Damit testen Sie, ob ein Stromkreis Spannung führt: Je heller die Lampe leuchtet, um so mehr Spannung liegt an. Stechen Sie mit dem Nadelkontakt der Lampenspitze einfach die Isolierung des zu prüfenden Kabels an. Die Klemme des Prüflampenkabels clipsen Sie dazu an Masse (z. B. Batterie Klemme 31 »Minuspol«, Motorgehäuse, blankes Karosserieblech o.Ä.) fest. Vorsicht: Prüflampen sind ungeeignet um elektronische Bauteile (z. B. Motormanagement) zu prüfen. Verwenden Sie besser einen Spannungsprüfer mit Leuchtdioden – Prüflampen nehmen zu viel Leistung auf.

Spannungsprüfer mit Leuchtdioden: Je nach Ausführung zeigen jene Spannungsprüfer Gleich- und Wechselspannungen zwischen sechs und rund 700 Volt an. Die

Säurestand der Batterie kontrollieren – Kontakte pflegen

Ab Werk hat Ihr Fiesta eine weitgehend wartungsfreie Batterie an Bord. Ihre Oberfläche »schmückt« ein magisches Auge, das Ihnen visuell den Fitnesszustand der Batterie vermittelt: Solange Sie in ein »grünes« Auge schauen, geht's der Batterie gut, bei gelber Färbung überlebt die Batterie erfahrungsgemäß den kommenden Winter nicht mehr.

Anzeige erfolgt optisch über die Leuchtdioden. Einfache Geräte gibt's im Fachhandel ab etwa 5 Euro

Multimeter (Vielfachinstrument): Damit lassen sich Spannung, Strom (Gleich-/Wechselstrom) und Widerstand messen. Geeignete Geräte mit digitaler Anzeige gibt's bereits ab etwa sieben Euro. Zur Stromversorgung benötigen die meisten Multimeter eine interne Batterie.

Spannung messen: Um zum Beispiel die Batterie-Ruhespannung mit einem Multimeter zu messen, klemmen Sie das mit »–« gekennzeichnete schwarze Kabel an Klemme 31 der Batterie (Minuspol) oder an Masse an. Das rote »+-Kabel« des Messgeräts verbinden Sie mit Klemme 30 der Batterie (Pluspol) oder mit der zu messenden Leitung. Zeigt das Instrument etwa nur 10,4 Volt an, deutet das auf eine defekte Batteriezelle hin. Prüfen Sie darum die Batteriespannung während des Anlassvorgangs – Messergebnisse von 5 Volt (+/- 0,5 V) entlarven einen »schlappen« Akku.

Strom messen: Unterbrechen Sie dazu den Stromkreis und klemmen das Messgerät dazwischen. In der Regel reicht es, wenn Sie bei Ihrem Fiesta den betreffenden Steckkontakt abziehen und das Messgerät einfach zwischen Stecker und Kontaktzunge schalten. Vorsicht: Achten Sie stets auf den Messbereich Ihres Multimeters. In Verbrauchern wie z.B. dem Anlasser fließen sehr hohe Ströme – die könnten Ihrem Multimeter den Garaus bereiten.

Widerstand messen: Mit dem Multimeter prüfen Sie auch Kabel oder Schalter auf Durchgang. Fließt der Strom ungehindert, lesen Sie auf der Skala den Messwert 0. Defekte Kabel oder Schalter belegt Ihr Multimeter mit dem Messwert unendlich (∞). Außerdem können Sie mit dem Multimeter den Innenwiderstand elektrischer Bauteile prüfen.

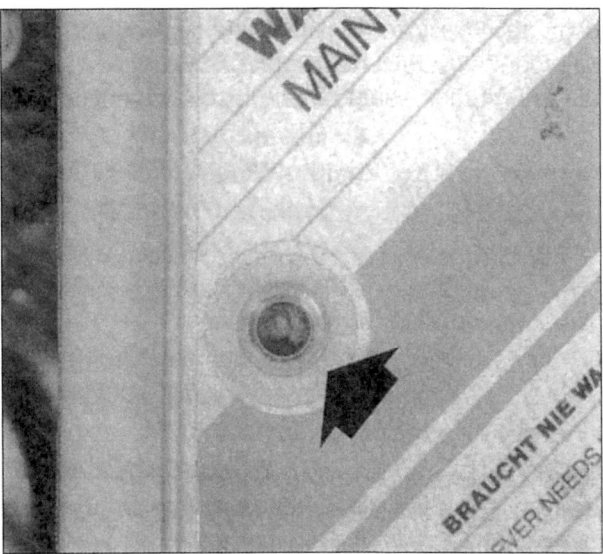

Visuell im Bilde: Die Farbe des magischen Auges signalisiert den Batteriezustand.

Die Lebensdauer Ihrer Fiesta-Batterie hängt natürlich stark von den Einsatzbedingungen ab: Jeder Kaltstart, überwiegende Kurzstrecken mit vielen Ampelstopps und Stop-and-go-Verkehr, jeder zusätzliche Bordverbraucher (Klimaanlage, beheizbare Front- und Heckscheibe, Innenraumgebläse, Fahrlicht, etc.) stressen den Stromspeicher mehr als regelmäßiger Langstreckenbetrieb. Dennoch – drei bis fünf Jahre sollten einer Fiesta-Batterie vergönnt sein.

Sollten Sie sich danach für eine weniger bequeme, jedoch preisgünstigere »Ersatzbatterie mit offenen Zellen« entscheiden, raten wir Ihnen von Zeit zu Zeit den Stand der Batterieflüssigkeit zu checken. Denn Batterieflüssigkeit ist eine Melange aus destilliertem Wasser und Schwefelsäure. Hohe Umgebungstemperaturen gleichwie ein defekter Spannungsregler lassen das Wasser verdunsten und demzufolge den Flüssigkeitspegel sinken. Achten Sie also auf »trockene« Zellengit-

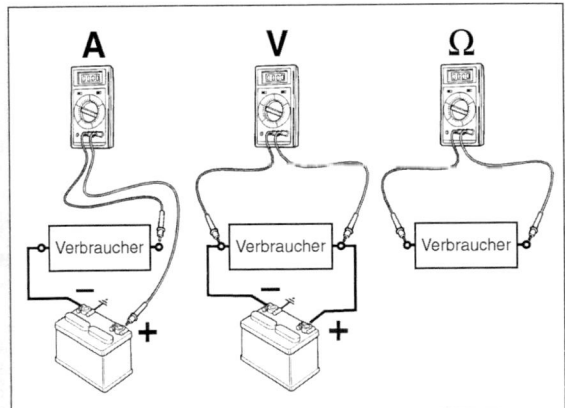

Schematischer Anschluss eines Multimeters: Strom (A), Spannung (V) und Widerstand (Ω). Verbraucher sind z. B. Lampen, Elektromotoren oder Anlasser.

FAHRZEUGELEKTRIK

ter und befüllen jede Zelle mit so viel destilliertem Wasser, dass die Batterieflüssigkeit gut 1,5 Zentimeter oberhalb der Zellen steht.

Während langer Stillstandszeiten entlädt sich die Batterie automatisch. Auch das kann, gleichwie Überbeanspruchungen von externen Stromverbrauchern (z. B. Kühlbox, Kleinkompressoren, etc.), zu »Wassermangel« führen. Fehlmengen ergänzen Sie grundsätzlich nur mit destilliertem Wasser – normales Leitungswasser enthält leitfähige Salze und weitere mineralische Stoffe, die der Batterie schaden.

Das gilt übrigens auch für abgekochtes Wasser. In servicefreundlichen Batterien kondensiert die »verdampfte« Flüssigkeit in einem Leitungslabyrinth oberhalb der Zellen. Von dort tropft das Wasser wieder in die Zelle zurück – der Kreislauf ist nahezu unendlich.

Arbeitsschritte

① Batteriesäure muss mindestens bis zur »MIN-Markierung« am Gehäuse reichen (die Platten sind dann noch um etwa einen Zentimeter bedeckt).

② Ergänzen Sie zu geringe Säurestände. Dazu schrauben oder knippen Sie die Verschlussstopfen oberhalb des Batteriedeckels heraus.

③ Die Fehlmenge einer geladenen Batterie ergänzen Sie bis zum oberen Strich der »MAX-Markierung« (ca.15 Millimeter oberhalb der Platten) mit destilliertem Wasser.

④ Befüllen Sie eine stark entladene Batterie nur so weit, dass die Platten gerade mal bedeckt sind – der Säurestand steigt während des Ladevorgangs. Falls erforderlich, ergänzen Sie die Fehlmenge hernach bis zur »MAX-Markierung«.

⑤ Halten Sie die »MAX-Markierung« auf jeden Fall ein. Denn sollten Sie weiter aufgießen, tritt Säure an den Verschlussstopfen oder an der seitlichen Entlüftungsbohrung aus. Das führt zu »blühender« Korrosion und weißen Säurekristallen an der Batterieoberfläche gleichwie im Umfeld ihres Standplatzes.

⑥ Falls geschehen, lösen Sie die Kristalle vorsichtig mit einer Messingbürste und spülen den »Dreck« danach mit reichlich Wasser ab. Vergessen Sie nicht, vorher die Klemme 31 (Minuspol) der Batterie abzuklemmen.

Kontakte pflegen

① Waschen Sie Oxidkristalle an den Batterieklemmen mit warmem Sodawasser ab. Noch besser verwenden Sie einen speziellen Reiniger, zum Beispiel »Neutralon«.

② Danach fetten Sie die Batteriepole und Kabelklemmen leicht mit Säureschutzfett (Bosch) ein – normales Fett ist übrigens denkbar ungeeignet. Vorsicht: Verteilen Sie kein Fett zwischen die Polkontaktflächen.

Batterie prüfen

Macht die Batterie, trotz richtigem Säurestand, einen »schlappen« Eindruck, prüfen Sie ihren Ladezustand mit einem Säureheber (Aräometer). Aräometer messen die Elektrolytenkonzentration in der Batterieflüssigkeit. Natürlich können Sie den Ladezustand auch mit einem Multimeter checken: Anhand der gemessenen Ruhespannung lässt sich der Batterieladezustand in etwa bestimmen.

Arbeitsschritte

Säuredichte messen

① Bevor Sie messen, »gönnen« Sie der Batterie mindestens sechs Stunden »Ruhe«.

② Entfernen Sie dann die Batterie-Verschlussstopfen, …

③ … halten das Messgerät senkrecht in die Flüssigkeit und saugen dann so viel Batteriesäure an, dass die Messspindel frei im Zylinder schwimmt.

Säuregewicht

Säuregewicht (kg/l)	1,28	1,2	1,12
Zustand der Batterie	voll geladen	halb geladen	entladen

Spannung messen

① Liegt der letzte Ladevorgang weniger als sechs Stunden zurück, schalten Sie für etwa 30 Sekunden das Abblendlicht ein: Das »weckt« die Batterie auf und nivelliert etwaige Spannungsspitzen.

② Nach weiteren vier bis fünf Minuten Wartezeit prüfen Sie die Batteriespannung. Schalten Sie zur Messung alle Stromverbraucher aus.

Spannung

Spannung (V)	12,66 u. m.	12,48	12,3
Zustand der Batterie	100% gelad.	75% gelad.	50% entl.

MOTOR FREMDSTARTEN

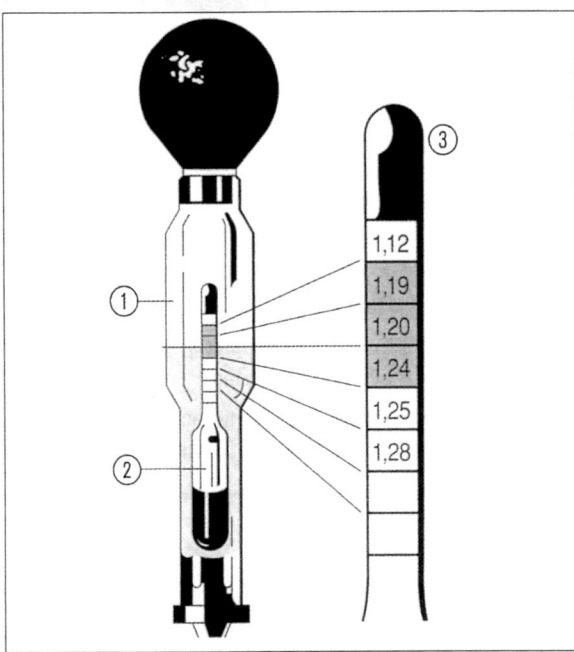

Säuredichte messen: Nur an Batterien mit »offenen« Zellen möglich. Die Säuredichte messen Sie an jeder einzelnen Batteriezelle. Halten Sie dazu den Säureheber ❶ senkrecht und saugen nur soviel Batterieflüssigkeit aus der Zelle, dass der Schwimmer (Aräometer ❷) freigängig wird. Bei einer »gesunden« Batterie sind die Zellen nahezu gleich stark. Vergleichen Sie das auf der Skala ❸ am oberen Aräometerende.

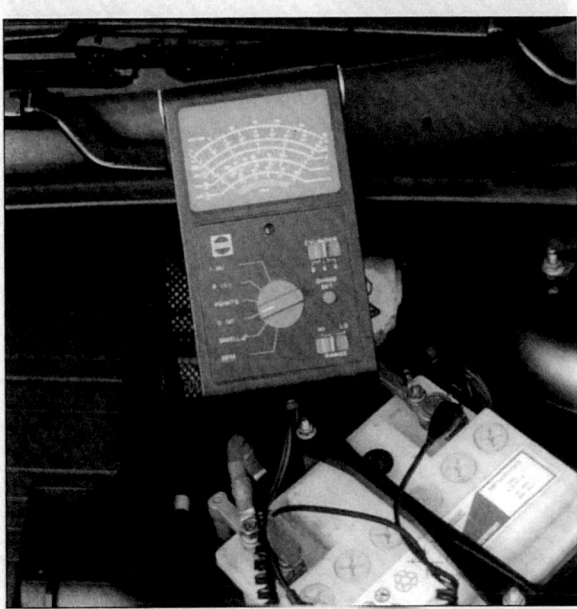

Mit dem Multimeter schnell erledigt: Batteriespannung messen. Unter 12,3 Volt Ruhespannung laden Sie die Batterie schnellstens auf.

Batteriekapazität messen — Praxistipp

Werkstätten messen mit einem Kapazitätsmesser die »stillen Reserven« (A) einer Batterie. Das Gerät wird kurz zwischen Plus- und Minuspol angelegt. Kurz bedeutet maximal zehn Sekunden, denn der gemessene Kurzschlussstrom »lutscht« die Batterie binnen kurzer Zeit leer. Falls Sie keinen Kurzschlusstester besitzen, behelfen Sie sich einfach. Parkieren Sie Ihren Fiesta etwa zwei Meter vor einer dunklen Wand, stellen den Motor ab und legen den vierten Gang ein. Ziehen Sie die Handbremse an und schalten das Fahrlicht ein. Ab jetzt sollte alles ganz schnell gehen. Treten Sie die Bremse und starten parallel dazu den Motor. Achten Sie dabei auf die Scheinwerferkegel vor der Wand. Verdunkeln sie unmittelbar, ist die Batterie tatsächlich schlapp, wird's nach etwa drei Sekunden dunkel, ist die Kapazität noch ausreichend. Wiederholen Sie die Messung, wie übrigens auch die Messung mit dem Kurzschlusstester, nicht beliebig oft – Ihre Batterie und der Anlasser würden das mitunter nicht verkraften.

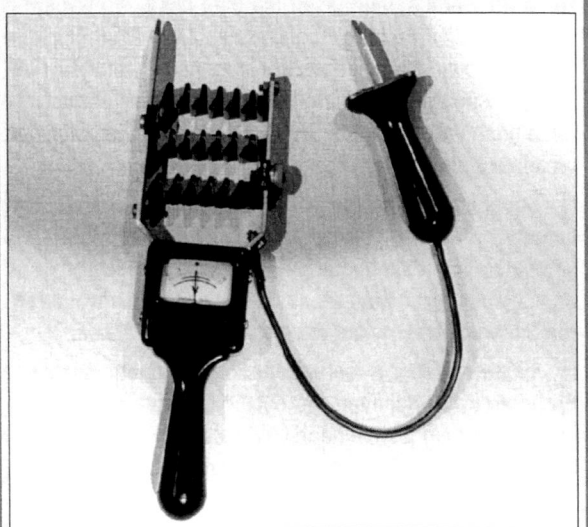

Maximal zehn Sekunden checken: Batteriekapazität mit Kurzschlusstester.

Motor »fremdstarten« – mit Starthilfekabeln kein Problem

Verwenden Sie zur Starthilfe nur spezielle Elektronik-Starthilfekabel, damit bewahren Sie die elektronischen Bauteile Ihres Fiesta vor gefährlichen Spannungsspitzen.

FAHRZEUGELEKTRIK

Arbeitsschritte

① Lassen Sie den »Fremdstarter« möglichst nah an »die leere Batterie« heranfahren. Die Starthilfekabel müssen »locker« zwischen die Batterien passen.

② Im Havaristen schalten Sie derweil alle Stromverbraucher ab.

③ Klemmen Sie grundsätzlich zuerst die leere und dann die volle Batterie an.

④ Zunächst verbinden Sie mit dem roten Starthilfekabel beide Batteriepluspole und ...

⑤ ... danach mit dem schwarzen Starthilfekabel beide Minuspole. Sollte die Kabellänge nicht ausreichend sein, nutzen Sie eine »satte« Masseverbindung im Motorraum, zum Beispiel den Federbeindom.

⑥ Lassen Sie sich nun ein paar Minuten Zeit, dann fließt bereits »Saft« aus der vollen in die leere Batterie.

⑦ Starten Sie hernach das Auto mit der schlappen Batterie. Sollte das nicht sofort gelingen, legen Sie immer wieder kleine Pausen ein – ansonsten könnte es dem Anlasser zu warm werden. Vergessen Sie bitte nicht, die Kapazität der noch vollen Batterie ist nicht unendlich: Wenn Ihr Auto also nach einigen vergeblichen Versuchen immer noch keinen Mucks sagt, »quetschen« Sie die Spenderbatterie nicht auch noch vollends aus – Sie müssten dann nämlich einen weiteren Helfer finden ...

⑧ Sobald beide Motoren brummen, trennen Sie die Verbindung: Klemmen Sie bei laufendem Motor zuerst das schwarze Fremdstartkabel am Minuspol der »leeren« und dann an der vollen Batterie ab. Mit dem roten Kabel verfahren Sie anschließend auf die gleiche Art und Weise.

⑨ »Füttern« Sie die leere Batterie unmittelbar auf einer Probefahrt auf. Schalten Sie dazu möglichst wenig Bordverbraucher ein. Schon nach etwa 30 Kilometern reicht die Kapazität, um zumindest den nächsten Startvorgang zu realisieren.

Wagen anschieben — Praxistipp

Sollten Sie die Bequemlichkeiten des Durashift Automatikgetriebes genießen, vergessen Sie unseren Tipp. Übrigens, Ihre »Schubkraft« macht überhaupt nur dann Sinn, wenn der Motor »theoretisch« in Ordnung ist. Sobald Sie zum Beispiel die Zündfunken unter der Motorhaube »knistern« hören, schonen Sie besser Ihre Kräfte. Das kann sich sogar positiv auf Ihr Budget auswirken, denn wenn Zündfunken unkoordiniert den Weg des geringsten Widerstands gehen, verpuffen irgendwann unverbrannte Frischgase im Auspuff und zerstören den Katalysator.

① Schalten Sie die Zündung an und legen den zweiten Gang ein.

② Kuppeln Sie aus und LASSEN das Auto von freundlichen Helfern anschieben.

③ Sobald die Fuhre ausreichend in Schwung ist, lassen Sie abrupt die Kupplung kommen – der Motor dreht durch und müsste anspringen.

④ Treten Sie dann sofort die Kupplung, ziehen die Handbremse an und geben gefühlvoll Gas.

⑤ Sollten Ihre Helfer nicht genügend in »Schwung« kommen, versuchen Sie Ihr Glück im dritten Gang.

Wagen anschleppen — Praxistipp

Autos mit Automatikgetriebe lassen sich in der Regel nicht anschleppen – der Drehmomentwandler verhindert nämlich eine kraftschlüssige Verbindung zwischen Motor und Getriebe. Doch dehnen Sie Ihre »Seilschaften« auch mit Schaltgetriebe nicht »unendlich« aus: Sollte der Motor

Vor der »Seilschaft« eindrehen: Die Abschleppöse hat übrigens Linksgewinde.

STÖRUNGSBEISTAND BATTERIE UND LICHTMASCHINE

nämlich nicht sofort anspringen, könnte das dem Katalysator ernsthaft schaden. Seinen Innereien (siehe »Praxistipp Wagen anschieben«) machen unverbrannte Frischgase den Garaus, erst recht, wenn sie unkoordiniert im Auspuff verpuffen. Lassen Sie sich übrigens immer nur mit einem erfahrenen »Schlepper verkuppeln« und sprechen vorher mit ihm genaue »Spielregeln« ab. Denken Sie auch daran, dass der Bremsweg mit stehendem Motor länger ist (Bremskraftverstärker wirkungslos).

① Schalten Sie die Zündung an und legen den zweiten Gang ein.

② Kuppeln Sie aus und LASSEN Ihren Zugwagen jetzt »weich« anfahren.

③ Bei etwa 15 km/h lassen Sie dann die Kupplung langsam kommen. Bleiben Sie stets bremsbereit.

④ Sobald der Motor läuft, treten Sie die Kupplung, nehmen den Gang heraus und geben gefühlvoll Gas.

⑤ Geben Sie jetzt dem »Schlepper« ein Hupsignal und bremsen die »Fuhre« sanft ab.

Batterie und Lichtmaschine

Störungsbeistand

Störung	Ursache	Abhilfe
A Rote Ladekontrolle brennt nicht bei eingeschalteter Zündung.	1 Batterie leer.	Mit Starthilfekabeln starten oder Wagen anschleppen.
	2 Batteriekabel gebrochen, Kabelklemmen lose oder oxidiert.	Batteriekabel und -klemmen kontrollieren.
	3 Kontrollleuchte defekt.	Ersetzen.
	4 Kabelweg zwischen Zündschloss, Kontrolllampe und Lichtmaschine unterbrochen.	Stromweg mit Prüflampe kontrollieren.
	5 Spannungsregler defekt.	Regler austauschen.
	6 Lichtmaschine schadhaft.	Lichtmaschine überholen lassen oder austauschen.
	7 Feuchtigkeit bildet einen isolierenden Schmierfilm zwischen Schleifringen und Kohlen (z. B. nach Motorwäsche) der Lichtmaschine.	Lichtmaschine mit Druckluft ausblasen, evtl. Schleifringe und Kohlen säubern.
B Ladekontrolle brennt oder glimmt bei laufendem Motor.	1 Keilriemen lose bzw. gerissen.	Keilriemenspannung kontrollieren, bzw. Keilriemen erneuern.
	2 Mangelnder Kontakt an Kabelanschlüssen der Lichtmaschine oder unterbrochene Kabel.	Kabelanschlüsse und Kabel prüfen.
C Batterieoberfläche feucht.	1 Batteriezellen mit destilliertem Wasser überfüllt.	Ausgasen lassen. Keine Säure absaugen.
	2 Batterieverschlüsse verstopft.	Entlüftungsbohrungen mit Stecknadel säubern.
D Batterie gast stark.	Spannungsregler defekt.	Regler prüfen bzw. erneuern.

FAHRZEUGELEKTRIK

Batterie laden

Laden Sie eine demontierte oder im »Winterschlaf« befindliche Batterie monatlich nach. Falls Sie das vergessen oder missachten, kristallisiert die Schwefelsäure und setzt sich an den Zellwänden ab. Folge: Mit der Zeit »verglasen« die Zellen und werden unbrauchbar. Zudem frieren entladene Batterien bei Minustemperaturen ein – unterhalb -4 °C können ihre Zellwände sogar platzen. Randvoll geladenen Batterien macht Kälte dagegen wenig zu schaffen. Sollte die Batterie noch montiert sein, klemmen Sie vor der »Erhaltungsladung« auf jeden Fall das Minuskabel (Masseanschluss) ab.

① Schwarzes Minuskabel (Masseanschluss) abklemmen. Pluskabel des Ladegeräts (rot) an Pluspol, Minuskabel (schwarz) an Minuspol der Batterie anklemmen.

② Der Ladestrom sollte zunächst etwa 10% der Batteriekapazität betragen (z. B. 4,3 A bei einem 43-Ah-Akku) und während des Ladevorgangs automatisch abnehmen.

③ Während des Ladevorgangs bilden sich oberhalb der Zellen winzige Gasbläschen aus Wasser- und Sauerstoff. Das Gemisch entweicht aus den Entlüftungsbohrungen oder der Zentralentlüftung in die Atmosphäre. Die Rede ist von hochexplosivem Knallgas. Vorsicht also in geschlossenen Räumen. Wenn ihnen dort beißender Geruch in die Nase sticht, ist die Konzentration bereits gefährlich.

④ Sorgen Sie also grundsätzlich für eine wirkungsvolle Entlüftung des Arbeitsplatzes. Das gilt vor allem, wenn hohe Ladeströme fließen. Knallgas kann sich übrigens schon an den »Funken«, die beim Ab- oder Anklemmen des Ladegeräts bzw. der Batteriekabel entstehen, entzünden. Beachten Sie die Sicherheitsvorschriften.

Monatlich nachladen: Batterie im »Winterschlaf«.

Batterie aus- und einbauen

Bevor Sie die Batterie abklemmen, notieren Sie sich sämtliche Bedienungscodes, so zum Beispiel den Radiodiebstahlcode, seine gespeicherten Stationssender usw. Falls Sie das vergessen sollten, bleibt hernach das Radio stumm. Außerdem »vergisst« ohne Stromanschluss auch das Motormanagement einen Großteil seiner Informationen. Es schaltet dann beim Neustart kurzerhand auf Notprogramm und regeneriert sich normalerweise im Fahrbetrieb (rund 16 Kilometer). Sollte Ihr Fiesta jedoch fortan »spinnen«, fahren Sie Ihren Vertragshändler an und lassen ihn das PCM neu programmieren – das Prozedere dauert nur wenige Minuten.

Dieser Hinweis gilt grundsätzlich bei allen Arbeiten, zu denen Sie die Batterie abklemmen mussten.

① Demontieren Sie die Batterieabdeckung und klemmen immer zuerst den Minuspol ab.

② Erst jetzt kommt der Pluspol an die Reihe. Wenn Sie die Reihenfolge einhalten, ist der »Funkenflug« an den Kontakten geringer und auch die Kurzschlussmöglichkeiten sehr begrenzt.

③ Lösen Sie dann die Muttern ❶ und ❷ des Befestigungsbügels ❸ und ...

④ ... heben die Batterie aus dem Motorraum.

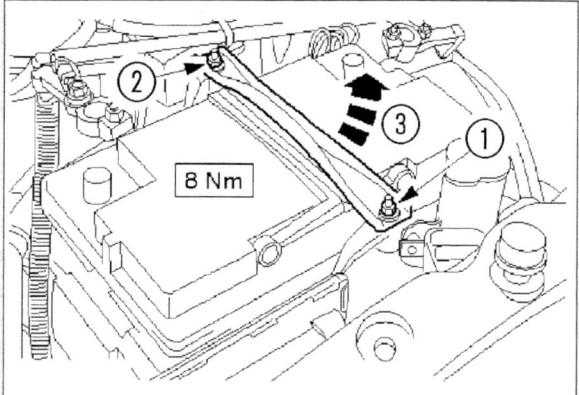

Erst den Minus-, dann den Pluspol und zuletzt den Befestigungsbügel lösen – zur Batterie-Demontage.

FAHREN MIT DEFEKTEM GENERATOR

⑤ Achten Sie bei der Montage darauf, dass die Batterie rüttelfrei auf der Konsole steht. Falls Sie das vergessen sollten, zerbröseln Ihnen während der Fahrt binnen kurzer Zeit die Bleiplatten.

⑥ Zur Montage schließen Sie zuerst das Pluskabel und erst dann das Minuskabel an. Die Kabelklemmen können Sie nicht vertauschen, da die Batteriepole und die Kabelfarben unterschiedlich sind.

⑦ Streichen Sie die Pole gegen Sulfatieren leicht mit Säureschutzfett (z. B. Bosch) oder Vaseline ein.

⑧ Geben Sie nun die Bedienungscodes neu ein und lassen den Motor etwa drei Minuten mit etwa 1500 min⁻¹ »brummen«. Soviel Zeit benötigt das Motormanagement minimal, um sich zu regenerieren.

Arbeitsschritte

① Nehmen Sie das Batteriemassekabel ab und »klemmen« ein Multimeter in Stellung »Strom (A)« zwischen Minuspol und Massekabel. Lesen Sie jetzt bereits einen Stromfluss von mehr als 50 mA ab, gehen Sie getrost von einem stillen Verbraucher aus.

② Schließen Sie dann das Massekabel wieder an, öffnen den Sicherungskasten und »ziehen« die erste Sicherung. Klemmen Sie jetzt das Multimeter zwischen die freien Kontakte. Bleibt der Zeiger »im Keller«, ist der betreffende Stromkreis o. k. Doch auch geringe »Ströme« (etwa 25 mA) sind noch kein Alarmsignal: Geräte wie Bordcomputer, Uhren, Radios und Alarmanlagen sind Batterie-»Dauergäste«. Ihr Stromverbrauch ist freilich viel geringer als der eines defekten Stromkreises oder Verbrauchers.

③ Wiederholen Sie die Messungen so lange, bis Sie den stillen Verbraucher gefunden haben. Aus der Sicherungstabelle auf Seite 252 erkennen Sie, welche Verbraucher in diesen Stromkreis hängen.

④ Klemmen Sie die betreffenden Verbraucher der Reihe nach ab und messen den Strom. Sobald das Multimeter »regungslos« bleibt, haben Sie den stillen Verbraucher geoutet.

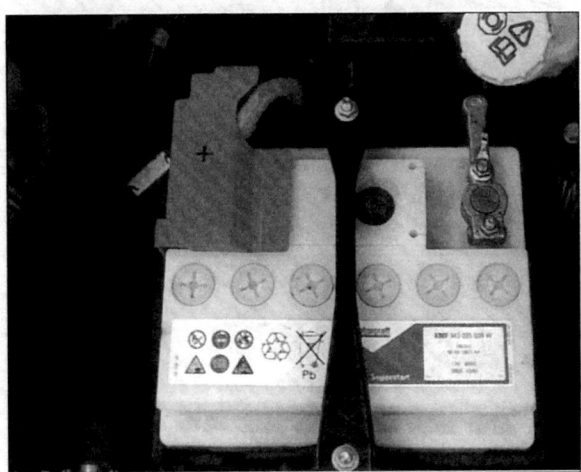

Nicht zu übersehen: Fiesta-Batterie im Motorraum.

»Lutschen« den Akku leer – stille Bordverbraucher

Macht eine völlig intakte Batterie plötzlich »schlapp, labt sich meistens ein stiller Verbraucher an ihrem Saft«. Dem »heimlichen Genießer« legen Sie mit einem Multimeter das Handwerk. Stellen Sie seinen Funktionsknopf dazu auf »Strom (A)« und checken zunächst die »größeren Ströme« (ab etwa 15 Ampere). Tasten Sie sich dann langsam an den tatsächlichen Stromfluss heran und kreisen den stillen Verbraucher ganz zielgerichtet ein.

Fahren mit defektem Generator

Eingeschränkt können Sie sogar mit streikender Lichtmaschine oder defektem Regler fahren: Die Batterie übernimmt dann die Stromversorgung. Je nach Ladezustand und Kapazität reicht die Energie für etwa fünf Stunden – allerdings nur dann, wenn alle überflüssigen Verbraucher vom Netz sind.

- Ziehen Sie an der Lichtmaschine den Mehrfachstecker ab. Der defekte Generator oder Spannungsregler kann die Batterie dann nicht »auslutschen«.
- Schalten Sie die beheizbare Heckscheibe, das Gebläse und Radio aus.
- Schalten Sie den Scheibenwischer mitsamt der Scheibenwaschanlage nur ganz sporadisch ein.
- Bei Dunkelheit fahren Sie möglichst nur mit Abblendlicht.
- Unterbrechen Sie die Fahrt nicht unnötig – bei jedem Startvorgang »verbrennt« der Anlasser besonders viel Strom.
- Wenn möglich, lassen Sie den Wagen anrollen.

FAHRZEUGELEKTRIK

Spannungsregler checken

Arbeitsschritte

① Demontieren Sie die Polabdeckungen der Batterie und klemmen ein Multimeter zwischen Plus- und Minuspol. Justieren Sie das Gerät in Stellung »V, Volt« auf Spannungen zwischen zwölf und 16 Volt.

② Lassen Sie den Motor im mittleren Drehzahlbereich (etwa 3000 – 4000 min^{-1}) etwa zwei Minuten laufen. Schalten Sie dazu die Beleuchtung und evtl. noch die beheizbare Heckscheibe ein. Das stresst den Generator und bringt ihn schneller auf Betriebstemperatur.

③ Schalten Sie dann die Heckscheibe aus und stattdessen das Frischluftgebläse auf Stufe 2 dazu. Die Verbraucher entsprechen etwa einer Strombelastung zwischen drei bis sieben Ampere.

④ Bei intaktem Regler lesen Sie jetzt auf dem Multimeter eine Regelspannung zwischen 13,5 – 14,7 Volt.

⑤ Bei zu geringer Spannung könnten die Bürsten (Schleifkohlen) im Generator dahin sein, bei erhöhter Spannung ist der Regler defekt. In beiden Fällen sollten Sie den Generator Ihrem Ford-Händler oder einem Bosch Stützpunkt zur Revision auf die Werkbank legen.

Antriebsriemen wechseln

Im Fiesta hält ein automatischer Riemenspanner die Keilrippenriemen »auf Zug«. Um die Riemenspannung müssen Sie sich also nicht mehr kümmern. Gönnen Sie jedoch von Zeit zu Zeit der Spannrolle einen kritischen Blick. Fällt Ihnen dabei »im Stand« nichts Außergewöhnliches auf, starten Sie den Motor und achten auf die Bewegungen der Rolle: Sobald Sie einen »großen Verbraucher«, z. B. die Klimaanlage, beheizbare Heckscheibe, etc. einschalten, wird eine »gesunde« Spannrolle kurzfristig leicht pendeln – übrigens auch wenn Sie dem Motor einen Gasstoß geben. Starker Riemenverschleiß (ungleichmäßig tiefe Rillen) lassen die Spannrolle fortlaufend pendeln.

Um die Fehlerquelle zu lokalisieren, erneuern Sie zunächst den Antriebsriemen. Achten Sie darauf, dass der neue Riemen die gleiche Bezeichnung wie der verschlissene trägt. In unserer Beschreibung beschränken wir uns auf jene Motoren, denen ein versierter Do it yourselfer selbst noch den Antriebsriemen »überziehen« kann. An die anderen Modelle lassen Sie besser Ihren Ford-Händler mit dem erforderlichen Spezialwerkzeug Hand anlegen.

Arbeitsschritte

Duratec 8V

① Klemmen Sie die Batterie ab und …

② … demontieren, wie beschrieben, den rechten Scheinwerfer.

③ Hernach spannen Sie den Riemenspanner.

④ Verdrehen Sie die zentrale Sechskantschraube ❶ dazu im Uhrzeigersinn (gestrichelter Pfeil) so weit, bis Sie den »schlaffen« Riemen (Pfeil) von den Riemenscheiben abziehen können.

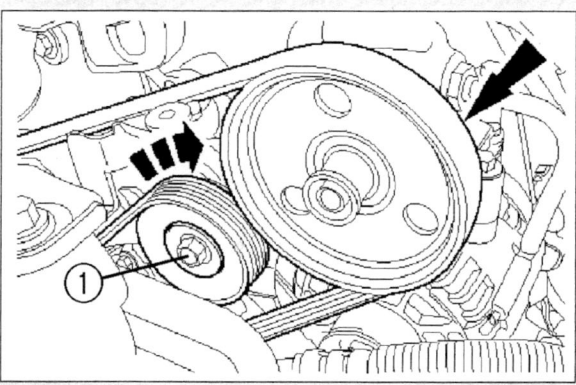

Zur Demontage Im Uhrzeigersinn verdrehen – Riemenspanner.

Duratorq

⑤ Klemmen Sie die Batterie ab und …

⑥ … bocken den Vorderwagen rüttelsicher auf.

⑦ Um die Keilrippenriemenabdeckung zu demontieren, clipsen Sie zunächst die Hydraulikleitung ❶ vom Spritzschutz ab und …

⑧ … lösen hernach beide Befestigungsschrauben ❷.

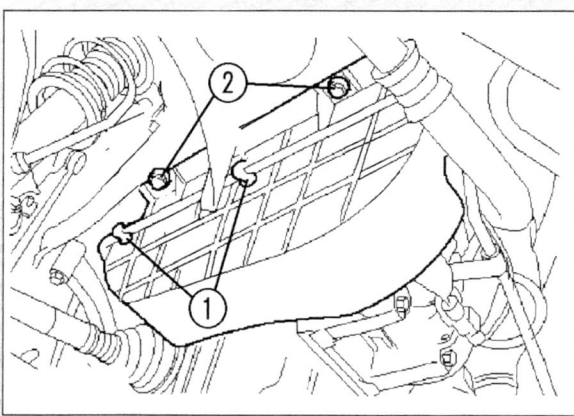

Demontieren – Keilrippenriemenabdeckung und Servolenkungsleitung.

FIESTA-RIEMENTRIEBE

⑨ Spannen Sie jetzt den Riemenspanner, wie beschrieben und ...

⑩ ... nehmen den »schlaffen« Riemen von den Riemenscheiben.

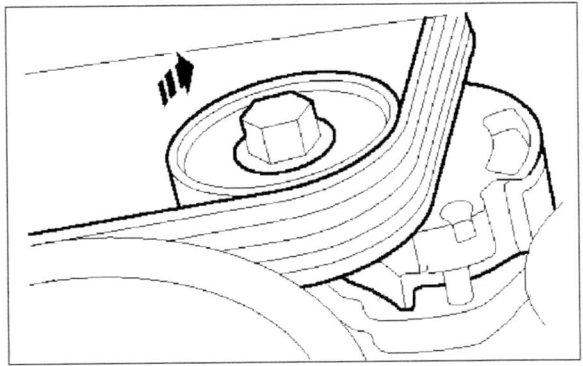

Mit Sechskantschlüssel spannen – Riemenspanner am Dieselmotor.

Duratec 8V und Durtorq

⑪ Checken Sie sämtliche Riemenscheiben auf Verschleiß und tadellosen Rundlauf.

⑫ Alles o. k.? Dann her mit dem neuen Antriebsriemen. Achten Sie unbedingt darauf, dass der Riemen die richtigen Bezeichnungen trägt, korrekt über alle Riemenscheiben läuft und – last but not least – auch die Laufrichtung (Pfeil) stimmt.

⑬ Erst jetzt lockern Sie den Riemenspanner und ...

⑭ ... beenden die Montage in umgekehrter Reihenfolge.

Die Fiesta-Riementriebe

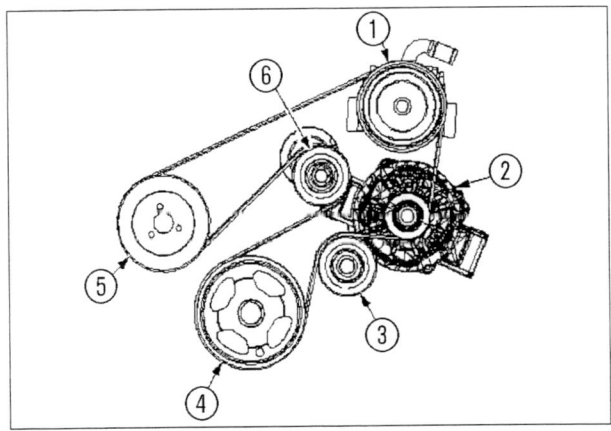

Riementrieb Duratec 8V (ohne AC): ❶ *Servopumpe,* ❷ *Generator,* ❸ *Umlenkrolle,* ❹ *Kurbelwellenriemenscheibe (Schwingungsdämpfer),* ❺ *Wasserpumpe,* ❻ *automatischer Riemenspanner.*

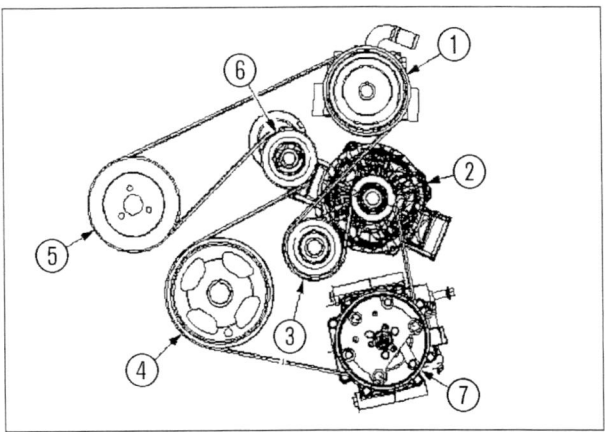

Riementrieb Duratec 8V (mit AC): ❶ *Servopumpe,* ❷ *Generator,* ❸ *Umlenkrolle,* ❹ *Kurbelwellenriemenscheibe (Schwingungsdämpfer),* ❺ *Wasserpumpe,* ❻ *automatischer Riemenspanner,* ❼ *AC-Verdichter.*

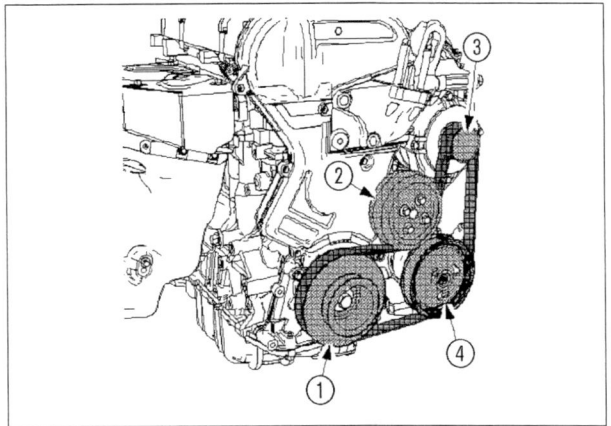

Riementrieb Duratec 16V (ohne AC): ❶ *Kurbelwellenriemenscheibe (Schwingungsdämpfer),* ❷ *Wasserpumpe,* ❸ *Generator,* ❹ *Servopumpe.*

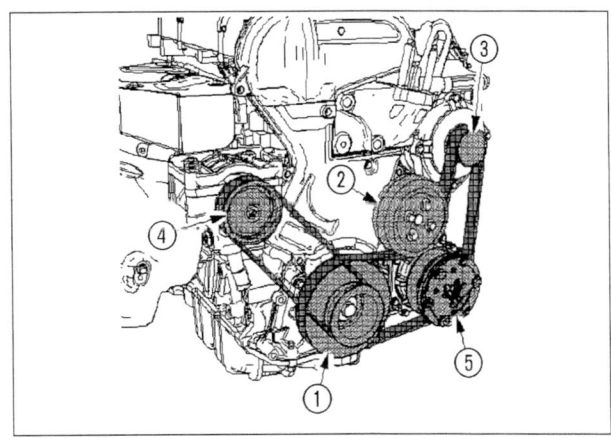

Riementrieb Duratec 16V (mit AC): ❶ *Kurbelwellenriemenscheibe (Schwingungsdämpfer),* ❷ *Wasserpumpe,* ❸ *Generator,* ❹ *Servopumpe,* ❺ *AC-Verdichter.*

FAHRZEUGELEKTRIK

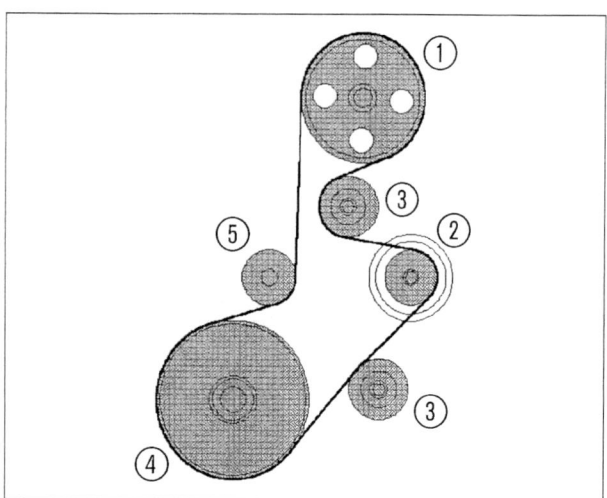

Riementrieb Duratorq (ohne AC): ❶ *Servopumpe,* ❷ *Generator,* ❸ *Umlenkrollen,* ❹ *Kurbelwellenriemenscheibe (Schwingungsdämpfer),* ❺ *automatischer Riemenspanner.*

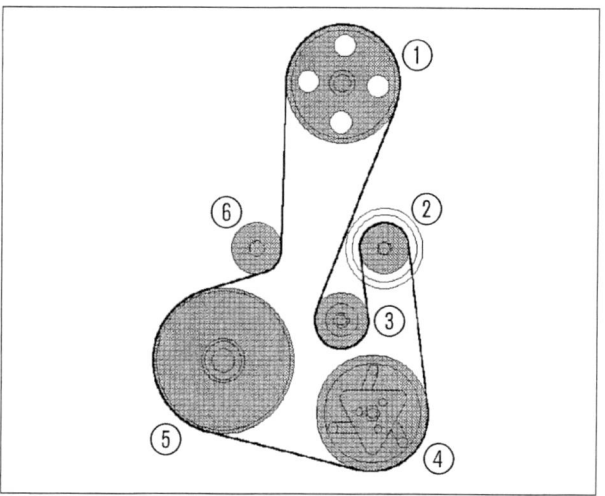

Riementrieb Duratorq (mit AC): ❶ *Servopumpe,* ❷ *Generator,* ❸ *Umlenkrolle,* ❹ *AC-Verdichter,* ❺ *Kurbelwellenriemenscheibe (Schwingungsdämpfer),* ❻ *automatischer Riemenspanner.*

Generator aus- und einbauen

   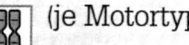 (je Motortyp)

Duratec 8V

① Klemmen Sie das Batteriemassekabel ab und ...
② ... bocken den Vorderwagen rüttelsicher auf.
③ Demontieren Sie, wie beschrieben, den Kühlerlüfter mitsamt Antriebsriemen.

④ Lösen Sie vom Servopumpengehäuse (Pfeil) den Halter der Hydraulikleitung und ...

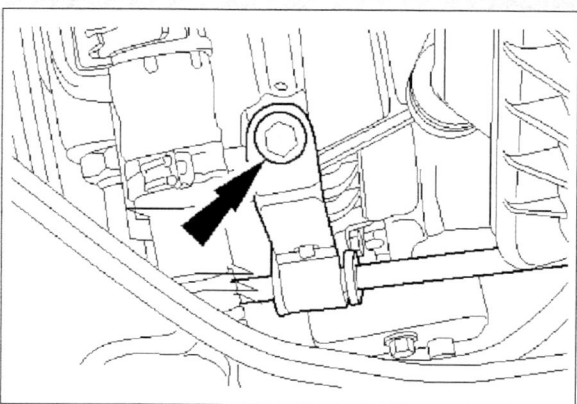

Losschrauben – Halter der Hydraulikleitung.

⑤ ... schrauben den oberen Generatorhalter (Pfeile) ab.

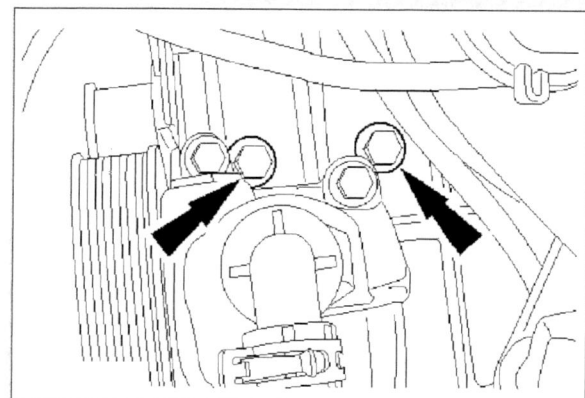

Abschrauben – oberen Generatorhalter.

⑥ Hernach hebeln Sie mit einem kleinen Schlitzschraubendreher die Gummikappe (Pfeil) vom Generatoranschluss, trennen beide Kabelverbindungen (Pfeile) und ...

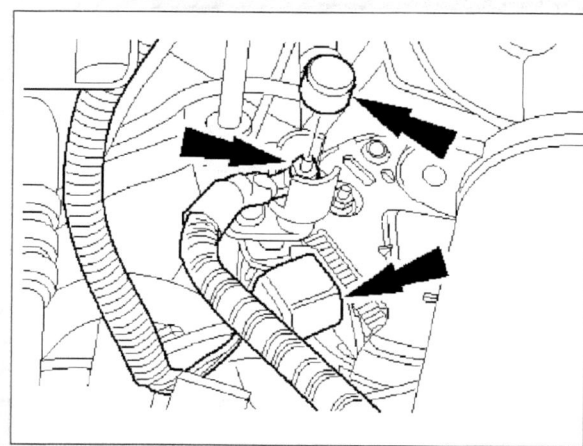

Vom Generator abziehen – elektrische Anschlüsse.

GENERATOR AUS- UND EINBAUEN

⑦ ... lösen den Generator an der unteren Schraube (Pfeil).

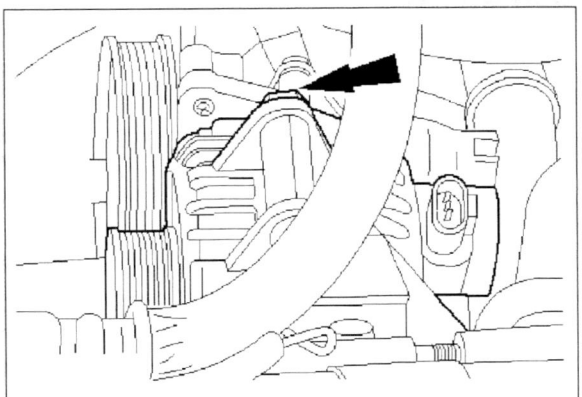

Lösen – untere Generatorschraube.

⑧ Der Generator ist jetzt »frei«, bugsieren Sie ihn aus dem Motorraum.

⑨ Zur Montage achten Sie darauf, dass Sie den Generator nicht »verspannen«. Darum fixieren Sie ihn zunächst lose an den oberen und unteren Schrauben und richten das Gehäuse nach Auge aus. Wenn er im Riementrieb fluchtet, ziehen Sie die untere Schraube mit 45 Nm an.

⑩ Dann ziehen Sie beide oberen Schrauben an: Zuerst Schraube ❶ mit 45 Nm und dann bekommt Schraube ❷ den gleichen »Druck«.

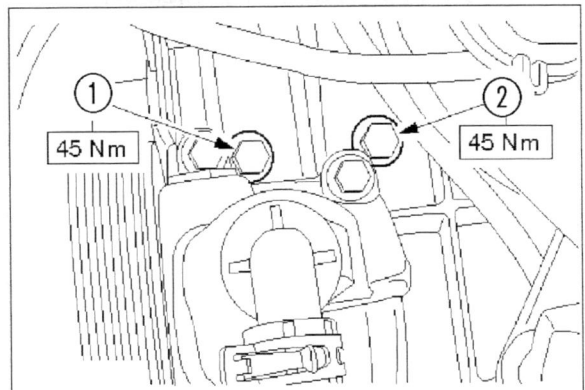

In Reihenfolge anziehen – obere Befestigungsschrauben.

⑪ Beenden Sie die Montage in umgekehrter Reihenfolge.

Duratorq

① Klemmen Sie das Batteriemassekabel ab und ...

② ... demontieren, wie beschrieben, den Antriebsriemen.

③ Hernach hebeln Sie mit einem kleinen Schlitzschraubendreher die Gummikappe (Pfeil) vom Generatoranschluss und ...

④ ... trennen beide Kabelverbindungen (Pfeile) vom Generator.

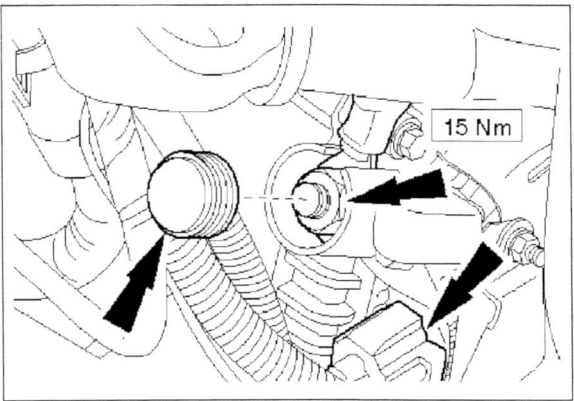

Vom Generator abziehen – Kabelanschlüsse.

⑤ Jetzt ziehen Sie an der AC-Verdichterkupplung den Stecker (Pfeil) ab und ...

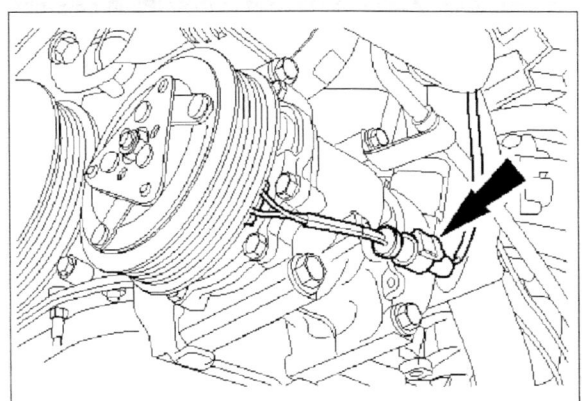

Abziehen – Anschlussstecker der Magnetkupplung.

⑥ ... demontieren den AC-Verdichter an vier Schrauben (Pfeile) vom Motorblock.

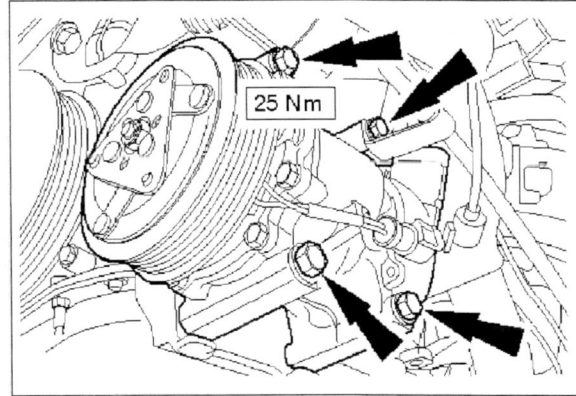

Zur Demontage des AC-Verdichters lösen – vier Schrauben.

FAHRZEUGELEKTRIK

⑦ Hernach »knippen« Sie an der Umlenkrolle mit einem kleinen Schlitzschraubendreher die Schutzkappe ❶ ab und lösen die darunter sitzende Schraube (Pfeil). Legen Sie die Umlenkrolle dann beiseite.

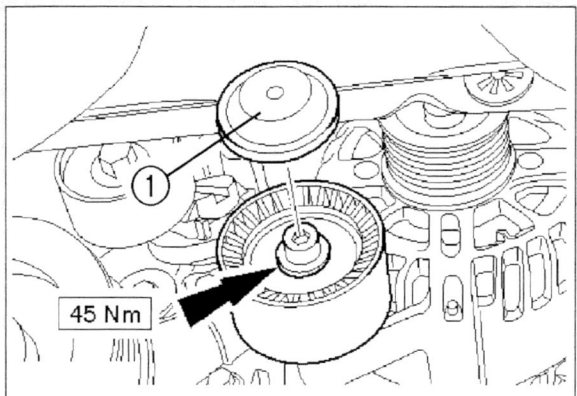

Lösen – oberen Generatorhalter.

⑧ Jetzt demontieren Sie die Schrauben (Pfeil) oben und unten und ...

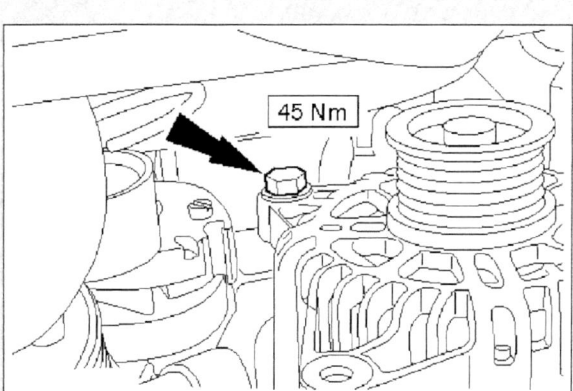

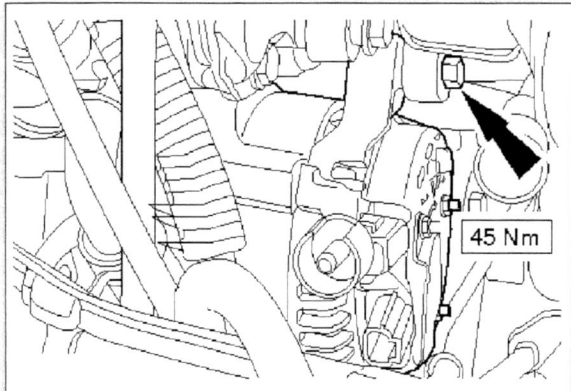

Lösen – Generatorschrauben.

⑨ ... bugsieren das »E-Werk« nach oben aus dem Motorraum.

⑩ Beenden Sie die Montage in umgekehrter Reihenfolge.

Anlasser aus- und einbauen

Stellt der Fiesta-Anlasser auf »stur«, hat er meistens gleich mehrere Gründe. Zum Beispiel blockiert der Magnetschalter bzw. die Schleifkohlen klemmen oder sind verschlissen. Auch die Ankerwelle »frisst« ab und an in den Lagerstellen fest.

Unser Rat: Bevor Sie an der heimischen Werkbank eine Reparatur mit ungewissem Ausgang beginnen, entscheiden Sie sich besser für einen Austauschanlasser oder ein gebrauchtes Aggregat aus einem neuwertigen Unfallwagen.

Vielleicht hat Ihr Ford-Händler ja ein »Schätzchen« auf Lager. Ansonsten macht er Ihren Fiesta mit einem Austauschteil wieder flott.

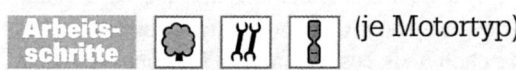

(je Motortyp)

Duratec (8V und 16V)

① Klemmen Sie das Batteriemassekabel ab und ...

② ... bocken den Vorderwagen rüttelsicher auf.

③ Lösen Sie jetzt beide Anschlusskabel (Pfeile) am Magnetschalter und ...

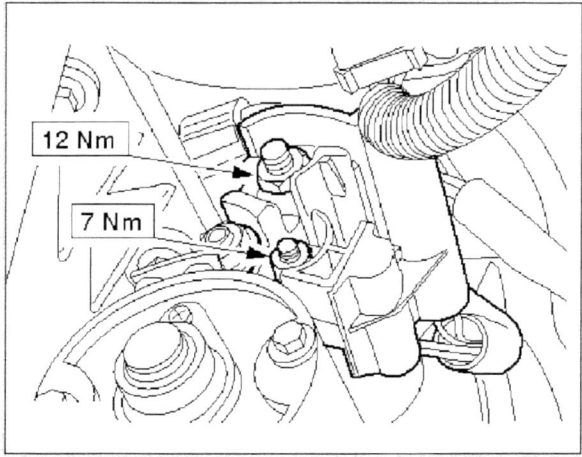

Lösen – Steuerkabel.

④ ... demontieren dann die Anlasserschrauben (Pfeile) am Gehäuseflansch.

ANLASSER AUS- UND EINBAUEN

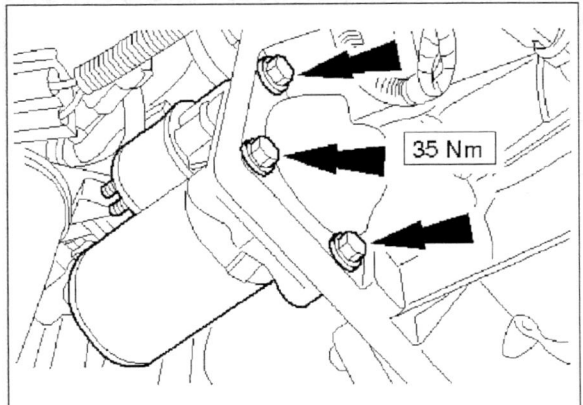

Demontieren – drei Befestigungsschrauben am Anlasser.

⑤ Ziehen Sie den gelösten Anlasser seitlich aus der Kupplungsglocke und bugsieren ihn aus dem Motorraum.

⑥ Beenden Sie die Montage in umgekehrter Reihenfolge.

Duratorq

① Klemmen Sie das Batteriemassekabel ab und ...

② ... bocken den Vorderwagen rüttelsicher auf.

③ Hernach demontieren Sie, wie beschrieben, die Batteriekonsole und ...

④ ... lösen beide Anschlusskabel (Pfeile) am Magnetschalter.

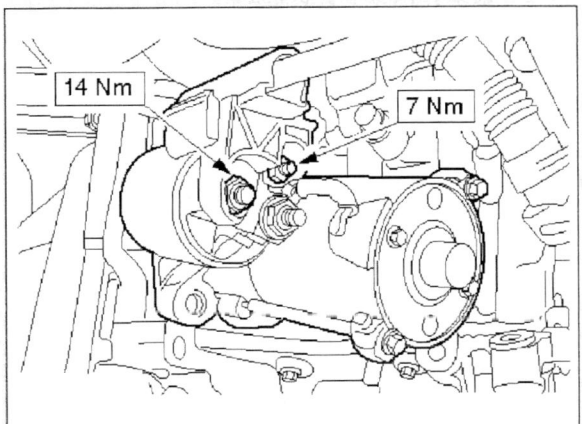

Lösen – Anschlusskabel am Magnetschalter.

⑤ Anschließend demontieren Sie die drei Anlasserschrauben (Pfeile), ...

⑥ ... ziehen den »Starter« seitlich aus der Kupplungsglocke und bugsieren Sie ihn aus dem Motorraum.

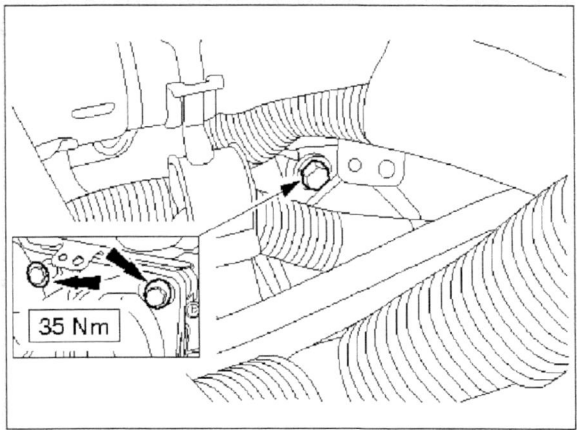

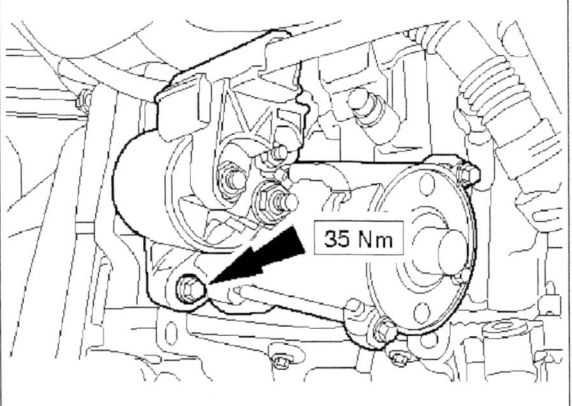

Demontieren – drei Anlasser-Befestigungsschrauben.

⑦ Beenden Sie die Montage in umgekehrter Reihenfolge.

FAHRZEUGELEKTRIK

Anlasser — Störungsbeistand

Störung	Ursache	Abhilfe
A Anlasser dreht zu schwergängig oder gar nicht.	**1** Kontrolllampen brennen schwach oder verlöschen:	
	a) Batterie entladen,	Mit Starthilfekabeln starten, Auto anschieben/anschleppen.
	b) Kabelanschlüsse lose oder oxidiert,	Kabel befestigen, Anschlüsse säubern, Keilriemenspannung prüfen.
	c) Anlasser hat Masseschluss.	Anlasser überholen lassen oder austauschen.
	2 Kontrolllampen brennen hell, Klicken aus Richtung Anlasser – kurz auf den Magnetschalter klopfen. Dreht der Anlasser immer noch nicht:	
	a) Kohlebürsten bzw. Anschlüsse im Anlasser gelöst,	Anlasser überholen lassen oder austauschen.
	b) Kontakte im Magnetschalter verschmort (verklebt),	Magnetschalter erneuern bzw. Anlasser überholen lassen oder austauschen.
	c) Anlasserwicklung schadhaft.	Anlasser überholen lassen oder austauschen.
	3 Kontrolllämpchen brennen hell, keinerlei Anlassergeräusche:	Anschlüsse überprüfen.
	a) Klemme 1 am Magnetschalter lose,	Klemme neu befestigen.
	b) Klemme-1-Leitung vom Zündschloss zum Magnetschalter unterbrochen.	Leitung mit Prüflampe auf Durchgang kontrollieren, Klemmen auf festen Sitz prüfen.
	c) Motorsteuergerät defekt.	Überprüfen lassen.
B Anlasser läuft, Motor steht still.	**1** Ritzel verschmutzt oder verschlissen.	Ritzel reinigen bzw. erneuern.
	2 Einrückvorrichtung klemmt.	Anlasser überholen lassen.
	3 Zahnkranz auf Motorschwungscheibe beschädigt.	Wagen bei eingelegtem Gang ein Stück vorschieben. Erneut starten. Beschädigte Teile ersetzen lassen.
C Magnetschalter schaltet rhythmisch ein und aus, Anlasser läuft nicht.	Batterie stark entladen, Startspannung zu schwach.	Batterie laden.
D Anlasser läuft weiter, obwohl Zündschlüssel nicht mehr in Startstellung.	**1** Magnetschalter hängt oder Kontakte verklebt.	Zündung ausschalten, notfalls Batterie abklemmen. Magnetschalter erneuern, evtl. Anlasser austauschen lassen.
	2 Zünd-/Anlassschalter defekt.	Schalter ersetzen.
	3 Motorsteuergerät defekt.	Überprüfen lassen.
E Ritzel spurt nach Anspringen des Motors nicht aus.	Rückstellfeder des Einrückhebels defekt, Schubschraubtrieb verschlissen.	Zündung abschalten, Anlasser auf Prüfstand kontrollieren, schadhafte Teile ersetzen, ggf. Anlasser austauschen.

Die Außenbeleuchtung

Die Außenbeleuchtung des Fiesta besteht aus Hauptscheinwerfern, Rück- und Bremsleuchten, Rückfahrscheinwerfern, Nebellampen (Option), Nebelschlussleuchten sowie Blink- und Kennzeichenleuchten. Die restlichen Lichtquellen behandeln wir im Kapitel »Der Innenraum«.

Außenscheinwerfer beinhalten die Lichtquelle, den Reflektor und die Abdeckscheibe. In den Haupt- und Nebelscheinwerfern bemüht der Fiesta als Lichtquelle Halogengaslampen. Serienmäßig leuchtet er die Straßen mit Kunststofffreiformreflektoren aus. Im Gegensatz zu Scheinwerfern herkömmlicher Bauart, wo jeweils ein Parabolreflektor die Lichtquelle bündelt und eine profilierte Streuscheibe auf die Straße projiziert, reflektieren Freiformreflektoren das Licht in einer Vielzahl von Reflektorsektoren mit unterschiedlichen geometrischen Formen auf den Asphalt.

Kunststofffenster: Die »Streuscheiben« des Fiesta bestehen aus Polycarbonat. H4-Lampen bringen Licht in die Nacht.

Aus dieser Eigenart entstehen differierende Neigungswinkel der reflektierten Lichtstrahlen zur Reflektorachse. Im Klartext: Das Licht »verteilen« allein die Reflektoren mit diversen Brennpunkten auf die Straße – eine Streuscheibe mit herkömmlichen Funktionen wäre da überflüssig. Dementsprechend erfüllen die »Polycarbonat-Streuscheiben« im Fiesta die Funktion eines transparenten »Kunstofffensters« – sie schützen die Scheinwerferinnereien vor Witterungseinflüssen, Straßenschmutz und äußeren Beschädigungen.

Als »Abblendlicht« umschreibt der Gesetzgeber europaweit eine spezielle Lichtverteilung mit asymmetrischer Hell-Dunkel-Grenze. In Ländern mit Rechtsverkehr konzentriert sich das Lichtmaximum auf die rechte Fahrbahnseite, ansonsten steht der »linke Straßengraben« im Scheinwerferlicht. Die Fiesta-Scheinwerfer werden durch zwei H4-Halogenlampen mit 55/60 Watt »befeuert«.

Praxistipp

Glühlampen turnusmäßig wechseln

Jede normale Glühlampe verschleißt: Die Glühfadenpartikel verdampfen und mindern die Lichtausbeute. Erneuern Sie Glühlampen im Bereich der Außenbeleuchtung (außer Halogenlampen) daher grundsätzlich nach spätestens zwei Jahren. Optisch erkennen Sie »gealterte« Glühlampen übrigens auch am leicht geschwärzten Lampenkolben.

Sinnvoll – Ersatzlampenset an Bord

Alle äußeren »Beleuchtungskörper« müssen ständig funktionieren, ansonsten hagelt's Knöllchen. Vorausschauende Fahrer haben darum immer ein Ersatzlampenset an Bord. Im Fiesta leuchten generell 12 V-Lampen:

Abblendlicht/Fernlicht	- H4 – 55/60W
Nebelscheinwerfer*	- H11 – 55W
Blinklicht vorne (Orange)	- Kugellampe – 21W
Standlicht vorne	- Glassockellampe – 5W
seitliche Blinker	- Glassockellampe – 5W
Blinklicht hinten (Orange)	- Kugellampe – 21W
Nebelschlusslicht	- Kugellampe – 21W
Brems-/Schlussleuchte	- Kugellampe – 21/5W
Zusatzbremsleuchte	- Kugellampe – 16W
Rückfahrlicht	- Kugellampe – 21W
Kennzeichenleuchte	- Soffitte – 5W
Gepäckraumleuchte	- Glassockellampe – 5W
Innenleuchte	- Soffitte – 10W
Leseleuchte	- Glassockellampe – 5W

*Option

FAHRZEUGELEKTRIK

Die Leuchtweitenregelung
Techniklexikon

Ab Werk besitzt jeder Fiesta eine Leuchtweitenregelung. Sie »verdreht« Ihrem Auto mit spannungsgesteuerten Schrittmotoren die Augen. Vom Fahrersitz aus können Sie die Leuchtweite bequem der Beladung anpassen. Der Betätigungsschalter, rechts neben dem Hauptlichtschalter, steuert einen verstellbaren Widerstand, der die Stellmotoren in den Scheinwerfertöpfen aktiviert: Je nach Spannungseingang »dreht« eine Spindel im Scheinwerfergehäuse den Reflektor entsprechend ab. In der Grundeinstellung, also mit zwei Personen besetzt, sollte das Rändelrad generell in Stellung »0« stehen. Mit vier- bzw. fünf Personen und kleinem »Handgepäck« an Bord stellen Sie das Rändelrad in Position »2«, darüber hinaus drehen Sie Ihrem Fiesta die Lichter in Stellung »3«.

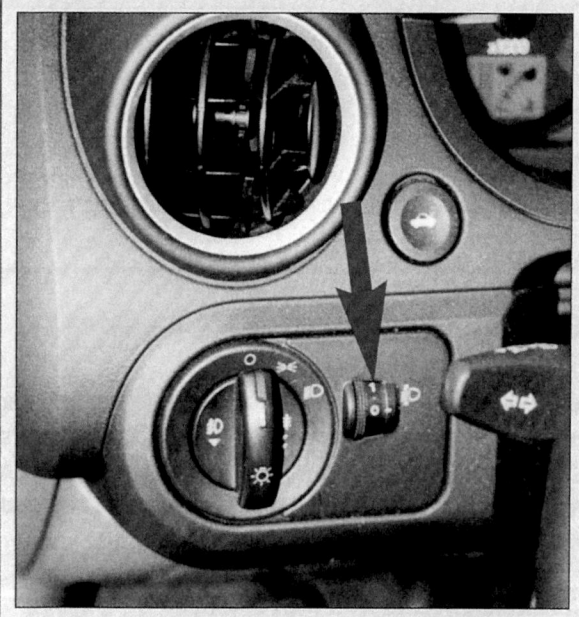

Dreistufig: Der Leuchtweitendrehregler (Pfeil) im Fiesta.

Kein großes Problem – Scheinwerferlampen wechseln

Die Lampen für Fahr-, Fern-, Stand- und Blinklicht finden Sie allesamt im Scheinwerfergehäuse. Zum Lampentausch müssen Sie im Fiesta den entsprechenden Scheinwerfer demontieren. Hört sich zunächst kompliziert an, ist aber kein unlösbares Problem – wir beschreiben Ihnen wie's funktioniert. Achten Sie generell darauf, dass währenddessen die Scheinwerfer ausgeschaltet sind. **Wichtig:** Neue Glühlampen fassen Sie mit möglichst sauberen Händen immer nur am Sockel an. Ansonsten würden Ihre Fingerabdrücke »mit dem ersten Licht« am heißen Glaskolben verdampfen und sich als Schleier auf die Reflektoren legen. »Blinde« Reflektoren vernichten Licht, anstatt es zu reflektieren. Sollten Sie dennoch nicht umhin kommen, den Glaskolben anzufassen, cleanen Sie hernach das Glas mit einem in Alkohol oder Brennspiritus getränkten fusselfreien Tuch. Bestücken Sie Ihren Fiesta außerdem nur mit Ersatzlampen inklusive UV-Filter.

Nach jedem Lampenwechsel fällig – Scheinwerfereinstellung checken
Praxistipp

Da sich zum Lampenwechsel auch der Reflektor verstellen kann, müssen Sie Ihrem Fiesta hernach das ehemals »dunkle« Auge kontrollieren. Damit Sie einen realistischen Anhaltspunkt haben, stellen Sie das Auto, bevor Sie die Lampe erneuern, vor einer möglichst dunklen Wand ab und markieren darauf mit einem Kreidestrich die Lichtkegel der intakten Lampen. Vergleichen Sie nach dem Lampenwechsel den Lichtstrahl des »neuen Auges« mit dem des angezeichneten Scheinwerfers. Falls Ihr Fiesta jetzt erkennbar »schielen« sollte, lassen Sie die Scheinwerfer besser in einer Fachwerkstatt mit optischem Einstellgerät neu einstellen.

Hauptscheinwerfer aus- und einbauen und Lampen wechseln

Arbeitsschritte

① Öffnen Sie die Motorhaube und demontieren zunächst den Kühlergrill. Dazu ziehen Sie beide Kühlergrillclipse (Pfeile) nach oben und ...

② ... schwenken das »Gitter« zeitgleich nach vorn. Legen Sie den Kühlergrill beiseite.

HAUPTSCHEINWERFER AUS- UND EINBAUEN

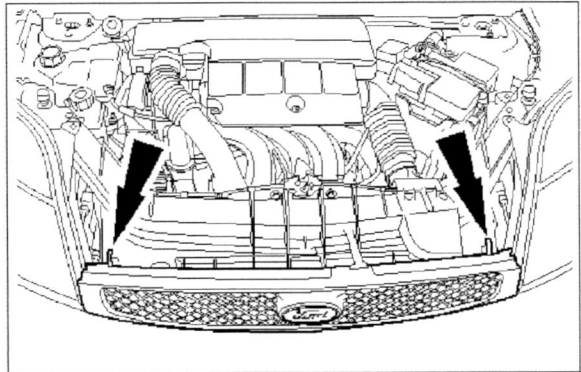

Ausclipsen und nach vorne schwenken – Kühlergrill.

③ Anschließend lösen Sie am Scheinwerfer drei Torxschrauben (Pfeile) und ...

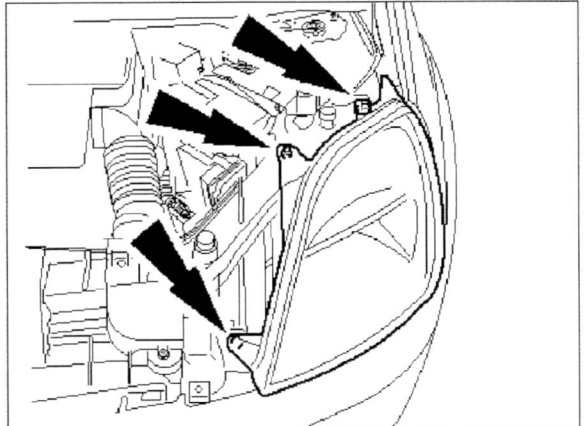

Torxschrauben lösen – am Scheinwerfer.

④ ... bugsieren das Gehäuse vorsichtig aus den beiden Haltenasen (Pfeile) im Kotflügel. Erfahrungsgemäß klappt's am besten, wenn Sie den Scheinwerfer zunächst anhand der gestrichelten Pfeilrichtung verdrehen.

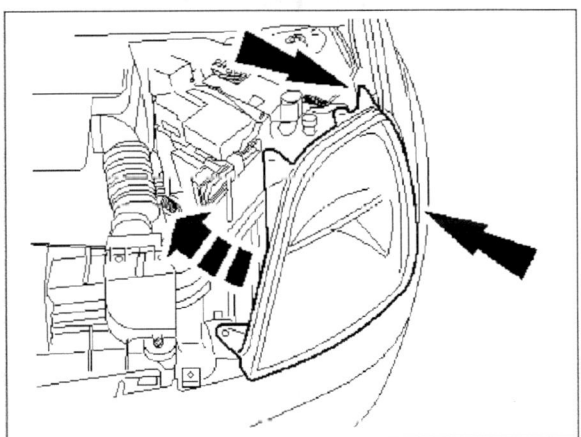

Aus den Haltenasen »drehen« – Scheinwerfer.

⑤ Jetzt ziehen Sie noch den Anschlussstecker ab. Das war's schon!

⑥ Beenden Sie die Montage in umgekehrter Reihenfolge und achten darauf, dass der Scheinwerfer fest in seinen Halterungen sitzt und Ihr Fiesta nach der Prozedur nicht »schielt«.

Abblendlicht / Fernlicht

① Demontieren Sie den »blinden« Scheinwerfer wie beschrieben und ...

② ... öffnen die große Abdeckkappe mit einer Linksdrehung (Pfeil). Zur Montage achten Sie bitte darauf, dass der kleine Pfeil auf der Abdeckung nach oben zeigt.

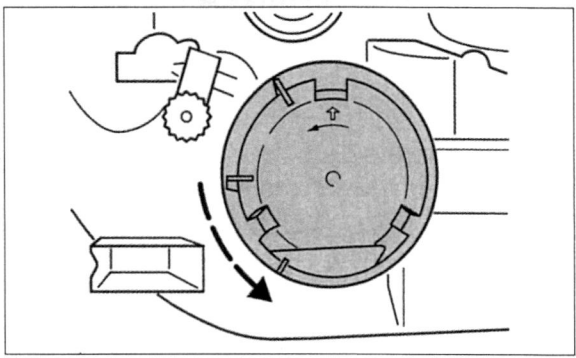

Mit Linksdrehung öffnen – große Abdeckkappe.

③ Ziehen Sie den Lampenstecker (Pfeil) ab und ...

④ ... drücken hernach den Federbügel in Pfeilrichtung aus der Haltenase. Schwenken Sie den »Draht« zeitgleich auch nach unten.

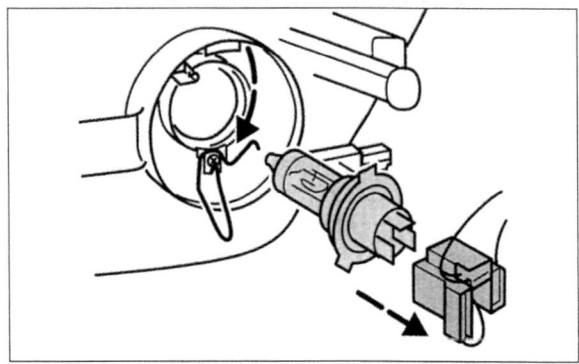

Federbügel – zeitgleich drücken und nach unten schwenken.

⑤ Ziehen Sie die defekte Lampe am Sockel aus dem Reflektor und ....

⑥ ... »laden« die neue Lampe gleich nach. Achten Sie darauf, dass die drei Fixiernasen in den Aussparungen des Fassungstellers »einrasten« und Sie den Glaskolben möglichst nicht berühren.

FAHRZEUGELEKTRIK

⑦ Beenden Sie die Montage in umgekehrter Reihenfolge und vergessen den Funktionscheck nicht.

Nebelscheinwerfer

① Bocken Sie den Vorderwagen auf einer ebenen Fläche rüttelsicher auf, ...

② ... drehen die Lampenfassung der Nebelscheinwerfer gegen den Uhrzeigersinn und »fädeln« sie aus dem Lampengehäuse.

③ Hernach ziehen Sie den Anschlussstecker von der Glühbirne und ...

④ ... tauschen die defekte Lampe gegen eine neue.

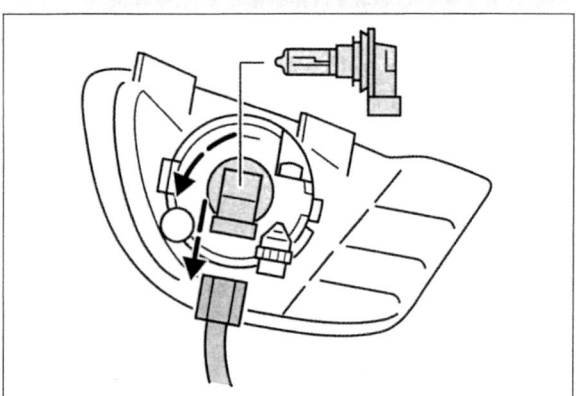

Gegen den Uhrzeigersinn drehen – die Lampenfassung.

⑤ Montieren Sie die neue Lampe in umgekehrter Reihenfolge. Achten Sie darauf, dass beide Führungsnasen richtig in der Lampenfassung sitzen und vergessen auch den Funktionsscheck nicht.

Standlicht

① Demontieren Sie den entsprechenden Scheinwerfer wie beschrieben, ...

② ... ziehen die rechteckige Abdeckkappe in Pfeilrichtung vom Scheinwerfergehäuse, ...

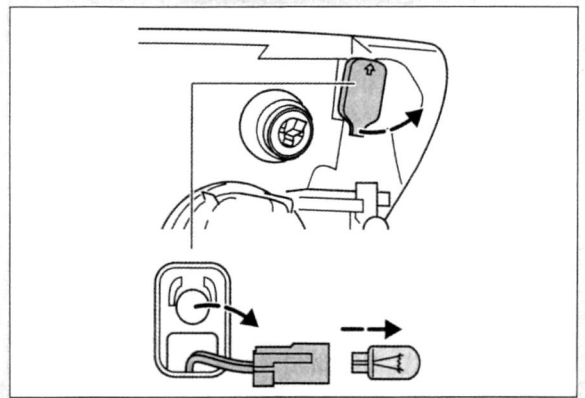

Zusammen mit Lampe aus dem Reflektor ziehen – Lampenfassung.

③ ... drücken beide Befestigungsclips der Lampenfassung zusammen und bugsieren den Lampensockel aus dem Gehäuse.

④ Die durchgebrannte Lampe ziehen Sie in Pfeilrichtung aus der Fassung und laden die neue Lampe gleich nach.

⑤ Beenden Sie den Lampenwechsel in umgekehrter Reihenfolge. Achten Sie auf den korrekten Sitz der Lampenfassung, vergessen auch den Funktionscheck nicht und prüfen, ob Ihr Fiesta jetzt eventuell »schielt«.

Vordere Blinkleuchte

① Demontieren Sie den entsprechenden Scheinwerfer wie beschrieben.

② Die Blinkleuchtenfassung drehen Sie nach links und ziehen sie aus dem Gehäuse.

③ Auch die alte Lampe drehen Sie leicht nach links und ziehen sie dann aus der Fassung.

④ Montieren Sie die neue Lampe in umgekehrter Reihenfolge und achten darauf, dass zur Montage die beiden Führungsnasen richtig sitzen. Vergessen Sie den Funktionscheck nicht und prüfen, ob Ihr Fiesta jetzt eventuell »schielt«.

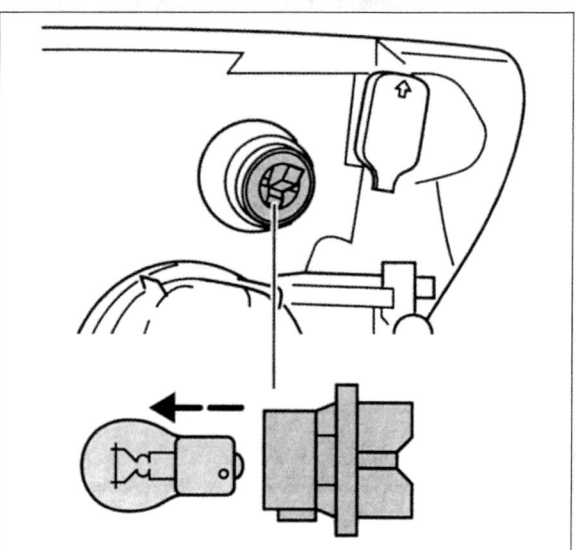

Mit Linksdrehung herausziehen – zuerst die Fassung und dann die Lampe.

Seitliche Blinkleuchte

① Pressen Sie das Abdeckglas gegen den Federdruck leicht nach unten und »schieben« es zeitgleich vom Kotflügel ab.

LAMPEN WECHSELN

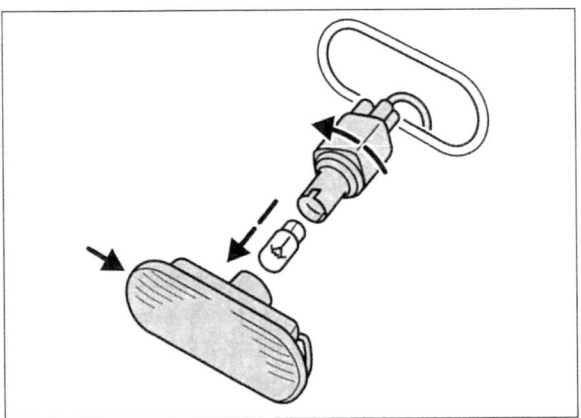

Parallel angehen – entgegen der Federkraft nach unten schieben und den oberen Leuchtenteil vom Kotflügel »schieben«.

② Ziehen Sie die Lampenfassung aus dem Blinkergehäuse, ...

③ ... drehen die Lampe dann per Linksdreh aus der Fassung und ...

④ ... beenden die Montage in umgekehrter Reihenfolge.

Rückleuchten (Brems-, Schluss-, Nebelrück-, Rückfahr- und Blinklicht)

① Öffnen Sie die Heckklappe und schrauben die Flügelmutter vom Lampengehäuse. Lösen Sie dann an der C-Säule die Schrauben (Pfeile) des Lampengehäuses, ...

② ... ziehen es nach hinten aus der Dachsäule und ...

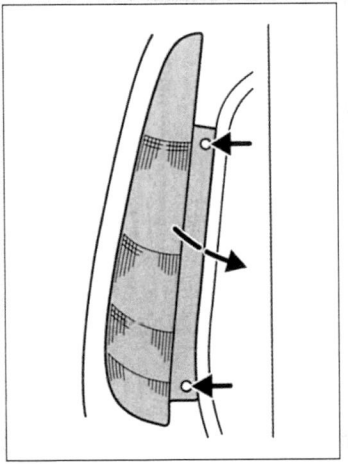

Lösen – Schrauben des betreffenden Lampengehäuses.

③ ... ziehen den Lampenträger vom Gehäuse. Lösen Sie dazu vorsichtig die Befestigungsclips (Pfeile). Nehmen Sie »vorsichtig« ernst, erfahrungsgemäß brechen die Clipse nämlich gerne ab.

Auseinander ziehen – Lampenträger und Lampengehäuse.

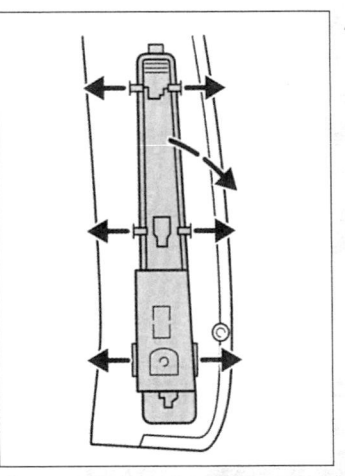

④ Tauschen Sie die alte gegen eine neue Lampe und ...

⑤ ... beenden die Montage in umgekehrter Reihenfolge und vergessen den Funktionscheck nicht.

Rückleuchten – welche Lampe »brennt« wo? **Praxistipp**

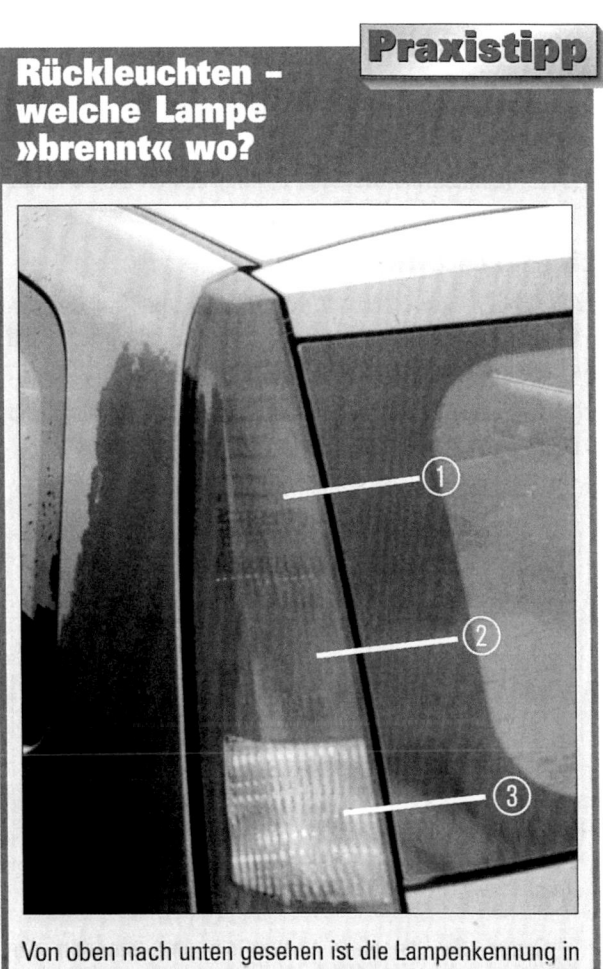

Von oben nach unten gesehen ist die Lampenkennung in allen Fiesta-Rücklichtern gleich. ❶ Rück-/Bremslicht, ❷ Blinker, ❸ Rückfahrscheinwerfer, Nebelschlussleuchte.

FAHRZEUGELEKTRIK

Zusatzbremsleuchte

① Öffnen Sie die Heckklappe, ziehen von innen die Gummidichtung an der Bremsleuchte ab und ...

② ... pressen mit einen Lüsterklemmenschraubendreher durch die Öffnung der Bremslichtleuchte (Pfeil) ...

③ ... beidseitig gefühlvoll die Haltefedern aus der Arretierung und ziehen das Bremsleuchtengehäuse von der Scheibe ab.

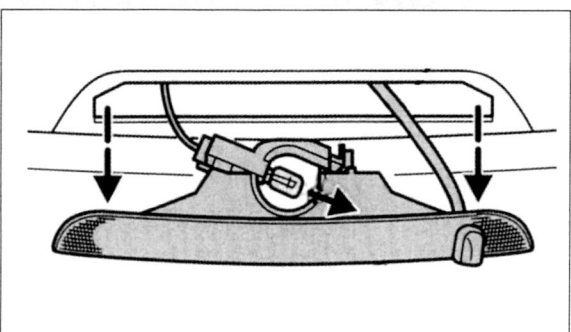

Mit Schraubendreher ausclipsen: Zusatzbremsleuchte.

④ Hernach tauschen Sie die Glühlampe gegen eine neue aus und ...

⑤ ... beenden die Montage in umgekehrter Reihenfolge. Vergessen Sie den Funktionscheck nicht.

Kennzeichenleuchte

① Drehen Sie, unterhalb des Hecktürgriffs, an der defekten Leuchte beide Befestigungsschrauben (Pfeile) mit einem mittleren Kreuzschlitzschraubendreher los.

② Nehmen Sie die Leuchte aus der Montageöffnung und ...

③ ... ziehen die alte Soffitte aus der Fassung.

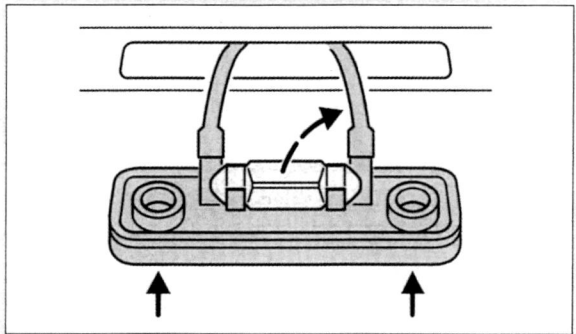

Demontieren – Kennzeichenleuchte.

④ Setzen Sie die neue Lampe ein und beenden die Montage in umgekehrter Reihenfolge. Vergessen Sie den Funktionscheck nicht.

Sicherer als »schielende Leuchten« – Scheinwerfer vor der Wand einstellen

Für den Fall, dass Sie die Scheinwerfer nicht auf die Schnelle ordentlich einstellen lassen können, (be)helfen sie sich eben selber. Das ist zwar nur ein Provisorium, doch immer noch besser als den Gegenverkehr mit »schielenden Leuchten« zu blenden. Als »Bildfläche« eignet sich eine möglichst dunkle Wand. Gefunden? Dann gehen Sie folgendermaßen vor:

- Tanken Sie Ihren Fiesta voll oder bepacken den Kofferraum mit etwa 30 Kilogramm Zusatzgewicht.
- Setzen Sie einen Helfer auf den Fahrersitz oder legen im linken Fußraum alternativ rund 75 Kilogramm Ballastgewicht ab.
- Checken Sie den vorschriftsmäßigen Reifendruck.
- »Parken« Sie Ihr Auto exakt fünf Meter vor der dunklen Wand.
- Bevor Sie »loslegen« drücken Sie das Auto vorne und hinten mehrmals kräftig in die Federn und ...
- ... stellen die Scheinwerferregulierung auf »0«.

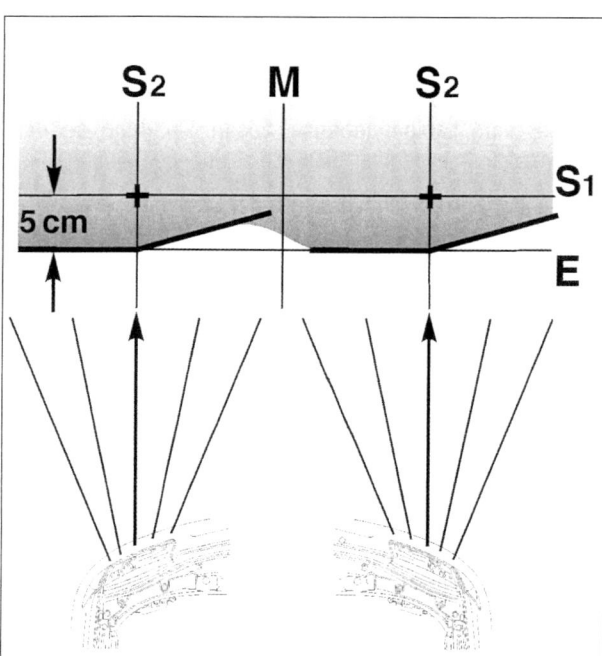

Schnell gemacht – »Lichtpunkte« mit Kreide auf die Wand übertragen.

- Messen Sie den Abstand zwischen Boden und Mittelpunkt der beiden Scheinwerfer aus. Das Maß markieren Sie mit Kreide an der Wand und verbinden es mit einer Linie (S_1).

DIE SIGNALEINRICHTUNGEN

- Fünf Zentimeter darunter zeichnen Sie sich eine parallele Linie E an die Wand. Sie signalisiert die Neigung des Abblendlichts auf fünf Meter Entfernung.
- »Peilen« Sie durch das Heckfenster nach vorn und lassen Ihren Helfer genau in Fahrzeugmitte eine senkrechte Linie M einzeichnen.
- Messen Sie dann den Abstand zwischen Auto- und Scheinwerfermittelpunkt (rechts und links). Übertragen Sie die Werte auf eine Hilfslinie (rechts und links vom Schnittpunkt der Linien M und S1)) und markieren sie mit einem Einstellkreuz S2.
- Genau fünf Zentimeter unter diesen Kreuzen justieren Sie auf der Einstelllinie E die Abknickpunkte des Abblendlichts.
- Die Scheinwerfereinstellschrauben »finden« Sie unterhalb der Motorhaube oberhalb der beiden Scheinwerfer. Die innere Schraube ❶ verstellt die Reflektoren vertikal, die äußere Schraube ❷ dagegen horizontal.

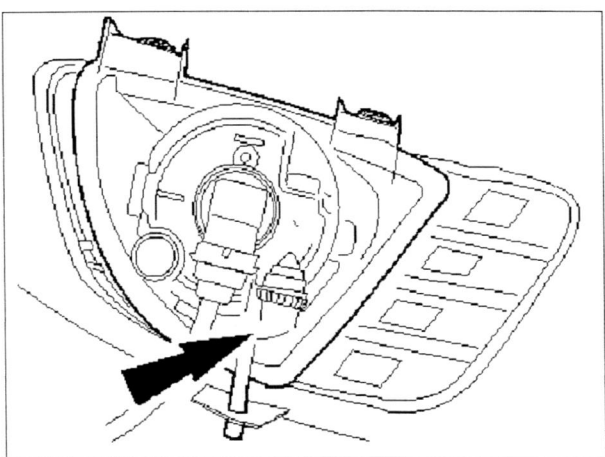

Im Stoßfänger integriert – Nebelscheinwerfereinstellschrauben (Pfeil).

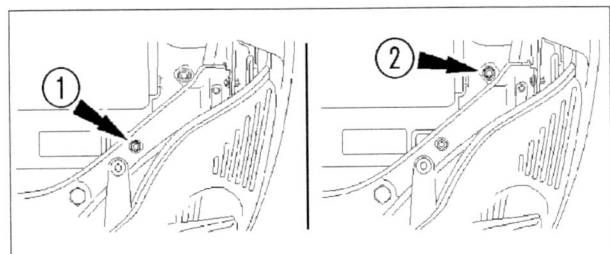

Sitzen unterhalb der Motorhaube: Scheinwerfereinstellschrauben der Hauptscheinwerfer (Pfeile). ❶ *Höheneinstellschraube,* ❷ *Seiteneinstellschraube.*

- Schalten Sie das Abblendlicht ein und ...
- ... verdrehen die Höhenverstellschraube ❶ so lange, bis die waagrechte Hell/Dunkelgrenze des Abblendlichts mit der Einstelllinie E übereinstimmt.
- Danach verdrehen Sie die Seitenverstellschraube ❷ an der Scheinwerferinnenseite bis im Abblendlichtbild der Abknickpunkt mit dem Einstellkreuz korrespondiert. Ein »Streuanteil« von 15 Prozent darf über der Linie liegen.
- Nach der Einstellung »stimmt« das Fernlicht automatisch.
- Falls Ihr Fiesta Nebelscheinwerfer hat, verfahren Sie nach dem gleichen »Einstellmuster«. Stellen Sie eine Hilfslinie mit den Einstellkreuzen (Mitte der Nebelscheinwerfer) her.

Die Signaleinrichtungen

Mit Signaleinrichtungen halten Sie den Verkehr um Sie herum über Ihre Fahrabsichten auf dem Laufenden. Wenn Sie zum Beispiel die Fahrtrichtung ändern möchten, betätigen Sie den Blinker und beim Tritt aufs Bremspedal sieht Ihr Hintermann automatisch »3-fach rot«. Bevor Sie außerhalb einer geschlossenen Ortschaft ein Auto überholen, geben Sie das dem Vordermann mit Ihrer Lichthupe zu erkennen. Doch Ihr Fiesta hat mehr Warneinrichtungen als Blinker, Bremslicht und Lichthupe zu bieten.

Pflicht im öffentlichen Straßenverkehr – Signalhorn und Warnblinker

Die Straßenverkehrs-Zulassungsordnung (StVZO) schreibt jedem Kraftfahrzeug zwingend ein Signalhorn vor. Außerdem verlangt der Gesetzgeber bei zweispurigen Kraftfahrzeugen eine Warnblinkanlage, mit der Sie Ihr Auto im Notfall per Knopfdruck absichern können. Da die Warnblinkanlage immer funktionieren muss, »hängt« sie, von einer Sicherung vor möglichem Kurzschluss geschützt, direkt am Batteriestromkreis (Klemme 30). Die Richtungsblinker versorgt dagegen Klemme 15 (Zündung) mit »Saft«.

Übrigens: **Bevor Sie eine Fahrt antreten, checken Sie grundsätzlich die Signaleinrichtungen Ihres Fiesta.**

FAHRZEUGELEKTRIK

Warnblinkanlage:
- Betätigen Sie bei ausgeschalteter Zündung die Warnblinkanlage. Alle Blinker – mitsamt der Kontrollleuchte im Schalter – müssen im gleichen Rhythmus aufleuchten.

Blinker:
- Schalten Sie die Zündung ein und schalten den Blinkerhebel. Die Blinker der »gesetzten Seite « müssen im gleichen Rhythmus blinken, ebenso die Blinkerkontrolle im Cockpit.

Bremsleuchten:
- Stellen Sie Ihr Auto mit dem Heck vor einer Wand ab und treten dann das Bremspedal – die Wand reflektiert das Bremslicht. Das Gleiche funktioniert auch im Stand in einer Autoschlange. Kontrollieren Sie im Rückspiegel, ob Sie Ihre »brennenden« Bremsleuchten in den Scheinwerfern oder in der Lackierung des Hintermanns erkennen.

Warnblink- und Blinkanlage — Störungsbeistand

Störung	Ursache	Abhilfe
A Blinkerkontrolllampe leuchtet in kurzen Intervallen auf, Warnblinker funktioniert im normalen Rhythmus.	Blinkleuchte defekt oder Kontaktschwäche.	Auswechseln – Kontaktschwäche mit Kontaktspray beseitigen.
B Blink- und Kontrollleuchte brennen ungetaktet.	GEM-Steuermodul defekt.	Auswechseln.
C Blinkleuchten o.k. – Warnblinker nicht.	1 Sicherung defekt.	Auswechseln.
	2 Kabel vom Steckkontakt des Warnblinkerschalters zur Sicherung bzw. GEM-Steuermodul unterbrochen.	Durchgang kontrollieren, evtl. instand setzen.
	3 Warnblinkschalter defekt.	Auswechseln (lassen).
D Warnblinkanlage o.k. – Richtungsblinker nicht.	Kabel zwischen Blinkerschalter und GEM-Steuermodul unterbrochen.	Durchgang prüfen, evtl. instand setzen.

Bremslicht — Störungsbeistand

Störung	Ursache	Abhilfe
A Eine Bremsleuchte brennt nicht.	1 Lampe defekt.	Austauschen.
	2 Masseverbindung unterbrochen. Brennen die übrigen Lampen in der Heckleuchte?	Masseanschluss erneuern (säubern).
	3 Zuleitung unterbrochen.	Kabel kontrollieren.
B Alle Bremslichter funktionieren nicht.	1 Sicherung defekt.	Ersetzen.
	2 Bremslichtschalter defekt.	Überprüfen, ggf. ersetzen.
C Bremslicht brennt dauernd.	1 Bremspedal hängt.	Gangbar machen.
	2 Bremslichtschalter defekt.	Bremslichtschalter und Zuleitungen kontrollieren.

Bremslichtschalter prüfen

Wenn alle drei Bremslichter abrupt nicht mehr funktionieren, »misstrauen« Sie zunächst der Sicherung (F45/15 Ampere) hinter dem Handschuhfach, dann erst dem Bremslichtschalter. Er sitzt im Fußraum direkt am Pedalerie-Lagerbock. Sobald Sie das Bremspedal betätigen »wandert« ein Druckstift aus dem Schaltergehäuse. Im Schalter schließen daraufhin die Kontakte und leiten Spannung an die Bremsleuchten weiter. Den Schalter prüfen Sie ganz einfach: Ziehen Sie die Kabelstecker ab und halten die »blanken« Enden zusammen. Sollten jetzt die Bremsleuchten funktionieren, erneuern Sie den Schalter.

Signalhorn prüfen

In modernen Autos sind Signalhörner immer erfolgreicher »versteckt«. So auch im Fiesta. Seine Hupe sitzt im Vorderwagen – völlig von Dreck und Spritzwasser abgeschirmt. Das hat durchaus Vorteile: Solange dort die Kabelanschlüsse und der Massekontakt o. k. sind, »überlebt« das Horn Ihren Fiesta allemal und zwar ohne besondere »Zuwendung«. Falls die Hupe dennoch »stumm« bleibt, checken Sie zunächst den Hupenkontakt im Lenkrad. Im Zeitalter automatischer Rückhaltesysteme ist das jedoch leichter gesagt als getan: Der Kontakt sitzt nämlich unterhalb des Fahrerairbags. Und von dem »lebensrettenden Luftsack« lassen Sie, auch als versierter Do it yourselfer, besser die »Finger« weg. Auch in Fachwerkstätten sind Airbags nicht die »Spielwiese« eines jeden Schraubers, sondern die Domäne speziell unterwiesener Monteure.

Instrumente und Bedienungselemente

Sobald Sie den Zündschlüssel betätigen, kommunizieren zwischen den Vorder- und Hinterrädern Ihres Fiesta viele Module per CAN-Bus. Sobald da gravierende Unregelmäßigkeiten zutage treten, startet der Motor erst gar nicht, oder das PCM schaltet auf Notprogramm – legt den Fehlerbericht im Datenspeicher ab und informiert Sie mittels Warnleuchten im Cockpit. Das steigert Ihre Sicherheit – während der Fahrt können Sie Ihre ganze Aufmerksamkeit dem »Tachometer« und der Straße widmen. Doch plötzlich »strahlende« Kontrolllämpchen unterschätzen Sie bitte nicht: Optische Warnsignale im Fiesta-Cockpit haben immer »ernste« Hintergründe.

Verlöschen kurz nach dem Start – Motor-, Lade-, Öldruck-, Airbag- und ABS-Kontrollleuchten

Das gilt für die Motor-, Lade-, Öldruck-, Airbag- und ABS-Kontrollleuchten, die während des Startvorgangs nur wenige Sekunden aufleuchten. Bleiben die Lämpchen jedoch immer »dunkel« oder flackern während der Fahrt auf, gehen Sie »zielgerichtet« von einem Systemdefekt aus. Um teure Folgeschäden und unnötige Gefahrenmomente zu umgehen, stellen Sie Ihren Fiesta umgehend einem Ford-Kundendienst zur Diagnose vor.

Nichts ist unmöglich – Fehlinformationen aus dem Cockpit

Allerdings stehen sich elektronische On-Bordsysteme mitunter noch »selbst im Weg«: Ab und an »spinnen« nämlich nicht die Systeme, sondern lediglich die Systemperipherie. Bisweilen provozieren defekte Schalter, Sensoren oder Anschlusskabel Fehlinformationen, die Sie als technisch versierten Autofahrer in »Alarmstimmung« versetzen. Bewahren Sie also kühlen Kopf und folgen der Logik – so zum Beispiel, wenn Anzeigen unterschiedlicher Systeme gleichzeitig aus dem Tritt sind. Mitunter verantwortet den optischen Informationssalat dann »nur« ein schadhafter Spannungsregler. Sei's drum – Sie sind auf jeden Fall gewarnt und zudem noch gut beraten, wenn Sie umgehend der Ursache auf den Grund gehen und den Fehler beseitigen.

Routine für Profis – Sichtkontrollen vor der Fahrt

Bevor Sie Ihren Fiesta starten, gönnen Sie seinem Cockpit einen aufmerksamen Blick. Weil sich Ihrem Unterbewusstsein das normale Erscheinungsbild längst »eingebrannt« hat (die Anzahl der Anzeigen ist ausstattungsabhängig), fallen Ihnen, selbst kleinere, Abweichungen sofort ins Auge.
- Funktioniert die Zeituhr?
- Mit eingeschalteter Zündung leuchten sämtliche Kontrollleuchten im Fiesta-Armaturenbrett. Ausnahme: Die Nebel- und Nebelrücklicht-Kontroll-

FAHRZEUGELEKTRIK

leuchten. Sie versehen ihren Dienst nur im »eingeschalteten« Zustand.

- Vergessen Sie auch nicht kurz den Warnblinker, die beheizbare Front- und Heckscheibe, Nebelscheinwerfer und die Nebelschlussleuchte zu bedienen. Kontrollieren Sie, ob die entsprechenden Kontrollleuchten funktionieren.
- Sind die Schalter und das Cockpit beleuchtet? Schalten Sie zum Check das Fahrlicht ein.
- »Verschwindet« die Lade-, Motor- und Öldruckkontrollleuchte, nachdem der Motor läuft? Wird die Airbagkontrolle und ABS-Funktionsanzeige dunkel? Erlischt die Vorglühkontrollleuchte, nachdem der Diesel »brummt«?
- Achten Sie während der Fahrt auf den Tacho und Drehzahlmesser.

Vollständig und übersichtlich: Das Cockpit mit Dreispeichen-Airbaglenkrad und analogen Instrumenten.

Praxistipp

Instrumente zeigen nicht an

Warnleuchten funktionieren nicht: Überprüfen Sie zunächst die zuständige Sicherung, dann die Kabelanschlüsse, Zuleitungskabel und Geberelemente auf richtige Funktion. Das Multimeter ist Ihnen auch hier eine wertvolle Hilfe. Wenn Sie den Fehler lokalisiert haben, ist der Austausch der meisten Geberelemente oder Kontrolllämpchen für Do it yourselfer keine große Herausforderung mehr. Von Reparatureingriffen an der Schaltplatine des Kombiinstruments sehen Sie jedoch besser ab: Betrauen Sie damit Ihren Vertragshändler.

Öldruckkontrollleuchte brennt nicht: Schalten Sie die Zündung ein, ziehen das Kabel am Öldruckschalter ab und halten es gegen Metall (Masse). Brennt jetzt die Leuchte, erneuern Sie den Öldruckschalter – bleibt das Lämpchen aus, prüfen Sie nacheinander die Zuleitung, die Leiterfolie des Kombiinstruments und die Lampe. Der Öldruckschalter bei den 8V- und 16V-Ottomotoren ist direkt am Motorblock unterhalb des Ansaugkrümmers versteckt. Der Diesel-Öldrucksensor sitzt unterhalb des Motorblocks in Nähe des Abgasturboladers.

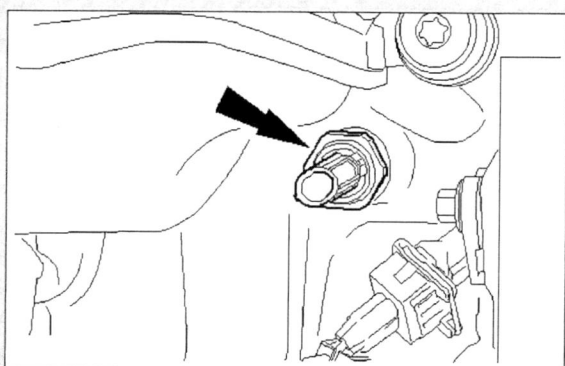

Öldruckschalter (Pfeil) – beim 8V-Motor unterhalb des Ansaugkrümmers.

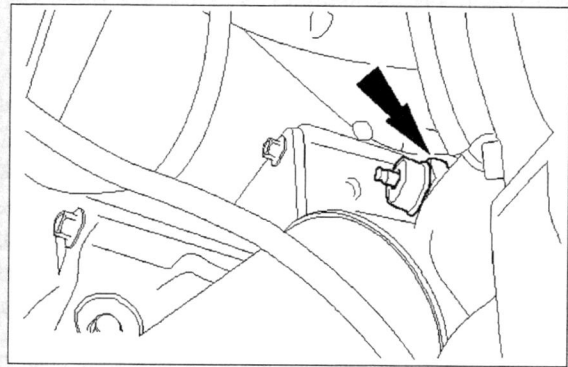

Öldruckschalter (Pfeil) – beim 16V-Motor in der Nähe des Ölfilters.

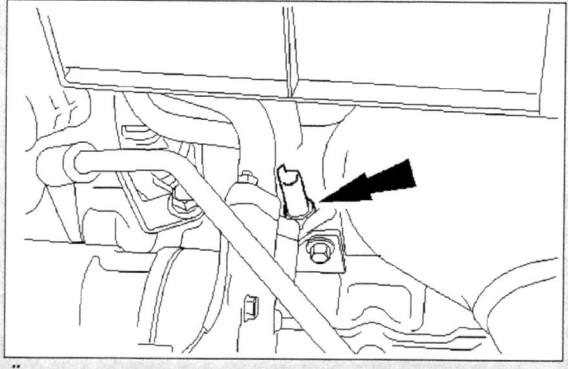

Öldruckschalter (Pfeil) – beim Dieselmotor in Nähe des Turboladers.

Tankanzeige funktioniert nicht: Sollte die Tankanzeige in Ihrem Fiesta spinnen, checken Sie zunächst den Tankgeber – häufig klemmt nur der Schwimmer. Mitunter liegt's auch an der Stromzufuhr oder einem unzureichenden Massekontakt. Um das zu prüfen, lösen Sie im Fußraum die linke A-Säulen Verkleidung, trennen den Kabelsatzstecker (Pfeil) und überbrücken mit einer Prüflampe die »Hälfte« des zum Instrument führenden Kabels. Eine funktionierende Tankuhr schlägt jetzt voll aus. Falls nicht, haben Sie »schlechte« Karten: Auf Ihrer Werkbank fehlt erfahrungsgemäß das erforderliche Diagnoseequipment. Wir raten Ihnen zur Reparatur in der Vertragswerkstatt.

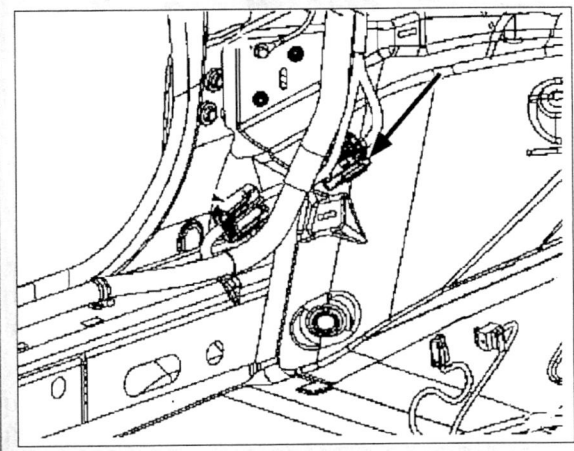

Im Fußraum hinter der linken A-Säule versteckt: Stecker der Tankanzeige (Pfeil).

Schalter – Funktionsprüfung

Manchmal bringen die »Ströme« auch defekte Schalter durcheinander. Im Fiesta kommen übrigens die unterschiedlichsten Schaltertypen »zu Ehren«. Ihre Funktionsprüfung erledigen Sie am besten mit Hilfe einer Prüflampe – der Nadelkontakt an der Lampenspitze muss dazu allerdings noch »Nadel spitz«, nicht jedoch »Nagel stumpf« sein. Tauschen Sie defekte Schalter ausschließlich gegen **Originale** aus.

① Besorgen Sie sich den aktuellen Schaltplan zu Ihrem Fiesta.
② Zuerst machen Sie das (die) spannungsführende(n) Kabel aus. Dazu legen Sie eine Prüflampe an und stechen die Kabelisolation mit der Nadelspitze an.
③ Prüfen Sie, ob am Schalter Spannung anliegt. In der Regel müssen Sie vorab die Zündung oder Beleuchtung einschalten.
④ Funktionierende Schalter lassen die Eingangsspannung ohne Verlust auch wieder »heraus«. Falls nicht, sind die Schaltkontakte oxidiert oder verbrannt – erneuern Sie den Schalter.

Das Kombiinstrument

Abhängig von der Motor-/Getriebekombination stattet Ford den Fiesta mit unterschiedlichen Kombiinstrumenten aus. Die Fahrzeugausstattung ist maßgebend für die Funktion der Anzeigen – diverse Anzeigen sind lediglich Potemkinsche-Dörfer – optisch zwar vorhanden, jedoch ohne jegliche Funktion. Anzeigen- und Warnanzeigensysteme sind angewiesen auf die Ausgangssignale von Sensoren – berücksichtigen Sie das bitte, wann immer Sie Systemfehlern auf die Schliche kommen möchten. Der elektronische Geschwindigkeitsmesser erhält beispielsweise sein Signal vom ABS-System. Vergleichbare Ausgangssignale verarbeiten auch Komponenten des Motormanagements oder der Fahrwerks- und Bremssteuerung (ESP-System). Übrigens, das Kombiinstrument Ihres Fiesta ist eine komplette Einheit, aus der einzelne Elemente nicht mehr getrennt zu tauschen sind. Es vereint Anzeigeinstrumente und Kontrollleuchten für sämtliche Fahrzeugsysteme. Da Leuchten in modernen Cockpits erfahrungsgemäß ein Autoleben lang halten, gehen wir in diesem Kapitel nicht mehr weiter auf die Beleuchtungseinrichtungen ein.

Wichtig – immer zusammenhängende Systeme auf Funktion prüfen

Prüfen Sie stets zusammenhängende Systeme, das bringt Sie mitunter schneller ans Ziel. Sämtliche Instrumente und Kontrollleuchten bekommen ihre Impulse im Fiesta nicht über Kabel, sondern über eine Folie (Platine) mit aufgedampften Leiterbahnen. Je nach Ausstattungsumfang und Modell sind die Platinen unterschiedlich bestückt. Beachten Sie das bitte bei Reparaturen und bei der Ersatzteilbeschaffung.
Die passende Platine erkennt Ihr Ford-Händler an der Schlüsselnummer aus Ihrem Kfz-Brief oder Fahrzeugschein. Zur Beseitigung von Störfällen ist jedoch selten eine neue Platine erforderlich: Häufig sind nur Lämp-

FAHRZEUGELEKTRIK

chen defekt, die Stecker leiden unter Kontaktschwäche oder eine Leiterbahn ist defekt. Die Demontage des Kombiinstruments ist dann freilich unumgänglich.

Kombiinstrument aus- und einbauen

① Klemmen Sie das Batteriemassekabel ab, ...

② ... ziehen anschließend die obere Cockpitverkleidung (Pfeil) vom Instrumententräger und ...

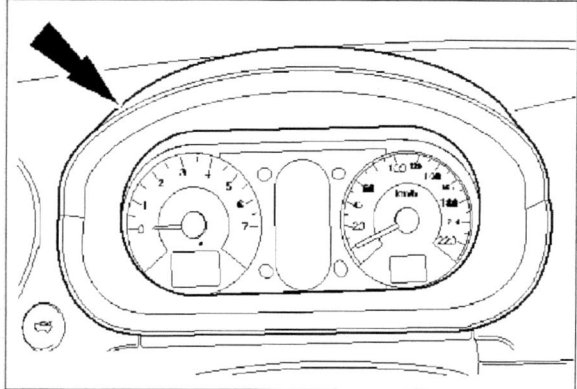

Mit beiden Händen nach vorne abziehen – Cockpitverkleidung vom Instrumententräger.

③ ... schrauben hernach die Cockpit-Befestigungsschrauben (Pfeile) los.

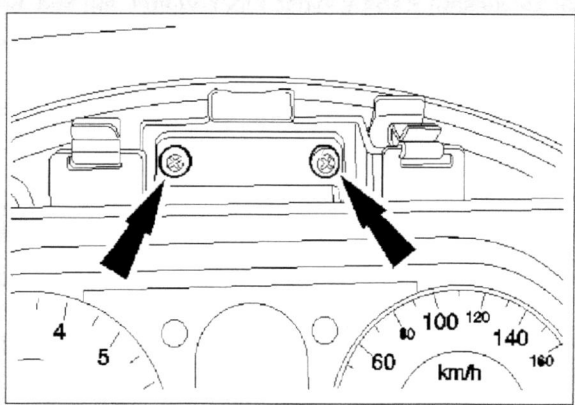

An zwei Schrauben befestigt – Kombiinstrument.

④ Den »gelösten« Instrumententräger ziehen Sie zunächst nur so weit aus der Halterung, bis Sie den Kombistecker (Pfeil) bequem abziehen können. Halten Sie

das Kombiinstrument auf jeden Fall aufrecht, ansonsten tritt Silikon aus den Instrumenten aus – das Paneel wäre dann unbrauchbar. Stellen Sie den demontierten Instrumententräger aufrecht gegen eine Halterung (Schraubstock, Wand, etc.) und ...

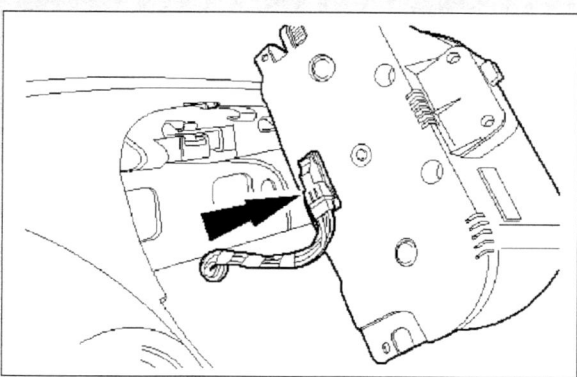

Auf jeden Fall senkrecht demontieren – Kombiinstrument.

⑤ ... reparieren den Schaden: Die Lämpchen sind übrigens einfach nur gesteckt. Wenn Sie ein »Licht« tauschen müssen, sprühen Sie vorab seine Kontaktfläche sparsam mit Kontaktspray ein.

⑥ Sollte gar eine Leiterbahn unterbrochen sein, füllen Sie den »Graben« vorsichtig mit Leitsilber (Elektronik-Zubehör) aus. Die Paste tragen Sie am »saubersten« mit einem feinen Pinsel auf.

⑦ Zur Montage richten Sie das Paneel in der Halterung aus, ziehen beide Schrauben fest und beenden hernach die Arbeit in umgekehrter Reihenfolge. Bevor Sie die Blende aufsetzen checken Sie alle Cockpit-Funktionen ab.

Nicht immer einfach zu verfolgen – die »verschlungenen« Wege der Stromkabel

Auf Laien wirken »Ströme« häufig sehr geheimnisvoll – sie laufen von der Quelle bis zum Verbraucher mitunter sonderbar. Tatsächlich? Im Fiesta »kontakten« die meisten konventionellen Stromverbraucher mit Doppelklemmen. Doch durchgängig bis zur Batterie oder zum Generator lässt sich häufig nur ein Kabel zurückverfolgen. Das andere endet »unterwegs« im IRGENDWO an einem Massekontakt der Karosserie, des Motors, am Getriebe oder, in den meisten Fällen, an irgendeinem »toten« Kontakt in einem »dicken Stecker«. So zum Beispiel am Mehrfachstecker der Zentralelektrik vor dem Sicherungs-/Relaiskasten.

Geben Masse – Metalle

Nicht um Do it yourselfer zu frustrieren, sondern um Kabelbäume möglichst schlank zu halten, nutzen Konstrukteure im Fiesta ein uraltes physikalisches Prinzip: Metalle, Autoelektriker bezeichnen sie in dem Fall als Leiter, transportieren Spannung und leiten Spannung an Masse ab. Vorteil – die Spannung läuft bereits vor Ort und nicht erst am Batterieminuspol gegen Masse ab. Im Fiesta übernimmt das die Karosserie. Sollte also ein Verbraucher zicken, liegt das häufig nicht an seiner Zuleitung, sondern an einer »mickrigen« Masseverbindung. In dem Fall holt sich der »Wackelkandidat« Unterstützung von Irgendwo. Mitunter gerät die Bordelektrik dann völlig aus dem Takt. Zum Beispiel so: Sie setzen den Blinker und das Rücklicht glimmt »taktvoll« mit. Spätestens dann wird Ihnen sogar optisch klar – »Ströme« laufen auf sonderbaren (Um)wegen.

Systematisch geordnet – Kabel und Klemmen

Trotz rationeller Bauweise und Multiplex-Technik würde der aufgebröselte Kabelbaum im Fiesta rund zehn Kilometer weit reichen. Das vordergründig bunte Gewirr ist allerdings akribisch verdrillt und geordnet – die Kabelfarben weisen den Weg. Außerdem sind die meisten Mehrfachstecker inklusive ihrer Kontakte nummeriert. Gleiches gilt für die Relais, und bei der Wahl der Kabelfarben setzt die »Ford-Norm« ohnehin auf gängige Vorbilder.

Wissenswert – häufige Kabel und Klemmenbezeichnungen

Klemme 15: Erhält nur bei eingeschalteter Zündung Spannung ab Zündschloss, wobei außer der Zündung auch jene Stromverbraucher mit Strom versorgt werden, die nur bei Betrieb des Wagens Strom erhalten sollen. Die vielfach schwarzen Kabel besitzen im Fiesta bisweilen auch farbige Zusatzstreifen.
Klemme 30: Erhält dauernd Strom vom Pluspol der Batterie bzw. bei laufendem Motor von der Lichtmaschine. Das kann bei unvorsichtigem Umgang mit Werkzeug zu Kurzschlüssen und Funkenregen führen. Zumindest dann, wenn Sie nicht vorher das Minuskabel der Batterie abgenommen haben. Strom führende Kabel sind im Fiesta rot ummantelt, ggf. »schmücken« sie auch zusätzliche Farbstreifen.
Klemme 49: Setzt die Blink- und Warnblinkanlage unter Strom.
Klemme 53: Speist den Scheibenwischer. Ihre Kabel sind überwiegend grün und mit weiteren Zusatzfarben (z. B. gelb) gekennzeichnet.
Klemme 56: Mit gelb/schwarzen Farben versorgt sie das Abblendlicht und mit weiß/schwarzen Farben das Fernlicht mit Strom.
Klemme 58: Speist das Standlicht (vorne) sowie die Schluss- und Kennzeichenleuchten. Die Kabelgrundfarbe ist grau, jeweils mit zusätzlichen Farbstreifen.
Klemme 31: Masseklemme, die jeden Bordverbraucher mit Fahrzeugmasse verbinden muss. Im Bordnetz sind Massekabel meistens braun »eingewickelt«.

Überlastungsschutz – Sicherungen im Innen- und Motorraum

Die Bordelektrik schützen zahlreiche Sicherungen vor Überlastung. Ihre Schutzfunktion entspricht der theoretischen Maximalbelastung der einzelnen Stromkreise. Sicherungen kappen den Stromfluss sofort, wenn ein zum Beispiel ein Kurzschluss (defekter Verbraucher, beschädigtes Stromkabel) die Bordspannung unkoordiniert an Masse ableitet. Diese Schutzfunktion verhindert weitere Schäden, beispielsweise Kabelbrände oder durchgebrannte Elektromotoren. Im »Überlastfall« verglühen im Fiesta des Jahrgangs 2002 Flachsteck- und Midisicherungen. Der Tatbestand des Überlastfalls ist für eine Sicherung übrigens auch dann erfüllt, wenn voll ausgelastete Stromkreise nachträglich noch mit zusätzlichen Verbrauchern (Hi-Fi-Anlagen, Booster oder nicht zugelassene Hochleistungsleuchten) »aufgemotzt« werden. Auch profane Autostaubsauger und Kühlboxen, die Sie einfach mit Strom aus der Steckdose des Zigarettenanzünders abspeisen, lassen ab und an die Sicherung »dahin schmelzen«. Spendieren Sie zusätzlichen Verbrauchern in Ihrem Fiesta darum separate Stromkreise – natürlich mit realistisch berechnetem Kabelquerschnitt und entsprechend ausgelegter Sicherung.

FAHRZEUGELEKTRIK

Wenn Sie alle Ungereimtheiten ausschließen möchten, lassen Sie besser einen Kfz-Elektriker ans Werk. Der speist zum Beispiel eine Universalsteckdose (Autostaubsauger, Kühlbox, Acculader, etc.) mit einem Kabelquerschnitt von 1,5 mm² und sichert den neuen Stromkreis mit maximal 15 Ampere ab.

Verteilt auf diverse Stromkreise – Bordsicherungen

Das Motormanagement und die meisten leistungsstarken Aggregate werden durch eigene Sicherungen geschützt, so zum Beispiel das ABS-System, das Durashift-Getriebe, die Kraftstoffpumpe oder das PCM. Und damit Ihr Fiesta nun nicht bei jedem x-beliebigen elektrischen Defekt gänzlich ohne Strom da steht, verteilten Ford-Ingenieure die Bordverbraucher auf mehrere Stromkreise. Nebenverbraucher mit weniger wichtigen Aufgaben sichert jeweils eine gemeinsame Sicherung ab – sie stehen meistens auch nicht ständig unter Strom. Anders die Stromkreise zwischen Anlasser, Batterie, Lichtmaschine und Zündschloss: Hier liegt ständig die volle Power auf der Lauer – seien Sie da besonders vorsichtig mit Schraubendreher, Schraubenschlüssel & Co.: Bevor Sie hier »einsteigen« klemmen Sie IMMER zuerst die Batterie ab! Andernfalls provozieren Sie kapitale Schäden und Kabelbrände – bis hin zu Fahrzeugbränden.

Die Sicherungen des Fiesta — Techniklexikon

In den zwei Sicherungskästen des Fiesta stecken Flach- (Mini-) und Midisicherungen (geschraubt), deren transparenter »Kunststoffkörper« zwei mit einem Schmelzdraht verbundene Flachstecker fixiert.

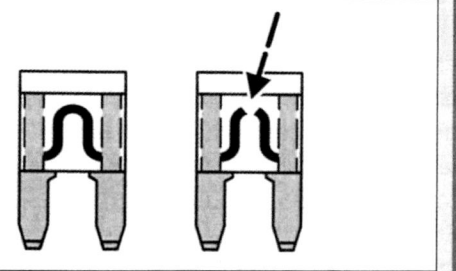

Durchgebrannte Sicherungen erkennen Sie am geschmolzenen Draht (Pfeil). Häufig ist dann auch Plastikumhüllung gebrochen oder verschmort.

An der Farbe zu erkennen – die Amperezahl

Zur besseren Differenzierung der Maximalbelastung sind Sicherungen, zusätzlich zu ihrer Beschriftung, farbig markiert. Die Minisicherungen im Fiesta vertragen:

Kennfarbe:	Stromstärke in Ampere
Grau	2
Violett	3
Rosa	4
Hellbraun	5
Dunkelbraun	7,5
Rot	10
Blau	15
Gelb	20
Transparent	25
Hellgrün	30
Orange	40

Die »kräftigeren« Stromkreise sind im Fiesta zusätzlich mit geschraubten Midi-Sicherungen abgesichert.

Schnell erledigt – Sicherungen erneuern

Ein Tipp ganz zu Beginn: Bevor Sie eine Sicherung oder ein Relais wechseln, schalten Sie die Zündung und alle Stromverbraucher (z. B. Radio) aus.
Einer von zwei Sicherungskästen sitzt hinter dem Handschuhfach vor der Spritzwand im Armaturenbrett. Diese Sicherungen sind relativ einfach mit einer Klammer oder Flachzange in Eigenregie zu tauschen.
Der zweite Kasten »sichert« seine Kreise in unmittelbarer Batterienähe aus dem Motorraum heraus. Der Tausch dieser Midisicherungen ist grundsätzlich kein Hexenwerk – zumindest dann nicht, wenn Sie den Kasten hinter der Batterie erst einmal freigelegt haben. Dennoch legen Sie an die Innereien dieses Kastens nur dann Hand an, wenn Sie sich absolut sicher sind. Ansonsten überlassen Sie Midisicherungskreise besser einem Profi.

Arbeitsschritte

① Egal ob im Innen- oder Motorraum, im Fiesta sitzen die Sicherungen verborgen hinter Kunststoffdeckeln.

SICHERUNGEN ERNEUERN

Handschuhfachdeckel

② Öffnen Sie den Handschuhfachdeckel und ...

③ ... drücken beide Seitenwände soweit nach Innen (Pfeilrichtung) zusammen, bis ...

④ ... Sie die »Klappe«, über die Arretierung hinaus, nach unten schwenken können.

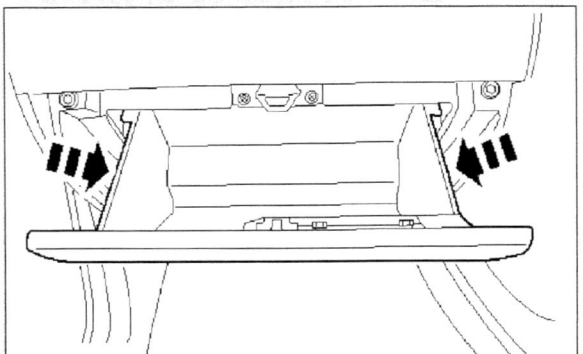

Sicherung erneuern – dazu Handschuhfachdeckel öffnen, beide Seitenwände zusammendrücken und über die Arretierung hinweg nach unten schwenken.

⑤ Erledigt? Dann ziehen Sie die durchgebrannte Sicherung vorsichtig mit einer Klammer oder passenden Flachzange aus den Kontakten.

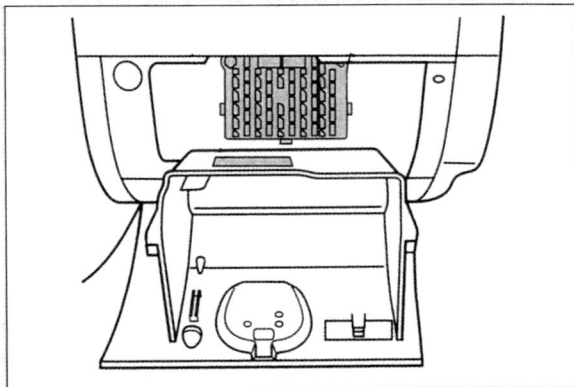

Bevor Sie sich eventuell die Finger verbrennen, nutzen Sie zum Sicherungswechsel besser eine Klammer oder passende Flachzange.

⑥ Achten Sie darauf, dass die neue Sicherung gleichmäßig in beide Polzungen einrastet.

Motorraum

⑦ Schrauben Sie den Batteriehaltebügel ab und ...

⑧ ... hebeln dann mit einem kleinen Schlitzschraubendreher den Sicherungskastendeckel ab.

⑨ Checken Sie die Sicherungen und schrauben die durchgebrannte an beiden Polenden los.

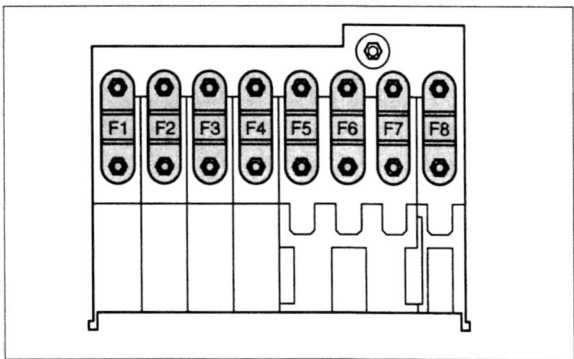

In Batterienähe – Sicherungskasten mit geschraubten Midisicherungen.

⑩ Drücken Sie die neue Midisicherung mit beiden Polenden in die Kontaktleiste und schrauben sie fest.

Sicherungen Handschuhfach und Motorraum

⑪ Achten Sie darauf, dass sie nur neue Sicherungen mit identischer Amperestärke verwenden.

⑫ Sollte ihnen die neue Sicherung sofort wieder »dahinschmelzen«, prüfen Sie den Stromkreis auf Masseschluss (Kabelisolation gegen Masse blankgescheuert), bzw. den aus dem Kreis genommenen Verbraucher mit einer »Freiluftleitung« auf Funktion.

Verteilen hohe Arbeitsströme – Schaltrelais

Ihr Fiesta hat eine Reihe von Verbrauchern, die, im Vergleich zu anderen, höhere Arbeitsströme erfordern. Um dort mit möglichst geringen Kabelquerschnitten ein Maximum an Sicherheit zu gewährleisten, steuert Ford jene Verbraucher aus der Zentralelektrikbox mit separaten Schaltrelais an. Dem Ein- und Ausschalter reicht ein geringer Schaltstrom, der dann im Relais den Arbeitsstrom zum Verbraucher frei schaltet.

Unterschiedliche Aufgaben – Schaltstrom und Arbeitsstrom

Zum Einschalten des Verbrauchers wirkt der Schaltstrom im Relais auf eine Magnetspule. Die Magnetspule zieht einen kräftigen Kontakt gegen Federdruck an und öffnet damit den Arbeitsstromkreis. Um den Verbraucher mit möglichst hoher Spannung zu be-

FAHRZEUGELEKTRIK

dienen, fließt der Arbeitsstrom auf kurzer Distanz durchs Relais ans Ziel. Die Relaiskontakte sind so dimensioniert, dass sie auch langfristig »hohe« Ströme gut vertragen. Außerdem verkürzt der vermeintliche »Umweg« durchs Relais den Weg des Arbeitsstroms zum Verbraucher. Vorteil: Je kürzer die Wege, um so geringer die Spannungsverluste zwischen Quelle und Verbraucher.

Erfüllen unterschiedliche Aufgaben – spezielle Relaistypen

Um die Übersichtlichkeit und Fehlersuche zu verbessern, sind im Fiesta die meisten Relais auf speziellen Trägerplatten zusammengefasst. Zusätzlich arbeiten im Bordnetz noch Relaistypen, die bestimmte Funktionen, ganz in der Nähe ihres »Arbeitsplatzes«, erfüllen.

Sicherungsbelegung

Vor der Spritzwand hinter dem Handschuhfach »versteckt«: Sicherungen der Sekundärstromkreise.

Sicherungskasten hinter dem Handschuhfachdeckel

Sicherung	Ampere	abgesicherte Stromkreise
1	–	–
F1	–	–
F2	–	–
F3	10	Anhänger (Option)
F4	10	AC
F5	20	ABS-System
F6	30	ABS-System
F7	7,5	Automatik Getriebe
F8	7,5	elektr. einstellbare Außenspiegel
F9	10	Abblendlicht, links
F10	10	Abblendlicht, rechts
F11	15	Licht
F12	15	Motorsteuerung/PCM
F13	20	Motorsteuerung/PCM (nur Diesel)
F14	30	Anlasser
F15	20	Kraftstoffpumpe
F16	3	Motorsteuerung
F17	15	Licht
F18	15	Radio, Diagnose Stecker
F19	–	–
F20	7,5	Instrumentenbeleuchtung, Batterieschutzschalter, Kennzeichenleuchte, Zentral-Elektronik-Modul
F21	–	–
F22	7,5	Begrenzungslicht, links
F23	7,5	Begrenzungslicht, rechts
F24	–	–
F25	15	Warnblinklicht, Blinker
F26	20	beheizbare Heckscheibe
F27	10	Signalhorn
F28	3	Batterie, Generator
F29	15	12 Volt Steckdose, Zigarettenanzünder
F30	15	Zündung
F31	10	Anhängersteckdose
F32	7,5	beheizbare Außenspiegel
F33	7,5	Instrumentenbeleuchtung, Batterieschutzschalter, Kennzeichenleuchte, Zentral-Elektronik-Modul
F34	–	–
F35	7,5	beheizbare Sitze
F36	30	elektrische Fensterheber
F37	3	ABS-System
F38	7,5	Instrumentenbeleuchtung, Batterieschutzschalter, Kennzeichenleuchte, Zentral-Elektronik-Modul
F39	7,5	Airbag
F40	15	Lichtschalter
F41	–	–
F42	30	beheizbare Frontscheibe
F43	30	beheizbare Frontscheibe

SICHERUNGSBELEGUNG

F44	3	Radio, Diagnose Stecker
F45	15	Bremsleuchte
F46	20	Scheibenwischer, vorn
F47	10	Scheibenwischer, hinten
F48	7,5	Rückfahrlicht
F49	30	Gebläse
F50	20	Nebelscheinwerfer
F51	–	–
F52	10	Fernlicht, links
F53	10	Fernlicht, rechts

Relais-Steckplätze hinter dem Handschuhfachdeckel

Relais	Abgesicherte Stromkreise
R1	–
R2	beheizbare Frontscheibe
R3	Zündung
R4	Abblendlicht
R5	Fernlicht
R6	Kraftstoffpumpe
R7	Anlasser
R8	Motorlüfter
R9	Innenraumbeleuchtung
R10	–
R11	Motorsteuerung
R12	–

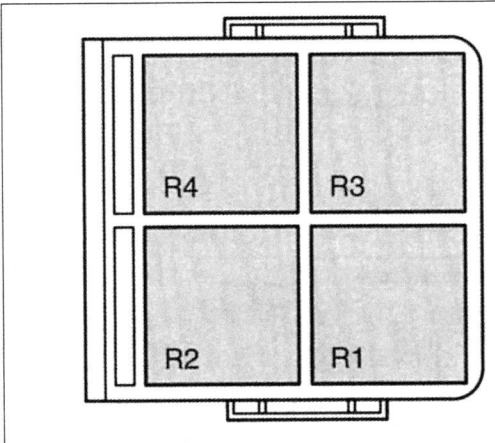

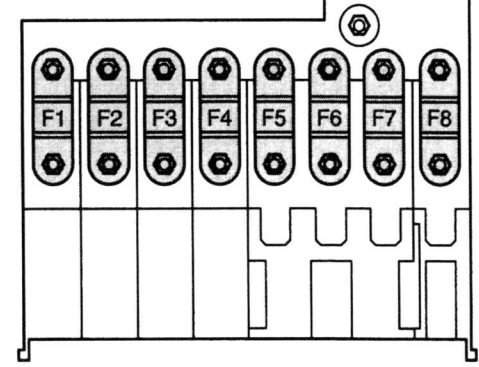

Unter der Motorhaube direkt hinter der Batterie platziert: Relais- und Sicherungskasten mit Hauptsicherungen.

Relaissteckplätze im Motorraum*

Relais	Abgesicherte Stromkreise
R1	AC
R2	Motorkühlgebläse, hohe Stufe
R3	Zusatzheizer (Diesel)
R4	Zusatzheizer (Diesel)

*Bitte nur vom Fachhändler bzw. Kfz-Techniker checken lassen.

Hauptsicherungskasten im Motorraum*

Sicherung	Ampere	Abgesicherte Stromkreise
F1	80	Zusatzheizer (Diesel)
F2	60	–
F3	60	Zusatzheizer (Diesel), Glühkerzen
F4	40	Kühlergebläse, AC-Anlage
F5	60	Beleuchtung, Zentral-Elektronik-Modul
F6	60	Zündung
F7	60	Motor und Beleuchtung
F8	60	beheizbare Frontscheibe und ABS-System

*Bitte nur vom Fachhändler bzw. Kfz-Techniker checken lassen.

FAHRZEUGELEKTRIK

Wechseln innerhalb einer Modellreihe häufig ihr Funktionsschema – Schaltpläne

Nichts ist älter als die Zeitung von GESTERN, die Erfahrung können Sie übrigens auch mit Schaltplänen machen: Die Hersteller wechseln häufig sogar innerhalb eines Modelljahrs die Stromlaufpläne. Darum »verkneifen« wir uns, Ihnen viele Seiten mit veralteten Schaltplänen zu präsentieren. Vielmehr raten wir Ihnen, sich im Bedarfsfall den für Ihr Auto aktuellen Schaltplan bei Ihrem Vertragshändler oder direkt beim Hersteller zu beschaffen. Vergessen Sie dann allerdings nicht Ihren Kfz-Schein mitzunehmen oder zu kopieren. Denn Profis ordnen Ihrem Auto anhand der Identifikationsnummer den gültigen Schaltplan zu.

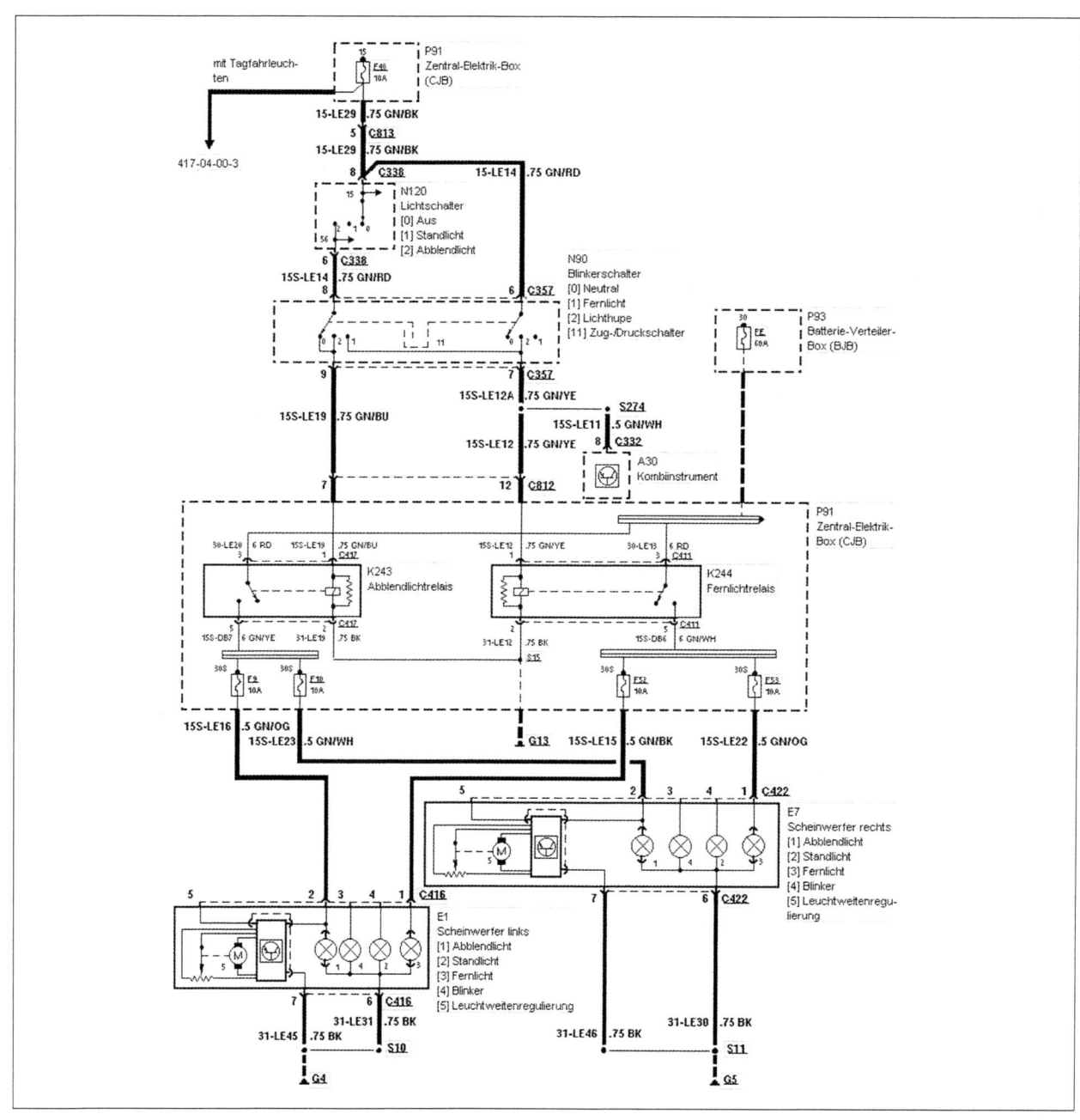

Werden häufig schon im laufenden Modelljahr modifiziert: Schaltpläne. Die Vorlage zeigt das Funktionsschema einer Außenbeleuchtung.

DER INNENRAUM

Platz da:
Fünf Mitfahrern nebst Reiseutensilien bietet der Ford Fiesta genügend »Lebensraum« – und das in einem durchaus behaglichen Umfeld. Unter anderem nährt sein schick profiliertes Armaturenbrett mitsamt ansprechendem Innenraumambiente bei den Mitfahrern das subjektive Gefühl, in einem erwachsenen Auto unterwegs zu sein. Die Sicherheitsausstattung macht da übrigens keine Ausnahme: Airbags, Gurtstopper, Sitze mit »Anti-Dive-Effekt«, Sicherheitspedalerie, Seitenaufprallschutz, ABS – was den größeren Brüdern mit »der Pflaume am Bug« recht, ist dem Fiesta des Jahrgangs 2002 mittlerweile billig.

Wartung

Heizung und Lüftung checken	259
Reinluftfilter wechseln	260
Sicherheitsgurte checken	273
Zündschlüssel synchronisieren	278

Reparatur

Heizungs- und Belüftungsbedieneinheit aus- und einbauen	260
Störungssuche am Gebläse	263
Gebläsemotor tauschen	263
Gebläsevorwiderstand erneuern	265
Innenleuchten erneuern	267
Radio aus- und einbauen	268
Lautsprecher aus- und einbauen	269
Dachantenne ab- und anbauen	270
Mittelkonsole aus- und einbauen	270
Vordersitze aus- und einbauen	271
Rücksitzbank aus- und einbauen	272
Rücksitzlehne aus- und einbauen	272
Türverkleidung aus- und einbauen	273
Seitenscheibe/Fensterheber aus- und einbauen	276
Schlüsselbatterie wechseln	278
Türgriff ab- und anbauen	278
Schließzylinder aus- und einbauen	279
Lenkradschloss aus- und einbauen	280

INNENRAUM

Verglichen mit seinen Altvordern steht der Fiesta aus dem Jahre 2002 erwachsen auf den Rädern: Das Image des »spartanischen« Kleinwagens hat der Kleine längst und – in der aktuellen Version auch überzeugend – abgelegt. Er kommt ohne überflüssigen »Speck« auf den Flanken oder schrillem Designschnickschnack daher. Seine hoch gesetzten Rückleuchten beispielsweise haben, ähnlich wie beim Steilheck Focus, Trend- und Signalfunktion. Ohnehin ist der Fiesta jetzt wieder auf den ersten Blick als moderner Ford zu erkennen, ohne freilich das mittlerweile typische New-Edge-Design im kleineren Maßstab zu kopieren.

Solider Klassenstandard – Ausstattungsumfang

Im Umfeld seiner Mitbewerber und erst recht im direkten Vergleich zu seinem Vorgänger punktet der Fiesta 2002 mit deutlich mehr Innenraum und einem Ausstattungsumfang, der, absolut gesehen, mindestens soliden Klassenstandard darstellt. Allein die Möglichkeit, beim Kauf unter zwei Schaltgetrieben zu wählen, ist für Kunden der Kompaktklasse nicht selbstverständlich. Fiesta-Käufer haben die Wahl: Entweder schickt Fords Kleiner seine »Pferdchen« alternativ durch ein konventionelles Fünfganggetriebe oder ein elektronisch gemanagtes Fünfganggetriebe (Durashift EST) an die Vorderräder. Hinsichtlich aktiver und passiver Sicherheitsangebote hat der aktuelle Fiesta gleichfalls keine »Nachhilfe« mehr nötig. Übrigens auch nicht, was den »Spieltrieb« während der

Solide Optik: *Das Fiesta-Cockpit überzeugt auch kritische Betrachter: »Fahrers Arbeitsplatz« wirkt aufgeräumt und übersichtlich, relevante Informationen sind auf den ersten Blick erkennbar, wichtige Schalter und Bedienungselemente sitzen allesamt in Lenkradnähe.*

Fahrt angeht: Das mögliche On-Bord-Infotainment umfasst unter anderem hochwertige Radio-/Kassettengeräte mit 6fach-CD-Wechsler, inklusive speziell abgestimmter Lautsprechersysteme. Ein satellitengestütztes Navigationssystem gibt's optional nur im Ghia. Nicht so die empfehlenswerte AC – das coole Extra ist im Ghia serienmäßig mit von der Partie. In den anderen Modellvarianten gibt's »prima Klima« nur gegen zusätzliche Euro.

Vorzeigbar – die Raumausnutzung

89 Millimeter länger, 40 Millimeter mehr Radstand, 129 Millimeter höher und 48 Millimeter breiter: In Millimeter gemessen macht das den gewissen Unterschied gegenüber seinem Vorgänger aus. Im Vergleich dazu haben die Innenraummaße noch deutlicher zugelegt – der Fiesta 2002 ist ein Beweis für exzellente Raumausnutzung. Auf den vorderen Sitzen beträgt die Kopffreiheit 999 Millimeter, im Fond misst der Beinraum 885 Millimeter. Auch das Kofferraumvolumen reduziert Transportbedürfnisse von Fiesta-Eignern nicht unbedingt auf Kleinwagenformat – nach VDA-Norm verschwinden 284 Liter hinter der geteilten Rückbanklehne. Allemal genug, um gelegentlich Großeinkäufe zu tätigen und mit mehr als »kleinem Sturmgepäck« verreisen zu können.

Doch der neue Fiesta »lockt« nicht allein mit einem größeren Wohn- und Gepäckraum, er überzeugt zudem mit einem angenehmen Raumgefühl und eingänglichem Bedienkonzept. Maßgeblichen Anteil daran hat der nach ergonomischen Gesichtspunkten gestaltete Innenraum. Mit seinen geometrischen Formen und klaren Linien nimmt er gekonnt die technisch orientierte Formensprache des modifizierten New-Edge-Außendesigns auf.

Funktionell gegliedert – das Cockpit

Prägend für das hinter dem Lenkrad schnell »Daheim sein« sind im Fiesta die nicht vorhandenen Show-Elemente. Wichtige Informationen erreichen den Fahrer sofort, der Rest findet an der Peripherie seinen Platz. Deutlich wird das vor allem am funktionellen Cockpit-Layout, das die Mittelkonsole »gekonnt« einbezieht. Wichtige und häufig genutzte Funktionen sind darin ganz gezielt dem »Chauffeur« zugewandt – gleiches gilt für »ernsthafte« Kontrollinstrumente und häufig genutzte Bedienungselemente wie Lichtschalter, Blinker oder Scheibenwischer.

SICHERHEITSPEDALERIE

Sporadisch genutzte Hebel, Schalter oder Tasten sind dem Zentrum fern. Sei's drum, das Fiesta-Cockpit »verzerrt« nicht den Blick oder den Handgriff auf die wesentlichen Dinge, stattdessen gefällt es mit vorbildlicher Ergonomie. Im Fiesta bekommt auch der Beifahrer eine faire »Bedienchance« an den in der Mittelkonsole platzierten Schaltern und Anzeigen oder hinsichtlich Beschallung, Innenraumklima, Navigation oder Warnblinkanlage.

Obwohl die Luftsäcke – der Fiesta hat bis zu sechs »ausgewachsene« Airbags an Bord – im Ernstfall zweistufig aufblähen, blieb beispielsweise noch genügend Platz für ein großes Handschuhfach, Cupholder oder diverse Krimskrams-Ablagen. Unter anderem auch ein herausklappbares Fach unterhalb des Lichtschalters, hier ruhen beispielsweise Parkmünzen oder Einkaufswagen-Chips bis zu ihrem Auftritt nahezu »klapperfrei«.

teilt sind. Die meisten dieser »Lichter« machen gottlob nur dann auf sich aufmerksam, wenn den Fiesta irgendeine Unpässlichkeit »beschleicht«. Der Rest »lebt« schon vor Fahrtantritt und pausiert bereits wenige Meter nach dem Start: Beispielsweise die ABS-Warnleuchte – sie erlischt wenn die Bremselektronik funktioniert.

Optional vom Lenkrad aus bedienbar: Fiesta-Radio mit griffgünstig platzierten Fernbedienungstasten an der Lenksäule montiert.

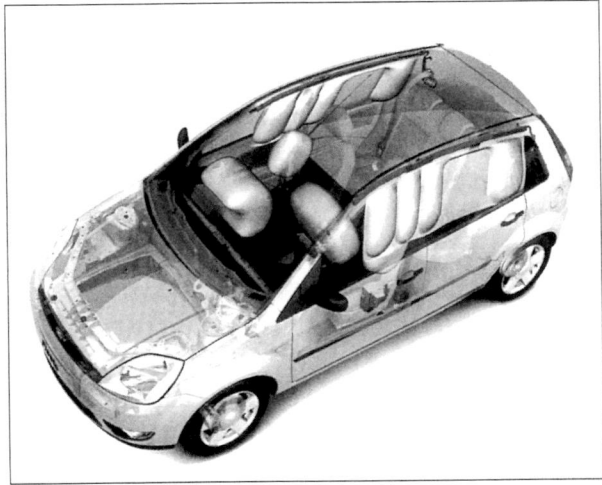

Blasen im Ernstfall zweistufig auf: Front-, Schulter- und Seitenairbags.

Der Fiesta-Arbeitsplatz erleichtert Fahrerinnen und Fahrern das »Leben« vor dem Lenkrad – auch im innerstädtischen Verkehrsgewusel. Nicht zuletzt darum, weil die optional erhältliche Radiofernbedienung immer beide Hände fürs Lenkrad reserviert – zumindest für die Mehrzahl der verfügbaren Audioanlagen.

Wie sehr Funktionalität den Fiesta dominiert, belegt auch das übersichtlich gestaltete Cockpit mit zentralem Drehzahlmesser und elektronisch gesteuertem Tachometer. Die im Drehzahlmesserdisplay integrierten digitalen Anzeigen für Kühlflüssigkeitstemperatur und Tankvorrat sind auch bei starkem Lichteinfall noch gut zu erkennen. So auch relevante Warnleuchten, die zudem logisch um den Chauffeur herum ver-

Schützt die »Fahrerfüße« – Sicherheitspedalerie

Auf die Informationen modernster Crash-Sensorik reagieren im Fiesta zwei Front-, Schulter- und Kopfairbags (optional). Anti-Dive-Sicherheitssitze (vorne). Die Sicherheitsausstattung ergänzen Dreipunkt-Sicherheitsgurte rundum, sowie Gurtstraffer und lastabhängige Gurtkraftbegrenzer an den vorderen Plätzen. Und damit bei einem Frontalcrash oder Auffahrunfall auch die Fahrerfüße unverletzt davon kommen können, »fällt« das Bremspedal kraft- und momentenfrei auf den Boden.

Für die »Großen« ist im Fall der Fälle also vergleichsweise gut gesorgt. Und was passiert mit dem Nachwuchs? Kids im »Isofix-Alter« erleben Fahrten selbstverständlich aus »ihrem Thron«. Freilich nur dann, wenn Papa oder Mama die Sitzschale vorher auf der Rückbank einrasten. Kein Zweifel, der Fiesta bedient gleichermaßen den Verstand und das Auge.

INNENRAUM

Sicherheitsrelevante Zone – heutige Innenräume

Ob das im Kapitel »Der Innenraum« für traditionelle Do it yourselfer gleichfalls gilt, erfahren Sie auf den folgenden Seiten. Wir beschreiben Ihnen dort bewusst nur jene Wartungs- und Reparaturarbeiten, die versierte »Selbermacher« erfahrungsgemäß nicht überfordern. Warum widmen wir der »Innenarchitektur« überhaupt noch soviel Beachtung? Zumal Besserwisser wissen: Da »passiert« doch eh nichts mehr.

Die Erfahrung zeigt, auch Besserwisser wissen manchmal eben doch nicht alles: Ein elektrisch betätigter Fensterheber zum Beispiel streikt in der Fahrertür mitunter häufiger als Sie vermuten. Auch eine »blinde« Innenleuchte oder ein »abgefahrener« Außenspiegel konfrontiert Sie schneller mit Ihrem »Werkzeugkasten« als es Ihnen lieb sein mag. Dennoch, heutige Innenräume sind sicherheitsrelevante Zonen, die Do it yourselfern das eine oder andere Tabu auferlegen. Auf den folgenden Seiten sagen wir Ihnen darum klipp und klar, wann und wo ein Profi die erste Adresse ist.

Über Langeweile oder Arbeitsmangel werden Sie dennoch nicht klagen. Nicht weil Ihr Fiesta ein »zickiges« Auto wäre, sondern weil professionelle Selbsthilfe bare »Euro« spart – nicht nur bei Störungen oder Reparaturen: Ein regelmäßig gepflegtes Auto steigert außerdem Ihr eigenes und das Wohlbefinden Ihrer Beifahrer. Spätestens beim Wiederverkauf macht ein properer Innenraum einen verkaufsfördernden Eindruck auf den womöglichen Käufer, mitunter taut das gepflegte »Wohnzimmer« bei ihm auch ein paar zusätzliche Euro auf …

Heizung und Lüftung

Ein Teil des Fahrtwinds durchströmt das Lüftungsgitter vor der Frontscheibe. Von hier aus gelangt die »Brise« dann via Reinluftfilter und das Luftverteilungssystem an die entsprechenden Belüftungsdüsen im Innenraum. In der Instrumententafel sind die Düsen einstellbar: Je nach Bedarf variieren Sie den Luftstrom in Menge und Richtung. Nicht so die Luftführungen im Fußraum, den Entfeuchter- sowie den Entfrosterdüsen – jene Luftauslässe sind starr montiert.

Bevor die Frischluft zu den Düsen kommt, passiert sie im Fiesta einen Reinluftfilter (Staub- und Pollenfilter) sowie ein vierstufiges Luftgebläse. Den Reinluftfilter – ein Aktivkohleelement – hat jeder Fiesta serienmäßig an Bord. Seine Lamellen bremsen und binden Partikel über 3 Mikron sowie Pollen, Staub und Dieselruß aus der Luft. Außerdem bindet die Aktivkohlebeschichtung Ozon und neutralisiert gleichermaßen unangenehme Gerüche.

Vom Fahrer und Beifahrer bequem zu regeln: Das Innenraumklima im Fiesta. ❶ *Gebläseschalter,* ❷ *Heizungstemperaturregler,* ❸ *Luftverteilung,* ❹ *Klimaanlage (AC),* ❺ *Umluftschalter.*

Schafft ständig Frischluft in den Innenraum – Zwangsbe- und -entlüftung

Sollten Sie die Vorzüge einer AC in Ihrem Fiesta genießen, sind Sie von äußeren Einflüssen weitgehend unabhängig. Zum Beispiel dann, wenn Ihnen der Vordermann oder lästige Industrieabgase ungebeten das Innenraumklima »parfümieren«. Mit einem Druck auf die Umlufttaste befreien Sie dann kurzerhand Ihre Nase vor dem Mief der anderen. Wenn Sie allerdings nicht wie unter einer Glaskuppel im eigenen Saft »schmoren« möchten, aktivieren Sie die Umlufttaste immer nur vorübergehend – beachten Sie unsere Empfehlung vornehmlich im Herbst und Winter.

Damit Ihnen im Fiesta grundsätzlich nicht der »Durchblick« abhanden kommt, streicht während der Fahrt ein zugfreier Luftstrom (Zwangsbe- und -entlüftung) über die Fenster. Doch spätestens, wenn die Scheiben beschlagen, lenken Sie die Frischluft direkt auf ihre Oberflächen um.

Die Zwangsbe- und -entlüftung tauscht im Innenraum, übrigens auch bei verschlossenen Düsen und Fenstern, ständig die Luft aus. Je nach Stellung der Luft-

HEIZUNG UND LÜFTUNG CHECKEN

führungsklappen und Verteilerdüsen können Sie Ihr rollendes »Wohnzimmer« unterschiedlich klimatisieren. Einen Teil der frischen Außenluft erwärmt der Heizungswärmetauscher, zusammen mit der Kaltluft mixen Sie daraus Ihre Wohlfühltemperatur. In Zeiten c_W-Wert optimierter Karosserien kommen Sie schnell dahinter: Ohne die Assistenz des Luftgebläses funktioniert die Belüftung nur geschwindigkeitsabhängig. Lassen Sie darum in Ihrem Fiesta auf Kurzstrecken und im Stadtverkehr das Gebläse generell auf Stufe 1 oder 2 arbeiten. Die Frischluft verteilt sich dann schneller im Innenraum – unabhängig von der Fahrgeschwindigkeit. Das Luftgebläse sitzt im Fiesta vor dem Heizungswärmetauscher. Vorteil: Die »beschleunigte« Frischluft passiert zunächst den Heizungskühler und kühlt den Innenraum an kälteren Tagen nicht ungewollt aus.

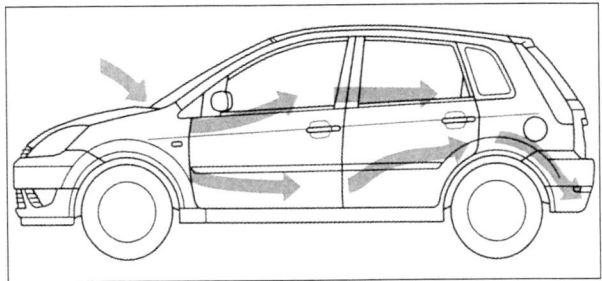

Gleichmäßig verteilt: Der Luftstrom im Fiesta hat eine bis zu 30 Prozent bessere Wirkung als im Vorgänger.

Ab und an checken – Heizung und Lüftung

Checken Sie ab und an den Luftdurchsatz in Ihrem Fiesta. Staubpartikel, Straßenschmutz, Insekten oder Herbstlaub verstopfen mitunter die Luftkanäle und den Pollenfilter. Gehen Sie dazu auf einer wenig befahrenen Landstraße folgendermaßen vor:

- Drehen Sie bei betriebswarmem Motor den Heizungsregler voll auf – die Warmluft muss jetzt gleichmäßig aus allen Düsenöffnungen strömen.
- Jetzt testen Sie das Regelventil und drehen den Heizungsregler ganz zu. Wenn der Stellmechanismus ordentlich funktioniert und das Ventil dicht schließt, kommt nach einigen Kilometern kalte Luft aus den Düsen. Falls nicht, funktionieren die Klappen nicht mehr einwandfrei, eventuell haben sich auch Herbstlaub oder Blütenblätter an ihren Dichtflächen »quer« gestellt.

»Beantworten« Sie sich während der »Testfahrt« folgende Fragen:
- Strömt die Luft gleichmäßig nach oben und unten?
- Kommt der Luftstrom gleichmäßig aus allen Öffnungen?
- Funktioniert der Umluftregler?
- Arbeitet das Gebläse in allen Stufen?

Heizung — Störungsbeistand

Störung	Ursache	Abhilfe
A Schwache Heizleistung.	1 Luftklappe schließt nicht völlig.	Seilzüge kontrollieren; Klappe gängig machen, ggf. Fremdkörper entfernen.
	2 Wärmetauscher verdreckt oder Zuleitungen gequetscht.	Wärmetauscher reinigen bzw. ersetzen (lassen); Zuleitungen kontrollieren.
	3 Heizungsbetätigung verstellt oder ausgehängt.	Einstellen bzw. neu einhängen.
	4 Vor- und Rücklauf des Wärmetauschers verstopft oder geknickt.	Kontrollieren, ggf. Schläuche ersetzen.
B Heizung fällt während der Fahrt aus.	Kühlmittelverlust (Luft im Kühlsystem/Wärmetauscher).	Temperaturanzeige beobachten und bei Überhitzung sofort stoppen. Ansonsten kann der Motor »fressen« oder die Zylinderkopfdichtung durchbrennen. Leckage beheben und Kühlmittel ergänzen.

INNENRAUM

Reinluftfilter wechseln

Arbeitsschritte

① Tauchen Sie im linken Fußraum ab, demontieren die Mittelkonsolenverkleidung (Pfeile) und ...

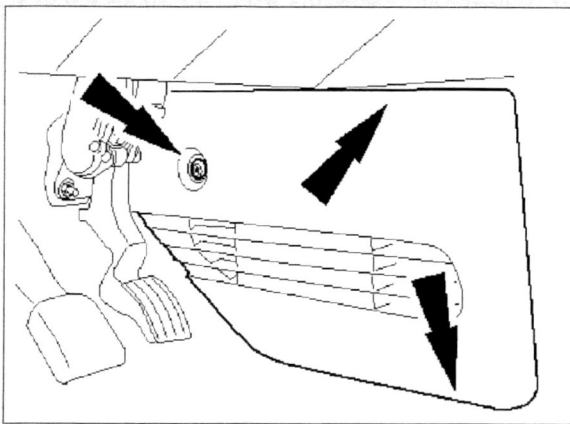

Geschraubt und geclipst – Mittelkonsolenverkleidung.

② ... ziehen die Blende aus den Befestigungsclips.

③ Hernach schrauben Sie das Gaspedal mit drei Befestigungsschrauben (Pfeil) vom Halter an der Spritzwand und legen es beiseite.

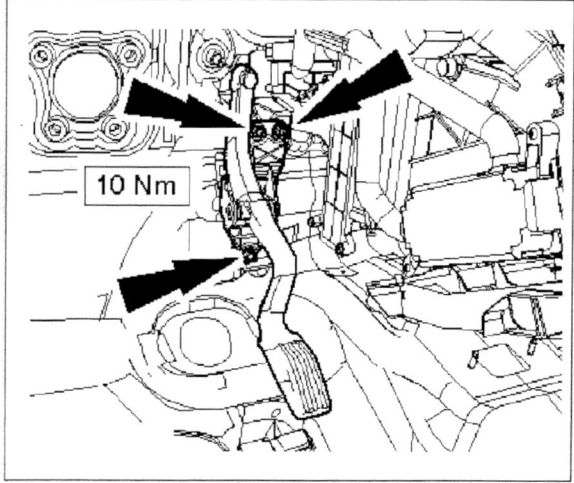

Vom Halter demontieren – Gaspedal.

④ Jetzt haben Sie den Gehäusedeckel des Reinluftfilters »freigelegt«. Demontieren Sie den Deckel an vier Schrauben (Pfeile) und ...

⑤ ... ziehen das Reinluftfilterelement aus dem Gehäuse.

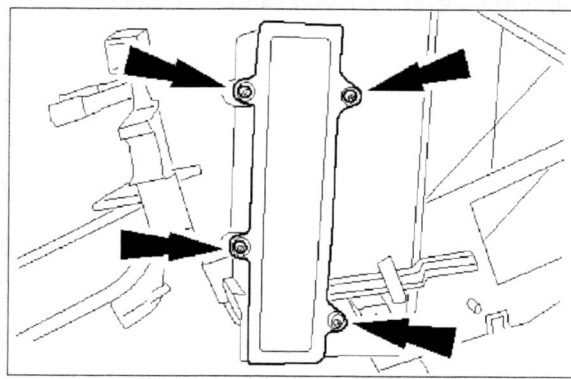

Schnell erledigt – Reinluftfilter tauschen.

⑥ Das verdreckte Filternetz können Sie nicht reinigen (ausblasen, etc.) – danach wäre es allenfalls noch als »Fliegenfänger« tauglich. Besser Sie entsorgen es als Sondermüll und gönnen Ihrer Nase ein frisches Filternetz.

⑦ Beenden Sie die Montage in umgekehrter Reihenfolge.

Die Bedienungselemente

Im Fiesta bedienen Sie die Heizung und Klimaanlage mit drei Drehschaltern in der Mittelkonsole. Ein Bowdenzug stellt die Temperatur- und Luftverteilungsklappen in Position. Das Innenraumgebläse, die Umluft- und AC-Taste steuern Sie per Knopfdruck elektrisch an.

Heizungs- und Lüftungsbedieneinheit aus- und einbauen

Arbeitsschritte

① Klemmen Sie das Batteriemassekabel ab und demontieren das Radio wie beschrieben.

② Öffnen Sie das kleine Staufach neben dem Lenkrad, lösen beide Schrauben (Pfeile), ...

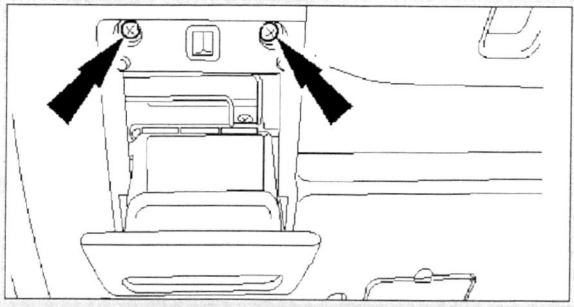

Im Staufach neben dem Lenkrad lösen – beide Schrauben.

LÜFTUNGSBEDIENEINHEIT AUS- UND EINBAUEN

③ ... demontieren die untere Hälfte der Armaturenbrettverkleidung (Pfeile) und legen das »gute Stück« beiseite.

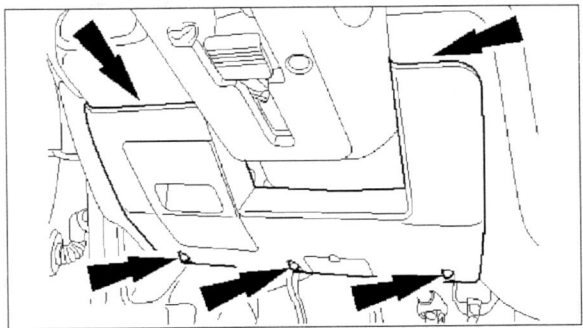

Demontieren und beiseite legen – untere Hälfte der Armaturenbrettverkleidung.

④ Jetzt öffnen Sie das Handschuhfach und ...

⑤ ... lösen die sechs Befestigungsschrauben (Pfeile) der Mittelkonsole vom Armaturenbrett.

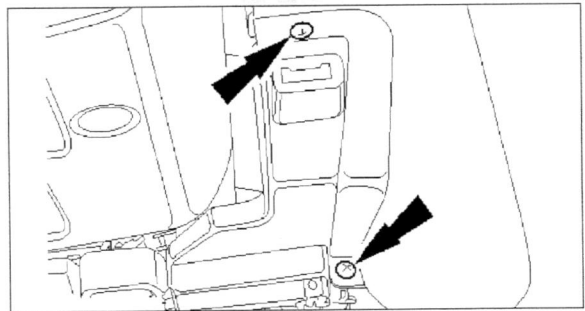

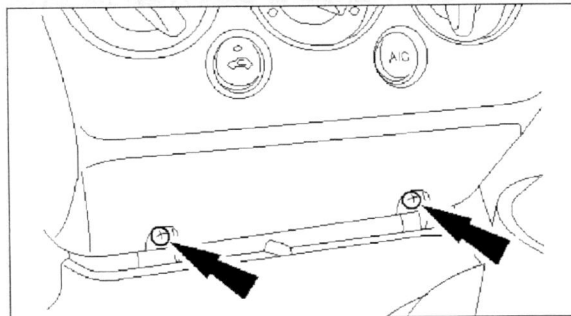

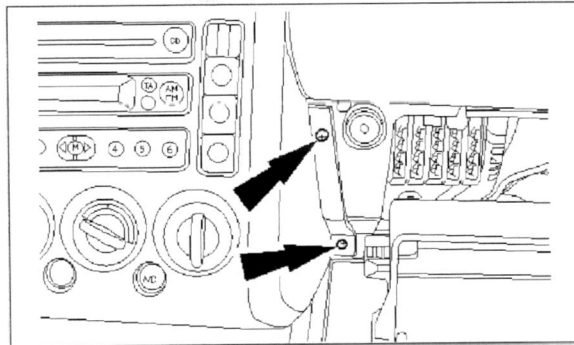

Am Armaturenbrett herausdrehen – sechs Befestigungsschrauben der Mittelkonsole.

⑥ Drücken Sie die Seitenwände des Handschuhfachs so lange kräftig in Pfeilrichtung zusammen, bis ...

⑦ ... Sie die »Klappe« komplett nach unten schwenken können.

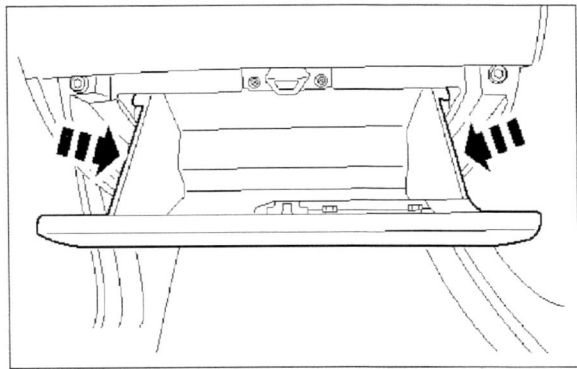

Zur Demontage der Reihe nach vorgehen – Handschuhfach öffnen, Befestigungsschrauben der Mittelkonsole vom Armaturenbrett losschrauben, Seitenwände zusammendrücken und den Handschuhfachdeckel nach unten schwenken.

⑧ Mit dieser Aktion haben Sie Platz geschaffen, um den Bowdenzug (Pfeil) der Luftverteilerklappe demontieren zu können. Öffnen Sie dazu am Bowdenzug die Rastnase (Pfeil) mit einem kleinen Schlitzschraubendreher und ...

⑨ ... ziehen dann den kompletten Zug aus dem Wärmetauschergehäuse. Der Zug darf Ihnen nicht abknicken – achten Sie darauf. Ansonsten können Sie später die Luftverteilerklappe nicht mehr komfortabel regulieren.

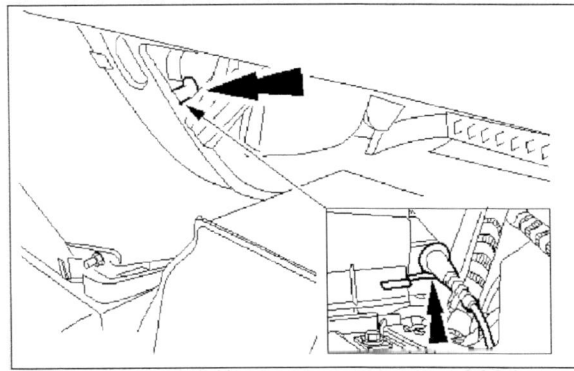

Abklemmen – Bowdenzug (Pfeil) an der Luftverteilerklappe.

⑩ Geschafft? Dann hebeln Sie die rechte Schalterleiste mit einem breiten Schlitzschraubendreher aus der Konsolenblende. Damit der Schraubendreher in der Blende keine »bleibende Eindrücke« hinterlässt, polstern Sie die Druckstelle mit einem Putztuch ab.

INNENRAUM

⑪ Ziehen Sie den Anschlussstecker (Pfeil) von der Schalterleiste ab und ...

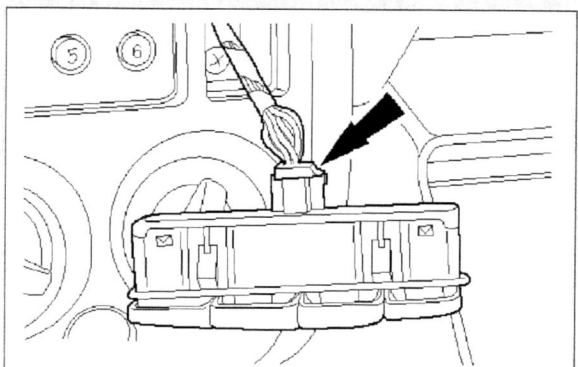

Von der Schalterleiste abziehen – Anschlussstecker.

⑫ ... lösen beide darunter liegenden Schrauben (Pfeile).

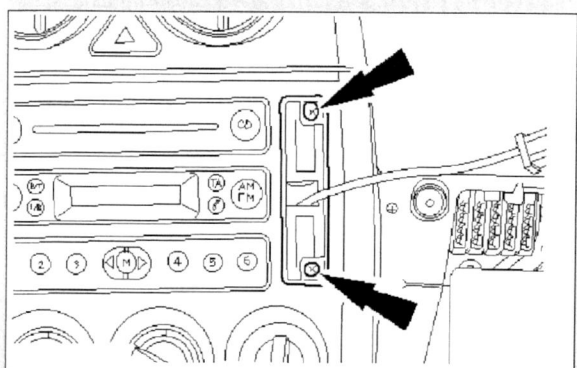

Losdrehen – Schrauben unter der Schalterleiste.

⑬ Jetzt ziehen Sie die Konsolenblende vorsichtig aus beiden Haltnasen (Pfeile) und ...

⑭ ... fädeln sie aus dem Armaturenbrett.

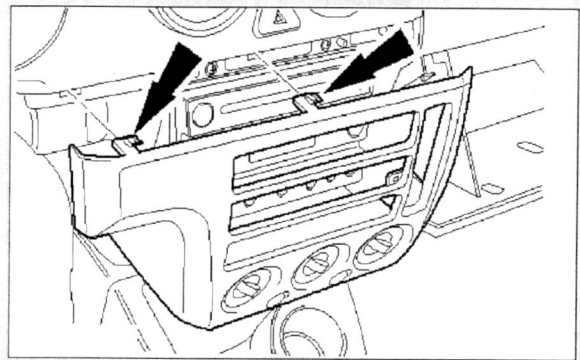

Vorsichtig aus dem Armaturenbrett fädeln – Konsolenblende.

⑮ Hernach demontieren Sie den Bowdenzug (Pfeil) vom Bedienteil, ...

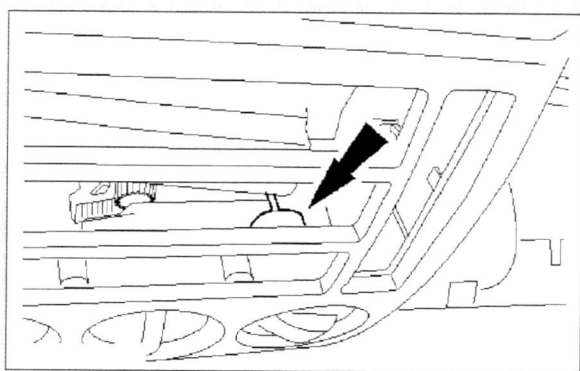

Vom Bedienteil demontieren – Bowdenzug.

⑯ ... lösen die Schraube (Pfeil) an der Luftklappe und ...

Schraube losdrehen – an der Luftklappe.

⑰ ... drehen den Verstellmechanismus ❶ so lange im Uhrzeigersinn, bis Sie die Mechanik ❷ vom Bedienteil abziehen können. Auch hier gilt: Nicht den Bowdenzug abknicken. Ansonsten klemmt hernach der Verstellmechanismus.

Im Uhrzeigersinn drehen – Verstellmechanismus an der Luftklappe.

⑱ Ziehen Sie jetzt beide Anschlussstecker (Pfeile) vom Bedienteil ab und ...

GEBLÄSEMOTOR AUS- UND EINBAUEN

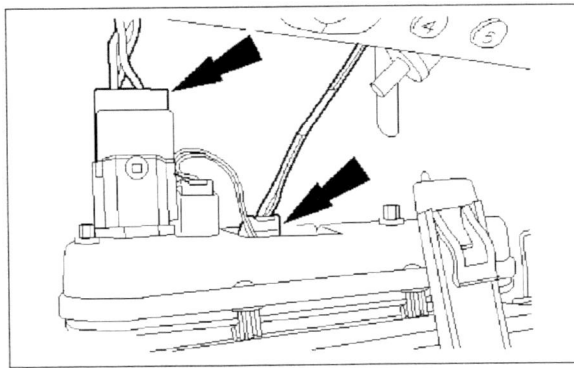

Vom Bedienteil abziehen – beide Anschlussstecker.

⑲ ... demontieren das Paneel von der Trägerplatte (Pfeile).

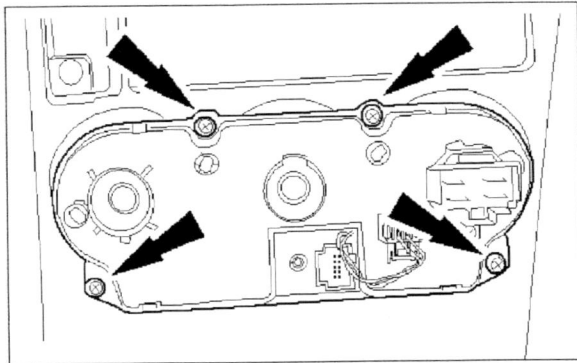

Mit vier Schrauben von der Trägerplatte abschrauben – Bedienteil.

⑳ Tauschen Sie die schadhaften oder defekten Teile aus und beenden dann die Montage in umgekehrter Reihenfolge.

Das Gebläse

In allen Fiesta-Modellen unterstützt den Luftaustausch im Innenraum ein vierstufiges Radialgebläse. Seine Kapazität ist großzügig ausgelegt, so dass, unabhängig von der momentanen Fahrgeschwindigkeit, theoretisch immer genügend Luft zirkulieren kann. Für wenige Minuten gilt das übrigens auch in Stellung »Umluft«.
Der Gebläsemotor sitzt unterhalb des Armaturenbretts zentral vor der Spritzwand. Sinnvollerweise ist er vor dem Heizungswärmetauscher montiert und kann den Innenraum dementsprechend auch an kalten Wintertagen nicht auskühlen. Den Gebläsemotor regeln vorgeschaltete Widerstände stufenweise ein. In Stufe 4 hat der Lüfter die größte Leistung.

Störungssuche am Gebläse

Arbeitsschritte

① Arbeitet das Gebläse in keiner Schalterstellung, checken Sie zunächst die Sicherung zwei im Sicherungskasten.

② Ist dort alles o. k., überprüfen Sie den Gebläseschalter. Dazu demontieren Sie – wie beschrieben – die Bedieneinheit.

③ Checken Sie, ob Spannung am Mehrfachstecker anliegt. Falls nicht, prüfen Sie, ausgehend vom Sicherungskasten, auch die Zuleitung.

④ Im nächsten Schritt checken Sie den Schalter mit einem Multimeter in allen Stellungen auf »Durchgang«.

⑤ Tauschen Sie einen defekten Schalter besser sofort aus: Reparaturen lohnen sich erfahrungsgemäß nicht.

⑥ Bei einem »gesunden« Schalter checken Sie die Masseverbindung zum Gebläsemotor.

⑦ Liegt dort auch kein Fehler vor, ist der Gebläsemotor defekt (Kohlen abgebrannt, Ankerwicklungen verschmort).

Gebläsemotor aus- und einbauen

Mit etwas handwerklichem Geschick tauschen Sie den Gebläsemotor in Eigenregie.

Arbeitsschritte

① Klemmen Sie das Batteriemassekabel ab und ...

② ... demontieren das Handschuhfach. Lösen Sie dazu die beiden Befestigungsschrauben (Pfeile) und ziehen die »Box« dann komplett aus dem Armaturenbrett.

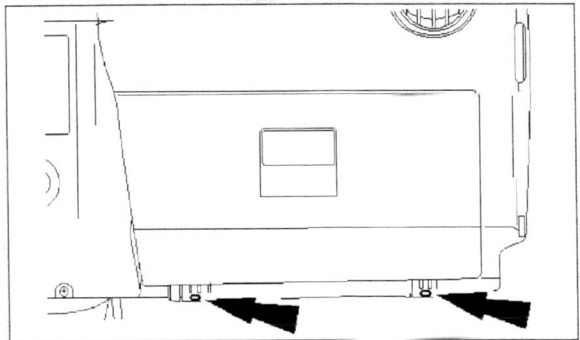

Komplett aus dem Armaturenbrett ziehen – Handschuhfach.

INNENRAUM

③ Anschließend schrauben Sie den Sicherungskasten von der Spritzwand (Pfeile) ab, ...

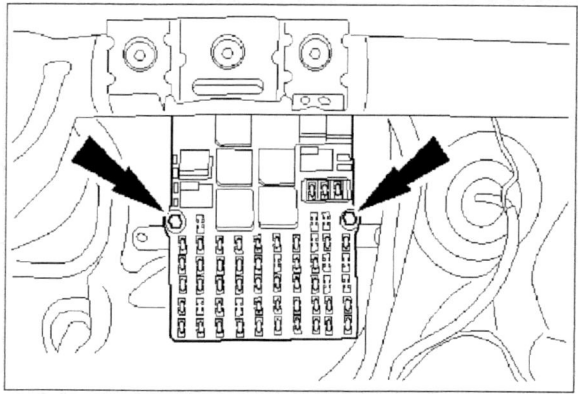

Von der Spritzwand abschrauben – Sicherungskasten.

④ ... demontieren das »Luftrohr« (Pfeil) und ...

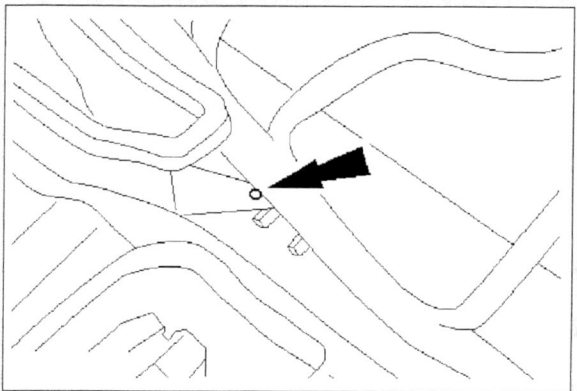

Demontieren – Entfrosterluftrohr.

⑤ ... ziehen die Luftführung in Pfeilrichtung aus dem Armaturenbrett.

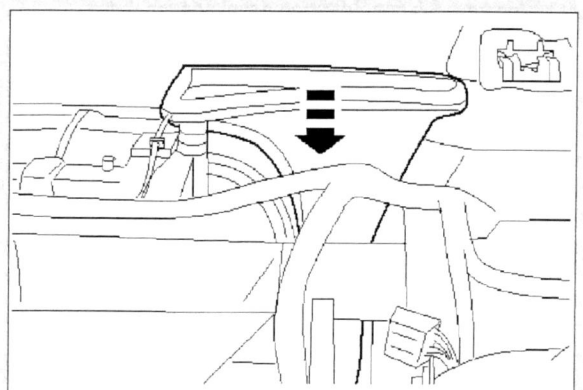

Aus dem Armaturenbrett ziehen – Luftführung.

⑥ Hernach ziehen Sie den Anschlussstecker (Pfeil) vom Gebläsemotor und ...

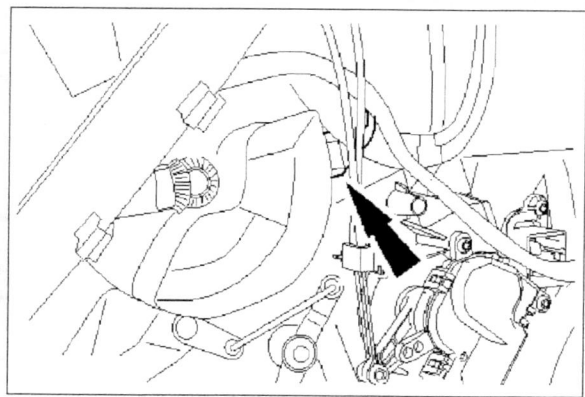

Vom Gebläsemotor abziehen – Anschlussstecker.

⑦ ... hängen den Bowdenzug (Pfeil) an der Luftklappe aus.

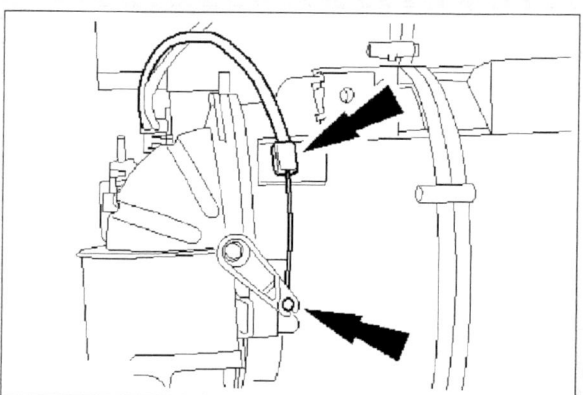

An der Luftklappe aushängen – Bowdenzug.

⑧ Demontieren Sie die »Luftklappe« an fünf Befestigungsschrauben (Pfeile) und legen sie beiseite.

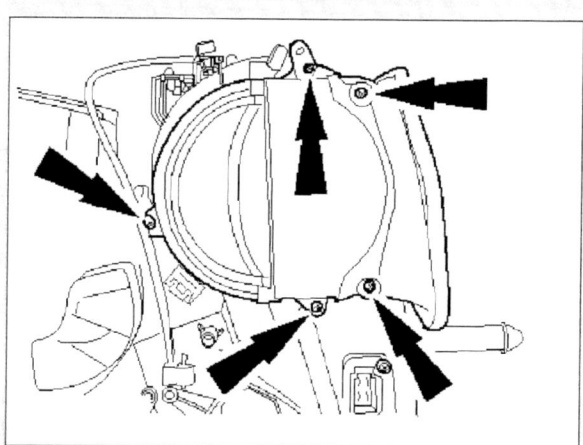

An fünf Schrauben demontieren – Luftklappe.

⑨ Hernach lösen Sie den Lüfter an drei Schrauben (Pfeile).

DIE KLIMAANLAGE

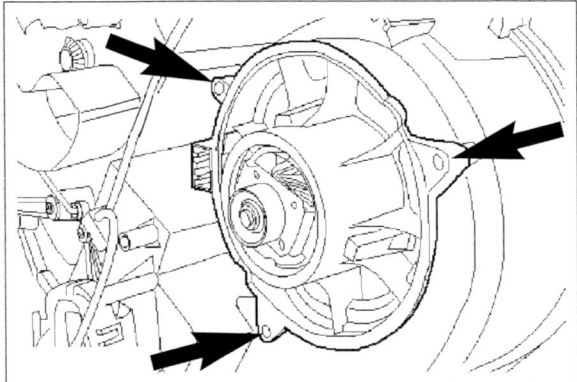

»Hängt« an drei Schrauben hinter dem Heizungskühler – Gebläsemotor.

⑩ Checken Sie den Motor auf Verschleißspuren oder erneuern ihn gleich. Beenden Sie dann die Montage in umgekehrter Reihenfolge.

Gebläsevorwiderstand erneuern

① Klemmen Sie das Batteriemassekabel ab und ...

② ... demontieren den Gebläsemotor wie beschrieben.

③ Lösen Sie beide Schrauben (Pfeile) des Vorwiderstands und tauschen ihn gegen einen neuen aus.

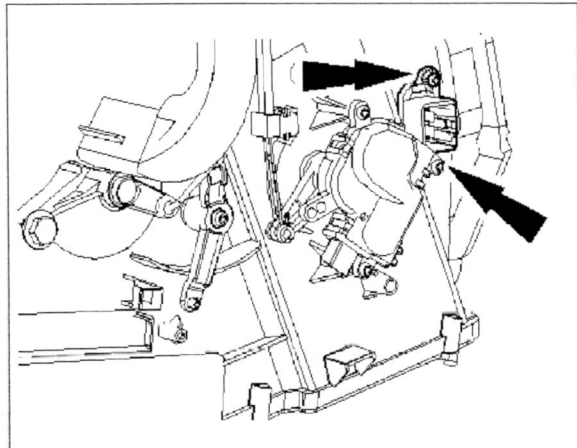

An zwei Schrauben lösen – Gebläsevorwiderstand.

④ Beenden Sie die Montage in umgekehrter Reihenfolge.

Wirkungsvoll und standfest – die Klimaanlage (AC)

Was der Heizung billig, ist der AC recht: Sie arbeitet ohne besondere Pflege und Wartung zuverlässig im Untergrund – und das über Jahre. Sollte gerade Ihr Fiesta dann doch die Ausnahme von der Regel sein, lassen Sie besser einen Fachmann an das »gute Stück«. Denn um Klimaanlagen instand zu setzen, benötigen Sie Spezialwerkzeug, das nicht unbedingt den Fundus einer Do-it-yourself-Werkstatt bereichert. Dennoch beschreiben wir Ihnen im Praxistipp »So funktioniert die Klimaanlage« den grundsätzlichen AC-Kühlkreislauf. Als technisch interessierter Selbermacher haben Sie so von der AC zumindest einen Funktionseindruck.

So funktioniert die Klimaanlage

Das zunächst gasförmige Kältemittel, z. B. R 134a, beginnt seine »Reise« durchs Kühllabyrinth im Verdichter (Kühlkompressor). Ähnlich wie die Frischgase in Hubkolbenmotoren wird es dort auf eine Verdichtungstemperatur zwischen 60 bis 100 °C komprimiert. Den Kompressor treibt übrigens ein Flachrippenriemen direkt von der Kurbelwelle aus an.

Aus dem Verdichter strömt das Kältemittel in den Verflüssiger, auch Kondensator genannt. Er sitzt meistens direkt vor dem Wasserkühler im Fahrtwind. Ein geradezu prädestinierter Platz, denn der Fahrtwind entzieht dem Kältemittel gerade soviel Überschusswärme, dass es seinen Aggregatzustand von gasförmig auf flüssig ändert. Ein ähnliches Symptom beobachten Brillenträger übrigens auch in der kalten Jahreszeit: Wenn Sie aus geheizten Räumen in die Kälte kommen, kondensiert die kalte Luft an den noch warmen Brillengläsern – die Brille beschlägt. Aus dem Kondensator fließt das Kältemittel unter hohem Druck und mit relativ hoher Fließgeschwindigkeit in den Verdampfer. Hier findet der gleiche Prozess mit anderen Vorzeichen statt. Die Flüssigkeit dehnt sich im Verdampfer aus, kommt kurzzeitig zur »Ruhe« und wechselt derweil erneut ihren Aggregatzustand – jetzt von flüssig auf gasförmig. Warum? Die zur Expansion erforderliche Verdampfungswärme »besorgt« sich das Kältemittel aus der an den Verdampferlamellen vorbeiströmenden Außen- oder Umluft. Das hat übrigens den angenehmen Nebeneffekt, dass die Luft im Verdampfer nicht nur gekühlt, sondern zwangsläufig auch »getrocknet« wird (Brilleneffekt).

INNENRAUM

Aus dem Verdampfer gelangt das Kältemittel dann wieder in den Verdichter, der Kreislauf ist damit geschlossen. Die getrocknete Luft kühlt Sommertags den Innenraum und hält in der kalten Jahreszeit, entsprechend temperiert, die Scheiben beschlagfrei. Das Kondensat verlässt das Verdampfergehäuse derweil als Kondenswasser ins Freie. Sollte Ihr Fiesta also, kurz nachdem Sie ihn geparkt haben, unterhalb des Motors nässen, bleiben Sie ganz cool – der AC-Verdampfer »lässt unter sich«. Übrigens, in neueren Klimaanlagen tragen AC-Verdampfer eine Wasser abweisende und antibakterielle Beschichtung, sie trocknet die Kühllamellen sehr schnell ab und mindert wirkungsvoll unangenehme Gerüche, die vornehmlich ältere Klimaanlagen verbreitet haben.

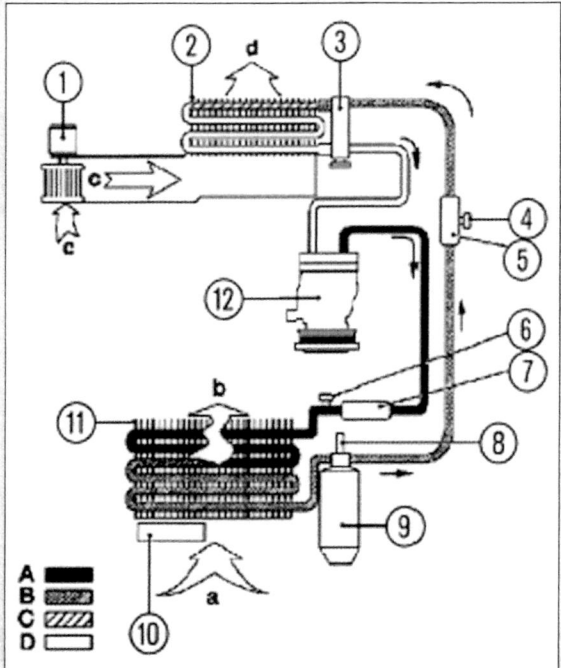

Im Vorderwagen und im Motorraum verteilt: Die AC-Komponenten. ❶ *Heizungsgebläsemotor,* ❷ *Verdampfer,* ❸ *Expansionsventil,* ❹ *Niederdruck-Serviceanschluss,* ❺ *Pulsationsdämpfer,* ❻ *Hochdruck-Serviceanschluss,* ❼ *Pulsationsdämpfer,* ❽ *Drucksensor,* ❾ *Trocknerbehälter,* ❿ *Zusatzgebläse,* ⓫ *Verflüssiger,* ⓬ *Verdichter,* a *Außenluft,* b *Warmluft,* c *ungekühlte Luft,* d *gekühlte Luft,* A *Hochdruckdampf,* B *Hochdruckflüssigkeit,* C *Niederdruckflüssigkeit,* D *Niederdruckdampf.*

Damit Sie Ihr Auto möglichst schnell und sparsam temperieren, geben wir Ihnen im Praxistipp »Klimaanlage – sommer- und wintertags ein Komfortgewinn« ein paar nützliche Hinweise.

Praxistipp

Klimaanlage – sommer- und wintertags ein Komfortgewinn

Keine Frage, je größer und flacher die Fensterflächen an modernen Autos, umso eher gerät die herkömmliche Innenraumbe- und -entlüftungsanlage an die Grenzen ihrer Leistungsfähigkeit – sommer- und wintertags. Moderne Motoren produzieren zu wenig »Abwärme«, und das Luftgebläse ist auch in der höchsten Stufe maßlos überfordert.

Einen komfortablen Ausweg aus dem »individuellen« Temperaturstau schaffen Klimaanlagen: Bei starker Sonneneinstrahlung kühlen sie die heiße Luft und im Winter »trocknen« sie die feuchte Frischluft ab.

Der Komfortgewinn hat freilich seinen Preis – zum Nulltarif arbeitet keine Klimaanlage: Wenn Sie Ihre AC als Kühlschrank missverstehen, bezahlen Sie den »Irrtum« mit etwa einen Liter Kraftstoff in der Stunde. Falls nicht, investieren Sie in Ihre Wohlfühltemperatur rund die Hälfte.

Techniker unterscheiden zwischen der manuellen AC – dabei wählen Sie die momentane Kühlleistung an einem Dreh- oder Schiebeschalter – sowie der Klimaautomatik mit elektronischer Temperaturvorwahl und einem so genannten »Luftgütesensor«.

Einmal programmiert, agieren leistungsfähige Klimaautomaten bevor das Innenraumklima zu »kippen« droht. Zudem erkennt der Luftgütesensor, ob Ihnen der Vordermann zu viel Abgase in den Innenraum »pustet« oder ob Sie bald in Ihrem »eigenen Saft baden«. Der »Schnüffler« vergleicht dazu die Luftqualität – innen wie außen und variiert zielsicher zwischen Frisch- und Umluft.

Als beste Temperatur – egal ob mit manueller AC oder Klimaautomatik – empfehlen wir Ihnen ganzjährig den Bereich zwischen 20 – 24° Celsius. Wenn Sie unseren Vorschlag beherzigen, halten Sie den Mehrverbrauch in vertretbaren Grenzen und riskieren keine »Erkältung« zu viel.

Und wie klimatisieren Sie am effizientesten einen brütend heißen Innenraum?

Öffnen Sie vor Fahrtantritt alle Fenster und, falls vorhanden, auch das Schiebedach. Natürlich aktivieren Sie auch die AC und das Heizungsgebläse in der höchsten Stufe. Ihre Maßnahmen bewirken, dass die Luftführungskanäle mitsamt der Innenraumtemperatur, abhängig von der Innenraumgröße, binnen weniger Kilometer von etwa 70 °C um rund 30 °C abkühlen. Nach etwa fünf Minuten schließen Sie dann alle Fenster – vergessen Sie nicht das Schiebedach – und wählen hernach die Umluftstellung.

SCHALTER

Sobald Ihre Wohlfühltemperatur erreicht ist, justieren Sie den AC-Regler auf 20 – 24 °C, stellen das Gebläse in Stellung II und schalten von Um- auf Frischluft. Das war's. Wenn Sie eine Klimaautomatik an Bord haben, erledigt der Automat die Arbeit für Sie.

Innenleuchten (Leseleuchten*) wechseln

Arbeitsschritte

① Schließen Sie die Türen, damit an den Innenleuchten keine Spannung mehr anliegt.

② Das betreffende Leuchtenglas hebeln Sie (Pfeil) mit einem flachen Schraubendreher aus seiner Halterung und ...

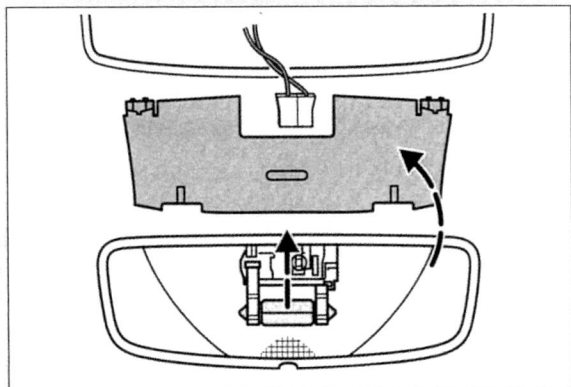

Mit einem flachen Schraubendreher abhebeln – Leuchtenglas.

③ ... ziehen dann die defekte Sofitte mit »spitzen Fingern« oder einer Klammer aus der Fassung.

④ Stecken Sie die neue Sofitte vorsichtig in die Fassung. Glas drauf – fertig!
*Option

Gepäckraumleuchte

Arbeitsschritte

① Mit einem flachen Schraubendreher hebeln Sie zunächst das Lampengehäuse vorsichtig aus der Seitenverkleidung, ...

② ... drehen hernach die Lampenfassung nach links und ziehen sie samt Lampe aus dem Gehäuse.

③ Jetzt ziehen Sie die defekte Lampe mit »spitzen Fingern« oder einer Klammer aus der Fassung.

④ Stecken Sie die neue Lampe vorsichtig in die Fassung, montieren das Lampengehäuse ins Seitenteil – fertig!

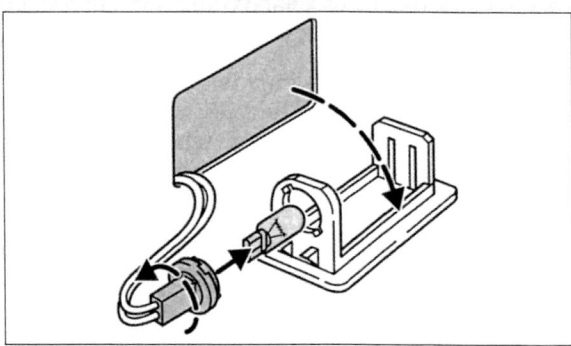

Schnell zu wechseln – Gepäckraumleuchte.

Die Schalter

Im Fiesta sind unterschiedliche Schaltertypen verbaut: Rechts und links der Lenksäule reichen die Betätigungshebel des Lenkstockschalters aus der Lenksäulenverkleidung. Das Heizgebläse und die Luftverteilung aktivieren Sie mit Drehschaltern von der Mittelkonsole aus. Die elektrischen Fensterheber (Option) »beflügeln« von den Türarmlehnen aus Kippschalter im Nachtdesign. Druckschalter setzen dagegen die Nebelschlussleuchte, die Zusatzscheinwerfer sowie die beheizbare Heckscheibe in Aktion. Mit etwas Geschick wechseln Sie defekte Kipp- und Druckschalter in eigener Regie, ansonsten beauftragen Sie Ihren Ford-Händler damit.

Aktiviert auch die Wegfahrsperre – das Lenk-/Zündschloss

Mit dem Lenk/Zündschloss starten Sie den Motor und binnen weniger Sekunden auch die automatische Wegfahrsperre. Zumindest dann, wenn der Zündschlüssel abgezogen ist. Ohne Zündschlüssel rastet übrigens auch das Lenkradschloss nach etwa einer halben Lenkraddrehung ein. An seiner Schließmechanik treten erfahrungsgemäß nur selten Störungen auf. Bei älteren Autos »verkleben« bzw. korrodieren schon mal die Kontakte auf der Kontaktplatte. In dem Fall haben Sie schlechte Karten, Sie müssen nämlich das gesamte Lenk-/Zündschloss tauschen – die Kontaktplatte separat ist nicht zu erneuern. Beauftragen Sie Ihren Ford-Händler mit der Arbeit.

INNENRAUM

Bestandteil der elektronischen Wegfahrsperre – Zündschloss und Zündschlüssel

Sollte Ihr Fiesta partout nicht in die Gänge kommen wollen, muss das nicht zwangsläufig am Zündschloss liegen – schließlich hat Ihr Auto ab Werk noch eine elektronische Wegfahrsperre an Bord. Einmal aktiviert, bleibt sie so lange »stur«, bis Sie von ihrem eigenen Zündschlüssel »entwarnt« wird. Die Betonung liegt auf »eigenen«, denn der Schlüssel – ein Unikat – trägt in seinem »Griff« einen »Minisender«. »Normale« Langfinger haben da schlechte Karten, solange das Zündschloss seinen Zündschlüssel nicht erkennt, macht der Anlasser keinen Mucks. Organisierte Autoschieber überlisten gängige Wegfahrsperren mittlerweile mit Hightech-Software.

Verhindert den Datenfluss – »abgeschirmter« Zündschlüssel

In der Praxis freilich kann es Ihnen passieren, dass der »elektronische Wächter« »seinen eigenen« Zündschlüssel ignoriert. Zum Beispiel dann, wenn Sie den Schlüssel irgendwann als »Flaschenöffner« zweckentfremdet oder als provisorisches »Schlagwerkzeug« missbraucht haben. Zudem verwirren die Elektronik auch andere Schlüssel oder Metallteile (Schlüsselbund). In dem Fall bleibt's unter der Motorhaube gleichfalls mucksmäuschenstill, denn die Wegfahrsperre »belästigt« jetzt ein Schlüssel mit fremder Frequenz. Als aufmerksamer Fiesta-Eigner bemerken Sie das Verwirrspiel zwischen »beiden Kontrahenten« an der blinkenden Kontrollleuchte im Armaturenbrett. Ziehen Sie dann den Zündschlüssel ab und starten nach rund 5 Sekunden erneut. »Streikt« Ihr Fiesta dann immer noch, versuchen Sie es zunächst mit einem Ersatzschlüssel. Suchen Sie auf jeden Fall Ihren Ford-Händler auf und lassen sich den »verstimmten« Schlüssel neu codieren.

Leuchtet bei eingeschalteter Zündung nur kurzzeitig auf: Wegfahrsperrenkontrollleuchte im Cockpit.

Radio aus- und einbauen

In unserer Beschreibung berücksichtigen wir das Ford-Radioprogramm in Erstausrüster-Ausstattung. Sollten Sie ein Zubehörradio montieren, ist ein auf Ihr Auto abgestimmter Montagesatz unabdingbar. Nur dann können Sie davon ausgehen, die Montage optisch und technisch professionell zu beenden. Erfahrungsgemäß liegt dem Einbausatz auch eine detaillierte Montageanleitung bei.

① Bevor Sie das Batterieminuskabel abklemmen, »fahnden« Sie nach dem Keycode (Anti-Diebstahl-Codierung) Ihres Radios. Er liegt in aller Regel den Gerätebeschreibung bei. Falls nicht, bekommen Sie später ein Problem: Einmal ohne Dauerstrom müssen Sie Ihr Radio nämlich erneut mit dem Keycode füttern. Ansonsten bleibt der Kasten mucksmäuschenstill ...

② Jetzt demontieren Sie die Mittelkonsolenblende, wie beschrieben, ...

③ ... »entsichern« das Radio-/CD-/Kassettengerät an den dahinter liegenden vier Befestigungsschrauben (Pfeile) und ...

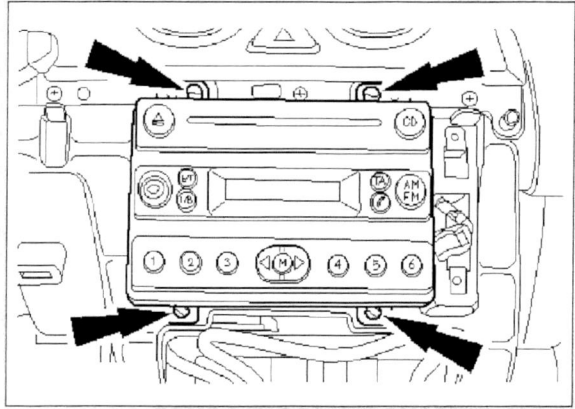

Mit vier Schrauben montiert – das Radio-/CD-/Kassettengerät aus dem Ford-Zubehörprogramm.

④ ... ziehen das Gerät dann vorsichtig so weit aus dem Montageschacht, bis Sie den Mehrfachstecker ❶ und das Antennenkabel ❷ auf der Geräterückseite bequem abziehen können.

LAUTSPRECHER AUS- UND EINBAUEN

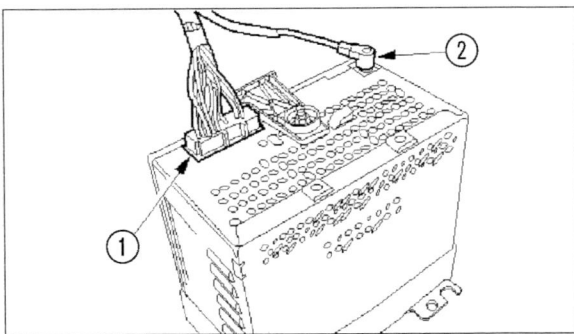

Von der Radiorückseite vorsichtig abziehen – Antennenkabel und Mehrfachstecker.

⑤ Zur Montage beenden Sie die Arbeit in umgekehrter Reihenfolge. Beginnen Sie mit dem Antennenkabel und setzen erst dann den Mehrfachstecker an. Denken Sie daran: Radios mit Diebstahlcodierung »warten« jetzt noch auf ihren Keycode.

Lautsprecher aus- und einbauen

Je nach Ausstattungs- und Modellvariante »musiziert« Ihr Fiesta mit Breitbandlautsprechern in den Türen.

Arbeitsschritte

Vorder- und Hintertüren

① Stellen Sie das Radio ab und ...

② ... demontieren die Türverkleidung, wie beschrieben. Achten Sie darauf, dass Ihnen währenddessen nicht die Türdichtfolie einreißt. Falls doch, dichten Sie den Riss zur Montage sorgfältig mit Silikon ab. Falls Sie das vergessen, »wässern« Sie fortan bei jedem Regenguss und jeder Wagenwäsche ungewollt den Fußraum.

③ Drehen Sie die Befestigungsschrauben (Pfeile) am Lautsprecherchassis los, ...

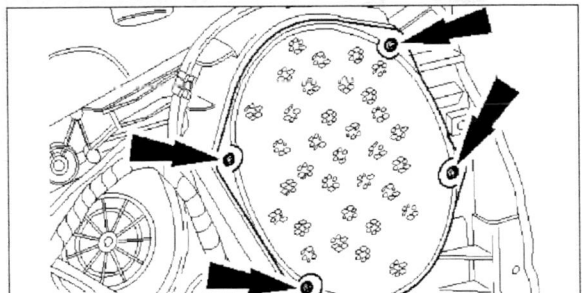

Am Lautsprecherchassis losdrehen – Befestigungsschrauben.

④ ... ziehen den Stecker (Pfeil) vom Lautsprecherchassis ab und nehmen den Lautsprecher aus der Tür. Übrigens, ziehen Sie wirklich nur die Stecker und nicht etwa, weil's bequemer ist, unachtsam an den Kabeln. Sie vermeiden dann nämlich »plärrende« oder gar stumme Lautsprecher.

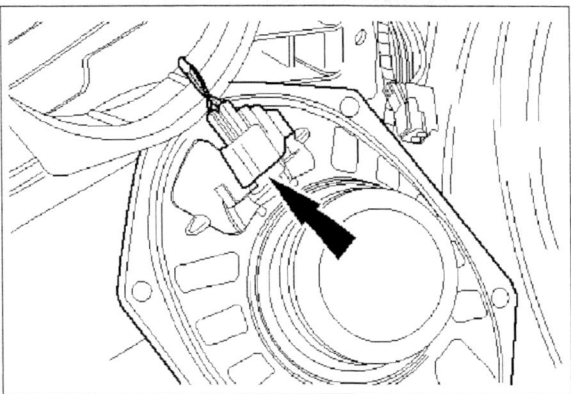

Vom Lautsprecher abziehen – Anschlussstecker.

⑤ Originalkabelsätze haben Formstecker. Sie sind dafür auch teurer als Zwillingsleitungen von der Meterrolle. Wenn Sie Zwillingsleitungen in Eigenregie verlegen möchten, achten Sie bei den Steckern unbedingt auf die Polarität. Zur besse-ren Orientierung sind Zwillingslitzen entweder farblich oder mit unterschiedlichen Isolierprofilen gekennzeichnet. Wenn Sie zur Steckermontage darauf achten, sind die Lautsprecher auch belastbar.

⑥ Beenden Sie die Montage in umgekehrter Reihenfolge.

> **Praxistipp**
>
> ### Zusätzliche Hecklautsprecher – weniger ist mitunter mehr...
>
> Bevor Sie in Eigenregie aus Ihrem Fiesta einen mobilen Konzertsaal machen, berücksichtigen Sie die Abmessungen der vorhandenen Lautsprecher-Montageöffnungen und belassen es bei der Größenordnung. Zumindest so lange, wie Sie die Karosserie als Montageplatz nutzen. Andernfalls könnte die Magnetwirkung größerer Boxen die Sperrwirkung der hinteren Gurtrollen beeinträchtigen. Folge: Der Tragekomfort leidet erheblich – die Bänder lassen sich nicht mehr einwandfrei bedienen.

INNENRAUM

Dachantenne ab- und anbauen

Werkseitig montierte Radios »surfen« per Dachantenne auf den Ätherwellen. Die »Stäbe« sind nahezu unverwüstlich. Vorausgesetzt, Sie muten ihnen keine rotierenden Waschbürsten zu und schrauben sie vor dem Duschbad vom Antennenfuß. Falls Sie das vergessen, legen sich die Waschbürsten über kurz oder lang mit dem Antennenstab an und »knicken« das sensible Stück.
Die dann fälligen Kosten minimieren Sie locker mit Eigeninitiative: Kaufen Sie eine passende Antenne im Autozubehör und »sparen« sich die Montagekosten in die eigene Tasche.
Sollten Sie die Antenne komplett installieren müssen, »verstecken« Sie das Antennenkabel unter dem Dachhimmel und im Vorderwagen unterhalb einer A-Säulenblende. Falls das Kabel bereits liegt, achten Sie darauf, dass es dem neuen Fuß auch tatsächlich passt.
Sollte das Radio nach der Montage unvermittelt mit unzureichendem Empfang oder, krasser noch, mit Wellensalat nerven, verdächtigen Sie getrost den Adapter des alten Antennenkabels.

Arbeitsschritte

① Um Kurzschlüsse zu vermeiden, klemmen Sie vorher das Batteriemassekabel ab. Denken Sie vorab auch an den Radio-Keycode, ansonsten bleibt der Apparat nämlich trotz neuer Antenne dauerhaft stumm.

② Demontieren Sie die Innenraumleuchte, wie beschrieben, ...

③ ... lösen die Befestigungsschraube (Pfeil) des alten Antennenfußes, lassen das Antennenkabel »auf dem Himmel« liegen und ...

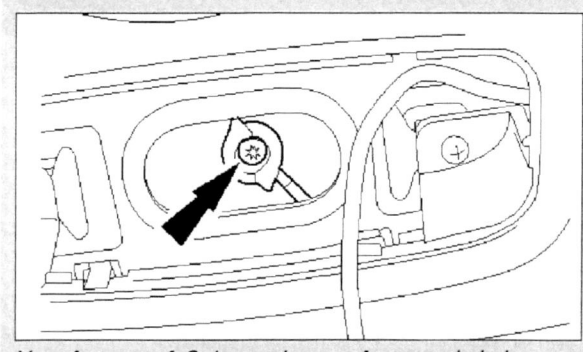

Vom Antennenfuß demontieren – Antennenkabel.

④ ... ziehen den alten Fuß aus der Dachhaut.

⑤ Bevor Sie den neuen Fuß fest montieren, sorgen Sie für eine »saubere« Masseverbindung zwischen Dachhaut und Antennenanschluss, ziehen die Befestigungsschraube nur handfest vor, schrauben die Antenne ein, richten den Fuß auf dem Dach aus und ziehen die Mutter dann mit fünf Nm fest.

⑥ Beenden Sie die Montage in umgekehrter Reihenfolge.

Mittelkonsole aus- und einbauen

Arbeitsschritte

① Ziehen Sie die Schalthebelmanschette über den Schaltknauf.

② Anschließend hebeln Sie mit einem breiten Schraubendreher die Schalthebelverkleidung (Pfeil) von der Konsole und ...

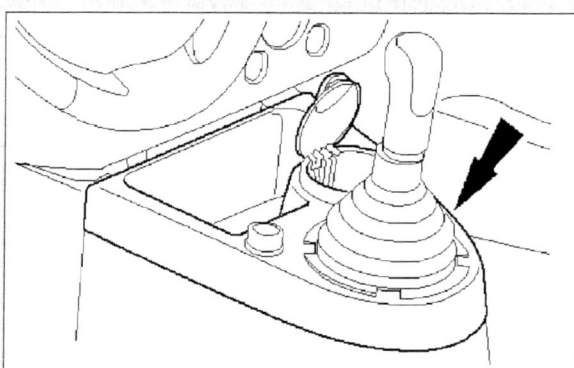

Mit einem breiten Schraubendreher von der Mittelkonsole demontieren – Schalthebelverkleidung.

③ ... ziehen den Anschlussstecker (Pfeil) vom Zigarettenanzünder ab.

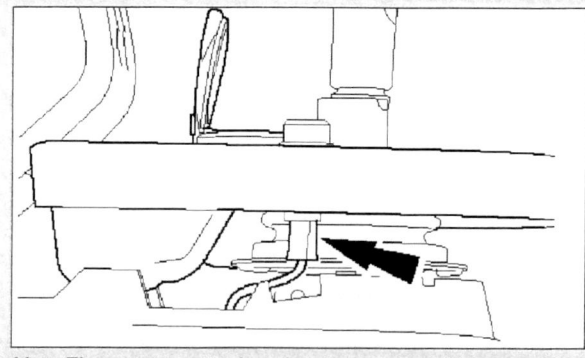

Vom Zigarettenanzünder abziehen – Anschlussstecker.

VORDERSITZE AUS- UND EINBAUEN

④ Lösen Sie die Konsole an sechs Befestigungsschrauben (Pfeile), drei links, drei rechts und ...

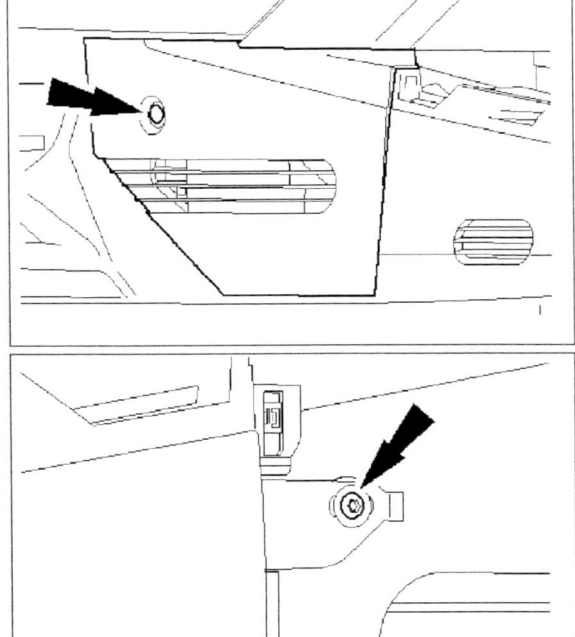

Mit sechs Schrauben befestigt – Mittelkonsole.

⑤ ... bugsieren Sie ins Freie.

⑥ Beenden Sie die Montage in umgekehrter Reihenfolge.

Nicht zu empfehlen – Vordersitze in Eigenregie aus- und einbauen

Im Fiesta sitzen Fahrer und Beifahrer auf Sicherheitssitzen die im Crashfall nicht abtauchen können (anti dive). Die Sitzmöbel sind integraler Bestandteil des »intelligenten« Ford-Sicherheits-Rückhaltesystems (SRS). Beide vorderen Gurte sind im Fiesta 2002 mit pyrotechnischen Gurtstraffern ausgerüstet, die bei einem Unfall den Gurten die Gurtlose auf ein Minimum begrenzen. Auf der Fahrerseite sitzt der »Straffer« in der B-Säule, den Beifahrer fixiert ein Gurtstraffer unterhalb des Gurtschlosses. Wenn Sie die Sitze Ihres Fiesta unsachgemäß demontieren, könnten das die Gurtstraffer als Crash missinterpretieren. Folge: Sie »zünden« und sind fortan für den Ernstfall unbrauchbar. Sollten Sie sich die Sitzdemontage dennoch selbst zutrauen, informieren Sie sich vorher bei Ihrem Ford-Händler über die Sicherheitsvorschriften.

WICHTIG: Damit das Sicherheitsrückhaltesystem nicht unbeabsichtigt auslöst, warten Sie, nachdem die Batterie abgeklemmt ist, mindestens zehn Minuten. Ziehen Sie erst dann den Stecker des Sicherheitsrückhaltesystems ab. Andernfalls lösen Sie die Airbags und pyrotechnischen Gurtstraffer aus. Im Ernstfall sind die Systeme dann unbrauchbar, Sie können sich dann mit den immensen Kosten für den Systemersatz anfreunden.

Vordersitz

① Klemmen Sie das Batteriemassekabel ab und lassen sich danach mindestens zehn Minuten Zeit. Ansonsten könnte das Sicherheitssystem Ihre Arbeit unverhofft als Crash missinterpretieren und auslösen.

② Nach frühestens zehn Minuten schieben Sie den Sitz nach hinten, lösen beide Sitzschrauben (Pfeile) ...

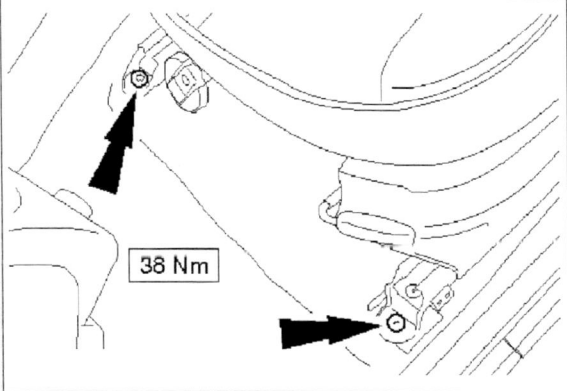

Lösen – vordere Sitzschrauben.

③ ... und ziehen, falls vorhanden, den Mehrfachstecker (Pfeil) unter dem Sitz auseinander.

INNENRAUM

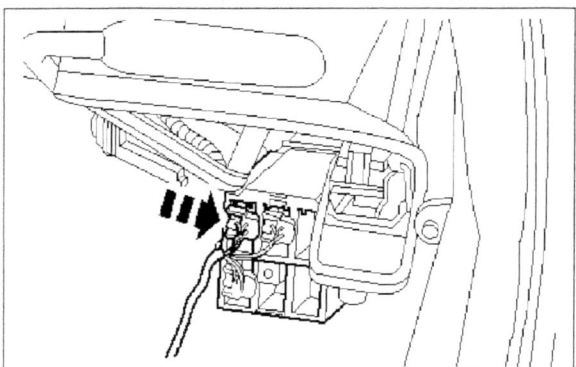

Trennen – Mehrfachsteckerhälften unter dem Sitz.

④ Geschafft? Dann schieben Sie jetzt den Sitz vollständig nach vorn, ...

⑤ ... lösen die hinteren beiden Sitzschrauben (Pfeile) und bugsieren das »Möbelstück« vorsichtig aus dem Innenraum.

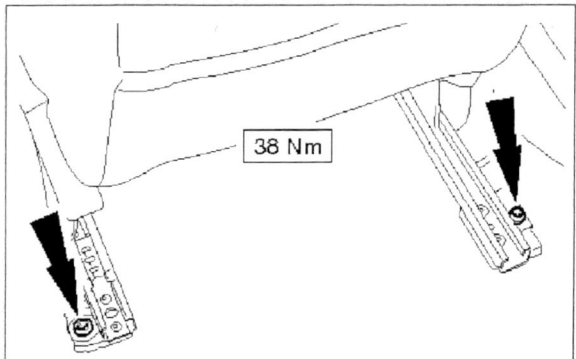

Hintere Schrauben lösen – zur Sitzdemontage.

⑥ Beenden Sie die Montage in umgekehrter Reihenfolge und ziehen die Sitzkonsolen mit 38 Nm an.

Rücksitzbank

① Schrauben Sie zunächst unterhalb der Rücksitzbank (Pfeile) die vorderen Schrauben aus den Gewindekäfigen.

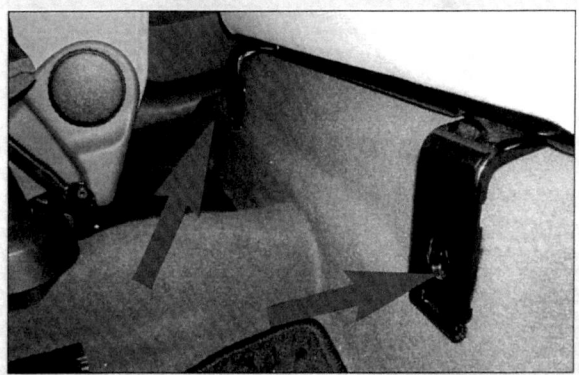

Auf beiden Seiten losschrauben – Gewindekäfige zur Demontage der Rücksitzbank.

② Heben Sie dann die Bank vorne etwas an, schieben sie zeitgleich nach vorne und bugsieren sie aus dem Innenraum.

③ Beenden Sie die Montage in umgekehrter Reihenfolge.

Rücksitzlehne

① Klappen Sie die Rücksitzbank nach vorne und ...

② ... lösen die Gurtschlossschrauben (Pfeile). Damit ist automatisch auch das mittlere Lehnenscharnier gelöst.

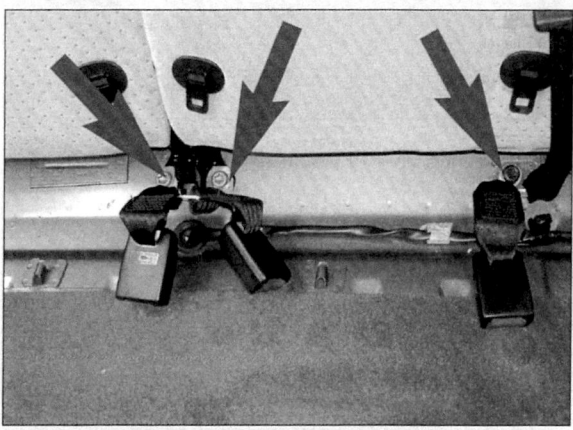

Gurtschlossschrauben (Pfeile) unterhalb der Rücksitzlehne lösen – zur Demontage der Sitzlehne.

③ Anschließend knippen Sie beidseitig mit einem passenden Schlitzschraubendreher die Haltestifte ❶ der inneren Seitenwandverkleidung aus den Bohrungen.

④ Passiert? Dann lösen Sie auf beiden Seiten die Scharniere an jeweils zwei Torxschrauben ❷ ...

⑤ ... schieben die gesamte Lehne nach hinten, verkanten sie etwas und bugsieren sie durch eine Tür, bzw. die geöffnete Heckklappe ins Freie.

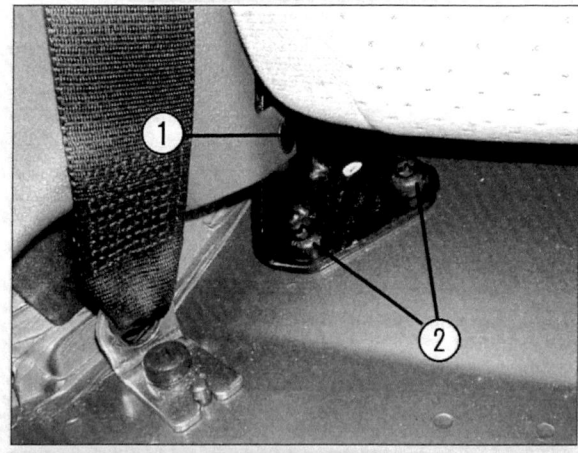

An vier Torxschrauben (Pfeile) befestigt – Rücksitzlehne.

SICHERHEITSGURT-CHECK

⑥ Beenden Sie die Montage in umgekehrter Reihenfolge. Sichern Sie die Sicherheitsgurtschraube mit »Kleber« (Loctite, Würth) und ziehen sie dann fest. Die Gurtschlossbefestigungen bekommen rund 50 Nm und die anderen Schrauben sind mit rund 25 Nm »bedient«.

Sicherheitsgurt-Check — Praxistipp

Sicherheitsgurte haben ein »Innenleben« und, wenn Sie einen Gebrauchtwagen fahren, haben die Bänder für Sie auch eine unbekannte »Vergangenheit«: Erneuern Sie darum grundsätzlich alle Gurte, deren Lebenslauf Sie nicht genau kennen. Machen Sie die Investition bitte nicht von einem scheinbar properen Aussehen abhängig: Nach einem Crash sind Sicherheitsgurte gedehnt und somit ohnehin unbrauchbar.

Selbst wenn Sie die Vita der Sicherheitsgurte aus dem Effeff kennen sollten, »misstrauen« Sie ihnen von Zeit zu Zeit. Der Fiesta hat vorn und hinten Automatiksicherheitsgurte – auf den vorderen Sitzen mit pyrotechnischen Gurtstraffern. Etwaige Fehler im Sicherheitsrückhaltesystem signalisiert Ihnen die Airbagkontrollleuchte im Cockpit. »Nervt« sie unaufhörlich, suchen Sie besser Ihre Ford-Werkstatt auf und lassen den Fehler auslesen. Übrigens: Gurtstraffer- und Airbagkomponenten dürfen Sie nicht zerlegen oder reparieren.

Die Rollgurte des Fiesta werden durch zwei Sensoren »diszipliniert«. Der Bewegungssensor wird beim Bremsen, Kurvenfahren, steilen Bergaufpassagen und ungünstiger Fahrzeuglage aktiv. Dahingegen bremst der Gurtsensor das »Band« nur dann ein, wenn es ruckartig abrollt. Beide Systeme ergänzen sich in ihrer Funktion und müssen unabhängig voneinander funktionieren.

Bevor Sie den Gurten in Teamwork mit einem Beifahrer »dynamisch« auf den Zahn fühlen, kontrollieren Sie ihr Outfit: Wenn Sie

- wellige Gurtbänder,
- ausgefranste Kanten,
- aufgeriebenes Gewebe oder gar
- angerissene Nähte

entdecken, können Sie sich die dynamische Prüfung getrost sparen und neue Bänder in Ihrem Fiesta »aufhängen«. Ansonsten gehen Sie der Reihe nach vor.

Bremsprüfung

- Legen Sie den Gurt korrekt an (Ihr Beifahrer tut es Ihnen gleich), …
- … starten den Motor und fahren im ersten Gang zehn km/h (nicht schneller).
- Bremsen Sie dann möglichst »scharf«. Beide Gurte müssen sofort blockieren. Andernfalls sind die Bewegungssensoren nicht mehr einwandfrei, tauschen Sie den/die defekten Gurte aus.
- Wiederholen Sie die Prüfung auf allen Plätzen.

Zusatzprüfung (Kurvenfahren)

Suchen Sie einen genügend großen Parkplatz, um mit voll eingeschlagenen Vorderrädern fahren zu können. Denken Sie daran, Ihr Fiesta hat einen Wendekreis von gut 10 Metern.

- Fahren Sie mit ganz eingeschlagener Lenkung und max. 16 km/h (nicht schneller) im Kreis.
- Derweil versucht Ihr Beifahrer alle Automatikgurte langsam aus der Aufrollautomatik herauszuziehen. Schafft er das, verschrotten Sie den betreffenden Gurt.

Gurtsensor prüfen

- Halten Sie auf ebener Fläche und im stehenden Auto den Gurt nahe der oberen Verankerung fest. Ziehen Sie den Gurt dann ruckartig aus der Aufrollautomatik. Nach spätestens 25 cm muss die Automatik blockieren. Falls nicht – Gurt verschrotten.

Bevor Sie Ihrem Fiesta neue Gurte spendieren, prüfen Sie die Befestigungspunkte – »blühen« sie bereits rostrot oder sind gar schon angerissen, bietet auch der beste Gurt allenfalls das Sicherheitspotenzial eines Hosenträgers.

Türverkleidung aus- und einbauen

Notieren Sie zunächst den Radio-Diebstahlcode und klemmen hernach erst die Batterie ab. Den Diebstahlcode brauchen Sie nach der Arbeit, um Ihr Radio wieder flott zu machen. Gehen Sie bitte sorgsam mit der Türdichtfolie um: Falls sie einreißt, behandeln Sie das Stück als »Fetzen« und »betten« eine neue Folie in einer »satten« Silikonraupe auf die Abdichtfläche. Vergessen Sie nicht, die Auflageflächen vorher gründlich zu reinigen. Falls »gründlich« bei Ihnen nur oberflächlich sein sollte, schwappt Ihnen später bei jedem Regenguss und jeder Wagenwäsche Wasser in den Fußraum.

INNENRAUM

Arbeitsschritte

vorne

① Drehen Sie das Seitenfenster bis zum Anschlag hoch und zeichnen auf der Verkleidung mit einem Kreidestrich die Fensterkurbelstellung an.

② Schieben Sie dann einen mittleren Schlitzschraubendreher zwischen Rosette und Kurbelachse und entspannen die Sicherungsklammer der Fensterkurbel. Ab Werk zeigt die »offene« Seite der Sicherungsklammer in Richtung Kurbelachse, sie kann jedoch auch um 180° verdreht montiert sein.

③ Drücken Sie mit dem Schraubendreher die Sicherungsklammer aus der Nut und ...

④ ... ziehen dann die Fensterkurbel mitsamt Innenblende von der Kurbelachse.

⑤ Hebeln Sie mit einem Schlitzschraubendreher die Spiegelverkleidung ❶ von der Tür (Pfeile) und ...

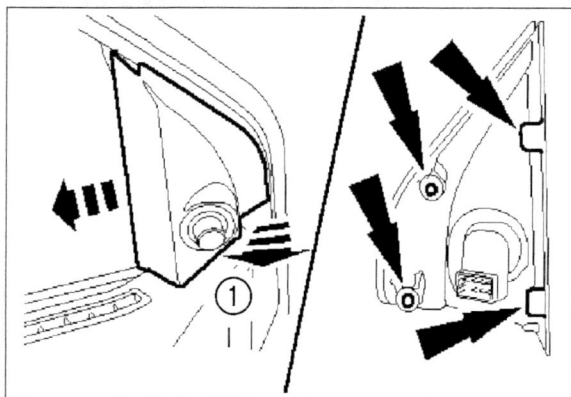

Per Schlitzschraubendreher von der Tür demontieren – Spiegelverkleidung.

⑥ ... ziehen, falls vorhanden, den Mehrfachstecker (Pfeil) vom Schalter der elektrisch verstellbaren Außenspiegel.

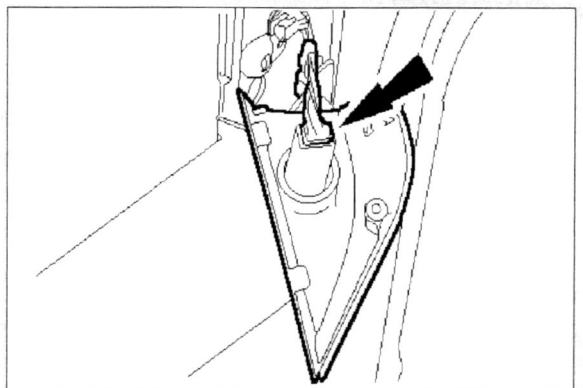

Falls vorhanden abziehen – Mehrfachstecker der elektrisch verstellbaren Außenspiegel.

⑦ Lösen Sie jetzt die Türgriffschraube ❷, vorab allerdings die Türgriffblende ❶. Sinnvollerweise hebeln Sie das »zerbrechliche Stück« mit einem passenden Schlitzschraubendreher aus den Verankerungen.

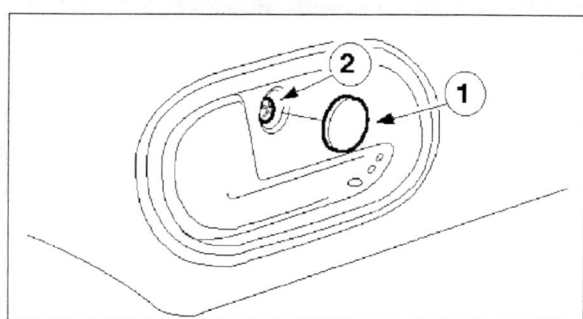

Demontieren – erst die Kappe dann die Türgriffschraube.

⑧ Anschließend hebeln Sie mit einem breiten Schlitzschraubendreher den Türgriff aus der Türverkleidung (Pfeile) und ...

Von den Befestigungspunkten abhebeln – Türgriff.

⑨ ... ziehen dann den Mehrfachstecker (Pfeil) des elektrischen Fensterhebers ab.

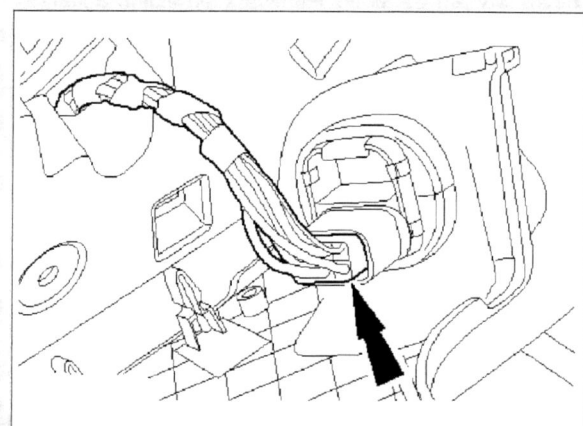

Abziehen – Schalter des elektrischen Fensterhebers.

TÜRVERKLEIDUNG AUS- UND EINBAUEN

⑩ Lösen Sie jetzt zuerst die Befestigungsschrauben (Pfeile) des Türgriffs und ...

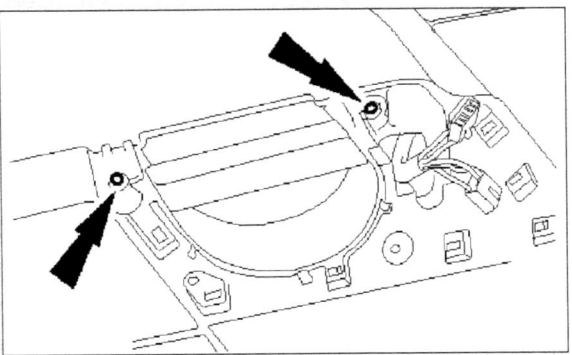

Demontieren – Türgriff.

⑪ ... dann die der Türverkleidung unterhalb der Türtaschen (Pfeile).

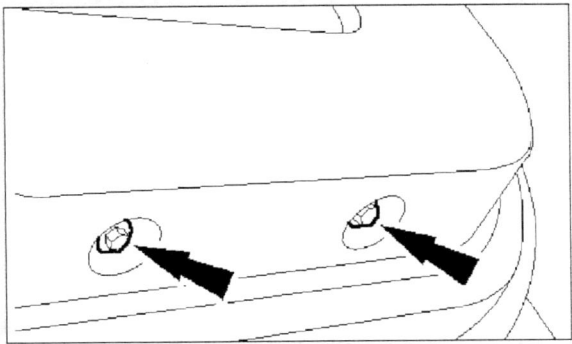

Lösen – Befestigungsschrauben der Türverkleidung.

⑫ Hebeln Sie nun die Türinnenverkleidung vom Türrahmen ab. Beginnen sie am unteren Verkleidungsteil ❶, um »das gute Stück« anschließend nach oben ❷ aus dem Türrahmen zu »ziehen«. Um die Verkleidung zu schonen, machen Sie das mit einem breiten Spachtel oder einem Fleischwender. Achten Sie dabei auf die Dichtfolie.

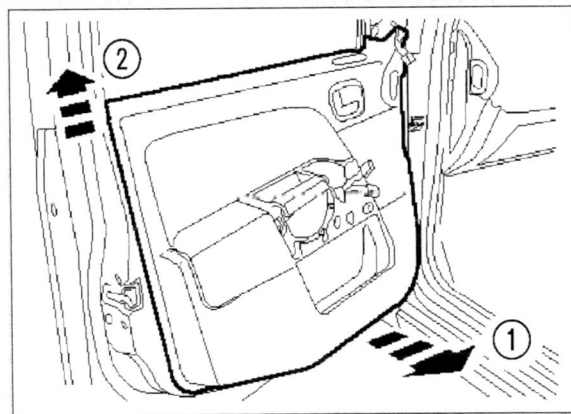

Rundum vorsichtig abhebeln – Türinnenverkleidung vom Türrahmen.

⑬ Anschließend hängen Sie den Bowdenzug des Türgriffs aus, ...

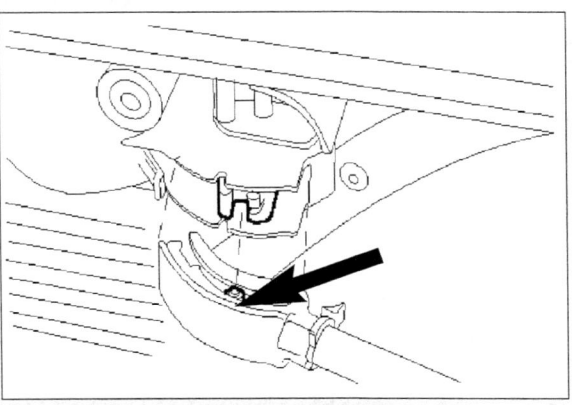

Aushängen – Bowdenzug vom Türgriff.

⑭ ... lösen die Haltezungen (Pfeile) des Türöffners und nehmen ihn von der Türverkleidung ab.

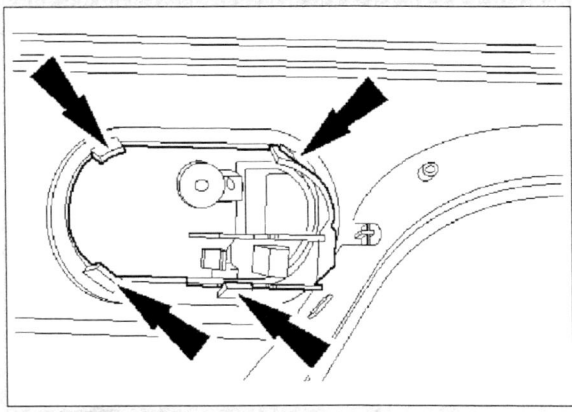

Ausclipsen – Haltezungen des Türöffners.

⑮ Um an die Türinnereien zu kommen, ziehen Sie die Türdichtfolie nur punktuell ab. Den Folienklebestreifen trennen Sie mit einem Kunststoffmesser (Einwegbesteck). Fassen Sie möglichst nicht auf die Kontakträndern bzw. die Klebeflächen. Sie würden damit die Klebe- und Dichtwirkung herabsetzen.

⑯ Beenden Sie die Arbeit in umgekehrter Reihenfolge. Achten Sie rundum auf einen »satten« Sitz der Dichtfolie. Falls Sie der Dichtfläche misstrauen, tragen Sie besser sofort eine neue Silikonraupe auf.

INNENRAUM

Seitenscheibe/Fensterheber aus- und einbauen

Da der Aufwand für alle Türen weitgehend identisch ist, beschreiben wir die Arbeit am Beispiel einer Vordertür.

Seitenscheibe

① Demontieren Sie die Türverkleidung, wie beschrieben, und ...

② ... ziehen die Türdichtfolie vorsichtig ab. Trennen Sie dazu den Folienklebestreifen mit einem Kunststoffmesser (Einwegbesteck). Vermeiden Sie die Klebefläche unnötig zu berühren – darunter leidet die Klebewirkung.

③ Hebeln Sie die mit einem breiten Schlitzschraubendreher die beiden Blindstopfen (Pfeile) aus der Tür und legen sie beiseite.

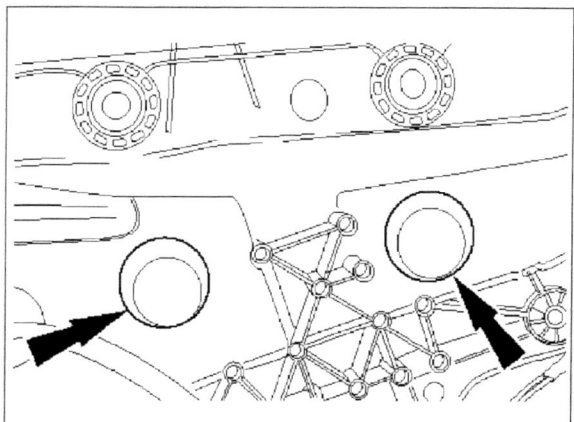

Ausheben – Gummistopfen aus der Tür.

④ Bei Modellen mit Fensterkurbel setzen Sie jetzt die Kurbel kurz aufs Getriebe und senken die Scheibe so weit ab, bis Sie die beiden Fensterheber Klemmschrauben (Pfeile) über die Montageöffnung lösen können.

⑤ Ist Ihr Fiesta mit elektrischen Fensterhebern ausgestattet, »klemmen« Sie den Schalter kurz an und »justieren« die Scheibe elektrisch in der Tür. Lösen Sie anschließend beide Klemmschrauben am Fensterheber.

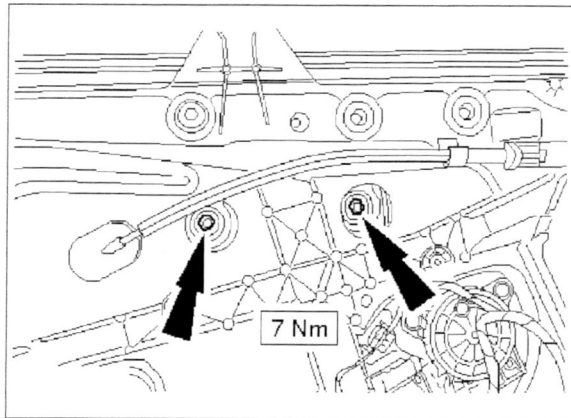

Am Fensterheber lösen – beide Klemmschrauben.

⑥ Durch die Montageöffnung ❶ biegen Sie die Haltenase ❷ auf und ...

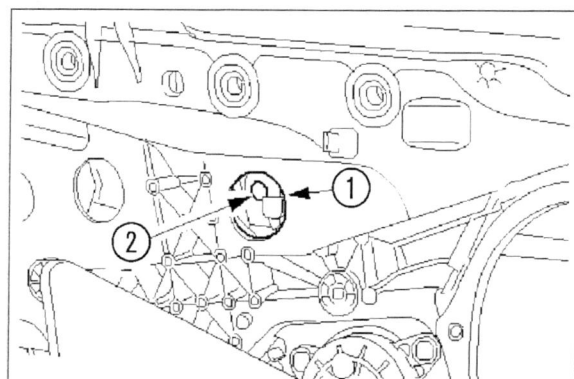

Am einfachsten mit einem Schlitzschraubendreher durch die Montageöffnung umbiegen – Haltenase.

⑦ ... heben die Scheibe von der Außenseite ❶ des Fensterausschnitts aus der Tür. Schwenken Sie das Fenster dazu nach vorne ❷ und heben es aus der Tür.

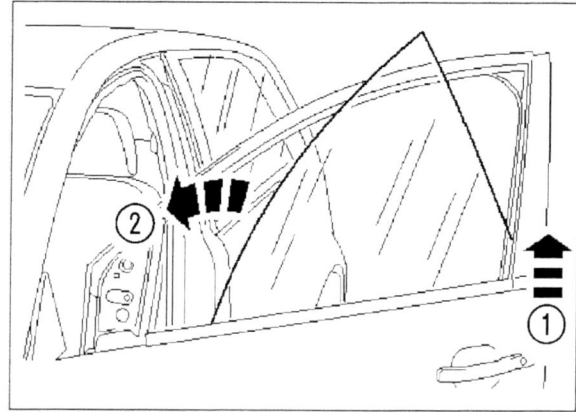

Mit etwas Geduld aus der Tür jonglieren – Seitenscheibe.

⑧ Beenden Sie die Montage in umgekehrter Reihenfolge.

Fensterheber

① Klemmen Sie das Batteriemassekabel ab und ...

② ... demontieren das Seitenfenster wie beschrieben.

elektrische Fensterheber

③ Falls vorhanden, bauen Sie den entsprechenden Türlautsprecher aus, um ...

④ ... den dahinter befindlichen Fensterhebermotor zu demontieren. Ziehen Sie dazu den Mehrfachstecker ❶ ab, schrauben den Motor ❷ los und legen ihn beiseite.

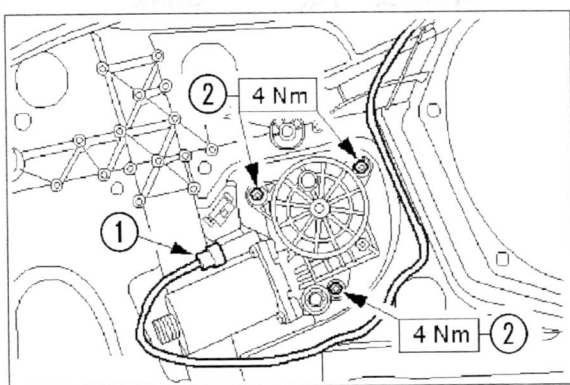

Demontieren – Fensterhebermotor.

Kurbel- und elektrischer Fensterheber

⑤ Gehen Sie zunächst bis Schritt ⑦ »Schließzylinder aus- und einbauen« vor, ...

⑥ ... lösen die Schrauben ❶ und clipsen ❷ den Fensterheber aus der Tür.

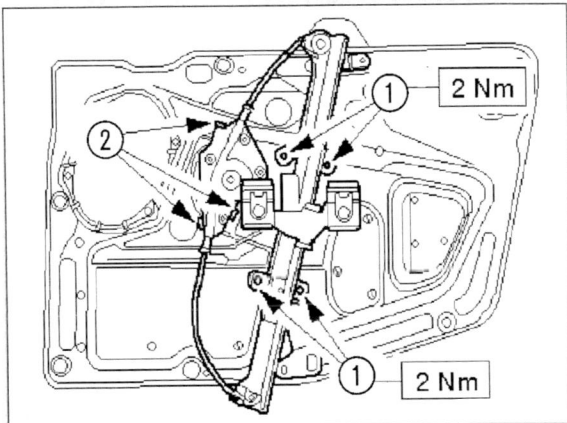

Aus der Tür demontieren – Fensterheber.

⑦ Beenden Sie die Montage in umgekehrter Reihenfolge.

Praxistipp

Elektrischer Fensterheber streikt

Schalter defekt: Demontieren Sie den gegenüberliegenden Schalter und stecken den Mehrfachstecker um. Mit dem intakten Schalter können Sie nun das Fenster schließen.

Zuleitung zum Elektromotor unterbrochen: Verlegen Sie eine »Freiluftleitung« mit Plus (wenn keine Spannung anliegt) oder mit Masse (wenn keine Masse anliegt) zum Motor. Lassen Sie dann den Motor anlaufen.

Motor blockiert: Demontieren Sie die Türverkleidung, hängen die Scheibe aus und pressen sie manuell fest in die obere Scheibenführung. In dieser Stellung sichern Sie die Scheibe mit Klebeband oder verkeilen sie von unten mit einer passenden Holzlatte.

Alle hier genannten Tricks sind natürlich nur Notlösungen für die schnelle Hilfe auf der Straße. Zuhause müssen Sie sich der Sache schon fundiert annehmen.

Die Zentralverriegelung

Die Zentralverriegelung öffnet und schließt an Ihrem Fiesta alle Türen sowie die Heckklappe mit kleinen Stellmotoren – vorausgesetzt, beide Vordertüren sind tatsächlich im Schloss. Fiesta-Türen reagieren übrigens »ferngesteuert« auf Knopfdruck – der Sender sitzt im Zündschlüssel und der Empfänger im Gehäuse der Innenraumbeleuchtung. Die Signale gehen jeweils von beiden Vordertüren »auf die Reise« – von außen passiert das per Zündschlüssel und von innen mit dem Türöffnungshebel. Der Gepäckraum lässt sich per Knopfdruck von innen, ferngesteuert oder mit dem Zündschlüssel von außen öffnen – nicht so die Motorhaube, ihr Schloss reagiert nur mechanisch auf einen Bowdenzug. Und da die Zentralverriegelung gleichfalls auch die Wegfahrsperre sowie die Innenraumbeleuchtung ansteuert, kommt Ihr Fiesta ohne herkömmliche Türkontaktschalter aus. Er begrüßt und »entlässt« Sie per Zeitrelais mit einem beleuchteten Innenraum ...

Zündschlüssel synchronisieren

Bei Funktionsstörungen der Zentralverriegelung fällt der »Anfangsverdacht« zunächst auf den Zündschlüssel. Synchronisieren Sie darum den Schlüssel (Sender) mit dem Empfänger. Übrigens, Sie können bis zu vier verschiedene Zündschlüssel auf Ihren Fiesta »dressieren«.

Zentralverriegelung

① Zum Programmieren den Zündschlüssel innerhalb von sechs Sekunden vier Mal von Position »0« auf Position »2« drehen.

② Schalten Sie die Zündung aus. Ein Signalton zeigt Ihnen nun, das Sie mit der Programmierung fortfahren können.

③ Drücken Sie dazu eine beliebige Taste auf Ihrer Schlüsselfernbedienung. Wenn Sie alles richtig gemacht haben, ertönt wieder ein Signalton. Falls Sie weitere Schlüssel programmieren möchten, wiederholen Sie mit dem neuen Schlüssel nur diesen Schritt!

④ Schließlich schalten Sie die Zündung wieder ein – der/die Schlüssel sind jetzt synchronisiert.

Schlüsselbatterie wechseln

Sollte, trotz synchronisiertem Zündschlüssel, die Zentralverriegelung auf »stur« stellen, halten Sie den Grund dafür meistens schon in der Hand: Eine leere Batterie im Schlüsselgriff. Erfahrungsgemäß lässt sich die Schließanlage mit einer neuen Batterie schnell wieder »motivieren«. »Schnell« ist Programm: Sie müssen die Batterie innerhalb von drei Minuten wechseln. Falls Sie sich mehr Zeit nehmen, können Sie anschließend gleich die Fernbedienung, wie beschrieben, neu synchronisieren.

① Hebeln Sie ihren Schlüssel mit einem kleinen Schlitzschraubendreher von der »Schlüsselbartseite« her auseinander (Pfeil).

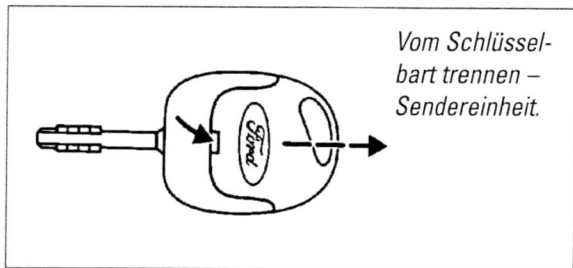

Vom Schlüsselbart trennen – Sendereinheit.

② Hernach clipsen Sie die Sendereinheit (Pfeile) auf, lösen die alte Batterie heraus und ...

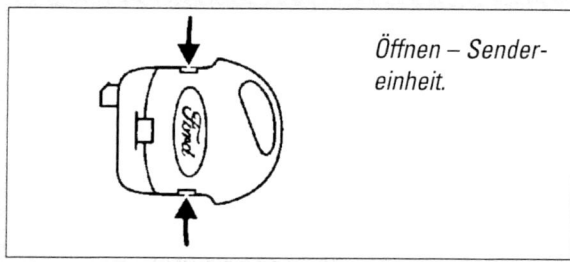

Öffnen – Sendereinheit.

③ ... setzen die neue Batterie (CR 2032) ein. Den »schlappen« Stromspeicher entsorgen Sie bitte umweltgerecht, die meisten Supermärkte haben bereits Batterierücknahmeboxen aufgestellt.

Türgriff ab- und anbauen

Einerlei ob Sie die vorderen oder die hinteren Türgriffe demontieren – die Arbeitsschritte unterscheiden sich nur unwesentlich voneinander. Wir beschreiben die Arbeit exemplarisch am Beispiel eines vorderen Türgriffs.

① Öffnen Sie die entsprechende Tür, schrauben drei Schlossschrauben (Pfeile) los und ...

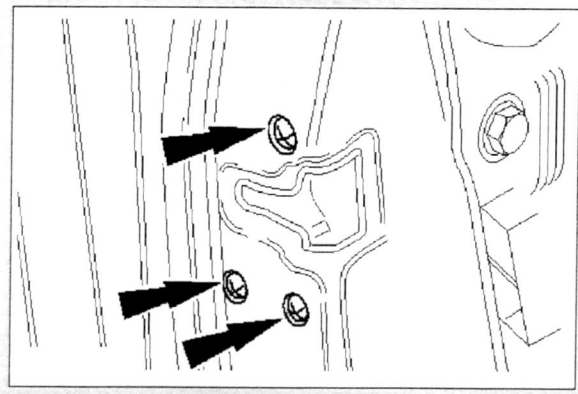

Am Türrahmen losschrauben – Schlossschrauben.

SCHLIEßZYLINDER AUS- UND EINBAUEN

② ... lösen die Befestigungsschraube der Schließzylinderabdeckung (rechter Pfeil). Ziehen Sie die Verkleidung (linker Pfeil) vom Türblatt ab.

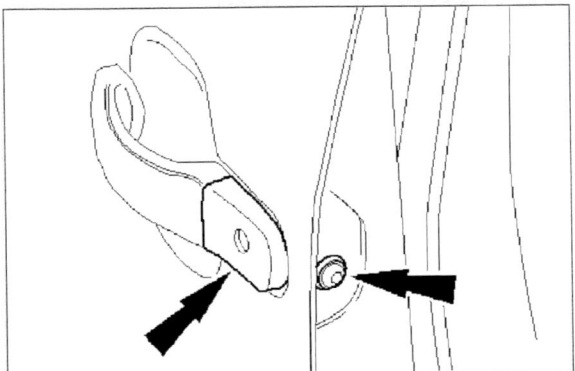

Schraube lösen und vom Türblatt abziehen – Schließzylinderabdeckung.

③ Nun »drehen« Sie das bewegliche Griffstück in Pfeilrichtung aus der Türaußenhaut.

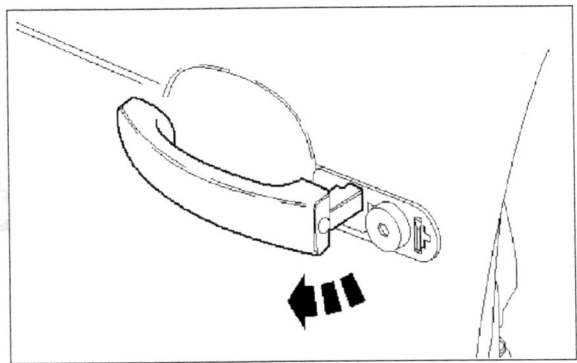

Aus der Tür »drehen« – Türgriff.

④ Beenden Sie die Montage in umgekehrter Reihenfolge.

Schließzylinder aus- und einbauen

Arbeitsschritte

① Klemmen Sie das Batteriemassekabel ab und ...

② ... demontieren das Seitenfenster wie beschrieben.

③ Anschließend lösen Sie den Kabelstrang (Pfeil) an der A-Säule und ...

④ ... schieben das »Bündel« in die Tür.

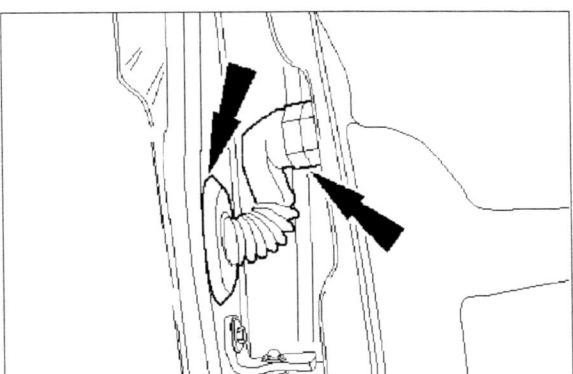

Aus der A-Säule lösen und in die Tür schieben – Kabelstrang.

mit elektrischem Außenspiegel

⑤ Entriegeln Sie den Mehrfachstecker (Pfeile) in der Innentür und ziehen ihn auseinander.

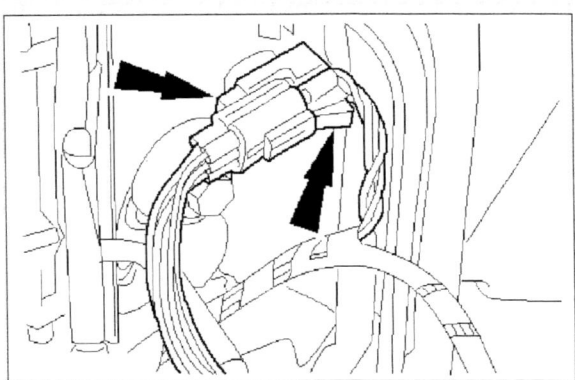

Entriegeln und abziehen – Mehrfachstecker des elektrischen Außenspiegels.

alle

⑥ Jetzt demontieren Sie den Türgriff, wie beschrieben, und ...

⑦ ... ziehen anschließend das Dichtgummi (Pfeil) von der Türaußenhaut ab. Legen Sie es beiseite.

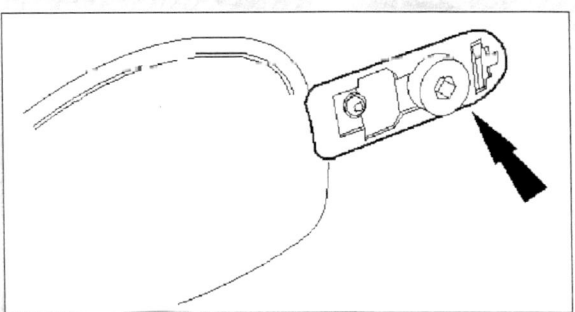

Von der Türaußenhaut abziehen – Dichtgummi.

INNENRAUM

⑧ Anschließend lösen Sie die Verstärkungsplatte (Pfeil) am Türgriffgehäuse, ...

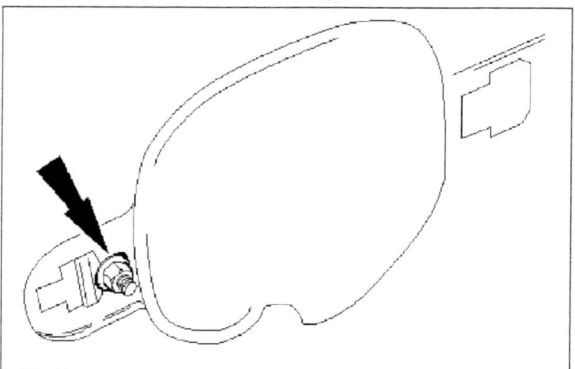

Vom Türgriff demontieren – Verstärkungsplatte.

⑨ ... clipsen die Mechanik (Pfeile) inklusive Schließzylinder los und drücken das »Ganze« komplett in die Tür hinein.

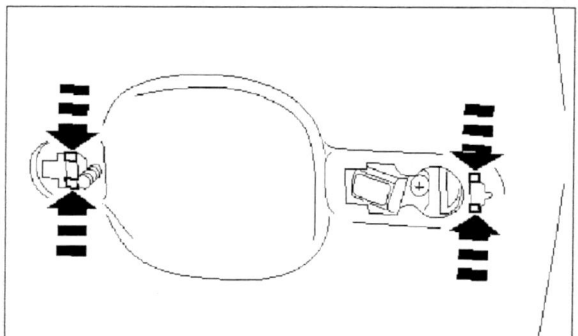

Vom Türblatt losclipsen – Verstärkungsplatte inklusive Schließzylinder.

⑩ Schließlich demontieren Sie den Türeinsatz. Lösen Sie elf Befestigungsschrauben (Pfeile), ...

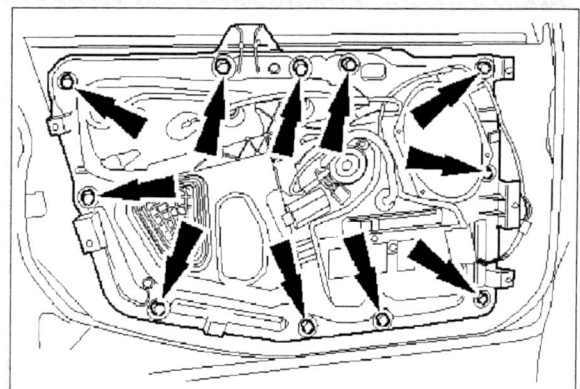

Elf Schrauben zur Demontage lösen – Türeinsatz.

⑪ ... drehen den Türeinsatz gegen den Uhrzeigersinn ❶ und schieben ihn nach vorn.

⑫ Heben Sie jetzt den Einsatz an der Türblechunterkannte ❷ ab, bugsieren ihn nach unten ❸ aus der Tür und legen ihn beiseite. Achten Sie darauf, dass der Fensterheber das Türblech beim Abheben nicht berührt.

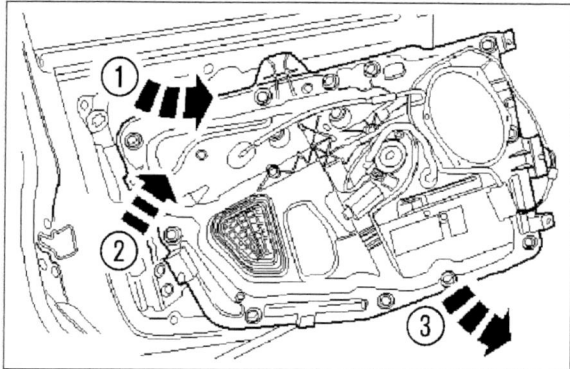

Von der Tür demontieren – Türeinsatz.

⑬ Ziehen Sie den Schließzylinder in Pfeilrichtung aus dem Türeinsatz und ...

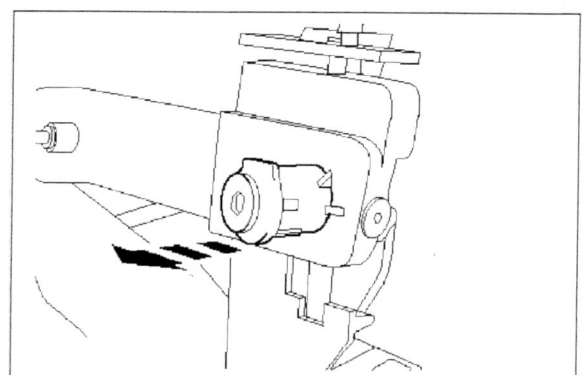

Aus dem Türeinsatz ziehen – Schließzylinder.

⑭ ... beenden die Montage in umgekehrter Reihenfolge.

Lenkradschloss aus- und einbauen

① Klemmen Sie das Batteriemassekabel ab und ...

② ... demontieren, falls vorhanden, die Radiofernbedienung von der Lenksäulenverkleidung. Dazu clipsen Sie die Haltenase (Pfeil) mit einem schmalen Schraubendreher los und ...

LENKRADSCHLOSS EIN- UND AUSBAUEN

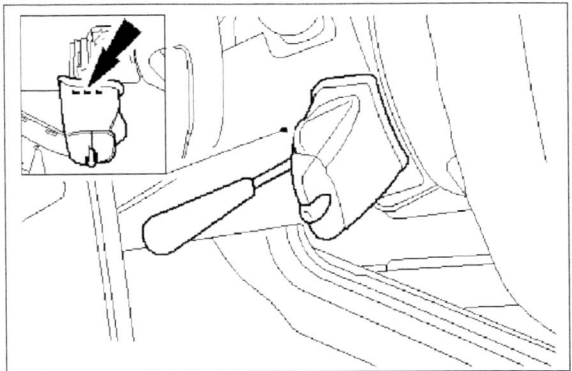

Von der Lenksäule abclipsen – Radiofernbedienung.

③ ... ziehen den Mehrfachstecker (Pfeil) ab. Legen Sie das gute »Stück« beiseite.

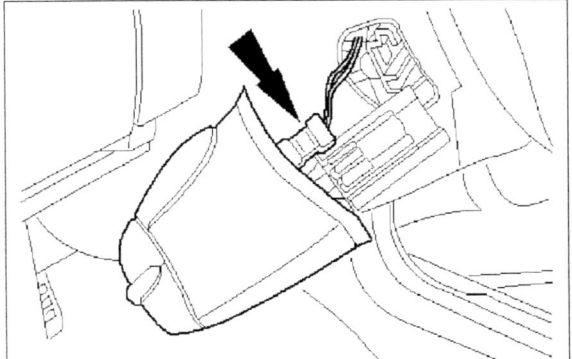

Von den Anschlüssen abziehen – Mehrfachstecker.

④ Hernach demontieren Sie die obere Lenksäulenverkleidung. Drehen Sie das Lenkrad so weit, dass Sie beide Clips (Pfeile) der oberen Lenksäulenverkleidung mit einem schmalen Schlitzschraubendreher lösen können.

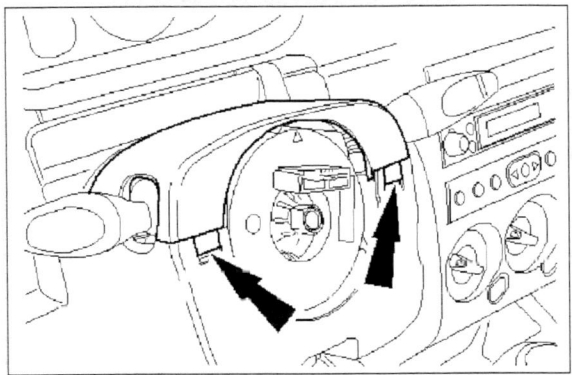

Nur zur besseren Ansicht demontiert – Lenkrad.

⑤ Klappen Sie den Hebel ❷ der Lenkradverstellung nach unten, lösen die drei Befestigungsschrauben ❶ und nehmen dann die untere Lenksäulenverkleidung ab.

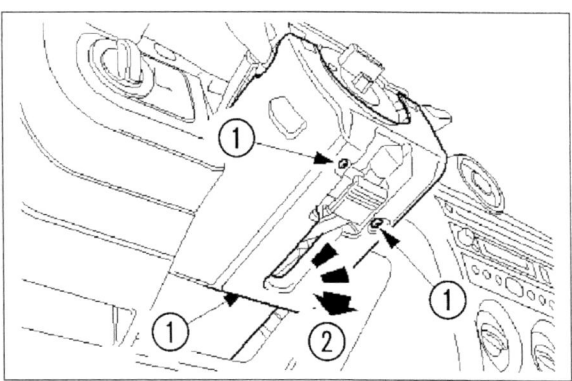

Von der Lenksäule demontieren – untere Verkleidung.

⑥ Ziehen Sie den Anschlussstecker am Sensor der Wegfahrsperre (Pfeil) ab und ...

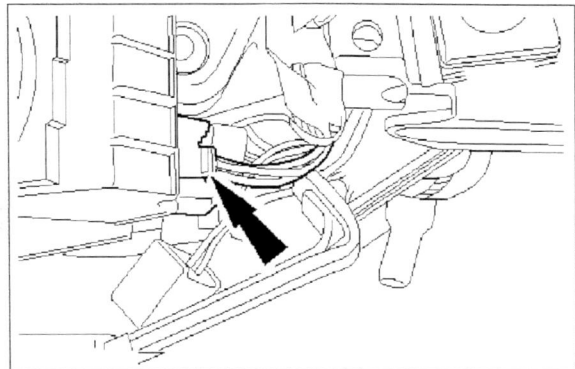

Von seinen Anschlüssen lösen – Mehrfachstecker.

⑦ ... clipsen mit einem breiten Schlitzschraubendreher die Zuleitung von der Lenksäule (Pfeile).

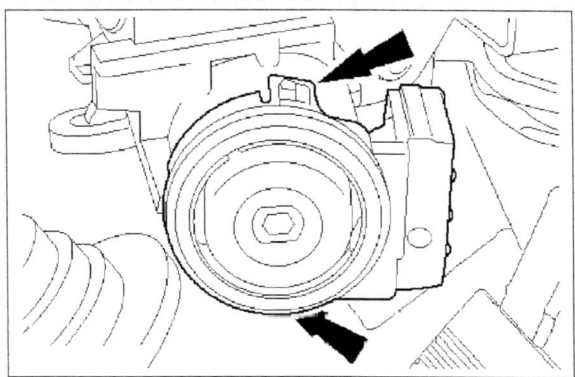

Nur zur besseren Ansicht demontiert – Lenkstockschalter.

⑧ Um das Lenkradschloss zu demontieren, drehen Sie den Zündschlüssel in Stellung »I« und pressen mit einem Lüsterklemmenschraubendreher die Verriegelung (Pfeil) ins Zündschloss zurück. In dieser Stellung können Sie dann den kompletten Schließzylinder aus der Halterung ziehen.

INNENRAUM

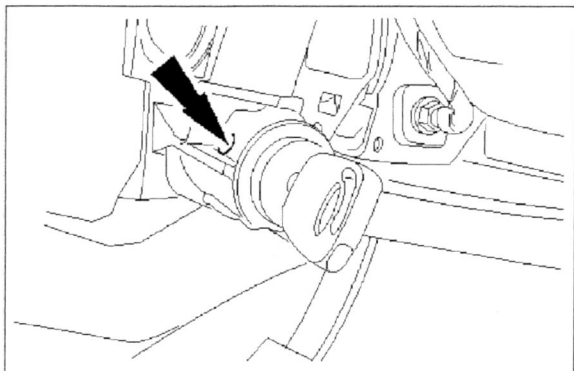

Auf die Reihenfolge achten – 1. Zündschlüssel in Stellung »I« drehen; 2. Verriegelung eindrücken; 3. Schließzylinder zusammen mit Zündschlüssel aus der Halterung ziehen.

⑨ Beenden Sie die Montage in umgekehrter Reihenfolge.

Elektrische Fensterheber*

Störungsbeistand

Störung	Ursache	Abhilfe
A Seitenscheibe »läuft« nur in eine Richtung.	Schalter defekt.	Schalter auswechseln.
B Seitenscheibe blockiert.	1 Passungen zu eng – Sicherung durchgebrannt.	Seitenscheibe in den Führungen gängig machen – Sicherung erneuern.
	2 Motor läuft nicht an – Sicherung o. k.	Provisorisch Spannung an Motor legen. Falls der Motor »läuft«, ist die Zuleitung defekt. Andernfalls Motor auswechseln.
C Seitenscheibe öffnet oder schließt zu langsam.	1 Seitenscheibe in den Führungen verklemmt.	Spiel der Scheibe prüfen und ggf. korrigieren.
	2 Zu starke Reibung in der gesamten Mechanik.	Mechanik ohne Seitenscheibe auf Reibungsverluste überprüfen, ggf. erneuern
	3 Kabelverbindungen defekt oder oxidiert.	Überprüfen, reinigen, ggf. auswechseln.
	4 Schalter defekt oder oxidiert.	Überprüfen, ggf. auswechseln.
D Seitenscheibe öffnet oder schließt im oberen Bereich zu langsam.	Siehe C1.	

*Die Fensterheber arbeiten nur bei eingeschalteter Zündung.

STÖRUNGSBEISTAND ZENTRALVERRIEGELUNG

Zentralverriegelung

Störungsbeistand

Störung	Ursache	Abhilfe
A Verriegelung funktioniert nicht.	1 Sicherung durchgebrannt.	Erneuern.
	2 Servomotor(en) defekt.	Funktion überprüfen, ggf. auswechseln.
	3 Verkabelung unterbrochen.	Überprüfen, ggf. erneuern (lassen).
	4 Fernbedienung nicht synchronisiert.	Fernbedienung synchronisieren.
B Schlösser werden entriegelt, aber nicht verriegelt.	1 Siehe A2.	
	2 Mehrfachstecker an Motor oder Türkasten locker oder oxidiert.	Festen Sitz kontrollieren, ggf. reinigen.
	3 Schalter im Servomotor defekt.	Durchgangsprüfung an den entsprechenden Motorklemmen durchführen.
C Schlösser werden verriegelt, aber nicht entriegelt.	1 Siehe A2.	
	2 Siehe B2 und 3.	
D Eines der Schlösser funktioniert nicht.	1 Siehe B2.	
	2 Kabel- bzw. Steckverbindung am Servomotor oder Türkasten fehlerhaft.	Überprüfen, ggf. instand setzen.
	3 Mechanische Übertragungsteile klemmen.	Teile auf Funktion überprüfen und festen Sitz kontrollieren. Ggf. Teile etwas fetten, verschlissene Teile auswechseln.

DIE KAROSSERIE

Auf Höhe der Zeit: Derzeit aktuelle Sicherheitsstandards erfüllt die Karosseriestruktur des kompakten Ford mit »beruhigenden« Reserven. Der selbsttragende Aufbau absorbiert unwillkommene Crashenergie zu einem Großteil in Computer strukturierten Lastenpfaden. Zum überwiegenden Teil besteht der Fiesta-Anzug aus leichten, hochfesten und zähelastischen Stählen. Das bizarre Blechpuzzle formen »gelenkige« Dreiachsroboter im Laserschweißverfahren zu einem harmonischen Ganzen.

Wartung
Tür einstellen 289
Motorhaube einstellen 291

Reparatur
Tür aus- und einbauen 288
Außenspiegel ab- und anbauen 289
Motorhaube aus- und einbauen 291
Motorhaubenzug erneuern 292
Stoßfängerverkleidung (vorne) aus- und einbauen 292
Stoßfänger (vorne) aus- und einbauen ... 293
Kotflügel aus- und einbauen 294
Stoßfänger (hinten) aus- und einbauen .. 296
Heckklappe aus- und einbauen 297
Heckklappenschloss aus- und einbauen ... 298

DIE KAROSSERIE

Vor und hinter der Fassade völlig neu – die Karosserie der vierten Fiesta-Generation

Die erfolgreiche Grundkonzeption des Fiesta steht seit nunmehr 27 Jahren unverändert auf den Rädern. Das spricht für den kompakten Ford, keinesfalls jedoch gegen die Kreativität seiner Macher: Der Fiesta anno 2002 ist bereits die vierte Generation. Sie steht – wie der Ka, Focus und Mondeo – gleichermaßen in der Tradition der »New Edge Linienrichter« wie ihrer technischen Vordenker: Gegenüber dem 76er Debütanten trumpft der Neue allerdings mit deutlich »erwachseneren« Abmessungen auf: In der Länge legte er um 352 Millimeter (3.916 mm), in der Breite um 118 Millimeter (1.683 mm) und in der Höhe um 103 Millimeter (1.436 mm) zu. Keine Frage, der Zeitgeist und die gewachsenen Ansprüche haben der ehemals spartanischen Fiesta-Figur ein paar Pfunde und Millimeter zugefügt. Und zwar nicht nur äußerlich, sondern auch dort, wo auf rund 6,6 m² bis zu fünf Mitfahrer samt Gepäck verreisen – der neue Fiesta passt in die Zeit und nach wie vor in die meisten innerstädtischen Parklücken.

Karosserie – mit definierten Lastenpfaden

Das Lastenheft des neuen Fiesta legte das Sicherheitskonzept von Beginn an auf ein »Vier-Sterne-Ergebnis« im Euro NCAP-Crashtestverfahren fest. Vor der Prototypenphase ließen Ford-Ingenieure darum die Eckwerte der Insassensicherheit, der strukturellen Festigkeit und der einzusetzenden Rückhaltsysteme mit Simulationsprogrammen berechnen. Aus der zunächst nur virtuellen Karosseriestruktur erkannten sie bereits am grünen Tisch die möglichen Auswirkungen eines Frontalaufpralls auf den Kopf-/Brustbereich sowie das Verletzungsrisiko für den Fuß- und unteren Beinbereich. Noch bevor der Fiesta seine ersten »Ausgehversuche« auf der Straße hatte, absolvierte er ein umfangreiches Test- und Crashprogramm. So zum Beispiel den Aufprall mit 56 km/h und 40prozentiger Überdeckung auf eine deformierbare Barriere. Oder den Seitenaufpralltest, bei dem der Body bei 50 km/h im Winkel von 90° mit einer fahrbaren und deformierbaren Barriere kollidiert. Zusätzlich »quälten« Ford-Ingenieure diverse Prototypen mit Ford internen Anforderungen – sie gingen teilweise über die gesetzlichen Forderungen hinaus.

Selbstverständlich entstand der Body des Fiesta 2002 auf Basis der Finite Element Methode. Sie wurde weiland übrigens im ersten Fiesta erstmals konsequent an einem Kleinwagen umgesetzt. Dennoch: Ein drahtiges Leichtgewicht ist die Fiesta-Karosserie mit rund 250 Kilogramm nicht wirklich. Doch der »spendable« Einsatz hoch- und höherfester Stahlsorten hält ihr Pfunde noch im vertretbaren Rahmen: Zumal das Crashverhalten gegenüber dem Vorgängermodell wesentlich moderater ist. Die Karosseriestruktur des Modells 2002 präsentiert sich um 100 Prozent biegefester und um 40 Prozent verwindungssteifer als die des Vorgängers.

Bei einem Aufprall leiten exakt definierte Lastpfade die ein-wirkende Energie gezielt um und schützen auf diese Weise die Zellenstruktur. Zusätzlich zum unteren Lastpfad entlang des Fahrzeugbodens, »verpuffen« die Deformationskräfte in einem zweiten Pfad im vorderen Windlauf, den A-Säulen, in den Türen und dem jeweiligen Seitenaufprallschutz.

Verbessert das Crashverhalten – tiefer gelegte Lenksäule und wegklappende Bremspedaleinheit

Das Frontalcrashverhalten profitiert von der tieferen Lenksäulenposition, von der wegklappenden Bremspedaleinheit und von verbesserten Deformationszonen hinter dem vorderen Stoßfänger. Auch der unterhalb des Vorderwagens verschraubte Hilfsrahmen leistet einen wesentlichen Beitrag die Aufprallenergien zu entschärfen.

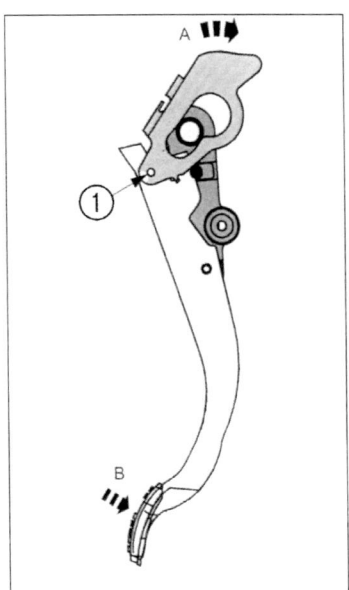

Wandert bei einem Frontalcrash aus dem Lager: Bremspedal im Fiesta. **A** *Bewegungsrichtung aus dem Pedallager,* **B** *Pedal-Bewegungsrichtung,* ❶ *Sicherungsstift, schert bei Frontalcrash ab.*

KAROSSERIE

Zwischen den unteren Bereichen der A-Säulen verläuft ein stabiler Querträger, der den Armaturenträger »hält« und im Falle eines Aufpralls vor allem der Lenksäule eine kontrollierte »Stoßrichtung« gibt. Das Lenkrohr staucht bei einem Frontalaufprall zudem bis zu 75 Millimeter und nimmt die auf ihre untere Befestigung einwirkende Energie auf. Diese »Nachgiebigkeit« gegenüber frontal auftretenden Kräften verringert im Fiesta das Risiko von Brustverletzungen.

Und damit im Fall einer Frontalkollision auch die Fahrerfüße ein faire Chance haben, klappt die gesamte Baugruppe des Bremspedals kraftlos auf den Boden ab.

Im Dienste der passiven Sicherheit – IPS (Intelligent Protection System)

Das Ford-Insassenschutzsystem (IPS) setzt im Fiesta gleichermaßen auf Elektronik und Mechanik. Es bietet unter anderem zweistufig auslösende Frontairbags. Ein im Vorderwagen montierter Crashsensor erfasst im Millisekundenbereich die Art des Unfalls sowie die zu erwartende Intensität des Aufpralls. Daraufhin lösen die Airbags mit entsprechenden Füllmengen aus. Warum »entsprechend«? Weil ein im Bordrechner elektronisch gespeichertes Protokoll potenzielle Unfallsituationen auf Abruf bereit hält und mit der »Wirklichkeit« vergleicht. Beide Frontairbags sind serienmäßiger Bestandteil des IPS-Systems, das je nach Geldbeutel der Käufer unter anderem aus bis zu sechs Airbags bestehen kann.

Vordere Seitenairbags schützen den Brustkorb bei Seitencrashs. Kopf-/Schulter-Airbags sichern gegen Auf-

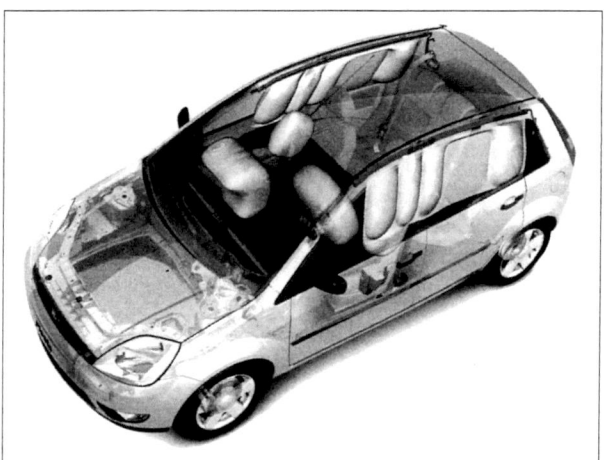

»Luftig gebremst«: Die Frontpassagiere sind rundum von Airbags gegen »harte« Kollisionen »abgefedert«. Kopf-Schulter-Airbags gibt's nur auf Wunsch ab Werk.

preis vorn und hinten den Kopf- und Brustbereich der Mitfahrer. Die Füllung passiert wesentlich schneller als bislang gewohnt: Ein neu entwickeltes Stahlrohr verteilt das in die Kopf-Schulter-Airbags einströmende Gas großflächiger als es eine zentrale Düse jemals könnte. Die Luftbälge sind – temperaturabhängig – in rund 20 Millisekunden (± 3 ms) voll.

Auf allen Sitzplätzen – Dreipunktgurte

Der neue Ford Fiesta bietet auf allen Sitzen Dreipunkt-Sicherheitsgurte. Der Dreipunkt-Sicherheitsgurt des Fahrers besitzt einen auf die Gurtrolle wirkenden pyrotechnischen Gurtstraffer, der die Airbagfunktion wirkungsvoll unterstützt. Der Straffer spannt zunächst den Gurt fest an, während ein zusätzlicher Gurtkraftbegrenzer dem Band hernach dann wieder einen genau bemessenen Freiraum gibt. Diese Eigenschaft mindert das Risiko von Brustverletzungen. Im Gegensatz dazu spannt auf der Beifahrerseite ein auf die Gurtpeitsche einwirkender pyrotechnischer Mechanismus den Dreipunktgurt des Co. Auch hier verhindert ein Gurtkraftbegrenzer zu hohe Kräfte auf den Brustkorb. Er gibt bereits während des Aufpralls etwas nach.

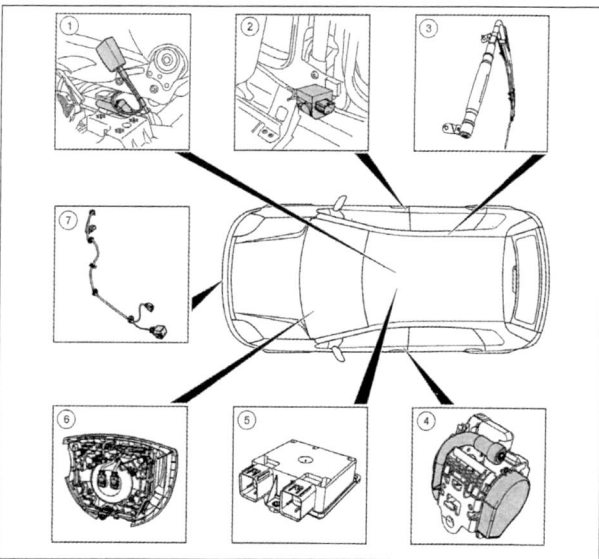

Das Rückhaltesystem des Fiesta im Detail: ❶ *Gurtstraffer Beifahrerseite,* ❷ *Sensor Seitenairbags,* ❸ *Kopfairbag,* ❹ *Gurtstraffer Fahrerseite,* ❺ *Steuergerät,* ❻ *Fahrerairbag,* ❼ *Crash-Sensor.*

Zudem sind verletzungsträchtige »Schlüsselstellen« unterhalb des Armaturenträgers mit besonderer Akribie entschärft. Auch diese Maßname minimiert das

KAROSSERIE

Verletzungsrisiko der Frontpassagiere – und besonders das der Fahrerbeine.

Die meisten Karosseriebleche sind beim neuen Fiesta verzinkt und damit optimal gegen den »Zahn der Zeit« geschützt. Außerdem erhalten relevante Flansche und Karosserienähte eine Kunststoffversiegelung – die Hohlräume bekommen ab Werk Heißwachs spendiert. Radhäuser und Schweller schützen Kunststoffformblenden gegen Steinschlag.

Großzügig bemessen – der Innenraum

Die Fiesta-Macher »kneteten« ihren Schützling gewissermaßen von innen nach außen: Nach Ansicht der Ingenieure bietet er bis zu fünf Personen »ein Höchstmaß an Ergonomie, Komfort und Funktionalität«. Egal ob als Drei- oder Fünftürer, die »Luken« öffnen weit – was Hinterbänklern, auch in der dreitürigen Version, einen durchaus bequemen Einstieg ermöglicht. Fiesta-Mitfahrer profitieren zunächst von 2.486 Millimeter Radstand und einer »kugelig« verlaufenden Dachpartie: Eigenschaften, die der Crew auf allen Plätzen eine ergonomisch günstige Sitzposition sowie genug Bein-, Schulter- und Kopffreiheit »bescheren« – zweifellos, in der Kleinwagenklasse trumpft der kompakte Ford jetzt wieder selbstbewusst auf.

Und das in einem »Maßanzug«, der bequem in enge Parkhäuser oder in verkehrspulsierende Innenstädte passt: Denn mit 3.916 Millimeter in der Länge, 1.683 Millimeter in der Breite und 1.463 Millimeter in der Höhe beansprucht der Fiesta gerade mal 7,5 m³ »Lebensraum« für sich. Einmal in Fahrt, setzt er seinen Body dann agil in Szene: Selbst mit voller Nutzlast (378 – 433 kg) an Bord wieselt er wie ein »Zwerg« durch Kurven und Kehren sowie Schlaglöcher. Querfugen oder Bodenwellen pariert er eh wie ein »Großer«.

»Schluckt« fünf Personen mit Handgepäck – Ford Fiesta 2002.

Erfreulich fürs Portmonnee – reparaturfreundliche Karosserie

Seine nach Kollisionen relativ reparaturfreundliche Karosserie hat der aktuelle Fiesta übrigens vom Vorgänger in die Gegenwart »gerettet«: Eine gute Nachricht für Do it yourselfer, sie wissen das durchaus zu würdigen. Spätestens dann, wenn nach einer »Rempelei« ein neuer Stoßfänger, eine Tür, ein Kotflügel, die Motorhaube, ein Längsträger oder die Heckklappe auf dem Beschaffungsplan stehen.

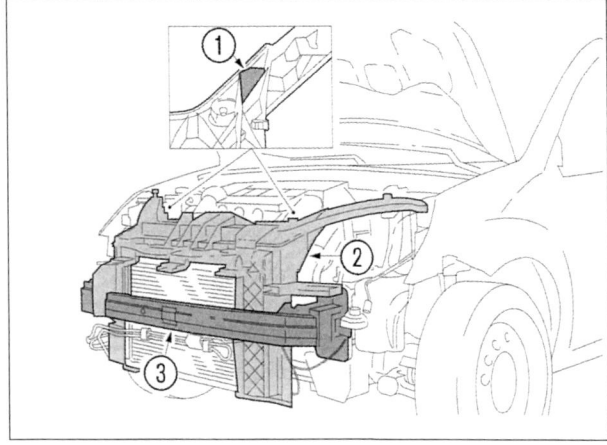

Nur komplett zu demontieren: Frontmodul am Fiesta 2002.
❶ *Hartschaumverstärkung,* ❷ *Kunststoff-Frontmodul,*
❸ *Stahlquerträger.*

Gut für die Umwelt und den Geldbeutel – recyclinggerechte Konstruktion

Der Fiesta wurde für ein langes Autoleben konzipiert. Dennoch dachten seine technischen Väter schon auf dem Bildschirm an seine letzte Stunde: Demzufolge gehört die einfache Demontage, insbesondere der Kunststoffteile, sowie deren möglichst sortenreine Recyclingmöglichkeiten ebenso zu seinen Eigenschaften wie entsprechend gekennzeichnete Kunststoffe.

Konstruktive Karosserieelemente – Scheiben und Fenster

Auf den folgenden Seiten widmen wir uns diversen Karosseriearbeiten, die Sie durchaus in Eigenregie erledigen können. Doch bei allem handwerklichen Geschick, an die feststehenden Front-, Seiten- und Heckscheibe lassen Sie besser nur Profis heran: Besagte »Fenster« sind nämlich rundum mit der Karosserie verklebt und somit ein konstruktives Element.

KAROSSERIE

Arbeiten an der Karosserie — Praxistipp

Die meisten in diesem Kapitel beschriebenen Reparaturen »schaffen« Sie locker mit einer soliden Werkzeuggrundausstattung ohne fremde Hilfe. Doch denken Sie daran, große Blechteile wie Motorhaube, Heckklappe und Türen sind ziemlich sperrig. Lassen Sie während der Montage oder Demontage darum besser einen Helfer assistieren. Noch ein Tipp für Arbeiten an Motorhaube und Heckklappe: Sie erleichtern sich den Wiedereinbau, wenn Sie vorher den ursprünglichen Sitz der Scharniere mit einem wasserfesten Filzschreiber anzeichnen.

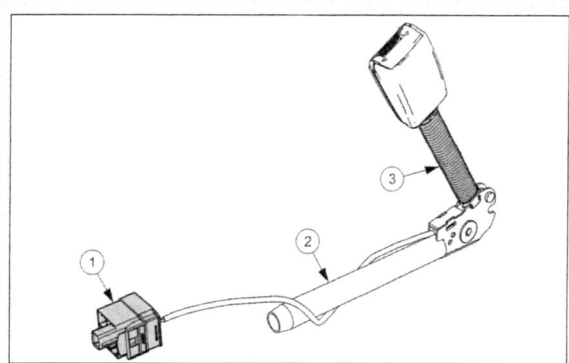

Verringert die Gurtlose am Beifahrergurt: Pyrotechnischer Gurtstraffer am Gurtschloss. ❶ *Anschlussstecker zum Modul-Airbag,* ❷ *pyrotechnischer Gurtstraffer,* ❸ *flexible Verbindung.*

Gurtstraffer und Do it yourself — Gefahrenhinweis

Die vorderen Dreipunkt-Sicherheitsgurte sind im Fiesta generell mit pyrotechnischen Gurtstraffern kombiniert. Sie haben die Aufgabe, die Gurtbänder bei einem Crash innerhalb von Millisekunden schlagartig zu straffen. Und nach rund fünf Millisekunden fixieren sie die »Besatzung« gegen die Vordersitzrückenlehnen. Das geschieht automatisch: Sobald ein festprogrammierter Verzögerungswert überschritten wird, zünden Gasgeneratoren im Gurtschloss bzw. Aufrollmechanismus und ziehen die gesamte Mechanik mitsamt dem »anhängenden« Gurtband zurück und lassen es hernach geringfügig »locker«.

Warum beschreiben wir Ihnen das? Weil Arbeiten an automatischen Rückhaltesystemen **grundsätzlich** ein Fall für Profis sind: Sie haben in speziellen Lehrgängen den sachgerechten Umgang mit Gurtstraffer, Gurtkraftbegrenzer & Co. trainiert. Machen Sie sich also die Erfahrungen der ausgebildeten »Blaumänner« zu eigen – Ihre eigene und die Sicherheit Ihrer Beifahrer sollte ihnen das allemal Wert sein.

Wichtig: VOR Karosseriearbeiten unter dem Auto – »entschärfen« Sie Gurtstraffer und Airbag

Klemmen Sie vor **allen** nennenswerten Karosseriearbeiten die Batterie ab und geben Airbag- und Gurtstrafferkondensatoren danach noch mindestens zehn Minuten Zeit, um sich zu »entladen«. Ansonsten könnten die Sensoren irrtümlich bereits leichte Hammerschläge oder Schlagschraubervibrationen als Unfall interpretieren. Folge: Sie »zünden« grundlos.

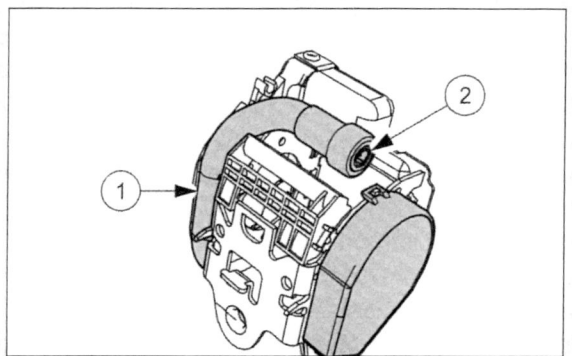

Zurrt den Gurt direkt im Aufrollmechanismus fest: Gurtstraffer auf der Fahrerseite. ❶ *Zündeinheit,* ❷ *Anschlussstecker.*

Tür aus- und einbauen

Da die Arbeit an allen Türen nahezu identisch ist, greifen wir als Beispiel die Fahrertür auf. Die teilbaren Türscharniere sind an je zwei Schrauben (Tür, Karosserie A- oder B-Säule) befestigt. In den Scharnierhälften sind die Türen lediglich an Gelenkzapfen eingehängt. Vorteil, in geöffnetem Zustand können Sie die Pforten, beinah' so einfach wie eine Wohnungstür aushängen. Nach Unfallreparaturen oder bei gebrauchten Ersatzteilen stellen Sie die Türspaltmaße einfach in den übergroßen Scharnierbohrungen ein. Gleichfalls richten Sie die Türschließkeile in Übermaßbohrungen aus, das Axialspiel korrigieren Sie dagegen mit Distanzscheiben. Lassen Sie währenddessen einen Helfer assistieren.

AUßENSPIEGEL AB- UND ANBAUEN

① Klemmen Sie das Batteriemassekabel ab und ...

② ...ziehen dann im vorderen Türschacht den Bajonettverschluss des Mehrfachsteckers auseinander und ...

③ ... heben die ganz geöffnete Tür, wie eine Wohnungstür, aus den Scharnierhälften. Lassen Sie sich dazu von einem Helfer assistieren.

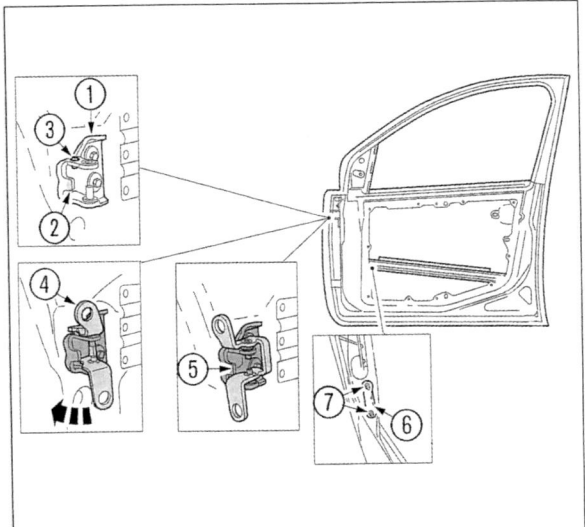

Fast so einfach wie eine Wohnzimmertür zu demontieren – vollständig geöffnete Tür. ❶ *Mit der Karosserie verschraubte Scharnierhälfte,* ❷ *mechanische Türbremse (Tür geöffnet),* ❸ *Endanschlag,* ❹ *mit der Tür verschraubte Scharnierhälfte,* ❺ *mechanische Türbremse (Tür geschlossen),* ❻ *Türscharnierbefestigungsplatte,* ❼ *Befestigungsschrauben.*

④ Falls Sie die Tür auf konventionelle Art und Weise demontieren möchten, schrauben Sie beide Scharniere eben direkt an der Tür oder der betreffenden Säule ab. Einerlei – der Fiesta lässt Ihnen die Wahl ...

⑤ Die demontierte Tür stellen Sie kippsicher auf einer geeigneten Unterlage ab.

⑥ Bevor Sie die neue Tür montieren, spendieren Sie den Scharnierbolzen und dem Fangband eine Prise Fett.

⑦ Beenden Sie die Montage in umgekehrter Reihenfolge. Achten Sie darauf, dass der Mehrfachstecker richtig sitzt und der Bajonettverschluss auch tatsächlich fest ist.

Tür einstellen

Stellen Sie Ihren Fiesta auf einer möglichst waagerechten Fläche ab und öffnen die »schiefe« Tür. Sie kommen bei geöffneter »Pforte« bequem an die Befestigungsschrauben der Türscharniere.

① Lösen Sie die Befestigungsschrauben der Scharniere nur so weit, dass Sie die Tür in geschlossenem Zustand mit leichtem Druck, bzw. Knippbewegungen im Türausschnitt ausrichten können. Sollten Sie die Schrauben zu weit öffnen, »fällt« Ihnen die Tür immer wieder »aus dem Lot«.

② Schließen Sie dann die Tür und richten sie so aus, dass ihre Enden mit der Karosserie fluchten und die Spaltmaße »nahezu« gleichmäßig sind. Sollte die Tür an der B- oder C-Säule unsauber abstehen, lösen Sie auch noch den Türschließkeil und versetzen ihn mitsamt der Tür in die entsprechende Richtung.

③ Ziehen Sie den Türaußengriff und öffnen die Tür leicht angehoben.

④ Halten Sie die Tür in dieser Stellung fest und ziehen gleichzeitig alle Befestigungsschrauben an.

⑤ Schließen Sie die Tür, checken Ihren Sitz und korrigieren »Ihren Job« eventuell noch einmal.

Außenspiegel ab- und anbauen

elektrische Spiegel

① Klemmen Sie zunächst das Batteriemassekabel ab und ...

② ... lösen die Innenverkleidung des Außenspiegels. Dazu schieben Sie die Spiegelverkleidung ❶ in Pfeilrichtung so weit nach hinten, bis Sie beide Passstifte ❷ lösen können.

KAROSSERIE

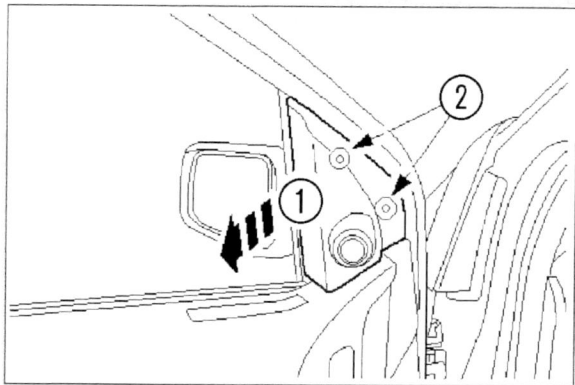

Nach hinten schieben und abziehen – Spiegelverkleidung.

③ Hernach ziehen Sie beide Anschlussstecker (Pfeile) auseinander und legen die Spiegelverkleidung beiseite.

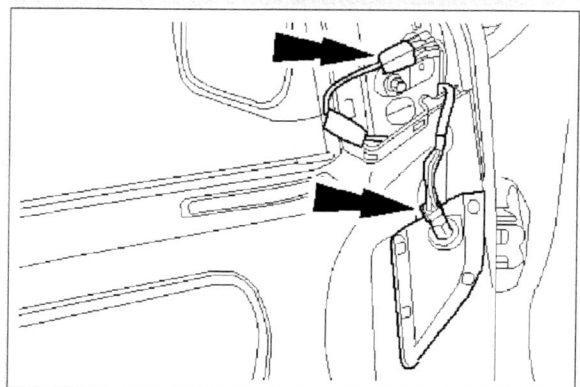

Auseinander ziehen – beide Anschlussstecker.

mechanische Spiegel

④ Zunächst drehen Sie die Befestigungsmuffe ❶ der Spiegelverkleidung gegen den Uhrzeigersinn und …

⑤ … ziehen sie dann von der Welle ❷ ab.

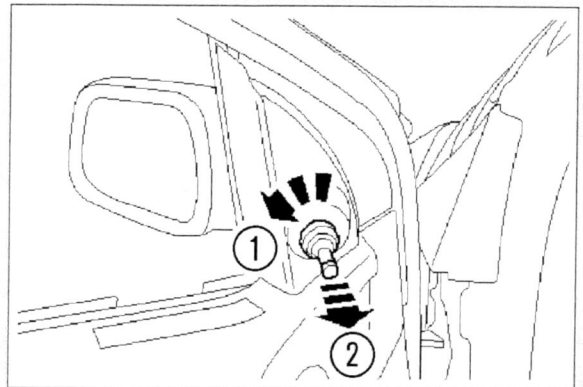

Erst gegen den Uhrzeigersinn drehen und dann abziehen – Spiegelverkleidung von der Welle.

⑥ Anschließend lösen Sie die Spiegelinnenverkleidung. Drücken Sie dazu beide Haltelaschen ❶ zusammen, schieben dann die Verkleidung ❷ so weit nach hinten, bis Sie beide Passstifte ❸ lösen können.

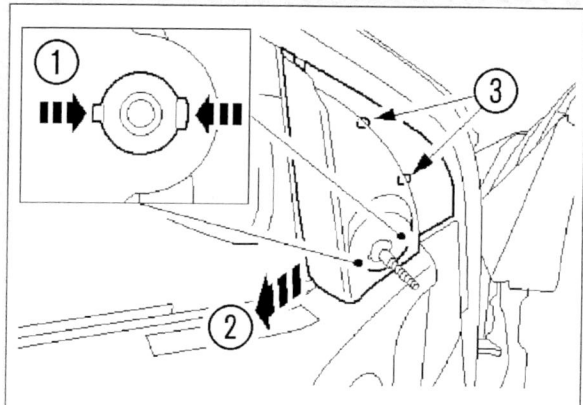

An zwei Passstiften demontieren – Spiegelinnenverkleidung.

elektrische und mechanische Spiegel

⑦ Lösen Sie die Befestigungsschraube ❶, drücken die Haltenasen ❷ zusammen und ziehen den Spiegel ❸ in Pfeilrichtung vom Türblatt.

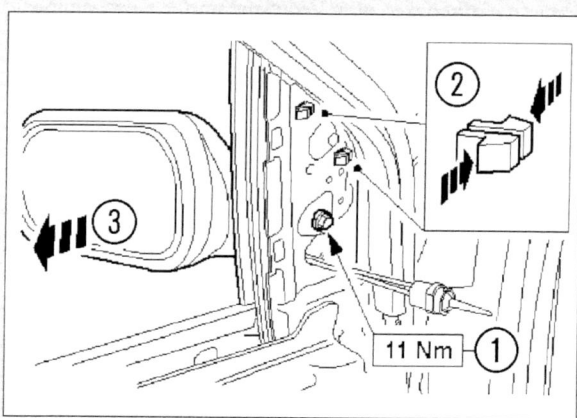

Schraube lösen, Halteklammern zusammendrücken und dann vom Türblatt abziehen – Außenspiegel.

⑧ Beenden Sie die Montage in umgekehrter Reihenfolge.

MOTORHAUBE JUSTIEREN

Motorhaube aus- und einbauen

Damit Ihnen die Haube nicht auf die Kotflügel bzw. den Kopf »knallt«, bemühen Sie einen Assistenten. Die Scharnierhälften sind jeweils geschraubt.

Arbeitsschritte

① Öffnen Sie die Motorhaube und stützen sie zunächst zuverlässig ab.

② Damit die neue Haube sofort »passt«, markieren Sie die Scharnierstellung der alten Haube in den Falzen mit einem Filzstift.

③ Lösen Sie dann die Scharnierschrauben an Haube bzw. Haubensteller und heben die Motorhaube vom Vorderwagen.

④ Komplettieren Sie vor der Montage die neue Motorhaube mit den Anbauteilen der alten.

⑤ Erledigt? Dann legen Sie die neue Haube vorsichtig mit Ihrem Helfer auf und richten ihre Scharnierflächen an den Filzstiftmarkierungen aus.

⑥ Ziehen Sie die Scharnierschrauben handfest vor und ...

⑦ ... stellen die Motorhaube ein.

⑧ Dazu richten Sie die geschlossene Haube so auf dem Vorderwagen aus, dass sie zu beiden Kotflügeln ein gleichmäßiges Spaltmaß hält. Danach justieren Sie die Haubenvorderkante zu den Kotflügeln. Im Idealfall stimmt bei geschlossener Haube dann auch schon die »Fuge« zum Windlauf und die Höhe zur Karosserie. Falls nicht, wiederholen Sie die Arbeit so lange, bis Sie mit Ihrem Ergebnis zufrieden sind.

⑨ Damit das keine endlose Geschichte ohne Happy End wird, gehen Sie Punkt für Punkt vor ...

Motorhaube justieren

Arbeitsschritte

① Richten Sie die aufgelegte Haube mit leicht vorgezogenen Scharnierschrauben (Pfeile) so aus, dass sie mit dem Stoßfänger fluchtet und die Spaltmaße zu beiden Kotflügeln gleich sind.

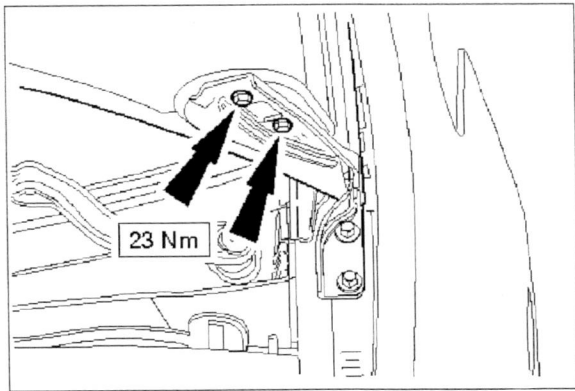

Mit Geduld kein Problem – Spaltmaß an der Motorhaube einstellen.

② Achten Sie auch auf die Haubenhöhe im Scharnierbereich. Falls die Flucht nicht stimmt, lösen Sie die Scharnierschrauben (Pfeile) und ...

③ ... »ziehen« die Haube mit entsprechenden Distanzstücken »hoch« oder »senken« sie im Umkehrschluss ab.

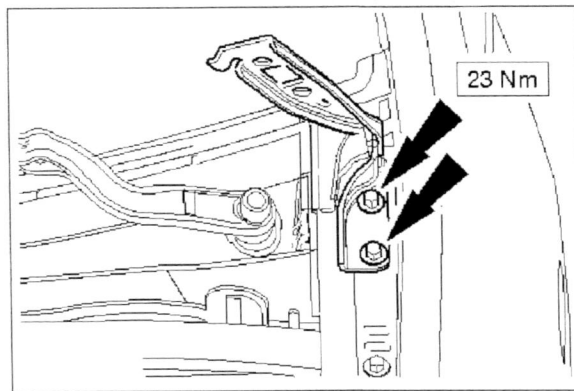

Haubenhöhe justieren – mit Distanzstücken unterhalb der Scharnierauflagen.

④ Schließen Sie die voreingestellte Haube und pressen die Haubenfläche mit beiden Händen bündig an die Kotflügel. Hernach öffnen Sie vorsichtig die »Klappe« und ...

⑤ ... ziehen die Scharnierschrauben auf beiden Seiten gleichmäßig fest.

⑥ Bevor Sie die Haube wieder schließen, drehen Sie beide vorderen Haubenanschlagpuffer ein und lösen auch das Haubenschloss so weit, dass der Schließbolzen bei zufallender Haube automatisch die Höhe korrigieren kann. Jetzt ...

⑦ ... lassen Sie die Haube ins Schloss fallen, checken die Haubenstellung und korrigieren – falls erforderlich – die Höhe mit den Anschlaggummis. Stellen Sie beide Puffer so ein, dass die geschlossene Haube unter leichter Vorspannung steht.

KAROSSERIE

⑧ Das ist dann gleichfalls auch die »Grundstellung« für das Haubenschloss.

⑨ Wenn die Haube jetzt aus ca. 20 cm Höhe satt ins Schloss fällt, haben Sie »gut« gearbeitet. Aus geringerer Höhe muss zumindest der Sicherungshaken einrasten. Falls er widerspenstig bleiben sollte, drehen Sie den Schließbolzen ein wenig im Uhrzeigersinn nach oben.

Haubenzug auswechseln

Im Fiesta wird die Motorhaube durch einen Seilzug entriegelt. Er verläuft vom Haubenschloss über den linken Radlauf durch die Stirnwand ins Wageninnere. Das Widerlager sitzt innen im Fußraum an der Seitenwand.

Arbeitsschritte

① Öffnen Sie die Motorhaube, ...

② ... hängen den Seilzug am Motorhaubenschloss und ...

③ ... den Haubenzug am Widerlager im linken Fußraum aus.

④ Falls die alte Zughülle noch o. k. ist, »verkuppeln« Sie an der Schlossseite die leicht gefettete Seele des neuen Haubenzugs per Bindedraht mit der alten und ziehen den gerissenen Zug Richtung Innenraum aus der Zughülle. Die »neue Seele« findet so automatisch ihren Weg in den linken Fußraum.

⑤ Montieren Sie den neuen Zug zunächst am Widerlager, ...

⑥ ... bringen ihn hernach am Haubenschloss auf »Länge« und ...

⑦ ... fixieren den Zug dann am Haubenschloss.

⑧ Eventuell müssen Sie die Motorhaube nach der Montage neu einstellen.

Haubenzug gerissen — Praxistipp

Sollte der Zug im Innenraum gerissen sein, versuchen Sie das Zugende mit einer Flachzange (Wasserpumpenzange, Kombizange) zu »packen« und ziehen das Schloss dann auf. Meistens klappt das auf Anhieb. Falls der Zug jedoch am Haubenschloss gerissen ist, haben Sie ohne gute Nerven schlechte Karten ... Warum? Sie müssen die Schließfallenfeder jetzt »blind« entspannen. Bocken Sie dazu den Vorderwagen rüttelsicher auf und jonglieren einen »passend langen« Schraubendreher in Richtung Haubenschloss. »Oben angekommen« drücken Sie den Schraubendreher kräftig gegen die Verriegelung (Pfeil). Wenn Sie das geschickt anstellen, springt die Motorhaube auf und lässt sich dann wie gehabt öffnen.

»Mit Geduld und Spucke ...«: Motorhaube von außen mit dem Schraubendreher öffnen. Zur bequemeren Ansicht haben wir Ihnen das Haubenschloss demontiert. Im »Ernstfall« jonglieren Sie zwischen Kühler und Motorblock einen entsprechend langen Schraubendreher von unten ans Haubenschloss heran. Das klingt kompliziert, mit etwas Geduld kommen Sie jedoch relativ einfach ans Ziel. Dort drücken Sie mit dem Schraubendreher einfach den Schnapper der Fangfeder (Pfeil) beiseite – die Haube springt dann auf.

Stoßfängerverkleidung aus- und einbauen (vorne)

Arbeitsschritte

① Bocken Sie den Vorderwagen rüttelsicher auf und ...

② ... demontieren beide Scheinwerfer, wie beschrieben.

③ Anschließend lösen Sie zwei Befestigungsschrauben (Pfeile) in beiden Radläufen.

STOSSFÄNGER VORNE AUS- UND EINBAUEN

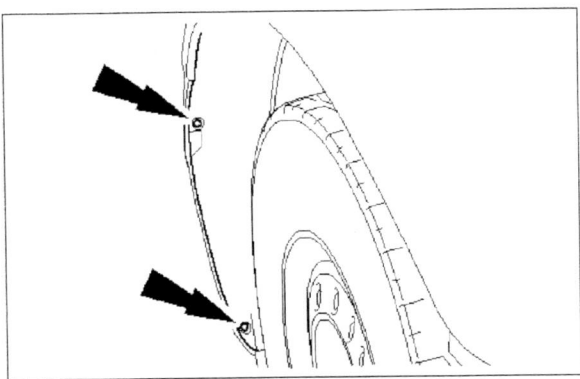

In jedem Radlauf lösen – Befestigungsschraube.

mit Nebelscheinwerfern

④ Ziehen Sie die Anschlussstecker an den Nebelscheinwerfern ab und ...

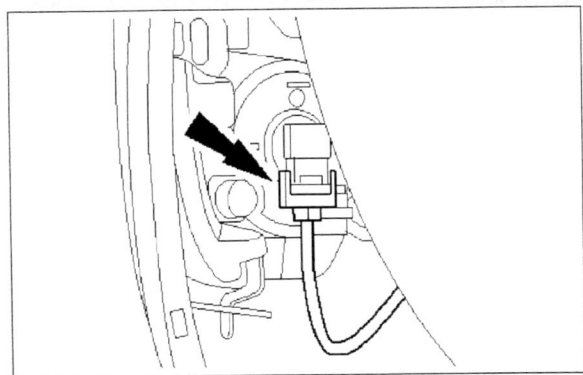

Von den Nebelscheinwerfern abziehen – Anschlussstecker.

alle

⑤ ... lösen auf beiden Seiten drei Befestigungsschrauben (Pfeile) vom Kotflügel.

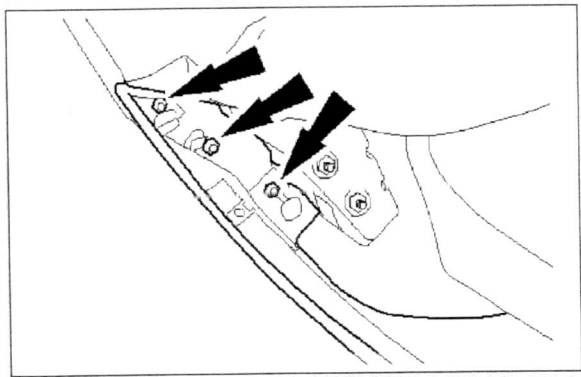

Vom Kotflügel demontieren – Stoßfängerabdeckung.

⑥ Jetzt können Sie mit einem Helfer die Stoßfängerverkleidung aus dem Vorderwagen ziehen.

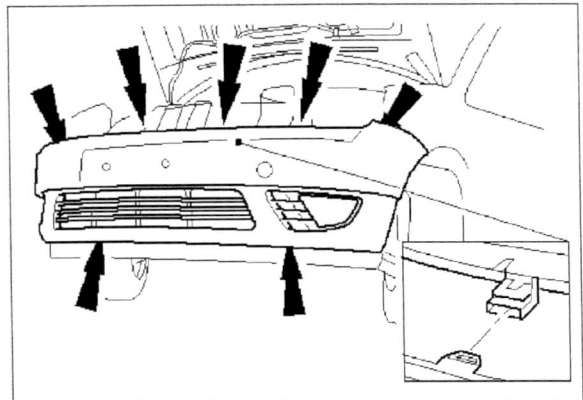

Aus den Halterungen ziehen – gelöste Stoßfängerverkleidung.

⑦ Beenden Sie die Arbeit in umgekehrter Reihenfolge und richten, bevor Sie die Verkleidungsschrauben endgültig fest ziehen, die Blende zur Karosserie hin aus.

Stoßfänger aus- und einbauen (vorne)

Arbeitsschritte

① Bocken Sie den Vorderwagen rüttelsicher auf und ...

② ... demontieren, wie beschrieben, die Stoßfängerverkleidung.

③ Falls vorhanden, clipsen Sie den Kabelstrang der Nebelscheinwerfer vom Stoßfänger.

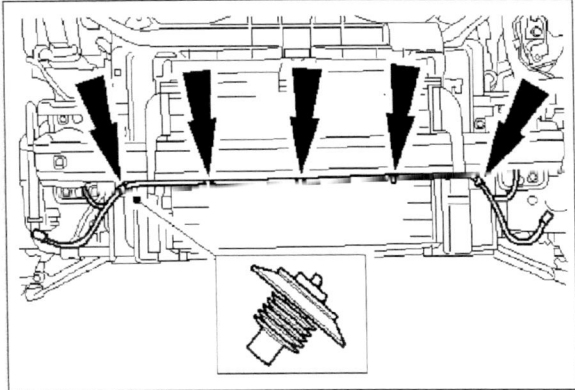

Falls montiert vom Stoßfänger abziehen – Nebelscheinwerferkabelstrang.

KAROSSERIE

④ Anschließend »unterfüttern« Sie auf beiden Seiten den Kühler, z. B. mit einem Rangierwagenheber inklusive passendem Kantholz.

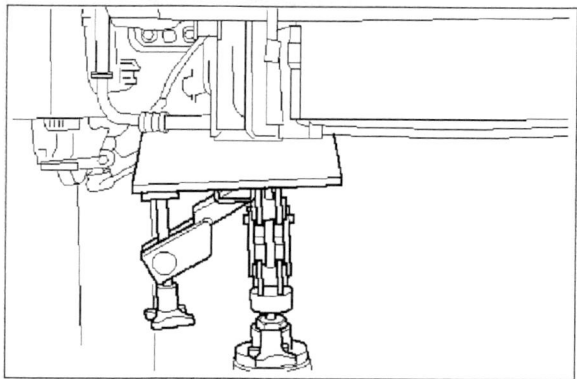

Mit Rangierwagenheber, inklusive passendem Kantholz, von unten abstützen – Kühler.

⑤ Jetzt clipsen Sie das Luftleitblech (Pfeile) mit einem breiten Schlitzschraubendreher vom Kühler und …

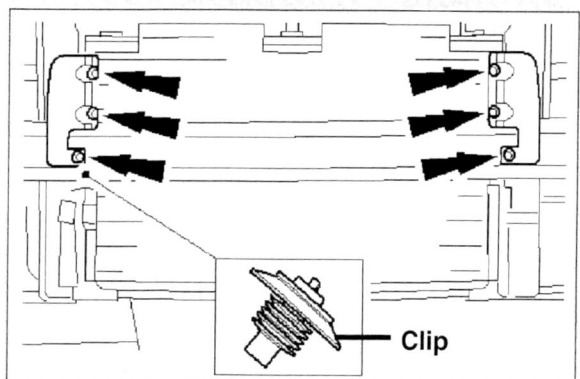

Mit breitem Schlitzschraubendreher vom Kühler abclipsen – Luftleitblech.

⑥ … lösen dann die Befestigungsschrauben (Pfeile) vom Verstärkungsblech und …

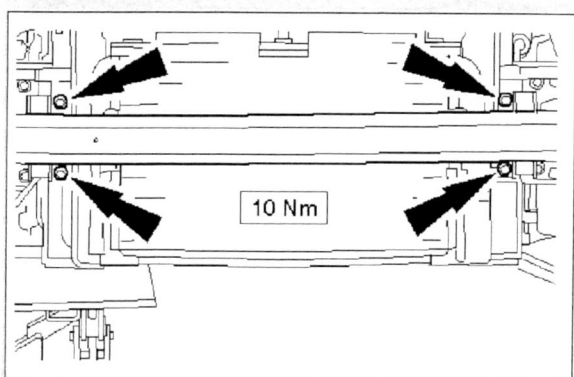

Vom Verstärkungsblech demontieren – Stoßfänger.

⑦ … von den Längsträgern (Pfeile).

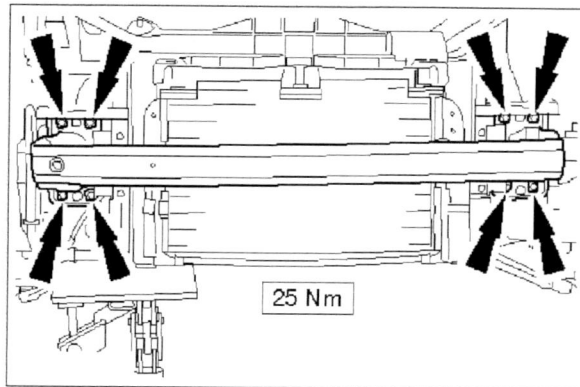

Aus dem Vorderwagen ziehen – Stoßfänger.

⑧ Jetzt können Sie den Stoßfänger aus dem Vorderwagen ziehen.

⑨ Beenden Sie die Montage in umgekehrter Reihenfolge und richten, bevor Sie den Stoßfänger endgültig fest ziehen, den Stoßfänger am Verstärkungsblech aus.

Kotflügel aus- und einbauen

Die Arbeit auf beiden Seiten ist nahezu gleich. Wir beschreiben die linke Seite.

Arbeitsschritte

① Ziehen Sie die Handbremse an und bocken den Vorderwagen rüttelsicher auf. Sichern Sie die Hinterräder zusätzlich mit Unterlegkeilen und nehmen das betreffende Vorderrad ab.

② Jetzt demontieren Sie, wie beschrieben, die Stoßfängerverkleidung, die Scheibenwischerarme, den Windlauf und die Motorhaube. Damit Sie später zur Montage die Haube passgerechter auflegen können, markieren Sie in den Falzen die Scharnierstellung des »Blechdeckels« mit einem Filzstift.

③ Lösen Sie dann drei Schrauben im Innenkotflügel und bugsieren den Kunststoffradlauf aus dem Radkasten.

KOTFLÜGEL AUS- UND EINBAUEN

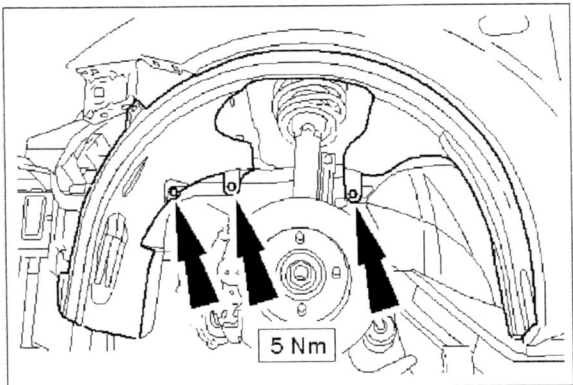

An drei Schrauben (Pfeile) lösen – Kunststoffradlauf im Radkasten.

④ Hernach lösen Sie die Kotflügelschraube (Pfeil) im Radkasten und …

⑤ … ziehen den Anschlussstecker vom seitlichen Blinker ab.

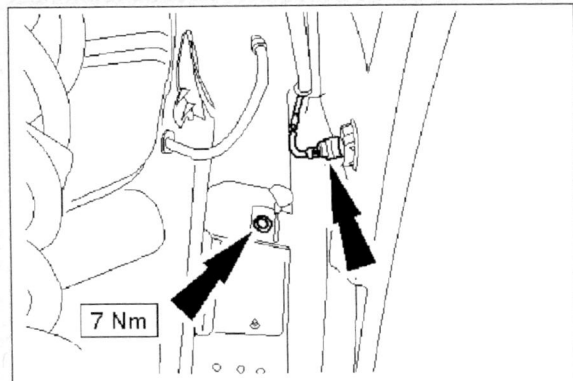

Schraube und Stecker lösen – im Radlauf.

⑥ Demontieren Sie, wie beschrieben, die seitliche Blinkleuchte und …

⑦ … lösen den Flügel dann an sieben Befestigungsschrauben (Pfeile) im Kotflügelfalz und am Türschweller.

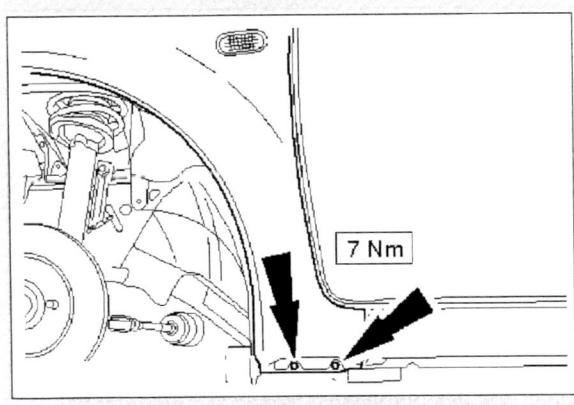

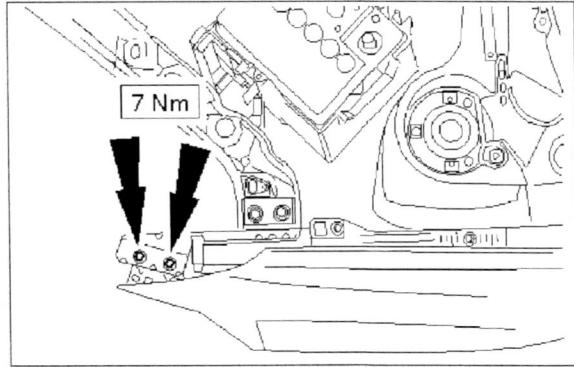

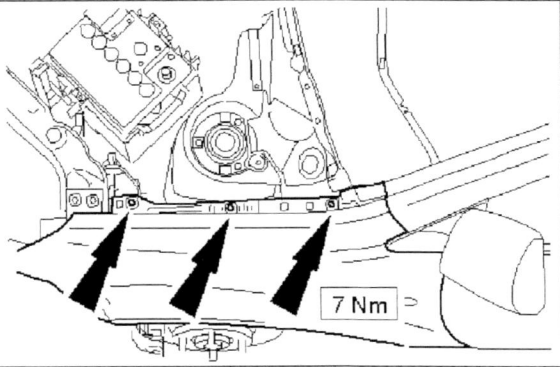

Mit sieben Befestigungsschrauben vom Vorderwagen lösen – Kotflügel.

⑧ Trennen Sie nun mit einem schmalen Spachtel bzw. scharfen Messer vorsichtig den »verklebten« Kotflügel vom inneren Stehblech. Das Prozedere gelingt Ihnen besser, wenn Sie vorher die Fläche mit einem Heißluftgebläse oder leistungsfähigen Fön temperieren: Der Unterbodenschutz bzw. die Dichtmasse wird dann flexibel und lässt sich leichter trennen.

⑨ Heben Sie den Kotflügel nun vorsichtig ab.

⑩ Den neuen Kotflügel lackieren Sie bereits vor der Montage und schützen ihn an den Innenfalzen und im Kontaktbereich des Innenflügels gegen Rost.

⑪ Säubern Sie am Vorderwagen sämtliche Kontaktflächen von der alten Dichtmasse und sonstigem Dreck. Arbeiten Sie mit einem Schaber oder scharfen Messer. Achten Sie jedoch darauf, dass Sie den Lack unversehrt lassen. Und zwar peinlich genau, ansonsten produzieren Sie Rostnester, oder Sie »bauen« die Lackschichten neu auf. Geben Sie jeder neuen Lackschicht jeweils genügend Zeit, um gut auszutrocknen.

⑫ Bevor Sie den neuen Kotflügel auflegen, schließen Sie die Tür und richten den Flügel entsprechend zum Türfalz aus. Fixieren Sie den Kotflügel provisorisch mit zwei passenden Durchschlägen in »bequemen« Befestigungslöchern.

KAROSSERIE

⑬ Montieren Sie nun die Motorhaube anhand Ihrer zuvor gemachten Markierungen und stellen sie auf.

⑭ Setzen Sie dann jeweils von der Mitte nach außen alle Schrauben an und ziehen sie handfest vor. Reinigen Sie vorher die Gewinde und fetten sie leicht ein. Checken Sie das Türspaltmaß (3,5 mm ± 1,0 mm) und korrigieren es eventuell.

⑮ Jetzt ziehen Sie im Kotflügelfalz die Schrauben von der Mitte zu den Rändern hin fest. Richten Sie den Kotflügel währenddessen immer wieder aus.

⑯ Ähnlich verfahren Sie anschließend mit den Schrauben im Türschweller.

⑰ Checken Sie nach jeder »festen« Schraube auch das Spaltmaß zur Motorhaube.

⑱ Abschließend prüfen Sie sämtliche Spaltmaße und ziehen den Flügel dann endgültig fest.

⑲ Beenden Sie die Montage in umgekehrter Reihenfolge. Vergessen Sie nicht, die Scheinwerfer einzustellen.

⑳ Eventuell müssen Sie jetzt noch die Motorhaube neu justieren.

Stoßfänger aus- und einbauen (hinten)

① Öffnen Sie die Heckklappe und ...

② ... bohren mit einer Handbohrmaschine beide Nietköpfe (Pfeile) im oberen Bereich des Stoßfängers auf.

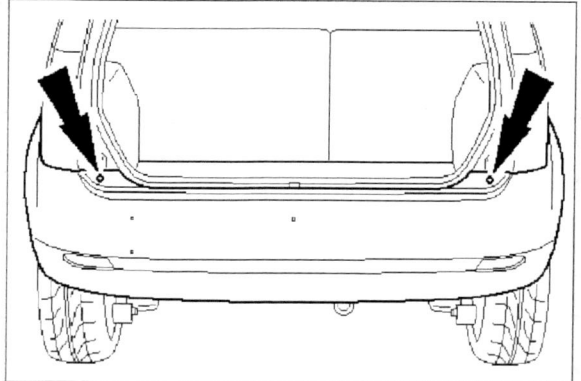

Mit einer Handbohrmaschine aufbohren – Nietköpfe.

③ Anschließend lösen Sie in beiden Radkästen mit einem Schraubendreher die Befestigungsschrauben (Pfeile) der Stoßfängerabdeckungen.

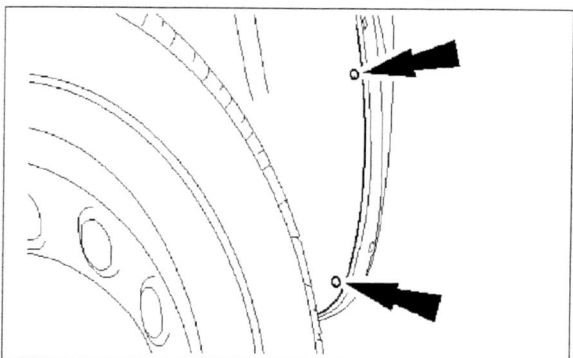

Mit Schraubendreher lösen – Stoßfängerabdeckungen in den Radkästen.

④ Die Befestigungsschrauben liegen jetzt frei, schrauben Sie den Stoßfänger auf beiden Seiten von der Seitenwand (Pfeil) ab und ...

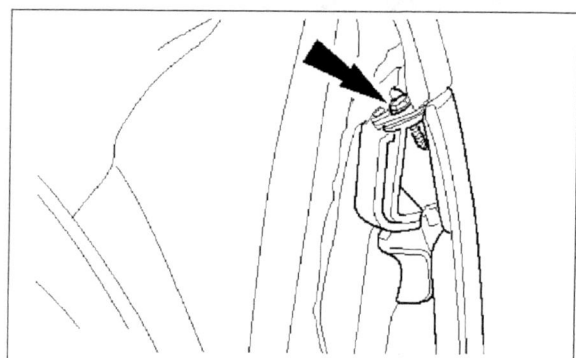

Auf beiden Seiten losschrauben – Stoßfänger.

⑤ ... »ziehen« die Spreiznieten unterhalb des Stoßfängers. Lösen Sie dazu mit einem Kreuzschlitzschraubendreher zunächst die »Nietschraube«, den Nietrest hebeln Sie anschließend aus dem Stoßfänger – fertig.

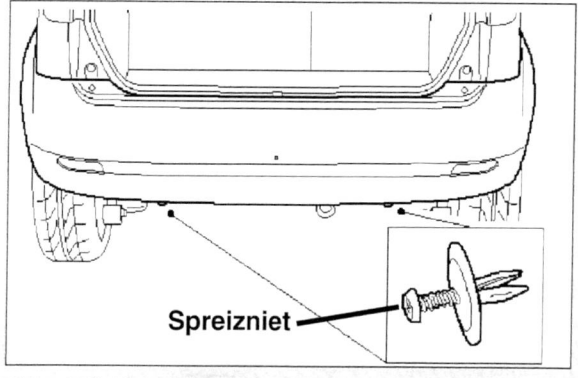

Unterhalb des Stoßfängers »ziehen« – Spreiznieten.

HECKKLAPPE AUS- UND EINBAUEN

⑥ Falls Ihr Fiesta einen »Parkpiloten« mit an Bord hat, müssen Sie jetzt noch die Sensoren vom Stoßfänger demontieren. Dazu drücken Sie beide Haltelaschen (Pfeile) zusammen und ziehen dann die gesamte »Abstandssensorik« in Pfeilrichtung aus dem Stoßfänger.

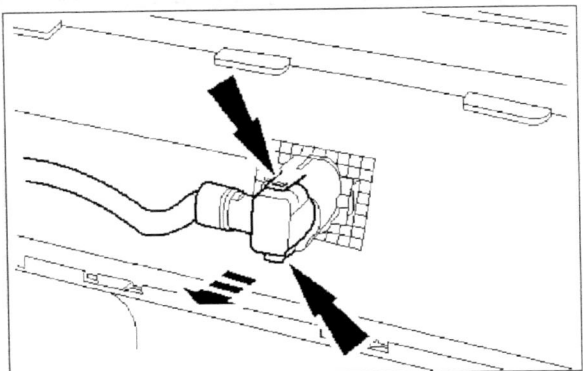

Schnell aus dem Stoßfänger zu demontieren – Abstandssensoren.

⑦ Ziehen Sie jetzt den Stoßfänger mit einem Helfer aus der Karosserie.

⑧ Den neuen Stoßfänger hängen Sie zunächst nur lose in den Hinterwagen ein und passen ihn dann grob dem Karosserieverlauf an.

⑨ Während der Endmontage gleichen Sie regelmäßig die Flucht und Spaltmaße aus. Beenden Sie die Montage in umgekehrter Reihenfolge.

Heckklappe aus- und einbauen

① Klemmen Sie das Batteriemassekabel ab, ...

② ... demontieren die Laderaumabdeckung (Pfeile) inklusive der Fangbänder an der Heckklappe und ...

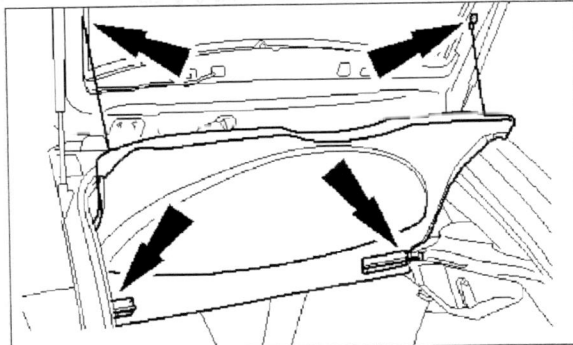

Demontieren – Laderaumabdeckung.

③ ... ziehen hernach die Elektroanschlüsse an der beheizbaren Heckscheibe, der dritten Bremsleuchte, des Heckscheibenwischers und der Zentralverriegelung ab.

④ Dann stützen Sie die Heckklappe (z. B. mit einem Besenstiel) ab und ...

⑤ ... ...»fädeln« die Halteklammern (Pfeil) aus den Kugelpfannen der Gasdruckaufsteller.

⑥ Jetzt können Sie die entsicherten Kugelpfannen mit der Hand von der Klappe abhebeln.

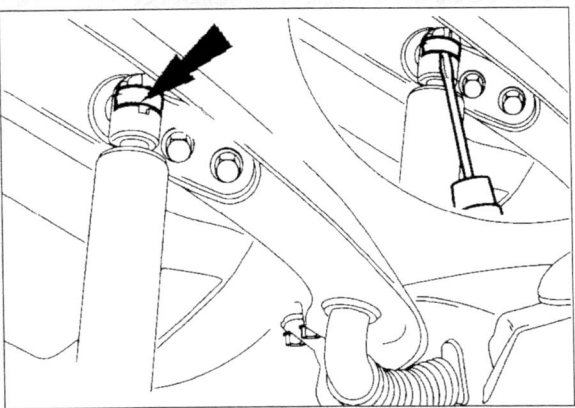

Vor der Montage auf beiden Seiten demontieren – Halteklammern aus den Kugelpfannen der Gasdruckaufsteller.

⑦ Hernach kennzeichnen Sie die Klappenscharniere mit einem Filzstift (siehe »Motorhaube aus- und einbauen«), ...

⑧ ... lösen die Scharnierschrauben, liften die Klappe von der Karosserie und »parken« das gute Stück kippsicher auf einer Unterlage. Lassen Sie sich von einem »Kollegen« helfen.

⑨ Um zur Montage die Klappe möglichst bequem auszurichten, ziehen Sie die Befestigungsschrauben zunächst nur leicht vor. Achten Sie darauf, dass die Spaltmaße ringsum gleich groß sind.

⑩ Erledigt? Gut – »geben« Sie den Scharnierschrauben 11 Nm und ...

⑪ ... beenden die Montage in umgekehrter Reihenfolge. Falls Sie die alte Heckklappe nicht wieder montieren, komplettieren Sie das Neuteil vor der Montage mit den Innereien des ausgemusterten Deckels.

KAROSSERIE

Praxistipp

Heckklappe komplettieren

Um die neue Heckklappe schneller zu komplettieren, »verlängern« Sie bereits vor der Demontage des alten »Deckels« alle »Versorgungsleitungen« mit einem Bindfaden oder Bindedraht. Die Zuleitungen ziehen Sie dann am anderen Ende zusammen mit den angebundenen Verlängerungen aus der Klappe. Lassen Sie die Fäden auf beiden Seiten genügend lang aus der Klappe »baumeln«, denn daran befestigen Sie Neuteile zur Installation. Die Montage »passiert« in umgekehrter Reihenfolge – die Fäden fungieren dabei als »Pfadfinder« für Kabel und Schläuche.

Gummidichtung ersetzen

Wenn Sie sich schon die Heckklappe »vorgenommen« haben, prüfen Sie gleich auch die Heckklappendichtung: Staub- oder Wasserlaufspuren auf beiden Seiten der Dichtfläche »verraten« undichte Stellen. Ist die Dichtung spröde oder rissig, spendieren Sie Ihrem Fiesta ein neues Formteil. Ziehen Sie dazu die alte Dichtung vollständig ab und säubern den Falz von alten Dichtmittelresten und Schmutz.

Pressen Sie neues Dichtmittel (z. B. Fugendichtmittel, Silikon) sparsam in die Dichtungsnut. Falls Sie kein »fertiges« Formteil bekommen sollten, setzen Sie eine entsprechend profilierte Nachrüstdichtung in Schlossmitte an und pressen sie hernach rundum auf den Falz. Das überstehende Ende kürzen Sie einfach mit einem Seitenschneider passend ein. Passend heißt, Sie »geben« der Stoßverbindung etwas Vorspannung und »schlagen« dann die vormontierte Dichtung vorsichtig mit einem Gummihammer auf den Karosseriefalz.

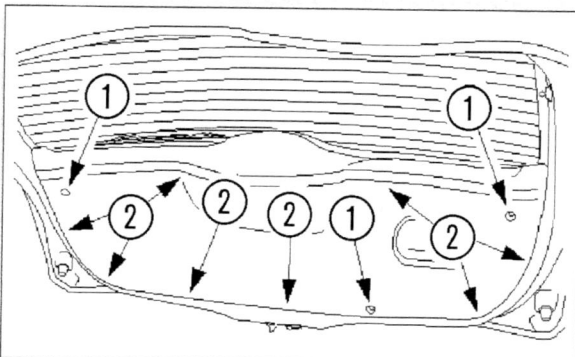

Aus dem Kofferraumdeckel »clipsen« – Innenverkleidung.

⑤ Dann ziehen Sie die Zughülle in Pfeilrichtung aus dem Widerlager, ...

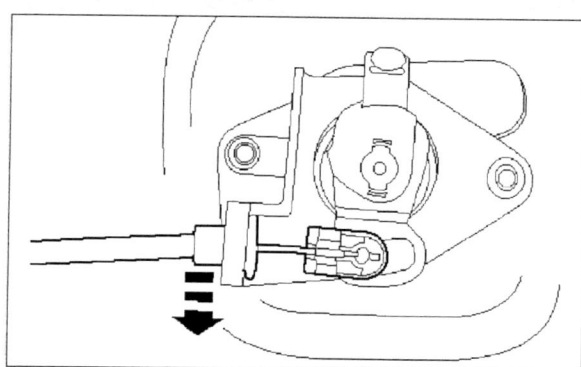

Aus dem Widerlager ziehen – Bowdenzug.

⑥ ... hängen den Bowdenzug aus dem Stellmotor (Pfeil) aus und ...

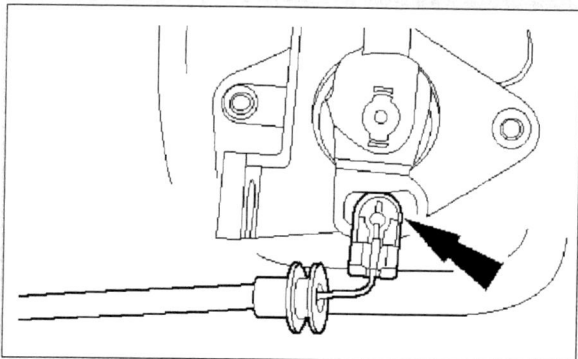

Vom Stellmotor aushängen – Bowdenzug.

⑦ ... lösen das andere Ende vom Seilzug aus der Heckklappenverriegelung. Entriegeln Sie dazu erst die Zughülle ❶ am Widerlager und ...

Heckklappenschloss aus- und einbauen

Arbeitsschritte

① Klemmen Sie das Batteriemassekabel ab und ...

② ... demontieren die Heckklappenverkleidung.

③ Dazu hebeln Sie mit einem breiten Schlitzschraubendreher acht Befestigungsclips ❷ los und ...

④ ... lösen drei Schrauben ❶ aus der Verkleidung.

HECKKLAPPENSCHLOSS AUS- UND EINBAUEN

⑧ ... drehen das Seilzugende ❷ im Uhrzeigersinn aus der Heckklappenverriegelung.

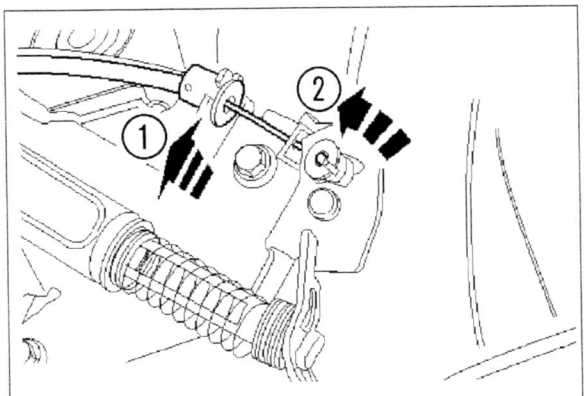

Am Widerlager aushängen und aus der Heckklappen-verriegelung aushängen – Seilzug.

⑨ Anschließend lösen Sie beide Schlossschrauben (Pfeile) und ...

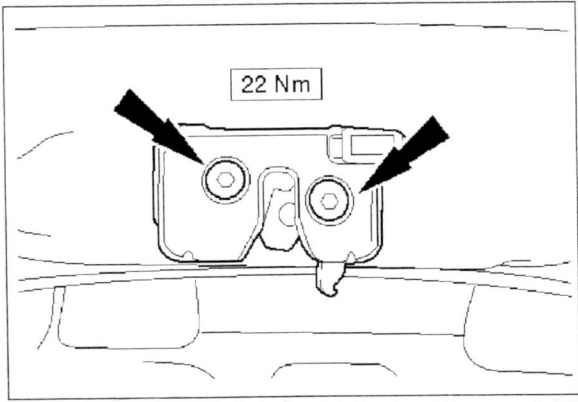

Von der Heckklappe demontieren – Schloss.

⑩ ... ziehen das Schloss so weit aus der Heckklappe, bis Sie den Mehrfachstecker des Kontaktschalters abziehen können.

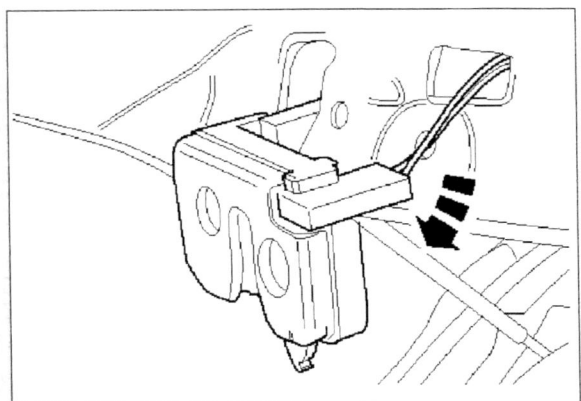

Anschlussstecker abziehen – vom Heckklappenschloss.

⑪ Bugsieren Sie nun das komplette Schloss aus der Heckklappe und ...

⑫ ... beenden die Montage in umgekehrter Reihenfolge.

Technische Daten*

Motor		1,3 8V	1,3 8V	1,4 16V	1,6 16V	1,4 TDCi 8V
Bauart		Reihe (SOHC)	Reihe (SOHC)	Reihe (DOHC)	Reihe (DOHC)	Reihe (SOHC)
Motortyp		BAJA	A9JA	FXJA	FYJA	F6JA
Zylinder		4	4	4	4	4
Bohrung	mm	73,96	73,96	76,00	79,0	73,70
Hub	mm	75,48	75,48	76,50	81,4	82,0
Hubraum	cm³	1297	1297	1388	1595	1399
Kurbelwellenlager		5	5	5	5	5
Verdichtungsverhältnis		10,2:1	10,2:1	11,0:1	11,0:1	18,0:1
Höchstleistung	kW/PS	44/60	51/70	59/80	74/100	50/68
bei	1/min	5000	5500	5700	6000	4000
Maximales Drehmoment	Nm	99	106	124	146	160
bei	1/min	2500	2600	3500	4000	2000
mittlere Kolbengeschw. bei Nenndrehzahl	(m/s)	12,6	13,8	14,5	16,3	10,9
max. Ladedruck	bar	-	-	-	-	1,00
Ventilspiel**		hydraulisch	hydraulisch	Einlass 0,17-0,23 Auslass 0,27-0,33	Einlass 0,17-0,23 Auslass 0,31-0,37	hydraulisch
Öldruck bei 80 °C*** im Leerlauf	bar	0,95	0,95	1,0	1,0	1,0
bei 2500 U/min	bar	2,70	2,70	3,50	3,50	2,3

*Stand 2002;** bei kaltem Motor; *** bei Leerlaufdrehzahl und betriebswarmen Motor

Ventilsteuerung

SOHC-Motor (BAJA, A9JA)	eine obenliegende Nockenwelle; Antrieb über Rollenkette; hydraulische Stützlager; Rollenschlepphebel; zwei Ventile pro Zylinder; automatischer Ventilspielausgleich.
DOHC-Motor (FXJA; FYJA)	zwei obenliegende Nockenwellen; Antrieb über Zahnriemen; mechanische Tassenstößel; vier Ventile pro Zylinder; manueller Ventilspielausgleich.
SOHC-Motor (F6JA)	eine obenliegende Nockenwelle; Antrieb über Zahnriemen; hydraulische Stützlager; Rollenschlepphebel; zwei Ventile pro Zylinder; automatischer Ventilspielausgleich.
Schmiersystem	Druckumlaufschmierung, Ölfilter im Hauptstrom.

Kühlsystem

Modell		1,3 8V	1,3 8V	1,4 16V	1,6 16V	1,4 TDCi 8V
Kühlung		Wasserumlauf mit Kreiselpumpe				
Ventilator		thermostatisch geregelter Elektrolüfter				
Antrieb der Wasserpumpe		Mehrrippenantriebsriemen				
Thermostat		Bypass-Steuerung				
Beginnt zu öffnen	°C	88	88	88	88	83
Kühlsystemüberdruck	bar	Je nach Motorversion 0,85 – 1,2				

TECHNISCHE DATEN

Kraftstoffanlage

Motor	BAJA	A9JA	FXJA	FYJA	F6JA
Gemischaufbereitung	Sequenzielle Kraftstoffeinspritzung von Siemens, SIM-21	Sequenzielle Kraftstoffeinspritzung von Siemens, SIM-21	Sequenzielle Kraftstoffeinspritzung von Siemens, SFI	Sequenzielle Kraftstoffeinspritzung von Siemens, SFI	Common-Rail Direkteinspritzung von Siemens
Katalysator	Drei-Wege-Katalysator, zwei Lambdasonden, Abgasrückführung	Drei-Wege-Katalysator, zwei Lambdasonden, Abgasrückführung	Drei-Wege-Katalysator, zwei Lambdasonden, Abgasrückführung	Drei-Wege-Katalysator, zwei Lambdasonden, Abgasrückführung	Oxidationskatalysator, Abgasrückführung
Kraftstoff	95 ROZ	95 ROZ	95 ROZ	95 ROZ	Diesel
Abgasnorm	Euro 4	Euro 4	Euro 4	Euro 4	Euro 3

Kraftübertragung Frontantrieb

Kupplung	hydraulisch betätigte, selbstnachstellende Einscheiben Trockenkupplung mit Tellerfederdruckplatte, asbestfreier Belag.
Hydraulikflüssigkeit	Ford-Hochleistungsbremsflüssigkeit ESD-M6C57-A, entspricht Spezifikation Super DOT4
Durchmesser (mm)	BAJA, A9JA, FXJA FYJA, F6JA
	180 210
Schaltgetriebe: (IB5)	manuelles 5-Gang Schaltgetriebe; Schaltseilzüge; Differenzial mit Getriebe verblockt; homokinetische Antriebswellen.
Durashift-EST:	elektronisch gesteuertes 5-Gang Schaltgetriebe mit sequenzieller Schaltfunktion; Differenzial mit Getriebe verblockt; homokinetische Antriebswellen.

Übersetzungsverhältnisse	1,3 8V	1,4 16V	1,6 16V	1,4 TDCi 8V
1. Gang	3,58	3,58 / 3,15*	3,15	3,58
2. Gang	1,93	1,93 / 1,93*	1,93	1,93
3. Gang	1,28	1,28 / 1,28*	1,28	1,28
4. Gang	0,95	0,95 / 0,95*	0,95	0,95
5. Gang	0,76	0,76 / 0,76*	0,76	0,76
Rückwärtsgang	3,62	3,62 / 3,62*	3,62	3,62
Achsübersetzung	4,06	4,06 / 4,25*	4,25	3,37

*Durashift

Karosserie

Länge	(mm)	3916
Breite exkl. Außenspiegel	(mm)	1683
Höhe	(mm)	1463
c_W		0,34 0,33*
$c_W \times A$		0,709 0,696*

* Fünftürer

Fahrwerk

Vorderachse	Einzelradaufhängung an McPherson Federbeinen; Dreiecksquerlenker an geschlossenem Fahrschemel; Gasdruckstoßdämpfer; Stabilisator.
Spurweite (mm)*	1477
Hinterachse	Verbundlenkerachse mit Torsionsprofil; Miniblockfedern; Gasdruckstoßdämpfer.
Spurweite (mm)*	1444
Radstand (mm)	2486

*je nach Rad-/Reifenkombination

TECHNISCHE DATEN

Räder

Felgen	Modell	Felgen (Serie)		auf Wunsch	
	1,3 8V	5½ J x 14	Stahl	5½ J x 14, 6 J x 15, 6½ J x 16	Leichtmetall
	1,4 16V	5½ J x 14	Stahl	5½ J x 14, 6 J x 15, 6½ J x 16	Leichtmetall
	1,6 16V	5½ J x 14	Stahl	5½ J x 14, 6 J x 15, 6½ J x 16	Leichtmetall
	1,4 TDCi 8V	5½ J x 14	Stahl	5½ J x 14, 6 J x 15, 6½ J x 16	Leichtmetall

Reifen	Modell	Serie	auf Wunsch
	1,2 8V	175/65 R14	165/65 R 14*, 195/50 R15, 195/45 R16
	1,4 16V	175/65 R14	165/65 R 14*, 195/50 R15, 195/45 R16
	1,6 16V	175/65 R14	165/65 R 14*, 195/50 R15, 195/45 R16
	1,4 TDCi 8V	175/65 R14	165/65 R 14*, 195/50 R15, 195/45 R16

*Ganzjahresreifen

Lenkung hydraulische Zahnstangenlenkung; längsverstellbare Sicherheitslenksäule; Sicherheitslenkrad mit zweistufigem Airbag; Wendekreis 10,3 m; < 3 Lenkradumdrehungen von Anschlag zu Anschlag.

Bremsanlage diagonal geteiltes ABS-Bremssystem (MK 60) mit elektronischer Bremskraftverteilung (EBD); pneumatischer Bremskraftverstärker mit Bremsassistent*; Handbremse mechanisch auf die Hinterräder wirkend; vorne innen belüftete Bremsscheiben; hinten -Bremstrommeln; Handbrems-/Bremskreiskontrollleuchte; asbestfreie Bremsbeläge.

* Fiesta 1,6 16V

Vorderachse

Bremsscheibendurchmesser	(mm)	258
Scheibenstärke	(mm)	22
Mindeststärke	(mm)	20
max. Scheibenschlag	(mm)	0,25
Mindeststärke Bremsbelag	(mm)	1,5

Hinterachse

Bremstrommeldurchmesser	(mm)	203
max. Trommeldurchmesser	(mm)	204
Bremsbackenbreite	(mm)	36
Mindeststärke Bremsbelag	(mm)	1,0

Elektrische Anlage

Modell		1,3 8V	1,4 16V	1,6 16V	1,4 TDCi 8V
Bordspannung	V	12	12	12	12
Batterie	Ah	43	43	43	60
Generator	A	70	70	70	80
Zündsystem		ruhende Zündverteilung; digitale Motor Elektronik			automatische Vorglühanlage, (Schnellglühkerzen)

Füllmengen (Liter)

Modell	1,3 8V	1,4 16V	1,6 16V	1,4 TDCi 8V
Motoröl mit Filter	4,10	3,80	4,05	4,00
Kühlsystem inkl. Heizung	5,0	5,0	5,0	5,5
Kraftstoff	45	45	45	45
Schaltgetriebe	2,3	2,3	2,3	2,3
Lenkhilfe	ca. 0,5	ca. 0,5	ca. 0,5	ca. 0,5

TECHNISCHE DATEN

Gewichte (kg)*

Modell	Leistung (kW)	Leergewicht	Zuladung	zulässiges Gesamtgewicht	zulässige Achslast vorne	hinten
Fiesta 3-türig						
1,3l Duratec 8V	44	1105	405	1510	800	760
1,3l Duratec 8V	51	1105	425	1530	810	770
1,4l Duratec 16V	59	1095	430	1525	800	770
1,4l Duratec 16V Durashift-EST	59	1106	419	1525	800	780
1,6l Duratec 16V	74	1104	421	1525	800	780
1,4l Duratorq TDCi	50	1136	424	1560	850	760
Fiesta 5-türig						
1,3l Duratec 8V	44	1107	413	1520	790	780
1,3l Duratec 8V	51	1107	433	1540	800	800
1,4l Duratec 16V	59	1097	443	1540	790	800
1,4l Duratec 16V Durashift-EST	59	1107	423	1530	790	800
1,6l Duratec 16V	74	1108	432	1540	790	800
1,4l Duratorq TDCi	50	1137	433	1570	840	800

* Leergewicht nach 70/156 EWG für Fahrzeuge mit Grundausstattung; Fahrer 75 kg, alle Betriebsstoffe inklusive 90% befülltem Kraftstofftank.

Zulässige Anhängelasten (kg) bei 12% Steigung

	1,3l Duratec 8V	1,3l Duratec 8V	1,4l Duratec 16V	1,6l Duratec 16V	1,4l Duratorq TDCi
gebremst	–	–	900*	900	750
ungebremst	–	100	500	500	500
Stützlast	–	50	50	50	50
Dachlast	75	75	75	75	75

*Mit Durashift-EST Getriebe 500kg

Fahrleistungen*

Modell	Leistung kW	Reifen	V-max. km/h	0–100 sec.	Verbrauch gemäß 80/1268 EWG, Liter/100 km städt.	außerstädtisch	gesamt	CO_2-Emission g/km
1,3 8V	44	175/65 R14	151	18,8	8,3	5,0	6,2	147
1,3 8V	51	175/65 R14	160	15,3	8,4	5,0	6,2	147
1,4 16V	59	175/65 R14	166	13,2	8,6	5,1	6,4	153
1,4 16V Durashift-EST	59	175/65 R14	166	13,8**	8,3	5,2	6,3	150
1,6 16V	74	175/65 R14	184	10,6	9,1	5,2	6,6	157
1,4 TDCi 8V	50	175/65 R14	163	14,9	5,3	3,7	4,3	114

*Fahrleistungen und Verbrauchswerte gelten für Fahrzeuge mit angegebener Bereifung. Verbrauchswerte sind in der Praxis gewichtsabhängig zu sehen. Die hier genannten Werte sind nach einheitlichen Prüfvorschriften ermittelt,
** im manuellen Schaltmodus.).

Diebstahlschutz

Elektronische Wegfahrsperre (PATS); Zentralverriegelung mit Funkfernbedienung; Diebstahlalarmanlage (Option).

Sicherheit

Fahrer-/Beifahrer- und Seitenairbags; elektronisch geregeltes Antiblockiersystem mit integrierter Bremskraftverteilung (EBD) und Bremsassistent (MBA)*; elektronisches Stabilitätsprogramm (ESP)*; Seitenaufprallschutz in den Türen; längs verstellbare Sicherheitslenksäule; Sicherheitspedalerie; Anti-Dive-Sitze; Dreipunkt-Automatikgurte (v. höhenverstellbar mit pyrotechnischen Gurtstraffern und Gurtkraftbegrenzern); Kopfstützen an allen Sitzplätzen. Option: Kopf-/Schulterairbags; Kindersitzhaltesystem (ISO-Fix).
* Fiesta 1,6 16V

Wartung

alle 20.000 km zum Servicecheck bzw. jährlich.

Garantie

Neuwagengarantie: Zweijahresgarantie ohne Kilometerbegrenzung, verlängerbar bis zu fünf Jahren.
Karosserie: 12 Jahre auf Durchrostungen.

Stichwortverzeichnis

A
Abgassystem 146-154
Abmessungen 15, 256, 287
ABS 193, 197
ACEA 76
Achsantrieb 164, 165
Airbag 257

Altöl 79
Anlasser 219, 220, 234, 235
Antenne 270
Antriebsriemen 69-71, 230-232
Antriebswellen 165-169
API 76
Ausrüstung 16-31

Außenbeleuchtung 237-242
Außenspiegel 289, 290-292
Außenwäsche 35-38

B
Batterie 219-225, 228, 229
Benzin 136

STICHWORTVERZEICHNIS

Biodiesel 136
Bremsanlage 192-216
Bremsbacken 210-212
Bremsbeläge 194
Bremsflüssigkeit 199, 203
Bremskraft-
verstärker 195, 200, 205, 206
Bremssättel 195, 196, 209
Bremsscheibe ...196, 201, 208, 209
Bremsschlauch 206, 207
Bremstrommel 210

C
CAN Bus 161, 218
CCMC 76
Cetanzahl 137
Common-Rail ...56, 60, 61, 113-117

D
Diesel 113, 136
Dieselfilter 118, 119
DOT 186
Drehzahlgeber 125, 130, 131
Drosselklappenmodul 101, 106
Druckgeber 124
Durashift EST 160, 161

E
EBD 193, 194
Einspritzdüse 115, 117
Einspritzventile 103, 108-113
Ersatzteile 18-19
ESP 193, 194, 198

F
Fahrpedalmodul 101
Fahrschemel 173
Fahrwerk 170-191
Fahrzeugelektrik 217-254
Federbein 172, 178-180
Federbeindom 173
Fremdstarten 225, 226
Frostschutz 87

G
Gaszug 107
Gebläsemotor 263-235
Generator ..221, 222, 229, 232, 234
Gepäckraumleuchte 267
Getriebeöl 163, 164
Glühkerzen 132, 133

H
Handbremse 213-215
Hauptbremszylinder 203, 204
Heckklappe 297, 298
Heckklappenschloss 298, 299
Heizung 258-263

I
Innenleuchte 267
Innenraum 255-283
Innenreinigung 33-35

K
Kaltstarteinrichtung ..117, 131, 132
Katalysator 151-153
Klimaanlage 265, 266
Klopffestigkeit 137
Klopfsensor 103, 124
Kohlenmonoxid 150
Kohlenwasserstoff 150
Kolben 62
Kombiinstrument 247, 248
Kompressionsdruck 65-69
Kotflügel 294-296
Kraftstoff 136, 137
Kraftstoffeinspritzung ...57, 98-121
Kraftstofffilter 138-140
Kraftstoffleitungen 140-142
Kraftstoffpumpe 135, 142, 145
Kraftstofftank 143-145
Kraftstoffversorgung 134-145
Kraftübertragung 154-169
Kühler 84, 94
Kühlerventilator 93-94
Kühlflüssigkeit 81
Kühlmittel 84-88
Kühlmittelkreislauf 82-84
Kühlmitteltemperatursensor ...102
Kühlsystem 81-95
Kühlwasserschläuche 94, 95
Kupplung 155-159
Kupplungsspiel 157
Kurbelwelle 62
Kurbelwellen-
positionssensor 102, 116

L
Lackpflege 41-43
Lambdasonde 102, 151, 152
Lautsprecher 269
Leerlaufdrehzahl 106
Leistung 219
Lenkradschloss 280-282
Lenkschwenklager ...173, 181, 182
Lenkungsspiel 175
Luftfilter 95-97, 118

M
Mittelkonsole 270
Modellpflege 13
Motorblock 62
Motoren 9-13, 56-80
Motoröl 75-77
Motorölstand 77
Motorsteuergerät 100, 105

Motorwäsche 39, 40

N
Nachlauf 172
Nockenwelle 63
Nockenwellen-
stellungssensor 102, 116

O
Oktanzahl 137
Öldruck 74, 75
Ölfilter 78, 79
Ölverbrauch 77
Ölwechsel 74

P
Pleuel 62
Profitipps 24, 25

Q
Querlenker 177, 178
Querlenkerlager 176
Querstabilisator 173

R
Radbremszylinder 212
Räder 183-191
Radio 268
Radlagerspiel 177
Reifendruck 188
Reinluftfilter 260
Rücksitzbank 272, 273
Rußpartikelfilter 150

S
SAE 76
Schaltseilzug 162
Scheibenbremsbeläge ...207, 208
Scheibenbremsbelagverschleiß .201
Scheibenwaschanlage 46
Scheibenwischer 47, 48
Scheinwerfer 38
Schließzylinder 279, 280
Schlüsselbatterie 278
Schmiersystem 73-80
Schwefeldioxid 150
Seitenscheibe 276, 277
Servolenkungsdruckschalter ...102
Sicherheitsschalter ...103, 106, 107
Sicherungen 249-253
Signaleinrichtung 243-245
Sonderausstattung 11-15
Spannung 219, 223
Spannungsregler 230
Spreizung 172
Spurstangenköpfe 176, 180
Steinschlagschäden 43
Stickoxide 150

STICHWORTVERZEICHNIS

Stoßdämpfer 174, 182, 183
Stoßfänger 292-294, 296, 297
Strom 219, 223
Sturz 172

T
Technische Daten 300-303
Thermostat............84, 89-93
Tür 288, 289, 291
Türgriff 278, 279
Türverkleidung 273-275

V
Ventile 63
Viertaktprinzip 63, 64

Viskosität 76
Vorderachsgeometrie 174
Vordersitze 271, 272
Vorspur 172

W
Wagenheber 30, 31
Wagenpflege 32-55
Waschdüsen 49, 50
Wasserpumpe 83
Werkstattbesuch 17, 26, 27
Werkzeug 20-23
Widerstand 219, 223
Wischermotor............51-53

Z
Zahnstangenlenkung 173
Zentralverriegelung 277
Zündanlage 122-133
Zündkerzen 58, 64-66, 125, 126,
........................128, 129
Zündmodul 127, 130
Zündreihenfolge 99, 123
Zündspule 125
Zylinder 62
Zylinderkopf 58, 62
Zylinderkopfdichtung 72

DIE AUTO-WELT IM BUCH

Halwart Schrader nimmt seine Leser mit auf eine Zeitreise in die Schnauferl-Ära. Dabei widmet er sich nicht nur den Anfängen vertrauter Marken wie Daimler, Benz und Opel, sondern erinnert auch an fast vergessene wie Brennabor, Dürkopp, Adler & Co.
480 Seiten, 800 Abbildungen,
Format 230 x 265 mm
ISBN 978-3-613-04313-8
€ 49,90 / € (A) 51,30

Mit seinem unnachahmlichen Stil und seiner unübertroffenen Sachkenntnis erzählt der legendäre Autochronist Werner Oswald in diesem Band die Geschichte der Automobilindustrie von Beginn der goldenen 1920er Jahre bis zum Ende des 2. Weltkriegs.
592 Seiten, 1.204 Abbildungen,
Format 230 x 265 mm
ISBN 978-3-613-04142-4
€ 49,90 / € (A) 51,30

Im dritten Teil der Reihe erzählen Werner Oswald und Eberhard Kittler die Geschichte der deutschen Automobilindustrie ab Mitte der 70er bis zur Jahrtausendwende. Dabei listen sie auf, welche Autos die Werkshallen verließen und schaffen Klarheit bis zum letzten Nischenmodell.
512 Seiten, 1.000 Abbildungen,
Format 230 x 265 mm
ISBN 978-3-613-04162-2
€ 49,90 / € (A) 51,30

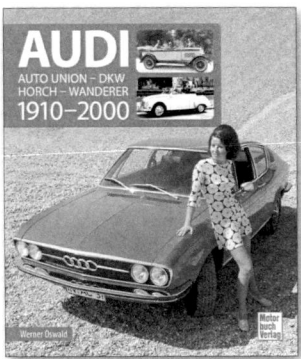

Die Audi AG blickt auf eine bewegte Geschichte zurück, deren Tradition bis ins 19. Jahrhundert zurückreicht. Heute gehört Audi neben Mercedes Benz und BMW zu den großen deutschen Premiummarken. Die Geschichte dieses Aufstiegs vollzieht Werner Oswald hier lückenlos nach.
304 Seiten, 400 Abbildungen,
Format 230 x 265 mm
ISBN 978-3-613-04314-5
€ 29,90 / € (A) 30,80

Dieser Leitfaden für die Aus- und Weiterbildung im Karosserie-Handwerk informiert umfassend und kompetent über Werkzeuge und Geräte, Arbeitsweisen und Richtverfahren, über Schweiß-, Lackier- und Instandsetzungsarbeiten sowie über den Bereich der Kunststoffverarbeitung.
376 Seiten, Format 170 x 230 mm
ISBN 978-3-613-04085-4
€ 49,90 / € (A) 51,30

Dieser Klassiker macht wie kaum ein anderes Buch Motoren verständlich – und zwar auf den Grundlagen der Naturgesetze und der historischen Entwicklung. Darüber hinaus werden eine Reihe von Motoren vorgestellt, vom Antrieb eines Herzschrittmachers bis hin zu dem einer Mondrakete.
488 Seiten, 600 Abbildungen,
Format 170 x 240 mm
ISBN 978-3-613-02893-7
€ 49,90 / € (A) 51,30

Lange vergriffen, doch jetzt wieder lieferbar: Dieser Klassiker der Motor-Literatur erklärt umfassend und ausführlich die Funktionsweise des Zweitaktmotors. Für Einsteiger und Fachleute gleichermaßen, werden hier die technischen Grundlagen detailliert gezeigt.
211 Seiten, 167 Abbildungen,
Format 170 x 240 mm
ISBN 978-3-613-03940-7
€ 39,90 / € (A) 41,10

Anschaulich bebildert und leicht nachvollziehbar, schildert Wolfgang Weber bis ins Detail, wie man effektive Veränderungen an seinem Fahrzeug vornehmen, sich ein ordentliches Setup erarbeiten und dadurch das Fahrverhalten seines Autos wirklich verbessern kann.
376 Seiten, 346 Abbildungen,
Format 170 x 240 mm
ISBN 978-3-613-04067-0
€ 29,90 / € (A) 30,80

Änderungen in Preis und Lieferfähigkeit vorbehalten.

Überall, wo es Bücher gibt, oder unter
WWW.MOTORBUCH-VERSAND.DE
Service-Hotline: 0711/78 99 21 51

VOLKS-HELDEN

Ford & Opel kaufen leicht gemacht.

Der Kaufratgeber Ford & Opel bietet einen umfassenden Überblick über alle relevanten Baureihen.

Der neue Motor Klassik Kauf-Ratgeber jetzt im Handel oder unter:
+49 (0) 711 32068888 | motorklassik@dpv.de | mkl.to/spezial

Jedes Auto hat seine Geschichte.

Zeitfracht Medien GmbH
Ferdinand-Jühlke-Straße 7
99095 Erfurt, Deutschland
produktsicherheit@kolibri360.de

Druck:
CPI Druckdienstleistungen GmbH
im Auftrag der
Zeitfracht Medien GmbH
Ein Unternehmen der Zeitfracht - Gruppe
Ferdinand-Jühlke-Str. 7
99095 Erfurt